电力工程技术问答

（变电 输电 配电专业）

上册

主　编　杨文臣

副主编　李　华

编　写　李　琳　李双成　邱玉良　冯　丽

　　　　姜雯雯　李　健　叶道仁

中国电力出版社

CHINA ELECTRIC POWER PRESS

内 容 提 要

本书以一问一答的形式将涉及电力工程变电、输电、配电的设计、运行、检修、建造等各个方面的新技术及工作中常见疑问总结在一起。全书共分三册。上册主要介绍电力系统的基本概念、电力变压器、互感器、架空电力线路、电力电缆；中册主要介绍高压配电装置、过电压保护及绝缘配合、并联无功补偿装置、继电保护及综合自动化、电工测量；下册主要介绍直流系统及蓄电池、接地和接零、节约用电和安全用电、配电、照明等。本书为上册。

本书可供从事电力工程变电、输电、配电的设计、运行、检修、建造工作的工程技术人员参考使用，也可作为各院校相关专业的师生及有关技术人员的参考书。

图书在版编目（CIP）数据

电力工程技术问答：变电、输电、配电专业：全3册/杨文臣主编. —北京：中国电力出版社，2015.4
ISBN 978 - 7 - 5123 - 5856 - 0

Ⅰ.①电…　Ⅱ.①杨…　Ⅲ.①变电所-电力工程-问题解答②输电-电力工程-问题解答③配电系统-电力工程-问题解答　Ⅳ.①TM7-44

中国版本图书馆 CIP 数据核字（2014）第 089256 号

中国电力出版社出版、发行

（北京市东城区北京站西街 19 号　100005　http：//www.cepp.sgcc.com.cn）

北京市同江印刷厂印刷

各地新华书店经售

＊

2015 年 4 月第一版　2015 年 4 月北京第一次印刷

710 毫米×980 毫米　16 开本　45.5 印张　719 千字

定价 138.00 元

敬 告 读 者

前　言

改革开放以来，我国电力行业引进了不少先进电力设备制造技术，中外合资企业也为电力工业提供了大量装备。尤其电力系统近十余年的"城乡电网改造"，采用了大量的先进电力设备，使电力工业的变电、输电、配电产生革命性的变化。例如变电所采用微机保护、综合自动化、光纤通信等新技术，达到无人值守水平（遥调、遥控、遥测、遥信、遥视的"五遥"变电所）；当今我国变电所设计已发展到"二型一化"（环保型、节能型，智能化）的设计水平。随着新技术的涌现，人们对新技术的求知欲也油然而生。为了满足人们学习、掌握新技术的期望，我们决定编写本书——这是我们编写本书的意图之一。

我们的编者曾经在电力系统中担任教师、设计、施工、审图、监理工作，常常面对学员和师傅的提问和质疑，面临很多电力工程变电、输电、配电在设计上和施工中实际问题的决断、对与否、可行与不宜。因此，我们想到如果可以编写这方面的一部书籍来回答问题，既直观简洁，又能解决实际问题，功效兼得——这就是我们编写本书的意图之二。为了实现这个愿望，我们把前人和自己的经验总结出来，以一问一答的形式编写成书，献给从事电力工程的工人师傅、设计师、监理师、建造师、运行人员、教师以及与电力工程有关的技术人员。以期能对他们有所帮助，提高解决实际问题的能力。

本书涵盖了新老技术问题，共分上、中、下三册。全书分十五章，上册为第一章至第五章，中册为第六章至第十章，下册为第十一章至第十五章。第一章和第十五章由叶道仁编写，第二、三章和第十一章由杨文臣编写，第四章由邱玉良编写，第五章和第十四章由李双成编写，第六章由冯丽编写，第七章和第十二章由李华编写，第八章和第九章由李琳编写，第十章由李健编写，第十三章由姜雯雯编写。全书由杨文臣任主编、李华任副主编，杨文臣统稿，叶道仁筹划、校审，参编者共同制定编写大纲。

书中引用了同行们的大量著作和素材，在此一并致谢。

本书是一本电力工程设计、运行、检修、建造方面的技术书，阅完全书对电力工业的面貌能有一个清晰的认识。它亦特别适用于作为注册电气工程师考试和电力工程技术培训参考书。若您想提高工作效率，请参看本书的姊妹篇

《电气工程计算口诀和用表实用手册》，工程中两书相结合使用定会让您增益不少。

由于编者的学识和水平所限，加之时间紧迫，书中难免存在不妥之处，恳请读者提出批评和改进意见，若有宝贵意见可发邮件到 1145463605@qq.com 电子邮箱，以便今后修订再版改进。

编　者

2015 年 3 月

◀━ 总 目 录 ━▶

前言

上 册

中 册

下 册

上册目录

第一章

电力系统的基本概念

1-1 什么是电力系统？什么是电力网？什么是动力系统？

➡由发电厂中的电气部分，各类变电所，输电、配电线路及各种类型的用电电器组成的统一体，称为电力系统。电力系统包括发电、变电、输电、配电、用电单元，以及相应的通信、安全自动设施、继电保护、调度自动化设备等。

电力系统中各种电压等级的变电所及输配电线路组成的统一体，称为电力网。电力网的任务是输送与分配电能，并根据需要改变电压，供应给用户。

电力系统与各类型发电厂中的动力部分，包括热力部分（火力发电厂）、水力部分（水力发电厂）、原子反应堆部分（核能发电厂）等组成的统一体称为动力系统。

1-2 电力系统的主要特征是什么？

➡电力工业生产在技术上与其他工业不同的特征如下：

（1）电能的产生、分配和消费都是在同一时间内进行的。发多少电就要同时用多少电，无法大量贮藏电能。

（2）电力系统生产的电磁过程是瞬时发生的。

（3）电力工业是一个先行行业。电力工业的发展必须领先于其他行业，才能向其他行业提供电力。

1-3 简述电力系统频率特性和电压特性的区别。

➡电力系统的频率特性取决于负荷的频率特性和发电机的频率特性（负荷随频率的变化而变化的特性叫负荷的频率特性。发电机出力随频率变化而变化的特性叫发电机的频率特性）。电力系统的频率特性由系统的有功负荷平衡决定，且与网络结构（网络阻抗）关系不大。在系统非振荡情况下，同一电力系统的稳态频率是相同的。因此，电力系统频率可以全网集中调整控制。

电力系统的电压特性与电力系统的频率特性不同。电力系统各节点的电压通常是不完全相同的，主要取决于各区有功和无功的供需平衡情况，也与网络结构（网络阻抗）有较大关系。因此，电压不能全网集中统一调整，只能分区进行电压调整控制。

电力系统频率特性和电压特性的区别在于电力系统的稳态频率特性是同一性，而电力系统电压特性是分散性。

1-4　现代电力网有哪些特点？

（1）由很强的特、超高压系统构成主网架。

（2）各级电力网之间有很强的联系，电压等级相对简化。

（3）具有足够的调峰、调频、调压容量，能够实现自动发电控制，有较高的供电可靠性。

（4）具有相应的安全稳定控制系统、高度自动化的监控系统和高度现代化的通信系统。

（5）具有适应电力市场运营的技术支持系统，有利于合理利用能源。

1-5　什么是城市电力网规划阶段和年限？

城网规划应与国民经济发展计划和城市发展总体规划相对一致。国民经济发展计划和城市发展总体规划一般都以五年为一个阶段（周期）计划。城网规划分为近、中、远期三个阶段，一般规定近期为 5 年、中期为 10～15 年、远期为 20～30 年。

1-6　城市电力网自动化的主要目的是什么？

（1）提高城市电力网的供电可靠性。这是城市电力网自动化的最根本和最首要的目的。目前我国的供电可靠率还不能满足现代工业和居民生活用电的要求，与发达国家差距较大。通过城市电网的改造后，全国大多数城市电网的供电可靠率 RS3（不计限电）应达到 99.7％以上，其中一批城市电网供电可靠率 RS3 要达到 99.95％以上，争取部分供电企业的供电可靠率 RS3 达到 99.98％；RS1 达到 99.9％。

（2）提高城市电力网的供电质量和降低线损。目前，用电市场对供电质量提出了新的、更高的要求，城市电网实现自动化后，大部分供电电压合格率达 92％以上，有一批供电单位应达 95％～98％以上。全国线损率应达到 7.8％。

（3）提高用户的满意程度。供电部门除在供电可靠性和电能质量上要使用户满意外，还应使用户不为用电环境烦恼。所以，从某种意义上说，使用户满意又是城市电网自动化最终的目的。

（4）提高供电部门的劳动生产率。提高供电部门劳动生产率的途径就是要实现配电自动化，例如，变电所经综合自动化后，为实现无人值守创造了条件；配电线路的在线监测和遥控为及时提供线路运行状况、节省故障巡查时间、节省处理故障时的劳动力等创造了条件。

1-7　什么是电力系统的电压监测点、中枢点？有何区别？电压中枢点一般如何选择？

➡监测电力系统电压值和考核电压质量的节点称为电压监测点。电力系统中重要的电压支撑节点称为电压中枢点。因此，电压中枢点一定是电压监测点，而电压监测点却不一定是电压中枢点。

电压中枢点的选择原则是：

（1）区域性水、火电厂的高压母线（高压母线有多回出线）。

（2）分区选择 220kV 变电所母线，并要求变电所具有较大短路容量的母线。

（3）有大量地方负荷的发电厂的母线。

1-8　配电网与输电网有什么不同？

➡配电网与输电网的不同表现在：

（1）配电网连接方式多为辐射结构，而输电网连接方式多为网状结构。

（2）配电网的许多设备（如分段器、重合器等）往往安装在电杆上，而输电网的设备（如断路器、隔离开关等）一般都安装在变电所内。

（3）配电网要求安装远动传输装置（RTU）的数量比输电网大一个数量级。

（4）配电网的运行数据库规模比所连输电网的数据库规模大一个数量级。

（5）配电网内大多数电压存在电压波动。《全国供用电规则》规定：动力用户受端的允许电压波动幅度为±7%。

当照明与动力混合使用时，低压配电网受端的允许电压波动幅度为+5%~−7%；单独使用时为+5%~−10%。

（6）电压畸变率。我国对供电的谐波电压做了规定。以 10kV 的电网为例，总的电压谐波畸变率应小于 4%，奇次谐波畸变率应小于 3.2%，偶次谐波畸变率应小于 1.6%。

（7）对供电频率的要求。我国规定电网装机容量在 300 万 kW 及以上时，频率标准偏差为 ±0.2Hz；在 300 万 kW 以下时为 ±0.5Hz；非正常情况下不应超过 ±1.0Hz。

（8）对供电可靠性的要求。减少设备检修和事故停电及持续停电时间，对 35kV 及以上供电的用户计划检修停电每年不超过 1 次；对 10kV 供电的用户计划检修停电每年不超过 3 次。

（9）配电网内大多数设备是人工操作的，而输电网内大多数设备是远方控制（遥控）的。

（10）配电网设备名目繁多、数量大，且变化频繁。

（11）配电网除电力部门设备外，还连有大量用户的用电设备。

（12）配电网的通信系统有多种通信方式，但通信速率比输电网通信系统要求低。

1-9　什么叫特高压？用特高压输电有哪些优异性能？

➡交流 1000kV 及以上的电压（UHV）或直流 ±800kV 以上的电压（UH-VDC）称为特高压（又称特超高压）。

特高压输电的以下优异性能：

（1）它能远距离输送大容量的功率。从西部发电中心（煤能源基地、水能源基地）向负荷中心（东部地区、东南部地区）输送电能。

（2）它是在已有的超高压电网之上覆盖一个特高压电网，用特高压输电代替超高压输电，以减少超高压输电的损耗，从而大大提高电力系统运行的安全性、可靠性、经济性、灵活性。

（3）它大大减少了燃煤运输，减轻了铁路运输压力，为其他行业腾出了运力。

1-10　特高压、超高压电网并联电抗器对改善电力系统运行情况有哪些作用？

➡（1）减轻空载或轻载线路上的电容效应，以降低工频暂态过电压。

（2）改善长距离输电线路上的电压分布。

（3）使轻负荷线路上的无功功率尽可能就地平衡，防止无功功率的不合理流动，同时也减少了线路上的功率损失。

（4）在大机组与系统并联时，降低高压母线上的工频稳态电压，便于发电机的同期并列。

（5）防止发电机带长线路，可能出现的自励磁谐振现象。

（6）当采用电抗器中性点经小电抗器接地时，还可用小电抗器补偿线路相间及相地电容，以加速潜供电流自动熄灭，有利于采用单相快速重合闸。

1-11　什么是直流输电？

➡直流输电是将发电厂发出的交流电，经整流器变换成直流电输送至受电端，再用逆变器将直流电变换成交流电送到受端交流电网的一种输电方式。直流输电主要应用于远距离、大功率输电和非同步交流系统的联网，具有线路投资少、不存在系统稳定问题、调节快速、运行可靠等优点。

1-12　直流输电与交流输电相比有哪些优点和缺点？

➡（1）直流输电的优点如下：

1）当输送相同功率时，直流线路造价低，它只要两根导线，杆塔结构较简单，线路走廊窄，绝缘水平相同的电缆（线）采用直流输电可以运行于较高的电压。

直流输电的原理接线示意图如图1-1所示。

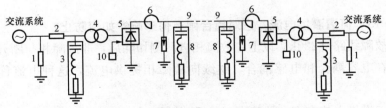

图1-1　直流输电的原理接线示意图

1—无功补偿装置；2—交流断路器；3—交流滤波器；4—换流变压器；5—换流装置；
6—平波电抗器；7—避雷器；8—直流滤波器；9—直流线路；10—保护和控制

2）由于直流输电只有电阻没有电感，它的功率和能量损耗小。

3）直流输电没有交变电磁场变化，所以对通信干扰小。

4）直流线路稳态运行时没有电容电流，没有电抗压降，沿线电压分布较平均，线路本身无需无功补偿。

5）直流输电线两端联系的交流系统不需要同步运行，因此可以实现不同频率或相同频率交流系统之间的非同步联系。

6）直流输电线本身不存在交流输电固有的稳定问题，输送距离和功率也不受电力系统同步运行稳定性的限制。

7）由直流输电线互相联系的交流系统，其各自的短路容量不会因互联而显著增大。

8）直流输电线功率和电流的调节控制比较容易并且迅速，可以实现各种调节、控制。交、直流并列运行，有助于提高交流系统的稳定性和改善整个系统的运行特性。

9）交流输电导线不仅有电阻，还有电感。较细的导线，电阻的作用超过电感。对交流来说，在输电功率大、输电导线横截面积大的情况下，感抗会超过电阻，但对稳定的直流来说只有电阻没有感抗，所以线路电压降落比较小。

（2）直流输电的缺点如下：

直流输电的发展也受到一些因素的限制。首先，直流输电的换流站比交流系统的变电所复杂、造价高、运行管理要求高；其次，换流装置（整流和逆变）运行中需要大量的无功补偿，正常运行时可达直流输送功率的 $40\%\sim60\%$；再次，换流装置在运行中会在交流侧和直流侧产生谐波，要装设滤波器；第四，直流输电以大地或海水作为回路时，会引起沿途金属构件的腐蚀，因此需要防护措施；最后，要发展多端直流输电，需研制高压直流断路器。

1-13 何谓潜供电流？它对重合闸有何影响？如何防止？

➡️ 当故障线路（220kV 以上）故障相自两侧切除后，非故障相与断开相之间由于存在电容耦合和电感耦合，继续向故障相提供电流，这种电流称为潜供电流。

由于潜供电流存在，故障点灭弧受到了影响，短路弧光通道去游离受到严重障碍，熄弧时间变长，而自动重合闸只有在故障点电弧熄灭且绝缘强度恢复以后才有可能重合成功。潜供电流较大时，故障点熄灭时间较长，将使重合闸重合失败。

为减小潜供电流，提高重合闸的重合成功率，一方面可采取减小潜供电流的措施：如 500kV 中长线路中高压并联电抗器中性点加小电抗，在线路两侧短时投入快速单相接地开关等措施；另一方面可采用实测灭弧时间来整定重合闸时间。

1-14　什么叫电气主接线？电气主接线有什么作用？

➡️发电厂或变电所的电气主接线指用国家规定的图形符号表示发电机、变压器、断路器、隔离开关、互感器、电抗器等各种电气设备及连接线、母线按电力生产流程所绘成的输送和分配电能的电路图，简称主接线。

电气主接线可清晰地表明电能生产、分配和输送的情况，是发电厂、变电所电气设备选择，配电装置布置，施工以及运行的可靠性和经济性分析，操作和确定运行方式以及事故处理分析的依据。

1-15　电气主接线有哪些接线方式？

➡️（1）单母线方式。具体又分为单母线、单母线分段、单母线加旁路和单母线分段加旁路等方式。

（2）双母线方式。具体又分为双母线、双母线分段、双母线加旁路和双母线分段加旁路等方式。

（3）三母线方式。具体又分为三母线、三母线分段、三母线分段加旁路等方式。

（4）3/2 接线、3/2 接线母线分段。

（5）4/3 接线方式。

（6）母线—变压器—发电机组单元接线方式。

（7）桥形接线方式。具体又分为内桥形接线、外桥形接线、复式桥形接线。

（8）角形接线方式。具体又分为三角形接线、四角形接线、多角形接线。

（9）环形接线方式。具体又分为单环、多环。

1-16　什么叫无人值守变电所？

➡️实现了数字化"五遥"功能的变电所称为无人值守变电所。变电所必须具备遥信、遥测、遥调、遥控、遥视功能，远动装置必须符合县级电网调度要求。变电所的所有信息和操作完全由监控系统来完成，仅设置一个保安人员，处理紧急事务。

1-17　什么叫智能变电所？

➡️以全所信息数字化、通信平台网络化、信息共享标准化为基本要求，自动完成信息采集、测量、控制、保护、计量和监测等基本功能，并可根据需要支持电网实时自动控制、智能调节、在线分析决策、协同互动等高级功能的变电所称为智能变电所。它采用先进、可靠、集成、低碳环保的智能设备。如具有智能特征的变压器有载分接开关的控制器、具有自诊断功能的现场局部放电监测仪等执行控制指令。

1-18 为什么说变电所设计技术产生了革命性的变革？

目前设计 35、110、220kV 变电所都要求必须达到数字化无人值守的水平，即在设计上要采用微机保护、综合自动化、双网接地、光纤通信等新技术来实现变电所与监控中心之间的信息交换和远方操作，完全由监控系统完成。技术的发展可根据需要支持电网实时自动控制、智能调节、在线分析决策、协同互动等高级功能，形成了智能化变电所。这就是变电所设计技术上革命性的变革。

1-19 什么是 N-1 准则？

N-1 准则是判断电力系统安全性的一种标准原则，又称单一故障安全准则。城市配电网的供电安全采用 N-1 准则，即

（1）高压变电所中失去任何一回线路或一组降压变压器时，必须保证向下一级配电网供电。

（2）高压配电网中一条架空线或一条电缆，或一组降压变压器发生故障停运时：

1）在正常情况下，除故障段外不得停电，也不得发生电压过低，以及设备不允许的过负荷；

2）在计划停运情况下又发生故障停运时，允许部分停电，但应在规定时间内恢复供电。

（3）低压电网中当一台变压器或电网发生故障时，允许部分停电，并尽快将完好的区段在规定时间内切换至邻近电网，恢复供电。

上述 N-1 准则可以通过调整电网和变电所的接线方式以及控制设备运行的负载率 T 达到安全目的。负载率 T 定义为

$$T=\frac{设备的实际最大负荷（kW）}{\cos\varphi\times设备的额定容量（kVA）}\times100\% \qquad (1-1)$$

式中　　T——变压器负载率，%；

$\cos\varphi$——负载的功率因数。

1-20 电网无功补偿的原则是什么？

➡电网无功补偿的原则是电网无功补偿应按分层分区和就地平衡的原则考虑，并能随负荷或电压进行调整，保证系统各枢纽点（中枢点）的电压在正常状态和事故后均能满足规定要求，避免经长距离线路或多级变压器传送，尽量减少无功损耗。

1-21 电力系统中性点接地方式有几种？什么叫大接地短路电流系统、小接地短路电流系统？其划分标准如何？

➡我国电力系统中性点接地方式主要有中性点直接接地方式（包括中性点经小电阻接地方式）和中性点不直接接地方式（包括中性点经消弧线圈接地方式）两种。

1kV 及以上的高压电力系统，中性点直接接地或经小电阻直接接地，发生单相接地或同点两相接地故障时，接地短路电流大于 500A 时称为大接地短路电流系统（简称大电流接地系统），或称有效接地系统。

1kV 及以上的高压电力系统，中性点经消弧线圈直接接地，发生单相接地或同点两相接地故障时，接地短路电流小于 500A 时称为小接地短路电流系统（简称小电流接地系统），或称非有效接地系统。

我国的划分标准为系统零序电抗 X_0 与正序电抗 X_1 的比值：

（1）$X_0/X_1 \leqslant 4 \sim 5$ 的系统属于大电流接地系统；

（2）$X_0/X_1 > 4 \sim 5$ 的系统属于小电流接地系统。

1-22 110kV 及以上系统为什么多采用中性点直接接地方式？

➡中性点直接接地系统的内过电压是在相电压作用下产生的，而中性点不接地系统的内过电压是在线电作用下产生的，前者较后者的内过电压数值低 20%～30%，因而绝缘水平也降低 20% 左右。额定电压越高，由降低设备绝缘水平而减少的费用也越多，所以用直接接地是经济的。同时电压越高线路越可靠，高压线不易断线，线间距离大，不易受鸟害，耐电压水平也高，再辅助于自动重合闸保护，运行可靠性有很大的提高，所以在 110kV 及以上系统中多采用中性点直接接地方式。

1-23 什么是电力系统序参数？零序参数有何特点？

➡对称的三相电路中，流过不同相序的电流时，所遇到的阻抗是不同的，然而同一相序的电压和电流仍符合欧姆定律。任一元件两端的相序电压与流过该元件的相应的相序电流之比，称为该元件的序参数（阻抗）。

零序参数（阻抗）与网络结构，特别是与变压器的接线方式及中性点接地方式有关。一般情况下，零序网络（参数）结构与正、负序网络（参数）不一样，这就是它们之间的特点。

1-24 零序参数与变压器联结组别、中性点接地方式、输电线、相邻平行线路有何关系？

➡ 对于变压器，零序电抗与其结构（三个单相变压器组还是三柱变压器）、绕组的连接（△或丫）和接地与否等因素有关。

当三相变压器的一侧接成三角形或中性点不接地的星形时，从这一侧来看，变压器的零序电抗总是无穷大的。因为不管另一侧的接法如何，在这一侧加以零序电压时，零序电流总不能送入变压器。所以只有当变压器的绕组接成星形，并且中性点接地时，从星形侧来看变压器，零序电抗才是有限的（虽然有时还是很大的）。

对于输电线路，零序电抗与平行线路的回路数、有无架空地线及地线的导电性能等因素有关。零序电流在三相线路中是同相的，互感很大，因而零序电抗要比正序电抗大，而且零序电流将通过大地及架空地线返回，架空地线对三相导线起屏蔽作用，使零序磁链减少，即使零序电抗减小。

平行架设的两回三相架空输电线路中通过方向相同的零序电流时，不仅第一回路的任意两相对第三相的互感产生助磁作用，而且第二回路的三相对第一回路的第三相的互感也产生助磁作用，反过来也一样，这就使线路的零序阻抗进一步增大。

1-25 对接地电流不超过 10A 的 35kV 系统，采用中性点不接地方式的理由是什么？

➡ 接地电流不超过 10A 的 35kV 电力系统均采用中性点不接地方式，原因是中性点不接地系统正常运行时，线路每相电容电流是均匀分布的，各相电压 $\dot{U}_A$、$\dot{U}_B$、$\dot{U}_C$ 是不对称的，所产生的电容电流 $\dot{i}_A$、$\dot{i}_B$、$\dot{i}_C$ 的数值相等，相位互差 120°，所以流经大地的总电流为 0。当一相接地时，故障相电压为 0，中性点的电压升高为相电压，非故障相的相电压上升为线电压，即为相电压的 $\sqrt{3}$ 倍，线间电压不变。如接地电流小于 5A，闪络很难在闪络点形成稳定电压

（电弧），所以故障点的电弧可自动熄灭，不致停电。

1-26　中性点直接接地方式有哪些优缺点？

（1）优点是：

1）系统内过电压数值比不接地方式降低20%，因此可降低设备绝缘水平。

2）与同电压线路比较可减少绝缘子数量，减小塔头尺寸。

3）继电保护装置动作可靠。

（2）缺点是：单相接地的电流大，对邻近通信线路影响较大，必须在通信线路中采取防护措施。

1-27　中性点不直接接地系统适用的范围是什么？

中性点不直接接地系统适用于电压在500V以下的三相三线制电网和6～63kV电网。6～63kV电网的单相接地电流应符合下列要求：

（1）6～10kV电缆线路的电网，其单相接地电流 I_C 应不大于30A。

（2）10～63kV架空线路的电网，其单相接地电流 I_C 应不大于10A。

在上述条件下，单相接地电流产生的电弧可自行熄灭。

1-28　什么叫供电电压？什么叫供电电压容许偏差值？用户受电端供电电压的容许偏差值为多少？

供电部门与用户产权分界处的电压或供电合同中所规定的电能计量点处的电压叫作供电电压（主要用于电力营销）。

GB 12325—2008《电能质量供电电压偏差》规定用户用电设备端子处容许电压的偏差值叫作供电电压容许偏差值。用电设备的运行指标和额定寿命是针对其额定电压而言的。当其端子上出现电压偏差时，其运行参数和寿命将受到影响，影响的程度视偏差的大小、持续时间长短和设备状况而异。电压偏差计算公式如下：

电压容许偏差值(%)＝[(实际电压－额定电压)/额定电压]×100%

GB/T 12325—2008规定用户受电端（指用电设备端子处）供电电压的容许偏差值为：

（1）35kV及以上供电和对电压质量有特殊要求的用户，为额定电压的＋5%～—5%。

（2）10kV及以下高压供电和低压电力用户，为额定电压的＋7%～—7%。

（3）低压照明用户，为额定电压的＋5％～－10％。

以上电压容许偏差值为工业和居民生活用电的供配电系统设计提供了依据。

1-29 用户受电端的电压容许偏差值是多少？

（1）35kV 及以上用户的供电电压正负偏差绝对值之和不超过额定电压的 10％。

（2）10kV 用户的电压容许偏差值为系统额定电压的±7％。

（3）380V 用户的电压容许偏差值为系统额定电压的±7％。

（4）220V 用户的电压容许偏差值为系统额定电压的＋5％～－10％。

（5）特殊用户的电压容许偏差值，按供用电合同商定的数值确定。

1-30 发电厂和变电所的母线电压容许偏差值是多少？

（1）500（330）kV 母线电压。正常运行时，最高运行电压不得超过系统额定电压的 1.1 倍。最低运行电压不应影响电力系统同步稳定、电压稳定、厂用电的正常运行及下一级电压的调节。向空载线路充电时，在暂态过程衰减后，线路末端电压不应超过系统额定电压的 1.15 倍，持续时间不应大于 20min。

（2）发电厂和 500kV 变电所的 220kV 母线电压。正常运行时，电压容许偏差值为系统额定电压的 0～＋10％；事故运行时，电压容许偏差值为系统额定电压的－5％～＋10％。

（3）发电厂和 220（330）kV 变电所的 110～35kV 母线电压。正常运行时，电压容许偏差值为相应系统额定电压的－3％～＋7％；事故后为系统额定电压的±10％。

（4）发电厂和变电所的 10（6）kV 母线电压。应使所带线路的全部高压用户和经配电变压器供电的低压用户的电压，均符合第 28、29 题中各条款的规定值。

1-31 我国电力网的额定电压是如何划分的？

GB 156—2003《标准电压》规定：

（1）输电电压为 220、330、500、750kV 乃至 1000kV。

（2）高压配电电压为 35、63、110kV。

（3）中压配电电压为 10kV、20kV。

（4）低压配电电压为 380/220V。

1-32 什么情况下单相接地短路故障电流大于三相短路故障电流？

→当故障点零序综合电抗小于正序综合电抗时，单相接地短路故障电流将大于三相短路故障电流。例如，在大量采用自耦变压器的系统中，由于接地点多，接地中性点的零序综合电抗小，这时单相接地短路故障电流大于三相短路故障电流。

1-33 什么是容载比，它与哪些因素有关？如何确定？

→某一个供电区域的变电设备总容量（kVA）与对应的总负荷（kW）的比值叫容载比。

容载比与变电所的布点位置、数量、相互转供能力有关，即与电网结构有关。

容载比的确定要考虑负荷分散系数、平均功率因数、变压器负载率、储备系数等复杂因素的影响，在工程中可采用估算的方法计算容载比，其公式如下

$$R_s = \frac{\sum S_{ei}}{P_{max}} \tag{1-2}$$

式中 R_s——容载比，kVA/kW；

P_{max}——该电压等级的全网最大预测负荷；

S_{ei}——该电压等级下变电所的主变压器容量。

1-34 各电压等级城网的容载比是怎样规定的？

→城网作为城市的重要基础设施，应适度超前发展，以满足城市经济增长和社会发展的需要。根据城市经济增长和社会发展的不同阶段，对应的城网负荷增长速度分为较慢、中等、较快三种情况。相应各电压等级城网的容载比如表 1-1 所示，宜控制在 1.5～2.2。

表 1-1　　　　　　　　各电压等级城网容载比选择范围

城网负荷增长情况	较慢增长	中等增长	较快增长
年负荷平均增长率（建议值）	小于 7%	7%～12%	大于 12%
500kV	1.5～1.8	1.6～1.9	1.7～2.0
220～330kV	1.6～1.9	1.7～2.0	1.8～2.1

1-35　电力线路的输送功率、输送距离及线路走廊宽度为多少？

➡电力线路的输送功率、输送距离及线路走廊宽度的数值详见表1-2。

表1-2　电力线路的输送功率、输送距离及线路走廊宽度的数值表

线路电压 （kV）	线路结构	输送功率 （kW）	输送距离 （km）	线路走廊宽度 （m）
0.22	架空线	50 以下	0.15 以下	—
	电缆线	100 以下	0.20 以下	—
0.38	架空线	100 以下	0.50 以下	—
	电缆线	175 以下	0.60 以下	—
10	架空线	3000 以下	8～15 以下	—
	电缆线	5000 以下	10 以下	—
35	架空线	2000～10 000	20～40	12～20
63、110	架空线	10 000～50 000	50～150	15～25
220	架空线	100 000～300 000	100～300	30～40
330	架空线	200 000～1 000 000	200～600	35～45
500	架空线	800 000～2 000 000	400～10 000	60～75

1-36　什么是电力系统潮流分布？它从潮流性质上可分为哪几种？

➡电力系统潮流是描述电力系统运行状态的技术术语，运行中的电力系统带上负荷后，就有潮流或与潮流相对应的功率从电源通过系统各元件流入负荷，并分布于电网各处，称为潮流分布。

潮流分布从性质上可分为电力系统静态潮流、动态潮流和最佳潮流。

1-37　什么是电网的潮流计算？为什么要进行电网潮流计算？

➡电网潮流计算是电网功率分布和电压状况计算的统称。

电网在某一运行方式下，功率的分布情况是一定的，通过电网潮流计算可以明确各变电所母线上的功率大小、功率性质，网内功率方向，以及是送电还是受电。

1-38　电网功率分布的决定因素是什么？为什么要进行电网功率分布计算？

➡电网功率分布，主要取决于负荷的分布、线路及变压器参数和电源间功率

分配的关系。

进行电网功率分布计算，可以帮助我们了解系统的接线方式，在一定的运行方式下，各元件的负荷应保证电网电能质量，使整个电力系统有最大经济效益。

1-39　进行电网功率分布计算要达到哪些目的？

（1）根据计算结果选择电气设备规格及导线规格。

（2）为继电保护的选型、整定计算提供依据。

（3）检查电网内各种元件是否过负荷；导线会否发热；导线弧垂是否满足规定；交叉跨越是否能够满足运行要求。

（4）检查变电所各母线电压是否满足要求，是否需要调压以保证变电所的电压水平。

1-40　为什么要对电网各点的电压进行计算？

电压是电能质量的一项重要指标，也是电网内的重要参数。在电网运行中，线路阻抗、变压器阻抗、用户负荷变动及系统运行方式改变时，电网各点的电压是不同的。电网事故，如发生短路、断线等时电压会发生大幅度变化，电能质量不能得到保证，所以对电网电压的计算是非常重要的。

1-41　电网电压的变化可用哪三个名词来说明？

（1）电压降落。指输电线路首、末端电压相量差。

（2）电压损耗。指输电线路首、末端的电压代数差。

（3）电压偏移。电网中某一点的实际电压与电网额定电压之差，一般用百分数表示。电压偏移百分数等于电网某点电压减去电网额定电压再除以电网额定电压乘以百分之百。

1-42　电压偏移对系统运行有何影响？我国规定电压偏移的范围是多少？

电压偏移对电气设备运行有较大影响，分为正偏和负偏两种。电压正偏指电压高出电气设备额定值，易使设备发热以致绝缘老化烧毁；电压负偏影响用户的电能电压质量，使动力负荷产生过热，照明负荷降低照度。不论电压正偏还是负偏，均增大了电网的电压损耗，所以我国规定电压偏移不得超过表1-3。

15

表 1－3 我国电压偏移容许值

变电所类别	最大负荷时（%）	最小负荷时（%）	事故时（%）
变电所无调压	+2.5	+7.5	−2.5
变电所有调压	+5	0	0

1－43 何谓高压？何谓低压？何谓安全电压？

➡在电力系统中，通常把 1kV 以下的电力设备及装置称为低压设备，1kV 以上的设备及装置称为高压设备。

从安全技术方面考虑，凡设备对地电压在 250V 以上者称为高压，设备对地电压在 250V 以下者称为低压。尤其体现在家电设备方面。

36V 及以下的电压则称为安全电压（一般情况下对人身无危害的）。

1－44 何谓电力负荷？如何分类？

➡电力负荷是指发电厂或电力系统中，在某一时刻所承担的各类用电设备消费电功率的总和。其常用单位为"kW"（称千瓦）（10^3W）、MW（称兆瓦）（10^6W）、GW（称吉瓦）（10^9W）。在实际运行工作中，我们经常用电流来表征负荷。

电力负荷分类的方法比较多，主要有以下几种：

（1）按电力系统中负荷性质对负荷分类：

1）用电负荷：用户的用电设备在某一时刻实际消耗的功率的总和，也就是用户在某一时刻对电力系统所要求的功率。从电力系统来讲，则是指该时刻为满足用户用电所需具备的发电出力。

2）线路损失负荷：电能在输送过程中功率和能量的损失称为线路损失负荷。

3）供电负荷：用电负荷加上同一时刻的线路损失负荷称为供电负荷。

4）厂用负荷：发电厂厂用设备消耗的功率称为厂用负荷。

5）发电负荷：供电负荷和同一时刻发电厂的厂用负荷，构成电网的全部生产负荷，称为电网发电负荷。

（2）按电力系统中负荷发生的时间对负荷分类：

1）高峰负荷：电网或用户在一天内所产生的最大负荷值。通常选一天中最高的一小时内平均负荷为高峰负荷。

2）最低负荷：电网或用户在一天内最低的一点的小时平均用电量称为最

低负荷。

3）平均负荷：电网或用户在某一确定时间段内的平均小时用电量称平均负荷。

（3）根据突然中断供电所造成的损失程度对负荷分类：

1）一级负荷：突然中断供电会造成人身伤亡或会引起周围环境严重污染的；会造成经济上巨大损失的；会造成社会秩序严重混乱或在政治上产生严重影响的。

2）二级负荷：突然中断供电会造成经济上较大损失的；会造成社会秩序混乱或在政治上产生较大影响的。

3）三级负荷：不属于上述一、二类负荷的其他负荷。

1-45 电力系统谐波对电网产生的影响有哪些？限制电网谐波的措施有哪些？

➡（1）谐波对电网的影响主要有：

1）谐波使旋转设备和变压器产生附加损耗并增加发热，此外谐波还会引起旋转设备和变压器振动并发出噪声，长时间的振动会造成金属疲劳和机械损坏。

2）谐波使线路产生附加损耗。

3）谐波可引起系统的电感、电容发生谐振，使谐波放大。当谐波引起系统谐振时，谐波电压升高，谐波电流增大，使继电保护及安全自动装置误动，损坏系统设备（如电力电容器、电缆、电动机等），引发系统事故，威胁电力系统的安全运行。

4）谐波可干扰通信设备，增加电力系统的功率损耗（如线损），使无功补偿设备不能正常运行等，给系统和用户带来危害。

（2）限制电网谐波的主要措施有：①增加换流装置的脉动数；②加装交流滤波器、有源电力滤波器；③加强谐波管理。

1-46 什么叫电力系统的稳定运行？电力系统稳定共分几类？

➡当电力系统受到扰动后，能自动恢复到原来的运行状态，或凭借控制设备的作用过渡到新的稳定状态运行，即称为电力系统稳定运行。

电力系统稳定可分为以下三类：

（1）发电机同步运行的稳定性问题，根据电力系统所承受的扰动大小的不同，又可分为静态稳定、暂态稳定、动态稳定三大类；

（2）电力系统无功不足引起的电压稳定性问题；

（3）电力系统有功功率不足引起的频率稳定性问题。

1-47 采用单相重合闸为什么可以提高暂态稳定性？

➡️采用单相重合闸后，由于故障时仅切除故障相，而不是三相，在切除故障相后至重合闸前的一段时间内，送电端和受电端没有完全失去联系（电气距离与切除三相相比要小得多），这样使加速面积减少，减速面积增加，从而提高了暂态稳定性。

1-48 简述同步发电机的同步振荡和异步振荡。

➡️当发电机的输入或输出功率变化时，功角 δ 也随之变化，但由于机组转动部分的惯性，δ 不能立即达到新的稳态值，需要在新 δ 值附近经过若干次振荡之后，才能稳定在新的 δ 下运行。这一过程即同步振荡，即发电机仍保持在同步运行状态下的振荡。

发电机因某种原因受到较大的扰动，其功角 δ 在 $0°\sim360°$ 之间周期性地变化，发电机与电网失去同步。这种状态称为异步振荡。在异步振荡时，发电机一会儿工作在发电机状态，一会儿工作在电动机状态。

1-49 如何区分系统发生的振荡是异步振荡还是同步振荡？

➡️异步振荡的明显特征是：系统频率不能保持在同一个频率，且所有电气量和机械量波动明显偏离额定值。如发电机、变压器和联络线的电流表、功率表周期性地大幅度摆动；电压表周期性大幅摆动，振荡中心的电压摆动最大，并周期性地接近于零；失步的发电厂间的联络的输送功率往复摆动；送端系统频率升高，受端系统频率降低并有摆动。

同步振荡时，系统频率能保持相同，各电气量的波动范围不大，且振荡在有限的时间内衰减并进入新的平衡运行状态。

1-50 系统振荡事故与短路事故有什么不同？

➡️电力系统振荡与短路的主要区别是：

（1）振荡时系统各点电压和电流值均做往复性摆动，而短路时电流、电压值是突变的。此外，振荡时电流、电压值的变化速度较慢，而短路时电流、电压值突然变化速度很快。

（2）振荡时系统任何一点电流与电压之间的相位角都随功角的变化而改

变，而短路时电流与电压间的相位角基本不变。

（3）振荡时系统三相对称，而短路时系统可能出现三相不对称。

1-51　什么是自动低频减负荷装置？其作用是什么？

➡为提高供电质量，保证重要用户的供电可靠性，当系统中出现有功功率缺额引起频率下降时，根据频率下降的程度，自动断开一部分用户，阻止频率下降，以使频率迅速恢复到正常值，这种装置就是自动低频减负荷装置。

自动低频减负荷装置不仅可以保证对重要用户的供电，还可以避免频率下降引起的系统瓦解事故。

1-52　什么是发电厂、变电所母线失电？发电厂、变电所母线失电的现象有哪些？

➡发电厂、变电所母线失电指母线本身无故障而失去电源。

判别母线失电的依据是同时出现下列现象：

（1）该母线的电压表指示消失。

（2）该母线的各出线及变压器负荷消失（电流表、功率表指示为零）。

（3）该母线所供厂用电或所用电消失。

1-53　当系统联络元件输送潮流超过暂态稳定、静（热）稳定限额时，应如何处理？

➡当系统联络元件输送潮流超过暂态稳定、静（热）稳定限额时，应迅速将潮流降至限额以内，处理原则如下：

（1）增加受端发电厂出力，并提高电压水平。

（2）降低送端发电厂出力，必要时可切除部分发动机组，并提高电压水平。

（3）调整系统运行方式（包括改变系统接线等，转移过负荷元件的潮流）。

（4）在该联络元件受端进行限电或拉电。

1-54　电网调峰的手段主要有哪些？

➡电网调峰的手段主要有：

（1）将抽水蓄能电厂由发电机状态改为电动机状态，调峰能力接近 200%。

（2）水电机组减负荷调峰或停机，调峰依最小出力（考虑振动区），调峰能力接近 100%。

（3）燃油（气）机组减负荷，调峰能力在 50% 以上。

（4）燃煤机组减负荷、启停调峰、少蒸汽运行、滑参数运行，调峰能力分别为 50%（若投油或加装助燃器可减至 60%）、40%、100%。

（5）核电机组减负荷调峰。

（6）采用对用户侧负荷进行管理的方法，削峰填谷调峰。

1-55　什么是电力系统中的"三违"？什么是"三不放过"？

➡️电力系统中的三违是违章指挥、违章操作、违反劳动纪律的简称。

三不放过是指：发生事故应立即进行调查分析，调查分析事故必须实事求是、尊重科学、严肃认真，要做到事故原因不清楚不放过；事故责任者和应受教育者没有受到教育不放过；没有采取措施不放过。

1-56　供用电合同应当包含哪些条款？

➡️（1）供电方式、供电质量和供电时间。

（2）用电容量和用电地址、用电性质。

（3）计量方式和电价、电费结算方式。

（4）供用电设施维护责任的划分。

（5）合同的有效期限。

（6）违约责任。

（7）双方共同认为应当约定的其他条款。

1-57　电力系统频率偏差超出什么范围构成事故？

➡️我国规定，电力系统频率偏差超出以下数值则构成事故：

装机容量在 3000MW 及以上电力系统，频率偏差超出 50 ± 0.2Hz，延续时间 1h 以上；或频率偏差超出 50 ± 1Hz，延续时间 15min 以上；

装机容量在 3000MW 以下电力系统，频率偏差超出 50 ± 0.5Hz，延续时间 1h 以上；或频率偏差超出 50 ± 1Hz，延续时间 15min 以上。

1-58　变电所母线停电的原因主要有哪些？一般根据什么判断为母线故障？应注意什么？

➡️变电所母线停电的原因一般有：①母线本身故障；②母线上所接元件故

障，保护或断路器拒动；③外部电源全停等。

判断母线故障要根据仪表指示、保护和自动装置动作情况、开关信号及事故现象（如火光、爆炸声等）等，判断事故情况，并且迅速采取有效措施。

事故处理过程中应注意，切不可只凭所用电源全停或照明全停而误认为是变电所全停电，同时，应尽快查清是本所母线故障还是由外部原因造成本站母线无电。

1-59　多电源的变电所全停电时，变电所应采取哪些基本方法尽快恢复送电？

➡多电源联系的变电所全停电时，变电所运行值班人员应按规程规定，立即将多电源间可能联系的断路器拉开，若双母线母联断路器没有断开，应首先拉开母联断路器，防止突然来电造成非同期合闸。每条母线上应保留一个主要电源线路断路器在投运状态，或检查有电压测量装置的电源线路，以便及早判明来电时间。

1-60　发电厂高压母线停电时，应采取哪些方法尽快恢复送电？

➡当发电厂母线停电时（包括各种母线接线），可依据规程规定和实际情况采取以下方法恢复送电：

（1）现场值班人员应按规程规定立即拉开停电母线上的全部电源断路器（视情况可保留一个外来电源线路断路器在合闸投运状态），同时设法恢复受影响的厂用电。

（2）对停电的母线进行试送电，应尽可能利用外来电源线路断路器试送电，必要时也可用本厂带有充电保护的母联断路器给停电母线充电。

（3）当有条件且必要时，可利用本厂一台机组对停电母线零起升压，升压成功后再与系统同期并列。

1-61　当母线停电，并伴随因故障引起的爆炸、火光等现象时，应如何处理？

➡当母线停电，并伴随由故障引起的爆炸、火光等现象时，现场值班人员应立即拉开故障母线上的所有断路器，找到故障点并迅速隔离，在请示值班调度员同意后，由值班调度员决定用何种方式对停电母线试送电，现场值班人员按调度员的指令进行操作。

1-62　为尽快消除系统间联络线过负荷，应主要采取哪些措施？

➡(1) 受端系统的发电厂迅速增加出力，或由自动装置快速启动受端水电厂的备用机组，包括调相的水轮发电机快速改发电运行。

(2) 送端系统的发电厂降低有功出力，并提高电压，频率调整厂应停止调频，并可适当降低频率运行，以降低线路的过负荷。

(3) 当联络线已达到规定极限负荷时，应立即下令受端切除部分负荷，或由专用的自动装置切除负荷。

(4) 有条件时，值班调度员改变系统接线方式，以强迫潮流分配。

1-63　变压器事故过负荷时，应采取哪些措施消除过负荷？

➡(1) 投入备用变压器。

(2) 指令有关调度转移负荷。

(3) 改变系统接线方式。

(4) 按有关规定进行拉闸限电。

1-64　操作中发生带负荷拉、合隔离开关时如何处理？

➡(1) 带负荷误合隔离开关时，即使已发现合错，也不准将隔离开关再拉开。因为带负荷拉隔离开关，将造成三相弧光短路事故。

(2) 带负荷错拉隔离开关时，在刀片刚离开固定触头时，便发生电弧，这时应立即合上，可以消除电弧，避免事故扩大。如隔离开关已全部拉开，则不许将误拉的隔离开关再合上。

1-65　选择调频厂的原则是什么？

➡(1) 具有足够的调频容量，以满足系统负荷增、减最大的负荷变量。

(2) 具有足够的调整速度，以适应系统负荷增、减最快的速度需要。

(3) 出力调整应符合安全和经济运行原则。

(4) 在系统中所处的位置及其与系统联络通道的输送能力。

1-66　电力系统监视控制点电压超过什么范围构成事故？

➡我国规定，电力系统监视控制点电压超过电力系统调度规定的电压曲线数

值的±5％，且延续时间超过 2h；或超过规定数值的±10％，且延续时间超过
1h，则构成事故。

1-67　在电气设备操作中，发生什么情况构成事故？

➡在电气设备操作中，发生下列情况则构成事故：

（1）带负荷拉、合隔离开关。

（2）带电挂接地线（带电合接地开关）。

（3）带接地线（或接地开关）合断路器。

1-68　电力系统发生大扰动时，安全稳定标准是如何划分的？

➡根据电网结构和故障性质不同，电力系统发生大扰动时的安全稳定标准分
为四类：

（1）保持稳定运行和电网的正常供电。

（2）保持稳定运行，但允许损失部分负荷。

（3）当系统不能保持稳定运行时，必须防止系统崩溃，并尽量减少负荷损失。

（4）在满足规定的条件下，允许局部系统做短时非同步运行。

1-69　电力系统稳定计算分析的主要任务是什么？

（1）确定电力系统的静态稳定、暂态稳定和动态稳定的水平，提出稳定运
行限额。

（2）分析和研究提高稳定的措施。

（3）研究非同步运行后的再同步问题。

1-70　什么是电力系统的正常运行方式、事故后运行方式和特殊运行方式？

➡正常运行方式是指正常检修方式和按负荷曲线及季节变化的水电大发、火
电大发、最大最小负荷和最大最小开机方式下长期出现的运行方式。

事故后运行方式是指电力系统事故消除后，在恢复到正常方式前所出现的
短期稳定运行方式。

特殊运行方式是指主干线路、大联络变压器等设备检修及其他对系统稳定
运行影响较为严重的运行方式。

1－71　什么是电力系统静态稳定？静态稳定的计算条件是什么？

➡电力系统静态稳定是指电力系统受到小干扰后，不发生自发振荡和非同期性的失步，自动恢复到起始运行状态的能力。

静态稳定的计算条件是：

（1）在系统规划计算中，为了简化校验内容，发电机用暂态电动势恒定和暂态阻抗代表，负荷用恒定阻抗代表。

（2）在系统设计和生产运行计算中，当校验重要主干输电线路的输送功率时，发电机用暂态电动势恒定和暂态阻抗代表，考虑负荷特性。

1－72　什么是电力系统暂态稳定？电力系统暂态稳定计算的条件是什么？

➡电力系统暂态稳定是指电力系统受到大干扰后，各同步电机保持同步运行并过渡到新的或恢复到原来稳态运行方式的能力。通常指保持第一个或第二个振荡周期不失步。

电力系统暂态稳定计算的条件是：

（1）在最不利的地点发生金属性故障。

（2）不考虑短路电流中的直流分量。

（3）发电机可用暂态电阻及暂态电动势恒定代表。

（4）考虑负荷特性（在进行系统规划时可用恒定阻抗代表负荷）。

（5）继电保护、重合闸和有关安全自动装置的动作状态和时间，应结合实际可能情况考虑。

1－73　什么是电力系统动态稳定？电力系统动态稳定的计算条件是什么？

➡电力系统动态稳定是指电力系统受到小的或大的干扰后，在自动调节器和控制装置的作用下，保持长过程的运行稳定的能力。

电力系统动态稳定的计算条件是：

（1）发电机用相应的数字模型代表。

（2）考虑调压器和调速器的等值方程式以及自动装置的动作特性。

（3）考虑负荷的电压和频率动态特性。

1－74　何谓电力系统三道防线？

➡电力系统三道防线是指电力系统受到不同扰动时，对保证电网安全可靠供电方面提出的要求：

（1）当电网发生常见的概率高的单一故障时，电力系统应当保持稳定运行，同时保持对用户的正常供电。

（2）当电网发生性质较严重但概率较低的单一故障时，要求电力系统保持稳定运行，但允许损失部分负荷（或直接切除某些负荷；或因系统频率下降，负荷自然降低）。

（3）当电网发生罕见的多重故障（包括单一故障，同时继电保护动作不正确等），电力系统可能不能保持稳定，但必须有预定的措施以尽可能缩小故障影响范围和缩短故障影响时间。

1-75　确定电力系统有功功率备用容量的原则是什么？备用容量有哪些？

➡规划、设计和运行的电力系统，均应备有必要的有功功率作为备用容量，以保持系统在额定频率下运行。

备用容量包括：

（1）负荷备用容量：为最大发电负荷的 2%～5%，低值适用于大系统，高值适用于小系统。

（2）事故备用容量：为最大发电负荷的 10% 左右，但不小于系统一台最大机组的容量。

（3）检修备用容量：一般应结合系统负荷特点、水火电比重、设备质量、检修水平等情况确定，以满足可以周期性地检修所有运行机组的要求，一般为最大发电负荷的 8%～15%。

1-76　设置电网解列点的原则是什么？电网在哪些情况下应能实现自动解列？

➡电网解列点的设置，应满足解列后各地区各自同步运行与供需基本平衡的要求。解列点不宜过多。

一般在下列情况下，电网应能实现自动解列：

（1）电力系统间的弱联络线。

（2）主要由电网供电的带地区电源的终端变电所，或在地区电源与主网联络的适当地点。

（3）事故时专带厂用电的机组。

（4）暂时未解环的高低压电磁环网。

1-77 什么是电抗变压器？它与电流互感器有什么区别？

➡电抗变压器是把输入电流转换成输出电压的中间转换装置，同时也起隔离作用。它要求输入电流与输出电压成线性关系。

电流互感器是改变电流的转换装置。它将高压大电流转换成低压小电流，呈线性转变，因此要求励磁阻抗大，即电磁电流小，负载阻抗小。电抗变压器正好与其相反。电抗变压器的励磁电流大，二次负载阻抗大，处于开路工作状态；而电流互感器二次负载阻抗远小于其励磁阻抗，处于短路工作状态。

1-78 何谓振荡解列装置？

➡当电力系统受到较大干扰而发生非同步振荡时，为防止整个系统的稳定被破坏，经过一段时间或超过规定的振荡周期数后，在预定地点将系统进行解列，执行振荡解列的自动装置称为振荡解列装置。

1-79 试述网络拓扑分析的概念。

➡电网的拓扑结构描述电网中各电气元件的图形连接关系。电网是由若干个带电的电气岛组成的，每个电气岛又由许多母线及母线间相连的电气元件组成。每个母线又由若干个母线路元素通过断路器、隔离开关相连而成。网络拓扑分析是根据电网中各断路器、隔离开关的遥信状态，通过一定的搜索算法，将各母线路元素连成某个母线，并将母线与相连的各电气元件组成电气岛，进行网络接线辨识与分析。

1-80 什么叫电力系统状态估计？其用途是什么？运行状态估计必须具备什么基本条件？

➡电力系统状态估计就是利用实时量测系统的冗余性，应用估计算法来检测与剔除坏数据。其作用是提高数据精度及保持数据的前后一致性，为网络分析提供可信的实时潮流数据。

运行状态估计必须保证系统内部是可观测的，系统的量测要有一定的冗余度。在缺少量测的情况下做出的状态估计是不可用的。

1-81 什么叫安全分析、静态安全分析、动态安全分析？

➡安全分析是对运行中的网络或某一研究态下的网络，按 $N-1$ 原则，研究一个个运行元件因故障退出运行后，网络的安全情况及安全裕度。

静态安全分析是研究元件有无过负荷及母线电压有无越限。

动态安全分析是研究线路功率是否超稳定极限。

1-82　最优潮流与传统经济调度的区别是什么？

➡传统经济调度只对有功进行优化，虽然考虑了线损修正，但只考虑了有功功率引起线损的优化。传统经济调度一般不考虑母线电压的约束，对安全约束一般也难以考虑。最优潮流除了对有功及耗量进行优化外，还对无功及网损进行了优化。此外，最优潮流还考虑了母线电压的约束及线路潮流的安全约束。

1-83　电力系统电压调整的常用方法有几种？

➡电力系统电压的调整必须根据系统的具体要求，在不同的厂站，采用不同的方法进行。常用的电压调整方法有以下三种：

（1）增减无功功率进行调压，如发电机、调相机、并联电容器、并联电抗器调压。

（2）改变有功功率和无功功率的分布进行调压，如调压变压器、改变变压器分接头调压。

（3）改变网络参数进行调压，如投停串联电容器、投停并列运行变压器、投停空载或轻载高压线路调压。

特殊情况下，有时采用调整用电负荷或限电的方法调整电压。

1-84　电力系统的调峰电源主要有哪些？

➡用于电力系统调峰的电源一般包括常规水电机组，抽水蓄能机组，燃气轮机机组，常规汽轮发电机组和其他新形式调峰电源。

1-85　电网电压调整的方式有几种？什么叫逆调压？

➡电网电压调整方式一般包括逆调压方式、恒调压方式、顺调压方式三种。

逆调压是指在电压允许偏差范围内，电网供电电压的调整使电网高峰负荷时的电压高于低谷负荷时的电压值，使用户的电压高峰、低谷相对稳定。

1-86　电力系统同期并列的条件是什么？

➡电力系统同期并列的条件是：

（1）并列断路器两侧的相序、相位相同。

（2）并列断路器两侧的频率相等，当调整有困难时，允许频率差不大于所处电网规定。

（3）并列断路器两侧的电压相等，当调整有困难时，允许电压差不大于所处电网规定。

1-87 电网中，允许用隔离开关直接进行的操作有哪些？

（1）在电网无接地故障时，拉合电压互感器。

（2）在无雷电活动时拉合避雷器。

（3）拉合 220kV 及以下母线和直接连接在母线上的设备的电容电流，合经试验允许的 500kV 空载母线和拉合 3/2 接线母线环流。

（4）在电网无接地故障时，拉合变压器中性点接地隔离开关或消弧线圈。

（5）与断路器并联的旁路隔离开关，当断路器合好时，可以拉合断路器的旁路电流。

（6）拉合励磁电流不超过 2A 的空载变压器、电抗器和电容电流不超过 5A 的空载线路（但 20kV 及以上电网应使用户外三相联动隔离开关）。

1-88 变压器中性点零序过电流保护和间隙过电压保护能否同时投入？为什么？

变压器中性点零序过电流保护和间隙过电压保护不能同时投入。变压器中性点零序过电流保护在中性点直接接地时方能投入，而间隙过电压保护在变压器中性点经放电间隙接地时才能投入，如二者同时投入，有可能造成上述保护的误动。

1-89 何谓电力系统事故？引起电力系统事故的主要原因有哪些？

电力系统事故指由于电力系统设备故障或人员工作失误，影响电能供应数量或质量并超过规定范围的事件。

引起电力系统事故的原因是多方面的，如自然灾害、设备缺陷、管理维护不当、检修质量不好、外力破坏、运行方式不合理、继电保护误动作和人员工作失误等。

1-90 从事故范围角度出发，电力系统事故可分几类？各类事故的含义是什么？

电力系统事故依据事故范围大小可分为两大类，即局部事故和系统事故。

　　局部事故指系统中个别元件发生故障，使局部地区电网运行和电能质量发生变化，用户用电受到影响的事件。

　　系统事故指系统内主干联络线跳闸或失去大电源，引起全系统频率、电压急剧变化，造成供电电能数量或质量超过规定范围，甚至造成系统瓦解或大面积停电的事件。

1-91 什么是工频电场和工频磁场？

➡交流输变电设施产生的电场和磁场属于工频电场和工频磁场。我国工频是 50Hz，波长是 6000km。

1-92 什么是电磁辐射？

➡电磁辐射是指电磁辐射源以电磁波的形式发射到空间的能量流。电磁辐射源发射的频率越高，它的波长就越短，电磁辐射就越容易产生。一般而言，只有当辐射体长度大于其工作波长的 1/4 时，才有可能产生有效的电磁辐射。

1-93 为什么说输变电设施对周围环境不能产生有效的电磁辐射？

➡这是因为交流输变电设施产生的工频电场和工频磁场属于极低频场，是通过电磁感应对周围环境产生影响的。工频电场和工频磁场的频率只有 50Hz，波长很长，达 6000km，而输电线路本身长度一般远小于这个波长，因此不能构成有效的电磁辐射。

1-94 工频电场、工频磁场与电离辐射、电磁辐射有什么区别？

➡工频电场、工频磁场与电离辐射、电磁辐射的主要区别是辐射频率不同。在图 1-2 电磁频谱示意图中 X 射线、γ 射线属于电离辐射，其辐射频率为 $10^{16} \sim 10^{22}$ Hz；可见光、微波炉产生的微波等辐射属于电磁辐射，其辐射频率

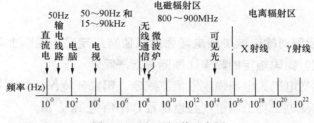

图 1-2 电磁频谱示意图

为 $10^8 \sim 10^{16}$ Hz；而 50Hz 频率处，输变电设施产生的工频电场、工频磁场是极低频场。重要的是，在输变电设施周围，不存在工频电场、工频磁场交替变化，"一波一波"地向远处空间传送能量的情况，这有别于电离辐射和电磁辐射。

1-95 不同的电磁现象和能量大小会对人体产生什么样的影响？

➡️不同的电磁现象和能量大小关系到对生物细胞组织的影响程度。电离辐射产生的光子能量大，频率极高，能穿透人体组织，可用于透视、检查身体、照射病灶、杀伤癌细胞等。电磁辐射产生的电磁波频率比电离辐射产生的光子频率低，对人体不发生离子化作用。工频电场、工频磁场是一种极低频场，在电场强度和磁感应强度低于国际导则限值（电场强度 5kV/m，磁感应强度 0.1mT）的情况下，曝露在极低频电磁场中不会对健康产生有害影响。

1-96 输变电设施会产生核辐射吗？

➡️输变电设施不会产生核辐射。核辐射是由放射物质产生的，它属于电离辐射。而输变电设施产生的是工频电场和工频磁场，不可能产生核辐射。

1-97 什么是输变电工频电场强度？输电线路产生的工频电场强度有什么特点？

➡️输变电工频电场强度是用来衡量输变电设施周围空间某个点位在一定方向上的电场强弱的尺度。计量单位为 kV/m。

输电线路产生的工频电场强度有以下特点：

（1）随着离开导线距离增加，电场强度降低很快，且在距地面约 2m 的空间，电场强度基本是均匀的。

（2）工频电场很容易被树木、房屋等屏蔽，受到屏蔽后，电场强度明显降低。

1-98 我国对输变电工频电场强度限值有规定吗？国际上对工频电场强度有什么规定？我国规定的限值比国际导则严吗？

➡️我国对输变电工频电场强度限值有规定。国家环境保护局在相关规范中规定，居民区输变电工程工频电场强度的推荐限值为 4kV/m。

国际非电离辐射防护委员会（ICNIRP）于 1998 年发布了《限制时变电

场、磁场和电磁暴露的导则（300GHz 以下）》。在这个导则中，对公众的限值是 5kV/m。此限值对保护公众健康已留有足够的安全裕度，得到世界卫生组织的认可与推荐，已被包括欧美等发达国家在内的许多国家所采用。

我国的推荐限值比国际导则的规定要严，在数值上小于 1kV/m。

1-99　为什么有的变电所要建在居民区内？

➡随着城市建设的不断发展，居民区越来越多，负荷密度越来越大，每户居民的用电量也随着生活水平的提高在不断增加，而一座变电所的供电能力和供电范围（供电半径）又是有限的。因此，为了满足居民用电的需求，保证供电可靠性和供电质量，在居民区建设变电所是无法避免的。

1-100　变电所周围工频电场强度有多大？

➡户外式变电所所界工频电场强度在每米几伏到几百伏之间，靠近变电所进出线处稍高。变电所在设计时，均按照相关技术规范要求，保证变电所相邻居民区的电场强度低于国家规定 4kV/m 的限值。户内式和半户内式变电所所界工频电场强度比户外式变电所更低。

1-101　家用电器的工频磁场强度有多大？

➡常用家用电器的工频（60Hz）磁感应强度见表 1-4。

表 1-4　　　　　　　　常用家用电器的工频磁感应强度

家用电器	距离 Z 处的磁感应强度（μT）		
	$Z=3cm$	$Z=30cm$	$Z=100cm$
电动剃须刀	15~1500	0.08~9	0.01~0.3
真空吸尘器	200~800	2~20	0.13~2
荧光台灯	40~400	0.5~2	0.02~0.25
微波炉	75~200	4~8	0.25
电视机	2.5~50	0.04~2	0.01~0.15
洗衣机	0.8~50	0.15~3	0.01~0.15
电冰箱	0.5~1.7	0.01~0.25	0.01

注　引自中华人民共和国国家标准化指导性技术文件 GB/Z 18039—2005/IEC 61000-2-7：1998《电磁兼容环境、各种环境中的低频磁场》。

第二章

电力变压器

2-1　什么是电力变压器？它有什么作用？

➡️电力变压器是一种静止的电气设备，用来将某一数值的交流电压（电流）变成频率相同的另一种或几种数值不同的电压（电流）的设备。

各种不同的用电设备，常常需要各种不同的电源电压。我国日常用的电压为220V（有些国家和地区为110V）；一般三相用电为380V；安全照明用灯的电压为36V或12V；发电机机端电压一般为6～10kV，现在大容量机组机端电压提高到20kV级别。在输电过程中，为了减少电能损耗，将需要电压升高到10、35、63、110、220、330、500、1000kV等高电压或超高电压来输送电能，这就需要通过升压变压器来完成；在用户端，又要使用降压变压器将电压降低到用户需要的电压等级来满足供电要求。

2-2　变压器为什么能改变电压？

➡️变压器是根据电磁感应原理制成的，其结构如图2-1所示。

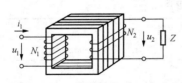

图2-1　变压器结构原理图

在变压器的一次绕组施加交变电压 u_1 时，一次绕组中产生电流 i_1，该电流使铁芯中产生交变磁通 φ，因为一、二次绕组绕在同一个铁芯上，交变磁通通过二次绕组时，便在变压器二次侧感应一电动势 E_2。感应电动势的大小，根据电磁感应定律为

$$E = 4.44 f N \varphi \tag{2-1}$$

式中　　E——感应电动势，V；

　　　　f——频率，Hz；

　　　　N——线圈匝数，匝；

　　　　φ——磁通，Wb。

由于磁通 φ 穿过一、二次绕组而闭合，所以

$$E_1 = 4.44 f N_1 \varphi \qquad\qquad (2-2)$$

$$E_2 = 4.44 f N_2 \varphi \qquad\qquad (2-3)$$

两式相除，得

$$\frac{E_1}{E_2} = \frac{4.44 f N_1 \varphi}{4.44 f N_2 \varphi} \qquad\qquad (2-4)$$

令 $K = \dfrac{E_1}{E_2} = \dfrac{N_1}{N_2}$，则称 K 为变压器的变比。

在一般的电力变压器中，绕组电阻压降很小，可忽略不计，因此 $u_1 \approx E_1$，$u_2 \approx E_2$，则

$$\frac{u_1}{u_2} = \frac{E_1}{E_2} = \frac{N_1}{N_2} \qquad\qquad (2-5)$$

上式表明，变压器一、二次绕组的电压比等于一、二次绕组的匝数比。因此要一、二次绕组有不同的电压，只要改变它们的匝数比即可。

2-3　变压器有哪些种类？

➡ 一般变压器可按用途、相数、绕组形式、铁芯形式、冷却方式进行分类。

（1）按用途分：

1）电力变压器：用于电力系统的升压或者降压，是一种最普通的常用变压器。

2）试验变压器：用于产生高电压，对电气设备进行高压试验。

3）仪用变压器：如电压互感器、电流互感器，用于测量仪表和继电保护装置。

4）特殊用途变压器：如冶炼用的电炉变压器，电解用的整流变压器，焊接用的电焊变压器，试验用的调压变压器。

（2）按相数分：

1）单相变压器：用于单相负荷和三相变压器组。

2）三相变压器：用于三相系统的升、降电压。

（3）按绕组形式分：

1）自耦变压器：用于连接超高压、大容量且变比要求不大的电力系统。

2）双绕组变压器：用于连接两个不同电压等级的电力系统。

3）三绕组变压器：连接三个电压等级的电力系统，一般用于电力系统的区域变电所。

（4）按铁芯形式分：

1）芯式变压器：用于高压的电力变压器。

2）壳式变压器：用于大电流的特殊变压器，如电炉变压器和电焊变压器等；或用于电子仪器及电视、收音机等的电源变压器。

（5）按冷却方式分：

1）油浸式变压器：如油浸自冷、油浸风冷、油浸水冷、强迫油循环风冷变压器或水冷变压器，以及水内冷变压器等。

2）干式变压器：依靠空气对流进行冷却方式，代替变压器油冷却。

3）充气式变压器：用特殊化学气体（SF_6）代替变压器油散热。

2-4 常用的电力变压器有哪几种型号？字母含义是什么？

目前我国的中小型变压器主要有 S7、SL7、SF7、SZL7、S9、S11 等系列产品，其中 S7、SL7、SF7、SZL7 基本已被淘汰，S9 系列产品只有少数厂家生产；S11 系列产品由于具有损耗低、重量轻、密闭性好、外观美等优点，得到了广泛应用。变压器型号的含义和新旧型号对照见表 2-1。

表 2-1　　　　　　电力变压器型号含义和新旧型号对照表

分类项目	代表符号		分类项目	代表符号	
	新型号	旧型号		新型号	旧型号
单相变压器	D	D	有载调压	Z	Z
三相变压器	S	S	双绕组变压器	不表示	不表示
油浸自冷式	ONAN	J	三绕组变压器	S	S
油浸风冷式	ONAF	F	无励磁调压	不表示	不表示
强迫油循环风冷式	OFAF	P	铜绕组变压器	不表示	不表示
强迫油循环水冷式	OFWF	S	铝绕组变压器	不表示	L
强迫油导向循环风冷或水冷	ODAF 或 ODWF	不表示	自耦（双绕组和三绕组）变压器	O	O
铁芯材质非晶合金	H	—	特殊结构全绝缘	J	不表示
特殊用途风力发电用	F	—	特殊用途地下用	D	—
特殊结构卷铁芯	R	—	特殊结构密封式	M	—

示例：S11-M·R-315/10　表示一台三相油浸、自冷式、双绕组、无励磁调压、一般卷铁芯结构，损耗水平代号为"11"、容量 315kVA、额定电压 10kV 的密封式电力变压器。

2-5 变压器铁芯由何种材料构成？其截面形状有哪几种？适用范围如何？

➡变压器铁芯一般是由 0.35mm 厚的硅钢片叠装起来的，有些老旧变压器也有使用 0.5mm 硅钢片的。在叠装之前，硅钢片表面要涂一层很薄的绝缘漆膜，使片与片之间保持绝缘。现在生产的硅钢片，轧钢厂在生产时已在硅钢片表面涂了绝缘薄膜，因而在叠装铁芯前不必再涂绝缘漆膜了。

变压器铁芯截面分为两种，一种是正方形或长方形，另一种是内接圆的阶梯形。一般供货商提供的变压器均采用阶梯形铁芯，铁芯截面越大，阶梯级数越多，使其尽量接近圆形，以有效利用变压器的空间。只有尺寸很小的铁芯才采用正方形或长方形铁芯。近些年来，为了进一步减小铁芯的磁阻，降低损耗，变压器铁芯的四角接缝从过去的直接缝改为 45°全斜接缝，并正在研究渐开式圆形铁芯和圈式圆形铁芯。

2-6 变压器绕组有几种排列方式？各有何特点？

➡变压器一、二次绕组在铁芯上的排列方式可分为交叠式和同心式两种，见图 2-2。

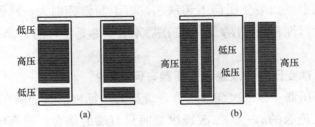

图 2-2 变压器绕组结构示意图
(a) 交叠式；(b) 同心式

如图 2-2（a）所示，交叠式绕组是把一、二次绕组按一定的交替次序套在铁芯柱上，这种绕组由于高低压绕组的间隙过多，绝缘复杂，故包扎很不方便。它的优点是绕组的机械强度很高，一般在大型壳式变压器中使用。

如图 2-2（b）所示，同心式绕组是把一、二次绕组分别绕成直径不同的圆筒形线圈套在铁芯柱上。高压绕组又可分为圆筒式、连续式、螺旋式和纠结式等。一般高压绕组在外侧，低压绕组在内侧。这种绕组结构简单，绕制方便，故被广泛采用。

2－7　为什么变压器的低压绕组在内边，而高压绕组在外边？

➡️理论上来讲，高压绕组或低压绕组怎样布置都是可行的，但大多数变压器把低压绕组布置在高压绕组的内边，这主要是从绝缘方面考虑的。因为变压器的铁芯是接地的，低压绕组靠近铁芯，从绝缘角度容易做到。如果将高压绕组靠近铁芯，由于高压绕组电压很高，要达到绝缘要求，就需要更多的绝缘材料和较大的绝缘间距，这样不但增大了绕组的体积，而且浪费了绝缘材料，不合理也不经济。再者，变压器的电压调节是靠改变高压绕组的抽头，即改变其匝数来实现的，因此把高压绕组安置在低压绕组的外边，引线较容易。

2－8　变压器的铁芯有何作用？不用铁芯行吗？

➡️变压器是根据电磁感应原理制成的。双绕组或者三绕组变压器的一、二次绕组之间并没有电的直接联系，只有磁的联系。假如变压器没有铁芯，理论上虽然也能起到变压作用，但是由于空气的磁阻很大，漏磁十分严重，故需要很大的励磁电流。而装有铁芯的变压器，由于铁芯的磁阻很小，通过铁芯可得到较强的磁场，从而增强了一、二次绕组的电磁感应，也相应减少了励磁电流。

实际应用中，如果变压器不装铁芯，由于漏磁特别大，励磁电流势必很大，不具有可行性和经济性，所以变压器不装铁芯是不行的。

2－9　自耦变压器和双绕组变压器有何区别？

➡️双绕组变压器一、二次绕组是分开绕制的，每相虽然都装在同一铁芯上，但相互之间是绝缘的。一、二次绕组之间只有磁的耦合，没有电的联系。因此，其传送功率时，全部是由两个绕组之间的电磁感应传送的。

自耦变压器实际上只有一个绕组，二次绕组接线是从一次绕组抽头而来，因此，一、二次电路之间除了有磁的联系之外，还有电的直接联系。其传送功率时，一部分由电磁感应传送，另一部分则是通过电路连接直接传送。

在变压器容量相同时，自耦变压器的绕组比双绕组变压器的小。同时自耦变压器用的硅钢片和导线数量也随变比的减小而减少，从而使铜耗、铁耗也减少，励磁电流也较双绕组变压器小。但由于自耦变压器一、二次绕组的电路直接连在一起，高压侧发生电气故障会影响到低压侧，因此必须采取适当的防护措施。当自耦变压器变比较大时，其节约材料的优点将随变比增大而减小。同时，由于自耦变压器一、二次绕组共用一个绕组，当变比增大时，绕组的制造也将变得越来越复杂，所以自耦变压器的变比一般不超过 2。

2-10 变压器有几种冷却方式？各种冷却方式的特点是什么？

➡目前电力变压器常用的冷却方式有油浸自冷式、油浸风冷式、强迫油循环三种。

油浸自冷式以油的自然对流作用将热量带到油箱壁和散热装置，然后依靠空气的对流传导将热量散发，没有特别的冷却设备。而油浸风冷式在油浸自冷式的基础上，在油箱壁或散热装置上加装风扇，利用吹风机帮助冷却。加装风冷后，可使变压器的容量增加 30%～50%。强迫油循环冷却方式又分为强迫油循环风冷和强迫油循环水冷两种。它利用油泵把变压器中的油打入油冷却器，然后再复回油箱。油冷却器做成容易散热的特殊形状，利用风扇吹风或者循环水做冷却介质，把热量散发出去。

2-11 变压器储油柜有什么作用？为什么小型变压器不装储油柜而较大容量的变压器都装设储油柜？

➡变压器储油柜（又称油枕）的主要作用是避免油箱中的油与空气接触，以防油氧化变质、渗入水分，降低绝缘性能。大型变压器因为体积大、油量大，油与空气的接触面也大。安装储油柜后，当油受热膨胀时，一部分油便进到储油柜里，而当油冷却时，一部分油又从储油柜回到油箱，这样就可避免绝缘油大面积与空气接触，减少氧化和水分渗入。而小型变压器因为油量少，膨缩程度小，应用波纹膨胀式散热器即可避免外界空气进入，故不需要装储油柜。

2-12 变压器的额定技术数据包括哪些内容？它们各表示什么意思？

➡变压器的额定技术数据是保证变压器在运行时能够长期可靠地工作，并且有良好工作性能的技术限额。它也是厂家设计制造和试验变压器的主要依据，其内容主要包括以下方面。

（1）额定容量：变压器在额定状态下的输出能力。单位为 kVA。对单相变压器是指额定电流和额定电压的乘积；对三相变压器是指三相容量之和。

（2）额定电压：指变压器空载时，端电压的保证值。单位为 V 或 kV。

（3）额定电流：根据额定容量和额定电压计算出来的电流。单位为 A。

（4）空载损耗：也叫铁耗，是变压器空载时的有功功率损失。单位为 W 或者 kW。

（5）空载电流：变压器空载运行时，励磁电流占额定电流的百分数。

（6）短路电压：也叫阻抗电压，指将变压器一侧绕组短路，另一次绕组达到额定电流时所施加的电压与额定电压的百分比。

（7）短路损耗：一次绕组短路，另一侧绕组施以电压使两侧绕组都达到额定电流时的有功损耗。单位为 W 或 kW。

（8）联结组别：表示一、二次绕组的连接方式及线电压之间的相位差，以时钟表示。

2-13 为什么变压器一次电流是由二次电流决定的？

➡️由磁通势平衡方程可知，变压器一、二次电流是反相的。二次侧产生的磁通势对一次侧磁通势而言，是起去磁作用的，当二次电流增大时，变压器要维持铁芯中的主磁通不变，二次电流也必须相应增大来平衡二次电流的去磁作用。所以说一次电流是由二次电流决定的。

2-14 变压器为什么不能使直流电变压？

➡️变压器能够改变电压的条件是，一次侧施以交变电动势产生交变磁通，交变磁通在二次侧产生交变感应电动势，感应电动势的大小与磁通的变化率成正比。当变压器以直流电通入时，因电流的大小和方向均不变，铁芯中无交变磁通，即磁通恒定，磁通变化率为零，故感应电动势也为零，变压器不能工作。所以变压器不能使直流电变压。

2-15 什么是变压器的效率？如何计算？

➡️变压器的效率指变压器的输出功率 P_2 和输入功率 P_1 的百分比，用 η 表示，即

$$\eta = \frac{P_2}{P_1} \times 100\% \tag{2-6}$$

输入功率 P_1 是输出功率 P_2、铁耗 P_{Fe} 和铜耗 P_{Cu} 三者之和，即

$$P_1 = P_2 + P_{Fe} + P_{Cu} \tag{2-7}$$

所以

$$\eta = \frac{P_2}{P_2 + P_{Fe} + P_{Cu}} \times 100\% \tag{2-8}$$

输出功率 P_2 与负载功率因数 $\cos\varphi_2$ 和负载系数 β 有关，其中

$$\beta = \frac{S_2}{S_N} \tag{2-9}$$

式中　S_2——变压器的实际负载，kVA；

　　　S_N——变压器的额定负载，kVA。

因为变压器是一种静止的设备，没有机械损耗，所以效率很高，一般都在 95％以上。当负载功率因数一定时，效率随负载电流变化的曲线如图 2-3 所示。

从图中可以看出，效率 η 随负载的增加从零增到极大值，而后稍微降低。这是因为负载过大时，由于二次电流较大，铜耗也随之增大的缘故。由计算可以证明，当铜耗与铁耗相等时，变压器可在额定负载下，即 $\beta=1$ 时达到效率的极大值 η_{max}，因为最大效率的条件为

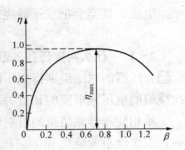

图 2-3　变压器效率随负载电流变化的曲线

$$P_0 = \beta^2 P_d \qquad (2-10)$$

$$\beta = \sqrt{\frac{P_0}{P_d}} \qquad (2-11)$$

式中　P_d——变压器的短路损耗，kW；

　　　P_0——变压器的空载损耗，kW。

当 P_0、P_d 和 β 三者之间满足上述公式时，变压器即可取得最大效率。

由式（2-11）不难看出，当 $\beta=1$ 时，必有 $P_0=P_d$，即铁耗等于铜耗时，变压器在满载下取得最大效率。一般，变压器均设计成 $P_0/P_d=1/3$，即

$$\beta = \sqrt{\frac{P_0}{P_d}} = \sqrt{\frac{1}{3}} = 0.6 \qquad (2-12)$$

也就是说，希望最大效率出现在负载为额定容量的 60％左右。这是考虑到一般变压器不可能一年四季整日整夜都满载运行，所以使 $\beta=0.6$，从而达到最大效率，更为经济些。

2-16　什么是变压器绕组的极性？有何意义？

▶变压器铁芯中的主磁通在一、二次绕组中产生的感应电动势是交变电动势，本没有固定的极性。这里所说的变压器绕组极性指一、二次绕组的相对极性，也就是当一次绕组的某一端在某一瞬时电位为正时，二次绕组也一定在同一瞬时有一个电位为正的对应端，这时我们把两个对应端就叫作变压器绕组的同极性端。

变压器绕组的极性主要取决于绕组的绕向，绕向改变，极性也会改变。极性是变压器并联运行的主要条件之一，如果极性相反，在绕组中会出现很大的短路电流，甚至会把变压器烧毁。

2-17 什么叫变压器的联结组别？

➡变压器的联结组别指变压器一、二次绕组按一定接线方式连接时，一、二次绕组的电压或电流的相位关系。

单相变压器联结组的组别取决于一、二次绕组的绕向和首末端的标记。当一、二次绕组的绕向和标记都相同时，（即一次侧为 U_{AX}，二次侧为 U_{ax} 时），一、二次侧电压同相，这时把代表一次侧电压的长针放在 12 上，代表二次侧电压的短针也指向 12，故组别为 12，用 I/I-12 表示，其中 I/I 表示单相变压器，12 表示组别，如图 2-4（a）所示。

当一、二次绕组的绕向相同而首末端的标记不同（即一次侧为 U_{AX} 时，二次侧为 U_{xa}），或标记相同而绕组绕向相反，如图 2-4（b）所示。这时长针指向 12，短针指向 6，组别是 6，用 I/I-6 表示。

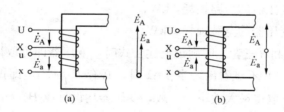

图 2-4 单相变压器首端（末端）的两种不同标法

(a) I/I-12；(b) I/I-6

三相变压器的联结组别，不仅与绕组的绕向和首末端的标记有关，还与三相绕组的接法有关。三相变压器的组别共分 12 种，其中 6 个是单数组，6 个是双数组。凡是一次绕组和二次绕组连接不一致的都属于单数组，即 1、3、5、7、9、11 等 6 个组别，如 Yd、Dy 接法就属于这一类；凡是一次绕组和二次绕组接线完全相同的都属于双数组，即 2、4、6、8、10、12 等 6 个组别，如 Dd、Yy 接线的变压器都属于这一类。

组别是用时针的盘度来说明的，时针盘上有两个指针，12 个字码，分成12 格，每格代表一点钟，一个圆周的角度是 360°，故每格就是 30°。如 12 点和 5 点钟之间顺时针相差 150°。所有的角度都以 12 点基准，以短针顺时针的方向来计算。

变压器的联结组别就是用时针的表示方法来说明一、二次线电压（或线电流）的相量关系。

三相变压器的一次绕组和二次绕组由于接线方式不同，线电压（或线电流）是有一定的相位差的。以一次线电压（或电流）做标准，把它固定在 12 点上，如二次电压（或电流）相量和一次线电压间相隔 330°，则二次线电压相量必定落在 330°÷30°＝11 点上，则该联结组别为 11 点。如果相差 180°，那么二次线电压（或电流）相量必定落在 6 点上，也就是说这一组变压器联结组别属于 6 点。

2－18　怎样画变压器的联结组别？

➡️变压器联结组别由以下三个条件决定：

（1）绕组首末端标志，即 $U(A)X$、$u(a)x$ 等。在三相变压器中，$U(A)$、$V(B)$、$W(C)$ 表示高压绕组首端，X、Y、Z 表示高压绕组的末端。$u(a)$、$v(b)$、$w(c)$ 表示低压绕组的首端，x、y、z 表示低压绕组的末端。星形接法用 n 表示中性点。

（2）绕组的绕向，即高、低压绕组的绕向相同还是相反。

（3）高、低压绕组的连接方式，即 Yy、Dd、Yd、Dy 等。

已知以上三个条件就能画出相量图，通过相量就能看出其组别。其画法是根据接线图先画出变压器的一次绕组电压相量图。然后再根据二次绕组的标号、绕组和接线，画出二次线电压相量图进行比较。

2－19　什么叫半绝缘变压器？什么叫全绝缘变压器？

➡️半绝缘变压器指靠近中性点部分的绕组主绝缘的绝缘水平比端部绕组的绝缘水平低的变压器。绕组的首端和末端的绝缘水平相同的变压器叫全绝缘变压器。

2－20　变压器并联运行需要哪些条件？

➡️（1）钟时序数要严格相等；

（2）电压和电压比要相同，允许偏差也相同（尽量满足电压比在允许偏差范围内），调压范围与每级电压要相同；

（3）短路阻抗相同，尽量控制在允许偏差范围±10％以内，还应注意极限正分接位置短路阻抗与极限负分接位置短路阻抗要分别相同；

（4）容量比为 0.2～2；

（5）频率相同。

2-21　怎样计算变压器的功率损耗？

➡变压器的功率损耗分为固定损耗和可变损耗两部分，分别计算如下：

变压器的固定损耗是指铁芯中的损耗，其计算式为

$$\Delta S_0 = \Delta P_0 - j\frac{I_0(\%)}{100} \times S_N \qquad (2-13)$$

式中　ΔP_0——变压器的空载有功损耗，kW；

$I_0(\%)$——空载电流占额定电流的百分数；

S_N——额定容量，kVA。

变压器可变损耗的有功部分等于绕组的电阻损耗，无功部分等于绕组的漏抗损耗。对于双绕组变压器，其功率损耗的有功部分为

$$\Delta P_T = \Delta P_0 + \Delta P_d\left(\frac{S}{S_N}\right)^2 \qquad (2-14)$$

式中　S——变压器的实际负荷容量，kVA；

ΔP_d——绕组的电阻损耗，kW；

ΔP_T——变压器的有功损耗，kW。

功率损耗的无功部分为

$$\Delta Q_T = \frac{I_0(\%)}{100} \times S_N + \frac{U_d(\%)S_N}{100} \times \left(\frac{S}{S_N}\right)^2 \qquad (2-15)$$

式中　ΔQ_T——变压器的无功漏抗损耗，kvar；

U_d——短路电压的百分数。

2-22　怎样计算变压器的有功、无功损失电量？

➡有功损失电量可采用简化均方根负荷值计算，即

$$\Delta A_P = \left[\Delta P_0 + K\Delta P_d\left(\frac{S_{av}}{S_N}\right)^2\right]T \qquad (2-16)$$

式中　ΔA_P——变压器的有功损失电量，kWh；

ΔP_0——变压器的空载损耗，kW；

ΔP_d——变压器的短路损耗，kW；

S_N——变压器额定容量，kVA；

S_{av}——变压器的平均负荷，kVA；

K——均方根系数（可取 $1.05\sim1.1$）；

T——计算时间，h。

无功损失电量用下式计算

$$\Delta A_q = \left[\Delta Q_0 + k\Delta Q_d\left(\frac{S_{av}}{S_N}\right)^2\right]T$$

$$\Delta Q_0 = \frac{I_0\%S_N}{100} \qquad (2-17)$$

$$\Delta Q_d = \frac{U_d\%S_N}{100}$$

式中　ΔA_q——变压器无功损失电量，kWh；

ΔQ_0——变压器空载时的无功损耗，kvar；

ΔQ_d——变压器满载时，绕组漏抗的无功损耗，kvar；

$I_0\%$——变压器空载电流占额定电流百分数；

$U_d\%$——变压器短路电压占额定电压百分数。

2-23　怎样计算变压器的电压损耗？

➡变压器的电压损耗计算式为

$$\Delta U_T = \frac{PR_T + QX_T}{U_N} \qquad (2-18)$$

式中　ΔU_T——变压器的电压损耗，V；

P——负载有功功率，kW；

Q——负载无功功率，kvar；

R_T——变压器的绕组电阻，Ω；

X_T——变压器的绕组电抗，Ω；

U_N——额定电压，kV。

2-24　什么叫分接开关？它有什么作用？

➡电网的电压是随运行方式和负载大小的变化而变化。电压过高和过低都会影响变压器的正常运行和用电设备的出力及使用寿命。为了提高电压质量，使变压器能够有一个额定的输出电压，通常是通过改变一次绕组分接抽头的位置来实现调压。连接及切换分接抽头位置的装置叫作分接开关。

分接开关通过改变变压器绕组的匝数来调整变比。在变压器一次侧的三相绕组中，根据不同的匝数引出几个抽头，这几个抽头按照一定的接线方式接在分接开关上，开关的中心有一个能转动的触头。当变压器需要调整电压时，改变分接开关的位置，实际上是通过转动触头改变变压器绕组的有效匝数，从而改变变压器的变比，达到改变二次侧电压的目的。

2-25 怎样正确选择配电变压器的容量？

选择配电变压器容量的原则是使变压器的容量能够得到充分的利用。一般负载应为变压器额定容量的 75%～90%，此外还要看用电负载的性质即功率因数的高低。动力用电还要考虑单台大容量电动机的启动问题，遇到这种情况，就应选择较容量大一些的变压器，以适应电动机启动电流的需要。另外还应考虑用电设备的同时率。

若实测负载经常小于 50%，应更换小容量的变压器；实测负载经常大于变压器额定容量时，应换大容量的变压器。

2-26 什么叫变压器的不平衡电流？其有何影响？

变压器不平衡电流指三相变压器的三相电流之差。不平衡电流主要是由于单相负载在变压器三相上不均匀分配造成的，因而其在电网中普遍存在。在城市民用电网及农用电网中，由于大量单相负荷的存在，三相间的电流不平衡现象尤为严重。

电网中的不平衡电流会增加线路及变压器的铜损，增加变压器的铁损，降低变压器的出力甚至会影响变压器的安全运行，会造成三相电压不平衡从而降低供电质量，甚至会影响电能表的精度，造成计量损失。对于三相不平衡电流，除尽量合理分配负荷外，几乎没有有效的解决办法。

2-27 运行中的变压器二次侧突然短路有何危害？

变压器在运行中二次突然短路，多属于事故短路，也称为突发短路。事故短路的方式多种多样，如对地短路、相间短路等。不管哪种短路，对运行中的变压器都非常有害，二次短路直接危及变压器的寿命和安全运行。

特别是变压器一次侧接在容量较大的电网上时，如果保护设备不切断电源，一次侧仍能送电，在这种情况下，变压器将很快被烧毁。这是因为当变压器二次短路时，将产生一个高于其额定电流 20～30 倍的短路电流。根据磁通势平衡可知，二次电流与一次电流反相，二次电流对一次电流主磁通起去磁作用，由于电磁的惯性原理，一次侧要保持主磁通不变，必然也将产生一个很大的电流来抵消二次侧短路电流的去磁作用，这样两种因素的大电流汇集在一起，作用在变压器的铁芯和绕组上，在变压器中产生一个很大的电磁力。这个电磁力可以使变压器绕组发生严重的畸变或崩裂，另外也会产生高出其允许温升几倍的高温，致使变压器在短时间内被烧毁。

2-28 变压器发生绕组层间或者匝间短路会出现哪些现象？原因是什么？如何处理？

➡️运行中的变压器发生绕组层间或者匝间短路，有以下几种现象：

（1）一次电流增大。

（2）变压器有时发出"咕嘟"声，油面升高。

（3）高压熔丝熔断。

（4）二次电压不稳，忽高忽低。

（5）储油柜冒烟。

（6）停电后，用电桥测得的三相直流电阻不平衡。

造成变压器层间或匝间短路多是由于变压器内进水，使绕组受潮、散热不良，变压器长期过载运行使匝间绝缘老化，或由于制造检修工艺不良等原因造成的。当发现变压器绕组存在层间或者匝间短路时，应立即停电进行检修。

2-29 运行中的变压器，能否根据其发出的声音来判断运行情况？

➡️对变压器可根据运行的声音来判断其运行的情况。其方法是用木棒的一端顶在变压器的油箱上，耳朵贴近另一端仔细听声音。如果是连续的嗡嗡声比平常加重，就要检查电压和油温；若无异状，则多是由于铁芯松动引起；当听到吱吱声时，要检查套管表面是否有闪络现象；当听到"噼啪"声时，则提示内部有绝缘击穿现象。

2-30 变压器能不能过载运行？

➡️在变压器运行中，超过了铭牌上规定的电流就是处于过载运行状态。一般情况下，变压器长期过载运行是不允许的。变压器过载运行会使温度升高，从而加速绝缘老化，降低变压器的使用寿命。

在正常运行情况下，大部分变压器的负荷不是一直稳定的，每昼夜、各季节都在变化。在负载较小期间绝缘老化程度较小，因此允许部分时间内过载运行而不至于影响变压器的寿命。即在不损害绕组绝缘和不降低变压器寿命的前提下，变压器可在正常运行的高峰负荷时和外界温度较低时过载运行。具体过载量和过载时间的规定请参阅变压器运行规程。

在事故情况下，如果需要保证不间断供电，则允许变压器过载运行。此时绝缘老化的加速处于次要考虑的位置，再考虑到事故发生的偶然性，因此一般变压器均允许一定时间内的较大事故过负荷，见表2-2。

表2-2　　　　　　　　变压器允许的事故过载能力及时间

额定负载的倍数	过载允许时间	
	室外变压器	室内变压器
1.3	2h	1h
1.6	30min	15min
1.75	15min	8min
2.0	7.5min	4min

2-31　变压器油面是否正常怎样判断？出现假油面的原因是什么？怎样处理？

➡变压器油面的正常变化（渗漏油除外）取决于变压器的油温变化。因为油温的变化直接影响变压器油的体积，从而使油表管内的油面上升或下降。影响变压器油温的因素有负荷的变化、环境温度和冷却装置运行状况等。如果油温的变化正常，而油表管内的油位不变化或变化异常，则说明油面是假的。

运行中出现假油面的原因有油表管堵塞、呼吸器堵塞、防爆管通气孔堵塞等。

处理时，应先将重瓦斯保护解除（即退出运行），再检查出现假油面的原因，排除故障。

2-32　运行电压升高对变压器有何影响？

➡当运行电压低于变压器额定电压时，一般来讲，对变压器不会有任何不良影响，当然也不能太低，因为太低会影响电能质量。

当变压器运行电压高于额定电压时，铁芯的饱和程度将随电压的升高而相应增加，致使电压和磁通的波形发生畸变，产生高次谐波，空载电流也相应增大。高次谐波的危害主要有：

（1）引起用户电流波形的畸变，增加电机和线路上的附加损耗；

（2）可能在系统中造成谐波共振现象，并导致过电压使绝缘损坏；

（3）线路中的高次谐波可能对通信产生干扰。

由此可见，运行电压升高对变压器和用户均不利。因此不论变压器分接头在何位置，变压器一次侧电压一般不应超过额定电压的105％。

2-33　怎样确定配电变压器的安装位置？

配电变压器应安装在负荷的中心，使线路的损耗最小。一般情况下应安装在用电量最大的用户附近。在角度杆、分支杆和装有断路器或高压电缆头的电杆上不准装设配电变压器。在架空线特多、不易巡视以及不便检修更换的电杆上，也不允许装设配电变压器。

2-34　配电变压器如何在现场定相？

对于拟并列运行的变压器，在正式并列送电之前必须做定相试验。定相试验的方法是将两台符合并列条件的变压器，在一次侧都接在同一电源上的配电变压器，在低压侧端子的连接线上，测量二次相位是否相同。

定相的步骤如下：

（1）分别测量两台变压器的相电压是否相同；

（2）测量同名端子之间的电压差；

（3）当同名端子上的电压差等于零时，就可以并列运行。

符合以上三点定相检测条件，就可以将变压器进行并列运行。

2-35　怎样做变压器的空载试验？有何目的？

变压器的空载试验又称无载试验或者开路试验。空载试验就是对变压器任意一侧的绕组（一般为低压侧）施以额定电压，在其他绕组开路的情况下，测量其空载损耗和空载电流。进行三相变压器空载试验时，三相电源电压应平衡，其线电压相差不得超过2％。当接通电源后，首先慢慢提高试验电压，观察各仪表的指示是否正常，然后将电压升高到额定值，读取空载损耗和空载电流的指示值。

空载试验的目的是确定空载电流和空载损耗。

2-36　为什么变压器空载试验可以测出铁耗？而短路试验可以测出铜耗？

变压器空载运行时，铁芯中主磁通的大小由绕组端电压决定。因此，当在变压器一次（或二次）侧加以额定电压时，铁芯中的主磁通达到了变压器额定工作时的数值，这时铁芯中的功率损耗（铁耗）也达到了变压器额定工作状态下的数值，因此变压器空载时，一次侧（或二次侧）的输入功率可以认为全部是变压器的铁耗。

在做短路试验时，一般将低压绕组短路，在高压绕组施以试验电压，使变压器在额定分接档，一次电流和二次电流都达到了额定值。这时变压器的铜耗相当于额定负载时的铜耗。因为变压器二次短路，所以铁芯中的工作磁通比额定工作状态小得多，铁耗可以忽略不计。这时变压器没有输出，所以短路试验的全部输入功率，基本上都消耗在了变压器一、二次绕组的电阻上，这就是变压器的铜耗。

2-37 对新装和大修后的变压器绝缘电阻有何要求？

→测量变压器的绝缘电阻值，可以初步判断变压器的绝缘状态。新装和大修后的变压器绝缘电阻值折算至同一温度下不应低于制造厂试验值的70%。无制造厂数据的变压器，其绝缘电阻值不应低于表2-3中的参考值。

表2-3 新装和大修后油浸式电力变压器绕组绝缘电阻参考值（MΩ）

绕组电压等级	温度（℃）							
	10	20	30	40	50	60	70	80
3～10kV	450	300	200	130	90	60	40	25
20～35kV	600	400	270	180	120	80	50	35
60～220kV	1200	800	540	360	240	160	100	70

2-38 变压器油有哪些作用？不同型号的变压器油能否混合使用？

→变压器油的作用有两个：①绝缘；②散热。

变压器油是矿物油，由于它的成分不同，如果将不同型号的变压器油混在一起，对油的稳定度有影响，会加快油质的劣化，所以不同型号的油一般不应混合使用。如果不得不混合使用，则应经过混油试验，即通过化学、物理试验证明可以混合使用，再混合使用。

2-39 什么是调压器？它是怎样调节电压的？

→一般的变压器都有固定的变比，其二次电压不能随意调节，但有些情况下，我们需要能随时改变和调节电压的变压器，如试验用的电源就是这种能随意平滑地调节电压的变压器，这种变压器就叫调压器。

常用的小型调压器为自耦调压器，其结构基本与自耦变压器相同，不同的是它的铁芯成环形，绕组就绕在这个环形的铁芯上。二次绕组的分接头是一个能沿绕组的裸露表面自由滑动的电刷触头，当改变电刷触头的位置时，就可以平滑地调节输出电压，以达到所需的电压。其原理接线如图 2-5 所示。

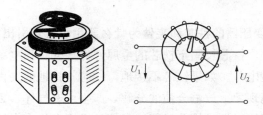

图 2-5　单相自耦调压变压器原理接线

调压器有单相的也有三相的，其容量只有数百伏安到几十千伏安，电压也只有几百伏。

2-40　什么是调容变压器？它有什么用途？

▶调容变压器有两种容量，可通过调容开关可变换其额定容量，从而达到降低损耗的目的。

调容变压器适用于负荷季节性变化很大的用电负荷，如农村的排灌用电负荷。在用电负荷大时，把变压器调到高档额定容量，以满足用电需求。在用电负荷小时，把变压器调到低档额定容量，以降低变压器的损耗。

2-41　电力变压器出线套管按电压等级不同，常用的有哪些型式？

▶变压器的电压等级决定了套管的绝缘结构。套管的使用电流决定了导电部分的截面和接触头的结构。套管由导电部分和绝缘部分组成。导电部分包括导电杆、电缆和铜排。绝缘部分分为外绝缘和内绝缘。外绝缘一般为瓷套；内绝缘为纸板和变压器油、附加绝缘和电容型绝缘。常用的出线套管按电压等级不同可分为以下五种型式：

（1）负荷绝缘导杆式套管。它由上瓷套和下瓷套组成，为拆卸式套管，常用于 0.4kV 电压等级出线。

（2）单体瓷绝缘导杆式套管。它常用于 10~20kV 电压等级出线。

（3）有附加绝缘的穿缆式套管。它是在引线电缆上包以 3~4mm 厚电缆纸作为附加绝缘的穿墙式套管，用于 35kV 电压等级出线。

（4）油纸绝缘防污型电容套管。它采用电容分压原理和高强度固体绝缘，为防污型，额定电压为 35kV。

（5）油纸电容型穿缆式套管。它由电容芯子、上下瓷套、储油柜和中间法兰组成，用于 110～220kV，或者更高电压等级出线。

2-42 大型变压器的铁芯和夹件为什么要用小套管引出接地？

➡变压器运行中，铁芯及固定铁芯的金属部件均处在强电场中，在电场作用下具有一定的对地电位。如果铁芯不接地，铁芯与接地的夹件及油箱之间，就会产生断续的放电现象。放电会使油分解，产生可燃气体，因此铁芯及其金属部件必须经油箱接地。但是铁芯只能一点接地，不允许多点接地。因为铁芯中有磁通，当多点接地时，相当于通过接地点短接铁芯片，短路回路中有感应环流，接地点越多，环流回路越多，环流越大，这样铁芯会产生局部过热，短接的铁芯片也可能烧坏而产生放电。

大型电力变压器，由于匝电压很高，当铁芯发生两点以上接地时，感应环流较大，故障点的能量很高，将引起严重的后果。为了便于对运行中大容量变压器铁芯绝缘进行监视，避免发生铁芯烧坏事故，所以通常把变压器内部铁芯由直接固定接地，改用为小套管引出接地。另外需要说明的是，铁芯的接地需要防止硅钢片的断面短路接地。

2-43 储油柜为什么要采用密封结构？密封式储油柜有几种？

➡绝缘油是变压器的主要绝缘材料，保护油质不劣化是变压器安全运行的关键。开放式储油柜的油面和大气相通，绝缘油在与氧气接触中会产生氧化反应，生成有机酸及醇、醛等的化合物和烃的聚合物（油泥），逐渐使油的酸价升高。油中的有机酸会逐步腐蚀有机绝缘材料，促使纤维裂解。油中析出的油泥附着在绕组和铁芯油道里，影响热量散发，导致变压器运行温度升高，又造成氧化反应加剧。同时，空气中含有水分，而绝缘油又具有一定的吸湿性。绝缘油在吸入水分后，导致电气强度下降。变压器制造中大量使用了绝缘纸、布带、绸带等多孔性纤维材料，这些绝缘物也容易吸收水分。水分浸入纤维组织后，会使导电率增加，绝缘性能降低。总之，开放式储油柜有很多缺点。

储油柜采用密封方法后，使空气中的氧和水分无法侵入变压器内，可以有效延长绝缘油的使用寿命。运行实践也证实，储油柜采用密封式对保护油质起了很好的作用。

密封式储油柜较多采用胶囊式和隔膜式两种。因为胶质材料容易破损，目前也有用不锈钢波纹材料制成的金属膨胀式储油柜，但是它一般只用在比较小型的电力变压器（配电变压器）上。

2-44 胶囊式储油柜的结构和原理是什么？有何优缺点？

胶囊式储油柜利用大小胶囊来实现密封。小胶囊又称压油袋。胶囊的材质为油性尼龙橡胶，不渗不漏，质地柔软。大胶囊的体积与储油柜相似，保证储油柜在最高和最低油位时能够运行。大胶囊外面与绝缘油接触，而胶囊内通过吸湿器与大气相连。随着油温变化油位发生升降，胶囊因受大气压力贴附在油面上，因此，储油柜的油始终与外界空气隔离。小胶囊装在储油柜底部的一个圆形盆内，它里面装的油与油表相通，但与储油柜油室内的油相隔。当储油柜的油位发生变化时，通过已调整好的小胶囊里油的压力传递，使油表的油位做同步变化。胶囊式储油柜顶部有一个排气阀，供注油时排除空气用，储油柜底部有注油和放油阀。胶囊式储油柜的结构如图2-6所示。

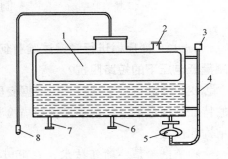

图2-6 胶囊式储油柜的结构
1—大胶囊；2—排气阀；3—呼吸阀；
4—玻璃示油管；5—小胶囊；6—注、
放油阀；7—气体继电器连管；
8—吸湿器

胶囊式储油柜的优点是观察油位很直观，缺点是注油时比较麻烦。

2-45 隔膜式储油柜的结构和原理是什么？有何优缺点？

隔膜式储油柜由上下两个半圆形柜体组成，中间有一层隔膜。

隔膜是一种厚度为0.8～1mm由锦纶丝绸加强并涂有丁腈胶的胶布，隔膜周边压装在上下柜沿之间。其材质和形状保证储油柜里的油充满时隔膜浮到顶上，而无油时沉在底部。储油柜中的隔膜，内侧贴在油面上，外侧和大气相通，集聚在隔膜外部的凝露水通过放水塞排出。储油柜下部有集气盒。隔膜式储油柜采用指针式油位计指示油位。油位计以隔膜为感受元件，其连杆一端与隔膜上支板铰链连接，另一端与表体的传动机构相连，把油面的上下位移（类似于上下的线性位移）变为油标指针的角位移。随着环境温度和变压器负荷的

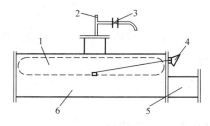

图 2 - 7　隔膜式储油柜的结构

1—隔膜袋；2—放油塞；3—放气阀；

4—油位计；5—有载开关储油柜；

6—主储油柜

变化，储油柜中的隔膜做相应浮动，油位表的指针也以一定的幅度转动。

隔膜式储油柜的优点是其指针式油位表也可以在油位最高和最低位置上设电触点报警，便于运行中及时处理油位异常故障。隔膜式储油柜的结构如图 2 - 7 所示。缺点是在频繁的油位变动中，隔膜容易损坏。另外，两个半圆形柜体的密封面很长，制造工艺上如果稍有不足，容易发生渗油。

2 - 46　变压器进行频谱试验有何意义？为什么在做频谱试验的同时还要测量低电压下的短路阻抗？

➡变压器进行频谱试验时，根据变压器绕组的电感、电容和电阻等分布参数的特征，通过数字化记录设备扫描检测出频响特性曲线，能反映变压器绕组的结构和位置。

频谱试验是一项新技术，它可以通过与原始频谱曲线的对比发现事故隐患，便于及时采取措施，防止变压器事故的发生。

由于频谱试验开展时间不长，尚需积累实测图形与实际变形的关系，所以在做频谱试验的同时，必须测量变压器的短路阻抗。有数据证明，当短路阻抗与出厂时的短路阻抗比较，误差在 3% 时，就认为有变形的可能。采用低电压进行短路阻抗测量时，要注意采用的仪表精度应在 0.5 级以上，电压测量导线截面积应大于 $1mm^2$，通一次电流的连接导线要短，接触点要接触良好，测量电压的端点必须靠近变压器电流的进口处。

2 - 47　为什么通过油中溶解气体色谱分析能检测和判断变压器内部故障？怎样根据特征气体含量来判断故障性质？

➡变压器内的油和固体绝缘在正常运行温度下的老化过程中，产生的气体主要是 CO、CO_2 和低分子烃类气体。当变压器存在潜伏性过热或放电故障时，油中溶解气体的含量大不相同。油中溶解气体的组成和含量与故障类型和故障的严重程度有密切关系。因此，可以通过对油中溶解气体色谱分析来检测和判断变压器的内部故障。

在正常的变压器中，溶解于油中的各种气体含量都在一定的范围内。新变压器投运前，油中溶解的气体应不高于极限值，具体规定如下：

总烃（$\sum C1 + C2$）含量不大于 150×10^{-6}；

氢（H_2）含量不大于 150×10^{-6}；

乙炔（C_2H_2）含量不大于 5×10^{-6}。

如果气体浓度超过上述规定，就认为有潜在故障的可能，应引起注意。

判断故障性质，可参照下列特征气体分析：

（1）烃类气体是变压器内裸金属过热引起油裂解的特征气体，主要是甲烷、乙烯，其次是乙烷。引起变压器内裸金属过热的故障有分接开关接触不良，引线焊接不良，器身内部缺陷，如铁芯多点接地、分接开关的引线接触不良等。

（2）乙炔是变压器内部放电性故障的特征气体。

（3）氢气在变压器内部发生各种性质故障时都会产生，因此不能单独用这项指标来判断故障性质。如果其他气体含量均小，唯有氢气含量超标，则可能是制造工艺中油漆干燥程度不够、油溶解等因素所致，所以在变压器制造过程中需要密切注意干燥程度。

2-48　10kV 接地变压器的结构有哪些特点？接地变压器的引出方式有哪些？

➡接地变压器在电网正常运行时，处于空载运行状态，当系统发生接地故障后，绕组中会流过很大的接地电流。此时要求接地变压器具有良好的动热稳定性能。接地变压器运行特点是长期空载，短时负载。这一运行特点决定了它与电力变压器有不同的结构。接地变压器相当于油浸电抗器，没有二次绕组，高压侧绕组采用 Y 或 Z 连接。由于 Y 连接需要有另外的三角形绕组与之配合，所以一般采用 Z 连接，因为 Z 连接不需要二次绕组。它的特点是将一个绕组平均分成两部分，分别安排在三相铁芯的两个铁芯柱上，每相绕组由套在两个铁芯柱上的绕组连接组成。这种连接方法可以获得较好的磁路平衡，在发生单相短路时，零序电流产生的磁通相互平衡，增强了接地变压器抗短路能力。

接地变压器绕组的引出方式有 6 只套管和 4 只套管两种。由于 4 只套管引出方式已将 X、Y、Z 尾端在油箱内连接，在绝缘预防性试验时无法进行相间绝缘试验，所以一般不采用。

2-49　非晶合金变压器有哪些特点？

➡（1）空载损耗低。由于非晶合金材料的优异磁化特性，用它制成铁芯的配电变压器的空载损耗仅为一般 S9 型配电变压器的 25% 左右。

（2）采用四框卷铁芯结构。非晶合金材料性脆不易剪切，它的铁芯不能像硅钢片一样用叠片方式制造。硅钢片铁芯的变压器通常是三相三柱，而非晶合金变压器铁芯采用四框卷铁芯结构，是三相五柱。

（3）绕组采用矩形筒式结构。非晶合金带材不易剪切，不允许剪切叠装，只能卷绕，铁芯形状为矩形，所以高、低压绕组采用矩形筒式结构。

2-50 对 110kV 直接降压到 10kV 的变压器的技术要求有哪些？

▶（1）对变压器联结组别的要求：

1）降压到 10kV 可以采用 35/10kV（联结组别 Yd11）、220/10kV（Yd11）、220/110/35kV（Yy12d11）、110/35/10kV（Yd11d11）等多种组合方式；

2）如果采用 220/110/10kV 变压器的联结组别为 Yy12d11，再采用 35/10kV 变压器的联结组别为 Yd11，在这样的情况下，采用 110/10kV 变压器的联结组别为 Yy10，而不能采用 11 点钟的接线方式；

3）如果这个地区采用 220/110/10kV 的变压器，联结组别为 Yy12d11，在这种情况下，采用 110/10kV 变压器的联结组别需要 Yd11 的接线方式。

所以按照上面简单的分析，可以看到 110/10kV 的降压变压器的联结组别有两种基本方式：

如果变压器采用 Yd11 的接线方式，在变压器低压侧采用电阻接地的时候，可以采用人为的接地点来接接地电阻；

如果变压器采用 Yy10 或者 Yy12 的接线方式，那么变压器低压侧采用电阻接地的时候，就可以利用变压器 10kV 侧中性点接接地电阻。

（2）对变压器的特殊技术要求：需要提出的是，变压器绕组全部采用星形联结时，变压器零序磁通经过变压器的气隙和外壳形成通路，所以影响变压器零序阻抗的因素比较多。零序阻抗的数值是一个变化的不稳定的量，而且变化的幅度比较大，随着不同的设计而变化，在一定程度上使接地短路电流成为一个变化比较大的量。这对于继电保护是一个不利的因素。

为了使变压器的零序阻抗有一个比较稳定的数值，需要在 110/10kV 变压器（接线组别 Yy10）上加装辅助绕组，辅助绕组接成三角形，绕组的容量必须能够承受接地短路电流。所以这样的变压器必须满足下列技术要求：

1）按变压器的辅助绕组承受短路电流的能力来确定它的容量。这个问题往往在设计的时候被忽略。

2）变压器的辅助绕组必须能够实现耐压、电阻测量和必要的电气试验。这就可能产生辅助绕组引出套管的数量问题。引出三个套管，可以进行分相测量；引出一个套管，只能进行耐压试验。

3）要求零序阻抗的数值在接地短路时不影响接地电流的数值。这个要求在订货时应列入技术要求中。

4）变压器短路电压百分数需要有一个限制。如果采用 50MVA 容量的变压器，短路电压百分数是 10%，那么在系统作为无穷大电源时，短路容量将达到 500MVA，这对于 10kV 的设备是一个比较大的问题；如果采用 40MVA 的变压器，短路电压百分数仍为 10%，那么在低压短路时的短路容量将达到 400MVA。具体短路电压百分数的确定需要通过计算以后再在具体的协议中明确，但必须有恰当的短路电压百分数。

5）为了避免在运行过程中产生悬浮过电压，在辅助绕组引出套管处应加装相同电压等级的避雷器。

（3）关于变压器分接头和变压器短路电压百分数的关系：变压器分接头和变压器短路电压百分数有密切的关系，如选择的变压器的短路电压百分数为 12%，则变压器在满负荷运行时的电压降是 12%，但当负荷的功率因数是 0.85 时，实际造成的电压损失是 6.3%；如果负荷的功率因数是 0.8，那么电压损失是 7.2%。由这样的计算可以看出，变压器在运行中的电压损失达到 6.3%～7.2%，如果再加上线路和系统的电压损失，取为 5%，那么总的电压损失将超过 11.3%～12.2%。为了使电压水平在规定的范围内，需要调节变压器的分接头，分接头调节范围必须大于变压器电压损失的基本范围，同时还需要增加裕度，这个裕度就是系统和线路的电压损失。

2－51　110/10kV 直接降压变压器在增加了辅助绕组以后，该变压器的保护中需要考虑增加哪些技术计算？

首先需要计算在辅助绕组出口短路时变压器差动保护的灵敏度；其次需要计算在变压器的辅助绕组出口发生短路时过电流保护的灵敏度；最后需要计算在 10kV 采用接地电阻的时候，变压器零序阻抗对接地电流的影响，是不是会产生零序电流大幅下降的问题。

需要说明的是，变压器辅助绕组的容量一般不会非常大，有可能是变压器额定容量的 50%、35%、30% 等，所以在讨论变压器高压对辅助绕组的阻抗电压百分数时，需要换算到变压器的额定容量下计算。这需要和变压器制造部门统一，否则会产生非常大的计算误差。

2-52　直接降压 110/10kV 变压器的分接头使用技术要求有哪些？

➡️由于直接降压 110/10kV 变压器的阻抗电压百分数比较大，所以配置的分接头的调压范围也比较大。变压器的电压损失将随变压器的负荷不断变化，且变化的幅度非常大，所以一般在停电状态下采用分接头调压，显然不行。对于这样的变压器，必须采用带负荷调压的分接头，而且在调压过程中，优先考虑采用自动调压，否则会产生比较大的电压偏差。

2-53　防灾型变压器的特点是什么？有哪些类型？

➡️近年来，随着城市建设的发展，高层建筑地下建筑越来越多，变压器被安装在稠密的居民区、繁华的商业区和各种重要的设施中日益增多。用户对变压器防灾性能的要求，尤其对防水、防爆性能的要求越来越高，要求变压器在可能出现的火灾中，或者因为地震造成的变压器破裂中，不会燃烧、爆炸，也不会泄漏有害、有毒物质。为此各个国家陆续制造出了防灾型变压器。

防灾型变压器可分为干式变压器、不燃液变压器和难燃液变压器三种。其中干式变压器又分为七种：①空气及浸渍绝缘干式变压器；②浇注绝缘变压器；③填充绝缘干式变压器；④端封绝缘干式变压器；⑤包绕绝缘干式变压器；⑥混合绝缘干式变压器；⑦气体绝缘变压器。

2-54　如何选用防灾型变压器？

➡️选择防灾型变压器时，应要考虑防灾性能、防噪声性能、安装和维护性能等因素。

（1）防灾性能。气体绝缘变压器的防灾性能比不燃液和难燃液变压器的性能好，所以以防火防爆性能为主的应选择气体绝缘变压器。

（2）防噪声性能。气体绝缘变压器传递振动的能力比油浸式变压器低，是一种良好的隔音材料，所以气体绝缘变压器的防噪声性能是比较好的。

（3）安装和维护性能。气体绝缘变压器安装所需要的空间最小，其次是 F 液变压器。从维护的角度看，防灾型变压器运行维护的工作量都比较小，但是这些防灾型变压器一旦损坏，就无法修复，所以更换的费用比较大。

2-55 箱式变电站有什么优点？通常有哪些型式？

➡️箱式变电站由高压配电装置、电力变压器、低压配电装置等部分组成，安装于一个金属箱体内，三部分设备各占一个空间，相互隔离。箱式变电站是一种新型的供电设备。它具有以下优点：

（1）占地面积小，征用土地相对方便，适合在一般城市符合密集地区、农村地区、住宅小区等安装，有利于高压延伸，减少低压线路的供电半径，降低线损。

（2）减少土建基础费用，可以工厂化生产，缩短现场施工周期，投资较少，收效快。

（3）体积小，重量轻，便于运输或移位。

（4）可采用全封闭变压器、SF₆ 环网柜等新型设备，具有长周期、免维护、功能比较齐全的特点，可用于终端，又可用于环网。

（5）外形新颖美观，广泛用于工业园区、居民小区、商业中心，与环境较为协调。

箱式变压器的型式可以分为普通型和紧凑型两类。普通型箱式变电站有 ZBW 型和 XWB 型等，紧凑型箱式变电站有 ZB1-336 型和 GE 箱式变电站等。箱式变电站 10kV 配电装置不用断路器，常用的 FN-10 型或 FN1-10 负荷开关加熔断器和环网供电装置，并从邻近架空线支接到变压器高压端。进线方式可采用电缆或者架空绝缘线，按照使用环境和不同用途任意选择。作为公用箱式变电站时，箱式变电站的低压出线视变压器的容量而定，一般不超过 4 回，最多不超过 6 回，也可以一回总出线，到邻近的配电室再进行分支供电。作为独立用户的箱式变电站时，可以采用一回线供电。

2-56 简单分析变压器并联运行时，变比不等有何后果？

➡️当并列运行的变压器变比不同时，变压器二次侧电压不等，将在并列运行的绕组的闭合回路中产生环流，环流的方向是从二次输出电压高的变压器流向二次输出电压低的变压器。环流除增加变压器的损耗外，还会叠加在负荷电流上。环流与负荷电流方向一致时，变压器负荷增大；环流与负荷电流方向相反时，变压器负荷减轻。

2-57 简单分析变压器并联运行短路电压不等有何后果？

➡️当各台并列运行的变压器短路电压相等时，各台变压器的复功率按变压器额定容量比例分配；若各台变压器的短路电压不等，各台变压器的复功率则按与变压器短路电压成反比的比例分配，此时短路电压小的变压器易过负荷，变压器容量不能得到合理的利用。

2-58 简单分析变压器并联运行联结组别不同有何后果？

➡将不同联结组别的变压器并联运行，二次侧回路将因各变压器二次电压相位不同而产生电压差 ΔU_2，因在变压器联结中相位差总量是 30° 的倍数，所以 ΔU_2 的值很大。如并联变压器二次侧相角差为 30°，ΔU_2 值为额定电压的 51.76%。

当并列运行变压器的变比和短路电压相同，而联结组别不同时，变压器并列运行的回路中会产生环流。以两台分别为 Y0y12 和 Yd11 联结组别的变

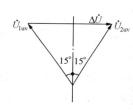

图 2-8 联结组别
不同时的二次侧
电压相量图

压器为例说明：这两台变压器的一次侧接在同一母线上，相对应的一次线电压是同相位的，其二次侧相对应的线电压则有 30° 的相位差，如图 2-8 所示。由于两台变压器的二次线电压大小相等，所以变压器二次侧回路的合成电压 $\Delta \dot{U} = \Delta \dot{U}_{1uv} - \Delta \dot{U}_{2uv}$，是两个对应线电压的相量差。从图 2-8 可以求得合成电压的数值：$\Delta U = 2U_{2uv}\sin 15° = 0.52U_{2uv}$。

若变压器的短路电压 $U_k = 5.5\%$，则均衡电流可达 4.7 倍的额定电流，可能使变压器烧毁。较大的相位差产生较大的环流，这是不允许的。故不同联结组别的变压器不能并列运行。

其他两相情况也类似，由此可见，在 $\Delta \dot{U}$ 的作用下，并列运行的变压器的二次绕组内虽然没有接负载，但在回路中也会出现几倍于额定电流的环流。这个环流会烧坏变压器，因此联结组别不同的变压器绝对不能并列运行。

2-59 有载调压变压器在电力系统中有哪些作用？它有哪些优点？

➡在正常运行的电力系统中，运行方式、负荷变化、输电距离的长短、输电线路的截面、发电机、变压器本身的电压降等原因，都会引起系统稳态电压的波动。为了确保所要求的电压质量，必须在电力系统电压受到影响时，对供电电压进行适当的调整，保证用户端的电压在允许的范围内运行，所以变压器采用有载调压，即在变压器带负荷的情况下，在电力系统电压波动时可以随时进

行电压调整。电力系统广泛采用有载调压变压器调压是稳定负荷中心电压的有效措施。

采用有载调压变压器进行分级调压具有调压范围大、材料耗费少、变压器体积增加不多，且可以做到高电压和大容量调节的优点。

2－60 有载调压变压器的结构是怎样的？它是怎样进行正反接调压的？

➡采用正反接调压的变压器，其调压电路由基本绕组和调压绕组构成，调压绕组是抽出分接头的部分，基本绕组可正接或者反接调压绕组各个分接头，借以增加或减少绕组的匝数。在相同的调压绕组上，这种调压方式可使调压范围增加 1 倍。

正反接调压的有载分接开关，需要选用带极性选择器的组合型开关。

分接绕组的极性转换是极性选择器在无电流情况下实现的。当开关处在变压器基本绕组的末端 K 上运行时，极性选择器的触头 K＋或 K－没有电流通过。在这种情况下，就可以实现极性选择器的转换。极性选择器的动作由机械装置严格保证，当开关向 1→N 调压时，极性选择器只有在 8→9 切换时，由 K＋→K－；而当开关向 N→1 调压时，极性选择器只有在 8→7 切换时，由 K－→K＋。极性选择器由分接选择器带动。分接选择器的槽轮上有一个拨钉，当开关到达中间时，此拨钉处在极性选择器拨杆的槽口上。如果需要极性选择器动作，则分接选择器槽轮上的拨钉进入极性选择器拨杆的槽中，带动极性选择器的动触头转到另一个定触头上，完成调压绕组的极性变换。此时极性选择器和分接选择器同时动作，由此变换了一档电压。正反接调压的变压器是利用极性选择器有规律的转换来实现调压的。

2－61 对变压器有载调压装置的调压次数是如何规定的？

➡(1) 对 35kV 变压器，每天调节次数不得超过 20 次。110kV 及以上变压器，每天调节次数不得超过 10 次，每次调节间隔的时间不少于 1min。

(2) 当电阻型调压装置的调节次数超过 5000～7000 次时，电抗型调压装置的调节次数超过 2000～2500 次时，都应报检修处理。

2－62 变压器有几种调压方法？它们的工作原理各是什么？

➡变压器的调压方法有两种：一是停电情况下，改变分接头进行调压，即无载调压；二是带负荷调整电压（改变分接头），即有载调压。

有载调压分接开关一般由选择开关和切换开关两部分组成，在改变分接头时，选择开关的触点是在没有电流通过的情况下动作，而切换开关的触点是在通过电流的情况下动作，因此切换开关在切换过程中需要接过渡电阻以限制相邻两个分接头跨接时的循环电流，所以能带负荷调整电压。

2-63　什么是变压器的经济运行方式？

当几台变压器并列运行时，由于各变压器铁耗基本不变，而铜耗随负载的变化而变化，因此需按负荷大小调整变压器的台数和容量，使变压器总的功率损耗为最小，这种使功率损耗最小的运行方式称为变压器经济运行方式。

2-64　单台变压器运行在什么情况下效率最高？

当可变损耗（绕组铜耗）等于不变损耗（铁芯损耗）时，一般负荷系数 $\beta=0.6$，即变压器负载约为额定负载 60% 时，单台变压器运行效率最高。

2-65　变压器运行中遇到三相电压不平衡现象如何处理？

如果变压器运行中三相电压不平衡，应检查三相负载情况。对 Dy 接线的三相变压器，如三相电压不平衡，电压超过 5V 以上，则可能是变压器匝间短路，需停电处理。对 Yy 接线的三相变压器，在轻负载时容许三相对地电压相差 10%；在重负载的情况下，要力求三相平衡。

2-66　在大型电力变压器初次启动时，调度规程对冲击合闸有何规定？

在大型电力变压器初次启动时，按照调度规程规定，全电压空载冲击试验次数，新产品投入运行前应连续冲击 5 次，大修后应连续冲击 3 次，每次冲击间隔时间不少于 5min。操作前应派人到现场对变压器进行监视，检查变压器有无异声异状，如有异常状况应立即停止操作。

2-67　自耦变压器运行中应注意什么问题？

（1）由于自耦变压器的一、二次侧有直接电的联系，为防止由于高压侧单相接地故障而引起低压侧电压升高，用在电网中的自耦变压器的中性点必须可靠地直接接地。

（2）由于一、二次侧有直接电的联系，高压侧受到过电压时，会引起低压侧严重过电压。为避免这种危险，需在一、二次侧都加装避雷器。

（3）由于自耦变压器短路阻抗较小，其短路电流比普通变压器大，因此在必要时需采取限制短路电流的措施。

（4）运行中注意监视公用绕组的电流，使之不过负荷，必要时可调整第三绕组的运行方式，以增加自耦变压器的交换容量。

2-68　电力变压器分接头为何多放在高压侧？是否一定要放在高压侧？

➡变压器分接头一般都从高压侧抽头，主要是考虑：

（1）变压器高压绕组一般在外侧，抽头引出连接方便。

（2）高压侧电流相对于其他侧要小些，引出线和分头开关的载流部分导体截面小些，接触不良的问题较易解决。从原理上讲，抽头放在哪一侧都可以，要进行经济技术比较，如500kV大型降压变压器抽头是从220kV侧抽出的，而500kV侧是固定的。

2-69　什么是变压器的过励磁？变压器的过励磁是怎样产生的？

➡变压器在电压升高或频率下降时都将造成工作磁通密度增加，当变压器的铁芯磁通进入饱和区时，称为变压器过励磁。

当出现下列情况时，都可能产生较高的电压引起变压器过励磁：

（1）系统因事故解列后，部分系统甩负荷引起过电压。

（2）铁磁谐振过电压。

（3）变压器分接头调整不当。

（4）长线路末端带空载变压器或进行其他误操作。

（5）发电机频率未到额定值而过早增加励磁电流。

（6）发电机自励磁等情况。

2-70　变压器的过励磁可能产生什么后果？如何避免？

➡当变压器电压超过额定电压的10％时，变压器铁芯饱和，铁损增大，漏磁使箱壳等金属构件涡流损耗增加，造成变压器过热，绝缘老化，影响变压器寿命甚至烧毁变压器。

避免变压器过励磁的方法主要有：

（1）防止电压过高运行。一般电压越高，过励情况越严重，允许运行时间越短。

（2）加装过励磁保护。根据变压器特性曲线和不同的允许过励磁倍数，发出告警信号或切除变压器。

2-71 电力变压器停、送电操作，应注意哪些事项？

➡️一般变压器充电时应投入全部继电保护，为保证系统稳定，充电前应先降低相关线路的有功功率。变压器在充电或停运前，必须将中性点接地开关合上。一般情况下，220kV变压器高、低压侧均有电源时，送电时应由高压侧充电，低压侧并列；停电时则先在低压侧解列。对环网系统的变压器进行操作时，应正确选取充电端，以减少并列处的电压差。变压器并列运行时，应符合并列运行的条件。

第三章

互 感 器

3-1 什么是互感器？

➡互感器由连接到电力传输系统一次和二次之间的一个或多个电流或电压传感器组成，用以传输正比于被测量的量，供给测量仪器、仪表和继电保护或控制装置的设备。

3-2 互感器的作用是什么？

➡（1）将电力系统一次侧的电流、电压信息传递到二次侧，与测量仪表和计量装置配合，可以测量一次系统电流、电压和电能。

（2）当电力系统发生故障时，互感器能正确反映故障状态下电流、电压波形，与继电保护和自动装置配合，实现对电网各种故障的保护和自动控制。

（3）互感器将一次侧高压设备与二次侧设备及系统在电气方面隔离，从而保证了二次设备和人身的安全，并将一次侧的高电压、大电流变换为二次侧的低电压、小电流，使计量和继电保护标准化。

3-3 什么叫电压互感器？它有什么作用？

➡电压互感器又称仪用变压器（符号为 TV）。它是一种把高电压变为低电压并在相位上与原来保持一定关系的仪器。其工作原理、构造和接线方式都与变压器相同，只是容量较小，通常仅有几十伏安或几百伏安。

电压互感器的用途是把高压按一定的比例缩小，使低压绕组能够准确地反映高压量值的变化，以解决高压测量的困难。同时，由于它可靠地隔离了高电压，从而保证了测量人员、仪表及保护装置的安全。此外，电压互感器的二次电压均为 100V，这样可以使仪表及继电器标准化。

3-4 什么叫电压互感器的变比、匝数比？变比和匝数比为什么不相等？

➡电压互感器的变比指一、二次侧额定电压之比，即

$$K_N = \frac{U_{1N}}{U_{2N}} \qquad\qquad (3-1)$$

K_N 表示互感器特征参数。由于电压互感器一、二次侧的额定电压已标准化，故变比就标准化了。接在电压互感器二次回路的测量仪表在其刻度上已注明了变比 K_N，故只要将所测得的电压 U_{2N} 乘以 K_N，就能得到实际的电压值。

电压互感器的匝数比指一、二次绕组的圈数（匝数）之比，用字母 K_w 表示

$$K_w = \frac{W_1}{W_2} \qquad\qquad (3-2)$$

与变压器不同，电压互感器的变比并不等于匝数比。这是因为电压互感器在运行中随着某些参数的变化会出现一些误差。为改善误差特性，在设计电压互感器时，二次绕组的匝数已被适当增多，即 $W_2 > W_1 \dfrac{U_{2N}}{U_{1N}}$，也即 $\dfrac{U_{1N}}{U_{2N}} > \dfrac{W_1}{W_2}$，故电压互感器的变比大于匝数比。

3-5 电压互感器和变压器在原理上各有何特点？

➡电压互感器实质上是一种降压变压器。从工作原理上讲，互感器和降压变压器都是将高电压降为低电压，但是由于用途不同，故在工作状态方面有所区别。

电压互感器的特点是容量很小，其负载通常很微小，而且恒定，所以电压互感器一次侧可视为一个恒压源，基本上不受二次负载的影响。而变压器则不同，它的一次电压受二次负载的影响较大。此外，由于接在电压互感器二次侧的负荷都是测量仪表和继电器的电压线圈，它们的阻抗很大，因此二次电流很小。在正常运行时，互感器总是处于像变压器那样的空载状态，二次电压基本上等于二次感应电动势值，所以电压互感器能准确测量电压。再者，为了使电压互感器所允许的误差不超过规定值，必须限制其磁化电流。因此，其铁芯要用较好的硅钢片来制造，而且应取较低的磁密，一般 $B \leqslant 6000 \sim 8000\text{Gs}$。而一般变压器的铁芯磁密均在 14 000Gs 以上。

3-6 3～10kV 电压互感器有哪几种接线方式？各适用哪些范围？

➡电压互感器是供给保护装置及测量仪表电压线圈的电源设备。使用互感器的数量及接线方式是由供电方式决定的，6～10kV 电压互感器的几种常用接线方式如下：

（1）一台单相电压互感器，一次侧接高压电源，二次侧接仪表。这种接线适用于测量线电压，可连接单相电压表、频率表和电压继电器等。

（2）用两台单相电压互感器做 Vv 形接线（也称不完全三角形接线）。这种接线适用于中性点不接地系统或经消弧线圈接地系统，用来连接三相电能表、功率表、电压表和继电器等。这种接线方式比采用三相式经济，但有局限性。

（3）三相三柱式或三台单相电压互感器接成 Yy0 形接线。这种接线方式能满足仪表和继电保护装置接用线电压和相电压的要求，但不能测量对地电压，因为一次侧中性点不能接地。一次绕组接的是相线对中性点的电压，不是相线对地电压。当系统发生单相接地时，接地的一相虽然对地电压为零，但对中性点电压仍为相电压，这时加于一次绕组的电压并未改变，故二次相电压也未变，因此绝缘监测电压表不能反映系统接地。

（4）三相五柱式电压互感器接成 YNynd 形接线。这种电压互感器接线被广泛采用，因为它既能测量线电压和相电压，又能组成绝缘监测装置和供单相接地保护用。它每相有三个绕组，即一个一次绕组，两个二次绕组。二次绕组中一个是基本绕组，它和一般电压互感器的二次绕组一样，接各种仪表和电压互感器等；另一个是辅助绕组，接成开口三角形，引出两个端头接电压继电器，组成零序保护。

3-7 三相五柱式电压互感器在系统发生单相接地时，工作情况怎样？

➡ 三相五柱式电压互感器接成 YNynd 形接线，一次绕组接成星形后中性点接地，正常运行时 U_{un}、U_{vn}、U_{wn} 电压表指示相电压（10kV 系统为 6kV）。开口三角形绕组没有电压或有很小的不对称电压，不足以启动电压继电器。当系统发生单相金属性接地时（如 U 相），该相对地电压为零，电压互感器 U 相一次绕组无电压，接在二次和接地相对应的绝缘监测电压表电压 U_u 为零，而其他两相 U_w、U_v 升高 $\sqrt{3}$ 倍，即为线电压。这时开口三角形两端出线 100V 电压启动电压继电器，发出系统接地报警。

当 U 相经消弧线圈或高电阻接地时，U_u 电压指示低于相电压，U_w、U_v 高于相电压，但达不到线电压，开口三角处出现小于 100V 的电压，如达到整定值时，保护装置动作发出报警。

3-8 普通三相三柱式电压互感器为什么不能用来测量对地电压，即不能用来监测绝缘？

➡ 为了监测系统各相对地绝缘，必须测量各相对地电压，并且使互感器的一次侧中性点接地。但由于普通三相三柱式电压互感器一般为 Yy0 接线，不允许一次侧中性点接地，故无法测量各相对地电压，即不能用来监测绝缘。

假使这种电压互感器接在小电流接地系统中，互感器接成 Y0y0 接线，即把高压绕组的中性点接地，当系统发生单相接地故障时，有零序磁通在铁芯中出现。由于铁芯是三相三柱的，同方向的零序磁通不能通过铁芯闭合，只能通过空气或油箱壳体闭合，使磁阻变得很大，因而零序电流会很大，可能使互感器过热而烧毁。所以普通三相三柱式电压互感器不能做绝缘监测用，作为绝缘监测只能采用三相五柱式电压互感器或三台单相互感器接成 Y0y0 接线。

3-9 电压互感器的误差有几种？影响各种误差的因素是什么？

➡电压互感器的误差有两种：一种是电压误差，用 ΔU 表示；另一种是角误差，用 δ 表示。

电压误差指二次绕组电压实测值与额定变比的乘积 $U_2 K_N$ 与一次绕组电压实测值 U_1 的差对 U_1 的百分比，简称比差，即

$$\Delta U(\%) = \frac{U_2 K_N - U_1}{U_1} \times 100\% \tag{3-3}$$

角误差指电压互感器二次电压 U_2 相量旋转 $180°$ 后与一次电压 U_1 相量之间的相位差，简称角差。

造成电压互感器误差的因素很多，主要有：

（1）电压互感器一次电压的显著波动致使磁化电流发生变化而造成误差。

（2）电压互感器空载电流增大，致使误差增大。

（3）电源频率变化。

（4）电压互感器二次负荷过重，功率因数太低，即二次回路的阻抗超过规定等，致使误差增大。

3-10 电压互感器的准确等级分几种？

➡电压互感器准确等级分五种，即 0.1、0.2、0.5、1 级和 3 级。0.1 级和 0.2 级用于实验室的精密测量，0.5 级和 1 级一般用于发配电设备的测量和保护，计量电能表应用 0.5 级，3 级用于非精密测量和继电保护。

3-11 什么叫电压互感器的极性？

➡电压互感器的极性表明它的一次绕组和二次绕组在同一瞬间的感应电动势

方向相同还是相反。相同者叫减极性，相反者叫加极性。

3-12 电压互感器二次回路为什么必须接地？

➡电压互感器二次回路接地属于保护接地，其目的是保证人身和设备的安全。电压互感器在运行中，一次绕组处于高电压而二次绕组为一固定的低电压（如电压互感器一次绕组电压为 10 000V，二次则是固定的 100V，二次电压仅为一次电压的 1/100），如果电压互感器一、二次之间的绝缘被击穿，一次侧高压将直接加在二次绕组上，而二次绕组所接的各种仪表和继电器的绝缘水平很低，并经常和人接触，这样不但损坏了二次设备，而且直接威胁到工作人员的人身安全。因此，为了保证人身和设备的安全，要求除将电压互感器的外壳接地外，还必须将二次回路一点可靠接地。

3-13 电压互感器的二次负载包括哪些？

➡电压互感器的二次负载包括二次所接的各种测量仪表、继电器和信号灯以及二次回路导线中的全部损耗。

3-14 35kV 及以下电压互感器一次保护的选型及定值整定如何？

➡35kV 户外电压互感器的高压侧常采用 RW2-35 型、RW9-35 型角形熔断器。6～10kV 及 35kV 户内电压互感器常采用 RN2 型、RN4 型高压限流熔断器。以上几种熔断器的熔丝额定电流均为 0.5A，熔断电流为 0.6～1.8A。

10、35kV 户内电压互感器一次侧均装有充填石英砂的瓷管熔断器，其额定电流为 0.5A，熔断电流为 0.6～1.8A。

3-15 电压互感器的熔丝熔断时如何处理？

➡熔断器是电压互感器的唯一保护装置。当发现其熔丝熔断时，运行人员应按下述原则进行处理：

（1）高压熔丝熔断时，应仔细查明原因，确认无问题后再更换；低压熔丝熔断后，应立即更换，并保证熔丝容量与原来的相同，不得随意增大。

（2）发现熔丝熔断后，运行人员应首先将有关保护解除，然后更换熔丝。处理完毕，恢复正常后，再将停用的保护装置投入。

（3）如果更换熔丝后，仍出现断线信号，则应拉开隔离开关，采取安全措施进行详细检查。此时应特别注意回路的接头有无松动、断头现象，切换回路有无接触不良以及有无短路故障等。

3-16 过电压对运行中的电压互感器有何危害？

➡️系统过电压会使电压互感器因励磁电流过大而频繁发生高压熔断器熔断，甚至将互感器烧毁。

3-17 在哪些情况下应停用电压互感器？

➡️为保证互感器、人身和用电设备的安全，发现下列情况之一应停用电压互感器，并进行检查：

（1）电压互感器冒烟或发出焦臭味。

（2）电压互感器内部有放电声或其他异音，引线与外壳之间有放电火花。

（3）外壳发热，超过允许温度。

（4）严重漏油，油标中已看不到油面。

（5）熔断器熔丝更换后再次熔断。

3-18 消除电压互感器二次压降的措施有哪些？

➡️（1）重新敷设一条电能计量专用电压互感器二次回路电缆，同时将电缆截面加大，以减少二次回路电阻。此办法使用较为普遍，达到了减少二次电缆电阻的目的，补偿效果比较明显，投资不太大；但无法消除接触电阻，而且需另外增加电压互感器二次电压自动切换继电器。另外由于电能计量的电压回路已专用化，现有的变电所电压互感器电压监视装置就不能监视到该回路，除非再另外加装一套监视装置，否则电能计量回路就无法进行失电压监视，不能达到规程的要求。

（2）将电能表装在电压互感器二次出口处。此办法效果显著，但不利于运行、维护、管理。

（3）定期对隔离开关、熔断器、端子的接触部位进行打磨、维护或取消这些元件，消除接触电阻影响。若采用"打磨"方案，会增加电压互感器二次回路的工作量，也不能消除接触电阻带来的隐患；若采用取消熔断器等元件的方案，则不利于互感器的安全运行。

（4）在主控室电能表屏处集中或在每个电能表处加装静止补偿电容，以补偿电压互感器二次回路的感性电流，使其二次回路电流明显下降，电压互感器二次压降也随之下降。此办法实为静止定值补偿，效果比较好，投资较省，但在实际操作上有一定困难，不具有通用性。

（5）每次周期检定时，临时从电压互感器出口拉出一根采样电缆，以电压互感器二次出口电压为基准，通过调整电能表误差来补偿电压互感器二次压降所引起的误差。此办法属于单点静止补偿，补偿的效果会受当时该电能表的负载电流、功率因数等参数影响，同时由于电能表经常处于超差状态，难以给用户一个令人信服的解释。这种方法目前还没有法定依据。

（6）使用功耗小的电子式电能表替代感应式电能表。当电压互感器有一组二次绕组专向一组电能表供电，即电能计量专用回路，而电能表又是功耗小的电子式电能表时，电压互感器二次压降可能满足规程要求；但是，当电压互感器二次回路在运行中因外界因素造成接触电阻增大，电压互感器二次压降有可能超过规程规定值，计量人员不可能及时发现，因而造成电量漏计。另外，当电压互感器二次回路断线时，计量人员亦难以及时发现，同样造成电量漏计。有的变电所在此专用回路上安装一套电压监视装置或电压互感器失压记录仪，以监视电压互感器二次回路是否断线。但此方法增加了电压互感器二次回路的复杂性。

（7）安装电压互感器二次压降补偿器（按静态补偿）。有些补偿器能自动跟踪并补偿电能表负载电流变化引起的二次压降，但当二次回路电阻变化引起二次压降变化时，需人工再次调整补偿值，否则不是过补偿就是欠补偿。若补偿器不能自动跟踪电压互感器二次压降，其补偿不能抵消电压互感器二次压降值。

以上方法都存在缺陷，若采用动态补偿可消除以上缺陷，即安装 RYZ-2B/600 型电压互感器二次回路压降自适应补偿装置。此装置能实时自适应跟踪二次回路阻抗和回路电流的乘积，即二次回路压降变化值，并从矢量上补偿（即实现动态补偿），使补偿后的二次回路压降远远小于相关规程的要求值，彻底解决了电能计量装置难以解决的技术问题。

3-19　简述电容式电压互感器基本结构和原理。

➡电容式电压互感器简称 CVT，其基本原理如图 3-1 所示。

图中 C_1，由 C_{11}、C_{12}、C_{13}、C_{14} 组成，C_2 为分压电容，均安装在瓷套内。一般在 500kV 级设备中有 3～4 节瓷套，在 220kV 级设备中有 2 节瓷套，在110kV 级设备中有 1 节瓷套。其中 C_{11}、C_{12}、C_{13} 分别安装在 1～3 节瓷套内，C_{14} 和分压电容 C_2 装在下节瓷套内。在运行中首先通过电容分压器将运行电压

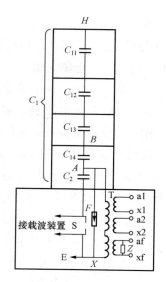

图 3 - 1　电容式电压互感器基本原理图

C_1—主电容；C_2—分压电容；F—氧化锌避雷器；S—载波装置

保护间隙；Z—阻尼器；T—单元变压器

变为 A 点的电压 U_A（一般为 13kV），然后通过电磁单元变压器输出所需的二次电压。由电容分压原理可知：$U_A = U_N C_1 / (C_1 + C_2)$。其中，$U_N$ 为系统运行电压。

3-20　电容式电压互感器（CVT）有哪些技术特点？

➡(1) 采用新介质材料，提高了绝缘裕度和电容的稳定性。用聚丙烯薄膜与电容器纸复合绝缘介质取代传统的矿物油浸纸介质，使绝缘裕度提高 1 倍以上。局部放电水平由 30pC 降低到 10pC 以下，电容温度系数由 $3×10^{-4}K^{-1}$ 降低到 $1×10^{-4}K^{-1}$ 以下，电容量随温度变化稳定性提高 3 倍以上。

（2）准确度由 0.5 级提高到 0.2 级，额定二次输出容量提高到 450VA。为此，对电磁单元的参数和结构进行了优化设计，阻尼器的改进和介质的电容稳定性也起到了重要作用，可提供 35～500kV 电压等级产品。

（3）开发应用先进的速饱和电抗器型阻尼器，在各种运行电压下不发生谐振。瞬变响应特性显著改善，IEC186 和国家标准要求 CVT 一次短路后，二次电压应在一个工频周期内降到短路前电压的 10% 以下，更好地满足了快速继电保护的要求。

（4）产品的整体机械强度高。500kV 电容式电压互感器通过了水平加速度

0.3g 抗震试验。330kV 及以下电压等级 CVT 瓷套抗弯截面系数与之相同，产品高度降低，故完全可以承受 0.3g 以上的地震强度。

（5）采用环氧树脂真空浇铸的中压套管，降低了 CVT 在整体试验条件下的局部放电量。

（6）二次出线盒内采用环氧树脂真空浇铸的接线板，有效防止渗漏油现象的发生，耐潮性能好，降低了在互感器损耗测试中的不良影响。

（7）补偿电抗器采用了 C 形铁芯，使 CVT 性能稳定，无噪声。

（8）准确度校验调节抽头可从二次端子盒引出，为运行提供方便。

（9）根据用户需要，可提供电网谐波监测单元和接线端子。

3－21　单相油浸电容式电压互感器有哪些特点？

➡（1）因其由电容分压器和电磁单元构成，高压电容器可兼做载波耦合电容器使用。

（2）电容分压器和电磁单元分装成两个独立的整体，两部分仅有电气上的联系，结构比较松散，因此检修比较方便。

3－22　系统发生谐振时，对运行中的电压互感器有何影响？

➡系统发生谐振时，电压互感器会产生过电压，使电压互感器励磁电流增加几十倍，造成高压熔断器熔断，并可能导致电压互感器因发热而烧坏。

3－23　电容式电压互感器二次失压故障的原因有哪些？

➡由电容式电压互感器工作原理（见图 3－1）可知，在正常状态下，分压电容 C_2 和油箱电磁单元所承受的额定电压为 13kV；若电磁单元部分对地短接，不承受 13kV 的电压，二次将失去电压输出，对设备整相承受电压的能力影响较小。因此在电容式电压互感器能够承受系统正常电压的前提下，结合其结构特点，可以确定二次失去电压的原因与电容量的变化无关，第 1～3 节瓷套和第 4 节瓷套中的 C_{14} 电容本身正常，故障原因可能为：

（1）电磁单元变压器一次引线断线或接地。

（2）分压电容 C_2 短路。

（3）电磁单元中与变压器并联的氧化锌避雷器击穿导通。

（4）各分压电容器之间的连接线断开。

（5）油箱电磁单元烧坏、进水受潮等其他故障。

3-24 电容式电压互感器二次失压故障有哪些预防措施？

➡(1) 建议制造厂改进设计，将电磁单元变压器的一次连接点 A 点（见图 3-1）通过小套管引出，便于用户直接测量电磁单元的绝缘电阻、介质损耗因数和电容量等参数。

（2）将电磁单元变压器的接地连接点 X 点，引至二次接线盒，并通过绝缘性能良好的小套管接地，即可在试验时打开接地点，直接测量电磁单元变压器、氧化锌避雷器和分压电容 C_2 的绝缘性能。同时 X 点引出后，运行单位可通过 X 点进行在线或带电测量电容式电压互感器运行过程中的容性泄漏电流。

（3）加强最下节瓷套和油箱电磁单元电气连接部分的绝缘强度，严格设计工艺，保持各连接线对地及器件之间的距离，必要时将裸导线更换为绝缘导线（或进行绝缘包扎）。

（4）运行单位加强维护管理，定期检查和试验。

3-25 电压互感器单相接地故障有哪些现象？

➡在中性点不接地系统中，为了监视系统中各相对地的绝缘状况以及计量和保护的需要，在每个变电所的母线上均装有电磁式电压互感器。当系统发生单相接地故障时，会产生较高的谐振过电压，系统仍可在故障状态下继续运行一段时间，有供电连续性高的优点。但不接地系统发生单相接地故障后，非故障相会产生较高的过电压，影响系统设备的绝缘性能和使用寿命，后果是出现更频繁的故障。

（1）在中性点不接地系统中，当其中一相出现金属性接地时，就会产生励磁涌流，导致电压互感器铁芯饱和。如 U 相接地，则 U_{un} 的电压为零，非接地相 U_{vn}、U_{wn} 的电压表指示为 100V 线电压。电压互感器开口三角两端出现约 100V 电压（正常时只有约 3V），这个电压将启动绝缘监察继电器发出接地信号并报警。

（2）当发生非金属性短路接地时，即高电阻、电弧或因树木引起的单相接地，如 U 相发生接地，则 U_{un} 的电压低于正常相电压，U_{vn}、U_{wn} 电压则大于 58V，且小于 100V，电压互感器开口三角处两端有约 70V 电压，达到绝缘监察继电器启动值，发出接地信号并报警。

（3）当系统发生单相接地时，故障点流过电容电流，未接地的两相相电压升高为原来的 3 倍，这将严重影响线路和电气设备的安全运行（此时电压互感器的励磁阻抗很大，故流过的电流很小）。但一旦接地故障点消除，非接地相在故障期间已充的电荷只能通过电压互感器高压绕组经其自身的接地点接入大地。在这一瞬间电压突变过程中，电压互感器高压绕组的非接地两相的励磁电流就要突然增大，甚至饱和，由此构成相间串联谐振。由于接地电弧熄灭时间不同，故障点的切除时间就不一样。因此，不一定在每次出现单相接地故障时，电压互感器高压绕组中都要产生很大的励磁电流，其高压侧熔断器的情况也有所不同。

（4）电压互感器二次侧熔断器熔断或接触不良时，中央信号屏发出"电压回路断线"的预告信号，同时光字牌亮，警铃响。查电压表可发现：未熔断相的电压表指示不变，熔断相的电压表指示降低或为零。遇到这种情况，可检查电压互感器二次回路接头（端子排）处有无松动、断头，电压切换回路有无接触不良等现象和电压互感器二次熔断器是否完好，找到松动、断线处应立即处理；若更换熔断器后再次熔断，应查明原因，不可随意将其熔丝规格增大。

3-26 110kV 及以上串级式电压互感器绕组绝缘不良的原因有哪些？

→绕组绝缘不良多半是由于电磁线材质差、设计的绝缘裕度小、工艺不严格造成的。电压互感器在较长时间内采用漆包线制作，由于上漆工艺不良，漆包线掉漆，在表面形成较多针孔缺陷；绕制时导线露铜处未处理，线匝排列不均匀，有沟槽或重绕，导线"打结"，磨伤漆皮；引线焊接粗糙；掉锡块；绕组层间绝缘绕包不够，端部处理不好或采用的层压纸板端部不圆等，这些都很容易造成绕组匝间短路，层间和主绝缘击穿，引起互感器事故。

3-27 电容式电压互感器故障原因有哪些？

→（1）制造质量不佳致使铁芯气隙变化。当 110kV 电容式电压互感器投入电网运行时，测量得二次电压为 3V，辅助二次电压为 5V，电磁装置外壳有发热现象。由于二次电压值及辅助二次电压值偏离正常值很多，只好临时停电，将该电容式电压互感器退出运行。吊芯检查发现，谐振阻尼器中的电感铁芯有松动现象。互感器的阻尼器由电感线圈 L0 与电容器 C0 并联，再与电阻器串联组成，并接在辅助二次绕组内部端子上，L0 的大小通过调整铁芯气隙距离进行整定。气隙变化后，$X_{L0} \neq X_{C0}$，阻尼器流过很大的电流，致使辅助二次端有了一个很大负载，输出电压迅速下降，导致一、二次电压比相差很大。

（2）安装错误引起谐振。电容式电压互感器中间变压器响声异常、漏油，并出现了严重的不平衡电压，而测试结果除电抗值有一些误差外，其他各参数均属正常。因此，可以认为这种故障是由于电容式电压互感器中的耦合电容器及分压电容器与中间变压器组合不当产生铁磁谐振引起的。电容式电压互感器中的耦合电容器、分压电容器、中间变压器及补偿电抗器在出厂时已经组合好，安装和使用时不允许互换。

3-28　造成电压互感器烧毁有哪些原因？

➡电磁式电压互感器烧毁的根本原因是过电流，而过电流又往往起因于过电压，这里着重指出两点：

（1）35kV电网中谐振回路由电感元件和电容元件组成，电感元件基本上是电压互感器自身，而在10kV及以下的电网中，小容量的配电变压器也是谐振的电感元件。谐振回路会起振产生过电压和过电流。

（2）电压互感器在谐振过电压作用下的烧损。根本措施是改善其励磁特性。辅助措施是对35kV电网采用在电压互感器开口三角绕组回路投入阻尼的方法；对10kV及以下的电网，宜在电压互感器的中性点接入零序电压互感器或阻尼电阻。

3-29　电压互感器二次侧为什么不容许短路？

➡电压互感器二次侧电压约100V，应接于能承受100V电压的回路，所通过的电流由二次回路的阻抗大小来决定。电压互感器本身阻抗很小，如果二次回路短路，则二次回路通过的电流很大，会造成二次熔断器熔断，影响表计指示及引起继电保护误动作。

3-30　电压互感器两组低压绕组各有什么用途？

➡电压互感器两组低压绕组，其中一组绕组接成星形且中性点接地，用来测量相电压和线电压，以供继电保护和电能表、功率表等所需的电压；另一组绕组接成开口三角形，供零序继电保护装置和检漏装置用。

3-31　电压互感器一次侧熔断器熔断，可能是什么原因？

➡运行中的电压互感器，除因内部绕组发生匝间、层间或相间短路以及一相接地等故障使其一次侧熔断器熔断外，还有二次回路故障、系统一相接地、系统发生铁磁谐振等原因导致其一次侧熔断器熔断。

3-32 电压互感器一次及二次熔断器熔丝熔断，电压表指示如何？

➡熔断器的熔断相所接的电压表指示降低，未熔断相电压表指示不变。

3-33 电流互感器的工作原理如何？

➡电流互感器由一次绕组、二次绕组、铁芯、绝缘支撑及出线端子等组成。电流互感器的铁芯由硅钢片叠制而成，其一次绕组与主电路串联，且通过被测电流 $\dot{I}_1$，它在铁芯内产生交变磁通，在二次绕组感应出相应的二次电流 $\dot{I}_2$（其额定电流为 5A）。如将励磁损耗忽略不计，则 $I_1 n_1 = I_2 n_2$，其中 n_1 和 n_2 分别为一、二次绕组的匝数。电流互感器的变流比 $K = I_1/I_2 = n_2/n_1$。由于电流互感器的一次绕组连接在主电路中，所以一次绕组对地必须采取与一次线路电压相适应的绝缘材料，以确保二次回路与人身的安全。二次回路由电流互感器的二次绕组、仪表以及继电器的电流线圈串联组成。电流互感器大致可分为测量用电流互感器和保护用电流互感器两类，其原理如图 3-2 所示。

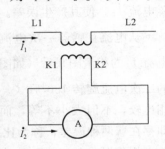

图 3-2 电流互感器原理图

3-34 电流互感器与普通变压器相比，在原理上有何特点？

➡(1) 电流互感器二次回路所串的负载是电流表、继电器等器件的电流线圈，阻抗很小，因此，电流互感器的正常运行情况相当于二次侧短路的变压器。

(2) 变压器的一次电流随二次电流的增减而增减，可以说是二次起主导作用，而电流互感器的一次电流由主电路负载决定而不由二次电流决定，故一次起主导作用。

(3) 变压器的一次电压决定了铁芯中的主磁通，又决定了二次电动势，因此，一次电压不变，二次电动势也基本不变。而电流互感器则不然，当二次回路的阻抗变化时，会影响二次电动势。这是因为电流互感器的二次回路是闭合的，在某一定值的一次电流作用下，感应二次电流的大小决定于二次回路中的阻抗（可想象为一个磁场中短路匝的情况）。当二次阻抗大时，二次电流小，用于平衡二次电流的一次电流就小，用于励磁的电流就多，则二次电动势就高；反之，当二次阻抗小时，感应的二次电流大，一次电流中用于平衡二次电流就大，用于励磁的电流就小，则电动势就低。所以，这几个量是互成因果关系的。

（4）电流互感器之所以能用来测量电流（二次侧即使串上几个电流表，其电流值也不减小），因为它是一个恒流源，且电流表的电流线圈阻抗小，串进回路对回路电流影响不大。它不像变压器，二次侧负载增加，对各个电量的影响都很大。但这一点只适用于电流互感器在额定负载范围内运行，一旦负载增大超过允许值，也会影响二次电流，且会使误差增加到超过允许值。

3－35　什么是电流互感器的误差？

➡由于电流互感器铁芯的结构以及材料性能等的影响，电流互感器存在着励磁电流 $\dot{I}_0$，使其产生误差。

从电流互感器一次电流 $\dot{I}_1$ 和折算后的二次电流 $\dot{I}_2'$ 的相量图来看（如图3-3所示），折算后的二次电流旋转180°后（$-\dot{I}_2'$），与一次电流 $\dot{I}_1$ 相比较，不但大小不等，而且两者相位不重合，即存在着两种误差，称为比差（比值误差）和角差（相角误差）。

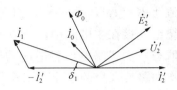

图3-3　电流互感器
简化相量图

3－36　影响电流互感器误差的因素有哪些？

➡（1）一次电流的影响。当电流互感器一次电流很小时，引起的误差增大；当一次电流长期大于额定电流时，也会引起误差增大。因此，一般一次电流应大于互感器额定电流的25%，小于120%。

（2）二次负载的影响。当电流互感器二次负载增大时，误差（比差和角差）也随之增大，故在使用中不应使二次负载超过其额定值（伏安数或欧姆数）。

（3）电源频率和铁芯剩磁也影响互感器误差。

3－37　什么是母线型电流互感器？

➡母线型电流互感器又称单匝式电流互感器，通常用实心圆形或管形截面的载流导体作为一次绕组，或直接以载流母线作为一次侧。

3－38　什么是串级式电流互感器？

➡串级式电流互感器相当于几个中间电流互感器串联而成。例如对于两级串级式电流互感器，其一次电流 I_1 经第一级中间电流互感器的一次绕组、二次绕组与第二级中间电流互感器的一次绕组连接，第二级中间电流互感器的二次绕组与负载回路相连接。

3-39　什么是光电式电流互感器？

➡️光电式电流互感器（简称 OCR）是集晶体物理、光电子技术、光纤技术、高电压技术和计算机技术于一体的电流互感器。其原理依据法拉第磁光效应，采用光测技术，保障了高电压与地电位的隔离，绝缘性能好，无铁磁材料，不会产生磁饱和，暂态响应范围大，测量频带宽，抗干扰能力强。

3-40　测量用电流互感器有何特性？

➡️测量用电流互感器主要与测量仪表配合，在线路正常工作状态下，用来测量电流、电压、功率等。测量用电流互感器具有以下特性：

（1）绝缘可靠。

（2）测量精度足够高。

（3）当被测线路发生故障出现大电流时，互感器在适当的量程内饱和（如500％的额定电流），以保护测量仪表。

3-41　保护用电流互感器有何特性？

➡️保护用电流互感器主要与继电保护装置配合，在线路发生短路、过载等故障时，向继电保护装置提供信号切断故障电路，以保护供电系统的安全。保护用电流互感器的工作条件与测量用电流互感器的工作条件完全不同，保护用电流互感器只在比正常电流大几倍、几十倍的电流时才开始有效地工作。保护用电流互感器具有以下特性：

（1）绝缘可靠。

（2）足够大的准确限值系数。

（3）足够的热稳定性和动稳定性。

3-42　什么是准确限值系数、电流互感器的额定短时热稳定电流、电流互感器的额定动稳定电流？

➡️保护用电流互感器在额定负载下能够满足准确级要求的最大一次电流叫额定准确限值一次电流。准确限值系数就是额定准确限值一次电流与额定一次电流比。当一次电流足够大时电流互感器的铁芯就会饱和，起不到反映一次电流的作用，它就是表示这种特性。

保护用电流互感器准确等级 5P、10P、5PR、10PR，表示在额定准确限值一次电流时的允许误差为 5%、10%。线路发生故障时的冲击电流产生热和电磁力，保护用电流互感器必须承受这些力。

二次绕组短路情况下，电流互感器在 1s 内能承受且无损伤的一次电流有效值，称为电流互感器的额定短时热稳定电流。

二次绕组短路情况下，电流互感器能承受且无损伤的一次电流峰值，称为电流互感器的额定动稳定电流。

3-43 保护用电流互感器如何分类？

➡保护用电流互感器分为：

（1）过载保护电流互感器。

（2）差动保护电流互感器。

（3）接地保护电流互感器（零序电流互感器）。

3-44 简述保护用电流互感器的主要技术数据。

➡（1）变流比。变流比通常以分数表示，分子表示一次绕组的额定电流（A），分母表示二次绕组的额定电流（A）。如某电流互感器的变流比为 300/5，即表示电流互感器一次额定电流为 300A，二次额定电流为 5A。其变流比为 60。

（2）准确度。准确度是以误差的大小决定的，通常分为 5P、10P、5PR、10PR 级四个等级，使用时可根据负载的要求来选用。

（3）额定容量。电流互感器的额定容量（S）指其允许承载的负载功率（即伏安数）。其除采用伏安数表示外，还可用二次负载的欧姆值（即 Z）来表示。由于 $S=I_2Z$，又因为 I_2 为一定值，因此，伏安数和欧姆值可互相换算。通常电流互感器铭牌上标示的是它所能达到的最高准确度等级和与其相应的额定阻抗。

（4）极性。一般在电流互感器的一、二次绕组引出线端子上都标有极性符号，其意义与变压器的极性相同。电流互感器常用电流流向来表示极性，即当一次绕组一端流入电流，二次绕组则必有一端流出电流，在同一瞬间电流流入与流出的端子就是同极性端。通常一次侧标示为 L1、L2，二次侧标示为 K1、

K2，角注数字相同的为同极性端。一般采用减极性标示方法。

（5）热稳定及动稳定倍数。变配电系统发生故障时，电流互感器承受由短路电流引起的热效应和电动力效应而不致受到破坏的能力，可用动稳定与热稳定倍数来表示。所谓热稳定倍数，指热稳定电流（即 1s 内不致使电流互感器的热超过允许限度的电流）与电流互感器额定电流之比。所谓动稳定倍数，指电流互感器所能承受的最大电流的瞬时值与其额定电流之比。

3-45 为什么电流互感器在运行中其二次回路不许开路？

➡因为当电流互感器二次绕组闭合时，一、二次绕组的磁通势相互抵消，铁芯中的磁通很小，两边的感应电动势很低，不会影响负载的工作。若二次绕组开路，则一次绕组的磁通势将使铁芯磁通剧增，而二次绕组的匝数又多，故使二次绕组的感应电动势很高，就会击穿绝缘，损坏设备并危及测量人员的安全。

3-46 怎样选择测量用电流互感器？

➡对测量用电流互感器，除考虑使用场所外，还应根据以下参数进行选择：

（1）额定电压的选择。要使被测线路线电压 U_x 与互感器额定电压 U_N 相适应，要求 $U_N > U_x$。

（2）额定变比的选择。应按照长期通过电流互感器的极大工作电流 I_z 选择其额定一次电流 I_{IN}，应使 $I_{IN} \geq I_z$，最好使电流互感器在额定电流附近运行，这样测量更准确。

（3）准确等级的选择。一般电能表及所有测量仪表均选择准确等级不低于 0.5 级的电流互感器；它有 0.1、0.2、0.5、1、3.5 级六个等级，供特殊用途的为 0.2S 及 0.5S 级。

（4）额定容量的选择。为了准确计算出电流互感器的额定容量，其二次负载必须在额定容量（阻抗）以下，其误差才不会超过给定的准确等级。

3-47 为什么保护用电流互感器变比不能选择太小？

➡套管式电流互感器（单匝），当选择的变比很小时，二次匝数必定不多。如果同时保证标称准确限值电流倍数不降低，即具有一定的带负载能力和抗饱和能力，必须要求硅钢片有优良的导磁性能（饱和较慢）和相应增加铁芯截面。这对厂家提出了较高的要求，但并不困难。在标称准确限值电流倍数确实难以提高的前提下，为提高实际的准确限值电流倍数，也可以设法减小二次回路阻抗。

为保证实际的准确限值电流倍数，保护用电流互感器应尽量选用较大一些的变比，不宜选用100/5及以下的变比（指电流互感器一次为单匝时），除非实际一次短路电流倍数特别小。必须注意：当选用同一铁芯的半匝数绕组（1/2抽头）时，在回路实际阻抗不变的条件下，实际的一次准确限值电流值将成平方下降，即为全匝数时的1/4。因为此时标称准确限值电流倍数和一次额定电流基准值均下降了1/2。

3-48 为什么两个相同型号和规格的电流互感器二次绕组串联后容量增加一倍?

➡️电流互感器二次绕组的电流，不会随所带负荷（表计或继保）而改变，只与一次侧电流有关，也就是说电流互感器二次侧相当于一个"电流源"。两个电流值相同的"电流源"同名串联后，输出电流仍等于单个"电流源"时的值，这样，电流互感器一、二次电流之比仍等于使用单个互感器时的变比，即变比不变。

当二次侧所带的继保或电仪表计增加时（即负荷增加），只会引起二次绕组输出电压上升，不会影响其输出电流（因为二次侧是个"电流源"）。当两个电流互感器绕组串联后，每个二次绕组分担的输出电压只为二次线路负荷的一半，两个绕组一起输出的额定电压可以达到单个额定电压的2倍，故容量增加，因此可以多带一些负荷，就是继保和表计。因此，二次绕组串联时，二次电流不变、变比不变、容量（VA）增大一倍。

3-49 两个相同型号和规格的电流互感器二次绕组并联后，变比为什么变为原来的一半?

➡️两个电流互感器二次侧绕组同名端并联后，总的二次侧输出电流为两个电流互感器二次侧输出电流之和，也就是在同一个一次电流下，二次输出电流是单个绕组时的两倍，这样，使变比变为原来的1/2。而由于是并联，两个二次绕组仍要承担二次回路电压的全部，故输出的额定电压只能达到单个绕组使用时的额定电压。因此电流互感器二次绕组并联时，二次电流增加一倍，变比变为原来的1/2，容量不变。

3-50 为什么不提倡两个相同型号和规格的电流互感器二次绕组并联或串联使用?

➡在实际工程上,不提倡电流互感器二次侧绕组串联或并联使用。因为即使是两个型号和生产厂家都相同的电流互感器,其二次绕组阻抗做不到绝对相等,这样,当二次回路的继电保护和测量仪表负荷增加时(接近二次侧满负荷),会或多或少地使其中一个电流互感器二次侧出现过电压或过电流,长期使用不利于系统的可靠运行。而且,一般两个电流互感器的造价也大于一个电流互感器。所以,建议设备新安装选型时选择合适变比和容量的互感器,进行单个使用。除非特殊要求,否则无论是电流互感器二次绕组串联使用还是并联使用,都只是权宜之计。

3-51 电流互感器的变流比表示为 2×300/5A,是什么意思?

➡2×300/5 为电流互感器的额定电流比(简称变比),指一次绕组可以通过串并联实现变比为 300A/5A 或者 600A/5A,二次额定电流为 5A。一般这种情况,一次绕组是两根半圆的铝管,而一次接线端子有 P1、P2、C1、C2 四个,其中 P1 和 P2 是一根半圆铝管的两个端头,C1 和 C2 是另一根半圆铝管的两个端头。具体而言,P1 是一次电流流入端,P2 是一次电流流出端,它们都与主回路连接,此时如果把 C1 和 P2 连接,为串联结构,即变比为 2×300/5;若把 C1 接在 P1 上,C2 接在 P2 上,为并联结构,变比为 600/5。这种变换是通过改变一次绕组串并联连接片实现的。其具体接线如图 3-4 所示。

3-52 电流互感器的变流比表示为 100～300/5A,是什么意思?

➡100～300/5A 为电流互感器的额定电流比(简称变比),指二次绕组可以通过选择抽头得到 100A/5A、150A/5A、200A/5A、300A/5A,分别对应图 3-5 中的 A—B、A—C、A—D、A—E。

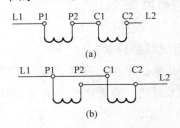

图 3-4 电流互感器一次侧接线图

(a)一次绕组串联 300A/5A;

(b)一次绕组并联 600A/5A

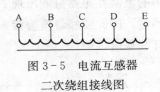

图 3-5 电流互感器
二次绕组接线图

3-53　零序电流互感器有何特点？

➡零序电流互感器为一种线路故障监测器，一般仅有一个铁芯与一个二次绕组。使用时，将一次三芯电缆穿过互感器的铁芯窗孔，二次通过引线接至专用的继电器，再由继电器的输出端接至信号装置或报警系统。在正常情况下，一次回路中三相电流基本平衡，其所产生的合成磁通也接近于零，在互感器的二次绕组中不感生电流。当一次线路发生单相接地等故障时，一次回路中产生不平衡电流（即零序电流），在二次绕组中感生微小的电流使继电器动作，发出信号。这个使继电器动作的电流很小（毫安级），称为二次动作电流或零序电流互感器的灵敏度，是零序电流互感器主要特性指标。

3-54　怎样根据电流互感器二次阻抗正确选择二次接线的截面积？

➡电流互感器二次接线的截面积可根据下式计算进行选择

$$S \geqslant \frac{K_m \rho L_m}{Z - (r_q + r_j + r_c)} \qquad (3-4)$$

式中　S——连接导线的截面积，mm^2；

　　　L_m——连接导线的计算长度，m；

　　　K_m——电流互感器的接线系数，单相接线系数 $K_m=2$，三相接线系数 $K_m=1$，不完全（两相）星形接线系数 $K_m=\sqrt{3}$；

　　　ρ——导线电阻率，$\Omega \cdot mm^2/m$；

　　　Z——对应于电流互感器准确等级的二次负荷额定阻抗，可从铭牌查出；

　　　r_q——仪表电流线圈的总阻抗，Ω；

　　　r_j——继电器电流线圈的总阻抗，Ω；

　　　r_c——连接二次线的接触电阻，一般取 0.05Ω。

3-55　电流互感器在运行中可能出现哪些异常？

➡运行中的电流互感器可能出现二次开路、发热、冒烟、接线螺栓松动、声响异常等问题，因此要经常检查接头有无过热、有无声响、有无异味、绝缘部分有无破坏和放电现象。

3-56　什么是直流互感器？它有何用途？

➡用于直流电流量值变换的互感器叫直流互感器。它利用铁芯绕组中铁芯受直流和交流电流共同磁化时的非线性和非对称性，通过整流电路，将通过绕组的直流大电流按匝数反比变换成直流小电流。

直流互感器主要用于测量直流大电流，也在整流系统中用作电流反馈、控制和保护元件，装设于换流站高压直流线路端以及换流站内中性母线和接地极线路处的直流电流测量装置。

3-57　电流互感器极性接错有何危害？

➡️(1) 电流互感器如用在继电保护电路中，将引起继电保护装置的误动或拒动。

(2) 电流互感器如用在仪表计量回路中，功率表和电能表的正确测量将受到影响。

(3) 采用不完全星形联结的电流互感器，如电流互感器任一相极性接反，都会引起未接电流互感器（一般为中相）的一相较其他相电流增高 3 倍。

(4) 采用不完全星形联结的电流互感器，如电流互感器两相极性均接反，虽然二次侧的三相电流仍平衡，但与相应的一次电流的相角差为 180°，将使电能表反转。

3-58　组合式互感器有哪些特点？适用范围有哪些？

➡️组合式互感器的特点是电压互感器和电流互感器同装于一个容器内，可不再单独安装电压互感器、电流互感器，因此减少了占地面积，节约造价。

这种组合式互感器主要适用于线路—变压器组和桥式主接线。

3-59　什么是电子式互感器？

➡️电子式互感器（electronic instrument transformer）是由传感元件和数据处理单元组成的互感器，用于测量和监控电流、电压等参数。其传感机理先进，绝缘相对简单，动态范围大，频率响应宽，准确度高，适应电能计量、保护数字化和自动化发展方向，将成为传统电磁式互感器的换代产品。

3-60　电子式电流互感器是如何分类的？

➡️根据 IEC 和 GB/T 标准，电子式电流互感器可分为以下 3 类：

(1) 光学电流互感器。它采用光学器件做被测电流传感器。光学器件由光学玻璃、全光纤等构成。传输系统用光纤，输出电压大小正比于被测电流大小。由被测电流调制光波物理特征，可将光波调制分为强度调制、波长调制、相位调制和偏振调制等。

（2）空心线圈电流互感器。又称为 Rogowski 线圈式电流互感器。空心线圈往往由漆包线均匀绕制在环形骨架上制成，骨架采用塑料、陶瓷等非铁磁材料，其相对磁导率与空气的相对磁导率相同。这是空心线圈电流互感器有别于带铁芯的电流互感器的一个显著特征。

（3）铁芯线圈式低功率电流互感器（LPCT）。它是传统电磁式电流互感器的一种发展。其按照高阻抗电阻设计，在非常高的一次电流下，饱和特性得到改善，扩大了测量范围，降低了功率消耗，可以无饱和地高准确度测量很大的短路电流——全偏移短路电流。测量和保护可共用一个铁芯线圈式低功率电流互感器，其输出为电压信号。

3-61 光学电压互感器的工作原理是怎样的？存在怎样的问题？

（1）光学电压互感器的工作原理。光学电压互感器研究的起始阶段，主要是基于电光效应的纯光学式的光学电压互感器的研究，但是由于这种互感器光学转换器件的温度特性，一直无法满足户外环境下 0.2 级精度的要求，因此，目前已改为研究电子式的光学电压互感器。光学电压互感器的测量原理大致可分为基于 Pockels 效应和基于逆压电效应或电致伸缩效应两种。目前研究的光学电压互感器大多是基于 Pockels 效应。Pockels 效应是指电光晶体在没有外加电场作用时是各向同性的，而在外加电压作用下，晶体变为各向异性的双轴晶体，从而导致其折射率和通过晶体的光偏振态发生变化，产生双折射，一束光变成两束偏振光，且这两束光的速率不同。其工作原理如图 3-6 所示。其借助双折射效应和干涉的方法进行精确地测量，进而得到所要测量的电压值。

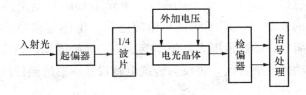

图 3-6　光纤传感部分原理图

光学电压互感器具有尺寸小、重量轻、绝缘性好、频带宽、动态范围大、不受电磁干扰和安全性好等优点。因此，各国都在寻求把光电子学技术用于特高压大电流电网中的方法。

（2）存在的问题。

1）需要较多精度要求比较高的光学部件，光学系统的封装校准困难，不易进行批量生产，运输过程中易损坏，给现场安装、运行和调试带来了困难。

2）影响光学电压互感器可靠性与精度的最关键的温度和光电转换的非线性问题有待解决。

3）电源供电模块需做进一步改进。

3-62　电容分压电子式电压互感器的工作原理是怎样的？存在怎样的问题？

➡(1) 电容分压电子式电压互感器的工作原理。电容分压电子式电压互感器的关键元件是电容分压器。电容分压器由高压臂电容 C1 和低压臂电容 C2 组成。电容分压器利用电容分压原理实现电压变换，将高压分为低压并进行 A/D 变换，经电/光转换耦合进行光纤传输，传至信号处理单元进行光/电转换，经微机系统处理输出数字信号或进行 D/A 转换输出模拟信号。其工作原理如图 3-7 所示。

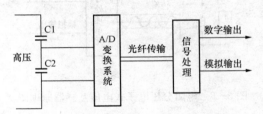

图 3-7　电容分压电子式电压互感器原理图

电容分压电子式电压互感器由光纤传送信号，解决了绝缘和抗电磁干扰问题，并且无铁芯，因此不存在由于铁芯饱和引起的一系列问题，动态响应好，二次负载的变化对暂态过程影响不大。

（2）存在的问题。

1）其传感元件为电容分压器，最突出的暂态问题是高压侧出口短路和电荷俘获现象。

2）电容分压器的电容随环境温度的变化而变化。如果沿着电容分压器高度方向温度不均匀，电容的分压比将发生改变，电压互感器的误差就会增大。

3）电网频率不稳定，使串联在电路中的电抗器和并联在电路中的电容器之间可能发生不平衡谐振。

4）一次电压过零短路将产生较大误差。

3-63　电阻分压电子式电压互感器的工作原理是怎样的？存在怎样的问题？

➡（1）电阻分压电子式电压互感器原理。电阻分压电子式电压互感器原理如图3-8所示。图中由高压臂电阻R1和低压臂电阻R2组成电阻分压器，并获取电压信号。为防止低压部分过电压和保护二次侧测量装置，在低压臂电阻上加装一个放电管S，使其放电电压略小于或等于低压侧允许的最大电压。电阻分压电子式电压互感器体积小、重量轻、结构简单、传输频带宽、线性度好、无谐振、克服了铁芯饱和的缺点、无负载分担、允许短路开路和具有较高的可靠性，并且一个互感器可以同时满足测量和保护的要求，在中低压系统具有广阔的应用前景。

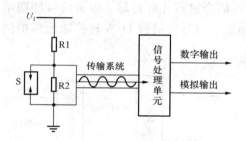

图3-8　电阻分压电子式电压互感器原理图

（2）存在的问题。分压器电阻在外加电压增加到一定值后，电阻的阻值随电压的升高而减小，从而影响分压比的稳定性；温度（环境温度和电阻通电时消耗电能产生的热量）的变化会对电阻的阻值产生影响。电压互感器运行时，电压主要降落在高压臂电阻R1上，电阻电压系数对高压臂的影响比较大，而对低压臂的影响较小。并且在高压测试中，电阻对地杂散电容会对分压器性能产生很大的影响。电晕放电可能损坏电阻元件，特别是使电阻膜层变质，并且对地的电晕电流会改变 U_1 和 U_2 的关系而造成测量误差。

3-64　基于电压电流变换的电子式电压互感器的工作原理是怎样的？有哪些优点？

➡电压电流变换的电子式电压互感器的工作原理如图3-9所示。它由电压—电流变换元件ZVI、弱电流传感单元和信号处理单元组成。该电压互感器具有测量频带宽、动态特性好、线性范围大、绝缘结构简单、体积小、造价低、能够实现一次系统与二次系统的完全隔离和二次侧不受一次侧干扰等优点。

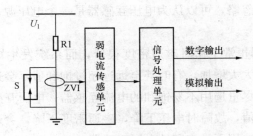

图 3-9　基于电压电流变换的电子式
电压互感器原理图

3-65　全光纤型光电式电流互感器的工作原理是怎样的？存在怎样的问题？

➡️（1）全光纤型光电式电流互感器的工作原理。全光纤型光电式电流互感器实际上也是无源型，只是传感头由光纤本身制成，其余与无源型完全一样，其工作原理如图 3-10 所示。全光纤型光电式电流互感器的传感头结构简单，比无源型易于制造，精度、寿命与可靠性比无源型要高。

（2）存在的问题。这种互感器的光纤是保偏光纤，比有源型和无源型两种互感器所采用的普通光纤品质高，制造困难，工艺要求高，且造价昂贵。

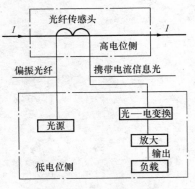

图 3-10　全光纤型光电式
电流互感器的工作原理图

3-66　电压互感器和电流互感器在作用、原理上有什么区别？

➡️（1）电压互感器主要用于测量电压；电流互感器用于测量电流；两者均要用于继电保护和综合自动化装置。

（2）主要区别是正常运行时工作状态很不相同，表现为：

1）电流互感器二次可以短路，但不能开路；电压互感器二次可以开路，但不能短路。

2）相对于二次侧的负载来说，电流互感器的一次内阻很大，可认为是一个内阻无穷大的电流源，二次输出电流是无穷尽的；而电压互感器的一次内阻抗较小，以至可以忽略，可以认为电压互感器是一个电压源，二次输出电压是不变的。

3）电流互感器正常工作时磁通密度很低，而系统发生短路时一次侧电流增大，使磁通密度大大增加，有时甚至远远超过饱和值，会造成二次输出电压误差增加，因此应尽量选用不易饱和的电流互感器；电压互感器正常工作时的磁通密度接近饱和值，故障时电压下降，磁通密度下降，会造成二次输出电压误差增加，应尽量选用不易饱和的电压互感器。

第四章

架空电力线路

4-1　什么叫输电线路、配电线路？我国电力线路有几种电压等级？

从发电厂或变电所升压，把电力输送到降压变电所的高压电力线路叫输电线路，其电压在 35kV 以上。

从降压变电所把电力送到配电变压器的电力线路，其叫高压配电线路，其电压一般为 3、6、10、20kV。

从配电变压器把电力送到用电点的线路叫低压配电线路，其电压一般为 380V 和 220V。

我国电力线路电压等级有 1000、500、330、220、154、110、63、35、20、10、6、380V 和 220V 等。

4-2　对电力线路有哪些基本要求？

（1）供电可靠。要保证对用户进行可靠地、不间断地供电，就要保证线路架设的质量，并加强运行维修工作，防止发生事故。

（2）电压质量。电压质量的好坏直接影响用电设备的安全和经济运行。电压过低不仅使电动机的出力和效率降低，照明灯光暗淡，而且常常造成电机过热甚至烧毁。《全国供用电规则》规定，供电电压在 10kV 及以下的高压供电和低压电力用户的电压变动范围为 ±7%；低压照明用户为 +5%、−10%。仅就电力线路本身的电压损耗来讲，高压配电线路为 5%，低压配电线路为 4%。

（3）经济供电。在送电过程中，要求最大限度地减少线路损耗，提高输电效率，降低送电成本，节省维修费用。

4-3　架空电力线路设计时，怎样选择气象条件？

气象条件是进行架空电力线路设计的基础资料之一，应向沿线的气象台（站）收集，采用 15 年一遇的数值，并应结合附近已有线路的运行经验确定。如沿线的气象条件与 GB 50061—2010《66kV 及以下架空电力线路设计规范》

所列的典型气象区接近时，一般采用典型气象区所列数值，见表 4-1。

表 4-1　　　　　　　　　　　　　典 型 气 象 区

气象区		I	II	III	IV	V	VI	VII	VIII	IX
大气温度（℃）	最高	+40								
	最低	−5	−10	−10	−20	−10	−20	−40	−20	−20
	覆冰	—	−5							
	最大风	+10	+10	−5	−5	+10	−5	−5	−5	+5
	安装	0	0	−5	−10	−5	−10	−15	−10	−10
	外过电压	+15								
	内过电压平均气温	+20	+15	+15	+10	+15	+10	−5	+10	+10
风速（m/s）	最大风	35	30	25	25	30	25	30	30	30
	覆冰	10							15	
	安装	10								
	外过电压	15	10							
	内过电压	0.5×基本风速折算至导线平均处的风速（不低于15m/s）								
覆冰厚度（mm）		0	5	5	5	10	10	10	15	20
冰的密度（g/cm³）		0.9								

（1）最大设计风速，应采用离地面 15m 高处、15 年一遇的 10min 平均最大值。平原地区的最大设计风速，如无可靠资料，不低于 25m/s。山区线路的最大设计风速，如无可靠资料，应采用附近平地风速的 1.1 倍，且不应低于 25m/s；如附近平地也无可靠资料，则采用的风速不应低于 30m/s。

（2）大跨越的计算气象条件，应采用 30 年一遇的数值。如当地无可靠资料，一般以附近平地线路的计算气象条件为基础，最大设计风速增加 10%，设计冰厚增加 5mm，跨越处的水面风速还应增加 10%，并还应按稀有气象条件进行验算。

4-4　怎样选择线路的路径和杆位？

用电地点和输送容量确定后，应根据现场勘测，选出一个既经济、技术合理，又施工方便、运行可靠的线路路径。路径和杆位的选择应符合下列要求：

（1）选择线路路径时应尽量选取距离最短、转角和跨越少、水文和地址条件较好的地段。

（2）线路应尽量靠近道路两侧，为施工和运行维护创造有利条件。

（3）线路应尽量少占农田，避开森林和绿化区，以及公园和果园防护林等。如必须穿越这些地带，要设法减少砍伐树木的数量。

（4）选线时要尽量避开洼地、冲刷地带，以及易被车辆碰撞的地方。

（5）要避开有爆炸物、易燃物和可燃液（气）体的生产厂房、仓库、储罐等。

（6）与机场、通信中心、架空弱电线路和其他电力线路间的距离要按有关规定执行。

（7）线路通过山区时，应注意的事项：

1）应避免通过陡坡、滑坡、悬崖峭壁和不稳定岩石地区。

2）线路沿山麓通过时，应避开洪排水的冲刷。

3）不宜沿山涧、干河架设线路，如必须通过时，杆塔位置应设在常年最高洪水位以上的地方。

（8）线路应避免通过沼泽地、水草地、已积水或易积水及盐碱地带。

（9）线路通过矿区时，应考虑塌陷的危险，尽量绕行矿区边沿通过。

（10）转角点选择：

1）转角点应选择在平坦地带或山麓缓坡上，并应考虑有足够的施工紧线场地。

2）转角点前后两档杆塔的位置应合理安排，以免相邻两档的档距过大或过小。

（11）跨越河流的选择：

1）跨越河流时，应尽量选择在河道窄、河床平直和河岸稳定的地方。

2）杆塔位置应尽量选在地层稳定、无严重河岸冲刷和坍塌的地区。

3）应尽量避免在码头、河道转弯处和支流入口处跨越河流。

4-5　架空线路的电杆杆型有哪几种？

➡架空线路的杆型，按用途不同分为下列 6 种：

（1）直线杆。它分布在承力杆之间的线路直线段上，数量最多，在地形平坦地区，约占电杆总数的 80%。直线杆正常情况下只承受垂直荷载（导线、绝缘子和覆冰重量）和水平的风压荷载；只有在线路发生断线时，才承受导线的不平衡拉力。因此，直线杆一般比较轻便，机械强度较低。

（2）耐张杆。当线路的直线段较长时，为了增加线路的机械强度和方便架线紧线，每隔一定距离要装设一基耐张杆。耐张杆机械强度较高，除能满足与直线杆一样的荷载要求外，还能承受一侧导线断线时另一侧导线的不平衡拉力。因此，耐张杆一般均用拉线加强，只有在超高压输电线路或杆塔的位置不能装拉线时才使用不带拉线的耐张铁塔。两基耐张杆之间的距离叫作耐张段或耐张档距。35kV 及以上的输电线路耐张段一般为 5km，6～10kV 配电线路耐张段一般为 2km，特殊情况下可以延长或缩短。

（3）转角杆。转角杆用于线路转角处，杆型有转角 30°、60°、90°之分，在承受力的反方向上装设拉线加强。转角杆当转角小于 15°时，6～10kV 线路可以采用合力拉线。当转角小于 5°时，可用耐张杆代替转角杆；6～10kV 线路当导线截面不大时，也可用加强直线杆代替转角杆。

（4）终端杆。终端杆装设在进入发电厂或变电所的线路末端，用来承受最后一个耐张段的导线拉力。终端杆的稳定性和强度都较高。

（5）分支杆。分支杆用于线路分支处，一边接出分支线，一般只用于 6～10kV 及以下的配电线路上。

（6）换位杆。换位杆用于 110kV 及以上线路的换位处，使导线进行换位。

4-6　高压配电线路的绝缘子应如何选择？

➡高压配电线路的绝缘水平，一般应与同级电压的电气设备冲击绝缘水平相配合。在采用针式绝缘子时，水平横担线路绝缘子的额定电压应与线路额定电压一致；而铁横担线路为适当提高其冲击绝缘水平，则应选用额定电压比线路电压高一级的绝缘子。

在非居民区的高压配电线路上，如导线截面较小，则用瓷横担代替针式绝缘子，以节约钢材。但瓷横担机械强度较低（特别是耐冲击力强度低），故居民区和导线截面较大的高压配电线路不宜采用。

在承力电杆上，如导线截面较小（一般在 35mm² 及以下），可采用一片 XP-4C 型（或 X-3C 型）盘式绝缘子与一个 E-10 型（或 E-6）蝶式绝缘子串联，导线固定于蝶式绝缘子上，这样可以不使用耐张线夹等金具，减少费用。导线截面较大时则不宜采用这种方式，而应使用两片 XP-7 型（或 X-4.5 型）盘式绝缘子组成的绝缘子串，并用耐张线夹固定导线。

4-7　为什么一般高压线路耐张杆上的绝缘子比直线杆上的多一片？

➡直线杆上的绝缘子是垂直向下放的，而耐张杆上的绝缘子是水平方向的，水平方向绝缘子的绝缘水平受灰尘、雨水等破坏的可能性比垂直方向大，所以要求耐张杆上的绝缘子的绝缘水平比直线杆上的要高，同时耐张杆上的绝缘子因受机械电气联合负载损坏的概率比直线杆上的绝缘子大得多，所以按规定多加一片绝缘子。

4-8　为什么绝缘子表面做成波纹形状？

➡（1）绝缘子做成凹凸的波纹形状延长了爬弧长度，所以在同样有效高度内增加了电弧爬弧距离，而且每一个波纹又能起到阻断电弧的作用。

（2）当遇到大雨时，雨水不能直接由上部流到下部形成水柱，起到阻断水流、避免造成接地短路的作用。

4-9　半导体釉绝缘子有哪些优异性能？

➡（1）防污性能好。

（2）半导体釉绝缘子的釉层的表面电阻率为 $10^6 \sim 10^8 \Omega \cdot m$，在运行中因通过电流而发热，使表面始终保持干燥，同时使表面电压分布较均匀，从而能保持较高的闪络电压。

4-10　钢化玻璃绝缘子有何特点？

➡（1）机械强度高，比瓷质绝缘子的机械强度高 1~2 倍。

（2）性能稳定不易老化，其电气性能高于瓷质绝缘子。

（3）生产工序少，生产周期短，便于机械化、自动化生产，生产效率高。

（4）由于钢化玻璃具有透明性，故对伞裙进行外部检查时，容易发现细小的裂纹及各种内部缺陷或损伤。

（5）钢化玻璃绝缘子的质量比瓷质绝缘子轻。

（6）因钢化玻璃绝缘子具有"自爆"特性，在线路运行中，不需对绝缘子进行预防性测试；在巡视线路时，容易发现损坏的绝缘子，便于及时更换。

（7）由于制造设备、工艺的原因，钢化玻璃"自爆"率较高，影响钢化玻璃绝缘子的普遍应用，也不宜在居民区使用。

4-11　合成绝缘子的参数主要有哪些？

➡合成绝缘子用高机械强度的玻璃钢（环氧树脂）棒作为中间芯棒，棒外裹上由合成材料制成的伞裙与护套，两端再配上金具而成。其基本参数如下：

（1）干弧距离。它指施加运行电压的两极间沿外部空气的最短距离。绝缘子的工频干耐受电压及雷电冲击耐受电压由这一参数决定。

（2）结构高度。它指绝缘子两端金具间的安装距离。

（3）芯棒直径。芯棒担负绝缘子的机械荷载，芯棒直径决定了绝缘子承受压缩、扭转、弯曲、拉伸荷载等的能力。

（4）护套厚度。护套是合成绝缘子外绝缘的一部分，起保护芯棒的作用。护套厚度以不小于 5mm 为宜。

（5）伞裙形状参数。伞裙形状参数对合成绝缘子耐污性能有较大影响，它由下述参数组成：

1）伞间最小距离 c 应大于 30mm；

2）伞间距 s 和伞伸出裙边高 p 之比 s/p，一般不小于 0.8；

3）在合成绝缘子的任一部分，局部爬电距离（d'）与空气间距（d）之比 d'/d，应小于 5；

4）大小伞两伞裙伸出之差 $p_1 - p_2$，应不小于 15mm；

5）最小伞裙角应大于 5°（水平安装方式除外）。

4-12 合成绝缘子均压环的设置要求是什么？

均压环的作用主要是降低合成绝缘子某些部位或绝缘子两端金具表面过高的电位梯度。它具有以下 3 个方面的作用：

（1）对绝缘子内部的均压作用。合成绝缘子的细长形结构使其表面的电位分布很不均匀，促使合成绝缘子因老化而劣化。均压环的装设可使绝缘子在工作电压下内部场强低于起始场强。为此安装的均压环应靠近绝缘子本体，而且一般两端都需装设。

（2）对绝缘子表面电场的屏蔽作用。它的目的是减小绝缘子金具和导线连接件表面的电场强度，以降低绝缘子无线电干扰水平。为此安装的均压环通常只装在导线侧。

（3）引开工频电弧的作用。其作用是将电弧从绝缘子表面端部金具引开以保护绝缘子。通常将均压环做成开口环，以使电弧电流在环上分布且使电弧弧根移动，不在某一点固定燃烧。为此通常两端都需安装均压环。

均压环在不同电压等级线路上的设置情况也是不同的：110kV 及以下电压等级绝缘子可不设置均压环，220kV 绝缘子仅需在导线端设置，500kV 绝缘子则要求两端均设置均压环。

4-13　稀土铝合金导线有哪些优异性能？

(1) 可减少线路电能损耗。

(2) 比普通钢芯铝绞线的耐腐蚀性能好，导线的使用寿命会延长30％。

(3) 比普通钢芯铝绞线的综合性能好，主要表现在铝线的延伸率高，韧性好，拉丝、绞制及施工中铝线不易脆断，因而可以提高绞线的质量，以及在线路施工及运行中的可靠性。

(4) 在施工中可采用普通钢芯铝绞线中所使用的耐张线夹、接续管和压接法，导线在运行中的弧垂，耐电流冲击、抗短路故障等性能均与普通的钢芯铝绞线相似。

4-14　扩径导线有哪些优异性能？

扩径导线截面大，能有效降低线路电晕起始电压，减小线路电抗，提高输送能力。

4-15　耐热铝合金导线有哪些优异性能？

钢芯耐热铝合金绞线（TACSR）的导电部分用耐热铝合金线（TA1型）代替传统钢芯铝绞线（ACSR）中的硬铝线（HA1），把连续使用温度提高至150℃，从而使线路的输送容量增大，达到扩容的目的。

TACSR中的耐热铝合金线主要有导电率为58％IACS（58TA1型）、60％IACS（60TA1型）两种，制成的绞线分别称为58TACSR和60TACSR。

在耐热铝合金导线系列中还有导体部分用超耐热铝合金线（UTA1和ZTA1）的钢芯超耐热铝合金绞线（UTACSR和ZTACSR）、用高强度耐热铝合金线（KTA1）的钢芯高强度耐热铝合金绞线（KTACSR）等线种。几种耐热铝合金材料与硬铝线的主要性能见表4-2。

表4-2　　　　几种耐热铝合金材料与硬铝线的主要性能

线种	导体型号	导电率（％IACS）	抗拉强度（MPa）	允许使用温度（℃）		
				连续	短时	瞬时
耐热铝合金线	58TAl	≥58	158～183	150	180	260
	60TAl	≥60	158～183	150	180	260
超耐热铝合金线	UTAl	≥57	158～183	200	230	260
	ZTAl	≥60	158～183	210	240	280

续表

线种	导体型号	导电率（%IACS）	抗拉强度（MPa）	允许使用温度（℃）		
				连续	短时	瞬时
特耐热铝合金线	XTAl	≥58	158～183	230	310	360
高强度耐热合金线	KTAl	≥55	218～262	150	180	260
硬铝线	HAl	≥61	158～183	90	120	180

4-16　节能金具有哪些优越性？

（1）技术先进性。节能金具的设计研制并不只是在耗能金具结构的基础上以铝合金代替可锻铸铁，而是在结构上发生了根本的改变。新的节能型线夹结构十分轻巧，通用性强，表面不易氧化，在各种自然环境下均不易锈蚀，重量仅为传统线夹的 1/3～1/2，不仅施工方便，也大幅度提高了工作效率，促进了施工安全。

（2）经济合理性。节能金具的经济合理性主要表现为加工制造过程中的节约能源和线路运行中的节能降耗。节能金具的节能效应已在运行和实践中被证明是十分显著的，由节能效应带来的经济效益也相当可观。

（3）电连接的可靠性。采用新的节能金具使电连接的可靠性大大提高，由于接头所产生的断线事故大大减少，改变了过去电连接只是依靠一般紧固件连接而成为薄弱环节的现象，对大幅度提高电力供应十分有利。

4-17　什么是预绞丝？预绞丝型号如何表示？

预绞线是若干根单股螺旋形金属丝预先绞合而成的产品。根据导线截面尺寸，将规定内径的螺旋金属丝顺螺旋方向旋转，构成一个管形的空腔，空腔内壁有一层胶黏的石英细沙，以增加预绞线与导线的摩擦力，即构成预绞丝。预绞丝顺螺旋包覆在导线外层，在导线拉力作用下，螺旋旋转，构成了对导线的锚固力——握力，导线拉力越大，螺旋旋得越紧，对导线握力也越大。

预绞丝产品型号为

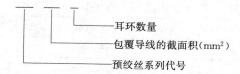

4-18　怎样进行线路定位？

➡线路定位就是通过勘察和测量确定线路和杆塔的位置，采用的方法主要有两种。

（1）用花杆测量定位。用花杆测量定位适用于地势平坦、转角少、距离较短的配电线路。其方法是先经目测，如果线路是一条直线，先在线路一端竖立一醒目的垂直标志（如花杆等），或利用原有的自然标志（电杆、烟囱、大树等），同时再在另一端竖一垂直花杆，观察者站在距花杆3m远的地方，利用三点一线的原理，用手势或旗语指挥，使中间花杆左右移动，最后位于这条直线之上，这个位置就是杆位。可钉上标桩，然后再照样顺次测定其他杆位。如果线路有转角，则应先测定转角杆的位置，然后再按上述办法测定转角段内的直线杆位置。

（2）用经纬仪测量定位。使用经纬仪前，应先目测确定线路始端、转角和终端杆的位置。如线路有转角杆，经纬仪应置于转角杆的位置，由此向两侧观测，这样可减少经纬仪移动的次数。经纬仪所对的始端、转角或终端杆处，应竖立一个醒目的标志，然后调整经纬仪（按事先定好的标桩支好三角架，调好垂直和水平线），使镜头中十字丝的垂直丝与目标的垂直中心轴线相重合，然后按下水平锁使其不能沿水平方向移动，镜头固定后，即可开始测量。在测量过程中注意不要碰动经纬仪，以免造成误差。

4-19　什么叫档距？选择架空配电线路的档距有哪些要求？

➡相邻两基电杆之间的水平直线距离叫作档距。线路的档距应根据导线对地距离、杆塔的高度和地形的特点确定，配电线路的耐张段长度不宜大于2km。其档距一般采用以下值：

高压线路：城市40~50m，郊区60~100m。

低压线路：城市40~50m，郊区40~60m。

高低压同杆架设的线路，档距选择应满足下层低压线路的技术要求。

在野外及非居民区的配电线路，在条件许可时，应尽量放大档距，以减少线路的投资。

4-20　什么叫线路的水平档距？

➡线路水平档距即线路杆塔相邻两档距和的一半，用公式表示为

$$L_h = (L_1 + L_2)/2 \qquad (4-1)$$

在高差较大时，为准确地计算水平档距，其公式为

$$L_h = (L_1/\cos\beta_1 + L_2/\cos\beta_2)/2 \qquad (4-2)$$

式中　L_h——水平档距，m；

L_1、L_2——杆塔两侧的档中距离，m；

β_1、β_2——两侧杆塔的高差角。

引入水平档距主要是为验算杆塔结构所承受的横向风荷载。

4-21　什么叫垂直档距？

➡杆塔两侧档距弧垂最低点的距离称为垂直档距。垂直档距的引入主要是为了计算杆塔结构所承受的垂直荷载。

4-22　什么是极大档距？

➡在线路设计时，导线在弧垂最低点，即零点的应力一般为导线破坏应力的40％（安全系数为2.5），但导线悬挂点的应力由于导线自重作用，比零点的应力大，一般不准超过导线破坏应力的44％。如果该档距悬挂点应力等于导线破坏应力的44％，则此档距称为极大档距。

4-23　什么是允许档距及极限档距？

➡线路上的档距达到极大档距，且线路高差又很大时，如果要保证悬挂点应力不超过导线破坏应力的44％，就必须放松弧垂最低点的应力，放松应力与原应力的比称为放松系数，这种条件下的档距称为允许档距。

放松系数越小，允许档距越大，但是当导线放松到一定数值时，导线自重对悬点应力因弧垂的增大而迅速增大，将起主要作用。因而必须将允许档距限制在一个数值上，此时的档距称为极限档距。

4-24　什么是代表应力？连续档的代表档距如何求出？

➡对于一个耐张段间具有若干悬挂悬垂绝缘子串的直线杆塔连续档中，各档导线水平应力是按同一值架设的，当气象条件变化时（例如不均匀的覆冰或覆雪）各档的应力就有差异，从而使直线杆塔出现张力差，使绝缘子串偏斜，偏斜结果又使各应力趋于相同，这个应力称为这个耐张段中的代表应力。代表应力是根据这个耐张段内的代表档距（又称规律档距）导线状态方程式求得的。

常用的代表档距用下式求得（无高差情况）

$$L_r = \sqrt{(L_1^3 + L_2^3 + L_3^3 + \cdots + L_n^3)/(L_1 + L_2 + L_3 + \cdots + L_n)}$$

$$= \sqrt{\frac{\sum L^3}{\sum L}} \qquad (4-3)$$

若有高差影响时代表档距为

$$L_r = \sqrt{\frac{L_1^3 \cos^3 \beta_1 + L_2^3 \cos^3 \beta_2 + L_3^3 \cos^3 \beta_3 + \cdots + L_n^3 \cos^3 \beta_n}{L_1/\cos\beta_1 + L_2/\cos\beta_2 + L_3/\cos\beta_3 + \cdots + L_n/\cos\beta_n}}$$

$$= \sqrt{\frac{\sum L^3 \cos^3 \beta}{\sum \dfrac{L}{\cos\beta}}} \qquad (4-4)$$

4-25 什么叫架空线路的临界档距?

➡️架空线路的临界档距是指在这样的档距下，温度和荷载对导线的应力有相同的影响，即导线材料的最大应力在最低温度和最大荷载两种情况下都会出现，这样的档距就叫临界档距。

由导线的应力计算可知，导线的最大应力可能发生在最大机械荷载的条件下，也可能发生在最低温度的条件下，这是由档距的大小决定的。如果计算出临界档距，那么当线路的实际档距大于临界档距时，则最大应力将在最大荷载时达到；反之，则在最低温度时达到。所以知道了临界档距，再与实际档距相比，就可以知道最大应力出现的条件。

4-26 设计架空线路时，为什么要校验垂直档距和水平档距?

➡️由于杆塔所处位置的高低不同（如山区、丘陵跨越），每根电杆都会受到垂直压力和水平风力的作用，为了确保杆塔安全运行，必须进行水平档距和垂直档距的校验。

水平档距校验，就是将电杆前后两档水平距离的平均值（如图4-1所示）与设计水平档距比较，如果小于设计的水平档距即为满足，否则，需对杆位进行移动或采用其他加强措施（如增设防风拉线）。

水平档距为 $\qquad L_n = (L_1 + L_2)/2 \qquad (4-5)$

式中 L_1、L_2——杆塔之间水平距离，m。

垂直档距的校验是在覆冰情况下利用样板曲线进行。校验时，一般检查位于高处的杆塔。如图4-2所示，如 B 杆，其垂直档距 L 即为 e 至 d 点间的水平距离（e、d 为相邻两档的弧垂最低点），把它与设计垂直档距进行比较，若小于设计垂直档距即满足要求，否则，需采用补救办法，如加强横担等。

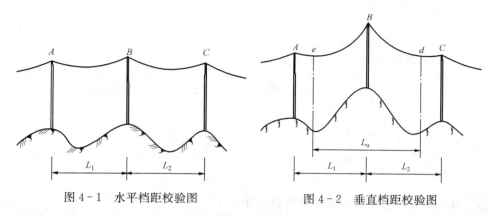

图 4-1　水平档距校验图　　　　图 4-2　垂直档距校验图

对相邻杆塔高差较大地点，还要校验在最低温度时（即导线弧垂最小时）的情况，如其弧垂的最低点（如图 4-2 中 e 或 d）不在档距以内，则表示处于低处的杆塔将会受到上拔力。此时应调整杆塔位置或杆高来解决。如受其他条件限制无法调整时，则应在低处杆塔的绝缘子串上装设重锤，以防止绝缘子串受上拔力而上吊。重锤的重量根据计算的上拔力确定。

4-27　电力线路架设避雷线的作用是什么？

▶避雷线是送电线路最基本的防雷措施，其功能如下：

（1）防止雷电直击导线，使作用到线路绝缘子串的过电压幅值降低。

（2）雷击杆顶时，对雷电有分流作用，可减少流入杆塔的雷电流。

（3）对导线有耦合作用，降低雷击塔头绝缘上的电压。

（4）对导线有屏蔽作用，降低导线上的感应过电压。

（5）直线杆塔的避雷线对杆塔有支持作用。

（6）避雷线保护范围呈带状，十分适合保护电力线路。

4-28　如何计算架空线路避雷线的最大使用应力？

▶架空线路避雷线的最大使用应力与导线和避雷线在档距中央的垂直距离有关。根据规程要求，导线与避雷线在档距中央的垂直距离（D）应满足下式

$$D \geqslant 0.012L + 1 \tag{4-6}$$

式中　D——导线与避雷线在档距中央的垂直距离，m；

　　　L——档距长度，m。

按照上述要求，确定避雷线最大使用应力的步骤如下：

（1）按已知的档距长度 L 求出 D 值。

（2）求出在大气过电压条件下（温度 +15℃，无风），该档的弧垂 f_n。

（3）根据避雷线与导线悬点在杆塔上的垂直距离（即导线线夹与避雷线线夹间的距离）h 值，求出避雷线在大气过电压（+15℃，无风）下允许的弧垂

$$f_r = f_n + h - D \tag{4-7}$$

式中　f_r——避雷线在大气过电压（+15℃，无风）允许的弧垂，m；

　　　f_n——导线在大气过电压（+15℃，无风）下的弧垂，m；

　　　h——避雷线与导线悬点在杆塔上的垂直距离，m；

　　　D——导线与避雷线在档距中央的垂直距离，m。

而后求出避雷线的应力 δ_r 为

$$\delta_r = \frac{gL^2}{8f_r} \tag{4-8}$$

式中　δ_r——避雷线的应力，kg/mm²；

　　　L——档距长度，m；

　　　f_r——避雷线在大气过电压（+15℃，无风）下允许的弧垂，m；

　　　g——+15℃无风气象条件下避雷线的比载。

（4）以求出的应力 δ_r 为已知条件，代入避雷线状态方程式可求出最不利气象条件下避雷线的最大应力 δ_{max} 及其安全系数。安全系数应满足规程要求。

（5）当导线断线，避雷线起支撑作用时，δ_{max} 应不超过其破坏强度的 70%，否则应提高避雷线的支持点。

（6）当不能满足第（4）（5）两项要求时，应提高避雷线的支持点，以降低避雷线的使用应力。

4-29　怎样选择避雷线的保护角？

➡避雷线的保护角指避雷线悬挂点与被保护导线之间的连线，与避雷线悬挂点铅垂方向的夹角。

为防止雷电击中线路，高压线路一般都加挂避雷线，但避雷线对导线的防护并非绝对有效，存在着雷电绕击导线的可能性。实践证明，雷电绕击导线的概率与避雷线的保护角有关，所以规程规定了各电压等级线路避雷线的保护角：500kV 为 10°～15°，220kV 为 20°，110kV 为 25°～30°，另外杆塔两根地

101

线的距离不应超过地线对导线垂直距离的5倍。

按过电压规程规定，送电线路架空地线的耐雷水平和保护角见表4-3。

表4-3　　　　　送电线路架空地线的耐雷水平和保护角

电压（kV）		35	63	110	220	330	500
耐雷水平	一般线路（kA）	20~30	30~60	40~75	80~120	100~140	120~160
	大跨越（kA）	30	60	75	120	140	160
保护角 α（°）		—	30	25	20	20	20
进线档		不架	全线架	全线架	全线架	全线架	全线架

架空线路避雷线对外侧导线的保护角在下列情况下还有一些特殊要求：

（1）避雷线装设高度超过30m、大跨越的高杆塔以及装设两根避雷线的杆塔，其保护角均不宜大于20°。

（2）35~60kV单杆避雷线的保护角，应不大于35°；个别的双杆如仍用一根避雷线时，保护角不宜超过45°。

（3）变电所进线保护段的避雷线保护角不大于30°。

4-30　线路雷击跳闸的条件是什么？

➡输电线路落雷时，引起断路器跳闸有两个条件：①雷电流必须超过线路的耐雷水平，引起线路绝缘子串发生冲击闪络；②冲击闪络后，沿闪络通道通过的工频短路电流形成电弧稳定燃烧，这个时间若超过保护动作时间，将造成断路器跳闸。

4-31　试述杆塔荷载的计算方法。

➡（1）导地线的垂直荷载。

无冰时
$$G = g_1 S L_2 + G_{Jx} \tag{4-9}$$

覆冰时
$$G = g_3 S L_2 + G'_{Jx} \tag{4-10}$$

式中　G——无冰时或覆冰时导地线的垂直荷载，N；

g_1、g_3——导地线自重比载及覆冰时的垂直比载，N/(m·mm²)；

G_{Jx}——绝缘子及金具重量，N；

G'_{Jx}——绝缘子及金具覆冰重量，N；

L_2——垂直档距，m；

S——导线截面积，mm^2。

（2）导地线水平荷载。

$$D = \alpha K d L_p v^2 \sin2\theta/16 = g_4 S L_p \sin2\theta \qquad (4-11)$$

式中　θ——风向与线路方向夹角，（°）；

g_4——导地线风荷比载，$N/(m \cdot mm^2)$；

L_p——水平档距，m；

α——风速不均匀系数；

K——空气动力系数；

v——设计风速，m/s；

d——导线直径，mm。

（3）角度荷载与不平衡张力。

角度荷载　　　　　$T_J = (T_1 + T_2)\sin\alpha \qquad (4-12)$

不平衡张力　　　　$\Delta T = (T_1 - T_2)\cos\alpha \qquad (4-13)$

式中　α——线路转角度数，（°）；

T_1、T_2——转角杆两侧张力，N。

耐张铁塔断线张力按最大张力的 70% 计算，避雷线最大张力按最大张力的 80% 计算。电杆根据导线型号不同取最大张力的 30%～40%。

4-32　如何计算电杆或导线所受的风荷载？

➡作用在电杆、导线上的风荷载可按下式计算

$$P = CA\frac{v^2}{16} \qquad (4-14)$$

式中　P——作用在电杆、导线上的风荷载，kg；

C——风荷载体型系数，环形截面水泥杆取 0.6，矩形截面水泥杆取 1.4，直径小于 17mm 的导线取 1.2，直径大于或等于 17mm 的导线取 1.1，覆冰的导线（不论线径大小）取 1.2；

v——设计风速，m/s；

A——电杆杆身侧面的投影面积或导线直径与水平档距的乘积，m^2。

配电线路的风荷载应按风向与线路走向相垂直的情况计算（转角杆按线路夹角等分线方向）。

4-33　如何计算导线的最大允许使用应力？

➡导线的最大允许使用应力（在弧垂最低点的应力）按下式计算

$$\delta_{max} = \frac{\delta_p}{K_x} \tag{4-15}$$

式中 δ_{max}——导线的最大允许使用应力，kg/mm^2；

δ_p——导线的破坏应力，见表 4-4；

K_x——导线的安全系数。

K_x 的数值规定如下：

对铝绞线和钢芯铝绞线，一般地区取 2.5，重要地区取 3.0；

对铜绞线，一般地区取 2.0，重要地区取 2.5。

表 4-4 　　　　　　　　　各种导线的破坏拉力 　　　　　　　　kg/mm^2

导线型号	δ_p	导线型号	δ_p
LJ-16~LJ-185	15	LGJ-70	28
LGJ-10	28	LGJ-95	33
LGJ-16	28	LGJ-120	32
LGJ-25	27	LGJ-150	32.6
LGJ-35	31	LGJ-185	32.6
LGJ-50	28	LGJ-240	32

4-34　如何计算配电线路直线电杆的强度？

→计算配电线路直线电杆的强度，一般只考虑导线和电杆本身受垂直线路方向最大风速时的风压作用，及没打拉线的很小转角导线拉力的合成作用力，其受力计算如图 4-3 所示。

上下层导线所受的风荷载分别为

$$P_1 = n_1 p_1 l \tag{4-16}$$

$$P_2 = n_2 p_2 l \tag{4-17}$$

式中 P_1——上层导线所受的风荷载，kg；

P_2——下层导线所受的风荷载，kg；

n_1、n_2——导线根数；

p_1、p_2——上、下导线每米导线的最大风荷载，

　　　　　kg/m；

l——线路档距，m。

导线风荷载产生的弯矩

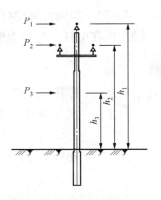

图 4-3　直线电杆受力计算图

$$M_{1-2} = P_1 h_1 + 2P_2 h_2 \qquad\qquad (4-18)$$

式中 M_{1-2}——导线风荷载产生的弯矩，kg·m；

h_1、h_2——导线安装高度，m。

电杆本身风荷载产生的弯矩

$$M_3 = P_3 h_3 \qquad\qquad (4-19)$$

式中 M_3——电杆本身风荷载的弯矩，kg·m；

P_3——电杆本身风荷载，kg；

h_3——地面以上电杆的重心高度，m，取 $h_3 = \frac{1}{2} h_1$。

合成弯矩

$$M_v = M_{1-2} + M_3 \qquad\qquad (4-20)$$

式中 M_v——电杆地面处的允许弯矩，kg·m。

当 $M \leqslant M_v$ 时，电杆强度才是足够的。

4-35　怎样确定电杆高度？

➡新建架空线路时，应根据线路的电压等级、导线型号、地形地貌以及当地气象条件等因素，合理确定电杆高度，以达到既经济又安全的目的。

计算电杆高度，一般可按下式求得

$$H = a \pm \lambda + f + h + h_0 \qquad\qquad (4-21)$$

式中 a——横担中心与杆顶的距离，当针式绝缘子在杆顶时 a 为 0；

λ——盘式绝缘子的长度或针式绝缘子高度，对盘式绝缘子"λ"为正值，针式绝缘子"λ"为负值；

f——导线最大弧垂；

h——导线对地或对跨越物的允许最小距离；

h_0——电杆埋深。

式中各物理量含义如图 4-4 所示，单位均为 m。

实际选取电杆高度时，应在计算高度的基础上增加适当的施工和运行裕度，裕度一般取 0.5m。

4-36　怎样确定电杆埋深？

➡电杆的埋深应根据电杆的材料、高度、承力和当地的土质情况而定。一般15m 以下电杆，埋深可按杆长的 1/6 计算，但不得少于 1.5m；设有稳定拉线

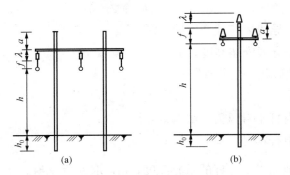

图 4-4 电杆示意图

的跨越电杆和承力杆，埋深可按规定适当减少，但埋深设在土质松软地区的电杆如无加固措施，应酌情增加埋深。一般情况下的电杆埋深见表 4-5。

表 4-5　　　　　　　　　电杆埋设深度表　　　　　　　　　m

杆高	8.0	9.0	10.0	11.0	12.0	13.0	15.0	18.0
埋深	1.5	1.6	1.7	1.8	1.9	2.0	2.3	2.6~3.0

4-37　架空电力线路的哪些杆型应装设底盘？

➡电力线路采用混凝土杆时，直线杆一般不装底盘，但如土质松软，电杆有可能下沉时，也应装底盘。如电杆立于土质特别坚硬的地区，各种杆型均可不装底盘。一般情况下应装设底盘的杆型包括 π 型杆、分支杆（T 型杆），转角杆、耐张杆、终端杆和 15m 以上的杆。

4-38　什么叫导线弧垂？

➡导线弧垂也叫垂度或弛度，是指在平坦地面上，相邻两基电杆上导线悬挂高度相同时，导线最低点与两悬挂点间连线的垂直距离，如图 4-5（a）所示。导线在相邻两电杆上的悬挂点高度不相同时，在一个档距内将出现两个弧垂，即导线的两个悬挂点至导线最低点有两个垂直距离，称为最大弧垂和最小弧垂，如图 4-5（b）所示。

导线弧垂是电力线路的重要参数，不但对应着导线使用应力的大小，而且也是确定杆塔高度、导线对地距离（包括交叉跨越距离）的主要依据。运行中要经常注意检查和测量导线弧垂。

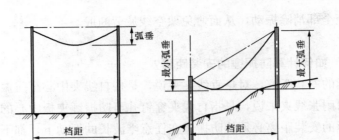

图 4-5 导线弧垂示意图

(a) 悬挂点等高；(b) 悬挂点不等高

4-39 知道耐张段内规律档距的弧垂时，怎样计算任意一档的弧垂？

已知耐张段内规律档距的弧垂，可按式（4-22）计算出任意档的弧垂

$$f = \left(\frac{L}{L_0}\right)^2 f_0 \tag{4-22}$$

式中　f——耐张段内任意档的弧垂，m；

　　　f_0——耐张段的规律档弧垂，m；

　　　L——耐张段内任意档的档距，m；

　　　L_0——耐张段的规律档距，m。

4-40 架空电力线路的导地线为什么会发生振动断股？

架空线的振动是由线路侧面垂直吹来的风速为 0.5～4m/s 的均匀微风在架空线路后面形成了空气涡流，因而产生了一个垂直方向的推动力，迫使架空线路发生振动。导线振动时，在导线材料中将产生附加的机械应力，经过一定时间后，导线材料产生疲劳，使悬垂线夹和耐张线夹处的线股折断。

各种不同材料和不同截面的架空线，在不同档距和弧垂下，都有发生振动的可能。因此，对于 35kV 及以上电压等级架空线路的导地线，都必须考虑防振措施。

4-41 架空电力线路有哪些防振措施？其防振原理是什么？

防止架空线振动，常用的方法是采用护线条、防振锤和阻尼线。

护线条的主要防振原理是加强架空线路在悬挂点处的强度，使架空线在振动时不致引起断股。而防振锤和阻尼线的防振原理是减小架空线振动的能量和

振幅，甚至全部消除振动，从而避免架空线疲劳断股。

4-42 如何计算防振锤的安装距离？

➡️防振锤的安装距离，对悬垂线夹来说，是指自线夹中心至防振锤夹板中心的距离；对耐张线夹来说，是指自线夹穿钉孔至防振锤夹板中心的距离。

防振锤的安装距离必须使防振锤在任意半波长的振动下，都不进入距杆塔最近的振动波节内，且防振锤工作在最小和最大振动半波长的极限值条件下，都应大致相同。

防振锤的安装距离 S 由下式计算

$$S = 0.98d\sqrt{\frac{T_{\min}}{W}}\left(0.75 + \frac{1}{1 + 0.125\sqrt{\frac{T_{\max}}{T_{\min}}}}\right) \times 10^{-3} \qquad (4-23)$$

式中　S——防振锤的安装距离，m；

　　　d——架空线直径，mm；

　　$T_{\min}$——最低温度时架空线张力，kg；

　　$T_{\max}$——最高温度时架空线张力，kg；

　　　W——架空线自重，kg/m。

4-43 什么是阻尼线？它的结构是怎样的？

➡️阻尼线亦称巴特型防振器，是一种消振性能很好的防振装置。它采用一段与导线规格相同的绞线，平行地敷设在导线下面，并在适当的位置用 U 形夹子或绑扎方法与导线固定，沿线夹两边形成递减型垂直花边波浪线，如图4-6所示。

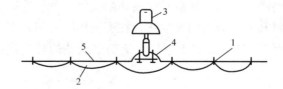

图4-6　阻尼线安装图

1—夹子；2—阻尼线花边；3—绝缘子；4—悬垂线夹；5—导线

阻尼线的特点是取材方便、频率特性宽、消振效果好，在我国和欧美都有较多采用。阻尼线长度及花边弧垂的确定，应使导线的振动波在最大波长和最小波长时，都能起到同样的消振效果。在一般档距情况下，阻尼线长度可取7～8m，花边弧垂占花边长度的 1/10～1/6。

4-44　对杆塔基础有什么要求？

➡杆塔基础是杆塔地面以下部分（包括底盘、卡盘和灌注混凝土等），其作用是防止杆塔因受各种荷载和外界条件的影响（如水流冲刷、盐碱腐蚀、冻土等）而发生倾覆、下沉、上拔等。对杆塔基础的主要要求如下：

（1）杆塔要有一定的埋深。埋深要满足杆塔正常运行和事故情况下抗倾斜的要求，同时还要考虑水流对杆塔基础的冲刷。杆塔的最小埋深要大于当地的地冻深度。

（2）杆塔的地耐力或底盘的承载力要满足杆塔垂直荷载的要求，防止杆塔发生下沉。

（3）埋设于下湿多水和盐碱地区的混凝土电杆的地下部分要采取防冻土和抗盐碱腐蚀的措施。

4-45　用螺栓连接电杆或电杆构件时有哪些规定？

➡（1）螺栓应与构件平面相垂直，螺杆与螺头的平面与构件间不应有空隙。

（2）螺母紧固后，露出的丝扣应不少于 2 扣。

（3）承受剪力较大的螺栓，其丝扣不应位于连接构件的剪力面内。

（4）必须加垫圈者，每端所加垫圈不应超过 2 个，特殊情况下，也不得多于 3 个。

（5）紧固螺栓前，应在丝扣上涂抹润滑油。

4-46　用钢箍连接的水泥电杆，焊接时有哪些规定？

➡（1）焊接前钢箍焊口及其附近应清除油脂、铁锈、泥垢等污物。

（2）钢箍应对齐，中间留 2～5mm 间隙；钢箍要有焊接坡口。

（3）焊接时，应先沿焊口周围点焊 3～4 处，然后施焊，点焊长度 20～30mm。

（4）焊接缝必须是平滑的细鳞形状，无其他堵塞杂物或余渣，不得有气孔、咬边等现象。

（5）对于厚度大于 8mm 的钢箍，为保证焊接质量，可以分两层进行焊接。

4-47　架空线路的螺栓和销钉的安装方向有什么要求？

➡(1) 对水平顺线路，螺栓和销钉由送电侧穿入。

（2）对水平横线路，螺栓和销钉位于两侧的向内穿入，位于中间的面向受电侧由左向右穿入，垂直的由下向上穿入。

（3）销钉上必须用对称的标准开口销，其开口角度应为 60°～90°。

（4）螺母紧固后，应在露出的螺扣部分涂刷铅油，或用绑线绑扎 2 圈，以免在线路运行中因螺母受振脱落而造成事故。

4-48　架空电力线路装设拉线有哪些规定？

➡(1) 拉线在木杆上固定时，为了不使木杆受到损伤，应在木杆上加护杆铁板；但拉线为 25mm² 钢绞线或 5 股以下镀锌铁线时，可不加护杆铁板。

（2）用钢绞线打拉线应在电杆上先绕一圈，用卡钉钉牢。截面在 50mm² 以下者，可用镀锌铁线缠绕固定，截面在 50mm² 以上者应用钢绞线卡子固定。

（3）如用 8 号铁线制作拉线，应把各股平铺在电杆上用卡钉钉牢，再用 10 号铁线或自身缠绕固定。

（4）拉线在混凝土上固定时，应使用拉线抱箍，抱箍的机械强度要满足拉线的拉力要求，所用螺栓直径应不小于 16mm。

（5）拉线在电杆上的固定位置应尽量靠近横担。但木质直线杆的两侧人字拉线（防风拉线）应固定在横担以下 1m 处，以防雷击闪络。

（6）拉线底把应做在不易被车辆碰撞的地方，如受地形限制，应埋设护桩。拉线在易受洪水冲刷的地区，应增加必要的防护措施。

（7）配电线路木杆上的拉线应装拉紧绝缘子，绝缘子对地距离不小于 2.5m。混凝土电杆的拉线一般不装绝缘子，但如果拉线从导线之间穿过时，也应装设拉紧绝缘子。

（8）拉线与带电体的最小净空距离（考虑风偏时），3～10kV 为 0.2m，低压线路为 0.05m。

4-49　电杆在什么情况下应装设水平拉线？对水平拉线有什么要求？

➡沿道路架设的分支杆或转角杆，在线路转向的反方向，因受道路或其他障碍物的限制不能做一般拉线时，可架设水平拉线。

拉线对路面的垂直距离对跨越道路的水平拉线，不应小于 6m，在人行道及不通汽车的小巷的电杆的水平拉线应保持 4m。水平拉线杆埋深应不小于

1m，并向外倾斜 $10°\sim20°$，拉线截面为 11 股或 GJ-50 型及以上的钢绞线时，水平拉线杆应装设底盘。

4-50　怎样计算架空线路的导线电阻？

➡️从电工学可知，导线每公里的电阻计算式为

$$r_0 = \rho/S = 1000/\gamma S \tag{4-24}$$

式中　r_0——导线每公里的电阻，Ω/km；

　　　γ——导线材料的电导率，$\text{m}/(\Omega \cdot \text{mm}^2)$；

　　　S——导线的截面面积，mm^2；

　　　ρ——导线材料的电阻率，在温度 $t=20℃$ 时，铜的电导率为 $53\text{m}/(\Omega \cdot \text{mm}^2)$；电阻率为 $18.8\Omega \cdot \text{mm}^2/\text{km}$；铝的电导率为 $32\text{m}/(\Omega \cdot \text{mm}^2)$，电阻率为 $31.5\Omega \cdot \text{mm}^2/\text{km}$。

因此全长为 L 的导线电阻为 $R=r_0L$。

上面讲的实际是直流电阻，因交流有趋肤效应，电流在导线上分布不均，因此导线的实际交流电阻比直流电阻要大一些。

4-51　怎样计算架空线路的电抗？

➡️当交流电通过三相导线，其中一相周围就存在交变磁场，由于磁通的变化，在导线中便产生感应电动势，即自感电动势，而在其他两相导线上由于自感电动势作用也有电流，此电流产生互感电动势，所以线路的电抗是由自感、互感组成的。由于自感和互感与导线的材料特性有关，因此线路电抗与三相导线间的距离、导线直径、导线材料的导磁系数等因素有关。

三相对称排列单回送电线路，每公里导线电抗值为

$$x_0 = 0.0157\mu/N + 0.145\lg d_\text{m}/D_\text{s} \tag{4-25}$$

式中　x_0——导线每公里的电抗，Ω/km；

　　　μ——导线相对磁导率；

　　　D_s——同相导线组间的几何均距，m；

　　　N——每相导线的根数；

　　　d_m——三相导线的几何均距，m。

三相导线间的几何均距由导线在杆塔上排列形式决定，导线在杆塔上排列情况如图 4-7 所示。

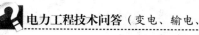

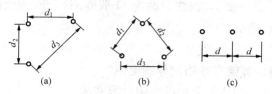

图 4-7　导线在杆塔上排列图

(a) 导线在杆塔上倒直角三角形排列图；

(b) 导线在杆塔上正三角形排列图；(c) 导线在杆塔上水平排列图

（1）导线在杆塔上倒直角三角形排列如图 4-7（a）所示，其三相导线间的几何均距为

$$d_{\mathrm{m}} = \sqrt[3]{d_1 d_2 d_3} \qquad (4-26)$$

式中　d_1、d_2、d_3——分别为三相导线之间的距离，m。

（2）导线在杆塔上正三角形排列如图 4-7（b）所示，$d_1 = d_2 = d_3$，则三相导线间几何均距为

$$d_{\mathrm{m}} = \sqrt[3]{d_1 d_2 d_3} = d \qquad (4-27)$$

（3）导线在杆塔上水平排列如图 4-7（c）所示，其三相导线间几何均距为

$$d_{\mathrm{m}} = \sqrt[3]{dd2d} = 1.26d \qquad (4-28)$$

4-52　什么叫架空电力线路的分布电气参数？都有哪些？

➡️架空电力线路电气参数计算是进行电网电能损失和电压损失计算的基础，也是研究电网各种运行问题的基础。因为这些参数都是沿线路长度均匀分布的，故称为分布电气参数。

架空电力线路的电气参数主要有四个，即架空线路每公里的电阻、电抗、电导和电纳，分别用 r_0、x_0、g_0、b_0 表示。电阻、电抗是导线本身固有的，电抗除与导线本身有关外还与架线方式有关。电导是对应于导线电晕及绝缘漏电而引起的参数，电纳是导线对地电容引起的参数。

架空线路每相导线的分布参数等效图如图 4-8 所示。

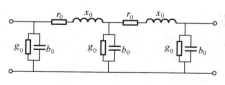

图 4-8　导线的分布参数等效图

4-53　如何计算电力线路的电导？

➡️送电线路上有绝缘泄漏和电晕现象，电压越高这种现象表现得越突出。由于电晕的作用，导线表面电场强度超过周围空气击穿强度，造成导线对空气局部放电，即电晕。它导致有功功率损耗（又叫电晕损耗），电导一般用 g_0 表示，其计算公式为

$$g_0 = \Delta p / U^2 \tag{4-29}$$

式中　g_0——导线每公里的电导，S/km；

　　　Δp——电晕损耗功率，kW/km；

　　　U——线路电压，kV。

从公式（4-29）可以看到电导与电晕损耗之间成正比关系。然而，只有在 220kV 及以上电压的线路上的电晕损耗才较为明显和突出。一般在电网的简化计算中，架空线路的电导是忽略不计的，即认为 $g_0 \approx 0$。

线路每相导线全长的总电导为

$$G = g_0 L \tag{4-30}$$

式中　G——线路每相导线全长的总电导，km；

　　　L——线路全长，km。

4-54　如何计算电力线路的电纳？

➡️电纳是线路电抗的倒数，与电容有关，由线路导线之间及导线与大地之间的电容来决定。经过换位的线路，其每相单位长度的等值电容可用公式表示为

$$C_0 = \frac{0.024}{\lg \dfrac{D_\mathrm{J}}{r_\mathrm{m}}} \times 10^{-6} \tag{4-31}$$

式中　C_0——线路每相每公里的等值电容，F/km；

　　　D_J——几何均距，cm；

　　　r_m——导线等价半径，cm。

线路每相导线单位长度的电纳用公式表示为

$$b_0 = 1/x_0 = 7.58 \times 10^{-6} / \lg(d_\mathrm{m}/r_\mathrm{m})$$

式中　b_0——导线每公里的电纳，S/km；

　　　x_0——电抗，Ω/km；

　　　d_m——导线几何均距，cm；

　　　r_m——导线等价半径，cm。

4 - 55　怎样计算架空线路的电压损失？

计算电压损失的公式为

$$\Delta U = \frac{PR + QX}{U_N} \qquad (4-32)$$

式中　P——线路输送的有效功率，kW；

　　　Q——线路输送的无功功率，kvar；

　　　R——线路电阻，Ω；

　　　X——线路的感抗，一般架空线路的 X 为 $0.35\sim0.4\Omega/km$；

　　　U_N——线路的额定电压，kV；

　　　ΔU——线路的电压损失，V。

用上述公式求出电压损失的百分数为

$$\Delta U(\%) = \frac{\Delta U}{U_N \times 1000} \times 100\% = \frac{PR + QX}{U_N^2 \times 1000} \times 100\% \qquad (4-33)$$

4 - 56　低压架空线路的电压损失怎样计算？

在低压架空电力线路上，由于距离较短、负荷较低，为了计算方便，经常使用简化方法进行计算。但这种简化计算只适用于距离较短和负荷较低的低压线路，特别是以照明负荷为主的低压线路。对于距离较长和负荷较大且以动力负荷为主的低压线路，这种简化计算的结果误差较大。

简化计算公式为

$$\Delta U(\%) = \frac{M}{CS} \times 100\% \qquad (4-34)$$

式中　M——负荷矩（kW·m），即输送有功功率 P（kW）和输送距离 L

　　　　（m）的乘积；

　　　C——计算常数，见表 4-6；

　　　S——导线的截面积，mm^2。

表 4 - 6　　　　　　　　　　　　电压损失计算常数表

电压及配电方式	C	
	铜导线	铝导线
三相四线制，380/220V	83	50
单相制，220V	14	8.3

4-57 在架空电力线路上如何减少线路的电压损失?

➡️ 由电压损失计算公式 $\Delta U = \dfrac{PR+QX}{U_N}$ 可知，在确定的传输有功功率和额定电压下，降低线路的电阻和电抗以及减少无功功率的传输均可减少电压损失，具体措施有:

(1) 增大导线截面以减小线路电阻。

(2) 合理选择和配置电源点，尽量减少传输距离，以减小线路的电阻和电抗。

(3) 采用分裂导线或在线路上串联电容补偿以降低线路的电抗。

(4) 减少线路传输的无功功率，即提高负荷的功率因数，如安装并联电容补偿等。

(5) 采取以上措施如仍不能把电压损失降低到规定范围内时，则应考虑减少线路传输功率（增加线路条数以分送功率）或考虑提高线路的电压等级。

4-58 为什么串联电容补偿可以减少电压损失?

➡️ 串联补偿就是指在电力线路的导线上串联接入一定数量的补偿电容器进行补偿。串联电容补偿多用在线路电压为 35kV 及以下的线路上，尤其是用在负荷波动大、功率因数又很低的配电线路上。

线路接上容抗 X_C 后，因为 X_C 与 X_L 方向相反，可以互相补偿，由 $\Delta U = \dfrac{PR+Q(X_L-X_C)}{U_N}$ 可见，串联电容补偿降低了线路的电压损失。

4-59 架空线路导线的选择有哪些条件?

➡️ 架空线路的导线现在多用铝绞线或钢芯铝绞线。选择架空线路的导线时，首先要满足输送功率的要求，并且要考虑到 5 年内不因负荷的自然增长而更换导线；其次，所选导线还应满足电压质量的要求，即导线的电压损失应在规定的范围内；同时，导线还应具备足够的机械强度，不会因为各种不利条件的组合而造成断线事故；导线的安全电流要大于最大负荷电流，不能因为负荷电流太大，造成导线温升过高。

为使导线在安装和运行中不致断裂，导线的最小允许使用截面应满足表 4-7 的规定。

表 4 - 7　　　　　　　　导线的最小允许使用截面（mm）

导线种类	高压配电线路		低压配电线路
	居民区	非居民区	
铝绞线及铝合金线	35	25	16
钢芯铝线	25	16	16
铜线	16	16	（直径3.2mm）

4 - 60　什么叫经济电流密度？经济电流密度有何用途？

根据国家的经济政策，考虑导线材料与最大负荷使用小时数，定出每平方毫米上电流密度，称为导线的经济电流密度，计算公式如下

$$J = I_{max}/S \qquad (4-35)$$

式中　J——经济电流密度，A/mm^2；

　　　I_{max}——线路通过的最大负荷电流，A；

　　　S——导线的截面积，mm^2。

我国目前经济电流密度值见表 4 - 8。

表 4 - 8　　　　　　各类导线经济电流密度值　　　　　　　　A/mm^2

导线类型	$T=3000h$ 以下	$T=3000\sim5000h$	$T=5000h$ 以上
铜导线	3.0	2.25	1.75
铝导线钢芯铝线	1.65	1.15	0.9
铜芯电线	2.5	2.25	2.0
铝芯电线	1.92	1.73	1.54

　　经济电流密度是一个综合性的经济指标，与线路的造价、运行费用的高低、资金的社会利税率等许多因素有关。因而它不是一个绝对指标，只是一个参考指标，运用时可根据具体情况灵活掌握。

4 - 61　如何按经济电流密度选择导线截面积？

在高压远距离输电线路中，均采取按经济电流密度选择导线的方法，先初步确定导线的截面，然后再以电压损失、导线发热条件、机械强度、电晕损失等条件进行校验。如果按经济电流密度选出的截面介于两种标准线号之间，而且两种导线都满足上述的校验条件，还要对两种导线进行详细的经济比较，最

后确定一个最合理的导线截面。

按经济电流密度选择导线时，导线截面可按下式计算

$$S = \frac{P}{\sqrt{3}U_N \cos\varphi J}$$ （4－36）

式中　J——经济电流密度，A/mm^2；

　　　P——线路的设计输送功率，kW；

　　U_N——额定电压，kV；

　$\cos\varphi$——功率因数；

　　　S——导线的截面积，mm^2。

4－62　如何按允许的电压损失选择导线截面积？

➡在高压配电线路和低压线路中，通常都按允许的电压损失值选择导线的截面积。因为配电线路电压较低，线路的电压损失成为突出矛盾，所以，如果线路的电压损失满足要求，其他技术条件一般也能符合规定。

当已知线路的输送功率 P、输送距离 L、线路电压 U 和负荷的功率因数 $\cos\varphi$ 时，可根据允许电压损失百分数，首先按下式计算允许电压损失系数

$$K_0 = \frac{U\Delta U(\%)}{PL}$$ （4－37）

式中　$\Delta U(\%)$——允许线路电压损失百分数，6～10kV 线路为 5%，380V 线
　　　　　　　　　路为 4%；

　　　　U——线路额定电压，kV；

　　　　P——输送功率，kW；

　　　　L——输送距离，km；

　　　K_0——允许电压损失系数，V/(kW·km)。

然后，根据允许电压损失系数 K_0、线路电压 U 和 $\cos\varphi$，按表 4－9 选择相近的导线截面。

对于 380V 的低压架空线路，如果负荷较小，或以照明负荷为主，其导线截面也可按下式计算

$$S = \frac{M}{C\Delta U(\%)}$$ （4－38）

式中　$\Delta U(\%)$——允许线路电压损失，%；

　　　　S——导线的截面积，mm^2；

C——电压损失计算常数，由表 4-6 查出；

M——负荷矩，kW·m。

表 4-9　　　　　三相架空线路电压损失系数 K_0 表

电压 (kV)	导线 型号	阻抗（Ω/km）		$K_0[\text{V}/(\text{kW·km})]$				
		电阻	电抗	$\cos\varphi=$ 0.85	$\cos\varphi=$ 0.8	$\cos\varphi=$ 0.75	$\cos\varphi=$ 0.7	$\cos\varphi=$ 0.65
0.38	LJ-16	1.98	0.376	5.82	5.95	6.08	6.22	6.37
	LJ-25	1.28	0.363	3.96	4.09	4.22	4.35	4.49
	LJ-35	0.92	0.352	3.00	3.12	3.24	3.37	3.51
	LJ-50	0.64	0.341	2.24	2.36	2.48	2.60	2.74
	TJ-4	4.65	0.429	12.9	13.1	13.2	13.4	13.6
	TJ-6	3.06	0.416	8.73	8.87	9.02	9.17	9.33
	TJ-10	1.84	0.400	5.50	5.63	5.77	5.92	6.07
	TJ-16	1.20	0.376	3.77	3.90	4.03	4.17	4.32
	TJ-25	0.74	0.363	2.54	2.66	2.79	2.92	3.06
	TJ-35	0.54	0.352	2.00	2.12	2.24	2.37	2.50
6	LJ-16	1.98	0.398	0.372	0.379	0.388	0.398	0.408
	LJ-25	1.28	0.385	0.253	0.262	0.270	0.279	0.289
	LJ-35	0.92	0.375	0.192	0.200	0.208	0.217	0.226
	LJ-50	0.64	0.363	0.144	0.152	0.160	0.168	0.177
	LJ-70	0.46	0.349	0.113	0.099	0.106	0.114	0.145
	LJ-95	0.34	0.339	0.092	0.099	0.106	0.114	0.123
	LJ-120	0.27	0.332	0.079	0.0865	0.0938	0.101	0.110
10	LJ-16	1.98	0.398	0.223	0.228	0.233	0.238	0.244
	LJ-25	1.23	0.385	0.152	0.157	0.162	0.167	0.173
	LJ-35	0.92	0.375	0.115	0.120	0.125	0.130	0.65
	LJ-50	0.64	0.363	0.0865	0.0912	0.096	0.101	0.106
	LJ-70	0.46	0.349	0.0676	0.0722	0.0768	0.0816	0.0868
	LJ-95	0.34	0.339	0.0550	0.0594	0.0639	0.0689	0.0736
	LJ-120	0.27	0.332	0.0476	0.0519	0.0563	0.0609	0.0658
35	LGJ-35	0.85	0.432	0.0319	0.0335	0.0352	0.0369	—
	LGJ-50	0.65	0.421	0.0260	0.0276	0.0294	0.0308	
	LGJ-70	0.46	0.411	0.0204	0.0219	0.0235	0.0251	
	LGJ-95	0.33	0.400	0.0166	0.0180	0.0195	0.0211	
	LGJ-120	0.27	0.394	0.0147	0.0162	0.0176	0.0192	
	LGJ-150	0.21	0.387	0.0129	0.0143	0.0158	0.0173	
	LGJ-185	0.17	0.380	0.0116	0.0130	0.0144	0.0159	

4-63　如何按导线发热条件选择导线截面积？

➡有些距离短、负荷大的供电线路，由于线路阻抗很小，即使在最大负荷时，其电压损失也远远小于允许值。这时，可以按导线的发热条件选择导线截面积。所谓发热条件，就是在任何环境温度下，当导线连续通过最大负荷电流时，其导线温度不高于 70℃，这时的负荷电流称为安全电流。反过来说，当导线中通过的电流小于安全电流时，导线温度也不会高于 70℃。所以，实际上按发热条件选择导线，也就是按长期允许通过的安全电流选择导线。各种导线长期允许通过的安全电流如表 4-10 所示。表中所列电流是在环境温度为 25℃时确定的。当环境温度高于或低于 25℃时，应对安全电流进行修正。其在不同环境温度下的校正系数如表 4-11 所示。

表 4-10　　　　　　　　　各种导线长期允许通过的安全电流

导线型号	安全电流（A）	导线型号	安全电流（A）	导线型号	安全电流（A）
TJ-4	50	LJ-10	75	LGJ-16	110
TJ-6	70	LJ-16	105	LGJ-25	144
TJ-10	95	LJ-25	135	LGJ-35	170
TJ-16	130	LJ-35	170	LGJ-50	220
TJ-25	180	LJ-50	215	LGJ-70	275
TJ-35	220	LJ-70	265	LGJ-95	335
TJ-50	270	LJ-95	325	LGJ-120	380
TJ-70	340	LJ-120	375	LGJ-150	445
TJ-95	415	LJ-150	440	LGJ-185	515
TJ-120	485	LJ-185	500	LGJ-240	610
TJ-150	570	LJ-240	600	LGJ-300	730
TJ-185	645	LJ-300	700	LGJ-400	860

表 4-11　　　　　　　　　在不同环境温度下的校正系数

导线材料	环境温度							
	5	10	15	20	25	30	35	40
铜	1.17	1.13	1.09	1.04	1	0.95	0.9	0.85
铝	1.145	1.11	1.074	1.038	1	0.96	0.92	0.88

4-64　怎样计算架空线路的电能损失？

➡(1) 有功功率损失按下式计算。

$$\Delta P = \frac{P^2 + Q^2}{U^2} R \times 10^{-3} \qquad (4-39)$$

或
$$\Delta P = \frac{P^2}{U^2 \cos^2 \varphi} R \times 10^{-3} \qquad (4-40)$$

式中　ΔP——有功功率损失，kW；

$\quad\quad P$——线路输送的有功功率，kW；

$\quad\quad Q$——线路输送的无功功率，kvar；

$\quad\quad U$——线路电压，kV；

$\quad\quad R$——线路电阻，Ω；

$\quad\quad \cos^2\varphi$——功率因数，的平方值。

（2）无功功率损失按下式计算。

$$\Delta Q = \frac{P^2 + Q^2}{U^2}X \times 10^{-3}\qquad(4-41)$$

或

$$\Delta Q = \frac{P^2}{U^2\cos^2\varphi}X \times 10^{-3}\qquad(4-42)$$

式中　ΔQ——无功功率损失，kvar；

$\quad\quad X$——线路感抗，Ω。

其余符号同式（4-40）。

（3）有功功率损失和无功功率损失的查表计算法：

$$\Delta P = \Delta P_0 P^2 L\qquad(4-43)$$

$$\Delta Q = \Delta Q_0 P^2 L\qquad(4-44)$$

式中　ΔP_0——铜、铝导线有功功率损失系数，kW/1000kW² · km；

$\quad\quad \Delta Q_0$——铜、铝导线无功功率损失系数，kvar/1000kW² · km；

$\quad\quad P$——线路输送的有功功率，kW；

$\quad\quad L$——线路长度，km。

其中，ΔP_0、ΔQ_0可由表4-12～表4-14查出。

表4-12　　　　　　　　　380V架空线路功率损失系数表

导线型号	导线电阻（Ω/km）	$\cos\varphi$				
		0.85	0.80	0.75	0.70	0.65
		有功功率损失系数 ΔP_0[kW/(1000kW² · km)]				
TJ-4	4.65	44.6	50.3	57.2	65.7	76.2
TJ-6	3.06	29.3	33.1	37.7	43.2	50.2
TJ-10	1.84	17.6	19.9	22.7	26.0	30.2
TJ-16	1.20	11.5	13.0	14.8	17.0	19.7
TJ-25	0.74	7.09	8.01	9.11	10.5	12.1

导线型号	导线电阻 (Ω/km)	cosφ				
		0.85	0.80	0.75	0.70	0.65
		有功功率损失系数 ΔP_0[kW/(1000kW² · km)]				
TJ - 35	0.54	5.18	5.84	6.65	7.63	8.85
LJ - 16	1.98	19.0	21.5	24.5	28.0	32.5
LJ - 25	1.28	12.3	13.9	15.8	18.1	21.0
LJ - 35	0.92	8.83	10.0	11.3	13.08	15.1
LJ - 50	0.64	6.15	6.95	7.88	9.08	10.5
TJ - 4	0.429	4.11	4.64	5.28	6.06	7.03
TJ - 6	0.416	3.99	4.50	5.12	5.88	6.82
TJ - 10	0.400	3.83	4.33	4.92	5.85	6.56
TJ (LJ) - 16	0.376	3.60	4.07	4.63	5.13	6.16
TJ (LJ) - 25	0.363	3.48	3.93	4.47	5.13	5.95
TJ (LJ) - 35	0.352	3.37	3.81	4.33	4.97	5.77
TJ (LJ) - 50	0.341	3.27	3.61	4.20	4.82	5.59

表 4 - 13   **6kV 架空线路功率损失系数表**

导线型号	导线电阻 (Ω/km)	cosφ				
		0.85	0.80	0.75	0.70	0.65
		有功功率损失系数 ΔP_0[kW/(1000kW² · km)]				
LJ - 16	1.98	76.0	80.1	98.0	111.5	130.0
LJ - 25	1.28	49.2	55.0	63.3	72.3	84.2
LJ - 35	0.92	35.4	40.0	45.5	52.2	60.5
LJ - 50	0.64	24.6	27.8	21.6	36.3	42.1
LJ - 70	0.46	17.7	20.0	22.7	26.1	30.2
LJ - 95	0.34	13.1	14.8	16.8	19.3	22.4
LJ - 120	0.27	10.4	11.7	13.3	15.3	17.8
导线型号	导线感抗 (Ω/km)	无功功率损失系数 ΔQ_0[kvar/(1000kW² · km)]				
LJ - 16	0.398	15.3	17.7	19.7	22.6	26.2
LJ - 25	0.385	14.8	16.7	19.0	21.8	25.3
LJ - 35	0.374	14.4	16.2	18.5	21.2	24.6
LJ - 50	0.363	14.0	15.8	17.9	20.6	23.9
LJ - 70	0.349	13.4	15.2	17.2	19.8	22.9
LJ - 95	0.339	13.0	14.7	16.7	19.2	22.3
LJ - 120	0.332	12.8	14.4	16.4	18.8	21.8

表 4 - 14　　　　　　　　　10kV 架空线路功率损失系数表

导线型号	导线电阻 (Ω/km)	cosφ				
		0.85	0.80	0.75	0.70	0.65
		有功功率损失系数 ΔP_0 [kW/(1000kW² · km)]				
LJ - 16	1.98	27.4	31.0	35.2	40.4	46.8
LJ - 25	1.28	17.7	20.0	24.5	26.1	30.3
LJ - 35	0.92	12.75	14.4	16.3	18.8	21.8
LJ - 50	0.64	8.85	10.0	11.4	13.1	15.2
LJ - 70	0.46	6.37	7.20	8.17	9.40	10.9
LJ - 95	0.34	4.71	5.31	6.04	6.95	8.05
LJ - 120	0.27	3.74	4.22	4.08	5.51	6.39
LJ - 16	0.398	5.51	6.22	7.08	8.12	9.42
LJ - 25	0.385	5.33	6.02	6.85	7.85	9.11
LJ - 35	0.374	5.18	5.85	6.65	7.63	8.85
LJ - 50	0.363	5.02	5.67	6.45	7.41	8.59
LJ - 70	0.349	4.80	5.42	6.17	7.08	8.21
LJ - 95	0.339	4.69	5.30	6.03	6.92	8.02
LJ - 120	0.332	4.60	5.19	5.90	6.77	7.86

（4）电能损失的计算。

$$\Delta W = \Delta P_1 t \qquad (4 - 45)$$

式中　ΔW——电能损失，kW · h；

　　　ΔP_1——1h 内的平均功率损失，kW；

　　　t——计算时间，h。

4 - 65　如何降低线路损耗？

（1）提高电网电压运行水平。

（2）合理确定供电中心，减少线路长度。

（3）提高功率因数，减少空载、轻载损耗，装设电容器、调相机。

（4）尽量采用环网供电，减少备用容量。

4 - 66　什么叫线损率？如何计算线损率？

线损率是电力系统的重要经济技术指标，它用线路上所损失的电能占线路首端输出电能的百分数表示。线损率的考核多以一个电力系统或者一个区域配电网来计算它的综合线损率。线损率不仅可以综合反映一个单位或一个区域的供电经济型，还可间接反映供电的技术条件和管理水平。不论是一个国家，还是一个大型电力系统或一个区域配电网，先进的线损率一般为 5%～8%，供电技术条件差的线损率可达百分之十几。

线损率 $\Delta P(\%)$ 可按下式计算

$$\Delta P(\%) = \frac{Ng - N_y}{Ng} \times 100\% \qquad (4-46)$$

式中　$\Delta P(\%)$——线损率，%；

　　　Ng——供电量，kW·h；

　　　N_y——用电量，kW·h。

式中的供电量和用电量均以供、受电端电能表的抄见电量为准。

4-67 在三相四线供电线路中中性线截面宜取多大？

➡三相四线供电线路，通常就是指带有中性线的三相低压线路。在这类线路的负荷构成中，单相负载占有很大比重，而且由于用电时间上的差异，各相负荷经常处于不平衡状态，有时甚至差别很大。因此，中性线上经常会有电流流过，如果中性线截面选择不当，就容易发生烧断中性线事故。一般情况下，中性线截面不应小于相线截面的 50%。对于单相线路或接有单台容量比较大的单相用电设备的线路，中性线截面以与相线截面相同为宜。

4-68 什么叫导线初伸长？导线发生初伸长的原因有哪些？在导线架设中如何处理初伸长？

➡架空电力线路的多股导线，例如铝绞线和钢芯铝绞线，当它第一次受到拉力后发生的塑性变形叫作初伸长。初伸长使导线的实际长度增加，弧垂增大，应力相应减小。

导线发生初伸长的原因有两方面：①导线受拉后股与股之间靠得更近，这样虽然线股长度未变，但整个导线长度却有一个相应的伸长；②由于铝的弹性限度很低，实际运行中的应力常常超过弹性限度，所以当导线第一次受拉时，其应力与应变关系并不完全一样，即受拉时除去拉力后，变形不能完全恢复，留下塑性变形。

为了避免导线的初伸长造成导线弧垂增大，从而引起导线对地距离不够的缺陷，在架设新的导线时，一般采用减少弧垂进行补偿。其弧垂减少的百分数如下：

    铝绞线   20%；
    钢芯铝绞线   12%；
    铜线   7%～8%。

4-69 什么叫电晕？电晕有什么危害？

➡电晕是高压带电体表面向空气游离放电的现象。当高压带电体（例如高压架空线的导线或其他电气设备的带电部分）的电压达到电晕临界电压，或其表面电场强度达到电晕临界电场强度（30～31kV/cm）时，在正常气压和湿度下，会看到带电体周围出现蓝色的辉光放电现象，这就是电晕。

在恶劣的气象条件下（霉雨、大雾等），出现电晕的电压或电场强度还要降低，或者说在同样电压或电场强度下，电晕现象比好天气时更强烈。

电晕的辉光放电，对附近的通信设施会产生干扰，影响通信质量；更不利的是，会引起电晕损耗，尤其是雨、雪、雾天，电晕损耗比好天气时成倍增加，造成电能的极大浪费。

4-70 怎样计算架空线路的电晕损耗？

➡高压架空线路的电晕损耗与导线、线路金具表面的电场强度、导线表面状况、气象条件和海拔高度等因素有关，其损耗功率一般可用下列经验公式进行计算

$$\Delta P_r = \frac{18075\sqrt{r}}{\delta D_j}(U_N - U_{Lj})^2 \times 10^3 \qquad (4-47)$$

式中　ΔP_r——电晕损耗，kW/km；

　　　　r——导线半径，cm；

　　　　D_j——导线间的几何均距，cm；

　　　　U_N——线路的额定线电压，kV；

　　　　δ——空气相对密度；

　　　　U_{Lj}——电晕临界线电压，kV。

其中，空气相对密度由下式计算

$$\delta = \frac{3.86p}{273+t} \qquad (4-48)$$

式中　　p——大气压，cmHg（1cmHg＝1333.224Pa）；

　　　　t——温度，℃。

电晕临界线电压由下式计算

$$U_{Lj} = 84m_1 m_2 K\delta r\left(1+\frac{0.301}{\sqrt{\delta r}}\right)\lg\frac{D_j}{r} \qquad (4-49)$$

式中　　m_1——导线表面粗糙系数，通常取 0.83～0.966；

　　　　m_2——天气状况系数，晴天时取 1，雨、雾、雪天时取 0.8；

　　　　K——导线布置系数，等边三角布置时，$K＝1$，水平布置时，K
　　　　$＝0.96$。

4-71　新建或改建后的架空线路，为什么要进行空载冲击合闸试验？

➡新建或改建后的架空线路，没有经过带电运行考验，对整条线路的绝缘好坏还不够清楚。而空载冲击合闸试验，会在线路上产生相当高的操作过电压，可借以检验线路的绝缘质量。

4-72　新建或改建后的架空线路为什么要进行定相？

➡在三相交流电路中，不但有电压和电流大小的区别，还有相位和相序之分。如果相序或相位不同的两个电源并列或者合环运行，将会产生很大的电流，巨大的短路环流会造成输电线路和电气设备的损坏；另外，相序不对，也直接影响用电设备的正常运转。而新建或改建后的架空线路，由于导线排列和换位的变化，首末端的相位不一定会完全对应，一旦并列或者合环运行，将对输电线路和电气设备等造成重大损坏，因此对新建或改建后的架空线路尤其是两个电源的连接处，无论高压或低压电源，都必须进行定相，核实相位和相序对应时，方能并列和合环运行。

4-73　哪些情况下要核相？为什么要核相？

➡对于新投产的线路或更改后的线路，必须进行相位、相序核对，与并列有关的二次回路检修时如果发生了改动，也必须核对相位、相序。

　　若相位或相序不同的交流电源并列或合环，将产生很大的电流，巨大的电流会造成发电机或电气设备的损坏，因此需要核相。

4-74 如何确定导线的线间距离？

导线在杆塔上的排列方式基本上有水平排列和垂直排列（包括三角排列）两种。

35kV 及以上电压等级的输电线路，导线水平排列时，对 1000m 以下档距，其线间距离按下式计算

$$D = 0.4L_\mathrm{K} + \frac{U_\mathrm{N}}{110} + 0.65\sqrt{f} \qquad (4-50)$$

式中　D——导线水平排列的线间距离，m；

　　　L_K——悬垂绝缘子串长度，m；

　　　U_N——线路额定电压，kV；

　　　f——导线最大弧垂，m。

一般情况下，水平排列导线线间距离可采用表 4-15 中的数值。

35kV 及以上电压等级的输电线路，导线垂直排列时，其线间距离可采用水平排列线间距离的 75%，但不得小于表 4-16 中的数值。

35kV 及以上电压等级的输电线路，导线三角排列时，其等效水平线间距离按下式计算

$$D_\mathrm{X} = \sqrt{D_\mathrm{P}^2 + \left(\frac{4}{3}D_\mathrm{E}\right)^2} \qquad (4-51)$$

式中　D_X——导线三角排列的等效水平线间距离，m；

　　　D_P——导线间水平投影距离，m；

　　　D_E——导线间垂直投影距离，m。

10kV 及以下配电线路，不论导线如何排列，其线间距离都不应小于表 4-17 中的值。靠近电杆两侧的两导线间的水平距离，不应小于 0.5m。

表 4-15　　　　　　　　　　　水平排列导线线间距离

档距（m）　水平线间距离（m）　线路电压（kV）	2	2.5	3	3.5	4	4.5	5	5.5	6	6.5	7
35	170	240	300	—	—	—	—	—	—	—	—
60	—	—	265	335	400	—	—	—	—	—	—
110	—	—	—	300	375	450	—	—	—	—	—
154	—	—	—	—	—	—	440	520	600	—	—
220	—	—	—	—	—	—	—	—	525	615	700

注　本表数值不适用于覆冰厚度 15mm 及以上的地区。

表 4-16　　　　　　　　　　　输电线路最小垂直线间距离

线路电压 （kV）	35	60	110	154	220	330
线间距离 （m）	2.0	2.25	3.5	4.5	5.5	7.5

表 4-17　　　　　　　　　　　配电线路导线最小线间距离

线间距离（m）　档距（m） 线路电压	40 及 以下	50	60	70	80	90	100
高压	0.6	0.65	0.7	0.75	0.85	0.9	1.0
低压	0.3	0.4	0.45	—	—	—	—

4-75　高压输电线路的导线为什么要进行换位？如何进行换位？

➡当高压输电线路三相导线的排列不对称，即三相导线的几何位置不在等边三角形的顶点时，各相导线的电抗就不相等。因此，即使在三相导线中通过对称负荷，各相中的电压降也不相同；另外，由于三相导线不对称，相间电容和各相对地电容也不相等，从而会有零序电压出现。所以规程规定，在中性点直接接地的电力网中，当线路总长度超过 100km 时，均应进行换位，以平衡不对称电流；在中性点非直接接地的电力网中，为降低中性点长期运行中的电位，平衡不对称电容电流也应进行换位。

导线的换位方法，可以在每条线路上进行循环换位，即让每一相导线在线路的总长中所处位置的距离相等，也可采用变换各回路相序排列的方法进行换位。

4-76　低压配电线路的中性线布置有什么特点？

➡低压配电线路的导线，一般多为水平排列方式。当低压配电线路为带有中性线的三相四线线路时，中性线要靠近电杆。如果配电线路的附近有建筑物，例如沿街道架设的低压配电线路，则中性线应尽量设在建筑物一侧。通常中性线不应高于相线，并且同一地区的中性线，其位置应该统一，以便于运行维护和检修。

4-77　在架空电力线路上装设屏蔽线起什么作用？屏蔽线如何装设？

➡在架空电力线路装设屏蔽线，是减小电力线路对通信线危险影响的方法之一。一般在国家Ⅰ级通信线路上，当感应纵电动势超过规定值，不便安装放电管进行保护，而电力线路又无法避开架设时，就可采取在电力线路上装设屏蔽线的方法，以降低感应纵电动势，减小危险影响。

屏蔽线的装设方法，是在线路导线的下方增设一根良导体的导线，与线路的三相导线保持一定的绝缘距离，并且逐杆接地，如图4-9所示。实践证明，屏蔽线能使通信线上的感应纵电动势减少1/3～1/2。

4-78 三相中性点不接地系统，在一相接地时，其他两相的对地电压为什么会升高$\sqrt{3}$倍？

➡图4-10为三相星形中性点不接地系统。当系统正常运行时，三相电压平衡，每相对地电压为各自的相电压$\dot{U}_U$、$\dot{U}_V$、$\dot{U}_W$，见图4-10（a）。

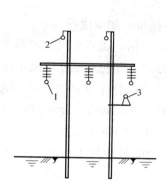

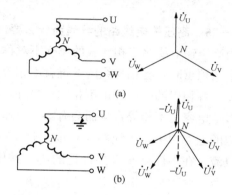

图4-9　屏蔽线装设图

1—导线；2—避雷线；3—屏蔽线

图4-10　系统不同运行状态下的相量图

（a）系统正常运行时；（b）U相接地时

当系统发生一相接地时，接地相的对地电压下降为零，而其他两相的对地电压则由原来的相电压升高到线电压。现以U相发生接地为例进行分析。

U相接地见图4-10（b），则U相的对地电压$\dot{U}_U=0$，V相和W相的对地电压变成了$\dot{U}'_V$和$\dot{U}'_W$。即由原来的$\dot{U}_{V0}$、$\dot{U}_{W0}$变成$\dot{U}_{UV}$、$\dot{U}_{WU}$。从相量图可以看出

$$\dot{U}'_V=\dot{U}'_{VU}=\dot{U}_V+\dot{U}_{NU}=\dot{U}_V-\dot{U}_U=\sqrt{3}\dot{U}_V$$

$$\dot{U}'_W=\dot{U}'_{WU}=\dot{U}_W+\dot{U}_{NU}=\dot{U}_W-\dot{U}_U=\sqrt{3}\dot{U}_W$$

可见U相接地时，U相的对地电压等于零，V、W两相的对地电压各升高$\sqrt{3}$倍，由原来的相电压变为线电压。

4-79　怎样计算三相四线制线路中性线上的电流？如 U 相电流为 10A，V 相电流为 20A，W 相电流为 30A，中性线上的电流是多少？

:arrow: 三相四线制线路中性线上的电流可以利用平行四边形的画法和比例计算，如图 4-11 所示。画出 $\dot{I}_U$、$\dot{I}_V$、$\dot{I}_W$ 相量，各相相差 120°，各线长度按比例画出，即 $\dot{I}_U$ 线代表 10A，$\dot{I}_V$ 线代表 20A，$\dot{I}_W$ 大小为 30A。以 $\dot{I}_U$、$\dot{I}_V$ 为边作平行四边形，如图 $\dot{I}_D$ 的大小即代表 U 相和 V 相的电流之和。再以 $\dot{I}_D$、$\dot{I}_W$ 为边作平行四边形，$\dot{I}_E$ 即代表三相电流之和，即是中性线上的电流数值。经测量或比例计算可知中性线上电流为 16A。

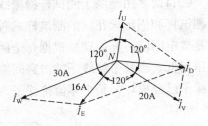

图 4-11　中性线电流图解法

4-80　怎样计算高压架空电力线路的接地电容电流？

:arrow: 高压架空电力线路的接地电容电流近似值为

$$I_C = \frac{UL}{350} \tag{4-52}$$

式中　I_C——架空电力线路的接地电容电流，A；

　　　U——线电压，kV；

　　　L——架空线路的总长度，km。

4-81　铝线与铜线连接为什么会发生氧化？怎样避免？

:arrow: 当两种活泼性不同的金属表面接触后，长期停留在空气中，遇到水和二氧化碳就会发生锈蚀现象。金属的锈蚀，不论是化学锈蚀还是电化锈蚀，其本质都是氧化与还原的反应过程。铜铝相接，由于铝较铜活泼，容易失去电子，遇到水、二氧化碳等物质就会成为负极，较难失去电子的铜则成为正极，于是接头变成了原电池，产生电化锈蚀。锈蚀的结果使其接触面的接触电阻不断增加，通过电流时接头温度升高，高温又促使氧化锈蚀更加剧烈，成为恶性循环，最后导致断线事故。

现在的高压配电线路和低压线路上多用铝线做导线，而各种电气设备的接线柱又多为铜质材料，因此，铜铝相接的机会很多。为防止上述电化锈蚀的发生，现在多采用高频闪光焊焊接好的铜铝过渡接头和线夹。有的也采用先把铝

129

线一端涂中性凡士林加以保护再与镀锡铜线相接的方法，这样也能减轻电化锈蚀程度。

4－82　怎样检测线路绝缘子？

➡目前多用绝缘子测试杆检测线路绝缘子。绝缘子测试杆分为可变火花间隙测试杆和固定火花间隙测试杆两种，如图4－12所示。图中C是隔离电容，J是放电间隙。其原理是根据每个绝缘子的击穿间隙大小来间接反映它的分布电压高低。当某个绝缘子的击穿间隙为零电压，即它没有分布电压，说明这个绝缘子已经损坏，是个零值绝缘子。

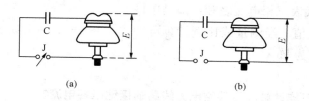

图4－12　绝缘子测试杆原理接线图
(a) 可变火花间隙测试杆；(b) 固定火花间隙测试杆

可变火花间隙测试杆，不仅能测零值绝缘子，还能测量绝缘子串的电压分布状况；固定火花间隙测试杆，由于其放电间隙是按绝缘子串中绝缘子的最小分布电压来确定的，所以只能检测零值绝缘子。

4－83　为什么要测量线路导线接头的电阻？检测方法有哪些？

➡导线接头在电力线路上是一个比较薄弱的环节，它既可能因为机械强度降低而拉断，又可能因为接触不良在通过大电流时发热而烧毁。因此，除在经常巡线中注意检查接头外，还要定期测量导线接头的导电情况，借以判断其好坏。当导线接头的电压降（在同样电流下，电压降的大小与电阻大小成正比）大于同长导线电压降的20％时，即认为这个接头不合格；两者相差2倍时，必须立即处理。一般情况下，可以临时附上一根导线来分担通过接头的负荷电流，严重时就要切断导线，重新压接。

检测导线接头好坏，除在停电或带电情况下使用电测法来测量它的电压降（接触电压）大小外，目前采用γ探伤和红外线热相仪检测接头，前者是检测接头的金相结构有无缺陷，后者是远距离检测接头的温度高低。这些都能间接反映接头的机械和电气性能的好坏，比测量电阻法有较大的优越性。

4-84 我国北方气候比南方寒冷，为什么北方的线路反而不易结冰？

➡️线路导线结冰的条件是降雨，而导线的温度在冰点以下。在南方（一般指长江流域及以南地区），由于南方来的暖气流与北方的冷空气在上空相遇，冷空气落在下层，所以上层气流温度在冰点以上，下的是雨水；而导线周围受冷空气控制，气温在冰点或冰点以下，雨水覆在导线上就结成了冰，从而造成严重的覆冰问题。

在北方（一般指黄河流域及以北），冬季上层气温和下层气温都在冰点以下，降下的都是冰雪，只有覆雪问题，一般结冰现象较少发生。

4-85 在线路防冰冻中，什么是"融冰电流"、"保线电流"？

➡️在某种气候条件下，导线已经出现一定厚度的覆冰，为使覆冰脱落，在导线上通过某一电流，在一定时间内，能将冰融化，这个电流称为"融冰电流"。融冰电流在导线电阻上产生的热量与导线传导、对流、辐射及融化冰层吸收的热量之和相平衡。

在覆冰气候条件下，导线尚未覆冰，但为防止覆冰，在导线上通过一定的电流，此电流在导线电阻上产生的热量与导线辐射和对流损失的热量相平衡，保持导线温度在0℃以上（一般取2℃），从而保证导线上不出现覆冰，这个电流就称为"保线电流"。

4-86 采用短路法进行融冰时，可否利用接地开关接通三相短路线？

➡️接地开关一般都不是按长期通过负荷电流设计制造的，它的热容量很小，触头的接触电阻大，故不能承受数值相当大的短路融冰电流，所以不能用它接通融冰短路线。

4-87 如何去除导线覆冰？

➡️去除导线覆冰的方法有两种：

（1）电流溶解法。增大负荷电流，用特设变压器或发电机供给与系统断开的覆冰线路的短路电流。

（2）机械除冰法（机械除冰必须停电）。可用绝缘杆敲打脱冰，用木制套圈脱冰，用滑车除冰器脱冰。

4-88　什么是输电线路的污闪事故？

在输电线路经过的地区，工厂的排烟、海风带来的盐雾、空气中飘浮的尘埃和大风刮起的灰尘等，会逐渐积累并附着在绝缘子的表面上，形成污秽层。这些粉尘污物中大部分含有酸、碱和盐的成分，干燥时导电不好，遇水后具有较高的导电系数。所以当下毛毛雨、积雪融化、遇雾结露等潮湿天气时，污秽使绝缘子的绝缘水平大大降低，从而引起绝缘子闪络，甚至造成大面积停电，这称为输电线路的污闪事故。

4-89　什么是高压直流输电？为什么要采用直流输电？

高压直流输电简称直流输电，一般由整流站、直流线路和逆变站三部分组成。在输送功率的过程中，整流站把送端系统的三相交流电变为直流电，通过直流线路送到受端，在受端再通过逆变站把直流电转变为三相交流电，供给受端负荷。整流和逆变统称换流。

当前，交流输电线路的输送距离愈来愈远，输送容量也愈来愈大，但是由于线路距离的增大，线路感抗也随之增大，从而限制了输送容量的增加，造成稳定运行困难。另一方面，高压交流输电线路的感抗和容抗能引起线路电压在很大范围内变化，为此，需要装设大容量补偿设备，以解决无功、稳定、操作过电压等一系列问题。这不仅使投资增大，还使运行操作复杂化。如果采用高压直流输电，就可以很容易克服上述缺点。但直流输电的换流设备技术复杂、价格昂贵，目前只在高电压长距离输电中有选择地采用。

4-90　输电线路跨越民房时有哪些规定？

有关技术规程规定，500kV 及以上输电线路不应跨越长期住人的建筑物。在工频电场强度和工频磁场强度分别低于国家推荐限值 4kV/m 和 0.1mT 的情况下，500kV 以下的输电线路跨越民房是可以的。

4-91　输电线路附近工频电场强度有多大？

输电线路附近工频电场强度的大小主要取决于线路电压的高低、线路导线的排列方式、导线的截面积、导线对地高度和观测点与导线的距离。图 4-13 中（a）、（b）、（c）是三种最常见的电压等级，即 110、220、500kV 输电线路在地面上方 1.5m 处，工频电场强度沿垂直线路方向的分布图。

4-92　为什么输电线路附近有时会有"嗞嗞"的声音？为什么有时晚上还会看到火花？

➡输电线路附近"嗞嗞"的声音是因为输电线路在空气中局部电晕放电造成的，雨雾天气往往声音会大一点。电火花是电晕放电，没有危险。输电线路投运一段时间后这种现象会有所减少。

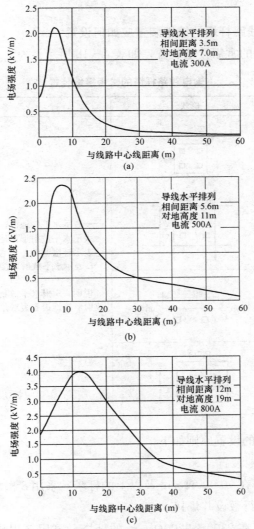

图 4-13　工频电场强度沿垂直线路方向分布图

（a）110kV 输电线路的工频电场变化图；（b）220kV 输电线路的工频电场变化图；（c）500kV 输电线路的工频电场变化图

133

4-93　输电线路会给邻近的房屋引来雷击的危险吗？

➡输电线路在设计、运行中都有严格的防雷要求。由于输电线路的铁塔塔身较高，并在整条线路设有专用避雷线，当有带电云团经过输电线路时，云团电荷可以通过避雷线安全地引导电流进入大地，起到防雷作用。因此输电线路不仅不会给邻近的房屋引来雷击，反而还会在一定程度上形成"保护伞"。

4-94　输电线路杆塔的接地装置应如何设置？

➡输电线路杆塔的常用接地装置，如表4-18所示。

表4-18　　　　　　　　　输电线路杆塔的常用接地装置

接地装置种类	形状	参数
铁塔接地装置：4根水平放射形接地极 8根水平放射形接地极	$2A \leqslant L$ $2A \leqslant L$　$2A \leqslant L$	—表示水平接地极； →表示水平放射形接地极； □表示杆塔基础； L表示水平放射形接地极之间的距离。 $A = 5m$ 说明：6根水平放射形接地极由8根水平放射形接地极省去对角二根构成
钢筋混凝土电杆 放射形 接地装置	$A \leqslant 2A$ 90°　90°	
钢筋混凝土电杆 环形 接地装置	$A \leqslant 2A$ A　A	

各种接地装置的设置原则如下：

（1）放射形接地装置。

1）土壤电阻率在10 000Ω·m及以上的杆塔：采用8根放射线总长不小于518m的φ8圆钢进行敷设并焊接。

2）土壤电阻率在2300～3200Ω·m的杆塔：采用8根放射线总长不小于438m的φ8圆钢进行敷设并焊接。

3）土壤电阻率在1500～2300Ω·m的杆塔：采用8根放射线总长不小于

358m 的 φ8 圆钢进行敷设并焊接。

4）土壤电阻率在 1200～1500Ω·m 的杆塔：采用 8 根放射线总长不小于 238m 的 φ8 圆钢进行敷设并焊接。

5）土壤电阻率在 750～1200Ω·m 的杆塔：采用 4～6 根放射线总长不小于 188m 的 φ8 圆钢进行敷设并焊接。

6）土壤电阻率在 500～750Ω·m 的杆塔：采用 4～6 根放射线总长不小于 138m 的 φ8 圆钢进行敷设并焊接。

7）土壤电阻率在 250～500Ω·m 的杆塔：采用 4～6 根放射线总长不小于 118m 的 φ8 圆钢进行敷设并焊接。

8）土壤电阻率在 250Ω·m 及以下的杆塔：采用 4～6 根放射线总长不小于 88m 的 φ8 圆钢进行敷设并焊接。

（2）杆塔接地装置埋深。在耕地区，一般采用水平敷设的接地装置，接地体埋深不得小于 0.8m；在非耕地区，接地体埋深不得小于 0.6m；在石山地区，接地体埋深不得小于 0.3m。

（3）接地电阻值不能满足要求时，可适当延伸接地体射线，直至电阻值满足要求为止；个别山区，如岩石地区，当放射线已达 8 根 80m 以上者，可不再延长。

（4）接地体的连接。采用搭接方式，两接地体搭接长度不得小于圆钢直径的 6 倍。

（5）防腐。焊接部位必须处理干净再做防腐处理。

（6）为了减少相邻接地体的屏蔽作用，水平接地体之间的距离不得小于 5m。

4-95　对放射形接地装置有何规定？

➡（1）土壤电阻率大于 2000Ω·m 的地区，可采用 6～8 根总长度不超过 500m 的放射形接地极或连续伸长接地极，根据土壤电阻率的大小，放射形接地极可采用长短结合的方式。

（2）居民区和水田中的接地装置，宜围绕杆塔基础敷设成闭合环形。

（3）每根放射形接地极的最大长度，应符合表 4-19 中的规定。

表 4-19　　　　　　每根放射形接地极的最大长度

土壤电阻率（Ω·m）	≤500	≤1000	≤2000	≤5000
最大长度（m）	40	60	80	100

（4）在高土壤电阻率地区采用放射形接地装置时，当在杆塔基础的放射形接地极每根长度的 1.5 倍范围内有土壤电阻率较低的地带时，可采用引外接地或其他措施。

4－96　当交流输电线路路径距离直流输电的接地极较近时，为什么交流线路铁塔的铁脚板都必须绝缘并要求单点接地？

➡当交流输电线路路径距离直流输电的接地极较近时，由于直流输电线路利用大地（地球）作为导体输送直流电流，直流流经交流线路铁塔四条腿会产生电位差而引起电腐蚀，使铁塔的使用寿命大大缩短，因此，铁脚板必须绝缘。但是铁塔如完全绝缘，避雷线就不起作用，因此铁塔必须（只容许）一条腿接地，即只能单点接地。

第五章

电 力 电 缆

5-1　什么是电缆？电缆是如何分类的？

➡由一根或多根相互绝缘的导体外包绝缘和保护层制成，并将电力或信息从一处传输到另一处的导线叫作电缆。

电缆分为电力电缆、电气装备电缆及控制电缆、通信电缆以及其他用途的特种电缆。

5-2　为什么要广泛使用电力电缆？

➡（1）在火力发电厂中，厂用动力设备很多，为了保证供电可靠和人身安全，以及考虑到因空间不够架设架空线受限制，需使用电力电缆。

（2）在某些城市建筑群和居民密集的地区，道路两侧空间有限，为了保证人身安全，高压供电禁止使用架空线路，需要使用电力电缆供电。

（3）对过江、过河输电线路，因为跨度太大不宜架设架空线路或为不影响船只通航，应采用电力电缆。

（4）为了避免电力架空线路对通信产生干扰，应采用电力电缆。

（5）大型工厂、电网交叉区也应使用电力电缆。

5-3　电力电缆的作用及其优缺点是什么？

➡现代的输配电线路基本有架空电力线路和电力电缆线路两种。在城镇居民密集的地方，或在一些特殊的场合，出于安全方面的考虑以及受地面位置的限制，不允许架设杆塔和导线时，就需要用电力电缆来解决。电力电缆的作用就在于此。

电力电缆线路的优缺点如下：

（1）运行可靠。由于电力电缆大部分敷设于地下，不受外力破坏（如雷击、风害、鸟害、机械碰撞等），故发生故障的机会较少。

（2）供电安全，不会对人身造成各种危害。

（3）维护工作量小，无需频繁的巡视检查。

（4）因不架设杆塔，使市容整洁，交通方便，还可节约钢材。

（5）电力电缆的充电功率为电容性功率，有助于提高功率因数。

电力电缆虽然有上述优点，但它的成本高，价格昂贵（约为架空线路的10倍），运行不够灵活，当出现故障时难以查找，给检修工作带来了困难，所以只适用于特定的场合。

5-4 电力电缆的型式有几种？其型号及字母的含义是什么？

改革开放以来，电缆产品的标准不断修改，开发出很多新产品，以适应社会建设的需要，并与国际电工标准接轨。

电力电缆的型式如下：

（1）按芯数分。有单芯、双芯、三芯及四芯等。

（2）按导体形状分。有圆形、半圆形、腰圆形、扇形、空心形和同芯形圆筒等。

（3）按构造分。有统包式、屏蔽式和分相铅包式等。

（4）应用于超高压系统的新式电力电缆有充油、充气和压气式等。

我国电力电缆型号是用字母和数字为代号组合表示的。完整的电力电缆型号由产品系列代号和各组成部分代号构成，并加上电缆额定电压、芯数、标称截面及标准号。

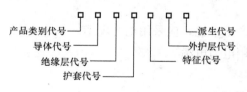

电力电缆型号组合方法表示，如图 5-1 所示。

图 5-1 电力电缆型号组合方法表示图

型号中的产品类别、导体、绝缘层、护套和特征代号，均以字母表示；外护层代号以数字表示，字母、数字按从左到右的顺序排列。现将含义分叙如下：

（1）产品类别代号。产品类别代号是电缆型号的第一个字母，其含义列于表 5-1。

表 5-1 产品类别代号含义表

产品类别名称	代号	产品类别名称	代号	产品类别名称	代号
油浸纸绝缘电缆	Z	交联聚乙烯电缆	YJ	阻燃电缆	ZR
自容式充油电缆	CY	橡胶电缆	X	耐火电缆	NH
聚氯乙烯电缆	V	丁基橡胶电缆	XD	导引电缆	D
聚乙烯电缆	Y	控制电缆	K	光缆	G

（2）导体代号。以 L 为铝导体代号；而铜导体代号 T 可省略。

（3）绝缘层代号。绝缘层代号与产品类别代号相同时，可以省略。例如黏型纸绝缘电缆，绝缘层代号"Z"可省略，但自容式充油纸绝缘电缆的绝缘层代号"Z"就不可省略。

（4）护套代号。护套代号的含义列于表 5-2。

表 5-2　　　　　　　护套代号含义表

护套名称	代号	护套名称	代号
铅护套	Z	聚氯乙烯护套	V
铝护套	L	聚乙烯护套	Y
皱纹铝护套	LW	橡套	H
铝带聚乙烯组合护套	A	非燃性橡套	HF

（5）特征代号。特征代号为表示电缆产品某一结构特征。特征代号的含义列于表 5-3。

表 5-3　　　　　　　特征代号含义表

特征名称	代号	特征名称	代号
分相铅包	Q	干绝缘	P
不滴流	D	直流电缆	Z
充油	CY	滤尘器用	C

（6）外护层代号。

外护层代号编制原则：

1）内衬层结构基本相同，在型号中不予表示；

2）一般外护层按铠装层和外被层结构顺序排列，以两个阿拉伯数字表示，每一个数字表示所采用的主要材料。外护层代号的含义列于表 5-4。

表 5-4　　　　　　　外护层代号含义表

代号	加强层	铠装层	外被层或外护套
0		无	
1	径向铜带	联锁钢带	纤维外被
2	径向不锈钢带	双钢带	聚氯乙烯外护套
3	径、纵向铜带	细圆钢丝	聚乙烯外护套
4	径、纵向不锈钢带	粗圆钢丝	
5	—	皱纹钢带	
6	—	双铝带或铝合金带	

3）充油电缆外护层型号按加强层、铠装层和外被层的结构顺序，通常以三个数字表示，每一个数字表示所采用的主要材料。

（7）派生代号。表示电缆产品具有某种特性。派生代号一般放在型号代号之首，以字母表示，用引号隔开型号。派生代号的含义列于表5-5。

表5-5　　　　　　　　派 生 代 号 含 义 表

代号	特性	代号	特性
Z	纵向阻水结构	ZR	阻燃电缆
DD	有低卤低烟	NH	耐火电缆
WD	无卤低烟	—	—

举例说明电力电缆的型号、规格：

1）YJV—10—3×240：电压为10kV、截面为240mm² 的铜三芯交联聚乙烯绝缘聚氯乙烯护套电力电缆；

2）YJV22—6—3×185：电压为6kV、截面为185mm² 的铜三芯交联聚乙烯绝缘裸钢带铠装聚氯乙烯护套；

3）YJLV32—10—3×120：电压为10kV、截面为120mm² 的铝三芯交联聚乙烯绝缘细钢丝铠装聚氯乙烯护套电力电缆；

4）ZQF43—35—150：电压为35kV、截面为150mm² 的纸绝缘铜芯分相铅包粗钢丝铠装聚乙烯外护套电力电缆；

5）ZQD02—10—3×120：电压为10kV、截面为150mm² 的三相铜芯不滴流油浸纸绝缘铅套聚氯乙烯外护套电力电缆；

6）ZRC - YJV—1—3×95+1×70：电压为1kV、主芯截面为95mm²、中性线芯截面为70mm² 的四芯交联聚乙烯绝缘阻燃滤尘器用聚氯乙烯外护套电力电缆。

5-5　油浸纸绝缘电力电缆有何优缺点？

一般高压电力电缆大都采用油浸纸绝缘，这是因为油浸纸绝缘具有良好的耐热性能。例如10kV及以下的油浸纸绝缘电力电缆，在正常情况下运行温度可达80℃；另外，油浸纸绝缘电力电缆的介质损耗低，纸绝缘又不易受电晕影响而氧化，可做高压电缆用；再者，纸绝缘较其他绝缘价格低，使用寿命长（可达30年左右）；然而，纸绝缘对于电压没有"记忆作用"。

它的主要缺点是在低温时绝缘容易变脆，因而在低温场合下敷设时应进行预热处理。另外它的可曲性较差，绝缘层内的绝缘剂容易流动，一般不适宜倾斜度过大和垂直安装。

5-6　电力电缆的保护包皮为何用铅？它有何优缺点？

➡电力电缆的绝缘层外面都设有保护包皮，也叫内护层。内护层必须能防水、防绝缘剂外流和机械损伤。电力电缆的保护包皮用铅制作的主要理由是：铅的韧性好、柔软，使电缆的可曲性好；它的熔点低，在保护包皮制作过程中，不会使绝缘过热而损坏；另外，铅不易受酸碱的化学腐蚀。

铅包电缆的主要缺点为铅质的柔软虽然对制作有利，但当电力电缆载荷受热膨胀时，电缆内部由于产生压力，造成铅包过度伸展，而温度下降时又不能复原，电缆内部将产生空隙，容易发生气体游离，使绝缘损坏。另外，单芯铅包电缆在交流电通过时，会使铅包产生感应电压，如果铅包两端不接地，此感应电压会危及人身安全；如果接地，则又会产生循环电流，限制了电缆的载流量。

5-7　电力电缆的构造如何？

➡电力电缆主要由缆芯导体、绝缘层和保护包皮 3 部分构成，现分述如下：

（1）缆芯导体。缆芯导体是用以传导电流的通路，具有较高的导电性能和较小的线路损耗，一般用铜，它的导电系数高、导电性能好、导热率高、机械强度大，而且耐振、耐腐、易于冷加工，故其为缆芯制作的常用金属。在导电材料中，铝的导电率仅次于铜，并且资源广、重量轻、价格便宜，所以铝质缆芯也被广泛采用。

缆芯导体一般用多股细线分层绞合制成，增加了缆芯导体的柔软性和可曲性。为了使电缆在一定程度内弯曲而不变形，并使多股细线绞合均匀，防止歪扭松散现象，各层的绞合方向是相反的。

我国电缆制造的标称截面有：1.0、1.5、2.5、4.0、6.0、10、16、25、35、50、70、95、120、150、185、240、300、400、500、625、800、1000、1200mm^2。

（2）绝缘层。电力电缆的绝缘层材料，分为均匀质和纤维质两类。均匀质材料有橡胶、沥青、聚乙烯、聚氯乙烯、交联聚乙烯、聚丁烯等。均匀质绝缘层有高度的抗潮性、耐酸、耐碱，因此，外面不需要再加金属保护包皮，但它易受空气（特别是热空气）、光线、油质、电晕等的影响而损坏，一般只做低压和控制电缆使用。近年来由于材料、工艺的提高，已用于 6kV 及以下的高压电缆。纤维质材料有棉、麻、丝、绸、纸等。纤维质绝缘层具有耐压、耐热（运行温度可达90℃）、耐用、经济和性能稳定等优点，适用于做高压电缆的绝缘材料，但它极易吸收水分而导致绝缘性能完全破坏。因此，纤维质绝缘层必须外加铅包皮来防止水分侵入，同时还可防止浸渍绝缘剂流出。

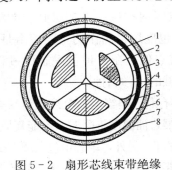

图 5-2 扇形芯线束带绝缘
三相铠装电缆截面图

1—导线；2—纸绝缘；3—填充物；
4—束带绝缘；5—铅皮；6—内黄麻衬垫；
7—钢带铠装；8—外护套

（3）外护层（保护包皮）。各种电力电缆的保护包皮各有不同，其目的都是为了防止光线、空气、水分和机械的损伤。以油浸电力电缆为例，它的铅包皮外是内黄麻衬垫（也叫防腐带，是用沥青浸过的纸带或涂有橡胶的布带）。防腐带既防铅皮腐蚀，又防钢甲扎伤铅皮。防腐带外为装甲钢带或钢丝带，装甲外面为外黄麻衬垫，可以保护装甲免受锈烂。

扇形芯线束带绝缘三相铠装电缆由导线、纸绝缘、填充物、束带绝缘、铅皮、内黄麻衬垫、铠装层、外护套构成，如图5-2所示。

5-8　电缆导体材料的性能及结构怎样？

➡️电缆导体采用高电导系数的金属铜或铝制造。铜的电导率大、机械强度高，易于进行压延、拉丝和焊接等加工。

铜是电缆导体最常用的材料，其主要性能是：

20℃时的密度　　　8.89g/cm³；

20℃时的电阻率　　1.724×10⁻⁸Ω·m；

电阻温度系数　　　0.003 931l/℃；

抗拉强度　　　　　200～219N/mm²。

铝也是用作电缆导体比较理想的材料，其主要性能是：

20℃时的密度　　　2.70g/cm³；

20℃时的电阻率　　2.80×10⁻⁸Ω·m；

电阻温度系数　　　0.004 071l/℃；

抗拉强度　　　　　70～95N/mm²。

电缆导体一般由多根导丝绞合而成，采用绞合导体结构，是为了满足电缆的柔软性和可曲性的要求。当导体沿某一半径弯曲时，导体中心线圆外部分被拉伸，中心线圆内部分被压缩，绞合导体中心线内外两部分可以相互滑动，使导体不发生塑性变形。

从绞合导体的外形来分，有圆形、扇形、腰圆形和中空圆形等种类，分别如下：

（1）圆形绞合导体结构的几何形状固定，稳定性好，表面电场比较均匀。20kV 及以上油浸纸绝缘电缆、10kV 及以上交联聚乙烯绝缘电缆，一般都采用圆形绞合导体结构。

（2）扇形或腰圆形绞合导体结构是为了减少电缆直径，节约材料消耗。10kV 及以下油浸纸绝缘电缆和 1kV 及以下多芯塑料绝缘电缆都采用扇形或腰圆形导体结构。

（3）中空圆形导体结构的圆形导体中央以硬带螺旋管支撑形成中心油道，Z 形线和弓形线组成中空圆形导体，用于自容式充油电缆。

对于大截面的电缆导体，为减少其集肤效应，常用分割导线结构，各个分割单元用绝缘材料隔开。

5－9 电缆绝缘层结构及其材料的性能怎样？

➡现分别将纸绝缘电缆、挤包绝缘电缆和充油电缆的绝缘层结构及其材料性能，简述如下：

（1）纸绝缘电缆的绝缘层结构及其材料性能。纸绝缘电缆的绝缘层是电缆纸与浸渍剂的组合绝缘，它采用窄条电缆纸带（通常纸带宽为 5～25mm），一层层地包绕在电缆导体上，经过真空干燥后浸渍矿物油或合成油而形成。纸带的包绕方式，除紧靠导体和绝缘层最外的几层外，均采用间隙式（又称负搭盖式）绕包，这使电缆在弯曲时，可以在纸带层间相互移动，在沿半径为电缆本身半径的 12～25 倍的圆弧弯曲时，不至于损伤绝缘。

电缆纸是木质纤维纸，经过绝缘浸渍剂浸渍之后成为油浸纸。油浸纸绝缘实际上是木质纤维素与浸渍剂的夹层结构。35kV 及以下的油纸电缆采用黏性浸渍剂，即松香光亮油复合剂，其在电缆工作温度范围内具有较高的黏度以防止流失，而在电缆浸渍温度下，则具有较低的黏度以确保良好的浸渍性能。

（2）挤包绝缘电缆的绝缘层结构及其材料性能。即各类塑料、橡胶（高分子聚合物）经挤包工艺一次成型紧密地挤包在导体上。塑料和橡胶属于均匀介质，这与油浸纸的夹层结构完全不同。聚氯乙烯、聚乙烯、交联聚乙烯和乙丙橡胶的主要性能如下：

1）聚氯乙烯塑料是以聚氯乙烯树脂为原料，加入适量配合剂、增塑剂、稳定剂、填充剂、着色剂等，经混合塑化而制成的。聚氯乙烯具有较高的机械强度，具有耐酸、耐碱、耐油性能，工艺性能也比较好。缺点是耐热性能较低，绝缘电阻率较小，介质损耗较大，火灾燃烧后会产生毒气致人死亡。因此它只能用于 6kV 及以下的电缆绝缘，安全性要求高的场合不容许使用聚氯乙烯电缆。

2）聚乙烯具有良好的电气性能，介电常数小，介质损耗小，加工方便。缺点是耐热性差，机械强度低，耐电晕性能差，容易产生环境应力开裂。

3）交联聚乙烯是聚乙烯经过交联反应后的产物。采用交联的方法，将线形或支链形结构的聚乙烯加工成三维网状结构的交联聚乙烯，从而改善了材料的电气性能、耐热性能、耐老化性能和机械强度。

4）乙丙橡胶是一种合成橡胶。用作电缆绝缘的乙丙橡胶是由乙烯、丙烯和少量第三单体共聚而成。乙丙橡胶具有良好的电气性能、耐热性能、耐臭氧和耐气候性能。缺点是不耐油，可以燃烧。

（3）充油绝缘电缆的绝缘层结构及其材料。在我国，充油电缆基本是单一品种。充油电缆是利用补充浸渍剂来消除气隙，以提高电缆工作场强的一种电缆。按充油通道不同，充油电缆分自容式充油电缆和钢管充油电缆两类。我国生产应用自容式充油电缆已有 40 多年的历史，而钢管充油电缆没有工业性应用。运行经验表明，自容式充油电缆油道位于导体中央，油道与补充浸渍剂的设备（供油箱）相连，电缆温度升高时，浸渍剂膨胀多出的某一体积的油通过油道流至供油箱；而当电缆温度降低时，浸渍剂收缩，供油箱中的浸渍剂又通过油道返回绝缘层，以填补空隙。这样既消除了气隙的产生，又防止电缆中产生过高的压力。为使浸渍剂流动顺畅，浸渍剂应选用低黏度油，如十二烷基苯等。充油电缆中浸渍剂的压力必须始终高于大气压，一旦护套破裂可以有效防止潮气进入绝缘层。

5-10 聚乙烯交联反应的基本机理是怎样的？

➡聚乙烯交联反应利用物理方法（如用高能量粒子射线照射）或者化学方法（如加入过氧化物化学交联剂，或用硅烷接枝等）来夺取聚乙烯中的氢原子，使其成为带有活性基的聚乙烯分子。而后带有活性基的聚乙烯分子之间交联成三维空间结构的大分子。其整个生产反应过程就是它的基本机理。

5-11 电缆屏蔽层起什么作用？

➡电缆结构上的"屏蔽"是一种使电缆绝缘层内、外表面电场强度分布趋于均匀、减少畸变的措施。电缆导体由多根导体金属丝绞合而成，它与绝缘层之间易形成气隙，导体表面不光滑，会造成电场集中。在导体表面加一层半导电材料的屏蔽层，它与被屏蔽的导体等电位，并与绝缘层良好接触，从而避免在导体与绝缘层之间发生局部放电。这一层屏蔽，又称为内屏蔽层。

在绝缘表面和护套接触处，也可能存在间隙，电缆弯曲时，油纸电缆绝缘表面易造成裂纹，这些都是引起局部放电的因素。在绝缘层表面加一层半导体材料的屏蔽层，它与被屏蔽的绝缘层有良好接触，与金属护套等电位，从而避免在绝缘层与护套之间发生局部放电。

电缆屏蔽层采用电阻率很低且较薄的半导电材料，其体积电阻率为 $10^3 \sim 10^6 \, \Omega \cdot m$。油纸电缆的屏蔽层为半导电纸，这种纸是在普通纸浆中，加入了适量胶体炭黑粒子。半导电纸还有吸附离子的作用，有利于改善绝缘电气性能。挤包绝缘电缆的屏蔽层材料是加入炭黑粒子的聚合物。没有金属护套的挤包绝缘电缆，除半导电屏蔽层外，还要增加用铜带或编织铜丝带绕包的金属屏蔽层。这个金属屏蔽层在正常运行时，通过电容电流；在系统发生短路故障时，作为短路电流的通道，同时也起到屏蔽电场的作用。在电缆结构设计中，要根据系统短路电流的大小，对金属屏蔽层的截面积提出相应的要求。

5-12 电力电缆的内屏蔽与外屏蔽各有什么作用?

➡为使电力电缆的绝缘层和缆芯导体有较好接触，消除导体表面的不光滑（多股导线绞合产生的尖端）所引起导体表面电场强度的畸变，一般在导体表面包有金属化纸带或半导体纸带的内屏蔽层。所谓金属化纸就是厚度为 0.12mm 的电缆纸的一面，贴有厚度为 0.014mm 的铝箔。所谓半导体纸，即在一般电缆纸浆中，掺入胶体碳粒所制成的纸。塑料、橡皮绝缘电缆的内屏蔽材料分别为半导电塑料、半导电橡皮。

为使绝缘层和金属护套有较好的接触，一般在绝缘层外表面均包有外屏蔽层。外屏蔽材料与内屏蔽材料相同，有时还外扎铜带或编织铜丝带。油浸纸绝缘分相铅包电缆各芯的铅包，都具有屏蔽电场的作用，为防止电缆在运行中由于纸绝缘和铅包的膨胀系数不同，可能造成纸绝缘与铅包间微小的间隙而产生游离，所以在分相铅包电缆内，也加绝缘屏蔽层，使间隙产生于铅包与屏蔽层之间而不形成游离放电。

5-13 各种电力电缆的应用范围是什么?

➡各种电力电缆适用于各种不同的安装条件，在安装敷设电缆时，应考虑到线路、环境和敷设条件，来选择不同构造的电力电缆。

（1）橡胶绝缘电力电缆。适用于温度较低和没有油质的厂房，用作低压配电线、路灯以及信号、操作线路等，特别适用于高低差很大的地方，并能垂直安装。

（2）裸铅包电力电缆。通常安装在不易受到机械损伤和没有化学腐蚀作用的地方。例如直接安装在厂房的墙壁上、天花板上、地沟里和隧道中。有沥青防腐层的铅包电缆，还适用于潮湿和周围环境含有腐蚀性气体的地方。

（3）铠装电力电缆。这种电缆应用范围很广，可以直接埋在地下，敷设在生产厂房内外，还可敷设在不通航的河流和沼泽地区。圆形钢丝装甲的电力电缆可安装在水底，横跨常年通航的河流和湖泊等。变配电所的馈电线通常采用这种电缆。

（4）无外黄麻保护层的装甲电力电缆，可适应如下厂房内的环境情况：

1）有火警危险的场所；

2）有爆炸危险的场所；

3）可能受到机械损伤和振动的场所。

在上述情况的室内可将电缆安装在墙壁上、天棚上、地沟内、构架上及隧道内。

（5）聚氯乙烯绝缘电力电缆。具有较强的防化学腐蚀性，阻燃性能突出，不受敷设落差的限制，而且重量较轻，电压为6kV及以下，最高允许工作温度为70℃。用细钢丝铠装的聚氯乙烯绝缘电力电缆可用于大落差或垂直敷设。

（6）交联聚乙烯电力电缆。电压为1kV及以下，电缆芯最高允许工作温度达90℃，适用范围与特性同聚氯乙烯绝缘电力电缆。

5-14 控制电缆的构造如何？

→控制电缆是用来在保护、操作回路中来传导电流的。它的运行电压较低，一般在500V以下，电流不大，所以截面积较小。它属于低压小型电力电缆一类。控制电缆的缆芯是由单线导体制成，其截面分为1.0、1.5、2.5、4.0、6.0、10mm²。为适应保护和操作回路的需要，控制电缆一般都采用多芯。每根缆芯截面积小于2.5mm²时，缆芯数可分为1、2、3、4、5、6、7、8、9、10、12、14、16、19、24、27、30、33、37等；每根缆芯截面积为4mm²及以上时，芯数则分为1、2、3、4、6、7、8、12等。另外还有一种形式的控制电缆带有若干对通信缆芯，可供检修时通信之用，如图5-3所示。

从结构上来看，控制电缆和低压电力电缆基本相似，分为浸渍纸绝缘、橡胶绝缘、塑料绝缘、布绝缘等。为了容易辨别电缆芯，各层缆芯中有一对相邻的缆芯带有颜色纸带，其颜色既和其他层的颜色不同，也和同层的其他缆芯颜色不同。控制电缆的缆芯电容对于保护和操作回路有时是不利的。在某些情况下，为了消除缆芯引起的电容电流，在各芯绝缘层中夹有一层金属屏蔽带。如敷设控制电缆中间有接头，各芯的屏蔽带可以互换位置，以达到

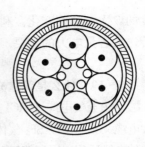

图 5 - 3　六芯带三对通信线控制电缆的截面图

消除电容的目的。控制电缆的型号，除第一个字母用 K 代表"控制"外，其他字母则与电力电缆形式完全相同。

5 - 15　什么是光纤复合电力电缆？

→将光纤组合在电力电缆的结构层中，使其同时具有电力传输和光纤通信功能的电缆称为光纤复合电力电缆。与光纤复合架空地线（OPGW）一样，光纤复合电力电缆集两方面功能于一体，因而降低了工程建设投资和运行维护总费用，具有明显的技术经济意义。

5 - 16　什么是阻燃电缆？其分为几类？

→阻燃电缆有一般阻燃电缆和高阻燃电缆之分。阻燃电缆是以材料氧指数≥28 的聚烯烃作为外护套，具有阻滞延缓火焰沿着其外表蔓延，使火灾不扩大的电缆（其型号为 ZR）。

5 - 17　什么是低温超导电缆？其适用于哪里？

→超导电缆以超导金属或超导合金为导体材料，将其处于临界温度、临界磁场强度和临界电流密度条件下工作的电缆。在超导状态下，导体的直流电阻为零，因此，可以大大提高电缆的输送容量。

5 - 18　什么是低温有阻电缆？其适用于哪里？

→低温有阻电缆采用高纯度的铜或铝做导体材料，将其处于液氮温度（77K）或者液氢温度（20.4K）状态下工作的电缆。在极低温度下，即在由导体材料热振动决定的特性温度（德拜温度）之下时，导体材料的电阻随绝对温

度的 5 次方急剧变化。利用导体材料的这一性能，将电缆深度冷却，从而满足传送大容量电力的需要。

5－19　什么是管道充气电缆？其适用于哪里？

管道充气电缆（GIC）是以压缩的 SF_6 气体为绝缘的电缆，也称 SF_6 电缆。这种电缆又相当于以 SF_6 气体为绝缘的封闭母线。SF_6 气体的压力为 0.35～0.5MPa。这种电缆适用于电压等级在 400kV 及以上的超高压、传送容量 100 万 kVA 以上的大容量电站，多适用于高落差和防火要求较高的场所。管道充气电缆由于安装技术要求较高、成本较大，对 SF_6 气体的纯度要求很严，仅用于电厂或变电所内短距离的电气联络线路。

5－20　乙丙橡胶绝缘电缆有什么特点，其应用范围有哪些？

乙丙橡胶的介质损耗因数较大，因此只用在电压等级低于 138kV 的电力电缆线路中。由于乙丙橡胶的良好抗水性，乙丙橡胶电缆适宜做海底电缆，又由于乙丙橡胶具有很好的柔软特性，所以更适宜在矿井和船舶上敷设使用。

5－21　半导电纸的作用是什么？

因为绝缘层和内护层的材料不同，油浸纸中的油在温度发生变化时，其膨胀系数是铅的 7～8 倍，会在绝缘和铅包之间形成永久空气隙，空气隙的绝缘性能差，在高电场中会产生游离，从而使绝缘层逐步损坏。有了半导电纸层后，使空气隙位于半导电纸与铅包之间，由于半导电纸是导电的，因此半导电纸与铅包间同电位，这样空气隙不再承受电压，避免了气体游离保护了绝缘层，从而使电缆的使用寿命延长。同时由于半导电纸含有胶体碳粒，还可以将绝缘层内的杂质、气体、电离产生的气体和易发生氧化的杂质吸附，同样可以改善绝缘层的绝缘特性。

5－22　什么是预制式电缆头？

预制式电缆头是用乙丙橡胶、硅橡胶或三元乙丙橡胶制作的成套模压件，包括应力锥、绝缘套管及接地屏蔽层等部件，现场只需将电缆绝缘做简单的剥切后，即可进行装配。它可做成户内、户外或直角终端，用在 35kV 及以下的塑料绝缘的电缆线路中。

5-23 什么是绕包式电缆头？

➡绕包式电缆头是一种较早应用的方式，用带状的绝缘包绕电缆应力锥，油纸绝缘电缆的内绝缘常以电缆油或绝缘胶作为主要绝缘并填充终端内气隙。电缆终端外绝缘设计，不仅要求满足电气距离的要求，还要考虑气候环境的影响。

5-24 什么是浇注式电缆头？

➡浇注式电缆头是用液体或加热后呈液态的绝缘材料作为终端的主绝缘，浇注在现场装配好的壳体内，一般用于 10kV 及以下的油纸电缆终端中。

5-25 什么是热（收）缩式电缆头？

➡热（收）缩式电缆头是用高分子材料加工成绝缘管、应力管、伞裙等，在现场经装配加热能紧缩在电缆绝缘线芯上的终端，主要用于 35kV 及以下塑料绝缘电缆线路中。

5-26 什么是冷（收）缩式电缆头？

➡冷（收）缩式电缆头是用乙丙橡胶、硅橡胶加工成管材，经扩张后，内壁用螺旋型尼龙条支撑，安装时只需将管子套上电缆芯，拉去支撑尼龙条，靠橡胶的收缩特性，管子就紧缩在电缆芯上。一般用于 35kV 及以下塑料绝缘电缆线路中，特别适用于严禁明火的场所，如矿井、化工及炼油厂等。

5-27 什么是模塑式电缆头？

➡模塑式电缆头是用辐照聚乙烯或化学交联带，在现场绕包于处理好的交联电缆上，然后套上模具加热或同时再加压，从而使加强绝缘和电缆的本体绝缘形成一体，一般用于 35kV 及以下交联电缆的终端上。

5-28 插入式终端有什么特点？

➡插入式终端头应用于环网柜、电缆分支箱的主网系统（600A）或箱变的环网系统，作为进出线连接，可与 600A 的母排接板、环网柜、箱变连接，或通过中间接头进行 T-T 多组合连接。插入式终端头有美式插入式终端头和欧式插入式终端头两种。美式插入式终端头用于美式箱变、美式电缆分支箱；欧式插入式终端头用于欧式箱变、欧式电缆分支箱。它们的主要特点是可以带负荷插拔（接通和断开负荷）与电缆组成一个整体。一般按电流的大小分为200A、300A、630A三种，按结构型式分为T型和肘型两种。

5-29 电缆线路为什么要加装接地引线？如何加装？

➡当电缆线路上发生击穿或流过较大电流时，金属护套（或屏蔽层）的感应电压可能使内衬层（或内护套）击穿，引起电弧，直至将金属护套或内护套烧熔成洞。为消除这种危害，电缆线路可以在其二终端处进行接地，其方式是在电缆金属屏蔽层和接头的外壳部位用导线与系统的接地网相连通，使电缆的内、外金属护层或屏蔽层处于系统的零地位。

5-30 电力电缆的中性线（或零线）截面积是怎样规定的？

➡在低压 380/220V 三相四线制供电系统中才会有中性线，不容许（严禁）采用三芯电缆和另外加一根导线中性线的做法，因为当到三相负荷不平衡时，产生不平衡电流，又通过缆芯产生一个不平衡的交变电磁场切割电缆的铠装层而使其发热，降低了电缆容量的载流能力。另外，这个不平衡电流在大地中流通后，会对通信电缆的信号产生干扰作用。

三相四线制供电系统采用四芯电力电缆作为电流的载体，中性线中除有不平衡电流通过外，还作为安全接零保护的接地线。根据配电变压器生产厂出厂产品规定，变压器容许负载的不平衡度不超过 30%，即不平衡电流不容许大于相线电流的 30%；现行国标 GB 50217—2007《电力工程电缆设计规范》规定中性线的截面不宜小于相线截面的 50%。气体放电灯为主要负荷的回路，中性线截面不宜小于相线截面，于是出现了同截面的四芯电力电缆，例如VV—1—4×4。采用 TN—S 接线方式的供电系统，要求供电安全比较高的回路，采用五线制供电，于是出现五芯电力电缆，如 VV—1—5×4 或 VV—1—4×16+1×6。

5-31 电缆线路路径的选择应符合哪些要求？

➡从电源点到受电点的电缆线路地下通道称为电缆线路路径。电缆工程投资较大，工程隐蔽，建成后要运行几十年，如果路径选择不当，会给电缆运行带来一些不利影响，甚至会增加电缆故障次数。因此设计人员应当反复比较、周密考虑，选择一套在经济上和技术上均为最佳的、最合理的电缆线路路径方案。该方案不仅要满足近期工程的需要，还要满足城市和电力远景发展的需要。在城市电力网中，确定电力电缆线路路径通常要符合以下原则：

（1）电力电缆路径，应符合城市规划管理部门关于道路地下管线统一规划原则。城市规划管理部门在道路设计图上，有时已指定了各种地下管线的具体位置，或者有关于管线位置的原则规定。例如有的城市规定：电力电缆的管线位置应在道路东侧及南侧的人行道或非机动车道地面之下。

（2）电力电缆线路路径的选择，有利于电缆的运行安全和检修方便，尽量减少穿越各种管道、公路、铁路、房屋建筑和其他电缆沟道。

（3）远离有机械振动和化学腐蚀的场所，以及各种气体管路、水管路等。

（4）确定电力电缆线路路径，要力求做到经济合理，电缆线路尽可能短一些，不要绕道。是否建设电缆隧道、排管等土建设施，要根据电缆线路的重要性、路径上近期和远景电缆平行根数的密集程度、道路结构、建设投资资金来源等因素，进行技术经济比较来确定。

5－32　在选择电力电缆的截面时，应遵照哪些规定？

➡️（1）电缆的额定电压要大于或等于安装点供电系统的额定电压。

（2）电缆持续容许电流应等于或大于供电负载的最大持续电流。

（3）线芯截面要满足供电系统短路时的稳定性要求。

（4）根据电缆长度验算电压降是否符合要求。

（5）线路末端的最小短路电流应能使保护装置可靠地动作。

5－33　怎样选择电力电缆和导线的截面？

➡️电力电缆截面和导线截面的选择方法一般有如下四种：

（1）按发热条件选择导线和电缆截面。应使导线的计算电流 I_{js} 不大于允许载流量（允许持续电流）I_{yx}。即

$$I_{yx} \geqslant I_{js} \tag{5-1}$$

式中：I_{yx}——电缆和导线的容许载流量，A；

I_{js}——电缆和导线的计算载流量，A。

（2）按经济电流密度选择电缆和导线的截面。

$$S_{ji} = I_{js}/I_{ji} \tag{5-2}$$

式中　S_{ji}——经济截面，mm^2；

I_{js}——计算电流，A；

I_{ji}——经济电流密度，A/mm^2。

（3）按电缆和导线的电压损失计算校验截面。

$$\Delta U(\%) = [(R_0 + X_0 \tan\varphi)/10U_N^2] \times P \times L$$
$$= \Delta u(\%) \times P \times L \tag{5-3}$$

式中　$\Delta U(\%)$——线路全长的电压损失，%；

　　　　$\Delta u(\%)$——线路单位长度内的电压损失，%；

　　　　P——线路负荷，kW；

　　　　L——线路长度，km；

　　　　U_N——线路额定电压，kV；

　　　　R_0——线路单位长度电阻，Ω/km；

　　　　X_0——线路单位长度感抗，Ω/km；

　　　　$\tan\varphi$——线路功率因数角 φ 的正切值。

注：此公式只适用线路电流滞后于线路电压的线路。

（4）按短路热稳定要求计算电力电缆和导体容许最小截面。

$$S \geqslant \frac{\sqrt{Q}}{C} \times 10^2 \tag{5-4}$$

$$C = \frac{1}{\eta} \sqrt{\frac{Jq}{\alpha K\rho} \ln \frac{1+\alpha(\theta_m-20)}{1+\alpha(\theta_p-20)}} \tag{5-5}$$

$$\theta_p = \theta_o + (\theta_H - \theta_o)\left(\frac{I_P}{I_H}\right)^2 \tag{5-6}$$

$$Q = I^2 \cdot t \tag{5-7}$$

式中　S——电缆和导体容许最小截面，mm^2；

　　　　J——热功当量系数，取 1.0；

　　　　q——电缆导体的单位体积热容量，$J/cm^3 \cdot ℃$，铝芯取 2.48，铜芯取 3.4；

　　　　θ_m——短路作用时间内电缆导体容许最高温度，℃；

　　　　θ_p——短路发生前的电缆导体最高工作温度，℃；

　　　　θ_H——额定负荷的电缆导体容许最高工作温度，℃；

　　　　θ_o——电缆所处的环境温度最高值，℃；

　　　　α——20℃时电缆导体的电阻温度系数，$1/℃$，铝芯为 0.00403，铜芯为 0.00393；

　　　　ρ——20℃时电缆导体的电阻系数，$\Omega cm^2/cm$，铝芯为 0.031×10^{-4}，铜芯为 0.0184×10^{-4}；

η——计入包含电缆导体充填物热容影响的校正系数，对 $3\sim10\text{kV}$ 电动机馈电回路，宜取 $\eta=0.93$，其他情况取 $\eta=1$；

K——电缆导体的交流电阻与直流电阻之比值，可由表 5-6 查得；

I_P——电缆实际最大工作电流，A；

I_H——电缆的额定负荷电流，A；

I——系统电源供给短路电流的周期分量起始有效值，A；

Q——短路电流 I_H^2 通过缆芯产生的热量，$\text{A}^2 \cdot \text{S}$；

t——短路持续时间，S。

表 5-6　　　　　　　　　　　　　　**K 值选择用表**

电缆类型		5~35kV 挤塑					自容式充油		
电缆截面（mm²）		95	120	150	185	240	240	400	600
芯数	单芯	1.002	1.003	1.004	1.006	1.010	1.003	1.003	1.029
	多芯	1.003	1.006	1.008	1.009	1.021	—	—	—

电力电缆截面和导线截面的选择方法，一般首先采用按发热条件选择导线和电缆截面的方法，通过对线路负荷的计算得出回路工作电流大小值，这个数值也就是电缆和导线的计算载流量，在考虑电缆工作环境温度条件下，查阅电缆和导线制造厂给出的某种工作环境温度下的容许载流量，给出的载流量为 25℃时的参数，必须给予温度修正。再按式（5-1）的条件校验，满足要求，则选择的电缆和导线为选中的规格。此种方法作为唯一条件选择，多应用于 95mm² 以下的电缆和导线。

当电缆和导线工作在大电流回路（电缆母线或变压器主回路的母线），一般工作电流在 1000~5000A，甚至更大的电流，应按经济电流密度选择电缆和导线截面，按经济电流选择电缆和导线的截面，通常大于按载流量所选的截面，但总费用支出会很小，而且增加的初期投资一般仅需 2~4 年即可收回。

当按容许发热条件或经济电流密度选择了电缆和导线的截面后，再用电压损失法校验截面，计算出的电缆电压损失不超出有关规定，则两个条件均能满足要求。

电力电缆还需校验电缆芯线在供电系统短路时的热稳定性，它若满足热稳定要求，我们所选择的电缆和导线截面合理、正确。

5-34　敷设电缆时为什么要留备用长度？要求如何？

➡敷设电缆时，应留有足够的备用长度以备因温度变化而引起变形时的补偿和事故检修时使用，例如在电缆从垂直面转往水平面的拐弯处、管道的出入口、电缆井内、伸缩缝附近、电缆头与电缆接头、引入建筑物及隧道等处均应留有适当的备用长度。直接敷设电缆时，应按电缆沟全长的 0.5%～1.0% 流出备用长度，并做波形敷设。

5-35　在什么情况下应将电缆加以穿管保护？管子直径怎样选择？

在下列地点应将电缆穿入具有一定机械强度的管道内进行保护：

（1）电缆引入和引出建筑物、隧道外、构筑物、楼板及主要墙壁处。

（2）从电缆沟内引至电杆、支架或墙外敷设的电缆，距地面 2m 高及埋入地下 0.25m 深的一段。

（3）电缆与地下管道接近和交叉不能满足表 5-7 的规定时，穿管保护。

表 5-7　　　电缆与电缆、管道、道路、构筑物等之间的最小距离　　　　m

电缆直埋敷设时的配置情况		平行	交叉
控制电缆之间		—	0.5①
电力电缆之间或与控制电缆之间	10kV 及以下电力电缆	0.1	0.5①
	10kV 以上电力电缆	0.25②	0.5①
不同部门使用的电缆		0.5②	0.5①
电缆与地下管沟	热力管沟	0.5②	0.5①
	油管或易（可）燃气管道	1	0.5①
	其他管道	0.5	0.5①
电缆与铁路	非直流电气化铁路路轨	3	1.0
	直流电气化铁路路轨	10	1.0
电缆与建筑物基础		0.6③	—
电缆与公路边		1.0③	—
电缆与排水沟		1.0③	—
电缆与树木的主干		0.7	
电缆与 1kV 以下架空线电杆		1.0③	
电缆与 1kV 以上架空线杆塔基础		4.0③	

注　① 用隔板分隔或电缆穿管时，不得小于 0.25m。
　　② 用隔板分隔或电缆穿管时，不得小于 0.1m。
　　③ 特殊情况时，减少值不得大于 50%。

（4）当电缆与道路、有轨电车路和各种铁路交叉时。

（5）厂区内的各种电缆在可能受到机械损伤以及房屋内行人容易接近的地方。

在选择管子的直径时，管子内径要比电缆外径大50%。

5-36　电缆的弯曲半径有哪些规定？

➡国标 GB 50217—2007《电力工程电缆设计规范》明确规定：电缆在任何敷设方式及其全部路径条件的上下左右改变部位，均应满足电缆容许弯曲半径要求。电缆线路转弯，其弯曲半径与电缆外径的比值如表5-8所示。

表5-8　　　　　　　　电缆弯曲半径与电缆外径的比值表

电缆种类	比值
纸绝缘多芯电力电缆（铅包或铝包铠装）	15
纸绝缘单芯电力电缆（铅包铠装或无铠装）	25
胶漆布绝缘多芯及单芯电力电缆（铅包铠装）	25
橡皮或塑料多芯铠装电力电缆	15
橡皮或塑料多芯无铠装电力电缆	10
纸绝缘自容式充油铅包电力电缆	20
干绝缘单芯电力电缆（铅包铠装）	25

注　电缆制造商亦会提供比值数据。

5-37　电力电缆架空敷设时，应遵守哪些规定？

➡（1）电力电缆架空敷设时，应符合现行行规 DL/T 601—1996《架空绝缘配电线路设计技术规程》中的各项有关规定；绝缘导线与地面或水面的最小距离如表5-9所示。

表5-9　　　　　　　　绝缘导线与地面或水面的最小距离　　　　　　　　　　m

线路经过地区	线路电压	
	中压	低压
居民区	6.5	6.0
非居民区	5.5	5.0
不能通航也不能浮运的河、湖（至冬季水面）	5.0	5.0
不能通航也不能浮运的河、湖（至50年一遇洪水面）	3.0	3.0

（2）绝缘导线及悬挂绝缘导线的钢绞索的设计安全系数均不应小于3。

（3）悬挂绝缘导线的钢绞索的自重荷载应包括绝缘导线（电缆）、钢绞线、绝缘支架质量及 200kg 施工荷重。钢绞线的最小截面不应小于 50mm²。

（4）架空电力电缆采用钢索配线时，电缆一般使用悬挂托钩吊于钢绞线下，亦可用尼龙扎带绑扎。对于铠装电缆可每隔 1m 加一个固定点，无铠装电缆每隔 0.6m 加一个固定点。

5-38　敷设电缆时对环境温度有什么要求？应采取哪些措施？

▶电缆敷设前，如电缆存放地点在 24 小时内的平均温度低于表 5-10 中数值时应采取加热措施。

表 5-10　　存放地点在 24 小时内的平均温度不得低于的数值表

序号	电缆名称	温度℃
1	35kV 以下的纸绝缘电力电缆	0
2	橡皮绝缘沥青浸渍护层电力电缆	−7
3	橡皮绝缘或聚氯乙烯护套电力电缆	−15
4	橡皮绝缘裸铅包电力电缆	−20

（1）油浸纸绝缘电缆的加热方法有 2 种，一种是提高周围环境温度加热电缆。一般周围环境温度为 5～10℃时，需加热 72 小时；若为 25℃时，只需加热 24 小时。另一种是用缆芯通过电流发热的方法，所通过的电流不能超过电缆的额定电流。加热后电缆表面温度在任何情况下不得超过表 5-11 中规定的数值。

表 5-11　　　　加热后电缆表面温度不容许超过数值表

序号	电缆名称	温度℃
1	3kV 及以下的电力电缆	40
2	6～10kV 电力电缆	35
3	20～35kV 电力电缆	5

（2）当采用单相电流加热铠装电缆时，应使用能防止在铠装层内形成感应电流的措施。

（3）电缆经过加热后，应尽快敷设，不宜放置时间过长。一般要求敷设前的放置时间不宜超过 1h。

5-39　什么叫电缆中间接头和终端头？其类型和作用是什么？

▶（1）电缆中间接头。电缆敷设完毕后，必须将各段连接起来，使其成为一个连续的电缆线路，这些起到连续作用的接点叫作电缆中间接头。电力电缆出厂时，两端头都是密封的。使用时，电缆与电缆的连接、电缆与设备的连接都要把电缆芯剥开，这就完全破坏了电缆原来的密封性。电缆中间接头和终端头不仅起电气连接作用，其另一个主要作用就是把电缆连接处密封起来，以保持原有的绝缘水平，使其能安全可靠地运行。电缆中间接头按其功能不同，可分为以下类型：

1）直通接头。用于两根同型号的电缆相互连接的接头。自容式充油电缆的直通接头，其导体连接，除确保电气连通外，还要确保油道重油流畅通。

2）绝缘接头。这种接头用于较长的单芯电缆线路，各相金属护套交叉互联，以减少金属护套的损耗。绝缘接头中将接头壳体对地绝缘，壳体当中采用环氧树脂绝缘片或瓷质绝缘垫片隔开，使两侧电缆的金属护套在轴向绝缘。除接头增绕绝缘外，包绕半导电纸和金属接地层在接头中间部分也要断开，不能连续。

3）塞止接头。这种接头只做电缆的电气连接，而将被连接的电缆油道在接头处隔断，使其不能相互流通。塞止接头分割了电缆线路油段，使各油段电缆内部压力不超过容许值，并减少暂态油压的变化，能防止电缆因发生故障而漏油的情况扩大到整条电缆线路。

4）分支接头。用于将三根或四根电缆相互连接的接头。

5）过渡接头。用于两种不同绝缘材料的电缆相互连接的接头。例如，油纸和交联聚乙烯电缆互相连接的接头。

6）转换接头。用于一根多芯和多根单芯相互连接的接头。

7）软接头。可以弯曲的电缆接头，这种接头用于生产大长度水底电缆时，在制造厂将两根半成品电缆在铠装之前相互连接。软接头也用于水底电缆检修，在现场用手工制作，也称为检修软接头。

电缆中间接头按所用材料不同，有热缩型、冷缩型、绕包型（分带材绕包与成型纸卷绕包两种）、模缩型、浇铸（树脂）型、注塑型、预制件装配型等。

（2）电缆终端头。一条电缆线路首端或末端用一个套管保护电缆芯的绝缘体，并把电缆芯（导线）与外面的电气设备相连接，这个套管式绝缘体叫作电缆终端头。

电缆终端头按其功能不同，可分为以下类型：

1）户内终端头。用于不受阳光直射和雨淋的室内环境。

2）户外终端头。用于受阳光直射和风吹雨打的室外环境。

157

3）设备终端头。被连接的电气设备上带有与电缆相连接的相应结构或部件，使电缆导体与设备的连接处于全绝缘状态。例如，插入变压器的象鼻式终端头，以及用于中压电缆的可分离连接器等。可分离连接器以硅橡胶或乙丙橡胶为绝缘，常用的有插入式和螺栓式两种。

4）GIS终端头。用于SF$_6$气体绝缘、金属封闭组合电器中的电缆终端头。GIS终端头是高压电器常用附件之一，多用于屋内配电装置。

电缆终端头按所用材料不同，有热缩型、冷缩型、橡胶预制型、绕包型、瓷套型、浇铸（树脂）型等。按外形结构不同，有扇形、倒挂形、鼎足型等。

5－40 电缆终端头的端部金属部件（含屏蔽罩）在不同相之间和各相对地之间的距离是多少？其出线、引线之间及引线与接地体间的距离是多少？

（1）电缆终端头的端部金属部件（含屏蔽罩）在不同相之间和各相对地之间，应符合现行的行规DL/T 5352—2006《高压配电装置设计技术规程》中的室内、外配电装置最小安全净距的规定值，见表5－12。

表5－12　　　　　　室内、外配电装置的最小安全净距　　　　　　mm

系统标称电压（kV）		0.4	6	10	20	35	66	110J	220J	330J	500J
室内	相—相							900	2000	—	—
	带电部分—地	20	100	125	180	300	550	850	1800	—	—
室外	相—相							1000	2000	2800	4300
	带电部分—地	75	200	200	300	400	650	900	1800	2500	3800

注　1. 110J、220J系指中性点有效接地系统。
　　2. 当海拔超过1000m时，应进行修正，参见DL/T 5352—2006《高压配电装置设计技术规程》中的附录B。

（2）电缆终端头的出线、引线之间及引线与接地体间的距离，应符合现行的行规DL/T 5352—2006中的室内、外配电装置最小安全净距的规定值，见表5－13。

表5－13　　　　　电缆终端头的出线、引线之间及引线与

接地体间的距离表　　　　　　mm

系统标称电压（kV）	1～3	6	10	20	35	66	110J	220J
户内	75	100	125	180	300	550	900	2000
户外	200	200	200	300	400	650	1000	2000

注　1. 110J、220J系指中性点有效接地系统。
　　2. 当海拔超过1000m时，应进行修正，参见DL/T 5352—2006中的附录B。

5－41　什么是电缆应力锥？它起什么作用？

➡在电缆终端头和中间接头中，自金属护套边缘起绕包绝缘带（或套橡塑预制件），使金属护套边缘到增绕绝缘外表之间，形成一个过渡锥面的构成件叫做应力锥（在设计中，锥面的轴向场强应是一个常数）。

应力锥的作用是改善金属护套末端电场分布，降低金属护套边缘处的电场强度。

5－42　什么是电缆反应力锥？它起什么作用？

➡在电缆中间接头中，为了有效控制电缆本体绝缘末端的轴向场强，将绝缘末端削制成与应力锥曲面恰好反方向的锥形曲面叫做反应力锥。

反应力锥是接头中填充绝缘和电缆本体绝缘的交界面，这个交界面是电缆接头的薄弱环节，如果设计或安装时没有处理好，容易发生沿着反应力锥锥面的移滑击穿。反应力锥的形状是根据沿锥面轴向场强等于或小于电缆绝缘最大轴向场强来设计的。

5－43　塑料电缆的密封方法有哪几种？

➡当前，塑料电缆的密封方法有粘合法、模塑法、热收缩法、冷收缩法四种，分叙如下：

（1）粘合法。它是一种用聚氯乙烯胶粘带作为密封包绕层，因其性能较差，只适用于10kV及以下电缆头的密封，不能做长期密封；另一种是用自黏性橡胶带，它既可以做绝缘层，又可以做密封层，自黏性橡胶带本身在包绕过程中能紧密粘合成一整体，但长期运行过程中容易产生龟裂，因此最外面应包塑料带保护并压紧。

（2）模塑法。聚氯乙烯电缆可直接包聚氯乙烯带，然后用模具夹紧加热到140℃，并保持20min即可热合成一整体，但对聚乙烯和交联聚乙烯电缆，因它们是非极性材料，无法直接粘合，因此在增绕绝缘层的内外各包2～3层未硫化的乙丙橡胶带，再用上模具夹紧加热到160～170℃，保持30～45min后，乙丙橡胶带在硫化过程中与聚乙烯或交联聚乙烯紧密地粘合在一起形成一个良好的密封体。

（3）热收缩法。热收缩适用于中、低压橡胶，塑料电缆终端头和中间接头的密封，也适用于不滴流和黏性浸渍纸绝缘电缆。它采用的是一种遇热后能均匀收缩的热收缩管，管的材料有交联聚乙烯型和硅橡胶型两大类，它是在外力作用下扩张成形，再经强制冷却而成的。当再次加热到某温度时，又会恢复到原来尺寸，因而被称为具有"弹性记忆效应"。热收缩法就是将这种管材套于预定的粘合密封部位，并在粘合部位涂上热熔胶，当加热到一定温度后，热收缩管立即收缩，同时热熔胶溶化，待自然冷却后立即形成一道良好的密封层。

（4）冷收缩法。冷收缩法是利用弹性体材料（常用的有硅橡胶和乙丙橡胶）在工厂内注射硫化成型，再经扩径、衬以塑料螺旋支撑物构成各种电缆附件的部件。在现场安装时，将这些预扩张附件套在经过处理后的电缆末端或接头处，抽出内部支撑的塑料螺旋支撑物（条），自然压紧在电缆绝缘上而构成的电缆附件。因为它是在常温下靠弹性回缩，而不是像热收缩电缆附件要用火加热收缩，故俗称冷收缩电缆附件。早期的冷收缩电缆终端头只是附加绝缘采用硅橡胶冷缩部件，电场处理仍采用应力锥型式或应力带绕包式。冷收缩法是近十年发展起来的更先进的新工艺，现在普遍都采用冷收缩应力控制管，电压等级为10～35kV。冷缩电缆终端头，1kV级采用冷收缩绝缘管做增强绝缘，10kV级采用带内外半导电屏蔽层的接头冷收缩绝缘件。三芯电缆终端分叉处采用冷收缩分支套。

冷收缩电缆终端头具有体积小、操作方便、迅速、无需专用工具、适用范围广和产品规格少等优点，但价格较贵。它与热收缩式电缆附件相比，不需用火加热，且在安装后挪动或弯曲不会像热收缩式电缆附件那样出现附件内部层间脱开的危险（因为冷缩电缆终端头靠弹性压紧力）。它与预制式电缆附件相比，虽然都是靠弹性压紧力来保证内部界面特性，但是它不像预制式电缆附件那样与电缆截面一一对应，规格多。

5-44　怎样连接不同金属、不同截面的电缆芯线？

➡连接不同金属、不同截面的电缆时，应使连接点的电阻小而稳定。按照不同情况分别叙述如下：

（1）相同金属不同截面的电缆相接应选用与缆芯导体相同的金属材料，按照相接的两根缆线截面加工专用连接管，然后采用压接方法连接。

（2）当不同金属的电缆需要连接，如铜和铝相连接，由于这两种金属的标准电极电位（铜为+0.345V，铝为-1.67V）高低不同，两者相差较大会产生接触电动势。当有电解质存在时，将形成以铝为负极，铜为正极的原电池，使铝产生电化腐蚀，从而增大接触电阻。所以连接两种不同金属电缆时，除应满足接触电阻的要求外，还应采取一定的防腐蚀措施。一般在铜质压接管内壁上搪一层锡后再进行压接，或者采用铜铝过渡连接管，这种连接管用紫铜棒和铝棒经摩擦焊接或闪光焊接后，经车制成适合一定截面的连接管，以压接法连接。

5-45 怎样进行电缆导体的机械冷压缩连接？

➡️压缩连接（又称压接）是一种应用较广的导体连接方法。压接的电气和机械性取决于压接塑性变量的大小和实际接触面积。因此必须选择合适的连接金具和合理的压接模具，同时还必须采用正确的压接工艺，现分叙如下：

（1）压接型接线端子和连接管。

1）压接型接线端子是一种使电缆末端导体与电气装置连接的导电金具。它与电缆末端导体连接的部位为管状，与电气设备连接部位为特定的平板形状，平板中央有与螺栓配合的圆孔。

压接型接线端子按材料不同有铜铝之分，按结构特征不同有非密封式和密封式两种类型。接线端子的规格尺寸由其适用的电缆截面积确定，应符合接触电阻和抗拉强度的要求。管状部位的内径要与电缆导体的外径相配合。相同截面的导体，压紧型导体适用的端子内径要比非压紧型的稍微小一些，截面较大时，两者相差1~2mm。

2）压接型连接管是将两根及以上电缆导体在线路中间相互连接的管状导电金具。连接管按材料不同有铜铝之分，按结构特征不同有直通式和堵油式两种类型。连接管的规格尺寸由其适用的电缆截面积确定，应符合接触电阻和抗拉强度的要求。连接管内径要与电缆导体的外径相配合。相同截面的导体，压紧型连接管内径要比非压紧型连接管稍小一些。

（2）压接模具。压接模具的作用是在压接工艺过程中，借助压接钳的压力使导电金具和电缆导体的连接部位产生塑性变形，在界面上构成导电通路并具有足够机械强度。压接模具的正确设计和选用，关系到压接的稳定。压接模具的宽度取决于压接钳的出力，导体压接面的总宽度，应当是压接管壁厚度的2.75~5.5倍。当压接钳压力一次不能满足压接面宽度所需要的压力时，可分两次压接。

压接模具有围压模和点压模以及半圆压模三个系列。一般导体连接采用点压模压接电缆头（含电缆终端头和中间接头以及接线端子）；围压模应用于预制式电缆接头；半圆压模应用于交联聚乙烯电缆头。

（3）压接工艺要点。为使导体压缩连接能够形成良好的导电通路，要有足够的机械强度。

1）压接前要检查核对连接金具和压接模具，必须与电缆导体标称截面、导体结构种类（压紧或非压紧）相符。

2）应清除导体表面油污，铝导体要用钢丝刷除去表面的氧化膜，使导体表面出现金属光泽。

3）导体经圆整后插入链接管或接线端子，插入长度必须充足。

4）压接应按规定的顺序进行，点压的压坑中性线应成一条直线，围压形成的边应在一个平面上。

5）当压模合拢到位后，时间应停留 10～15s，使压接部位金属塑性变形达到稳定后，才能松模。

6）压接后，压接部位表面应光滑，不应有裂纹或毛刺，边缘处不得有尖端。

5-46　怎样安装电缆的接地线？

➡焊接接地线时应按下列步骤进行：

（1）接地线截面应不小于 10mm²，并且应使用多股软铜线。

（2）接地线的长度应按实际需要决定，但最短不应小于 600mm。

（3）将焊接接地线处的铠装钢甲及铅包清理出金属光泽，然后把接地线顺电缆方向摆好，放在第一道卡子以上 10～15mm 的铅包处，打上第二道卡子，将接地线压在铠装钢甲上进行焊接。

（4）焊接时可采用液化气枪或电烙铁，焊接过程中应使用焊锡膏，禁止使用盐酸，并不得焊伤铅包。

（5）焊接处应平整无毛刺，锡焊点呈鸭蛋形。

5-47　电缆头为什么容易漏油？有何危害？有哪些措施？

➡纸质油浸电力电缆在运行中，由于缆芯通过负荷电流而发热，电缆、绝缘层以及电缆油都膨胀；当发生短路时，由于短路电流的冲击使电缆油产生冲击油压；另外，当电缆垂直安装时，由于高差的原因也会产生静油压。如果电缆密封不好或存在薄弱环节，则上述情况的发生会使电缆油沿着芯线和铅包内壁缝隙流淌到电缆外部来。这就是电缆头漏油的主要原因。

电缆头漏油后，不仅由于缺油使电缆的绝缘水平有所下降，而且由于漏油的缺陷不断扩大使外部潮气及水分很容易侵入电缆内部，从而导致绝缘状况进一步恶化，使电缆在运行中发生击穿事故。

防止电缆头漏油的主要措施就是提高制作工艺水平，加强密封性，例如采用环氧树脂电缆头。另外，在运行中要防止电缆过载，在敷设时应避免高差过大或垂直安装。

5-48　什么是干包电缆头？干包电缆头为何在三芯分支处容易产生电晕？如何防止？

➡️干包电缆头指电缆末端不用金属盒子和绝缘胶密封，而只用绝缘漆和包带来密封，主要用于 10kV 及以下的电缆头。

干包电缆头在三芯分支处产生电晕是由于芯与芯之间绝缘介质的变化使电场分布不均匀，某些尖端或棱角处的电场比较集中，当其电场强度大于临界电场强度时，就会使空气发生游离而产生电晕。

消除电晕的办法：利用等电位原理，将各芯的绝缘表面包一段金属带，并将各个金属带相互连接在一起（称为屏蔽），即可改善电场分布而消除电晕。

5-49　电力电缆的长期允许载流量是怎样规定的？

➡️电力电缆的长期允许载流量是由电缆容许温度及本身散热能力和环境条件所决定的。通常所说的电缆容许载流量，是指标定环境温度为 25℃时，电缆内通过这个电流时，电缆的工作温度不超过规定值。显然当环境温度异于标定环境温度时，其长期允许载流量发生变化，应重新计算。当环境温度高于标定环境温度，长期容许载流量会变小；当环境温度低于标定环境温度，长期容许载流量会变大。其环境温度变化后的容许载流量的计算公式为

$$\frac{I_1}{I_2} = \sqrt{\frac{\theta_m - \theta_2}{\theta_m - \theta_1}} \tag{5-8}$$

$$I_2 = I_1 \Big/ \sqrt{\frac{\theta_m - \theta_2}{\theta_m - \theta_1}} \tag{5-9}$$

式中　I_1——电缆标定环境温度 25℃下的允许载流量，A；

　　　I_2——环境温度变化后的允许载流量，A；

　　　θ_m——缆芯导体最高容许温度，见表 5-14，℃；

　　　θ_1——电缆标定环境温度 25℃；

　　　θ_2——电缆实际工作环境温度，℃。

5-50 电缆的最高容许工作温度是多少？

➡️电缆的载流量是指电缆在热稳定条件下，当电缆导体上所通过的电流在电缆各部分损耗所产生的热量能够及时向周围媒质散发，不使电缆绝缘层温度超过其最高容许温度时，电缆导体上所容许通过的最大电流值。电缆的最高容许温度，主要取决于所用经验材料的老化性能。电缆工作温度过高，将加速绝缘材料老化，缩短电缆使用寿命。一般地说，如果能控制电缆最高工作温度不超过表 5-14 中所列数值，电缆能够在 30 年寿命期内安全运行。

表 5-14　　　　常用各种型式电力电缆最高容许温度表

电缆型式		容许最高工作温度（℃）	
		长期	短时（最长持续 5s）
黏性浸渍纸绝缘电力电缆	3kV 及以下	80	220
	6kV	65	220
	10kV	60	220
	20～35kV	50	220
不滴油电缆		65	175
充油电缆		80	160
充气电缆		75	220
聚氯乙烯带电缆		70	160
聚乙烯电缆		70	140
交联聚乙烯电缆		90	250
橡皮绝缘电缆		65	150
丁基橡皮绝缘电缆		80	220
乙丙橡皮绝缘电缆		90	220

5-51 为什么不允许电缆长时间过载运行？

➡️根据电流的热效应原理，当导体有电流通过时，由于导体电阻的存在，一部分电能转化为热能使温度升高，即 $Q=0.24I^2Rt$。从公式中不难看出，当电缆的截面与长度一定时（忽略环境温度的影响），电缆的温度与电流的平方及时间成正比。由于电缆过载运行时电流变大，故缆芯温度也将按电流平方关系迅速增高而超过容许值，从而加速了电缆的老化。另外，由于温度升高，电缆中的油膨胀，使电缆内部产生空隙，这些空隙在电场的作用下发生游离导致绝缘性能降低，缩短了电缆的使用寿命。故《电力电缆运行规程》中规定，电缆线路原则上不容许过载运行，即使在事故情况下，也应尽量缩短过载的时间，以免其温度过分升高，损伤电缆绝缘。

5-52 电力电缆允许短时过载是怎样规定的？

➡电力电缆一般仅在事故情况下，才容许有短时间的过载，其规定的过载倍数可见表5-15。

表 5-15　　　　　　　　　　　电力电缆容许过载倍数表

电缆芯线导体截面积（mm²）	过载前 5h 负载率（%）					
	0		50		70	
	过载时间（h）		过载时间（h）		过载时间（h）	
	0.5	1	0.5	1	0.5	1
50～95	1.15	—	—	—	—	—
120～240	1.25	—	1.2	—	—	1.15
240 以上	1.45	1.2	1.4	1.15	—	1.3

注　本表使用仅限于 10kV 及以下的电力电缆。

5-53 怎样用计算方法来判断电缆的截面？

➡在一般情况下，施工人员通过电缆盘架上所标明的规格数字，可以方便地识别电缆的截面。但有些电缆因存放时间过长，电缆盘架上的字迹往往已模糊不清，无法识别，这时就可用计算方法来判断电缆的截面，下面根据缆芯不同的制造工艺分别介绍。

（1）对于未经压缩的圆形缆芯导体的总面积。

$$S = n \times \alpha \pi r^2 \tag{5-10}$$

式中　S——未经压缩的圆形缆芯导体的总面积，mm²；

　　　　n——缆芯导体的根数；

　　　　α——导体的填充系数，导体为一次紧压的取 0.82～0.84，分层紧压的取 0.9～0.93；

　　　　r——缆芯单根导体的半径，mm。

（2）对于经压缩的圆形缆芯导体的总面积。

$$S = n \times \alpha r(0.5l - r)$$
$$= n \times \alpha r(\pi r - r)$$
$$= n \times \alpha r^2(\pi - 1)$$

$$= n \times 2.14 \alpha r^2 \qquad (5-11)$$

式中　S——经压缩的圆形缆芯导体的总面积，mm^2；

　　　n——缆芯导体的根数；

　　　α——导体的填充系数，导体为一次紧压的取 $0.82 \sim 0.84$，分层紧压的取 $0.9 \sim 0.93$；

　　　l——缆芯单根导体的周长，mm；

　　　r——缆芯单根导体的等值半径，mm。

5-54　电力电缆为什么要进行试验？有哪些试验项目？

　电力电缆的试验是为了及时发现缺陷和薄弱环节，以便及时处理。这对于保管中的电缆可防止缺陷扩大而损坏；对于即将投入运行的电缆则可起到防患于未然的作用。埋入地下的电缆，由于平时不易检查，其绝缘的变化主要通过试验来判断。所以一切新安装的电力电缆和运行中的电缆都要进行电气试验（运行中的电缆按运行规程的规定定期进行试验）。

电缆试验可分为下列 4 类：

（1）新电缆的验收试验：①结构检查；②潮气试验；③导体直流电阻测量；④绝缘电阻测量；⑤电容测量；⑥介质损失角测量；⑦阻抗（正序）测量；⑧工频交流耐压试验；⑨直流耐压及泄漏电流测量。

（2）安装过程中的电缆试验：①潮气试验；②绝缘电阻测量；③ 导体及铅包连续性试验；④ 直流耐压及泄漏电流测量。

（3）新装电缆线路投入运行前的交接试验：①两端相位的核定；②绝缘电阻测量；③直流耐压及泄漏电流测量。

（4）运行中的电缆试验（电缆预防性试验）：①绝缘电阻测量；②直流耐压及泄漏电流测量；③负荷测量；④温度测量。

5-55　为什么用直流电而不用交流电做电缆耐压试验？

　（1）交流耐压试验对电缆的破坏作用大，容易使绝缘产生永久性损伤。而做直流耐压试验时，绝缘中的气泡产生的容积电荷电场与外加电压相反，降低了电场强度，不会发生长时间的气体游离，因而对绝缘的破坏性小。

（2）较长电缆的电容电流很大，需要大容量的交流试验设备。而做直流耐压试验时，通过电缆的绝缘电流很小，只需较小的整流设备即可。如果是短电缆（$6 \sim 10$ kV），在无整流设备时，也可以暂时用交流耐压试验代替直流耐压试验，试验电压是额定电压的 1.65 倍。

5-56　怎样测量电缆线路的绝缘电阻值?

➡️测量绝缘电阻是检查电缆绝缘好坏的有效措施。在电缆进行耐压试验时，为了检查由试验而暴露的缺陷，在试验前后均应测量绝缘电阻。在同样的温度和试验条件下，电缆愈干燥，阻值愈大。同一条电缆的绝缘电阻随温度的升高而下降。普通油浸渍纸绝缘电缆绝缘电阻随温度变化的系数见表 5-16。

表 5-16　　　普通油浸纸绝缘电缆的绝缘电阻随温度系数变化表

温度℃	0	5	10	15	20	25	30	35	40
温度系数	0.48	0.57	0.70	0.85	1.00	1.13	1.41	1.66	1.92

电缆绝缘电阻换算到长度 1km 和温度 20℃时，对于额定电压为 6kV 及以上的电缆，应不小于 100MΩ。1kV 及以下的电缆用 1000V 兆欧表测量，1kV 以上的电缆用 2500V 兆欧表。在测量消除电缆芯绝缘表面泄漏电流所引起的误差，需将缆芯绝缘用屏蔽环接到兆欧表的屏蔽端子上。测量多芯电缆绝缘电阻时，应将被测缆芯对其他缆芯和铅包接地。

使用兆欧表测绝缘电阻时，手摇发电机应以 120r/min 的速度旋转，并应持续 40~60s，待指针稳定后再读取数据。如重复测量时，被测回路应短路放电，其放电时间不应小于 2min。

5-57　为什么三芯电缆有钢带铠装，单芯电缆则没有钢带铠装?

➡️我们知道在载流导体的周围存在着磁场，并且磁力线的多少与通过载流导体的电流成正比。由于铠装的钢带属于磁性材料，具有较高的导磁率，当导体有电流通过时，磁力线沿钢带流通。三芯电缆通常用于三相交流电路输电，由于三相交流电流对称，其相量和等于零即 $\sum I=0$，伴随产生的三相对称相量磁通之和为零即 $\sum \Phi=0$，在钢带中不会产生感应电流，所以三芯电缆虽有钢带铠装，并无其他不良影响。

单芯电缆只通过单相电流，显然在电缆通过交流电流时，会在钢带中产生交变的磁场，根据电磁感应原理可知，在电缆钢带中会产生涡流使电缆发热，这不仅增加了损耗，还相应降低了电缆的载流量，所以为了保证单芯电缆的安全经济运行，在制造单芯电缆时，不采用钢带铠装。

5－58 怎样近似计算电缆线路的电容电流？

6～10 kV 电力电缆的芯线对地电容较大，电容电流的近似计算公式如下：

$$I_C = \frac{UL}{10} \tag{5－12}$$

式中　I_C——电缆电容电流，A；

　　　U——电缆线路电压，kV；

　　　L——电缆线路长度，km。

5－59 怎样计算电缆线路的充电功率？

电缆线路相当于一个大电容，在计算其充电功率时，可应用电容器的无功功率计算公式，即

$$\begin{aligned}
Q_C &= U_C I_C \\
&= I_C^2 X_C \\
&= \omega C U_C^2
\end{aligned} \tag{5－13}$$

式中　Q_C——充电无功功率，Var；

　　　I_C——电缆电容电流，A；

　　　U_C——电容器两端电压（电缆芯相对地的电压），V；

　　　C——电容量，F；

　　　ω——角频率，$\omega = 2\pi f$，$f = 50\mathrm{Hz}$；

　　　X_C——电容器的容抗，Ω。

5－60 怎样计算电力电缆的电能损耗？

电力电缆的电能损耗包括导体电阻损耗、绝缘介质损耗、铅包损耗和铠装钢甲损耗。其中主要是导体电阻损耗，其他三部分的损耗所占比重很小，一般可忽略不计。其导体电阻损耗为

$$\Delta A = n I_{cj}^2 R T \times 10^{-3} \tag{5－14}$$

式中　ΔA——电缆芯导体电阻损耗，kW·h；

　　　T——测计期内电缆线路运行小时数，h；

　　　n——电缆的芯数；

　　　R——电缆导体的电阻，Ω；

　　　I_{cj}——测计期内选定代表日的均方根电流，A。

其中，测计期内选定代表日的均方根电流公式为

$$I_{cj} = \sqrt{\frac{\sum_1^{24} I^2}{24}} \tag{5-15}$$

$$= \sqrt{\frac{I_1^2 + I_2^2 + I_3^2 + \cdots\cdots + I_{24}^2}{24}} \tag{5-16}$$

式中　$I_{1\sim24}$——日每小时的电流，A。

电缆导体电阻表达为

$$R = \rho \frac{L}{S} \tag{5-17}$$

式中　ρ——电缆导体材料的电阻率，$\Omega \cdot mm^2/km$；铝导体 $\rho = 31.5\Omega \cdot mm^2/km$，铜导体 $\rho = 18.8\Omega \cdot mm^2/km$；

L——电缆的长度，km；

S——电缆的截面积，mm^2。

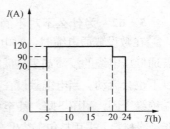

图 5-4　代表日负荷曲线

【例 5-1】　某条 10kV 电力电缆线路为 ZLQ22-10-3×95 型三相铝芯电力电缆，线路全长为 20km，测计期代表日负荷曲线如图 5-4 所示。计算当月（30 天）的线路损耗是多少?

解:（1）计算其代表日均方根电流。

$$I_{cj} = \sqrt{\frac{\sum_1^{24} I^2}{24}}$$

$$= \sqrt{\frac{70^2 \times 5 + 120^2 \times 15 + 90^2 \times 4}{24}}$$

$$= \sqrt{\frac{272900}{24}}$$

$$= 107A$$

（2）计算电缆导体电阻。$S = 95mm^2$　$L = 20km$

$$R = \rho \frac{L}{S}$$

$$= 31.5 \times 20/95$$

$$= 6.6\Omega$$

（3）计算全月的电能损耗。

$$\Delta A = nI_{cj}^2RT \times 10^{-3}$$
$$= 3 \times 107^2 \times 6.6 \times 720 \times 10^{-3}$$
$$= 163\ 217\text{kW} \cdot \text{h}$$

5-61　配电电缆线路为何不装重合闸装置？

➡配电电缆线路不容许装重合闸装置。配电电缆线路不像配电架空线路在运行中有时会遇到临时性故障（如鸟害、风害等瞬间故障），在这种情况下，重合闸动作或掉闸后试送往往会成功。配电电缆线路的故障多为永久性故障，此时若采用重合闸或掉闸后试送措施，则会扩大事故，对设备造成不应有的损坏，所以一般不安装重合闸。

5-62　为什么不对不滴流电缆规定敷设高差限制？

➡在敷设普通电缆时，对电缆两端终端头的高差值均有一定的规定，这主要是普通低压电缆的浸渍剂多是低压电缆油与松香的混合物，所以即使在较低的工作温度下也会流动。当电缆敷设在高差较大的场合时，浸渍剂会从高端向下流，造成高端绝缘干固，耐压下降，甚至可能导致绝缘击穿，而现在的不滴流电缆都是热塑树脂绝缘材料，采用挤包工艺生产，不存在浸渍剂，如聚氯乙烯绝缘电缆、聚乙烯绝缘电缆、交联聚乙烯电缆等，它们均没有浸渍剂流动，所以不存在敷设高差的问题。

5-63　电梯电缆有哪几种？有何特点？

➡电梯电缆是一种适用于自由悬吊、多次弯曲的信号或控制电缆，除用于高层建筑电梯设备外，还用于起重运输等其他设备。一般电梯电缆按品种和用途可分为四种，见表5-17。

表5-17　　　　　　　　　　电梯电缆品种和用途表

电缆名称	型号	额定电压（V）	长期工作最高温度℃	规格 截面积（mm²）	规格 芯数	用途
电梯信号电缆	YT	250	65	0.75	24	户内一定信号线路用
	YTF				30	户外或接触油污及要求不延燃的移动线路用
					42	
电梯控制电缆	YTK	500	65	1.0	8	同YT同YTF的条件控制线路用
	YTKF				18	同TYKF的条件控制线路用
					24	

5-64 电焊机用电缆的特点是什么？品种型号有哪些？

电焊机用电缆与普通电缆相比，其特点是：

（1）由于电焊机的二次电压不高，其绝缘厚度主要从机械强度方面考虑，所以要比一般500V级的电缆厚得多。根据导线截面的大小，绝缘厚度为1.6～3.2mm。

（2）由于焊把线经常移动，用含胶量高、综合性能好的橡皮做绝缘。同时为了使导线与绝缘易于相对滑动，导线外包一层聚酯薄膜，以提高电缆的弯曲性能。一般常见电焊机电缆有铜芯和铝芯两种，常见的电焊机电缆品种和用途见表5-18。

表5-18　　　　　　　　　电焊机电缆品种和用途表

电缆名称	型号	额定电压（V）	长期最高工作温度（℃）	规格（mm²）	用途
铜芯软电缆	YH	200及以下	65	10～150	在一般环境中供电焊机二次侧接线及连接焊钳
铝芯软电缆	YHL			16～185	

5-65 汽车、拖拉机用电线有哪些品种？各适用于哪些场合？

汽车、拖拉机用的电线因安装地方不同，对电线的要求也不同。例如，用于高压点火的电线需承受15kV左右的脉冲电压，而作为照明用的电线只需承受几十伏的电压。常见的汽车、拖拉机用电线品种和用途见表5-19。

表5-19　　　　　　常见的汽车、拖拉机用电线品种和用途表

电线名称	型号	长期最高工作温度（℃）	规格（mm²）	用途
聚氯乙烯低压电线	QVR	65	0.5～50	用于照明、仪表及发动机接线
丁腈聚氯乙烯复合物绝缘低压电线	QFR			
聚氯乙烯高压点火电线	QGV			
橡皮绝缘聚氯乙烯护套高压点火电线	QGXV	65	0.75	汽车、拖拉机发动机高压点火系统的连接线，也可作为其他发动机点火线
橡皮绝缘氯丁橡胶护套高压点火电线	QGS			
聚氯乙烯绝缘耐油橡套高压点火线	QGVY			
橡皮绝缘耐油橡套高压点火线	QGXY	65	0.75	

电线名称	型号	长期最高工作温度（℃）	规格（mm²）	用途
半导电塑料线芯聚氯乙烯绝缘高压阻尼点火线	QG	65	2.5	能抑制和衰减点火系统所产生的无线电干扰波的性能
纤维石墨线芯橡皮绝缘阻尼高压点火线	QGZ			

5-66 船用电缆有哪些特点？它有哪些品种规格？

→船用电缆是供船舶及水上浮动建筑物使用的专用电缆，按用途可分为电力、照明、信号控制及通信联系等几种船用电缆。由于船用电缆的使用环境比较复杂，与普通电缆相比具有以下特点：

（1）船用电缆能适合各种气候条件的要求，如严寒、干燥、湿热等气候条件。

（2）由于船内空间小，故对电缆外径和外径公差要求严格，同时其应具有良好的防潮、防霉、防震性能。一般常用的船用电缆品种规格见表5-20。

表5-20　　　　　　　　常用的船用电缆品种规格表

电缆名称	型号				长期最高工作温度（℃）	规格	
	光护套	钢丝编织	铜丝编织	软结构		芯数	截面积（mm²）
聚氯乙烯绝缘和护套电缆	CVV	—	CVV32	—	65	1、2、3、4～37 44～48	0.75～120 0.75～2.5 0.75
耐热聚氯乙烯绝缘和护套电缆	CVV—80		CVV32—80		80		
橡皮绝缘氯丁护套电缆	CF	CF31	CF32	CFR	70	1、2、3、4～37 44～48	0.75～240 0.75～120 0.75～2.5 0.75
橡皮绝缘聚氯乙烯护套电缆	CV	—					
丁基橡皮绝缘氯丁护套电缆	CDF	CDF31	CDF32	CDFR	80		
乙丙橡皮绝缘氯丁护套电缆	CEF	CEF31	CEF32	CEFR	85	0.75～120 0.75～2.5 0.75	0.75～240 0.75～120 0.75～2.5 0.75
乙丙橡皮绝缘硫化丁聚护套电缆	CEY	CEY31	CEY32	CEYR			

5-67 光缆和电缆的区别有哪些？

▶光缆和电缆的区别是：

（1）材质上有区别。电缆芯以金属材质（大多为铜、铝）为导体；光缆以玻璃质纤维和特殊塑料纤维为导体。

（2）传输信号上有区别。电缆传输的是电信号；光缆传输的是红外线光或激光信号。

（3）应用范围上有区别。电缆现多用于能源传输及低端数据信息传输（如电话）；光缆多用于高端数据传输（如变电所中的遥信、遥控、遥测、遥调、遥视信号传输）。

5-68 光纤电缆（光缆）具有什么特点？

▶光纤电缆是供通信用的一种通信电缆，确切地应叫作光纤光缆。光纤光缆由两个或多个玻璃纤维或塑料光纤芯组成，这些光纤芯位于保护性的覆层内，由塑料 PVC 外部护套管覆盖。沿内部光纤进行的信号传输一般使用红外线。光纤通信的特点：

（1）光缆由许多光导纤维组成。每根光导纤维可传输上万路电话；光导纤维传输的是光波，不受一般电磁波的干扰，所以它不同于普通的通信电缆；光缆具有不用金属导体、体积小、重量轻的优点。

（2）光缆传输性能好、损耗小、频带宽、空间利用率高、传输线路数多、传输容量大、中继距离长、光纤绝缘性强、敷设安装施工方便、经济性好、可靠性高等。

（3）光缆的光纤有直径细、重量轻、挠性好、无感应影响、不串话、通信质量好、应用范围广的优点。

5-69 低压电缆为什么用四芯？其中性线为什么要与三相导体等截面？

▶我国城乡居住区的低压电网一般采用三相四线制（380/220V），在低压电网中用的四芯电缆，除三相导体之外的一根线芯称中性线，其作用是通过三相交流电的不平衡电流。不能用三芯电缆加一根导体作为中性线接在三相四线制低压电网中，因为在这种情况下，部分三相不平衡电流会从三芯电缆的铠装中通过，从而使铠装层发热，降低电缆的载流能力。

在电网不平衡电流过大时，低压电缆中性线由于截面太小而导致严重过载。因此需适当调大低压电缆截面，经常要求电缆厂生产四芯等截面的低压电缆，在三相负荷极不平衡的情况下，电缆中性线能有足够的通过不平衡电流的能力。其次，低压网中的照明负荷大量采用节能灯，由于它是气体放电灯在点燃中会产生谐波电流，这个电流也在中性线流过，因此，中性线中通过的不仅是不平衡电流，还有谐波电流，二者的和数值很大。故三相四线制供电系统中导线、电缆的中性线与相线同截面积。

5-70 怎样测量导体截面积？

➡在工程实际中，测量电缆导体截面积的方法如下：

（1）目测和查表法。经验丰富的电缆技工和工程技术人员，有时通过目测，基本上可以估计出电缆导体截面积大小，也可以通过被测量导体的外形尺寸，经查表知道导体截面积。

（2）测量线径计算法。未经压缩的圆形导体，测出其单根导体的直径，即可算出导体截面积。

（3）称重法。截取电缆导体一段，将每根导线分层剥下，并扳成直线，擦清后，称其重量，测其长度（取平均值）。一段单根电缆导体是一个圆柱体，一段电缆芯导体重量 $W=gLS$，于是导出下列计算截面积的公式

$$S = 1000 \frac{W}{gL} \qquad (5-18)$$

式中　S——电缆的截面积，mm^2；

　　　W——一段电缆芯导体的重量，kg；

　　　L——一段电缆芯的长度，m；

　　　g——电缆芯导体的比重，铜的 $g_{Cu}=8.92g/cm^3$，铝的 $g_{Al}=2.58g/cm^3$，铁的 $g_{Ff}=7.86g/cm^3$。

（4）电阻测量法。采用一定长度导体，测量出某温度下的电阻，从而计算出截面积。国标 GB/T 3956—2008《电缆的导体》有计算方法，单根导体的截面积应根据导体单位长度的电阻值来确定，而不是用计算截面积。以导体电阻作为标准的导体面积只是标称值，也可以说，当实际导体面积与标准有冲突时，以导体电阻作为判定。

1）测量时，可以测量长 L（但至少 1m）的电缆线单根导体的电阻值，然后换算成 20℃、1km 时的电阻值，换算公式如下：（引用标准 GB/T 3956—2008）

$$R_{20} = Rt \frac{254.5}{234.5+t} \times \frac{1000}{L} \qquad (5-19)$$

式中　t——测量时的试样温度,℃;

　　Rt——电缆在 t℃时，长度为 L 的导体电阻值，Ω。

2) 在 20℃时每 1000m 的电阻值 R_{20} 为 0.5mm²: ≤36.0Ω（无镀层）; ≤36.7Ω（有镀层）; 0.75mm²: ≤24.5Ω（无镀层）; ≤24.8Ω（有镀层）; 1.0mm²: ≤18.1Ω（无镀层）; ≤18.2Ω（有镀层）; 1.5mm²: ≤12.1Ω（无镀层）; ≤12.2Ω（有镀层）; 2.5mm²: ≤7.41Ω（无镀层）; ≤7.56Ω（有镀层）; 4.0mm²: ≤4.61Ω（无镀层）; ≤4.70Ω（有镀层）。

5－71　怎样计算电缆线路的导体电阻？

➡电缆线路的导体电阻计算公式如式（5-17）即

$$R_t = \rho \frac{L}{S} \qquad\qquad (5-20)$$

式中　R_t——某温度 t 时的电阻值，Ω;

　　ρ——20℃ 时的电阻率，Ω·mm²/m; 20℃时的铜的电阻率 $\rho_{20}=$ 0.0172Ω·mm²/m;

　　S——横截面积，mm²;

　　L——电缆的长度，m。

5－72　电缆绝缘层的厚度是怎样确定的？

➡电缆绝缘层厚度取决于以下三个因素:

（1）工艺上容许的最小厚度。根据制造工艺的可能性，绝缘层必须有一个最小厚度。例如，黏性纸绝缘的层数不得少于5～10层；聚氯乙烯绝缘层最小厚度是 0.25mm。1kV 及以下电缆的绝缘厚度基本是按工艺上规定的最小厚度来确定的，如果按照材料平均强度的公式来计算低压电缆的绝缘厚度，就太薄了。例如，500VD 聚氯乙烯电缆，聚氯乙烯塑料击穿强度按 10kV/mm 计，安全系数取 1.7，则绝缘厚度只有 0.085mm，这样小的厚度是无法生产的。

（2）电缆在制造和使用过程中承受的机械力。电缆在制造和使用过程中，要受到拉伸、剪切、压、弯、扭等机械力的作用。1kV 及以下的电缆，在确定绝缘厚度时，必须考虑其可能承受的各种机械力。大截面低压电缆比小截面低压电缆的绝缘厚度要大一些，原因就是前者所受的机械力比后者大。当满足了所承受机械力的绝缘厚度，其绝缘击穿强度的安全裕度是足够的。

（3）电缆绝缘材料的击穿强度。电压等级在 6kV 及以上的电缆，绝缘厚度的主要决定因素是绝缘材料的击穿强度。其中，电力系统中电缆所承受的电压情况如下：

1）电缆在电力系统中要承受工频电压 U_0。U_0 是设计电压，一般相当于电缆线路的相电压。在进行电缆绝缘厚度计算时，我们要取电缆的长期工频试验电压，它是 $2.5\sim3.0U_0$。

2）电缆在电力系统中要承受脉冲性质的过电压。脉冲性质的过电压是指大气过电压和内部过电压。大气过电压即雷电过电压；内部过电压即操作过电压。电缆线路一般不会遭到直击雷，雷电过电压只能从连接的架空线侵入，装设避雷器能使电缆线路得到有效的保护。因此，电缆所承受的雷电过电压取决于避雷器的保护水平 U_P（U_P 是避雷器的冲击放电电压和残压两者之中数值较大者），通常取 $1.2\sim1.3U_P$ 为线路基本绝缘水平（base insulate level，BIL），它也是电缆雷电冲击耐受电压。电力电缆雷电冲击耐受电压见表 5－21。确定电缆绝缘厚度，应按 BIL 值进行计算，因为操作过电压的幅值一般低于雷电过电压的幅值。

表 5－21 电力电缆雷电冲击耐受电压值

额定电压 （U_0/U_N，kV）	8.7/10	12/20	21/35	26/35	64/110	127/220	190/330	290/500
雷电冲击 耐受电压 BIL	95	125	200	250	550	950 1050	1175 1300	1550 1675

注 1. 表中 U_0/U_N 相当于相电压/线电压。
2. 表中 220 kV 及以上的电缆有两个数值，可根据避雷器的保护特性、变压器及架空线路的冲击绝缘水平等因素进行计算选取。

综上所述，确定电缆绝缘厚度，要同时依据长期工频试验电压和线路基本绝缘水平 BIL 来计算，然后取其高者。

5－73 电缆内渗入水分会有什么危害？

➡️在油浸纸电缆制造过程中，要将绕包好的纸绝缘经过严格的真空干燥处理，除去吸附在纸表面和木质纤维素表面毛细管中的水分，然后浸渍电缆油，成为油浸纸绝缘。油浸纸绝缘一旦进入了水分，其电气性能将显著降低，绝缘电阻下降，击穿场强下降，介质损耗角正切值（tanδ）增大。电缆纸含水后，其机械性能也明显变化，拉断强度下降很多。水分的存在可以使铜导体对电缆油的催化活性提高，从而加速绝缘油老化过程的氧化反应。

挤包塑料电缆中进入水分，其危害也很大。无论是进入了塑料绝缘层表面或导体表面的水分，都会使塑料绝缘在此处产生电树枝状物——水树枝。水树枝逐渐地向绝缘内部伸展，导致塑料绝缘加速老化，直至击穿。当导体表面有水分时，由于温度较高，由此引发的水树枝会对塑料绝缘产生加速老化的作用。因此，挤包式塑料绝缘电缆，必须有防止水分渗入的护套；在电缆末端，要有完善的密封帽。35kV 及以上交联聚乙烯电缆，如果由于短帽密封不良或其他原因造成了导体间隙中进水，必须设法排除水分。

5－74 什么是电缆截面的经济最佳化？

➡国际电工委员会标准 IEC287－3－2/1995 提出了电缆尺寸即导体截面经济最佳化的观点。电缆导体截面的选择，不仅要考虑电缆线路的初始成本，还要同时考虑电缆在经济寿命期间的电能损耗成本，应符合两项成本之和为最低的原则。用数学式表示为

$$CT = CI + CJ \qquad\qquad (5-21)$$

式中　CT——总成本；

　　CI——初始投资成本；

　　CJ——N 年经济寿命期间焦耳损耗 I^2R 的现值，即按贴现率（i）换算
　　　　　成现值计算。

符合电缆导体截面经济最佳化的（即电缆工程投资总成本最低原则）称作"经济导体截面"，可以通过计算得到（可参看现行国标 GB 50217—2007《电力工程电缆设计规范》中的附录 B《10kV 及以下电力电缆经济电流截面选用方法》）。

根据电缆绝缘最高允许温度和载流量确定的截面实际上是最小允许导体截面。这时仅计算初始投资，而没有考虑电缆在经济寿命期间的导体损耗费用。如果增大导体截面，线路损耗费用减少，初始投资增加。但加大导体截面所增加的这部分初始投资，可以从长期运行期间降低的电缆损耗中得到补偿，从而可降低供电总成本，提高电力部门的经济效益。采用经济导体截面，电缆运行温度要比电缆绝缘容许最高温度低得多，这样可延长电缆线路的使用寿命，提高电缆供电的安全性。IEC287－3－2/1995 指出，通常应取电缆运行温度 θ_m 与平均环境温度 θ_0 的温度差，等于电缆容许最高温度 θ_c 与平均环境温度 θ_0 的温度差的 1/3，即 $\theta_m = \dfrac{1}{3}(\theta_c - \theta_0) + \theta_0$。例如，交联聚乙烯电缆容许最高温度为 90℃，

设平均环境温度为 24℃，则其运行温度应是 $\frac{1}{3}(90-24)+24=46℃$，满足此运行温度的电缆截面，即符合经济最佳化的原则。根据计算，经济导体截面应比最高容许温度所确定的截面标准提高 2 个档次。若最高容许温度所确定的截面是 120mm²，则经济导体截面应取 185mm²。

5-75 什么叫短路电流热稳定性？怎样计算电缆允许短路电流？

➡ 电缆通过故障电流时，导体温度不超过容许短路温度（见表 5-14），或电缆的容许短路电流大于系统最大短路电流，这时称电缆具有足够的短路电流热稳定性，反之称作热稳定性不够。电缆导体截面的选择，常取决于负荷电流，但在短路容量大的电力系统，有时也由短路电流热稳定性决定，如发电厂厂用电的电缆等。

电缆的容许短路电流取决于容许短路温升、短路时间、导体电阻及其热容系数等。设短路电流为 I_∞，短路时间 t_s，那么导体损耗为 $I_\infty^2 R$，产生的热量为 $\int_0^{t_s} I_\infty^2 R \mathrm{d}t$，所产生的热量一部分使导体发热，温度升高，另一部分使绝缘层温度升高。

设单位长度导体热容量为 C，短路前导体温度为 θ_0。短路电流使导体温度升高但不应超过其容许短路温度，即

$$\beta \int_0^{t_s} \frac{I_\infty^2 R t}{C} + \theta_0 \leqslant \theta_{SC} \tag{5-22}$$

式中　θ_{SC}——电缆短路最高容许工作温度，℃（见表 5-14）；

　　　t_S——短路时间，s；

　　　β——短路时导体吸收热量与短路电流产生热量的百分比，%；当 $t_s \approx$ 2s 时，$\beta=82\% \sim 93\%$；当 $t_s \approx 6s$ 时，$\beta=74\% \sim 84\%$；

　　　R——短路温度时单位长度导体电阻，Ω / m。

短路电流实际上是暂态电流，是时间的函数。假定短路电流 I_∞ 从短路开始时的有效值 I_H，经过时间 t_S 后，按直线规律下降到短路电流稳定值 I_K，这样，上式经积分后得

$$\frac{\beta t_s [(I_H + I_K)^2 - I_H I_K] R}{3C} + \theta_0 \leqslant \theta_{SC} \tag{5-23}$$

工程上为简化计算，近似认为 $I_H = I_K = I_{SC}$，则

$$I_{SC} = \sqrt{\frac{(\theta_{SC} - \theta_0) C}{\beta t_s R}} \tag{5-24}$$

式中　C——导体热容系数 C_K 与导体体积 V 的乘积，即 $C = C_k \cdot V$，单位长度体积的数值与截面积的数值相同。铜的热容系数为 3.50×10^6，J/$m^3 \cdot K$；铝的热容系数为 2.48×10^6，J/$m^3 \cdot K$。

　　根据电缆截面和短路最高容许温度等条件，应用上述公式可计算出电缆容许短路电流，并应满足系统短路容量。

　　例5-2　一条 35kV 电缆线路采用交联聚乙烯铜芯电缆，导体截面为 $400mm^2$，短路前导体温度为 90℃，若系统中的短路电流为 25kA，短路时间为 3s。试问该电缆是否具有足够的短路电流热稳定性？

　　解：按题意知 $t_S = 3s$，$\theta_0 = 90℃$，$\theta_{SC} = 250℃$，$\alpha = 0.003\,931/℃$，$\rho_{20} = 0.017\,24 \times 10^{-6}\Omega \cdot m$；

　　取 $\beta = 93\%$，电缆截面积为 $S = A = 400mm^2 = 400 \times 10^{-6}m^2$，则 $C = 3.5 \times 10^6 \times 400 \times 10^{-6} = 1400J/m \cdot K$。

$$R = \frac{\rho_{20}}{A}[1 + \alpha(\theta_{SC} - 20)]$$
$$= \frac{0.0174 \times 10^{-6}}{400 \times 10^{-6}} \times [1 + 0.003\,93(250 - 20)]$$
$$= 0.82 \times 10^{-4}\Omega/m$$

代入公式得

$$I_{SC} = \sqrt{\frac{(\theta_{SC} - \theta_0)C}{\beta t_S R}}$$
$$= \sqrt{\frac{(250 - 20) \times 1400}{0.93 \times 3 \times 0.82 \times 10^{-4}}}$$
$$= 31.29kA$$

　　据计算结果，该电缆容许短路电流为 31.29kA，大于系统最大短路电流，所以该电缆具有足够的短路电流热稳定性。

5-76　单芯高压电力电缆的一般结构型式是怎样的？

　　➡单芯高压电力电缆的一般结构如图 5-5 所示。图中第一层（中心）为导体；第二层为第一层半导体屏蔽层（内屏蔽层）；第三层为主绝缘；第四层为第二层半导体屏蔽层（外屏蔽层）；第五层为铜屏蔽；第六层为金属护套（防水层）；第七层为外护层。

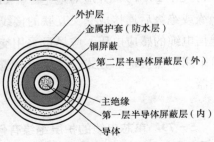

外护层
金属护套（防水层）
铜屏蔽
第二层半导体屏蔽层（外）
主绝缘
第一层半导体屏蔽层（内）
导体

图 5-5　单芯高压电力电缆的结构图

目前单芯高压电力电缆的主绝缘多采用干式交联聚乙烯（XLPE）塑料，DL/T 401—2002《高压电缆选用导则》规定，不宜选用辐照交联而应选用化学交联生产的交联电缆（又称挤包电力电缆）。

5-77　固定交流单芯电缆的夹具有什么要求？为什么？

➡固定交流单芯电缆的夹具应无铁件构成闭合磁路，因为当电缆线芯通过电流时，在其周围产生磁力线，磁力线与通过线芯的电流大小成正比，若使用铁件等导磁材料，根据电磁感应可知，会在铁件中产生涡流使电缆发热，甚至烧坏电缆，所以不可使用铁件做单芯交流电缆的固定夹具。

5-78　简述护套感应电压的产生过程以及对电缆的影响。

➡（1）护套感应电压的产生过程。单芯电缆在三相交流电网中运行时，导体电流产生的一部分磁通与金属护套相链。这部分磁通使金属护套产生感应电压，感应电压数值与电缆排列中心距离和金属平均半径之比的对数成正比，并且与导体负荷电流、频率，以及电缆的长度成正比。在等边三角形排列的线路中，三相感应电压相等；在水平排列线路中，边相的感应电压较中相感应电压高。

（2）护套感应电压对电缆的影响。单芯电缆金属护套采取两端接地后，金属护套感应电压会在金属护套中产生循环电流，此电流大小与电缆间距等因素有关，基本上与导体电流处于同一数量级。在金属护套内造成护套损耗发热，会降低电缆输送容量的 $30\% \sim 40\%$。

根据 GB 50217—2007《电力工程电缆设计规范》的要求，单芯电缆线路的护套只有一点接地时，金属护套任一点的感应电压不应超过 $50 \sim 100$V（未采取不能任意接触金属护套的安全措施时，不大于 50V；如采取了有效措施，不得大于 100V），并应对地绝缘。如果大于此规定电压，应采取金属护套分段绝缘或绝缘后连接成交叉互联的接线。为减小单芯电缆线路对邻近辅助电缆及通信电缆的感应电压，应尽量采用交叉互联接线。对于电缆长度不长的情况，可采用单点接地的方式。为保护电缆护层绝缘，在不接地的一端应加装护层保护器。

5-79　单芯电缆的护层绝缘有何作用？

➡高压、超高压电缆，除小截面外，均采用单芯电缆结构。单芯电缆护层对地有绝缘要求,因此高压、超高压电缆的护层绝缘成为它的特点之一。目前主要采用聚氯乙烯或聚乙烯做护套材料。护套绝缘具有下列作用:

(1)单芯电缆的金属护套有一定绝缘水平的护层,可以通过运行中的线路定期测量护套绝缘,判断是否受到外力的破坏。

(2)满足金属护套交叉互联的需要。

(3)110kV及以上中性点直接接地系统,当线路上发生接地故障时,故障电流很大,金属护套中回路电流也很大。如故障电流为10kA时,在两端接地电阻即使很小(如$R=0.5\Omega$)的情况下,金属护套电位也可能会被提高到约5000V,良好的护层绝缘应能承受这样的内过电压,不至于被击穿。假如绝缘被击穿,有可能烧坏加强带及金属护套。因此,采用单芯电缆的供电线路必须保持护层绝缘的完好。

(4)护层绝缘对金属护套及加强带是良好的防腐蚀层。因为非接地点的金属护套上有感应电压,当护层绝缘不良时,还会引起交流腐蚀。

5-80　高压单芯电缆金属护套的接地方式有几种?为什么要采取单点接地或交叉互连接地?

➡高压单芯电力电缆金属护套通常有三种接地方式:

(1)单点接地。较短的电缆线路,仅在电缆线路的一端将金属护套相互连接并接地。

(2)交叉互连接地。较长的电缆线路,在绝缘接头处将不同相的金属护套,用交叉跨越法相互连接并通过保护器。

(3)两端直接接地。在电缆线路两端将金属护套均相互连接并接地,这种方式主要用于海底电缆线路。

采取电缆金属护套单点接地或交叉互连接地的原因:

当电缆导体中有电流通过时,在与导体平行的金属护套中必然产生纵向感应电动势。如果把两端金属护套直接接地,护套中的感应电压会产生以大地为回路的循环电流。护套中有电流通过,增加了电能损耗,同时减少了电缆的输送容量。为了解决这个问题,可采取单点接地,仅一端接地,另一端对地绝缘,护套中就没有电流通过。但是,感应电压与电缆长度成正比,当电缆线路较长时,过高的护套感应电压可能危及人身安全,并可能导致设备事故,因此GB 50217—2007规定,交流单芯电力电缆线路金属护套上的正常感应电动势最大值:在未采取能有效防止人员任意接触金属护套的安全措施时,不得大于50V;在采取有效绝缘防护措施情况下,不得大于300V。

对于较长的电缆线路，应用绝缘接头将金属护套分隔成多段，使每段的感应电压限制在小于 50V 的安全范围以内。通常将三段设计成相等或基本相等的（以每盘电缆长度为一段）电缆，组成一个换位段，其中有两套绝缘接头，每套绝缘接头的绝缘隔板两侧，不同相的金属护套用交叉跨越法相互连接，如图 5-6 所示。

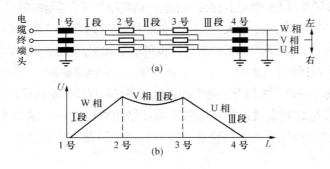

图 5-6　电缆金属护套的交叉互联
(a) 电缆金属护套换位连接线路图；(b) 曲线图

图 5-6（a）中，1、4 号为普通接头；2、3 号为绝缘接头；U 为感应电压；L 为电缆长度。

金属护套交叉互连的方法是：将右侧 U 相金属护套连接到左侧 V 相；将右侧 V 相金属护套连接到左侧 W 相；将右侧 W 相金属护套连接到左侧 U 相。金属护套经交叉互连后，从图 5-6（a）中可看到，第Ⅰ段 W 相接到第Ⅱ段 V 相，然后又接第Ⅲ段 U 相。由于 U、V、W 三相感应电动势的相角差为 120°，如果三段电缆长度相等，则在一个大段中，金属护套三相合成电动势理论上应等于零。

金属护套采用交叉互连后，与不实行交叉互连相比，电缆线路的输送容量有较大的提高，对铅护套电缆线路可提高 15%～50%，对铝护套线路可提高 25%～80%。所以为了减少电缆线路的损耗，提高电缆的输送容量，单芯高压电缆的金属护套一般均采取交叉互连或单点接地方式。

为了降低金属护套或绝缘接头隔板两侧护套间的冲击过电压，应在护套不接地端和大地之间，或在绝缘接头的隔板之间装设过电压保护器，目前普遍使用氧化锌阀片保护器。保护器安装在交叉互连箱内，它和三相金属护套的连接一般采用星形接法，如图 5-7 所示。图中 1 为保护器；2 为同轴电缆内芯；3 为同轴电缆外芯；4 为接地线。

护套交叉互连需用同轴电缆作为连接线。在整条线路上，内、外芯的接法必须一致。当发生系统接地故障时，同轴引线会通过接地电流，因此同轴引线需满足接地故障时的热稳定要求，通常采用内外芯截面各为 $120mm^2$ 的塑料铜线。为减少护层保护器间连接线的波阻抗，同轴引线的长度越短越好，以不超过 12m 为宜。

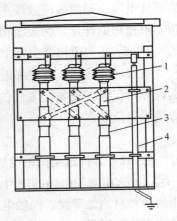

在采用金属护套交叉互连的电缆线路中，各小段护套电压的相位差为 $120°$，而幅值相等，因此两个接地点之间的电位差是零，这样就不可能产生循环电流。电缆线路护套的最高

图 5-7 交叉互连箱装置图

感应电压就是每小段的感应电压。当电缆发生单相接地故障时，接地电流从护套中通过，每相通过 1/3 的接地电流，即交叉互连后的电缆金属护套起了回流线的作用，因此在采取交叉互连的一个大段之间不必安装回流线。

5-81 什么是电缆线路的回流线？它的作用是什么？

➡️ 对于较短的电缆线路，当单芯电力电缆金属护套采用单点接地时，在沿线路间距内敷设一根阻抗较低的绝缘线导线，并两端接地，该接地的绝缘导线称为回流线。回流线的布置如图 5-8 所示。

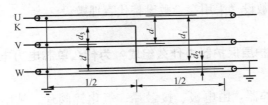

图 5-8 回流线布置示意图

当电缆线路发生接地故障时，短路接地电流可以通过回流线流回系统的中心点，这就是回流线的分流作用。同时，由于电缆导体中通过的故障电流在回流线中产生感应电压，形成了与导体中电流逆向的接地电流，从而抵消了大部分故障电流所形成的磁场对邻近通信和信号电缆产生的影响，所以回流线实际上又起了磁屏蔽作用。

在正常运行情况下，为了避免回流线本身因感应电压而产生以大地为回路的循环电流，回流线应敷设在两个边相电缆和中相电缆之间，并在中心点处换位。根据理论计算，回流线和边相、中相之间的距离为 $d_1 = 1.7d$，$d_2 = 0.3d$，$d_3 = 0.7d$，d 为边相至中相中心距离。

安装回流线后，可使邻近通信、信号电缆导体上的感应电压明显下降，根据计算，仅为不安装回流线的 27%。一般选用铜芯截面为 240mm^2 的塑料绝缘线为回流线。

5-82　为何选用同轴电缆？如何安装同轴电缆？

（1）选用同轴电缆的理由。护层保护器的互联引线采用同轴电缆，不宜采用两根塑料绝缘导线。同轴电缆屏蔽线具有一定的电容，波阻抗较小，从而降低了由于护层保护器引线产生的压降，减轻了绝缘接头的冲击电压。由于护层保护器引线的阻抗压降和护层保护器的残压共同作用在绝缘接头上，由此要求护层保护器的引线尽量短，以降低绝缘接头的冲击电压。

（2）同轴电缆施工的要点：

1）分支的处理。采用同轴电缆后，内、外线芯分支处的密封难于处理，必须采用专用的两分支热缩手套加以分离，增加防水带处理，保证同轴电缆的密封性能。

2）接头盒子的连接。与接头金属盒子的连接点应紧密，并采用专用的措施保证此点的密封。应采用接头保护盒和专用的堵水材料，使其电气性能良好。

3）同轴电缆敷设。采用穿管敷设替代直埋敷设。

5-83　电缆护层保护器由什么组成？为什么单芯电力电缆需要使用电缆保护器？

电缆护层保护器，由电极、接触片、氧化锌阀片、粘结胶、硅橡胶套组成，其中氧化锌阀片两侧面通过接触片与两电极的端部接触，且通过粘结胶将其连为一整体，在粘结胶外套设有一硅橡胶套。电缆护层保护器应将安装点的电缆护层感应电压（峰值）限制在标称雷电残压之下，且应考虑到电缆护层保护器连接电缆的冲击电感压降及电缆护层保护器接地，连接导线的绝缘水平应与所保护电缆外护层绝缘水平相同。

当长线路高压单芯电缆运行时，由于电磁感应或设备故障，产生过电压，极易击穿电缆护外套，形成单芯电缆多点接地故障，电缆护层保护器能有效限制电缆金属屏蔽层（或金属护套）感应电压和设备故障过电压，更好地保护电缆正常运行。

5-84 电缆护层保护器的工作原理如何？其具体参数如何？

➡️电缆护层保护器采用氧化锌（ZnO）压敏电阻（或 ZnO 阀片）作为保护元件，其具有优良的电压—电流曲线特性，亦无串联间隙，实际上就是一只无间隙氧化锌避雷器，目前已广泛用于电力系统高压电缆线路的保护装置。该装置连接于电缆护层与地之间。电缆护层保护器（SHQ）系列电缆护层保护器用于保护高压电缆的护层绝缘免受过电压的损坏，同时带计数器电缆护层保护器，能自动记录电缆护层保护器在过电压作用下的放电次数。

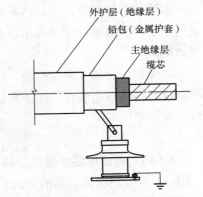

图 5-9 电缆护层保护器原理接线图

(1) 电缆保护器原理接线图如图 5-9所示。

(2) 电缆护层保护器的性能参数见表 5-22。

表 5-22　　　　　　　　　　电缆护层保护器的性能参数表

产品型号	系统标称电压 kV（有效值）	工频耐受电压 kV（有效值）/s	残压（10kA）kV（不大于）	直流 1mA 参考电压 kV（不小于）	2ms 方波通流容量 A
SHQ-6 (10)	6 (10)	3/2	6.5	3.7	400/600
SHQ-35	35	5/4	13（5kA 下）	7.2	400/600
SHQ-110 (I)	110	5/4	15	8.3	400/600
SHQ-110 (II)	110	10/4	30	16.6	400/600
SHQ-220	220	8/4	35	19	400/600
SHQ-500	500	5/4	18（16kA 以下）	8.5	400/600

35kV 大截面电力电缆和 66、110kV 及以上电压等级的电力电缆均为单芯电缆，电缆金属护层一端三相互联并接地，另一端不接地。当雷电波或内部过电压沿电缆线芯流动时，电缆金属护层不接地端会出现较高的冲击过电压，或当系统短路事故电流流经电缆线芯时，其护层不接地端也会出现很高的工频感应过电压。

上述过电压可能击穿电缆外护层绝缘，造成电缆金属护层多点接地故障，严重影响电力电缆正常运行，甚至大幅缩短电缆使用寿命。

电缆护层直接接地箱，内部是由连接铜排、铜端子等组成的一个箱体装置，用于电缆护层的直接接地。用于高压单芯电缆比较短的线路一端金属护套三相互联并接地端。

电缆护层保护接地箱，内部是由电缆护层保护器、连接铜排、铜端子等组成的一个箱体装置，用于高压单芯电缆比较短的线路的另一端金属护层的保护接地端。

电缆护层交叉互联接地箱，内部是由电缆护层保护器、连接铜排、铜端子等组成的一个箱体装置，用于高压单芯电缆比较长的线路一端金属护层交叉互联的保护接地端。

5-85　简述电缆护层保护器和同轴引出线装置。

➡（1）电缆护层保护器的形式。电缆护层保护器有单相式和三相式两种。单相式的就是将一片或数片氧化锌阀片安装在一个密封罐内或密封在一环氧树脂的铸件内，单相式适用于终端或工井内的绝缘接头。三相式的是将三片或三组氧化锌阀片接成星形，安装在一个密封罐内。三相式的保护器与换位铜排一起安装在换位箱的外壳内，用三根同轴引出线（又称同轴电缆）与绝缘头相连。

（2）接地箱和换位箱的形式。接地箱有电缆护层直接接地箱和电缆护层交叉互联接地箱两种。直接接地箱的三相护层通过同轴电缆引出，不经过换位，直接接地。电缆护层交叉互联接地箱的三相护层通过同轴电缆引出，经过换位后再经护层保护器接地。

5-86　单芯电缆接地装置有哪些特殊要求？

➡（1）接地线的组成。单芯电缆的接地线有两部分，①接地网或接地极与电缆接地点之间的引线；②各相护套间的等电位连接线。接地线必须具有足够的截面积，以满足金属护套中通过的循环电流和短路时热稳定的要求。

（2）接地线的选择。

1）绝缘要求。接地线在正常的运行条件下，应保持与护层一样的绝缘水平，即具有耐受 10kV 直流电压 1min 不击穿的绝缘特性。

2）截面积的选择。考虑高压电力系统采用直接接地方式，短路电流比较大，接地线应选用截面为 120mm² 的铜芯绝缘线。

（3）终端接地的要求。单芯电缆终端接地电阻应不大于 0.5Ω。因此，在施工过程中，电缆终端的接地应直接和接地极连接。发电厂、变电所终端站内的电缆终端接地应与厂、所的主接地网相连；电力架空线路终端铁塔平台上电缆终端的接地线应与铁塔的接地极连接。

（4）护层保护器的接地要求。根据施工的实际情况，护层保护器的接地电阻一般应不大于 4Ω。

（5）导引电缆金属屏蔽的接地要求。为避免和高压电缆一起敷设的导引电缆可能将高压电缆故障过电压引到二次系统，导引电缆金属屏蔽的接地点应距变电所 100m 以外，接地电阻值应不大于 4Ω。

5-87　什么是"绝缘回缩"？怎样消除"绝缘回缩"？

➡各种塑料、橡皮电缆（含聚氯乙烯 PVC、聚乙烯 PE、交联聚乙烯 XLPE、橡皮等电缆），在电缆生产过程中，挤包电缆时内部会留有加热应力，这应力会使电缆导体附近的绝缘向绝缘体中间呈收缩趋势。当切断电缆时，就会出现电缆绝缘回缩和露出线芯的现象，这种现象称为"绝缘回缩"现象。这种电缆内部的应力会随时间缓慢地自行消除，但是往往需要很长时间才能消失。

消除电缆"绝缘回缩"的方法是在连接导线前，把两侧绝缘末端削成圆锥形（即反应力锥），把导线内屏蔽留得比常规长 10mm 左右，压接或焊接后，除去连接管表面的毛刺和飞边，用汽油湿润的白布将连接管表面金属粉屑擦净，这时需先用半导电橡胶自粘带填平连接管的压坑，并用半叠绕方式包绕填平连接管与线芯半导电内屏蔽层之间的间隙，一定要认真包绕，用手压匀不留间隙，起到均匀电场的作用。然后在连接管上半叠绕 2 层半导电带并延长至反应力锥绝缘体上 10mm。这样包绕处理，即使主绝缘回缩，一般也在 10mm 以下，屏蔽作用仍然存在。在增绕绝缘时，用自粘绝缘带包 6 层，且要拉伸至其宽度一半以半叠绕方式进行，使包上后带材具有一定的应力向内收紧，同时边缠绕边用手按绕向压紧，以排出气隙。采取上述措施后，可有效防止电缆主绝缘回缩而导致的接头击穿。

5-88　什么叫绝缘强度？

➡绝缘物质在电场中，当电场强度增大到某一极限时就会被击穿，这个导致绝缘击穿的电场强度称为绝缘强度。

5-89 电缆线路为什么要加装接地引线？如何加装？

➡当电缆线路上发生击穿或流过较大电流时，金属护套（或屏蔽层）的感应电压就可能使内衬层（或内护套）击穿，引起电弧，直至将金属护套或内护套烧熔成洞。为了消除这种危害，电缆线路的接地可以在电缆线路的二终端处进行接地，其方式是在电缆金属屏蔽层和接头的外壳部位用导线和系统的接地网相连通，使电缆的内、外金属护层或屏蔽层处于系统的零地位。

5-90 为什么多根电缆并列运行时负荷分配会出现严重不均匀（不平衡）现象？

➡多根电缆并列运行时，负荷分配会出现严重不均匀（不平衡）现象，甚至其中某根电缆的某一相负荷接近于零。其主要原因是终端连接部分的接点接触电阻的差异较大（尤其是户外铜铝过渡接点）；其次多根电缆本身每根电缆的阻抗值不相同；再者单芯电缆敷设的几何位置和相序排列不相同，这些都会引起负荷分配不均匀现象。因此，设计电缆工程时，选择并列电缆要求同型号、同截面积、同结构、等长度。施工时，要求测量每条电缆的各项电气参数。运行时，要求监测每根电缆的相电流、电缆表皮温度，还要测量地温。

5-91 什么是电缆的腐蚀？分哪几类？

➡电缆的腐蚀一般指电缆的金属护套受腐蚀，腐蚀部分的金属变成粉块状而脱离，使金属护套逐渐变薄至穿透后，失去密封作用而导致绝缘受潮，经一定的时间，绝缘性能逐步下降，在运行中或预防性试验中，就形成电缆线路的故障。

电缆的腐蚀有化学腐蚀和电解腐蚀两种。

5-92 如何避免电缆腐蚀？

➡在设计电缆线路时，做好调查工作，选择无腐蚀性的地带进行敷设。在不可避免的有腐蚀作用的环境中敷设电缆线路时，应采用防腐蚀电缆，可采用挤塑外护套的电缆产品或者建设电缆隧道等方法防止电缆遭受腐蚀。电缆线路投运后，发现电缆线路上有化学腐蚀物渗入时，应寻找化学腐蚀物的所属单位，做好保护地下电力设施的措施，同时应对电缆做检查并对环境做化学分析，从而确定损害程度和防治方法。

5-93 电缆防火有哪些措施?

(1) 采用阻燃电缆。

(2) 采用防火电缆托架。

(3) 采用防火涂料。

(4) 主控制室出口电缆沟处、电缆沟变径处堵塞防火包,长距离电缆沟要分段堵塞防火材料。

(5) 电缆隧道、夹层出口等处设置防火隔墙、防火挡板、防火包。

(6) 架空电缆应避开油管道、防爆门,否则应有局部穿管或隔热防火措施。

5-94 电缆穿墙孔洞应采取什么防火措施?

电缆穿墙孔洞应采用防火封堵材料组合封堵,封堵厚度宜与墙体相同。

5-95 电缆进入盘、柜、屏、台的孔洞应采取什么防火措施?

电缆进入盘、柜、屏、台的孔洞应采用防火封堵材料、防火隔板和电缆防火涂料等防火材料组合封堵。

5-96 电缆夹层面积大于 300m² 应采取什么防火措施?

电缆夹层面积大于 $300m^2$,应进行防火分隔处理,防火分隔宜采用设阻火段的方法。

5-97 直流电源、报警、事故照明、双重化保护等重要回路,电缆穿墙孔洞应采取什么防火措施?

直流电源、报警、事故照明、双重化保护等重要回路,若采用非耐火型电缆,宜敷设在防火槽盒或防火桥架内保护。

5-98 敷设施工时,作用在电缆上的有哪几种机械力?

在电缆敷设施工时,作用在电缆上的机械力有牵引力、侧压力和扭力三种。这三种机械力都不得超过所容许的数值,否则电缆可能会受到损伤,这是电缆敷设控制质量的一个重要参数。

(1) 牵引力。牵引力是敷设电缆施工时为克服摩擦阻力,作用在电缆被牵引方向的拉力。当电缆端部安装上牵引端时,牵引力主要作用在金属导体上,不会作用在金属护套和铠装上。但垂直方向敷设的电缆（如竖井电缆和水底电缆），其牵引力主要作用在铠装上。

电缆导体的容许牵引力，一般取导体材料抗拉强度的 1/4 左右，铜导体容许牵引应力为 70MPa，铝导体容许牵引应力为 40MPa。自容式充油电缆的容许牵引力，还要受不使油道发生永久变形的限制，不论电缆截面积大小，不使油道发生永久变形的容许最大牵引力为 27kN。

用钢丝网套牵引塑料电缆，如无金属护套，则牵引力作用在塑料护套和绝缘层上。塑料护套最大容许牵引应力为 7MPa。

（2）侧压力。作用在电缆上与其导体呈垂直方向的压力称为侧压力。侧压力主要发生在牵引电缆时的弯曲部分，如电缆线路在转角处的滚轮、弧形滑槽或敷设水底电缆用的入水槽等处。经圆弧形滑槽的侧压力计算公式为 $P=T/R$。从公式中可看到侧压力 P 的大小与牵引力 T 成正比，与弯曲半径 R 成反比。控制侧压力的重要性在于：①避免电缆外护层遭受损伤；②避免电缆在转弯处被压扁。当自容式充油电缆受到过大的侧压力时，还会导致油道永久变形。

容许侧压力的数值与电缆结构有关。油浸纸绝缘电缆容许侧压力为 7kN/m。有塑料外护套的电缆，为避免外护套在转弯遭受刮伤，其容许侧压力规定为 3kN/m。

（3）扭力。对电缆产生的一种旋转机械力，作用在电缆上。如果扭力超过一定限度，可能造成电缆绝缘与护层的损伤，有时积聚在电缆上的扭力，还会使电缆打成"小圈"。电缆所受的扭力有以下两种情况：

1）用钢丝绳牵引电缆，在达到一定拉力时，钢丝绳会出现退扭现象，钢丝绳的退扭力作用在电缆上使其产生扭力。为了及时消除这种扭力，在电缆牵引头前加装一个防捻器，防捻器的一侧当受到扭转力矩时可以转动，从而消除钢丝绳或电缆的扭转应力。

2）海底电缆在工厂装船时，电缆从直线状态转变为圈形状态，对电缆产生旋转机械力。在敷设施工时，从圈形状态转变为直线状态时会释放储存的扭转力，产生另一种旋转机械力——退扭力。为了控制作用在电缆上的扭力，使其在容许范围之内，必须做到：在呈圈形装船时，圈形周长单位长度扭转角应不大于 25°/m。敷设施工时，在船上应安装退扭架，其高度应不小于圈形内圈周长或者外圈直径。

5-99　什么是电缆的牵引端？

→电缆牵引端是安装在电缆首端供牵引电缆用的一种金具。它的作用是将牵引钢丝绳的拉力，传递到电缆的导体和金属护套上，同时，它又是电缆端部的密封套头。因此，牵引端既能承受电缆牵引时的拉力，又具有与金属护套、金属封套相同的良好密封性能。有的牵引端的拉环可以转动，牵引时有退扭作用。如果拉环不能转动，则需连接一个防捻器。

高压电缆的牵引端，通常由制造商在电缆出厂前安装好。用于不同电缆结构上的牵引端，其式样不尽相同。

5-100　为什么油纸绝缘电缆要做直流耐压试验？

➡️目前，油纸绝缘电缆线路的预防性试验和交接试验仍然以直流耐压试验为主。直流耐压试验与交流耐压试验相比具有以下优点：

（1）试验设备的容量小、重量轻、便于携带。

（2）避免交流高电压对电缆油纸绝缘的永久性破坏作用。

（3）由于直流电压与导体的电阻率成正比分布，绝缘完好时，电阻率较高的绝缘油承受较高试验电压，电场分布较合理，不会造成新的绝缘损伤；当绝缘存在局部缺陷时，大部分试验电压施加在电阻率相对高的绝缘完好部分，随着缺陷的发展，绝缘完好部分承受的电压随之加大，直至击穿，因而有利于绝缘缺陷的发展。

（4）电缆直流耐压试验时，电缆导体接负极。这时如果电缆绝缘中有水分存在，会因电渗透作用，使水分子从表层移向导体，发展成为贯穿性缺陷，易于在试验电压下击穿，因而有利于发现电缆绝缘缺陷。

（5）绝缘击穿与电压作用时间的关系不大，一般缺陷在加压后几分钟内可以发现，因此电缆预防性试验规定的加压时间为5min，试验时间相对较短。

5-101　为什么交联聚乙烯等挤包绝缘电缆不宜做直流耐压试验？

➡️（1）交联聚乙烯等挤包绝缘电缆的缺陷在直流电压下不容易被发现。由于直流电压下的电场强度按介质的体积电阻率分布，交联聚乙烯等挤包绝缘电缆的介质属于整体式结构，绝缘内的水分、杂质分散而且分布不均匀，介质内不易形成贯穿性通道。而且，直流耐压试验时会有电子注入到聚合场中，使介质内部形成空间电荷，使该处电场畸变、电场强度降低，使交联聚乙烯绝缘在直流电压下具有较高的放电起始电压和较慢的放电通道增长速度，使绝缘不易击穿，造成不易发现电缆的缺陷。

（2）交联聚乙烯在直流耐压试验时不但不能有效发现绝缘缺陷，而且因为直流试验会导致交联聚乙烯绝缘内部形成空间电荷与积累效应，造成绝缘损伤。"水树"老化现象在交流电场下发展非常缓慢，电缆在很长时间里能保持较高的耐电水平，但是在直流试验电压下，交联聚乙烯电缆绝缘层中的水树枝会转变成为电树枝，从而加速绝缘老化，以至重新投入运行后发生绝缘击穿事故。如果不进行直流耐压试验，能维持较长时期的正常运行。

（3）对于高电压的交联聚乙烯绝缘电缆，直流耐压试验不能反映整条线路的绝缘水平。在直流电压下，由于温度和电场强度的变化，交联聚乙烯绝缘层的电阻系数会随之发生变化，绝缘层各处电场强度的分布因温度不同而各异。在同样厚度下的绝缘层，因为温度升高而击穿水平降低，这种现象还与绝缘层的厚度有关，厚度越大这种现象越严重。由于高压交联聚乙烯电缆绝缘层厚，因此，对交联聚乙烯电缆，特别是高电压等级的交联聚乙烯电缆，不宜做直流耐压试验。

5-102　什么是电缆的在线监测？怎样进行？

→电缆在运行时，多出现以下问题：

（1）电缆护层绝缘发生故障，造成多点接地，从而产生护层循环电流，增加护套的损耗，影响电缆的载流能力，严重时甚至使电缆严重发热而烧毁。

（2）电缆隧道运行环境发生变化，出现沟道积水等情况。

（3）电缆铜屏蔽、接地箱及引线被盗。

通过对电缆头或电缆本身的连续温度测量，能够预测电缆头或电缆本身的故障趋势，及时提供电缆故障部位和检修指导，避免发生重大事故。因此人们设计出电缆故障在线监测及火灾预警系统。对运行中（带电压）的电缆实施在线监测是电缆安全运行的有力保障。

在线监测系统具有良好的计算机界面，可显示电缆沟道模拟图，传感器所监测的实际位置及所有电缆型号、长度、截面、中间头位置等参数。当运行中电缆出现异常时，显示画面及报警音响同时出现，可通过计算机的电缆沟道模拟图直接查看，并能迅速准确地判断出发生故障的实际位置，很大程度地提高了电缆运行的可靠性及技术管理水平。同时，监测总线及分析系统能有效地辨识电缆及其接头的老化、过热和火灾的发生。电缆过热引起火灾的早期预测能力为现场设备的安全运行提供了有力保证，同时该系统又是电缆设备故障的预知维修系统，它能在电缆设备故障之前发出报警及检修建议，完善的智能化现场总线网络使这一功能得到无限延伸。

参 考 文 献

[1] 尹绍武，等. 电工技术问答3000问. 2版. 呼和浩特：内蒙古人民出版社，1992.

[2] 齐义禄. 电力线路技术手册. 北京：兵器工业出版社，1998.

[3] 张庆达，等. 电缆实用技术手册（安装、维护、检修）. 北京：中国电力出版社，2008.

[4] 吴国良、张宪法，等. 配电网自动化系统应用技术问答. 北京：中国电力出版社，2005.

[5] 张全元. 变电站综合自动化现场技术问答. 北京：中国电力出版社，2008.

[6] 郑州供电公司. 变电运行实用技术问答. 北京：中国电力出版社，2009.

[7] 陈化钢. 城乡电网改造实用技术问答. 北京：中国水利水电出版社，1999.

[8] 上海市电力公司市区供电公司. 配电网新设备新技术问答. 2版. 北京：中国水利水电出版社，2003.

[9] 国家环境保护总局环境工程评估中心和国家电网公司. 建设绿色电网创和谐家园——输变电设施电磁环境知识问答. 北京：中国电力出版社，2007.

说明：1. 有关国家标准和行业标准不罗列。

2. 国内电器制造商的有关产品说明书不罗列。

电力工程技术问答

（变电 输电 配电专业）

中 册

主　编　杨文臣

副主编　李　华

编　写　李　琳　李双成　邱玉良　冯　丽

　　　　姜雯雯　李　健　叶道仁

中国电力出版社

CHINA ELECTRIC POWER PRESS

内 容 提 要

本书以一问一答的形式将涉及电力工程变电、输电、配电的设计、运行、检修、建造等各个方面的新技术及工作中常见疑问总结在一起。全书共分三册。上册主要介绍电力系统的基本概念、电力变压器、互感器、架空电力线路、电力电缆；中册主要介绍高压配电装置、过电压保护及绝缘配合、并联无功补偿装置、继电保护及综合自动化、电工测量；下册主要介绍直流系统及蓄电池、接地和接零、节约用电和安全用电、配电、照明等。本书为中册。

本书可供从事电力工程变电、输电、配电的设计、运行、检修、建造工作的工程技术人员参考使用，也可作为各院校相关专业的师生及有关技术人员的参考书。

图书在版编目（CIP）数据

电力工程技术问答：变电、输电、配电专业：全 3 册/杨文臣主编. —北京：中国电力出版社，2015.4

ISBN 978 - 7 - 5123 - 5856 - 0

Ⅰ．①电… Ⅱ．①杨… Ⅲ．①变电所-电力工程-问题解答②输电-电力工程-问题解答③配电系统-电力工程-问题解答 Ⅳ．①TM7 - 44

中国版本图书馆 CIP 数据核字（2014）第 089256 号

中国电力出版社出版、发行

（北京市东城区北京站西街 19 号　100005　http://www.cepp.sgcc.com.cn）

北京市同江印刷厂印刷

各地新华书店经售

＊

2015 年 4 月第一版　2015 年 4 月北京第一次印刷

710 毫米×980 毫米　16 开本　45.5 印张　719 千字

定价 138.00 元

敬 告 读 者

本书封底贴有防伪标签，刮开涂层可查询真伪

本书如有印装质量问题，我社发行部负责退换

前　言

　　改革开放以来，我国电力行业引进了不少先进电力设备制造技术，中外合资企业也为电力工业提供了大量装备。尤其电力系统近十余年的"城乡电网"改造，采用了大量的先进电力设备，使电力工业的变电、输电、配电产生革命性的变化。例如变电所采用微机保护、综合自动化、光纤通信技术等新技术，达到无人值守水平（遥调、遥控、遥测、遥信、遥视的"五遥"变电所）；当今我国变电所设计已发展到"二型一化"（环保型、节能型，智能化）的设计水平。随着新技术的涌现，人们对新技术的求知欲也油然而生。为了满足人们学习、掌握新技术的期望，我们决定编写本书——这是我们编写本书的意图之一。

　　我们的编者曾经在电力系统中担任教师、设计、施工、审图、监理工作，常常面对学员和师傅的提问和质疑，面临很多电力工程变电、输电、配电在设计上和施工中实际问题的决断、对与否、可行与不宜。因此，我们想到如果可以编写这方面的一部书籍来回答问题，既直观简洁，又能解决实际问题，功效兼得——这就是我们编写本书的意图之二。为了实现这个愿望，我们把前人和自己的经验总结出来，以一问一答的形式编写成书，献给从事"电力工程"的工人师傅、设计师、监理师、建造师、运行人员、教师以及与电力工程有关的技术人员。以期能对他们有所帮助，提高解决实际问题的能力。

　　本书涵盖了新老技术问题，共分上、中、下三册。全书分十五章，上册为第一章至第五章，中册为第六章至第十章，下册为第十一章至第十五章。第一章和第十五章由叶道仁编写，第二、三章和第十一章由杨文臣编写，第四章由邱玉良编写，第五章和第十四章由李双成编写，第六章由冯丽编写，第七章和第十二章由李华编写，第八章和第九章由李琳编写，第十章由李健编写，第十三章由姜雯雯编写。全书由杨文臣任主编、李华任副主编，杨文臣统稿，叶道仁筹划、校审，参编者共同制定编写大纲。

　　书中引用了同行们的大量著作和素材，在此一并致谢。

　　本书是一本电力工程设计、运行、检修、建造方面的技术书，阅完全书对电力工业的面貌能有一个清晰的认识。它也特别适用于作注册电气工程师考试和电力工程技术培训参考书。若您想提高工作效率，请参看本书的姊妹篇《电气工程计算口诀和用表实用手册》，工程中两书相结合使用定会让您增益不少。

由于编者的学识和水平所限，加之时间紧迫，书中难免存在不妥之处，恳请读者提出批评和改进意见，若有宝贵意见可发邮件到 1145463605@qq.com 电子邮箱，以便今后修订再版改进。

编　者
2015 年 3 月

◀═ 总 目 录 ═▶

中册目录

第六章

高压配电装置

6－1 什么叫高压配电装置？高压配电装置包括哪些设备？

➡ 高压配电装置一般指电压在 1kV 及以上的电气装置，包括开关设备、测量仪器、连接母线、保护设施及其他辅助设备，它是电力系统中的一个重要组成部分。

室内配电装置是将全部电气设备置于室内，大多适用于 35kV 及以下的电压等级。但如果周围环境存在对电气设备有危害性的气体和粉尘等物质时，110kV 配电装置也应建造在室内。

室外配电装置是适合置于室外或露天的设备，通常用于 35kV 及以上的电压等级。新型六氟化硫全封闭组合电气装置体积小、占地少，可以装于室外，也可以装于室内，是当前较先进的配电装置，适用于各种电压等级。

6－2 高压配电装置的一般要求有哪些？

➡ （1）配电装置的装设和导体、电气设备及构架的选择应满足在正常运行、短路和过电压情况下的要求，并不应危及人身安全和周围设备。

（2）配电装置的绝缘等级，应和电力系统的额定电压相配合。重要变电所或发电厂的 3～20kV 室外支柱绝缘子和穿墙套管，应采用高一级电压的产品。

（3）配电装置各回路的相序排列应尽量一致，并对硬导线涂漆，对绞线标明相别。

（4）在配电装置间隔内的硬导体及接地线上，应预留未涂漆的接触面和连接端子，用以装接携带式接地线。

（5）隔离开关和相应的断路器之间，应该装设机械或电磁的连锁装置，以防隔离开关误操作。

（6）在空气污秽地区，屋外配电装置中的电气设备和绝缘子等，应有防尘、防腐、加强外绝缘措施，并应便于清扫。

（7）周围环境温度低于绝缘油、润滑油、仪表和继电器的最低允许温度时，要采取加热措施。

（8）地震较强烈地区（烈度超过 7 度时），应采取抗震措施，加强基础和配电装置的耐震性能。

（9）海拔高度超过 1000m 的地区，配电装置应选择适用于该海拔高度的电器、电瓷产品。

（10）室外配电装置的导线、悬式绝缘子和金具所取的强度安全系数，在正常运行时不应小于 4.0，安装、检修时不应小于 2.5。套管、支持绝缘子及其金具的机械强度安全系数正常运行时为 2.5，检修时为 1.67。

6-3 对高压配电装置室有什么要求？

➡(1)当高压配电装置室长度大于 7m 时，应有两个出口，长度大于 60m 时，应再增添一个出口。配电装置室的门应向外开，相邻配电装置之间设有门时，则应向两个方向都能开。

（2）室内单台断路器、电流互感器等充油电气设备，当其总油量为 60kg 以上时，应设置储油设施，且配电室的门应为非燃烧体或难以燃烧的实体门。

（3）配电装置室可以开窗，但应采取防止雨、雪和小动物进入的措施。

（4）配电装置室一般采用自然通风，当不能满足工作地点的温度要求或在发生事故下排烟有困难时，应增设机械通风装置。

6-4 什么叫户外中型单列布置？

➡户外中型配电装置是将所有电气设备都安装在地面设备支架上，母线下不布置任何电气设备，断路器布置在母线一侧。

6-5 什么叫户外中型双列布置？

➡户外中型配电装置是将所有电气设备都安装在地面设备支架上，母线下不布置任何电气设备，断路器布置在母线两侧。

6-6 为什么 35kV 高压配电装置的电压互感器间隔要采用限流熔断器作互感器的短路和过载保护？

➡35kV 的电压互感器间隔所采用的电压互感器内部制造结构为三柱或四柱

铁芯，铁芯上绕有一次和二次绕组以及辅助绕组，放在盛有绝缘油的密封铁箱中。其耐压水平相对比较低，也就是说在内部过电压的作用下易于发生事故，因此必须采用限流熔断器作短路和过载保护。

6-7　为什么110kV高压配电装置的电压互感器间隔不采用任何设备作互感器的短路和过载保护？

➡110kV的电压互感器间隔所采用的电压互感器内部制造结构为串级式，耐压水平相对比较高，绝缘裕度大，也就是说在内部各种过电压的作用下不易于发生事故，因此没有必要采取保护措施。

6-8　并联电抗器与串联电抗器的作用有什么不同？

➡并联电抗器与串联电抗器多用于高压、超高压、特高压线路中，它们发挥的作用不同，分别按作用介绍如下：

（1）并联电抗器的作用。

1）降低空载或轻载时，长线路的电容效应引起工频电压升高。这种电压升高是由于空载或轻载时，线路的电容（对地电容和相间电容）电流在线路的电感上的压降所引起的。它将使线路电压高于电源电压，通常线路越长，电容效应越大，工频电压升高也越大。

对超高压远距离输电线路而言，空载或轻载时线路电容的充电功率是很大的，通常充电功率随电压的平方急剧增加，巨大的充电功率除引起上述工频电压升高现象之外，还影响输电系统的电压稳定。

2）还将增大线路的功率和电能损耗以及引起自励磁、同期困难等问题。装设并联电抗器可以补偿这部分充电功率。

3）改善线路沿线电压分布和轻载线路中的无功分布并降低线损。当线路上传输的功率不等于自然功率时，则沿线各点电压将偏离额定值，有时甚至偏离较大，如依靠并联电抗器的补偿，则可以降低线路电压的升高。

4）并联电抗器并联在主变压器的低压侧母线上，通过主变压器向系统输送感性无功，用以补偿输电线路的电容电流，防止轻负荷线端电压升高，维持输电系统的电压稳定。

5）并联电抗器的中性点经小电抗接地的方法来补偿潜供电流，从而加快潜供电弧的熄灭，有利于消除发电机的自励磁。

（2）串联电抗器的作用。

1）在母线上串联电抗器可以限制短路电流，维持母线有较高的残压。

2）在电容器组中串联电抗器，能有效地抑制电网中的高次谐波，限制合闸涌流及操作过电压，改善系统的电压波形，提高电网的功率因数。

6-9 什么是分裂电抗器？分裂电抗器有什么用途？其优缺点是什么？

➡️分裂电抗器在结构上和普通的电抗器没有大的区别，只是在电抗线圈的中间有一个抽头，用来连接电源，于是一个电抗器形成两个分支，这两个分支可各接一个分段母线（如厂用母线分段），其额定电流相等。

正常运行时，由于两分支里电流方向相反，使两分支的电抗减小，因而电压损失减小。当一分支出线发生短路时，该分支流过短路电流，另一分支的负荷电流相对于短路电流来说很小，可以忽略其作用，则流过短路电流的分支电抗增大，压降增大，使母线的残余电压较高。分裂电抗器的原理接线图如图6-1所示。

图 6-1 分裂电抗器
原理接线图

在变电所中用于限制变压器低压侧主回路的短路电流的大小；在发电厂中用于限制高压厂用变压器低压侧主回路的短路电流的大小，使主回路的断路器的分断能力满足遮断能力的要求。

（1）分裂电抗器的优点：

1）正常运行时，分裂电抗器每个分段的电抗相当于普通电抗器电抗的1/4，使负荷电流造成的电压损失较普通电抗器小。

2）当分裂电抗器的分支端短路时，分裂电抗器每个分段电抗较正常运行值增大四倍，故限制短路的作用比正常运行值大，有限制短路电流的作用。

（2）分裂电抗器的缺点：

当两个分支负荷不相等或者负荷变化过大时，将引起两分段电压偏差增大，使分段电压波动较大，造成用户电动机工作不稳定，甚至分段出现过电压。

6-10 常用母线有哪几种？其适用范围如何？应满足什么条件？

➡️（1）母线分硬母线和软母线。常用硬母线有矩形母线、槽形母线和管形母线。

20kV 及以下电压等级回路中的正常工作电流在 4kA 及以下时，宜选用矩形母线；在 4～8kA 时，宜选用槽形母线或管形母线；在 8kA 以上时宜选用圆管形母线。

63kV 及以下配电装置硬导体可采用矩形母线或管形母线。

110kV 及以上配电装置硬导体宜采用管形母线。

500kV 硬母线可采用单根大直径管形或多根小直径管形组成的分裂结构，固定方式可采用支持式或悬吊式。

软母线多用于室外。室外空间大，导线间距离宽，散热效果好，施工方便，造价较低。

（2）不论选择何种母线均应：①满足持续工作电流的要求；②应按经济电流密度进行选择；③按电晕电压校验合格；④按短路热稳定条件校验合格；⑤按短路动稳定条件校验合格。

6-11　硬母线为什么要加装伸缩头？

➡由多层软铜片或软铝片组合成的 Ω 形导体叫伸缩头，又称伸缩补偿器，它装在硬母线与硬母线连接处或设备与硬导体的连接处，以防止硬导体因热胀冷缩产生变形将设备损坏。具体规定如下：

母线截面在 60mm×6mm 及以下并且母线较短（20m 以下）时，可不加装伸缩头。母线可由两端绝缘支持物加以固定，而中间支持物则不能固定死，应允许串动，并能有略微凸起的空间余地。

大截面及长母线应加装伸缩补偿器，它是硬母线热胀冷缩的缓冲器，其截面积一般应为母线长度的 1.1～1.2 倍。随着母线长度的增加应适当增多伸缩补偿器的数量。

当母线材料不同时，其补偿器的数量和母线长度的关系如表 6-1 所示。

表 6-1　　　　当母线材料不同时，其补偿器的数量和母线长度的关系

母线材料	母线长度（m）		
	1 个补偿器	2 个补偿器	3 个补偿器
铜	30～50	50～80	50～175
铝	20～30	30～50	60～185
钢	35～60	60～85	

6-12　同一规格的矩形母线为什么竖装与平装时的额定载流量不同？

➡母线在正常运行中，因通过电流而发热，如果母线本身的发热量等于向

周围空间散出热量时，母线温度不变，所以母线温度与散热条件有很大关系。在温升一定的条件下，如果散热条件不同，即使是同一规格的母线，其允许的额定电流也应不相同。

对于矩形母线来说，竖装时散热条件较好，平装时散热条件稍差。一般在保持同等温升的条件下，竖装母线要比平装母线的额定电流大 5%～8%，但竖装母线的动热稳定要比平装母线差。尽管如此，由于平装母线便于布线，故在实际应用中，仍以平装母线较为常见。

6-13　为什么硬母线的支持夹板不应构成闭合回路？怎样避免？

➡硬母线的支持夹板，通常都是用钢材制成的，如果构成闭合回路，由于母线电流所产生的强大磁通，将引起钢夹板的磁损耗增加而发热，使母线温度升高。

为防止上述情况发生，常采用黄铜或铝等其他不易磁化的材料作支持夹板，从而使磁路无法形成闭合回路。

6-14　对母线接头的接触电阻有何要求？怎样判断是否符合要求？

➡母线接头应紧密，不应松动，不应有空隙，以免增加接触电阻。接头的电阻值不应大于相同长度母线电阻值的 1.2 倍。

确定母线接头接触电阻的方法，对于矩形母线，一般先用塞尺检查接触情况，然后测量直流压降或用温升试验进行比较。如果母线接头的电压降不大于同长母线的电压降，或其发热温度不高于母线温度时，即认为符合要求。

6-15　硬母线怎样连接？不同金属的母线连接时为什么会氧化？怎样防止？

➡硬母线一般采用压接或焊接。压接是用螺栓将母线压接起来，便于改装和拆卸。焊接是用电焊或气焊连接，多用于不需拆卸的地方。硬母线不准采用锡焊和绑接。铜铝母线连接时，应使用铜铝过渡连接板进行压接。

不同金属材料的母线连接时产生氧化的原因是：铝是一种原子结构较活泼的金属，在外界条件影响下将失去电子，铜、铁等是原子结构不活泼的金属。两种活泼性不同的金属接触后，由于空气中的水及二氧化碳的作用而产生化学反应，铝失去电子而成负极，而铜、铁则不易失去电子而成正极，形成电池式的电化腐蚀，所以在空气及电化作用下造成接触而电蚀，使接触电阻增加，造成接点发热，甚至烧毁。

防止氧化措施：①一般可涂少量的中性凡士林；②使用特制铜铝过渡线夹。

6－16　母线接头在运行中的允许温度是多少？判断母线发热有哪些方法？

➡️母线接头允许运行温度为 70℃（环境温度为＋25℃时），如其接触面处有锡覆盖层时，允许提高到 85℃，闪光焊时允许提高到 100℃。

判断母线发热有以下几种方法：①变色漆；②试温蜡片；③半导体点温计（带电测温）；④红外线测温仪；⑤利用雪天观察接头处雪的融化来判断是否发热。

另外，母线涂漆还能防止母线腐蚀。

6－17　母线为什么要涂有色漆？母线的哪些部位不准涂漆？各种排列方式的母线应怎样涂漆？

➡️母线涂有色漆一方面可以增加热辐射能力，便于导线散热；另一方面是为了便于区分三相交流母线的相别及直流母线的极性等。按我国相关规范规定，三相交流母线，U 相涂黄色、V 相涂绿色、W 相涂红色，中性线不接地时涂紫色，中性线接地时涂黑色。

母线的下列各处不准涂漆：

（1）母线的各部连接处及距离连接处 10cm 以内的地方。

（2）间隔内的硬母线要留出 50～70mm，便于停电挂接临时地线用。

（3）涂有温度漆（测量母线发热程度）的地方。

母线排列方式及按相序涂漆见表 6－2。

表 6－2　　　　　　　　　　**母线排列方式及按相序涂漆**

相序	涂漆颜色	涂漆长度	母线排列方式			
			自上而下	自左至右	从墙壁起	从柜背起
U	黄色	沿全长	上	左	U	U
V	绿色	沿全长	中	中	V	V
W	红色	沿全长	下	右	W	W

接地线、零线涂黑色漆或绿黄相间色漆，高压变（配）电设备构架均涂灰色油漆。

6-18　为什么6～10kV变配电系统中大都采用矩形母线？

➡同样截面积的矩形和圆形母线，矩形母线比圆形母线的周长大，因而矩形母线的散热面大，即在同一温度下，矩形母线的散热条件好。同时由于交流电集肤效应的影响，同样截面积的矩形母线比圆形母线的交流有效电阻要小一些，即在相同截面积和允许发热温度下，矩形截面通过的电流要大一些。所以在6～10kV变配电系统中，一般都采用矩形母线，而在35kV及以上的配电装置中，为了防止电晕，一般都采用圆形母线。

6-19　两根矩形母线并叠使用在一相上，其载流量是否等于每根矩形母线的额定载流量相加？

➡在供电负荷增加至超过一根矩形母线的载流量时，允许每相再并上一根或几根母线，但要保持一定的距离，保证散热条件良好。

如果并上几根母线，而不具备保持一定距离的条件，虽然每相的总截面增大了，但此时的允许载流量并不与每相增加矩形母线的根数成正比，而应成一个减少系数（即并列系数）。因为多根并在一起后，母线的散热条件变差，而且在交流电场下邻近效应很大，增大了电抗，使同一电流下的发热量增加，因而并上的母线条数越多，它的电流分布越不均匀，中间母线的电流小，两边的母线的电流大，所以母线并叠几根使用后载流量并不直接相加，这就降低了金属的利用率。因此在交流装置中，一般母线的并联条数不多于2条，个别情况下也不多于3条。

6-20　不同规格的矩形铝母线在室内敷设时长期允许的载流量各是多少？

➡不同规格的矩形铝母线在室内敷设时长期允许载流量如表6-3所示。

表6-3　　　　　不同规格的矩形铝母线在室内敷设时长期允许载流量

母线尺寸 [宽（mm）× 厚（mm）]	单条		双条		三条		四条	
	平放	竖放	平放	竖放	平放	竖放	平放	竖放
40×4	480	503						
40×5	542	562						
50×4	586	610						
50×5	661	692						

续表

母线尺寸 [宽（mm）× 厚（mm）]	单条		双条		三条		四条	
	平放	竖放	平放	竖放	平放	竖放	平放	竖放
63×6.3	910	952	1409	1547	1866	2111		
63×8	1038	1085	1623	1777	2113	2379		
63×10	1168	1221	1825	1994	2381	2665		
80×6.3	1128	1178	1724	1892	2211	2505	2558	3411
80×8	1274	1330	1948	2131	2491	2809	2863	3817
80×10	1427	1490	2175	2373	2774	3114	3167	4222
100×6.3	1371	1430	2054	2253	2633	2985	3032	4043
100×8	1542	1609	2298	2516	2933	3311	3359	4479
100×10	1728	1803	2558	2796	3181	3578	3622	4829
125×6.3	1674	1744	2446	2680	2979	3490	3525	4700
125×8	1876	1955	2725	2982	3375	3813	3847	5129
125×10	2089	2177	3005	3282	3725	4194	4225	5623

注　1. 最高允许温度 70℃，环境温度 25℃，无风、无日照。

　　2. 当导体为四条时，平放、竖放第 2、3 片间的距离皆为 50mm。

　　3. 在不同环境温度时，长期允许载流量的校正系数如下：

环境温度（℃）	+20	+25	+30	+35	+40	+45	+50
校正系数	1.05	1.00	0.94	0.88	0.81	0.74	0.67

6-21　什么是交联屏蔽绝缘铜管母线？它具有哪些优点？

➡交联屏蔽绝缘铜管母线是铜管外表面参照交联电缆的绝缘结构覆盖屏蔽绝缘层的一种新型导电母线，具有以下优点：

（1）集肤效应低，单位截面载流量大。

（2）散热条件好。

（3）允许应力大、跨距大、机械强度高。

（4）电气绝缘性能强、主绝缘材料稳定性高。

（5）母线结构简单、明了，布置清晰，安装方便，维护工作量少。

6-22　什么是封闭母线？

➡凡是将单相母线或三相母线安装在金属壳体和绝缘壳体内的大电流传输装置

总称为封闭母线。封闭母线按电压分为高压封闭母线和低压封闭母线；按外壳材料分为金属封闭母线和塑料封闭母线。它广泛用于发电厂、变电所、工业和民用输送电流的装置。

6－23　什么是离相封闭母线?

➡凡是将单相母线安装在金属壳体内的母线称为离相封闭母线。离相封闭母线按电压分为高压母线或低压母线；按外壳材料分为金属封闭母线和塑料封闭母线。

6－24　离相封闭母线有哪些优点?

➡离相封闭母线导体和外壳均采用铝板卷制焊接而成，具有以下特点：

（1）减少接地故障避免相间短路。离相封闭母线因有外壳保护，可消除外界潮气灰尘以及外物引起的接地故障，母线采用离相封闭也可杜绝相间短路的发生。

（2）消除钢结构发热。离相封闭母线采用外壳屏蔽，可从根本上解决钢结构感应发热的问题。

（3）减少相间短路电动力。由于外壳上涡流和环流的双重屏蔽作用使相间导体所受的短路电动力大为降低。

（4）提高运行的安全可靠性。母线封闭后为采用通风冷却方式创造了更好的散热条件，系统提高了运行的安全可靠性。

（5）封闭母线由工厂成套生产，质量有保证，运行维护工作量小，施工安装简便，而且不需设置网栏，简化了对土建的要求。

（6）外壳在同一相内包括分支回路采用电气全连式，并采用多点接地使外壳基本处于等电位，接地方式大为简化，并杜绝了人身触电危险。

6－25　什么是共箱封闭母线?

➡三相母线安装在共同的屏蔽外壳内的母线称为共同封闭母线。它主要用于单机容量为 200MW 及以上的发电机厂用电回路，也可用于 12.5MW 中容量发电机组。

6－26　共箱封闭母线有哪些优点?

➡共箱封闭母线的优点：

（1）封闭母线导体采用铜铝母排或槽铝槽铜，结构紧凑、安装方便、运行维护工作量小。

（2）防护等级为 IP54，可基本消除外界潮气灰尘以及外物引起的接地故障。

（3）外壳采用铝板制成，防腐性能良好，并且避免了钢制外壳所引起的附加涡流损耗。

（4）外壳电气上全部连通并多点接地，杜绝人身触电危险，并且不需设置网栏，简化了对土建的要求。

（5）根据用户需要可在母排上套热缩套管，在箱体内安装加热器及呼吸器等以加强绝缘。

6-27 母线支持绝缘子有哪几种？选择时应注意什么？绝缘子型号各部分含义是什么？

➡️室内母线绝缘子有：Z-6，Z-10，Z-35。

室外母线绝缘子有：硬母线有 ZP-6，ZP-10，ZP-35；支持棒式绝缘子：ZS-6，ZS-10，ZS-35。

选择母线绝缘子时应注意下列各项：

1）电压相符：例母线电压是 10kV，则绝缘子应是 Z-10 型。

2）绝缘子的底座形式应符合要求。Z 系列绝缘子的底座有方形、圆形、椭圆形等，用字母表示：T——屋内椭圆形（两个脚底螺栓）；Y——屋内圆形（一个脚底螺栓）；F——屋内方形（四个脚底螺栓，不常用）。

3）ZP-35 型绝缘子应注意头顶螺栓距离，有 80、120mm 两种螺栓间距，没有特殊标志，应在选择时加以说明。

4）根据母线大小应考虑绝缘子本身承受的机械力（包括电动力）；绝缘子根据承受力的不同分四种规格，用字母 A、B、C、D 表示：A 型为 375kg；B 型为 750kg（室外 500kg）；C 型为 1250kg；D 型为 2000kg。

注：ZS 型一般是 600kg，无特殊标志。

6-28 站用高压支柱瓷绝缘子的型号含义如何？基本技术特性怎样？

➡️站用高压支柱瓷绝缘子型号含义如下所示。

户内支柱绝缘子与户外针式支柱绝缘子的型号含义：

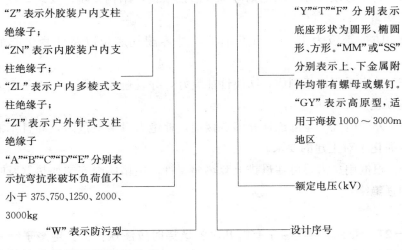

"Z"表示外胶装户内支柱绝缘子；

"ZN"表示内胶装户内支柱绝缘子；

"ZL"表示户内多棱式支柱绝缘子；

"ZI"表示户外针式支柱绝缘子

"A""B""C""D""E"分别表示抗弯抗张破坏负荷值不小于 375、750、1250、2000、3000kg

"W"表示防污型

"Y""T""F"分别表示底座形状为圆形、椭圆形、方形。"MM"或"SS"分别表示上、下金属附件均带有螺母或螺钉。"GY"表示高原型，适用于海拔1000～3000m地区

额定电压(kV)

设计序号

户外棒式绝缘子的型号含义：

"ZS"表示户外棒式支柱绝缘子

"W"表示防污型

设计序号

抗弯破坏负荷值(kg)

额定电压(kV)

站用高压支柱绝缘子的基本技术数据如表6-4所示。

表6-4 站用高压支柱绝缘子基本技术数据

额定电压 (kV)	工频耐压（kV，有效值）不小于			全波击穿电压 (kV，幅值) 不小于	截波冲击电压 (kV，幅值) 不小于	泄漏距离 (mm)
	干试验	湿试验	击穿			
6	36	26	58	60	73	170
10	47	34	75	80	100	200
35	110	85	176	195	240	625

6-29 站用高压穿墙套管有哪几种？型号含义是什么？

➡站用穿墙套管按使用场所可分为户内普通型、户外—户内普通型、户外—户内耐污型、户外—户内高原型、户外—户内高原耐污型五种类型；按所使用导体材料又可分为铝导体、铜导体以及不带导体（母线式）三种类型。

型号含义如下：

CL——户内铝导体穿墙套管；

CLB——户内铝导体穿墙套管（加强型）；

　C——户内铜导体穿墙套管；

　CWL——户外—户内铝导体穿墙套管；

CWLB——户外—户内铝导体穿墙套管（加强型）；

　CW——户外—户内铜导体穿墙套管；

CWWL——户外—户内耐污型铝导体穿墙套管；

　CWW——户外—户内耐污型铜导体穿墙套管；

　CM——户内母线穿墙套管；

CMWW——户外—户内耐污型母线式穿墙套管。

例如型号 CWWL - 35/630 - 3，其含义为 35kV 电压、630A 电流、户外—户内耐污型铝导体穿墙套管，适用于 3 级污区。

6 - 30　6～35kV 高压穿墙套管的电气性能有哪些？

➡ 6～35kV 高压穿墙套管的电气性能如表 6 - 5 所示。

表 6 - 5　　　　　　　　　6～35kV 高压穿墙套管的电气性能

额定电压 (kV)	工频电压有效值不小于（kV）			全波冲击耐受电压峰值不小于（kV）
	干耐受	湿耐受	击穿	
6	36	26	58	60
10	42	34	75	80
35	110	85	176	195

注　户内穿墙套管没有工频时耐受电压要求。

6 - 31　高压穿墙套管的热稳定电流是多少？

➡高压穿墙套管的热稳定电流如表 6 - 6 所示，从表中看到相同额定电流的铝导体和铜导体高压穿墙套管，其 5s 热稳定电流值是相同的。

表 6 - 6　　　　　　　　高压穿墙套管的热稳定电流

额定电流（A）	5s 热稳定电流有效值不小于（kA）	
	铝导体	铜导体
250	3.8	3.8
400	7.2	7.2
630	12	12

续表

额定电流（A）	5s 热稳定电流有效值不小于（kA）	
	铝导体	铜导体
1000	20	20
1500	30	30
2000	40	40
2500	50	50
3150	60	60
4000	80	80

6-32 穿墙套管的安装板如何选择？

➜穿墙套管的安装板可选用钢板、铜板、不导磁的不锈钢板。采用钢板作穿墙套管的安装板，当穿墙套管的额定电流超过 1500A 时，该钢板应按中心线开 1cm 宽的缝隙，增加磁阻，不能形成涡流和产生磁滞损失。

6-33 通过较大电流（1500A 以上）的穿墙套管如何固定在钢板上，为什么要在钢板上沿套管直径的延长线上开一道横口？

➜当套管通过交变电流时，如若固定穿墙套管的钢板不开一道横口，那在钢板上就会形成一个交变的闭合磁路，产生涡流和磁滞损耗，并使钢板发热。随着电流的增大，损耗也会剧增。如通过 1500A 及以上的大电流时，钢板就会过热，从而使套管的绝缘介质老化，降低使用寿命。如在钢板上开一道横口，形成一道非磁性气隙，钢板中磁通无法直接形成闭合回路，磁阻增大，磁损耗减小。因此，在通过大电流的穿墙套管固定钢板上，开出一道几毫米的横口后，再用非磁性材料填焊牢固，就能避免钢板发热了。

6-34 选择高压电气设备时应进行哪些验算？

➜为确保高压电气设备运行的可靠性，除应按正常情况下的额定电压、额定电流等进行选择外，为了在通过最大可能的短路电流时也不致受到严重损坏，还要根据短路电流所产生的动热效应进行校验。

但在下列情况下可不必进行短路电流验算：

（1）用熔断器保护的电器和导体。

（2）电压互感器回路中的电器和导体（即用限流电阻保护的设备）。

（3）当电压在 10kV 及以下，电源变压器在 750kVA 及以下，供非重要用户而又不致因短路破坏产生严重后果的电器及导体。

（4）架空电力线路。

选择高压电气设备应验算的项目如表 6-7 所示。

表 6-7   选择高压电气设备应验算的项目

设备名称	电压（kV）	电流（A）	遮断容量（MVA）	稳定校验 动稳定	稳定校验 热稳定
断路器	×	×	×	×	×
负荷开关	×	×	×	×	
隔离开关	×	×		×	×
熔断器	×	×	×		
电流互感器	×	×		×	×
电压互感器	×				
支柱绝缘子	×			×	
套管绝缘子	×			×	×
母线				×	×
电线	×	×			
电抗器	×			×	×
备注	设备额定电压与线路工作电压相符	设备的额定电流应大于工作电流	遮断容量应大于短路容量	按三相短路电流校验	按三相或两相短路电流校验（取热效应大的）

6-35　为什么选择高压电气设备时，不仅要考虑电压和电流，还要考虑热态、动态稳定度？

➡高压电气设备在选择时，除电压和电流不低于系统的运行电压及长期允许工作电流外，还应根据短路电流的热效应进行验证。

当高压电气设备的载流部分通过短路电流，特别是冲击电流时，即产生高温。如果超过设备的最大允许发热温度，势必造成设备的损坏。因此，要对电气设备在短路时的热效应进行计算，以验证其热稳定度。

同时，当高压电气设备的载流部分通过短路电流，特别是冲击电流时，将产生很大的机械作用力，电气设备必须能够承受这个机械破坏力，即必须具有足够的电动力稳定度，才能可靠地运行。

因此，验证电气设备的动态、热态稳定度，其目的就在于正确地选择高压电气设备，使其在动、热效应作用下，具有必要的稳定性。

断路器、隔离开关及负荷开关动、热稳定校验公式如下：

$$动稳定度：i_{gf} \geq i_{ch}^{(3)} \tag{6-1}$$

$$热稳定性：I_t \geq I_\infty \sqrt{\frac{t_j}{t}} \tag{6-2}$$

式中　i_{gf}——设备极限通过电流峰值，kA；

　　　$i_{ch}^{(3)}$——回路中可能发生的三相短路电流最大冲击值，kA；

　　　I_t——设备在 ts 内的热稳定电流，kA；

　　　I_∞——回路中可能通过的最大稳态短路电流，kA；

　　　t_j——短路电流作用的假想时间，s；

　　　t——热稳定电流允许的作用时间，s。

6-36　通常高压电气设备为什么规定安装在海拔 1000m 以下？

➡️随着海拔的增加，空气密度和气压均相应的减少，这就使空气间隙和瓷件绝缘的放电特性下降，从而使高压电气设备的外绝缘性变坏（但是对电气设备内部的固体和介质绝缘性能没有多大的影响）。因为通常高压电气设备是以海拔1000m 以下安装条件设计的，如果在海拔超过 1000m 时，将不能保证可靠运行。为此应对用在高海拔地区的高压配电装置的外绝缘强度予以补偿。

一般规定 1000m 以上（但不超过 4000m）的海拔地区，其高压电器及设备的外绝缘强度，应按每超过 100m 提高试验电压 1.0% 进行补偿。

对安装在海拔超过 1000m 及海拔 4000m 以下时的电器和电瓷产品，其外部绝缘的冲击和工频试验电压应乘以修正系数 K，其计算公式如下：

$$K = \frac{1}{1.1 - \dfrac{H}{10\,000}} \tag{6-3}$$

式中　H——设备安装地点的海拔，m。

对于海拔在 2000~3000m，电压 110kV 以下的高压电气设备，一般用提高一级电气强度（此外，外部绝缘的冲击和工频试验电压可增加 30% 左右）的办法，来加强外绝缘的电气强度。

6-37　电气开关如何分类？各有什么特点？

➡️电气开关是高压配电装置中的重要设备。电气开关虽然都是在电气系统中用来闭合或断开电路的，但是由于电路变化的复杂性，它们在电路中所负担的任务也各所不同，按它们的电力系统中的功能，一般可分下列几大类：

断路器：用于接通或断开有载或无载线路及电气设备，以及发生短路故障时，自动切断故障或重新合闸，能起到控制和保护两方面的作用。断路器按其构造及灭弧方式的不同可分为油断路器（国内已基本淘汰）、空气断路器、六氟化硫断路器、真空断路器（真空开关）、磁吹断路器（磁吹开关）和固体产气断路器（自产气开关）等。

隔离开关：是具有明显可见断口的开关，可用于通断有电压而无负载的线路，还允许进行接通或断开空载的短线路、电压互感器及有限容量的空载变压器。

负荷开关：接通或断开负载电流、空载变压器、空载线路和电力电容器组，如与熔断器配合使用，尚可代替断路器切断线路的过载及短路故障。负荷开关按灭弧方式分为固体产气式、压气式和油浸式等。

熔断器：用于切断过载和短路故障，如与串联电阻配合使用时，可切断容量较大的短路故障。熔断器按结构及使用条件可分为限流式和跌落式等。

6-38　高压断路器如何分类？

➡按断路器的绝缘介质分类：

（1）油断路器：利用变压器油作为灭弧介质，分多油和少油两种类型，当前大部分油断路器已被淘汰。

（2）六氟化硫断路器：采用惰性气体六氟化硫来灭弧，并利用它所具有的很高的绝缘性能来增强触头间的绝缘。

（3）真空断路：触头密封在高真空的灭弧室内，利用真空的高绝缘性能来灭弧。

（4）空气断路器：利用高速流动的压缩空气来灭弧。

（5）固体产气断路器：利用固体产气物质在电弧高温作用下分解出来的气体来灭弧。

（6）磁吹断路器：断路时，利用本身流过的大电流（短路电流）产生的电磁力将电弧迅速拉长而吸入磁性灭弧室内冷却，使电弧熄灭。

6-39　什么是高压断路器的操动机构？

➡控制高压断路器的接通和开断的机构叫操动机构，按操作性质可分为电动操动机构、气动操动机构、液压操动机构、弹簧储能操动机构、手动操动机构。

6-40 什么是 GIS 和 C-GIS？

➡ GIS，全称为 gas-insulator switchgear。它是由断路器、母线、隔离开关、电流互感器、电压互感器、避雷器、套管、接地开关、电缆连接件等电器单元组合而成，这些设备和部件全部封闭在金属接地外壳中，在其内部充有一定压力的 SF_6 绝缘气体，故也称 SF_6 全封闭组合电器。它的绝缘和断路器消弧介质均采用 SF_6 气体。

C-GIS，全称为 cubicle gas-insulator switchgear。它是由真空断路器、母线、隔离开关、电流互感器、电压互感器、接地开关等电器单元组合而成的气体绝缘封闭柜式组合电器。它的绝缘介质采用 SF_6 气体，断路器采用真空断路器。

6-41 GIS 有哪些主要特点？

➡ (1) 结构紧凑。GIS 为组合电器且充 SF_6 气体，体积小，占地面积少。与常规设备相比，110kV GIS 占地面积不到常规设备占地面积的 50%，220kV GIS 占地面积仅为常规设备占地面积的 40% 左右。

(2) 不受大气环境影响。GIS 是气体绝缘封闭组合电器，导电部分在箱壳的内部，并充以 SF_6 气体，不与空气接触，因此不受污染及雨、盐雾等大气环境的影响。GIS 特别适合于工业污染和气候恶劣以及高海拔地区。

(3) 运行安全可靠。GIS 工艺严格，加工精密，绝缘要求高，同时灭弧性能好，使断路器的开断能力增强，触头不易烧坏，故检修周期长。SF_6 绝缘气体不燃烧，故防火性能好。为了防止内部故障的发生，并随时掌握设备运行状况，GIS 有自行检测和自诊断功能。

(4) GIS 对通信装置不造成干扰。GIS 的导电部分均为金属外壳所屏蔽，金属外壳直接接地，其产生的电磁场辐射、电场干扰等被金属外壳屏蔽，对外界不产生干扰。

(5) 安装方便。GIS 设备的电器元件组装方便，大部分组件在厂家组装后运抵现场，因此现场只需少量安装、调试、试验以后进行拼装，与常规设备相比，现场 GIS 设备的安装工作量要减少 80% 左右；安装完成投入运行后，检修的工作量也非常少，大大提高了劳动生产效率。

6-42 气体在 GIS 中的作用是什么？

➡ SF_6 气体在 GIS 中有两个作用：

(1) 绝缘。SF_6 气体是一种绝缘强度很高的气体，SF_6 在 0.1MPa 时绝缘强度是空气的 3 倍，在 0.2MPa 时绝缘强度与变压器油相当。在 GIS 设备中，以 SF_6 气体作为主要的绝缘介质。

（2）灭弧。SF_6 有优良的热特性，因此电弧的温度降低快，电弧容易熄灭。SF_6 气体具有负电性，当发生离子碰撞时，与正离子复合成为中性分子的概率高于自由电子，因而降低了电弧的导电率。SF_6 气体的电弧时间常数小。

6－43　GIS 中水分的产生有哪几种原因？GIS 中含有水分有什么危害？

➡ GIS 中的水分一般由下列原因产生：

（1）在制造、运输、安装、检修过程中水分进入到设备的各个元件中。

（2）GIS 的绝缘件带有 $0.001\sim0.005\mu L/L$ 的水分，在运行过程中缓慢向外释放。

（3）GIS 中的吸附剂本身含有水分。

（4）SF_6 气体中含有水分。

（5）GIS 密封有微量渗漏，空气中的水分进入到 GIS 设备中。

GIS 中含有的水分能与 SF_6 及其衍生物如 SO_2 等生成腐蚀性物质，对 GIS 的绝缘件、导电体及外壳产生腐蚀作用；此外，水分还会在绝缘件表面凝结成液态水，造成沿面闪络。为了控制 GIS 桶体内的水分含量，通常在 GIS 桶体内放置一定量的吸附剂。

6－44　GIS 有哪些防误闭锁要求？

➡ GIS 通常有如下防误闭锁功能：

（1）隔离开关只有在对应断路器分闸时才能操作。

（2）隔离开关操作未到位，断路器不能操作。

（3）母线隔离开关在母线接地开关拉开时才能操作。

（4）母线接地开关必须在所有母线隔离开关全部拉开的情况下才能操作。

（5）线路隔离开关只有在线路接地开关拉开时才能操作。

（6）线路接地开关只有在线路隔离开关拉开时才能操作，若线路有电压，线路接地开关不能合闸操作。

（7）手动操作隔离开关及接地开关时，电动控制自动解除。

（8）隔离开关机械闭锁投入后，手动、电动控制自动解除。

（9）SF_6 气体压力、油压、氮气压力降低至标准以下，断路器将被闭锁。

（10）辅助电压中断时，所有机械联锁仍起作用。

（11）GIS 装置手动操动机构上可挂锁，由指定人员操作。

（12）一旦防误闭锁装置失灵，可用专用钥匙解锁。

6－45　什么是 H－GIS？

▶ H－GIS，全称为 hybird gas insulated switchgear，即复合式 GIS。相对于 GIS，H－GIS 只将一相断路器、隔离/接地开关、电流互感器等集成为一组模块，整体封闭于充有绝缘气体的容器内，是一种不带充气母线的相间空气绝缘的单相 GIS。

6－46　什么是 COMPASS？

▶ COMPASS，全称为 compact prefabricated air-insulated sub-station，即紧凑型预制的空气外绝缘组合式变电所。COMPSAA 设备是在手车式结构的开关设备基础上开发的新型组合电器，其主要构思是使用多个功能的器件来构成有限数量的模块或组件，标准的 COMPSAA－145 间隔具有一台断路器、三只电流互感器、两（三）组隔离开关，可选接地开关。

6－47　什么是 PASS？

▶ PSAA，全称为 plug and switch system。它将一相断路器、隔离/接地开关及电流/电压互感器放在一个密封舱内，采用 SF_6 气体绝缘和自动吹弧技术，每一相有独立的外壳，其可靠性和灵活性高，是 ABB 公司为广大用户最新研制的组合电气设备，即插接式开关装置。

6－48　H－GIS、COMPASS、PASS、GIS 变电所各有什么特点？

▶（1）H－GIS 变电所的特点有：

1）H－GIS 设备提高了运行的可靠性。由于各元件组合，大大减少了对地绝缘套管和支柱数（仅为常规设备的 30％～50％），从而减少了绝缘支柱因污染造成对地闪络的概率，提高了运行可靠性。

2）由于元件组合，缩短了设备间接线的距离，节省了各设备的布置尺寸。

3）由于采用在制造厂预制式整体组装调试、模块化整体运输和现场施工安装的方式，使现场施工安装更为简单、方便。同时也减少了变电所支架、钢材的用量。

4）模块化，非常灵活，特别适用于老式变电所的改造。

（2）COMPASS 变电所的特点有：

1）占地面积少。

2）设备安装时间极短，间隔在出厂时就已经装配和调试好，缩短现场调试时间。

3）预制的自支撑母线不需要绝缘子和钢架支撑。

4）接线方式灵活，扩容方便。

5）小车式结构，具有可移动性。

6）很少的充气量，对环境影响小。

7）接地网的合理结构使整座变电所获得良好的接地连续性。

8）寿命周期内的维护费用低。

（3）PASS 变电所的特点有：

1）占地面积小。采用先进组合式技术，使设备更加紧凑，体积更加小型化。

2）维护工作量少。在测量、控制、保护系统中，采用了计算机技术，数字化技术，光纤通信技术，支持数字式继电器，继电保护系统引入了微机处理和分段监控保护。

3）安装、更换方便、节能、环保、能量损耗极小。采用了预安装技术，整套设备在出厂前安装、调试完毕。

4）每一 PASS 间隔配置 1 台就地控制柜，内设控制及保护单元，即将二次技术集成化。

（4）GIS 变电所的特点有：

1）机构紧凑。

2）不受大气环境影响。

3）运行安全可靠。

4）GIS 对通信装置不造成干扰。

5）安装方便。

6－49　高压开关柜有哪些型式？

➡（1）按开关柜的主接线形式，可分为桥式接线开关柜、单母线开关柜、双母线开关柜、单母线分段开关柜、双母线带旁路母线开关柜和单母线分段带旁路母线开关柜。

（2）按断路器的安装方式，可分为固定式开关柜和移开式（手车式）开

215

关柜。

（3）按柜体结构，可分为金属封闭间隔式开关柜、金属封闭铠装式开关柜以及金属封闭箱式固定开关柜，分别如图 6-2～图 6-5 所示。

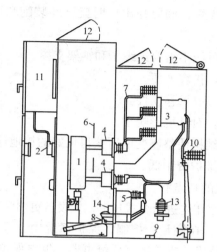

图 6-2　金属封闭间隔式开关柜（一）

1—断路器手车；2—二次插头；3—电流互感器；4——次插头；5—接地开关；

6—绝缘活动帘门；7—分支母线；8—接地开关操动机构；9—接地母线；

10—电压抽取绝缘子；11—低压室；12—压力释放装置；13—避雷器；14—加热器

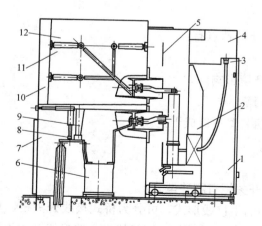

图 6-3　金属封闭间隔式开关柜（二）

1—断路器室；2—断路器手车；3—二次插头；4—低压室；5—绝缘活动帘门；

6—电流互感器；7—电缆室；8—接地开关；9—电压抽取绝缘子；

10—压力释放装置；11—母线室；12—母线室柜间绝缘隔板

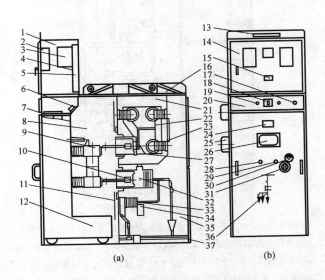

图 6-4 金属封闭铠装式开关柜

(a) 剖面图；(b) 正视图

1—低压室；2—仪表；3—继电器；4—继电器安装底板；5—控制小母线；

6—端子排电流互感器；7—二次插头；8—断路器室；9—断路器；

10——一次插头；11—金属活动帘门；12—断路器手车；

13—编号铭牌；14—低压室柜门；15—带电显示器；

16—压力释放装置；17—断路器室照明开关；

18—控制开关；19—断路器分合闸指示灯；

20—操作面板；21—主母线室；22—分支

母线；23—主母线；24—开关柜铭牌；

25—主母线柜之间绝缘套管；

26—观察孔；27——一次插头盒；

28—合分机械指示；29—紧急分闸；

30—推进机构操作孔；31—断路器室

柜门锁定机构；32—电流互感器；

33—电压抽取绝缘子；34—接地开关；

35—电缆室；36——一次系统模拟图；

37—接地开关连锁操作轴

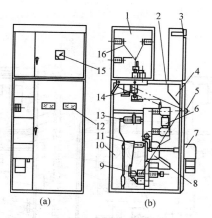

图 6-5　金属封闭箱式固定开关柜

（a）剖面图；（b）正视图

1—母线室；2—压力释放装置仪表；3—低压室；4—二次开关室；

5—隔离开关操动机构及联锁机构；6—断路器；7—断路器操动机构；

8—电流互感器；9—下隔离开关；10—电缆室；11—电压抽取绝缘子；

12—观察孔；13—避雷器；14—上隔离开关；15—仪表；16—分支母线

（4）按断路器手车安装位置的方式，可分为落地式开关柜和中置式开关柜。中置式开关柜如图 6-6 所示。

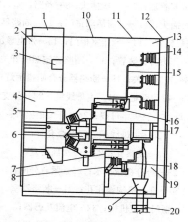

图 6-6　中置式开关柜

1—小母线室；2—低压室仪表；3—继电器；4—断路器室；5—断路器手车；

6—断路器；7—金属活动帘门；8—接地开关；9—电缆；10—断路器室压力释放装置；

11—母线室压力释放装置；12—电缆室压力释放装置；13—母线室；

14—主母线；15—分支母线；16—一次插头；17—电流互感器；

18—电压抽取绝缘子；19—电缆室；20—零序电流互感器

（5）按开关柜内部绝缘介质的不同，可分为 SF$_6$ 气体绝缘开关柜（又称 C-GIS）和空气绝缘开关柜，分别如图 6-7 和图 6-8 所示。其中空气绝缘包括纯空气绝缘、复合绝缘、部分固体绝缘。

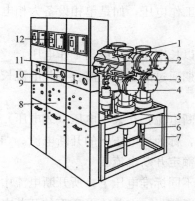

图 6-7　SF$_6$ 气体绝缘（C-GIS）开关柜

1—铸铝母线箱；2—母线；3—断路器绝缘套管出线座；4—真空断路器；5—电流互感器；

6—电缆终端；7—构架；8—开关柜操作面板；9—三位置开关及断路器位置指示器；

10—气压表；11—三位置开关；12—仪表、继电器

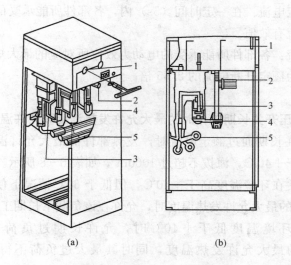

（a）　　　　　　　　　　（b）

图 6-8　空气绝缘开关柜（部分采用固体绝缘）

（a）内部结构；（b）正视图

1—操动机构；2—电缆终端；3—真空断路器；4—电流互感器；5—母线

6-50 高压开关铭牌数据的意义是什么？

➡高压开关及操动机构的铭牌上除标明名称、型号、出厂编号、出厂日期、质量和制造厂名以外，其他技术数据的意义为：

额定电压：正常的工作电压，如是单相设备为相电压，如是三相设备则为线电压。

最高工作电压：可以长期使用的最高工作电压。

额定电流：可以长期通过的工作电流。在此电流长期通过各部件时，温升不超过规定的允许值。

开断电流和额定开断电流：在某一电压（线电压）下所能开断而不影响继续正常工作的最大电流，称为该电压下的开断电流。如果工作电压等于额定电压时，此开断电流即为额定开断电流。

极限开断电流：在不同标准电压下，所开断电流中的最大值。

开断容量和额定开断容量：在某一电压下的开断电流和该电压的乘积，再乘以线路系数，称为该电压下的断流容量。

线路系数：单相系统为1，二相系统为2，三相系统为$\sqrt{3}$。如果工作电压等于额定电压时，开断容量称为额定开断容量。

最大热稳定电流：在一定时间（5s）内，各部件所能承受的热效应所对应的最大短路电流有效值。

动稳定电流：各部件所能承受的电动力效应所对应的最大短路电流第一周期峰值，一般为额定开断电流的2.55倍。

6-51 高压开关长期工作时的最大允许发热温度和允许温升是多少？

➡高压开关在长期通过额定电流时，发热部件的最大允许温度和允许温升环境温度不大于+40℃，海拔不超过1000m，如表6-8所示。

当高压开关在环境温度高于+40℃，但低于60℃情况下使用，但未超过表6-8中规定的最大允许发热温度时，允许在该负载下长期工作。

当使用在环境温度低于+40℃时，允许长期过负荷，但必须符合表6-8规定的最大允许发热温度，同时其最大过负荷不得超过额定值的20%。

表6-8 高压开关长期工作时的最大允许发热温度和允许温升

序号	名称	最大允许发热温度（℃）		在环境温度为+40℃时的允许温升（℃）	
		在空气中	在油中	在空气中	在油中
1	需要考虑发热对机械强度有影响的				
	铜	110	90	70	50
	铜镀银	120	90	80	50
	铝	100	90	60	50
	钢、铸铁及其他	100	90	70	50
	不需要考虑发热对机械强度有影响的				
	铜或铜镀银	145	90	105	50
	铝	135	90	95	50
2	与绝缘材料接触的金属部分以及由绝缘材料制成的零件，材料在不同绝缘等级时				
	Y	85	—	45	—
	A	100	90	60	50
	E	110	90	70	50
	B、F、H 和 C	110	90	70	50
3	最上层变压器油				
	作为灭弧介质	—	80	—	40
	只作为绝缘介质时	—	80	—	50
4	接触连接				
	用螺栓、螺纹、铆钉及其他形式紧固的				
	铜（包括紫铜带）或铝无镀层	80	85	40	45
	铜或铝镀（搪）锡	90	90	50	50
	铜镀银	105	90	65	50
	铜镀银厚度大于50μm或镶银片	(120)	90	(80)	50
	用弹簧压紧的				
	铜或铜合金无镀层	75	80	35	40
	铝或铝合金无镀层	—	80	—	40
	铜或铜合金镀银	105	90	65	50
	铜或铜合金镀银厚度大于50μm或镶银片	(120)	90	(80)	50
5	铜编织线	(85)	(80)	(45)	(40)

注 表中括号内的数值为推荐值。

6-52 高压开关柜防止电器误操作和保证人身安全的"五防"包括什么内容？

➡(1) 防止误分、误合断路器；

（2）防止带负荷将手车拉出或推进；

（3）防止带电将接地开关合闸；

（4）防止接地开关在合闸位置合断路器；

（5）防止进入带电的开关柜内部。

6－53 固定式和手车式高压开关柜有什么区别？

▶主要的区别有三点：

（1）断路器的安装方式。固定式高压开关柜如图6－9所示。其断路器安装位置固定，断路器两侧使用隔离开关构成一次导电回路，或者采用隔离开关作为断路器检修的隔离措施，机构简单；但由于断路器室体积小，给断路器维修带来不便，又由于母线隔离开关在拉开位置时处于垂直状态，若母线隔离开关操作手柄锁定不良会引起母线隔离开关因自重而自动倒向合闸位置，造成设备损坏和人身伤害。因此在拉开固定式开关柜母线隔离开关时应确保操动机构

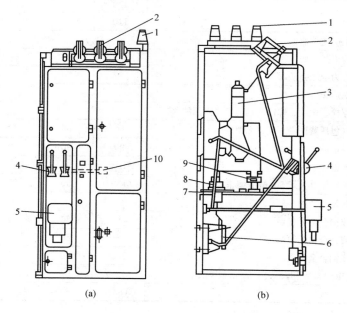

图6－9 固定式高压开关柜

（a）正视图；（b）剖面图

1—母线支持绝缘子；2—母线隔离开关；3—断路器；4—隔离开关操作手柄；

5—断路器操动机构；6—线路隔离开关；7—水平金属板；8—穿墙套管；

9—电流互感器；10—断路器室柜门联锁机构

锁定良好并加装绝缘挡板、绝缘筒。手车式高压开关柜如图6-4所示，其断路器安装于可移动手车上，断路器两侧使用一次插头与固定的母线侧、线路侧静插头构成导电回路，并使用二次插头、二次插座与断路器的操作电源相连，断路器手车可移出柜外检修。同类型断路器手车具有通用性，可使用备用断路器手车代替检修的断路器手车，以减少停电时间。

（2）柜内各元件的隔离措施。固定式高压开关柜中的各功能区相通式敞开的，容易造成故障的扩大。手车式高压开关柜的各个功能区时采用金属封闭或采用绝缘板的方式封闭，有一定的限制故障扩大的能力。

（3）断路器检修的隔离措施。固定式高压开关柜检修的隔离措施采用母线和线路的隔离开关；而手车式高压开关柜检修的隔离措施采用插头式的触头，拉出断路器就可检修断路器。

6-54　空气绝缘高压开关柜和SF₆气体绝缘高压开关柜有什么区别？

➡️空气绝缘高压开关柜如图6-8所示。它以空气作为开关柜导电回路的相间、相地绝缘介质，当相间、相地净距不够时使用热缩绝缘套、绝缘罩或绝缘挡板，母线系统可为间隔式或贯通式。SF₆气体绝缘高压开关柜如图6-7所示。它的真空断路器或SF₆气体断路器、隔离开关（或三位置开关）、母线等电气元件安装在气密的非导磁金属容器中，内充具有优越灭弧性能和极高绝缘强度的SF₆气体，作为相间、相地、三位置开关断口间绝缘介质。SF₆气体绝缘高压开关柜为三相共箱式结构。

6-55　金属封闭铠装式、金属封闭间隔式和金属封闭箱式固定开关柜有什么不同？

➡️金属封闭铠装式开关柜采用金属板材组成全封闭机构，分隔为母线室、断路器室、电缆室、低压室，各小室间隔、邻仓间隔、断路器室的静触头活门均采用金属板材作隔离，断路器安装在可移动的手车上，常见的有ZS3.2型、VE型、VC型、BA1-10型、8BK20型、ZS1型、ZK1型、AHA型及国产KYN型和GZS1型等开关柜。

金属封闭间隔式开关柜柜体结构与金属封闭铠装式开关柜基本相同，但部分间隔使用绝缘板，如母线室与邻仓间隔或断路器室与母线室、电缆室的间隔等采用绝缘板，常见的有BA1-35型、DNF7型和国产JYN型开关柜。

金属封闭箱式开关柜的断路器采用固定安装方式，母线为贯通式结构，常见的有 GBC－35 型和国产 XGN 型、GGX2 型开关柜。

6－56 手车式（移开式）高压开关柜有哪些型式？

➡️按断路器手车的安装方式，手车式高压开关柜可分为落地式和中置式。

落地式手车柜是手车直接在柜底部的导轨上移动，手车操作一般采用直接推、拉移动方式，也可采用机械方式进行推、拉。落地式手车的断路器可采用油断路器、SF₆断路器、真空断路器。断路器一般配用弹簧储能的操动机构。

中置式开关柜如图 6－10 所示，落地式手车如图 6－11 所示，中置式手车如图 6－12 所示。手车的断路器安装位置比电缆室高，可以通过转运小车移出

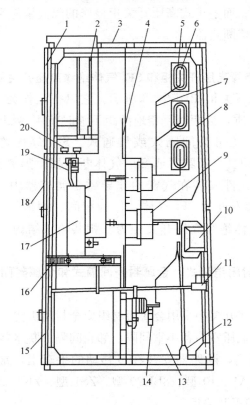

图 6－10 中置式开关柜

1—低压室门；2—内摇门；3—断路器室压力释放装置；4—金属活动帘门；5—母线套管；6—主母线；
7—分支母线；8—母线室；9—插头盒；10—电流互感器；11—接地开关联锁机构；12—电缆；
13—电缆室；14—接地开关；15—下门；16—手车联锁机构；17—断路器手车；
18—断路器室门；19—二次插头；20—二次接线端子

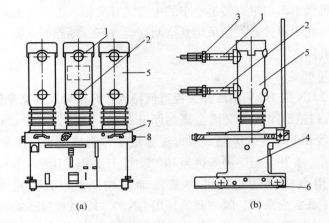

图 6-11　落地式手车

（a）正视图；（b）侧视图

1—上插头；2—下插头；3—弹簧触指系统；4—操动机构；5—断路器；

6—断路器手车滚轮；7—断路器定位装置拉手；8—断路器手车定位销

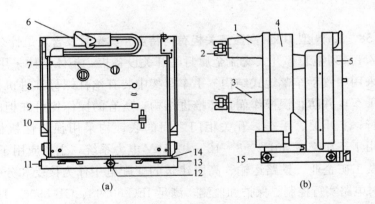

图 6-12　中置式手车

（a）正视图；（b）侧视图

1—上插头；2—弹簧触指系统；3—下插头；4—断路器；5—操动机构；

6—二次插头；7—手动分合闸；8—手动储能；9—储能指示；

10—断路器位置指示；11—断路器手车定位销；12—断路器手车推进装置；

13—断路器手车底座；14—断路器定位装置拉手；15—断路器手车滚轮

柜外检修，手车操作一般采用螺杆驱动装置，比直接采用推、拉方式省力。目前已开发出每台手车均附有转运小车的中置式开关柜。由于中置式手车的断路器体积小，因此中置式开关柜采用真空断路器或 SF₆ 断路器，操动机构采用弹簧储能操动机构。

6-57　XGN 型 10kV 高压开关柜有何特点？其型号及含义是什么？

➡ XGN 系列箱型固定式交流金属封闭开关柜，适用于 6～12kV 三相交流 50Hz、单母线和单母线带旁路或双母线系统中作为接受和分配电能之用，安装于户内场所。本开关柜防护等级为 IP2X，主开关柜采用 ZN28-12 系列真空断路器，配用电磁操动机构或弹簧操动机构，也可选高品质的 ZN63A（VS1）、VD4 真空断路器。隔离开关采用 GN30-12 系列旋转式隔离开关系列产品。主开关、隔离开关、接地开关及柜门之间的联锁机构采用强制性机械闭锁方式，符合"五防"功能。

例如：XGN₂₈-12 第一字母 X 表示箱型结构；第二字母 G 表示固定式；第三字母 N 表示户内式；N 字注脚阿拉伯数字 28 表示设计序号；-横号后阿拉伯数字表示开关柜额定电压 12kV。

6-58　KYN 型 10kV 高压开关柜有何特点？其型号及含义是什么？

➡ KYN 系列铠装移开式交流金属封闭开关设备柜，柜体结构采用组装式，断路器采用中置手车落地式结构；手车车架中装有丝杠螺母推进机构，可轻松移动手车，并防止误操作而损坏推进结构；所有的操作均可在柜门关闭状态下进行；主开关、手车、开关柜门之间的联锁均采用强制性机械闭锁方式。适用于三相交流 50Hz、3～12～40.5kV 电力系统，主要应用于发电厂、变电所及工矿企业、铁路运输、高层建筑的变配电中作为接受和分配电能之用，并对电路实行控制、保护和监测，满足 IEC 60298、GB 3906、DL/T 404 等标准的要求，并具备"五防"功能。

例如：KYN₂₈-12 型的第一字母 K 表示金属铠装结构；第二字母 Y 表示移开式；第三字母 N 表示户内式；N 字注脚阿拉伯数字 28 表示设计序号；-横号后阿拉伯数字表示开关柜额定电压 12kV。

6-59　试比较 10kV XGN-12 型和 KYN-12 型高压开关柜的特点。

➡ 10kV XGN-12 型和 KYN-12 型高压开关柜的特点比较见表 6-9。

表 6 - 9   10kV XGN - 12 型和 KYN - 12 型高压开关柜的特点比较

名称	XGN - 12 型高压开关柜	KYN - 12 型高压开关柜
额定电压（kV）	12	12
柜体结构	金属箱型，隔板为非金属，全封闭	金属铠装，金属隔板全接地，全封闭
断路器设置	断路器固定安装	断路器中置移开（活动小车式）
事故处理	断路器故障抢修时间长	断路器故障抢修时间极短（更换小车时间）
母线室	母线系统为贯通式	母线室按间隔式分开
防误操作功能	具有"五防"功能	具有"五防"功能
研制技术	柳开引进德国 AEG 公司技术生产	北开仿德国西门子公司技术生产
功能比	较差	较好
性价比	便宜	较贵
应用环境	户内	户内

6 - 60 常规 10kV KYN 系列中压开关柜结构有哪些特点？

➡常规 10kV KYN 系列中压开关柜结构见表 6 - 10。

表 6 - 10   常规 10kV KYN 系列中压开关柜结构

开关柜型号		KYN1	KYN4A	KYN（改进型）	JYN 改型为 KYN	KYN1（改）
手车推进方式		螺杆式	杠杆式及螺杆式	杠杆式	直推式	螺杆式
断路器主触头型		多片蟹钳状夹紧	多片蟹钳状夹紧	多片蟹钳状夹紧	瓣形	多片蟹钳状夹紧
接地开关	性能	无快速机构	有快速机构	无快速机构	有快速机构	有快速机构
	带否带电传感器	不带	带	不带	不带	不带
	传动机构	连杆	连杆	万向节转换	连杆	连杆
开关柜	柜体制造方式	焊接	铆接	焊接	焊接	焊接
	进出线方向	下进，上出	下进，下出	下进，下出	下进，下出	下进，下出
	帘门运动方式	同向上下滑	异向上下滑	同向上下滑	同向上下滑	异向上下滑
	加热器	220V、150W两只串联	220V、150W两只串联	220V、150W两只串联	220V、150W两只串联	220V、150W两只串联

二次插接件 型式	航空插件 滑动插件	航空插件	航空插件	航空插件	滑动对接式
静插头盒及电 流互感器结构	一体式	独立非 一体式	独立非 一体式	一体式	独立非 一体式
电压互感器/ 避雷器结构	小车式	小车式	小车式	固定式	小车式

6-61 什么是计量柜（箱）？

➡电力用户处户内或户外计费用的电能计量所必需的计量器具和辅助设备的总体称为计量柜（箱），它包括电能表，计量用电压、电流互感器，及其二次回路、屏、柜、箱体。按用途分有户内式、户外式、柱上悬挂式；按电压分有低压计量柜（箱）和高压计量柜（箱）。它与各型高、低压开关柜配套使用。

6-62 什么叫做F-C回路？什么是F-C回路高压开关柜？

➡由高压限流式熔断器（简称熔断器"F"）与高压真空接触器（简称接触器"C"，该真空接触器实际上就是负荷开关）组合装配而成的手车式开关装置，称为F-C手车（包括一次插头）。由F-C手车、综合保护装置及连接主母线和电缆的分支母线所组成的回路，称为F-C回路。由F-C回路为开关元件组成的开关柜，称为F-C回路手车式高压开关柜。

6-63 SF$_6$断路器分为几类？

➡按结构形式可分为瓷柱式SF$_6$断路器和落地罐式SF$_6$断路器。

按灭弧方式可分为压气式SF$_6$断路器（有双压式灭弧室和单压式灭弧室）、旋弧式SF$_6$断路器和气自吹式SF$_6$断路器。

按SF$_6$断路器开断过程中动、静触头开距的变化可分为定开距SF$_6$断路器和变开距SF$_6$断路器。

6-64 可伐金属是什么意思？

➡可伐金属，英文：KOVAR；译文：可伐或科瓦；中国牌号为4J29等牌号，本合金含镍29%、钴17%的硬玻璃铁基封接合金。该合金在$20\sim450℃$范围内具有与硬玻璃相近的线膨胀系数和相应的硬玻璃能进行有效封接匹配，有较高的居里点以及良好的低温组织稳定性，合金的氧化膜致密，容易焊接和熔接，有良好可塑性，可切削加工，广泛用于制作电真空元件、发射管、显像管、开关管、晶体管以及密封插头和继电器外壳等。

可伐金属易与钼组玻璃进行配合封接，一般工件表面要求镀金。

牌号 4J29 材质成分见表 6 - 11。

表 6 - 11　　　　　　　　　　　　牌号 4J29 材质成分

金属名称	成分含量（%）	金属名称	成分含量（%）	金属名称	成分含量（%）
NICKEL（Ni）	29.0	SULFUR（S）	0.025	MOLYBDENUM	0.20
COBALT（Co）	17.0	CHROMIUM（Cr）	0.20	ZIRCONIUM（ZR）	0.10
MANGANESE（Mn）	0.50	COPPER（Cu）	0.20	PHOSPHORUS（P）	0.025
SILICON（SI）	0.20	CARBON（C）	0.06	IRON BALANCE	

6 - 65　真空断路器"真空"是什么概念？

➡ "真空"是一种特定的气体状态，它与一般的大气状态不同。在真空中其单位体积的气体分子数减少，气体分子之间以及与其他质点之间相互碰撞的概率减少。在真空断路器中，"真空"是作为绝缘和灭弧的介质，真空断路器的核心和它的工作原理以及真空断路器使用中的许多问题均和"真空"有关。

6 - 66　真空度如何表示？

➡真空度用气体压力值表示，单位为帕（Pa）。以前工程中曾使用乇（Torr）作为单位，1Torr＝133.32Pa，也使用过巴（Bar）或毫巴（mbar）作为单位，现已废除。

6 - 67　真空断路器的真空度应该是多少？

➡真空断路器以在真空中熄灭电弧为特点，但是应在某一定真空范围内才具有良好的绝缘性能和灭弧性能，而不是在任何真空度下都可以灭弧的。真空室一个良好的绝缘介质，理论上气体压力越低，绝缘性能越好。当气体气压为 10^{-3} Pa 左右时，由于气体分子在开断电弧时会产生大量的载流子使气体间隙的绝缘强度大大降低，气体被击穿的概率为 100%。当气体压力低于 10^{-10} Pa 时，真空的绝缘强度又要下降，因为这时电子很容易从金属电极中逸出。因此真空灭弧室的真空度应该保持在 10^{-10} ～ 10^{-4} Pa 范围内最佳。

6 - 68　真空断路器是否需要配避雷器？

➡原则上真空断路器应配置避雷器，但真空灭弧室的载流水平小于或等于

2A 的，可以不配避雷器。

6-69　选用断路器时应该参照哪些标准？

→(1) GB 311.1—2012《绝缘配合　第 1 部分：定义、原则和规则》。

（2) GB 1984—2003《高压交流断路器》。

（3) GB 3309—1989《高压开关设备在常温下的机械试验》。

（4) DL 402—2007《高压交流断路器订货技术条件》。

（5) DL/T 593—2006《高压开关设备和控制设备标准的共用技术要求》。

（6) DL/T 615—1997《交流高压断路器参数选用导则》。

（7) DL/T 403—2000《12kV～40.5kV 高压真空断路器订货技术条件》。

6-70　高压隔离开关有何用途？主要结构有哪些部分？

→(1) 高压隔离开关（也称刀闸）的主要用途是：

1）隔离电源，使需要检修的电气设备与带电部分形成明显的断开点，以保证作业安全。

2）与断路器相配合来改变运行接线方式。

3）切合空载和小电流电路。

（2) 高压隔离开关的主要结构：

1）绝缘结构部分。隔离开关的绝缘主要有对地绝缘和断口绝缘两种。对地绝缘一般是由支柱绝缘子和操作绝缘子构成。它们通常采用实心棒形瓷质绝缘子，有的也采用环氧树脂或环氧玻璃布板等作绝缘材料。断口绝缘是具有明显可见的断口，绝缘必须稳定可靠，通常以空气为绝缘介质，断口绝缘水平应较对地绝缘高 10%～15%，以保证断口处不发生闪络或击穿。

2）导电系统部分。

（a) 触头。隔离开关的触头是裸露于空气中的，表面易氧化或脏污，这就要影响触头接触的可靠性。故隔离开关的触头要有足够的压力和自清扫能力。

（b) 闸刀（或导电杆）。是由两条或多条平行的铜板或铜管构成，其铜板厚度和条数是由隔离开关的额定电流以及动、热稳定性决定的。

（c) 接线座。常见有板型和管型两种，一般根据额定电流的大小而有所区别。

（d) 接地开关。隔离开关的接地开关的作用是为了保证人身安全所设的。当开关分闸后，将回路可能存在的残余电荷或杂散电流通过接地开关可靠接地。带接地开关的隔离开关有每极一侧或每极两侧两种类型。

6－71　高压隔离开关不允许进行哪些操作？允许进行哪些操作？

➡高压隔离开关没有灭弧能力，故严禁带负荷进行拉闸和合闸操作。必须在断路器切断负荷以后，才能拉开隔离开关。反之，在合闸时，应先合隔离开关，合闸之后再接通断路器。

按规程规定，高压隔离开关允许进行以下各项操作：

（1）开、合电压互感器和避雷器。

（2）开、合闭路开关的旁路电流。

（3）开、合母线及直接连接在母线上设备的电容电流。

（4）开、合变压器中性点的接地线，但当中性点上接有消弧线圈时，只有在系统无故障时方可操作。

（5）可操作下列容量无负荷运行的变压器。

1）电压 10kV 以下，变压器容量不超过 320kVA。

2）电压 35kV 以下，变压器容量不超过 1000kVA。

（6）可操作电压 35kV 及以下，长度在 5km 以内的无负荷运行的架空线路。

（7）可操作电压 110kV，长度在 5km 以内的无负荷运行的电缆线路。

（8）进行倒母线操作。

6－72　为什么停电时在断开断路器之后先断开线路侧隔离开关，而送电时要先合母线侧隔离开关？

➡为了在发生错误操作时，借助于断路器的保护作用尽量缩小事故范围，避免人为扩大事故。

停电时，先断开线路侧隔离开关的原因是，如果停电中发生误操作，例如，断路器尚未断开电源，而先断开隔离开关，造成带负荷拉闸；或虽然断路器已断开，但是当操作隔离开关时，又错拉了不应停的线路隔离开关，都将引起弧光短路。在这种情况下，如果先拉线路侧隔离开关，由于弧光短路点在断路器外侧，所以断路器的保护装置会动作跳闸切除故障，缩小了事故范围。因此停电时，要在断路器断开之后，先断开线路侧隔离开关。

反之，送电时，如果断路器误在合闸位置，后合母线侧隔离开关时，等于母线侧带负荷送电，必将发生弧光接地，而使故障扩大。这种情况下，如先合母线侧隔离开关，然后再合线路侧隔离开关，就等于用线路侧隔离开关带负荷合闸，一旦发生弧光短路，由于短路点在断路器外侧，故断路器保护即可动作跳闸，切除故障，缩小事故范围。因此送电时要先合母线侧隔离开关。

6－73　高压隔离开关的每一极用两个刀片有什么好处？

➡通常较大容量的隔离开关，每一极都是两片刀片。因根据电磁学理论，两根平行导体流过同一方向电流时，会产生互相靠拢的电磁力，其电磁力的大小与两根平行导线之间的距离和通过导体的电流有关。如隔离开关所控制操作的电路发生故障时，刀片中就会流过很大的电流，使两个刀片以很大的压力紧紧地夹住固定触头（磁拉力作用），这样刀片就不会因振动而脱离原位造成事故扩大的危险。另外，由于电磁力的作用，使电流流过而造成触头熔焊现象。

在平时操作时，因隔离开关刀片中只有较小电流通过，只需克服弹簧压力所造成的刀片与固定触头之间的摩擦力即可，故拉合闸操作并不费力，因此在大电流的高压隔离开关中每极隔离开关均用两片刀片制成。

6－74　常用 10kV 隔离开关的触头结构型式和特点是什么？

➡隔离开关的触头裸露在自然条件下运行，表面易氧化和脏污，这会影响触头的接触能力。因此触头必须有足够的接触压力和自清扫能力，以保证触头温升不超过规定的允许值。

常用 10kV 隔离开关的触头型式有以下两种。

（1）片状触头：以单片或双片为闸刀触头，结构简单，自清扫能力强，但接触状况受外界影响较大，仅适用于室内或电压较低的隔离开关上。它属于高压力少触点结构。例如 GN1、GN2、GN6、GN8 和 GN10 等均为此种触头。

（2）圆柱状指形触头：这种触头结构较复杂，接触性能稳定，动静触头相对位置有一定变化时，接触状况不受影响，并具有一定的自清扫能力，适用于户外，属于低压力多触点结构。例如 GW4 型和 GW5 型隔离开关就是这种触头。

6－75　国内常用的高压单柱隔离开关的结构形式有几种？并简述各自适用场合。

➡国内常用的单柱隔离开关的结构形式有以下三种：

（1）双臂伸缩剪刀式（如西门子 PR 型、ABB/HAPAM 的 GSSB 型，中国 GW6A、GW46 型等）。

（2）单臂伸缩钳夹式（如 EGIC 的 SSP 型、AREVA 的 SPV 型，中国 GW10、GW6/16A、GW20、GW22/22B 型等）。

（3）单臂伸缩插入式（如 AREVA 的 SPVL 型，中国 GW29、GW35 型等）。

其中，双臂伸缩剪刀式，由于其接触区和钳夹范围大，特别适用于软母线，当然也适用于硬母线。对于长跨档软母线只有剪刀式可以胜任。单臂伸缩钳夹式，适用于硬母线及短跨档软母线。单臂伸缩插入式，只适用于支持型硬母线，对软母线和悬挂型硬母线则不适用。单臂伸缩钳夹式，适用于硬母线及短跨档软母线。单臂伸缩插入式，只适用于支持型硬母线，对软母线和悬挂型硬母线则不适用。

6-76　隔离开关的过载能力有多大？

➡ DL/T 593—2006《高压开关设备和控制设备标准的共用技术要求》规定，温升试验的试验电流为额定电流的 1.1 倍，提高温升试验电流始于 1992 年，当时规定为 1.2 倍，并且注明此规定为"根据我国运行经验提出"。

所谓"我国运行经验"，据分析有以下两点：

（1）国家标准和 IEC 标准规定，温升试验应该在装有清洁触头的新开关装置上以额定电流进行，而实际运行中高压开关特别是隔离开关长期完全暴露在大气环境中工作，导电元件会受到环境和气候条件以及污秽、氧化作用，加上年久失修，引起接触不良。凡此种种运行中的不利因素，将降低开关设备的实际通流能力，如户外隔离开关导电回路过热是较为普遍的现象。根据以往运行经验，户外隔离开关的工作电流如果达到其额定电流的 70%，一般会发生过热。

（2）日照的影响会使导电回路温升提高。据国内试验表明，SF_6 断路器出线端处附加温升为 16℃；户外隔离开关镀银触头及软连接处为 12.5℃，铝导电管为 19℃，但持续时间仅为 1h。

通常是按照额定短时耐受电流而不是按额定电流来选用隔离开关的，所以长期通过隔离开关的最大电流要比额定电流小得多，而且考虑长远发展，一般所选额定电流也有较大裕度。因此，运行中隔离开关导电回路发热的原因，并不是通过电流过大，超过了额定电流，而是由于触头及接触部位的结构、材料、表面处理和装配工艺存在问题，运行环境恶劣引起接触部位接触电阻提高而引起过热，而且恶性循环。要解决户外隔离开关导电回路过热，关键是要防止接触不良的产生，这就要从完善结构设计、选用优质材料以及提高制造工艺水平上全面考虑，包括提高安装调整质量、改善运行操作条件和检修维护工作，来提高产品抵御环境影响的能力。

6-77 接地开关的短路持续时间规定是多少？

接地开关的短路持续时间在 DL/T 593—2006《高压开关设备和控制设备标准的共用技术要求》中对开关设备在合闸状态下承载额定短时耐受电流的时间间隔，规定：550～1100kV 为 2s；126～363kV 为 3s；72.5kV 及以下为 4s。

DL/T 486—2000《高压交流隔离开关和接地开关订货技术条件》关于额定短路持续时间规定为：应符合 DL/T 593 的规定，但接地开关可以为配用隔离开关相应数值的一半，但不得小于 2s。GB 1985 也规定"除另有规定，接地开关短时耐受电流的额定持续时间为 2s"。

6-78 接地开关的长期通流问题与什么有关？

接地开关是用于将回路接地的一种机械开关装置，在异常条件下（如短路），可承载规定时间的短路电流，但在正常回路条件下，不要求承载电流。这是接地开关与隔离开关的主要区别。实际运行中，必须严格遵循如下程序：隔离开关合闸时，接地开关必须分闸；隔离开关分闸后，接地开关才能合闸。这就说明，接地开关没有长期通过工作电流的可能，所以接地开关也就没有额定电流和回路电阻的参数。

6-79 负荷开关如何分类？它的主要用途是什么？

负荷开关主要分为高压负荷开关和低压负荷开关两大类。

高压负荷开关按结构分类，负荷开关主要分为 6 种：

（1）固体产气式高压负荷开关。利用开断电弧本身的能量使弧室的产气材料产生气体来吹灭电弧，其结构较为简单，适用于 35kV 及以下的产品。

（2）压气式高压负荷开关。利用开断过程中活塞的压气吹灭电弧，其结构也较为简单，适用于 35kV 及以下产品。

（3）压缩空气式高压负荷开关。利用压缩空气吹灭电弧，能开断较大的电流，其结构较为复杂，适用于 60kV 及以上的产品。

（4）SF$_6$ 式高压负荷开关。利用 SF$_6$ 气体灭弧，其开断电流大，开断电容电流性能好，但结构较为复杂，适用于 35kV 及以上产品。

（5）油浸式高压负荷开关。利用电弧本身能量使电弧周围的油分解气化并冷却熄灭电弧，其结构较为简单，但质量大，适用于 35kV 及以下的户外产品。

（6）真空式高压负荷开关。利用真空介质灭弧，电寿命长，相对价格较高，适用于 220kV 及以下的产品。

低压负荷开关按结构分类，负荷开关主要分为 5 种：

（1）封闭式负荷开关（俗名铁壳开关），如 HH 系列负荷开关。

（2）启开式负荷开关（俗名胶木开关），如 HK 系列负荷开关。

（3）旋转式负荷开关，如 GL 系列负荷开关。

（4）熔断器式负荷开关，如 HR 系列负荷开关。

（5）防爆式负荷开关，如 BKR 系列负荷开关。

负荷开关是介于断路器和隔离开关之间的一种开关电器，具有简单的灭弧装置，能切断额定负荷电流和一定的过载电流，但不能切断短路电流。当前，配电系统中多般在环网供电中应用，用于开断设备（变压器、线路、电机等）的额定负荷电流和一定的过负荷电流。负荷开关常与熔断器配合一齐使用，才能发挥组合电器的最大作用。

6-80 高压负荷开关与高压隔离开关有何区别？

➡️隔离开关是结构上没有灭弧装置的，其主要功能是隔离电源，保证其他电气设备的安全检修，因此不允许带负荷操作。但在一定条件下，允许接通或断开小功率（小电流）电路。高压隔离开关不具备保护功能。

负荷开关是具有简单的灭弧装置，可以带负荷分、合电路。能通断一定的负荷电流，但不能分断短路电流。再则，高压负荷开关是有一定保护的，一般是加熔断器保护，还有速断和过流保护。

6-81 固体产气式负荷开关的结构如何？它是怎样工作的？

➡️固体产气式负荷开关，以 FN1-10 型负荷开关为例，是户内三极联动式结构。它是由底架、灭弧器、导电系统等部分组成。

底架：作为支撑其开关元件和安装固定使用，在底架上装有远动机构的主轴、支柱绝缘子、分闸弹簧及用橡胶制成的弹性缓冲器。

灭弧装置：是由胶木灭弧罩和内部有机玻璃 U 形灭弧片以及灭弧触头等构成。当开关接通时，灭弧隔离开关进入 U 形灭弧片和静触头中。在开关开断时，灭弧隔离开关离开静触头便产生电弧，在电弧高温作用下 U 形灭弧片产生大量的气体，使灭弧罩内的压力升高，当灭弧隔离开关在灭弧罩内时，气体经过灭弧隔离开关和灭弧片中的空隙而溢出灭弧罩外，由于电弧被强烈冷却，故在灭弧罩内即被熄灭。为了可靠地熄灭电弧，灭弧隔离开关的分开速度应不大于 4m/s。

导电系统：导电系统分主回路和灭弧回路两部分，主回路由刀舌状主触头、主隔离开关和刀架组成。当主隔离开关运动时，灭弧隔离开关跟随运动；分断时，主回路先断开，灭弧回路后断开，这样可保证主回路的动、静触头之间不产生电弧。

FN1 - 10R：装有 RN1 型熔断器负荷开关，熔断器可用作短路和过载保护。

6-82 高压负荷开关有何用途？

➡高压负荷开关室用来在额定电压和额定电流下接通和切断高压电路的专用开关。它只允许接通和开断负载电流，但不允许开断短路电流，在与高压熔断器配合时，可代替断路器使用。

由于高压负荷开关不允许开断短路电流，因而整个结构比较简单，主要由导电系统、灭弧装置、绝缘子、底架、操动机构等部分组成。

负荷开关按灭弧介质的不同，分为固体产气式、压气式和油浸式三种型式，其中前两种有明显的外露可见断口，因此还能起到隔离开关的作用。

油浸式负荷开关也可称为小油量断路器，时一种户外柱上三相共箱式开关。

6-83 高压熔断器在电路中的作用如何？怎样概括分类？其型号意义是什么？

➡熔断器是电路或电气设备的保护元件，用在小功率输配电线路、配电变压器的短路和过载保护中，当短路或过载电流通过熔断器时，将热元件本身加热熔断，从而使电路切断，达到保护目的。

熔断器按使用场所分为户内式和户外式两种。

按动作性能又可分为固定式和自动跌开（落）式。

按工作特性又可分为有限流作用和无限流作用熔断器。

不论何种高压熔断器，其管内的熔体（熔丝）的熔化时间必须符合下列规定：

（1）当通过熔体的电流为额定电流的 130% 时，熔化时间应大于 1h。

（2）当通过熔体的电流为额定电流的200％时，必须在1min以内熔断。

（3）保护电压互感器的熔断器，当通过熔断器的电流在0.6～1.8A范围内时，其熔断时间不超过1min。

高压熔断器型号含义如下：

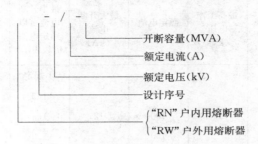

开断容量（MVA）
额定电流（A）
额定电压（kV）
设计序号
"RN"户内用熔断器
"RW"户外用熔断器

6-84　限流式熔断器的工作原理和特性是什么？

➡限流式熔断器的主要结构由熔体管、触座、接线板、支持绝缘子和底板组成。

限流式熔断器的熔体按额定电流的大小，采用一根和多根熔丝缠在有棱的瓷芯上，或绕成螺旋形直接装在管内，在管内充以石英砂，两端有铜端盖，装好后与顶盖焊牢，以保持密封。当短路电流或过载电流通过时，熔体很快熔化，所产生的电弧与石英砂紧密接触，加强了去游离和冷却作用，使电弧很快熄灭，同时指示器弹出。

限流式熔断器熄弧能力很强，具有限流作用，能使短路电流未达到最大峰值之前将电弧熄灭（即强迫过零）。这对于限制短路电流，降低电气设备动、热稳定性具有重要的意义。

这种熔断器在开断电路时无游离气体排出，因此在户内装置中被广泛采用。

6-85　10kV RN1型和RN2型熔断器的保护对象有何不同？各自的技术数据是什么？

➡RN1型和RN2型熔断器，都是限流式高压熔断器，都用于户内，管内都充以石英砂，而保护对象却不相同。

RN1型熔断器适用于小功率输配电线路和电气设备的短路及过载保护，熔断器最短熔断时间为0.005～0.007s。

RN2型熔断器适用于保护电压互感器的短路，但不能作过载保护，当通过熔体管的电流为 0.6～1.8A 时，其熔断时间不超过 1min。

RN1 型和 RN2 型高压熔断器的技术数据见表 6-12 和表 6-13。

表 6-12　　　　　　　RN1-10 型高压熔断器的技术数据

型号	额定电压（kV）	最高工作电压（kV）	额定电流（A）	最大开断电流（kA）	最小开断电流（以额定电流倍数表示）	最大断流容量（三相）（MVA）	最大开断时的最大电流瞬时值（kA）
RN1-10	10	11.5	20	12	不规定	200	4.5
			50		1.3		8.6
			100		1.3		15.5
			150		1.3		
			200		1.3		

表 6-13　　　　　　　RN2-10 型高压熔断器的技术数据

型号	额定电压（kV）	额定电流（A）	断流容量（三相）（MVA）	遮断电流（kA）	当切断极限短路电流时的最大电流峰值（kA）	熔丝电阻（Ω）
RN2-10	10	0.5	1000	50	1000	90

6-86　高压跌落式熔断器的结构和开断过程是怎样的？

➡高压跌落式熔断器也叫跌开式熔断器或跌落保险，由上下触头座、熔体管、绝缘子、安装板等部件组成。

跌落式熔断器是利用熔丝本身的机械拉力，将熔体管上的活动关节（动触头）锁紧，借以保持合闸状态。当通过短路电流或过载电流时，熔丝熔断，在熔体管内产生电弧，熔体管内壁在电弧作用下产生大量气体，管内压力升高，气体高速向外喷出将电弧拉长或熄灭。同时，熔丝熔断后，拉力消失，活动关节被释放，熔体管自动跌落，形成了明显的可见断开点。

跌落式熔断器开断大电流的能力强，而开断小电流时燃弧时间则较长。它没有使电流强迫过零的能力，因此不起限制作用。而且其能承受的过电压倍数也比较低。跌落式熔断器的熔体管结构有两端排气和分级排气两种。分级排气式熔断器的断流能力比较大。

跌落式熔断器一般分为单管式和双管式两种，双管式熔断器多为重合保险。

跌落式熔断器在开断电弧时，会喷出大量的游离气体，同时能发生爆炸声响，故只能用于户外。

6-87 常用6～10kV户外跌落式熔断器的技术数据和配用熔丝规格有哪些？

→常用6～10kV户外跌落式熔断器型式如下：

（1）RW3-10型户外跌落式高压熔断器。主要用于保护变压器和配电线路。

其中RW3-10Z型为自动重合闸跌落式高压熔断器，每相装有两只熔管，一为常用，一为备用。在备用熔管下面装置一个重合机构，当常用熔管熔断跌落下来时，隔一定时间（在0.3s以内），借助重合机构使备用熔管投入而自动重合。其技术数据见表6-14。

表6-14　　　　　　　　RW3-10型户外跌落式高压熔断器技术数据

型号	额定电压（kV）	熔管额定电流（A）	最大断流容量（三相，MVA）	熔丝额定电流范围（A）
RW3-10	6～10	50、60、100、200	50、75、80、100	1、2、3、5、7、10、15、20、25、30、50、60、75、100、150、175、200
RW3-10 RW3-10Z	10	100、200	60、75、100、200	3、5、7.5、10、15、20、25、30、40、50、60、75、100、150、200

（2）RW4-10型户外跌落式高压熔断器。具有性能好、寿命长、成本低等特点。可用直接分、合熔断管的方法来分、合线路和配电变压器，是杆上变压器及高压配电所进户端使用最广泛的一种。其技术数据见表6-15。

表6-15　　　　　　　　RW4-10型户外跌落式高压熔断器技术数据

规格	单次式			单次重合式		
产品代号	6151	6111	6113	6123	6151Z	6151Z
额定电压（kV，有效值）	6～10	6～10	6～10	6～10	6～10	6～10
额定电流（A）	50	100	100	200	50	100
额定断流容量（三相，MVA）	100	100	300	300	100	100
每具产品净重（kg）	5.8	6.1	6.2	6.5	14	14.6

RW4-10型高压熔断器，配用有规定尺寸的纽扣熔丝，其过载特性同高压熔断器一切要求，纽扣高压熔丝的规格见表6-16。

表 6 - 16　　　　　　　　　　　纽扣高压熔丝的规格

产品代号	6952	6953	6954	6955	6956	6957	6958	6959	6960	6961
额定电流（A）	2	3	5	7.5	10	15	20	30	40	50
纽扣熔丝直径（mm）	19	19	19	19	19	19	19	19	19	19

6 - 88　高压开关的操动机构有哪些种类？其型号组成及意义是怎样的？

操动机构是隔离开关、断路器和负荷开关，在分、合闸操作时使用的驱动机构。一般操动机构是独立的装置，与相应的高压开关组合在一起，所以操动机构和高压开关是不可分割的统一体。

操动机构按操作能源大致可分为：

（1）手动式操动机构：以 S 表示，主要以 CS2 型为普遍应用。

（2）电磁式操动机构：以 D 表示，这种机构制造简单、造价低、动作可靠，目前已被广泛使用。6～35kV 断路器的电磁操动机构以 CD2、CD3 型为主。而 CD5 型等主要用于 60～110kV 的断路器中。

（3）电动式操动机构：以 J 表示，由小型电动机作动力源，驱动操动机构进行高压开关的分、合闸，以 CJ2、CJ5 型为主。

（4）弹簧式操动机构：以 T 表示，以 CT7 型较为普遍，它是以交直流串励电动机先带动合闸弹簧储能，而在合闸弹簧能量积放的过程中将断路器合闸，适用于 3～10kV 小容量开关。

（5）液压式操动机构：以 Y 表示，是一种比较先进的操动机构。它具有动作速度快、体积小等优点，多用于 35～110kV 的断路器中。

（6）气动式操动机构：以 Q 表示，是以压缩机产生压缩空气为原动力，多用于操作 110kV 以上的高压开关。

（7）重锤式操动机构：以 Z 表示，是以重锤储能作为操动机构的原动力。

高压开关操动机构型号类组的代号如表 6 - 17 所示。

表 6 - 17　　　　　　　高压开关操动机构型号类组的代号

名称	手动式	电磁式	电动机式	弹簧式	气动式	重锤式	液压式
	S	D	J	T	Q	Z	Y
操动机构 C	CS	CD	CJ	CT	CQ	CZ	DY

第七章

过电压保护及绝缘配合

7-1 什么叫过电压？

➡️在电力系统中，各种电压等级的输电线路、发电机、变压器以及开关设备等，在正常状态下只能承受其额定电压的作用。但在异常情况下，可能由于某些原因，造成上述电气设备的主绝缘或匝间绝缘上的电压远远超过额定值，虽然时间很短（一般从几微秒至几十毫秒），但电压升高的数值可能很大，在没有防护措施或设备本身绝缘水平较低时，将使设备绝缘被击穿，使电力系统的正常运行遭到破坏。通常将这种对设备绝缘有危险的电压升高叫做过电压。

7-2 过电压有哪些类型？它对电力系统有何危害？

➡️过电压分外过电压和内过电压两大类。

（1）外过电压，又称雷电过电压、大气过电压，是由大气中的雷云对地面放电而引起的。外过电压分直击雷过电压和感应雷过电压两种。雷电过电压的持续时间约为几十微秒，具有脉冲的特性，故常称为雷电冲击波。直击雷过电压是雷闪直接击中电气设备导电部分所出现的过电压。雷闪击中带电的导体，如架空输电线路导线，称为直接雷击。雷闪击中正常情况下处于接地状态的导体，如输电线路铁塔，使其电位升高以后又对带电的导体放电称为反击。直击雷过电压幅值可达上百万伏，会破坏电工设施绝缘，引起短路接地故障。感应雷过电压是雷闪击中电气设备附近地面，在放电过程中由于空间电磁场的急剧变化而使未直接遭受雷击的电气设备（包括二次设备、通信设备）上感应出的过电压。因此，架空输电线路需架设避雷线和接地装置等进行防护。通常用线路耐雷水平和雷击跳闸率表示输电线路的防雷能力。

（2）内过电压，是电力系统内部运行方式发生改变而引起的过电压。它分为瞬时过电压、操作过电压和谐振过电压三种类型。

1）瞬时过电压是由于断路器操作或发生短路故障，使电力系统经历过渡过程以后重新达到某种暂时稳定的情况下所出现的过电压，又称为工频过电压，这种现象也称工频电压升高。

瞬时过电压（工频过电压）产生的原因常见的有：

（a）空载长线电容效应（费兰梯效应）。在工频电源作用下，由于远距离空载线路电容效应的积累，使沿线电压分布不等，末端电压最高。

（b）不对称短路接地。三相输电线路 U 相短路接地故障时，V、W 相上的电压会升高。

（c）甩负荷。输电线路因发生故障而被迫突然甩掉负荷时，由于电源电动势尚未及时自动调节而引起的过电压。

2）操作过电压是由于进行断路器操作或发生突然短路而引起的衰减较快持续时间较短的过电压。

操作过电压常见的有：

（a）空载线路合闸和重合闸过电压。

（b）切除空载线路过电压。

（c）切断空载变压器和并联电抗器过电压。

（d）弧光接地过电压。

（e）线路非对称故障分闸和振荡解列过电压。

（f）开断并联电容器组过电压。

（g）开断高压电动机过电压。

（3）谐振过电压是电力系统中电感、电容等储能组件在某些接线方式下与电源频率发生谐振所造成的过电压。

谐振过电压一般按起因分为：

1）线性谐振过电压。

2）铁磁谐振过电压。

3）参量谐振过电压。

无论是外过电压还是内过电压，均可能使输配电线路及电气设备的绝缘弱点发生击穿或闪络，从而破坏电力系统的正常运行。

7-3 过电压保护计算中有关电压参数的概念有哪些？

（1）额定电压 U_N。它是一个线电压。

额定电压（nominal voltage）是电器长时间工作时所适用的最佳电压，此时电器中的元器件都工作在最佳状态。只有工作在最佳状态时，电器的性能才比较稳定，电器的寿命才能达到设计使用年限。

额定电压通俗地讲，是电器正常工作（如灯泡正常发光、电动机正常运转等）时两端的电压值。电压高了容易烧坏电气设备，电压低了电气设备不正常工作（灯泡发光不正常、电动机运转不正常）。

为了方便的指明某一电气设备或系统的电压等级（设备应该在额定电压下工作）而设定了标称值，通常额定电压也称为标称电压（关于额定电压的介绍见第一章的电压等级相关内容）。

（2）最高工作电压 U_m。最高工作电压是指 1.15 倍的额定电压，$U_m = 1.15U_N$，一般用 U_m 表示，它是线电压的 1.15 倍。额定电压和最高工作电压的数值关系见表 7 - 1。

表 7 - 1　　　　　　　　额定电压和最高工作电压的数值关系

额定电压 U_N (kV)	3	6	10	20	35	66	110	220	330	500	1000
最高工作电压 U_m (kV)	3.6	7.2	12	24	40.5	72.5	126	252	363	550	1200

注　本表引自 GB 156—2007《标准电压》。

（3）工频过电压的标幺值。工频过电压的标幺值 1p. u. $= U_m/\sqrt{3}$，又称为最高工作相电压的有效值。工频过电压采用倍数关系来表示。以 1p. u. 为一个电压的相对单位，则 10kV 系统工频过电压不超过 $1.1 \times \sqrt{3}$ p. u. $= 1.1 \times \sqrt{3}$ $(U_m/\sqrt{3}) = 1.1U_m$，35kV 系统工频过电压不超过 $\sqrt{3}$ p. u. $= \sqrt{3}(U_m/\sqrt{3}) = U_m$。

（4）谐振过电压和操作过电压的标幺值。谐振过电压和操作过电压的标幺值 1p. u. $= \sqrt{2}U_m/\sqrt{3}$，又称为最高工作相电压的峰值。

例如：330kV 线路操作过电压不宜大于 2.2p. u. $= 2.2 \times \sqrt{2}U_m/\sqrt{3} = 2.2 \times \sqrt{6}U_m/3$；500kV 线路操作过电压不宜大于 2.0p. u. $= 2.0 \times \sqrt{2}U_m/\sqrt{3} = 2\sqrt{6}U_m/3$。

7 - 4　雷电是怎样形成的？

雷是一种大气中的放电现象。在雷雨季节里，靠近地面的空气受热上升，空气中的水蒸气随着气流的上升被带到高空。由于高空气温仍然很低，水蒸气遇冷凝结成小水滴飘浮在空中，这种悬浮状小水滴逐渐凝结增多，便形成浓积云。此外，在高空中水平移动的冷气团或暖气团，在其前锋交界面上也会形成大面积的浓积云。浓积云在形成过程中，一些云团带有正电荷，另一些云团则带有负电荷。它们对大地的静电感应使地面产生异性电荷。当这些云团电荷积聚到一定程度时，不同电荷的云团之间，或云团与大地之间的电场强度就可以击穿空气，开始游离放电，即"先导放电"。云团对地的先导放电是由云团向地面跳跃式逐渐发展的，当它到达地面（地面上的建筑物、架空线路等）时，便会产生由地面向云团的逆导主放电。在主放电阶段，由于异性电荷的剧烈中和，会出现很大的雷电流（一般几十千安到几百千安），并随之产生强烈的闪光和巨响，这就形成了雷电。

雷电周围有很高频率突然变化的静电场和磁场，它能向空间发射电磁波，能产生声、光、电。

7-5 常见的雷有几种？哪种雷危害最大？

➡平常所见的雷，大多是线状雷，其放电痕迹呈线性树枝状，有时也会出现带形雷、链形雷和球形雷等。云团与云团之间的放电叫做空中雷，云团与大地之间的放电叫做落地雷。实践证明，落地雷危害最大。

7-6 用哪些参数来衡量雷的大小？

➡(1) 雷电流幅值的大小。按 DL/T 620—1997《交流电气装置的过电压保护和绝缘配合》规定，雷暴日大于 20 天的地区雷电流幅值的概率分布按下式计算

$$\lg P = -\frac{I_m}{88} \qquad (7-1)$$

式中　I_m——雷电流辐值，kA；

　　　　P——超过雷电流辐值 I_m 的概率。

对于年平均雷暴日小于 20 天的地区，如陕南以外的西北地区及内蒙古自治区的部分地区等，雷电流辐值较小，可按式（7-1）计算或查我国雷电流概率曲线得出雷电流辐值后减半。

我国雷电流幅值概率曲线如图 7-1 所示。

DL/T 620—1997 规定雷暴日小于 20 天的地区雷电流幅值的概率分布按下式计算

$$\lg P = -\frac{I}{44} \qquad (雷电流辐值已减半的公式) \qquad (7-2)$$

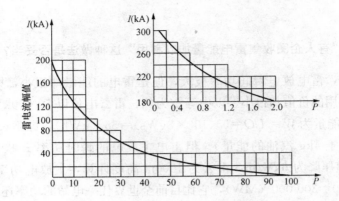

图 7-1　我国雷电流幅值概率曲线

根据我国大部分地区多年实测到的 1205 个雷电资料统计如下：

雷电流辐值不小于 40kA 的雷电流占 45％；不小于 80kA 的雷电流占 17％；不小于 105kA 的雷电流占 10％。我国实测最大雷电流幅值为 330kA 占 0.1％。

（2）雷电放电的重复次数和总持续时间：一次雷电放电现象包含多次重复冲击放电，根据 6000 个实测记录统计，55％的落雷包含 2 次以上的冲击放电，3～5 次冲击放电占 25％，10 次冲击放电占 4％；平均放电次数为 3 次，最高放电次数记录可达 42 次。

一次雷电放电现象的总持续时间（包含多次重复冲击放电时间）据统计有 50％小于 0.2s，大于 0.62s 的只占 5％。

7-7　打雷时闪光的明暗和雷声的高低能说明雷的强弱吗？

➡打雷时声、光的差别多是反映距离的远近，不能完全说明雷电的强弱，真正表示雷电强弱的是雷电流大小和雷电波头陡度的高低。一般来讲，雷电流幅值高、陡度大的，危害也大，称为强雷；反之，就是弱雷。

7-8　云对云放电与云对地放电的比例如何？

➡大多数雷电放电发生在雷云之间，它对地面没有什么直接影响。雷云对大地的放电（又称雷云放电）虽然只占少数。雷暴日数越多，云对云放电（又称云间放电）的比重越大。云间放电与云地放电之比，在温带为 1.5～3.0，在热带为 3～6。

7-9 "有人企图收集雷电能量加以利用"这种做法是否妥当？

➡️实际上，雷电放电瞬间功率极大，但是雷电的能量却很小，即破坏力极大，实际利用的价值却很小。以中等雷为例，雷云电位以 50 000kV 计，电荷 $Q=8C$，则能量为 $W=UQ=5\times10^7\times8(Ws)=55$（kWh），即不过 55kWh 电能（约等值于 4kg 汽油的能量）。但雷电主放电的瞬时功率 P 极大，以 $I=50kA$，弧道压降为 6kV/m，雷云为 1000m 高度计算，主放电功率 $P=UI=50\times6\times1000=300\ 000$（MW），它比目前全世界任一电站的功率还要大。

7-10 球雷的机理是怎样的？如何预防？

➡️一般常见的都是线状雷电，有时在云层中能见到片状雷电，个别情况下会出现球状雷电。球雷是在闪电时由空气分子电离及形成各种活泼化合物而形成的火球，直径约 20cm，个别可达 1.0m，它随风滚动，存在时间为 3～5s，个别可达几分钟，速度约 2m/s，最后会自动或遇到障碍物时发生爆炸。防球雷的办法是关上门窗，或至少不形成穿堂风，以免球雷随风进入屋内。

7-11 什么叫年均雷暴日？我国雷击区是如何划分的？

➡️雷暴有一般雷暴和强雷暴之分。通常把只伴有阵雨的雷暴称为一般雷暴，把伴有龙卷、强风、大冰雹、暴洪、雷击等灾害性天气现象之一的雷暴称为强雷暴。雷暴日是指一天中发生雷暴的日子，即在一天内，只要听到雷声一次或一次以上的就算作一个雷暴日，它不论该天雷暴发生的次数和持续时间。平均雷暴日是经过多年观察统计得出的，它反映了一个地区雷暴活动强弱，是研究雷电灾害的重要参数之一。平均雷暴日分为平均月雷暴日、平均季雷暴日和平均年雷暴日。我国各地平均雷暴日的大小与当地所处的纬度以及距离海洋的远近有关。

GB 50343—2004《建筑物电子信息系统防雷技术规范》中根据年平均雷暴日数将地区雷暴日等级划分为少雷区、多雷区、高雷区、强雷区四个雷区。雷暴日等级应符合下列规定：

（1）少雷区。年平均雷暴日在 20 天及以下的地区。

（2）多雷区。年平均雷暴日大于 20 天，不超过 40 天的地区。

（3）高雷区。年平均雷暴日大于 40 天，不超过 60 天的地区。

（4）强雷区。年平均雷暴日超过 60 天以上的地区。

我国雷暴日的分布情况可查阅《全国年平均雷暴日数发布图》，如果需要进行防雷计算，可在 SDJ 7—1979《电力设备过电压保护设计技术规程》附录十三中查找。

7 - 12　什么叫雷电流？

➡️雷电流是指直接雷击时，通过被击物体（避雷针、输电线、树枝或其他物体）泄入大地的电流。雷电流在流通过程中，它的大小并非始终都是相同的，开始时增长很快，在极短时间内（几微秒）达到最大值，然后慢慢降低，在几十微秒到上百微秒内降到零。所以，称这种电流为冲击雷电流。

7 - 13　雷电有哪些参数？

➡️掌握雷电放电的电气参数，将有利于研究防止雷害的措施。由于每次雷击放电的条件都不同，雷电的各参数不能用单一的固定数值来表示，这些数值通常通过大量的观测记录和统计方法来获得。

雷电参数的主要内容有以下各项：

（1）雷电流幅值：指雷电流所到达的最大瞬时值，一般用 I_m 表示，单位为 kA。根据我国实测结果，雷电流幅值出现的概率 P 可用下式表示

$$P = 10^{-\frac{I_m}{88}} \quad 或 \quad \lg P = -\frac{I_m}{88} \tag{7-3}$$

但在我国的西北高原、西藏、内蒙古和东北边境地区，雷电活动比较弱，雷电流幅值也比较小，一般仅为式（7-3）计算的幅值的一半。

（2）雷电流的波形：雷电流的波形如图 7 - 2 所示。波头（又称波首）是雷电流由零值上升到最大值所用的时间，用 τ_1 表示；波长（又称波尾）是雷电流由零上升到最大值，然后再由最大值下降到最大值一半所用的时间，用 τ_2 表示。根据规程规定，在防雷保护设计中，取 $\tau_1 = 2.6\mu s$，$\tau_2 = 40\mu s$。波头时间越短，则陡度越大，对电感组件的危害越大；波尾持续的时间越

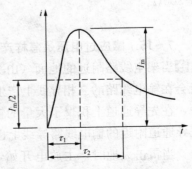

图 7 - 2　雷电流的波形图

长，雷电流的能量越大，破坏力越强。据统计，通常直击雷雷电流的波头为 $1\sim4\mu s$，波尾为 $10\sim200\mu s$。

雷电测试主要用的雷电压波形为 $1.2/50\mu s$ 和 $10/700\mu s$。

（3）雷电流陡度：指雷电流波头部分的上升速率，用 $\dfrac{\mathrm{d}i}{\mathrm{d}t}$ 表示，单位是 kA/μs。它是雷电流的一个重要参数，在防雷保护设计中是必不可少的参数。据统计，雷电流陡度可高达 $50\mathrm{kA}/\mu s$，平均陡度约为 $30\mathrm{kA}/\mu s$。

（4）雷电流极性：雷电基本属于静电范畴，因此它有正负极性之分。根据大量测试资料表明，有 $75\%\sim90\%$ 的雷电流是负极性，其余为正极性。负极性雷电占了绝大多数，所以研究负极性雷电特性，有重要的实用意义。

（5）电荷量：雷云积聚的电荷量越大，则雷电的能量越大，破坏性也就越大。

（6）雷电过电压：直击雷过电压大小主要决定于雷电流陡度和雷电流通道的阻抗，可按式（7-4）来计算

$$U = I_\mathrm{m}R_\mathrm{ch} + L\mathrm{d}i/\mathrm{d}t \qquad (7-4)$$

式中　　I_m——雷电流幅值，kA；

　　　　i——随时间变化的雷电流，kA；

　　　R_ch——冲击接地电阻 Ω；

　　　L——雷电流通道的电感，H。

7-14　什么叫雷电通道波阻抗？

➡直接雷击时，主放电通道变成了导体，沿着雷击通道向前运动的电压 U_0 与电流 I_0 的比值，即 $U_0/I_0 = Z_0$ 叫雷电通道波阻抗。在做防雷计算时，Z_0 取 300Ω。

7-15　感应过电压是怎样产生的？

➡当架空线路附近的地面（山头、树木、铁架）或是架空地线遭受雷击时，就会在输电线路的三相导线上产生感应过电压。它是因为在雷电放电的先导阶段，在先导通道上积聚了大量的雷云电荷（如负电荷），由于静电感应原因在先导通道附近的输电线路导线上也相应积累了大量异号束缚电荷（正电荷）。

当雷击大地时，主放电开始，先导通道中的雷云电荷自上而下被迅速中和。这时导线上的束缚电荷因为失去约束而变为自由电荷，它以电压波的形式

沿导线向两端流动。由于主放电的速度很快，沿导线流动的感应电压波的幅值就会很高。这种沿导线流动的电压波，就是感应过电压。

7-16　怎样计算感应过电压？

➡感应过电压的幅值与雷电主放电电流的幅值成正比，而与雷击点距导线的距离成反比，并且也与导线悬挂高度有关。实测结果证明：当雷击点距离导线大于 50m 时，感应过电压幅值 U_g 可按式（7-5）计算

$$U_g = 25 \frac{I_m h_d}{S} \tag{7-5}$$

$$h_d = h - \frac{2}{3} f \tag{7-6}$$

式中　I_m——雷电流幅值，kA；

S——直线雷击点与线路的距离，m；

h_d——导线悬挂的平均高度，m；

h——导线在杆塔上的悬挂高度，m；

f——导线在档距中央的弧垂，m。

7-17　如何具体计算感应过电压？

➡下面举例说明。

【例 7-1】　当雷电流幅值 $I_m=100$kA，$S=50$m，$h_d=10$m 时，试计算导线上感应过电压的幅值 U_g。

解　由式（7-5）计算 U_g 为

$$U_g = 25 \frac{I_m h_d}{S} = 25 \times \frac{100 \times 10}{50} = 500 \text{(kV)}$$

经验证明，由式（7-5）计算的结果往往偏大。实际上，由于其他因素的影响，感应过电压通常不超过 300kV。当雷击点与线路距离 $S<50$m 或雷击杆塔塔顶时，感应过电压近似值可由式（7-7）计算

$$U_g = a h_d \tag{7-7}$$

式中　a——感应过电压系数，其值等于以 kA/μs 计的雷电流平均陡度。

当线路上有避雷线时，由于避雷线的屏蔽效应，感应过电压会有所降低，其值可由式（7-8）计算

$$U_g = a h_d (1-K) \tag{7-8}$$

式中 K——避雷线与导线间的耦合系数。

7-18 什么叫直击雷过电压？

➡️当雷电放电的先导通道，不是击中地面，而是击中输电线路的导线、杆塔或其他建筑物时，大量雷电流通过被击物体，在被击物体的阻抗接地电阻上产生电压降，使被击点出现很高的电位，这就是直击雷过电压。

7-19 怎样计算雷直击杆顶过电压？

➡️为了详细说明雷击杆顶过电压的计算方法，现以无避雷线的 35kV 输电线典型杆塔为例叙述计算步骤。杆塔结构如图 7-3 所示。

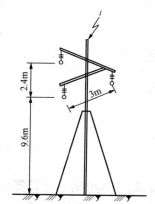

图 7-3 35kV 线路杆塔
结构计算图

当雷直击杆顶时，杆顶电位为

$$V_{\text{gt}} = R_{\text{ch}} i + L_{\text{gt}} \frac{\mathrm{d}i}{\mathrm{d}t} \qquad (7-9)$$

式中 R_{ch}——杆塔的冲击接地电阻，Ω；

L_{gt}——杆身电感，μH；

i——雷电流瞬时值，kA。

设电流幅值为 I_{m}，波头长度为 $2.6\mu\text{s}$，且波形为斜角波头时，则雷电流陡度 $\frac{\mathrm{d}i}{\mathrm{d}t} = \frac{I_{\text{m}}}{2.6}$，于是杆顶电位 V_{gt} 的幅值为

$$V_{\text{gt}} = I_{\text{m}} \left(R_{\text{ch}} + \frac{L_{\text{gt}}}{2.6} \right) \qquad (7-10)$$

式中 I_{m}——雷电流幅值，kA。

7-20 怎样计算雷直击导线过电压？

➡️当雷直击导线时，导线被击点的电位可用式（7-11）计算

$$V_x = \frac{iZ}{4} \qquad (7-11)$$

式中 Z——导线波阻抗，Ω；

i——随时间变化的雷电流，kA。

在防雷电设计中取 $Z=400\Omega$，假定 U 相导线遭受雷击，其对地就是具有了电位 V_{XU}，而 U 相导线平行的 V 相、W 相导线，由于耦合作用也会获得一

定电位即 V_{XV}、V_{XW}。对于 35kV 线路杆塔结构来说有：

$$V_{XV} = V_{XW} = V_{XU}K = \frac{iZ}{4}$$

若求出 V_{XU}、V_{XV}、V_{XW}，则雷击时 U、V 或 U、W 相导线之间绝缘上所承受的电压即可求出：

$$V_{XU-V} = V_{XU-W} = V_{XU} - V_{XW} = \frac{iZ}{4} - \frac{iZ}{4}K$$

$$= \frac{iZ}{4}(1-K) \tag{7-12}$$

如果这个电压超过了杆塔上相间绝缘的耐压值时，就会在杆塔上发生相间闪络。

7-21　什么叫输电线路的耐雷水平？

➡雷击输电线路时，能够引起线路绝缘闪络的临界电流幅值，叫做输电线路的耐雷水平。输电线路的耐雷水平是反映输电线路抵抗雷电能力的重要技术特性，用雷电流的大小来表示。为了计算线路雷击跳闸率，比较各种防雷保护方式的效果，常常需要计算线路的年雷击跳闸率。输电线路耐雷水平的判断由耐受雷电流大小和年雷击跳闸率高低两个参数来表征。

7-22　怎样计算输电线路的耐雷水平？

➡我们知道当雷击过电压幅值大于线路绝缘子串的冲击放电电压时，会发生绝缘闪络。为了计算绝缘闪络时的雷电流（耐雷水平），应先求出不同绝缘子个数的绝缘子串的冲击放电电压值。

XP-70（X-4.5）型绝缘子串的正极性冲击放电电压可由式（7-13）近似求得

$$U_{ch} = 100 + 84.5m \tag{7-13}$$

式中　U_{ch}——XP-70 型绝缘子串的正极性冲击放电电压，kV；

　　　m——每串绝缘子个数。

对于水泥杆，铁横担的 35kV 线路，$m=3$。所以

$$U_{ch} = 100 + 84.5 \times 3 \approx 350(kV)$$

110kV 线路，$m=7$，则

$$U_{ch} = 100 + 84.5 \times 7 \approx 700(kV)$$

知道了绝缘子串的冲击放电电压 U_{ch}，应用公式

$$U_f = I\left(R_{ch} + \frac{L_{gt}}{2.6} + \frac{h_d}{2.6}\right)(1 - K) \qquad (7-14)$$

可求出雷击杆顶时的耐雷水平 I。

当 $U_f \geqslant U_{ch}$ 时可得到输电线路的耐雷水平为

$$I = \frac{U_{ch}}{\left(R_{ch} + \dfrac{L_{gt}}{2.6} + \dfrac{h_d}{2.6}\right)(1 - K)} \qquad (7-15)$$

式中　U_{ch}——绝缘子串的正极性冲击放电电压，kV；

R_{ch}——杆塔的冲击接地电阻，Ω；

L_{gt}——杆身电感，μH；

h_d——杆塔的平均高度，m。

7-23　雷击带有避雷线的输电线路时，怎样计算耐雷水平？

➜在我国，110kV 及以上的输电线路，一般都沿全线装设避雷线。避雷线是高压线路的有效防雷措施之一。由于它的屏蔽作用，不仅可以使雷击导线的概率大大减少，而且当雷击避雷线时，避雷线与导线间的耦合系数也可以使绝缘所受的电压降低，从而提高了耐雷水平。

当雷击带有避雷线的输电线路杆顶或杆顶附近的避雷线时，作用在绝缘子串上的过电压幅值 U_f 为

$$U_f = I\left(\beta R_{ch} + \frac{\beta L_{gt}}{2.6} + \frac{h_d}{2.6}\right) \times (1 - K) \qquad (7-16)$$

式（7-16）较式（7-14）中的电阻压降和电感压降部分多了一个 β，β 称为分流系数，其值小于 1。这是因为当雷击带有避雷线的输电线路杆顶或杆顶附近的避雷线时，虽然大部分雷电流将通过被击杆塔入地，但也有一小部分雷电流沿着避雷线流向相邻的两杆塔端入地，如图 7-4 所示。

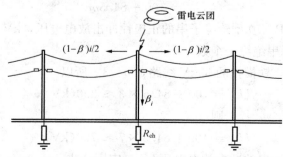

图 7-4　雷击带避雷线杆塔时的雷电流分布情况

分流系数 β 就表示流经被击杆塔的雷电流与全部雷电流的比值。由于避雷线的分流作用，通过被击杆塔的雷电流减小，因而作用在绝缘上的过电压也要相应降低，所以在同等冲击电压水平下，就相当于提高了耐雷水平。对于110kV 线路，单根避雷线时 $\beta=0.9$，双避雷线时 $\beta=0.86$；对 220kV 线路，单根避雷线时 $\beta=0.92$，双避雷线时 $\beta=0.88$。

变换式（7-16），就可以得出雷击带避雷线的线路时线路的耐雷水平计算式为

$$I = \frac{U_{\text{ch}}}{\left[\beta\left(R_{\text{ch}} + \dfrac{L_{\text{gt}}}{2.6}\right) + \dfrac{h_{\text{d}}}{2.6}\right](1-K)} \tag{7-17}$$

7-24　雷击活动有哪些规律？

➡在地面设施中，下列建筑物易受雷击：

（1）建筑群中的高耸建筑物及尖形屋顶，如水塔、烟囱、宝塔、庙宇、天线及旗杆等。

（2）空旷地区的孤立物体，如田野里的水泵房、输电线路杆塔、高大树木等。

（3）烟囱中冒出的热气（烟中含有大量导电质点、游离气体分子）和排出导电尘埃的厂房及废气管道。

（4）特别潮湿的建筑物、屋顶为金属结构的建筑物及露天放置的金属管道和金属机械等。

此外，在地形和地质构造方面，土壤电阻率较小的地区，良导电土质和不良导电土质的交界地区，金属矿床、河岸、山坡与稻田接壤的地方以及地下水出口等地方均易受到雷击。

7-25　雷击对工业建筑特别对电力设施有何危害？

➡工业建筑、民用设施、电线电器或古树、古迹等，在没有防雷装置或防雷装置不完善的情况下，一旦受到雷击，都会不同程度的遭到破坏。当强大的雷电流通过这些物体入地时，瞬间能产生很大的机械振动力、高温、高热与高电压，从而造成电击伤、着火、坍塌，甚至引起爆炸。输电线路和电气设备对防雷保护措施有着特殊的严格要求。这不仅因为电力设施对雷击十分敏感，而且电力系统一旦发生事故，将直接影响工业、农业、国防等国民经济各部门，

影响面广，受损害大。

7-26 为什么说有关大气过电压的计算带有估算性质？

➡在过电压保护设计中，有关大气过电压的计算、如过电压幅值的计算、耐雷水平的计算、雷击跳闸率的计算等，都不同程度地带有估算性质，不像其他工程计算那样精确。这是因为，一方面雷击事故的发生总是带有偶然性，因果关系不是严格对应的；另一方面在工程应用上，也不要求对它的计算十分精确；同时，作为计算过电压的雷电参数，如雷电流幅值、陡度等，在目前还不能准确确定，所以计算结果只能是估算性的。

但是，大气过电压的计算也不是毫无根据的。它采用国内外长期试验研究和实际测量的雷电流参数及其他有关数据，运用工程数学（如概率论和数理统计）进行计算和分析，计算结果大体符合客观规律，所以仍然是分析和改进过电压保护的依据。随着雷电流参数的测量日趋精确，过电压计算理论也会日趋完善。

7-27 高压输电线路的过电压保护有哪些措施？

➡对一个电力系统来讲，发电机、变压器、开关、计量和各类用电设备，很多都安装在室内，有些虽然在室外，也都设有可靠的防护措施，直接雷击的可能性很小。而高压输电线路由于线长面广，遍布各地，故最容易遭受雷击。根据电力部门统计，输电线路的雷害事故，约占整个电力系统事故的 90% 以上。因此，搞好输电线路的防雷保护，对降低电力系统事故率有重大作用。

目前，对于高压输电线路的过电压保护主要有以下几种措施：

（1）防止直接雷击的保护：为保护导线不受直接雷击，大多数高压输电线路都装设避雷线，个别地段也有用避雷针的。靠避雷线或避雷针的遮蔽作用避免直接雷击。

（2）防止发生反击（闪络）的保护：当雷击杆顶或避雷线时，由于杆塔电感及接地电阻的存在，杆塔电位可能达到使线路绝缘发生反击（由杆塔或避雷线向导线的闪络放电，称为反击）的数值。降低接地电阻，加强绝缘，增大耦合系数，都能有效地防止反击发生。

（3）防止建立工频稳定电弧的保护：线路绝缘在发生冲击闪络之后，只要不建立稳定的工频短路电弧，就不会造成线路跳闸。而工频短路电弧能否稳定建立与绝缘上的工频电场强度（平均电位梯度）及弧隙电流的大小有关。所以降低绝缘上的电位梯度，采用中性点不接地或经消弧线圈接地方式，可使大多数冲击闪络电弧自行熄灭，而不会造成工频短路电弧。

（4）防止供电中断的保护：当输电线路一旦遭到雷击，并且发展成稳定工频短路而导致线路跳闸时，将使供电中断。为了防止供电中断，在线路上，广泛采用自动重合闸装置。因为雷击故障多为瞬时性的，在线路跳闸后电弧即可熄灭，线路绝缘的电气强度很快就能恢复，自动重合闸一般能重合成功，可保证继续供电。

自动重合闸，不是过电压的直接保护措施，而是一种补救性措施。因为它的成功率很高，所以获得了普遍应用。

在过电压保护装置方面，除了前面谈过的避雷针、避雷线以外，还有避雷器、保护间隙、电涌保护器以及它们的各种组合，构成了完整的过电压保护系统。

7-28　电力系统中为什么会产生内部过电压？

➡️电力系统的内部过电压，是由于系统内部电磁能量的变换、传递和积聚而引起的。当系统内进行操作或发生故障时，就会引起上述能量的变换和传递。一般来讲，如果是在操作或故障的过渡过程中引起的过电压，其持续时间较短，称为操作过电压。如果是在操作或故障之后，系统的某些部分形成自振回路，并且其自振频率与电力系统频率满足一定关系，而发生谐振现象时，就会出现持续时间很长的周期性过电压，这类过电压叫做谐振过电压。

7-29　什么叫做电力系统谐振过电压？

➡️当电力系统中发生故障时可形成各种振荡回路，在一定的能源作用下，会产生串联谐振现象，导致系统某些元件出现严重的过电压，这一现象叫电力系统谐振过电压。

7-30　谐振过电压如何分类？

➡️谐振过电压分为以下几种：

（1）线性谐振过电压。谐振回路由不带铁芯的电感元件（如输电线路的电感、变压器的漏感）或励磁特性接近线性的带铁芯的电感元件（如消弧线圈）和系统中的电容元件所组成。

（2）铁磁谐振过电压。谐振回路由带铁芯的电感元件（如空载变压器、电压互感器）和系统的电容元件组成。因铁芯电感元件的饱和现象，使回路的电感参数是非线性的，这种含有非线性电感元件的回路在满足一定的谐振条件时，会产生铁磁谐振。

（3）参数谐振过电压。由电感参数做周期性变化的电感元件（如凸极发电机的同步电抗在 $X_d \sim X_q$ 间周期变化）和系统电容元件（如空载线路）组成回路，当参数配合时，通过电感的周期性变化，不断向谐振系统输送能量，造成参数谐振过电压。

在中性点不直接接地的电网中，比较常见的铁磁谐振过电压，有以下几种：

（1）变压器供电给接有电磁式电压互感器的空载短线路。

（2）配电变压器高压绕组对地短路。

（3）电力线路一相断线后一端接地。

按谐振过电压的频谱形式谐振过电压又可分为以下几种：

（1）谐振频率为工频的基波谐振。

（2）谐振频率高于工频的高次谐波谐振。

（3）谐振频率低于工频的分次谐波谐振。

7-31　何谓反击过电压？

➡️在发电厂和变电所中，如果雷击到避雷针上，雷电流通过构架接地引下线流散到地中，由于构架电感和接地电阻的存在，在构架上会产生很高的对地电位，高电位对附近的电气设备或带电的导线会产生很大的电位差。如果两者间距离小，就会导致避雷针构架对其他设备或导线放电，引起反击闪络而造成事故。

7-32　电力系统内过电压的数值有多大？

➡️电力系统中内过电压的数值不仅取决于系统的参数及其配合，而且与电力系统结构、系统容量、中性点接地方式、断路器性能、母线上的出线回路数以电网的运行、操作方式等因素有关，并且具有统计规律。

内过电压的能量来自电力系统本身，它的幅值基本上与电力系统的工频电压成正比，所以常以内过电压倍数来衡量它的大小。所谓内过电压倍数，就是内过电压幅值与电力系统工频相电压有效值的比值。电力系统的内过电压水平，是确定输变电设备绝缘水平的重要依据。在我国，各级电力系统对地的内过电压计算方法采用标幺值法，DL/T 620—1997《交流电气装置的过电压保护和绝缘配合》第四章中规定如下：

（1）工频过电压。

3～10kV（中性点不接地或经消弧线圈、高电阻接地）：不超过 1.1 $\sqrt{3}$p. u. ；

35～60kV（中性点不接地或经消弧线圈、高电阻接地）：不超过 $\sqrt{3}$p. u. ；

110～220kV（中性点直接接地）：不超过 1.3p. u. 。

（2）谐振过电压。

110～220kV（中性点直接接地）：2.0p. u. ～3.0p. u. 。

（3）空载线路操作过电压。

35～60kV（中性点不接地或经消弧线圈、高电阻接地）：一般不超过 4.0p. u. ；

110～220kV（中性点直接接地）：不超过 3.0p. u. 。

（4）空载变压器和并联电抗器操作过电压。

66kV 及以下：一般不超过 4.0p. u. ；

110～220kV（中性点直接接地）：不超过 3.0p. u. 。

7-33 切、合空载线路为什么能产生过电压？如何限制这种过电压？

➡空载线路属于电容性负载。将一条空载线路合闸到电源上，是电力系统中一种常见的操作，由于合闸过程中，交流电弧的重燃而引起剧烈的电磁振荡，这时出现的操作过电压称为合空线过电压或合闸过电压。空载线路的合闸又可分为两种不同的情况，即正常手动合闸和自动合闸。重合闸过电压是合闸过电压中最严重的一种。

（1）影响合空线过电压的因素：

1）合闸相位。电源电压在合闸瞬间的瞬时值取决于它的相位，它是一个随机量，遵循统计规律。如果合闸不是在电源电压接近幅值$+U_\phi$ 或$-U_\phi$ 时发生，出现的合闸过电压就较低。

2）线路损耗。实际线路上的能量损耗主要来源于：①线路及电源的电阻；②当过电压超过导线的电晕起始电压后，导线上出现电晕损耗。由于线路损耗能减弱振荡，从而可降低过电压。

3）线路残余电压的变化在自动重合闸动作之前，大约有 0.5s 的间歇期，导线上的残余电荷在这段时间内会泄放掉一部分，从而使线路残余电压下降，因而有助于降低重合闸过电压的幅值。如果在线路侧接有电磁式电压互感器，那么它的等值电感和等值电阻与线路电容将构成阻尼振荡回路，使残余电荷在几个工频周期内泄放一空。

（2）限制合空线过电压的对策。

1）装设并联合闸电阻。将合闸电阻与线路断路器主触头并联，是限制这种过电压最有效的措施。

2）消除线路的残余电压。

3）安装性能好的避雷器。

4）提高开关动作的同期性，做同步合闸。

7-34 切断空载变压器（并联电抗器、消弧线圈）时为什么会产生过电压？如何限制这种过电压？

➡ 切断空载变压器（包括并联电抗器、消弧线圈等）产生过电压是断路器的熄弧能力太强，强制切断变压器励磁电流而引起的。当具有很强熄弧能力的断路器，切断只有很小数值的变压器励磁电流时，有可能使电弧不在电流通过工频零点时熄灭，而在电流的某一瞬时值时被断路器强迫截断。此时由于励磁电流由某一瞬时值突然下降到零的急剧变化，在变压器绕组上就会感应出很高的过电压。

限制切、合空载变压器过电压的对策，主要是在高、低压双侧安装氧化锌避雷器。

7-35 如何计算单相接地故障电容电流？如何限制间歇性弧光接地过电压的发生？

➡ 在中性点不接地的电力系统中，如果发生单相接地，则流过接地点的电流仅是数值不大的单相接地电容电流。单相接地电容电流可以近似的按下式计算

$$I_C = \frac{U_1(35L + L_j)}{350} \qquad (7-18)$$

式中　I_C——单相接地电容电流，A；

　　　U_1——线路的线电压，kV；

　　　L——架空线路总长度，km；

　　L_j——电缆线路长度，km。

　　式（7-18）为架空线计算时缺 L_j 项，为纯电缆计算时缺 L 项。

　　从式（7-18）可以看出，在同级电压网络内，接地电流与线路总长度成正比。在线路较短时，接地电流不大，许多弧光接地故障一般都能自行熄弧。但是随着线路的增长和工作电压的升高，单相接地电流也随着增大，许多弧光接地故障变得不能自动熄灭。另外，当接地电流还不是太大时，往往还建立不起稳定的工频电弧，于是就形成了熄弧与重燃相互交替的不稳定状态，这就是间歇性电弧。由于这种间歇性电弧引起电力系统运行状态的瞬息改变，导致了电磁能量的强烈振荡，从而能在非故障相以及故障相上产生严重的瞬时过电压，这就是弧光接地过电压。

　　弧光接地过电压的发生，是因为接地电弧在燃弧和断弧的交替过程中，电力系统上逐渐积聚了大量电荷的结果。因为电力系统中性点是不接地的，这些电荷无处泄放，使过电压的数值随着电弧重燃次数的增加而逐渐升高。我国的实测结果表明，弧光接地过电压一般不超过 $3U_{xg}$，最大也只有 $3.2U_{xg}$。

　　在我国，60kV 及以下中性点不接地电力系统的对地绝缘，是按 $4.0U_{xg}$ 设计的，因此弧光接地过电压一般不会有太大危险。但对于系统中的某些绝缘弱点有时也会引起击穿损坏事故。所以经常注意消除绝缘弱点和加强设备的检查试验，是预防这种过电压事故的有效措施。

　　此外，当中性点不接地的电力系统 3～10kV 单相接地电流大于 30A、35～60kV 单相接地电流大于 10A 时，要求带单相接地故障运行的发电机直配电力系统大于 5A，则要在发电机或变压器的中性点处装设消弧线圈，借消弧线圈的感性电流补偿单相接地的电容电流，使通过接地点的残余电流很小，电弧可以自行熄灭，因此也就杜绝了弧光接地过电压的发生。

7-36　在中性点非直接接地的电网中，如何防止谐振过电压？

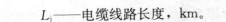（1）选用励磁特性较好的电磁式电压互感器或使用电容式电压互感器。

　　（2）在电磁式电压互感器的开口三角绕组内（35kV 及以下系统）装设 $R=10～100\Omega$ 的阻尼电阻。

　　（3）在 10kV 及以下电压的母线下，装设中性点接地的星形接线电容器组等。

7-37　变电所为什么要加装接地电阻？

DL/T 620—1997《交流电气装置的过电压保护和绝缘配合》中第 3 章规

定：3～66kV 系统采用非有效接地方式（即变电所中变压器中性点经消弧线圈或电阻接地）。

目前，我国电力系统中性点接地方式基本有四种方式：①经消弧线圈接地方式；②经高电阻接地方式；③经低电阻接地方式（又称小电阻接地方式）；④不接地方式。系统中性点经电阻接地方式，可根据系统单相对地电容电流值来确定。当接地电容小于规定值，可采用高电阻直接接地方式；当接地电容大于规定值，可采用小电阻接地方式。近年来，随着城市建设和供电业务的迅速发展，一些大城市新发展的和改造的 10kV 配电网主要采用地下电缆线路，使对地电容电流大大增加，当产生单相接地故障时电缆运行规程规定电缆不允许长时通过短路电流，否则易引起电缆发生火灾，扩大事故范围。城市电网多为电缆网络线路很长，一旦电缆故障就是永久性故障，单相接地电容电流大，如果采用消弧线圈接地，则需要较大的补偿容量，而且要配置多台消弧线圈，于是增加工程投资。因此，采用小电阻接地方式是节省资金投入的一个好办法。小电阻接地方式的接线图如图 7-5 所示。

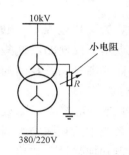

图 7-5 小电阻接地方式的接线图

当前，10kV 电力系统多采用中性点经电阻接地方式，35kV 电力系统多采用中性点经消弧线圈接地方式。

7-38 变电所为什么要加装接地变压器？

➡我国电力系统的 6、10、35kV 电网中一般都采用中性点不直接接地的运行方式。电网中主变压器配电电压侧一般为三角形接法，没有可供接地的中性点。当中性点不直接接地系统发生单相接地故障时，线电压仍然保持对称，对用户继续工作影响不大，并且电容电流比较小（小于 10A）时，一些瞬时性接地故障能够自行消失，这对提高供电可靠性，减少停电事故是非常有效的。

但是随着电力系统日益的壮大和发展，这简单的方式已不再满足现在的需求。现在城市电网中电缆电路的增多，电容电流越来越大（超过 10A），此时接地电弧不能可靠熄灭，就会产生以下后果：

（1）单相接地电弧发生间歇性的熄灭与重燃，会产生弧光接地过电压，其幅值可达 $4U_m$（U_m 为正常相电压峰值）或者更高，持续时间长，会对电气设备的绝缘造成极大的危害，在绝缘薄弱处形成击穿，造成重大损失。

（2）由于持续电弧造成空气的电离，破坏了周围空气的绝缘，容易发生相间短路。

（3）易产生铁磁谐振过电压，烧坏电压互感器并引起避雷器的损坏，甚至可能使避雷器爆炸。

这些后果将严重威胁电气设备的绝缘，危及电力系统的安全运行。为了防止上述事故的发生，为系统提供足够的零序电流和零序电压，使接地保护可靠动作，需人为建立一个中性点，以便在中性点接入接地电阻。接地变压器（简称接地变）就在这样的情况下产生了。

变电所用变压器一般接在 10kV 母线上，多数采用 Yyn0 接线变压器，为了人为制成一个中性点，必须采用接地变。其具体接线如图 7-6 所示。

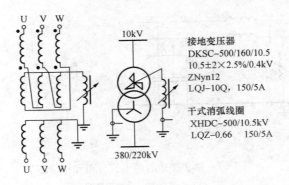

图 7-6　接地变接线图

另外，接地变对正序、负序电流呈高阻抗，绕组中只流过很小的励磁电流。接地变每个铁芯柱上两段绕组绕向相反，同心柱上两绕组流过相等的零序电流呈现低阻抗，零序电流在绕组上的压降很小。当系统发生接地故障时，在绕组中将流过正序、负序和零序电流。该绕组对正序和负序电流呈现高阻抗，而对零序电流来说，由于在同一相的两绕组反极性串联，其感应电动势大小相等，方向相反，正好相互抵消，因此呈低阻抗。很多接地变只带中性点接地小电阻，而不需带其他负载，在电网正常运行时，接地变相当于空载。但是，中性点经小电阻接地电网发生单相接地故障时，接地变只在接地故障至故障线路零序保护动作切除故障线路这段时间内起作用，其中性点接地电阻和接地变才会通过零序电流。根据上述分析，接地变的运行特点是长时空载、短时超载。

总之，接地变是人为地制造一个中性点，用来连接接地电阻或消弧线圈。当系统发生接地故障时，对正序负序电流呈高阻抗，对零序电流呈低阻抗，使接地（零序）保护装置可靠动作。

7-39 变电所为什么要加装消弧补偿装置?

➡消弧线圈是一个带有铁芯的电感线圈。它接在变压器或发电机的中性点与大地之间、构成中性点经消弧线圈接地系统。在系统正常运行时，变压器或发电机的中性点电位为零，消弧线圈中没有电流通过。当电力系统因雷击或其他原因发生单相电弧性接地时，变压器的中性点电位上升到相电压，这时流经消弧线圈的电感性电流恰好与单相接地的电容性故障电流反相而互相抵消，使故障电流得到补偿。消弧线圈的电感电流与电容电流之差和电力系统的电容电流之比叫补偿度。图7-7表示了中性点接有消弧线圈的电力系统发生单相接地时的电流分布和相量图。

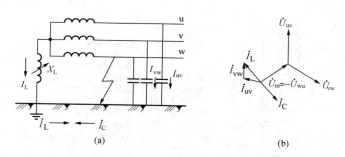

图7-7 单相接地时的电流分布和相量图
(a) 电流分布；(b) 相量图

$\dot{I}_{jd}=\dot{I}_{L}-\dot{I}_{C}$ 表示流过接地点的电流，它是电感电流 $\dot{I}_{L}$ 补偿电容电流 $\dot{I}_{C}$ 以后的残余电流，简称残流。合理选择消弧线圈的运行分头，可使残流很小，不足以维持电弧而自行熄灭，使接地故障迅速自行消除，因而保证了电网的正常运行，提高了供电可靠性。

另外，中性点不接地系统单相接地的间歇性电弧是引起弧光接地过电压的主要原因。由于消弧线圈的补偿作用基本杜绝了电弧重燃的可能，所以一般不会产生间歇性电弧，因而不会产生弧光接地过电压。由此可见，消弧线圈对过电压保护是有一定的作用的。

7-40 建筑物雷电防护区是如何划分的?

➡建筑物的雷电防护区（LP2）划分为直击雷非防护区、直击雷防护区、第一防护区、第二防护区、后续防护区，如图7-8所示。

建筑物雷电防护区的划分如下：

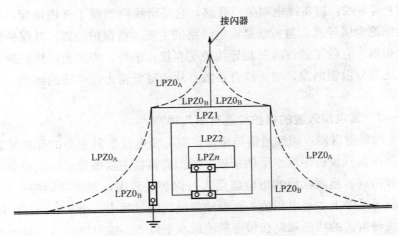

图 7 - 8　建筑物雷电防护区划分示意图

▭○○▭—在不同雷电防护区界面上的等电位接地端子板；▭—起屏蔽作用的建筑物外墙、房间或其他屏蔽体；------—按滚球法计算 LPZ 的保护范围

（1）直击雷非防护区（LPZ0$_A$）：电磁场没有衰减，各类物体都可能遭到直接雷击，属完全暴露的不设防区。

（2）直接雷防护区（LPZ0$_B$）：电磁场没有衰减，各类物体很少遭受直接雷击，属充分暴露的直击雷防护区。

（3）第一防护区（LPZ1）：由于建筑物的屏蔽作用，流经各类导体的雷电流比直击雷防护区（LPZ0$_B$）减少，电磁场得到初步的衰减，各类物体不可能遭受直接雷击。

（4）第二防护区（LPZ2）：进一步减少所导引的雷电流或电磁场而引入的后续防护区。

（5）后续防护区（LPZn）：需要进一步减少雷电电磁脉冲，以保护敏感度水平高的设备的后续防护区。

7 - 41　直击雷保护装置的原理和用途是什么？

➡（1）避雷针：避雷针是用来保护发电厂、变电所的屋外配电装置、输电线路个别区段以及工业与民用高层建筑的防雷保护装置。当雷电先导电流向地面延伸过程中，由于受到避雷针畸变电场的影响，会逐渐转向并击中避雷针，从而避免了雷电先导向被保护设备发展。由此可见，避雷针实际上是引雷针，它将雷电引向自己从而保护其他设备免遭雷击。

（2）避雷线：避雷线也叫架空线路，它是沿线路架设于杆塔顶端，并具有良好接地的金属导线。避雷线是输电线路的主要防雷保护装置。其保护原理与避雷针相似。它除了能遮蔽三相导线免受直接雷击外，当雷击杆顶或避雷针本身时，还能分散雷电流，增大耦合系数，从而降低雷击过电压的幅值。

7-42　雷电侵入波的保护装置有哪几种？

→（1）阀型避雷器：阀型避雷器是保护发、变电设备最主要的保护装置，也是决定高压电气设备绝缘水平的基础。阀型避雷器主要由放电间隙和非线性电阻两部分构成。当高幅值的雷电波侵入被保护装置时，避雷器间隙先行放电，从而限制了绝缘上的过电压值，在泄放雷电流的过程中，由于非线性电阻的作用，又使避雷器的残压限制在设备的绝缘水平以下。雷电波过后，其放电间隙与非线性电阻又能自动将工频续流切断。所以，尽管侵入雷电波的陡度与幅值有所不同，但出现在设备上的过电压基本上是一样的。这就是阀型避雷器的保护原理。

（2）保护间隙：保护间隙是一种简单而有效的过电压保护装置。它是由带电与接地的两个电极及中间间隔一定数值的间隙距离构成。它与被保护的设备并联，当雷电波袭来时，间隙先行击穿，把雷电流引入大地，从而避免了被保护设备因高幅值的过电压而被击毁。但是保护间隙基本上不具有熄弧能力，当它导泄大量雷电流入地之后，还会出现电力系统的工频短路电流流过间隙，从而引起断路器跳闸。为了改善系统供电的可靠性，凡采用保护间隙作为过电压保护装置时，一般在断路器上也要配备自动重合闸装置。当断路器跳开，工频续流消失，再次自动合闸后，系统即可恢复正常供电，期间只有零点几秒的时间。

（3）氧化锌避雷器：金属氧化锌避雷器是以金属氧化物电阻片作为基本组件叠制而成的避雷器。氧化锌避雷器分无间隙（WGMOR）和有间隙串联（GMOA）两种。

（4）电涌保护器：至少应包含一个非性电压限制组件，用于限制瞬时过电压和分流电涌电流的装置叫做电涌保护器（简称 SPD）。

7-43　避雷针保护范围的计算方法有几种？各有什么特点？

→避雷针保护范围的计算方法一般有两种，分别介绍如下：

（1）折线圆锥法。在避雷针保护范围的计算方法中，折线圆锥法（简称折线法）是比较成熟的方法。折线圆锥法在电力系统又称规程法，广为采用。

在 SDJ7—1979《电力设备过电压保护设计技术规范》、GB J64—1983《工业与民用电力装置的过电压保护设计规范》以及 DL/T 620—1997《交流电气装置的过电压保护和绝缘配合》三部规范中都采用折线圆锥法计算避雷针和避雷线的保护范围。

折线法的主要特点是设计直观、计算简便、节省投资，但只适用于 20m 以下的避雷高度，不能计算高度 20m 以上建筑物的保护范围，而且计算结果与雷电流大小无关。

（2）滚球法。滚球法是国际电工委员会（IEC）推荐的接闪器保护范围计算方法之一。GB 50057—2010《建筑物防雷设计规范》也把滚球法强行作为计算避雷针保护范围的方法，在建筑行业广为采用。滚球法是以 h_R 为半径的一个球体沿需要防止雷击的部位滚动，当球体只触及接闪器（包括被用作接闪器的金属物）或只触及接闪器和地面（包括与大地接触并能承受雷击的金属物），而不触及需要保护的部位时，则该部分就得到接闪器的保护。滚球法确定接闪器保护范围应符合规范规定。

用滚球法计算避雷针在地面上的保护，保护范围可以很好地得到确认，但用滚球法计算天面避雷针保护范围时却存在较大的误差。滚球法是以避雷针和被保护物所在平面为一无限延伸的平面作为前提的，当被保护物位于屋顶天面时，天面不是一个无限延伸的平面，况且，当滚球同时与避雷针尖和天面避雷带接触时，滚球和天面之间不存在确定的相切关系。因此 GB 50057—2010 中给出的计算公式将不能直接运用。

在这种情况下，怎样计算其保护范围呢？由于天面不可延伸且形状不规则，因此，根据滚球法计算保护范围的原理，当避雷针位置确定后，滚球在以避雷针尖作为一个支点，以避雷带上任一点作为另一支点滚动时，它在一定高度的保护范围也将是一个不规则的图形。从理论上讲，要想知道被保护物体能否得到全面保护，需要计算出以避雷针尖为一个滚球支点，以避雷带上的所有点作为另一个滚球支点时，用避雷针在一定高度的所有保护半径来确定被保护物体能否完全得到保护。这种计算方法在实际应用中有一定的偏差。因此，需要寻找一种简便的方法来计算被保护物体能否得到避雷针的完全保护。

滚球法的主要特点是可以计算避雷针（带）与网格组合时的保护范围。凡安装在建筑物上的避雷针、避雷线（带），不管建筑物的高度如何，都可采用滚球法来确定保护范围，并且保护范围与雷电流大小有关，但独立避雷针、避雷线受相应的滚球半径（60m）限制，其高度和计算相对复杂，比折线法要增大投资。

7-44　什么叫放电记录器?

➡放电记录器是监视避雷器运行、记录避雷器放电次数的电器。它串联在避雷器与接地装置之间，以数字累积显示出来，避雷器的每次动作，都能自动归零，循环工作。

7-45　JS 型放电记录器的工作原理是怎样的?

➡JS 型放电记录器的工作原理如图 7-9 所示。它由非线性电阻 R1 和 R2、电容器 C、计数线圈 L 以及内部保护间隙 G 组成。当过电压使避雷器动作后，冲击电流流入记录器，它在非线性电阻 R1 上产生一定的电压降，该电压降经非线性电阻 R2 对电容器 C 充电，适当选择非线性电阻 R2 可以确保电容器在不同幅值的冲击电流流过记录器时，都能够储存足够的能量，待冲击电流过去之后，电容器 C 上的电荷将对记录器的电磁线圈 L 放电，使刻度盘上的指针转动一个数字，也就记录了避雷器的一次动作。该型记录器在波形 $10/20\mu s$，冲击电流幅值 $0.15\sim 5kA$ 的范围内都能可靠动作。

7-46　简述 JCQ 型避雷器在线监测器的工作原理。

➡JCQ 型避雷器在线监测器的工作原理如图 7-10 所示。JCQ 型避雷器在线监测器的结构与 JS 型避雷器记录器的构造和组成组件大致相似，其工作原理也雷同，只是多了一个毫安计和一个非线性电阻 R3，R3 起限流的作用，毫安计指示范围 $0\sim 5000\mu A$，起在线监测的作用。

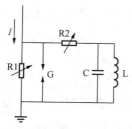
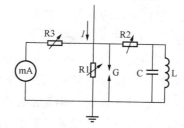

图 7-9　JS 型放电记录
器的工作原理图

图 7-10　JCQ 型避雷器在线
监测器的工作原理图

7-47　简述避雷器在线监测系统的工作原理。

➡避雷器在线监测系统是利用避雷器运行时的接地电流（正常运行是工频

泄漏电流，雷电流通过时是冲击电流）作为取样装置的电源，使用数字集成电路将泄漏电流的大小转换成光脉冲频率的变化，完成信号采样并实现信号的模数转换，转换后的信号经光纤传输、微机处理等一系列数字转换处理，达到用 LED 数码管显示器远距离监测避雷器运行参数的目的，实现了变电所监测系统的数字化和变电所的无人值班。这一系统完成了无人值班变电所对避雷器运行状况在线监测的智能化设计。

7-48　阀式避雷器与氧化锌避雷器在性能上有何差异？

➡阀式避雷器和氧化锌避雷器的主要关键部件阀片所使用的材料不同，阀式避雷器用的是 SiC 阀片，氧化锌避雷器用的是 ZnO 阀片，两者都是非线性电阻，但在性能上有很大差异。它们的伏安特性曲线如图 7-11 所示。理想避雷器阀片的伏安特性是一条水平直线特性，当过电压达到 u_0 值时阀片立即导通，电流趋于无穷大，过电压低于 u_0 值时立即关闭，截止电流。

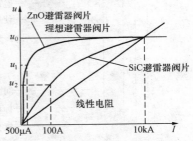

图 7-11　避雷器的伏安特性曲线

阀式避雷器阀片的伏安特性是一条弓形特性曲线，当过电压达到 u_0 值阀片立即导通，通过电流达到 10kA，过电压低于 u_0 值立即关闭，截止电流。氧化锌避雷器阀片的伏安特性是一条高曲率弓形特性曲线，当过电压达到 u_0 值阀片立即导通，能量快速释放，过电压低于 u_0 值立即关闭，恢复到高电阻状态截止电流，工频续流仅为微安级。

阀式避雷器由 SiC 阀片和串联间隙组成，依靠串联间隙阻断工频续流，利用 SiC 阀片切断雷电流。氧化锌避雷器主要是由 ZnO 阀片组成，完全靠 ZnO 阀片阻断雷电流和工频续流；输电线路使用的氧化锌避雷器也有带串联间隙的。

7-49　什么是氧化锌避雷器？其特点是什么？

➡氧化锌避雷器是以金属氧化物电阻片作为基本组件叠制而成的避雷器。氧化锌避雷器分无间隙（WGMOA）和有串联间隙（GMOA）两种。

氧化锌避雷器的主要工作组件由 MOA 制成。MOA 为非线性电阻片，具有非线性伏安特性，在低电压作用时具有高电阻，在过高的电压作用时呈低电阻，保持较低电压的残压，从而限制过电压对设备的影响，保护设备的绝缘不被损坏。平常在正常工频电压下氧化锌避雷器呈高电阻，将通过电阻片的电流限制在几十微安，所以在正常的运行电压下具有通流极小的优点。过电压时，金属氧化锌避雷器具有很大的通流能力，吸收很大的操作过电压能量，且体积又小，因此在电力系统中得到广泛运用。

7-50　氧化锌避雷器型号中符号意义是什么？

➡氧化锌避雷器型号中符号意义如下：

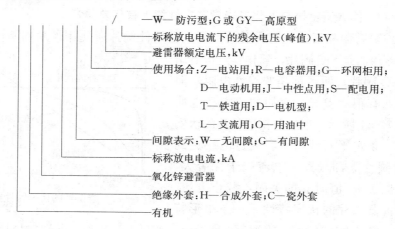

7-51　氧化锌避雷器的有机合成绝缘外护套有何优点？

➡（1）耐污性能优良。因有机合成绝缘外护套具有良好的憎水性，表面污秽层的积累速度较慢，所以表面的绝缘能保持比较长的时间，污闪电压和耐受电压比瓷伞裙高2～3倍。

（2）密封性较好。使用封灌浇注技术不易形成漏气通道，使阀片（电阻片）不易受潮。

（3）散热性好。内部没有气隙，阀片的热量直接通过固体向外传导发散。

（4）防爆性好。内部故障时不会形成粉碎性爆炸

（5）重量轻。比瓷外套避雷器重量轻60%以上。

（6）抗拉强度大。较瓷外套避雷器有较大的抗拉强度，可以制成悬吊式避雷器。

7-52　简述无间隙氧化锌避雷器的结构和工作原理。

➡氧化锌避雷器是世界公认的当代最先进防雷电器。其结构为将若干片 ZnO 阀

片压紧密封在避雷器瓷套内和复合硅橡胶套内。ZnO阀片具有非常优异的非线性特性，在较高电压下电阻很小，可以泄放大量雷电流，残压很低，在电力系统运行电压下电阻很大，泄漏电流很小，只有$50\sim150\mu A$，可视为无工频续流。这就是可以做成无间隙氧化锌避雷器的原因。它对陡波和雷电幅值同样有限压作用，防雷保护性能优异。运行实践表明，无间隙氧化锌避雷器有损坏爆炸率高、使用寿命短等缺点，原因是其瞬时过电压承受能力差。而串联间隙氧化锌避雷器具有无间隙氧化锌避雷器的保护性能优异，同时有瞬时过电压承受能力强的特点。氧化锌避雷器伏安特性曲线如图7-12所示。由图可见，当临界电压在小于U_0时，其ZnO阀片通过电流$I<1mA$，在刚达临界电压U_0（1mA）时，电流I猛增到大于3kA，超过临界电压U_0后电流又突然增大。

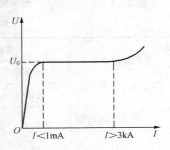

图7-12　氧化锌避雷器的伏安特性曲线

7-53　220kV无间隙氧化锌避雷器上部的均压环起什么作用？

➡ 220kV无间隙氧化锌避雷器上部的均压环起到均压作用，使沿避雷器外护套（套管）的电压（电场）分布均匀，不易使绝缘老化。其外形图如图7-13所示。

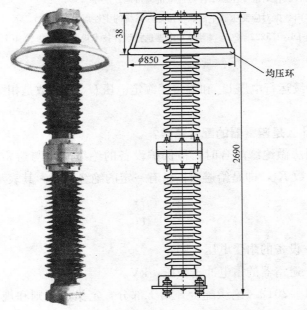

图7-13　Y10W-200/520型无间隙氧化锌避雷器外形

269

7-54 如何选择无间隙氧化锌避雷器持续运行电压和额定电压？

➡选择无间隙氧化锌避雷器时，应保证持续运行电压和额定电压不低于表7-1中所列数值。

表7-1 无间隙氧化锌避雷器持续运行电压U_c
和避雷器额定电压U_N选择表

系统接地方式	相对地		中性点		
	U_c (kV)	U_N (kV)	U_c (kV)	U_N (kV)	
有效接地	110	$U_m/\sqrt{3}$	$0.75U_m$	$0.45U_m$	$0.57U_m$
	220	$U_m/\sqrt{3}$	$0.75U_m$	$0.13U_m$① $(0.45U_m)$②	$0.17U_m$① $(0.57U_m)$②
非有效接地	3～20	$1.1U_m$	$1.38U_m$	$0.64U_m$	$0.8U_m$
	35～66	U_m	$1.25U_m$	$U_m/\sqrt{3}$	$0.72U_m$
经消弧线圈接地		U_m	$1.25U_m$	$U_m/\sqrt{3}$	$0.72U_m$
经低电阻接地		$0.8U_m$	U_m	—	—
经高电阻接地		$1.1U_m$	$1.38U_m$	$1.1U_m/\sqrt{3}$	$0.8U_m$

注 ① 括号外数据对应变压器中性点经电抗器接地。

② 括号内数据对应变压器中性点不接地（系统的中性点是接地的）。

本表引自DL/T 5222—2005《导体和电器选择设计技术规定》的表20.1.7。U_m为避雷器最高工作电压。

避雷器持续运行电压U_c和避雷器额定电压U_N两参数是相关的。

7-55 什么是避雷器的配合系数？

➡采用惯用法做绝缘配合时，被保护设备的绝缘水平与避雷器保护水平之比称为配合系数K_s，即是给避雷器留有一定的绝缘裕度。其表示式为

$$K_s = \frac{U_{ns}}{U_{bc}} \tag{7-19}$$

式中 U_{ns}——设备的耐受电压，kV；

U_{bc}——避雷器的雷电冲击残压，kV。

GB 311.1—2012《绝缘配合 第1部分：定义、原则和规则》中的规定如下：

（1）雷电过电压的配合系数：

避雷器非紧靠保护设备时，$K_s > 1.4$；

对中性点避雷器，$K_s > 1.25$。

（2）操作过电压的配合系数 $K_s > 1.15$。

7-56　有串联间隙氧化锌避雷器有哪几种？各有哪些特点？

➡有串联间隙氧化锌避雷器一般有两种类型：一种为外串联间隙氧化锌避雷器；另一种为内串联间隙氧化锌避雷器。

外串联间隙氧化锌避雷器在结构上分避雷器本体和外串联间隙两部分。避雷器本体部分基本不承担电压，不必担心它的阀片老化。只要间隙之间绝缘完好，结构简单可靠，即使避雷器本体损坏，也不影响输电线路的正常供电，故维护工作量很少。

内串联间隙氧化锌避雷器在结构上采用带并联电阻的单个长间隙，间隙及并联电阻和阀片共同分担系统电压，各分担一半，故减轻了阀片负担。其放电间隙和阀片都在护套内，间隙的放电不受环境影响，放电稳定，老化特性得到改善，可限制幅值较高的操作过电压，增加了避雷器的可靠性，保障供电安全性，故维护工作量也很少。

7-57　如何选择有串联间隙氧化锌避雷器持续运行电压和额定电压？

➡选择有串联间隙氧化锌避雷器时，应保证持续运行电压和额定电压不低于表7-2所列数值。

表 7-2　　　　　　　有串联间隙氧化锌避雷器持续运行电压 U_c
和额定电压 U_N 选择表

系统接地方式	相对地		中性点	
	U_c（kV）	U_N（kV）	U_c（kV）	U_N（kV）
有效接地	110	不小于 $0.8U_m$	—	—
	220	不小于 $0.8U_m$	—	—
非有效接地	3～20	不小于 $1.1U_m$	—	—
	35～66	不小于 U_m	—	—
经消弧线圈接地	—	—	3～20	不小于 $0.64U_m$
	—	—	35～66	不小于 $0.58U_m$

续表

系统接地方式	相对地		中性点	
	U_c (kV)	U_N (kV)	U_c (kV)	U_N (kV)
经低电阻接地	—	—	3～20	不小于 $0.64U_m$
	—	—	35～66	不小于 $0.58U_m$
经高电阻接地	—	—	3～20	不小于 $0.64U_m$
	—	—	35～66	不小于 $0.58U_m$

注 本表依据 DL/T 620—1997《交流电气装置的过电压保护和绝缘配合》的 5.3.3 归纳绘制而成。U_m 为避雷器最高工作电压。

7-58 保护间隙的结构和特点是什么？

➡ 保护间隙是一种最简单的防雷保护装置，构造简单，维护方便，但自行灭弧能力较差。

保护间隙是由两个金属电极构成的，一个电极固定在绝缘子上与带电导线相连接，另一个电极通过辅助间隙与接地装置相连接，两个电极之间保持规定的间隙距离。

保护间隙有棒型、球型、角型三种，它们的结构如图 7-14 所示。

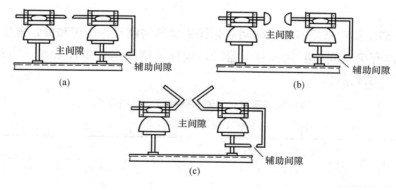

图 7-14 保护间隙结构图
（a）棒型；（b）球型；（c）角型

7-59 保护间隙的工作原理是什么？

➡ 在正常情况下，保护间隙对地是绝缘的。当线路遭雷击时，就会在线路上产生一个正常绝缘所不能承受的过电压。由于保护间隙的绝缘距离低于线路的绝缘水平，在过电压的作用下，首先被击穿放电，将大量的雷电流泄入大地，使过电压大幅度下降，从而保护了线路上的绝缘子和电气设备的绝缘不致发生闪络或击穿。

7-60　保护间隙的间隙距离是多少？

➡️为了使保护间隙与电气设备的绝缘水平相配合，并且在运行中不发生误动作，保护间隙的间隙距离，一般都是由计算和试验来决定的。我国规定的保护间隙距离见表7-3。

表7-3　　　　　　　　　　保护间隙距离

额定电压 （kV）	3	6	10	35	66	110	
						中性点直接 接地	中性点非直接 接地
主间隙距离 （mm）	8	15	25	210	400	700	750
辅助间隙距离 （mm）	5	10	10	20			

7-61　避雷器的设计使用寿命是多长？

➡️避雷器制造厂按避雷器两年动作一次，其型式试验的通流能力做20次，也就是说它的设计使用寿命是 $2 \times 20 = 40$ （年）。其实，避雷器的实际使用寿命可达 $60 \sim 100$ 年，甚至更长。

7-62　什么叫做脱离器？

➡️在避雷器故障时，使避雷器引线与系统断开，以排除系统持续故障，并给出故障避雷器的可见标志（隔断间隙）的一种装置叫做脱离器。它没有切断故障电流的能力，故不一定能完全防止 100% 避雷器爆炸，只能说减少 90% 以上避雷器爆炸的危险。脱离器的外形如图7-15所示。

脱离器的使用在国外已经有十多年的历史，国内近十年才开始运用和制造，并有出口。它与避雷器联合使用，充分发挥了氧化锌避雷器的优越性。它是避雷器不可缺少的必需的配套组件。

图7-15　脱离器外形图

7－63　脱离器有哪几种类型？它的优点是什么？

▶一般脱离器分三种类型：

第一种是热熔式。当氧化锌避雷器出现故障时，主要表现为流经阀片的电流增大，使阀片组呈发热状态，由于阀片组为负温度系数，发热引起等效工频电阻下降，又促使发热加剧，形成恶性循环。故障避雷器直接将热量传给脱离器，当这一温度达到脱离器设计值时，其低熔点合金熔化，脱离器动作使避雷器与接地线脱离，将故障避雷器退出运行，并且给巡视人员一个明显的信号，为氧化锌避雷器"状态检修"提供了切实可行的技术措施。

第二种是热爆式。当氧化锌避雷器出现故障时，主要表现为流经阀片的电流增大，利用工频电流通过自身产生电弧，而引燃爆炸物，使其插入螺栓爆脱，脱离器动作使避雷器与接地线脱离，将故障避雷器退出运行，并且给巡视人员一个明显的信号，为实现氧化锌避雷器"状态检修"提供了切实可行的技术措施。

第三种是复合式，是综合热熔式和热爆式两种脱离器原理制成的脱离器。

脱离器的优点：

（1）动作电流范围广。结合我国电力系统自身的特点，它既可在大的工频故障电流（＞50A）下脱离，也能在小的故障电流（50mA）下脱离。

（2）脱离速度快。它可与断路器的重合闸功能相配合，不仅适用于各种电压等级及各种类型的避雷器，也适用于不同的接地系统（中性点接地和不接地系统）。

（3）耐冲击能力强。它在2ms方波及$4/10\mu s$大电流冲击下均不动作。

（4）未爆脱前机械强度高，密封性能好。TLB－5型脱离器可与35kV以下避雷器配套，TLB－6型脱离器可与35～220kV避雷器配套使用。

（5）便于安装和更换螺纹式外置接口，与避雷器串接可靠方便，脱离器一旦动作，更换极为方便。

（6）脱离器价格便宜，更换方便，运行安全可靠。

7－64　热熔式脱离器的工作原理及其结构是怎样的？

▶热熔式脱离器的结构如图7－16所示。当低熔点合金熔化后，在脱离弹簧弹力作用下，脱离器插入端与脱离器外壳分离，达到远离电源目的。

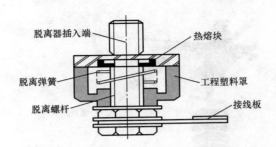

图 7-16 热熔式脱离器结构示意图

7-65 脱离器应用在哪些地方？

脱离器配合氧化锌避雷器应用在配电线路、变电所、输电线路中。

（1）脱离器在配电线路中的应用如图 7-17 所示。

（2）脱离器在变电所中的应用如图 7-18 所示。

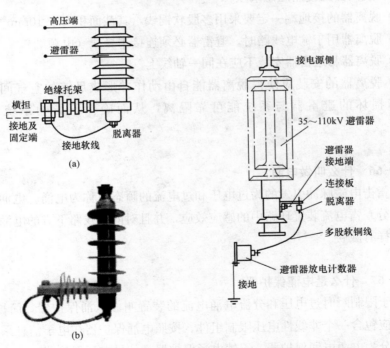

图 7-17 脱离器在配电线路中的应用

　　　（a）安装图；（b）外形图

图 7-18 脱离器在变电所中的应用

（3）脱离器在输电线路中的应用如图 7-19 所示。

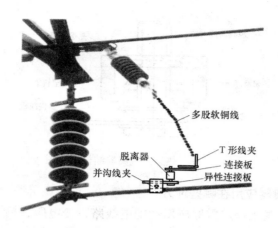

图 7-19　脱离器在输电线路中的应用

（4）脱离器的使用注意事项：

1）脱离器的接地端一定要采用多股软铜线，其截面积大于 $10\mathrm{mm}^2$。

2）脱离器用于输电线路时，避雷器必须连接于导线（电源端）。

3）脱离器与避雷器安装不应在同一轴线上。

4）脱离器的安装应使得脱离器能自由动作并形成足够的空气间隙，以使故障损坏的避雷器与系统能可靠隔离，从而确保不影响系统的正常运行。

7-66　什么叫做电涌？

➡由雷击电磁脉冲引发的为过电压和过电流的瞬态波称为电涌。电涌可起源于（部分）雷电流装置环路中的感应效应，并且对同一线路下方的电涌保护器可能同样有威胁。

7-67　什么是电涌保护器？

➡用于限制瞬时过电压和分流电涌电流的装置叫做电涌保护器，简称 SPD。它至少应包含一个非线性电压限制组件。按照电涌保护器在电子信息系统的功能，可分为电源电涌保护器、天馈电涌保护器、信号电涌保护器。

7-68　电涌保护器有几种类型？

➡电涌保护器按构成组件可分为三种类型：

（1）电压开关型电涌保护器。采用放电间隙、气体放电管、晶闸管和三端双向可控硅组件构成的电涌保护器，通常称为开关型电涌保护器。

（2）电压限制性电涌保护器。采用压敏电阻器和抑制二极管组成的电涌保护器，通常称为限压型电涌保护器。

（3）复合型电涌保护器。由电压开关型组件和电压限制性组件串联或并联组成的电涌保护器，通常称为复合型保护器。其特性随所加电压的特性可表现为电压开关型、电压限制型或两者皆有。

7-69　电涌保护器的工作状态如何显示？

➡它有如下三种显示方式：

（1）ST 固定式：正面带有 LED 指示窗口，绿色为工作状态正常，红色表示电涌保护器必须予以更换。

（2）PRI 型：正面带有 LED 指示窗口，白色为工作状态正常，红色表示电涌保护器必须予以更换。

（3）PRD 可更换式：它不仅带有可视的 LED 指示窗口，而且能够提供可更换部分的位置——需要更换的信号干接点。

7-70　电涌保护器用在哪些地方？

➡电涌保护器主要用在电子信息系统电源设备的防雷装置上。在低压配电系统中用于防直击雷、雷击电磁脉冲和其他瞬态和瞬时过电压，适用于交流 50Hz，额定电压不超过 1000V 或直流电压不超过 1500V 低压电气系统。

7-71　如何选择电涌保护器？

➡电涌保护器的选择的步骤：

（1）按电源系统将保护分成 A、B、C、D 四级。为将雷电过电压降到设备能承受水平，必须采用多级保护概念。

（2）最好选择电涌保护器的雷电冲击电流 $I_{ch} \geqslant 12.5kA$。电源线路电涌保护器冲击电流及标称放电电流参数见表 7-4。

（3）电涌保护器的持续运行电压 U_c 必须根据低压配电系统的接地型式来确定。各种接地系统的 U_c 值见表 7-5。

表 7-4　　　电源线路电涌保护器冲击电流及标称放电电流参数

保护分级	雷电防护区 LPZ0 与 LPZ1 区交界处	雷电防护区 LPZ1 与 LPZ2、LPZ2 与 LPZ3 区交界处			直流电源标称放电电流（kA）
	第一级冲击电流（kA）	第二级标称放电电流（kA）	第三级标称放电电流（kA）	第四级标称放电电流（kA）	
	10/350μs	8/20μs	8/20μs	8/20μs	8/20μs
A	≥20	≥40	≥20	≥10	≥10
B	≥15	≥40	≥20		直流配电系统中根据线路长度和工作电压选用标称放电电流大于或等于 10kA 适配的电涌保护器
C	≥12.5	≥20			
D	≥12.5	≥10			

注　电涌保护器的外封装材料应为阻燃材料。

表 7-5　　　　　　各种接地系统的 U_c 值

接地系统型式	TT	TN-S	TN-C	IT
U_c (MC)	≥1.5U_0	≥1.1U_0	1.1U_0	≥1.73U_0
U_0 (MD)	≥1.1U_0	≥1.1U_0	—	≥1.1U_0

注　U_c—电涌保护器最大持续电压；U_0—相线对地和中性线对保护；共模保护（MC）—相线对地和中性线对地保护；差模保护（MD）—相线对中性线保护。

（4）根据 U_c 定出电涌保护器电压保护水平（残压）U_P。

电涌保护器电压保护水平（残压）U_P 应为

$$U_m < U_P < U_{ch} \tag{7-20}$$

式中　U_P——电涌保护器电压保护水平，kV；

　　　U_m——电网最高运行电压，kV；

　　　U_{ch}——设备绝缘耐受冲击电压，kV。

发电厂、变电所、配电所等均采用微机保护装置、综合自动化、集控装置等电子设备，牵涉防雷和防电磁脉冲问题。电子信息系统设备配电线路采用电涌保护器，它的安装位置及电子信息系统电源设备分类示意图如图 7-20 所示。

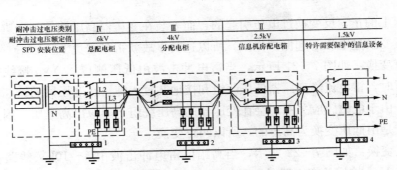

图7-20 耐冲击电压类别及电涌保护器安装位置图（TN-S系统）

╱─隔离开关；╱─空气断路器；▭─等电位接地端子板；

▭─电涌保护器；▭─熔断器；▭─退耦器件

7-72 配电设备的过电压保护措施有哪些？

➡在我国配电系统中，架电线路的电杆多数采用水泥杆、铁横担结构，还有一些极少数采用木电杆、木横担线路。因此，配电线路的绝缘水平是比较高的，相对来说，配电设备的绝缘就比较低，是配电系统中的绝缘弱点。所以，搞好配电设备的过电压保护是配电系统过电压保护的重点。柱上开关及隔离开关，应采用无间隙氧化锌避雷器或保护间隙之一作保护装置。对于经常闭路运行的开关，可只在电源侧安装避雷器，对经常开路运行的开关，则应在两侧都安装避雷器。

配电变压器应在高压侧装设无间隙氧化锌避雷器进行保护，对于多雷区的配电变压器，除在高压侧安装设无间隙氧化锌避雷器或间隙外，还应在低压侧装设低压无间隙氧化锌避雷器，中性点不接地的配电变压器，其低压中性点也应经击穿熔断器接地。补偿电容器应装设无间隙氧化锌避雷器或保护间隙。

不论配电变压器、柱上开关或电力电容器，其保护装置的接地线都应首先与设备的外壳连接，然后再与接地装置相接。这样，设备的绝缘上所承受的过电压，只是避雷器本身的残压，而雷电流在接地电阻上的电压降，并没有作用在设备的绝缘上。

7-73 什么叫正、反变换过电压？

➡在配电变压器的常年运行中，人们发现了一种特殊的事故现象，即尽管变压器的防雷设施比较完善，并且避雷性能很好，接地电阻符合要求，但是雷击损坏变压器的事故仍有发生。试验研究证明：这类事故是由雷电冲击波在变压器绕组上的正、反变换过电压引起的，而安装在变压器高压侧的阀型避雷器对正、反变换过电压不起保护作用，所以这类事故就很难避免了。

正变换：如图7-21所示，当雷电冲击波由低压侧侵入Yyn接线的配电变压器时，雷电流经变压器低压绕组和接地装置入地，在变压器的铁芯中建立磁通，由于电磁感应关系，会在变压器的高压绕组上感应出高电压。因为这变换方式是由低压变换为高压的，所以叫正变换。

反变换：如图7-22所示，当高幅值雷电冲击波由6～10kV线路从高压侧侵入Yyn接线的变压器时，避雷器FS全动作放电，大量雷电流通过避雷器和接地装置入地，并且在接地电阻上产生电压降。这个电压降同时也作用在变压器的低压绕组上，经线路波阻抗构成通路，在铁芯中建立磁通，由于电磁感应关系也会在变压器的高压绕组上感应出高电压。因为这种变换方式首先由高压变换为低压，然后再由低压变换为高压，所以叫反变换。

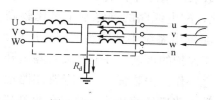

图7-21　正变换示意图

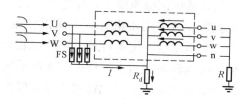

图7-22　反变换示意图

无论是正变换还是反变换，都会在Yyn接线变压器的高压绕组上出现很高的过电压，这种过电压往往高于变压器绝缘水平的许多倍。反变换过电压随着接地电阻的降低而减少，正变换过电压则随着接地电阻的降低而增大。由于高压侧避雷器对这类过电压不起保护作用，所以会引起变压器绝缘击穿事故。

7-74　怎样防止正、反变换过电压？

➡防止正、反变换过电压的方法如下：

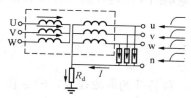

图7-23　Yyn接线变压器
低压保护图

（1）对Yyn接线的变压器，在变压器低压出线上安装一组低压避雷器或击穿熔断器，不仅能保护低压绕组，同时还能限制低压进来的雷电波的幅值，降低正变换过电压。具体接线如图7-23所示。

（2）对Yzn接线的变压器，它有很好的

防御正、反变换过电压能力。这种变压器的每个低压绕组，都分别接在两相上（即所谓曲折接线法的变压器），无论是从低压进波（见图 7 - 24）或从高压进波（见图 7 - 25），每相铁芯上的两个绕组所感生的磁通大小相等，方向相反，恰好互相抵消，高压绕组上并不感应高电压。所以 Yyn 接线变压器可以完全消除正、反变换过电压。

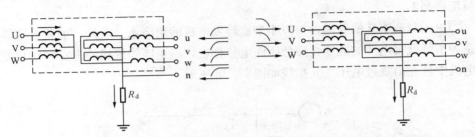

图 7 - 24 Yzn 接线变压器低压进波示意图　　图 7 - 25 Yzn 接线变压器高压进波示意图

7 - 75　架空电力线路交叉跨越时在防雷保护方面有哪些要求？

➡架空电力线路交叉跨越时在防雷保护方面的要求：

（1）两条电力线路（不同电压等级或同电压等级）交叉时，上方电力线路的下导线与下方电力线路的避雷线之间的距离，必须满足

$$S_1 = 0.012L + 1 \tag{7-21}$$

式中　S_1——导线与避雷线之间的距离，m；

　　　L——交叉跨越线路的档距，m。

（2）线路交叉跨越档两端的绝缘应不低于其相邻杆塔的绝缘水平。

（3）交叉跨越点应尽量靠近交叉跨越线路较高的杆塔，以减少导线因初伸长、覆冰、超载温升或短路电流过热而增大弛度时，使得交叉跨越距离缩小。

（4）上下方交叉跨越线路均应尽量使交叉跨越点靠近杆塔，确保长期运行中交叉跨越距离符合要求。

7 - 76　为什么保护电缆的避雷器接地线要和电缆的外皮接通？

➡保护电缆用的避雷器接地线与电缆的外皮接通，主要是利用电缆外皮的分流降压作用，降低电缆和配电装置的过电压。因为雷击避雷器放电时，很大一部分雷电流将沿电缆外皮流入大地，这种沿电缆外皮流动的电流，能在电缆芯上产生感应反电动势，它会阻止其他雷电流沿芯线侵入配电装置，从而降低

281

了配电装置上的过电压。另外避雷器接地线与电缆外皮相接，当避雷器放电时，加在电缆绝缘上的电压仅为避雷器的残压，接地装置上的电压降并不加在电缆主绝缘上，所以也降低了电缆的过电压水平。

7-77　为什么规程规定旋转发电机的防雷保护不仅要用避雷器，还要加装电容器？

▶由于制造工艺的原因，一般小型旋转发电机的绝缘水平较低，加装电容器是为了降低雷电波的陡度，降低匝间电位梯度，避免匝间绝缘的击穿和防止发电机中性点出现过电压。其接线如图7-26所示。

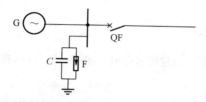

图7-26　小型发电机的防雷保护接线图

7-78　什么叫防雷接地？防雷接地装置包括哪几部分？

▶为把雷电流迅速导入大地以防止雷害为目的的接地叫做防雷接地。防雷接地装置包括以下部分：

（1）雷电接收装置：直接或间接接收雷电的避雷针（接闪器），如避雷器、避雷带（网）、架空地线及避雷器等。

（2）接地线（引下线）：雷电接收装置与接地装置连接用的金属导体。

（3）接地装置：接地导体（线）和接地极的总和。

7-79　什么叫工频接地电阻？什么叫冲击接地电阻？二者有什么关系？

▶同一接地装置，当流过工频电流时所表现的电阻值，叫做工频接地电阻；流过雷电冲击电流时表现的电阻值，叫做冲击接地电阻。因为雷电冲击电流流过接地装置时，电流密度大，波头陡度高，会在接地体周围的土壤中产生局部火花放电，其效果相当于增大了接地体的尺寸，会使接地电阻的数值降低，所以冲击接地电阻要比工频接地电阻小，二者相差一个小于1的系数（接地电阻冲击系数）。

7-80　防雷接地与一般电气设备的工作接地或保安接地有什么区别？

➡所谓防雷接地是指避雷针、避雷器、放电间隙等防雷装置的接地，其接地装置的型式和结构与一般电气设备的工作接地或保安接地大体相同。所不同的是：防雷接地是导泄雷电流入地的，工作接地或保安接地是导泄工频短路电流入地的。工频短路电流远比雷电流要小，流过接地装置时所产生的电压降也不大，不会出现反击现象。雷电流流过接地装置时的压降往往要高得多，会对某些绝缘弱点或绝缘间隙产生反击（即由接地引线或接地体向带电导体的反击穿或反放电）。由于避雷针、避雷线的反击现象特别严重，所以对其要独立设立接地装置；而避雷器、放电间隙的导泄电流，一般都在电气设备绝缘的耐雷水平之内，不大会造成反击。因此，防雷接地可以与一般电气设备的工作接地或保安接地的接地装置合用，无须单独设立。

7-81　各类防雷接地装置的工频接地电阻最大允许值是多少？

➡各种防雷接地装置的工频接地电阻，一般应根据落雷时的反击条件来确定。防雷接地与电气设备的工作接地合用一个总的接地网时，接地电阻应符合其中最小值的要求。各类防雷专用接地装置的接地电阻，一般不大于下列数值：

（1）变电所室外单独装设的避雷针，一般接地电阻不大于 10Ω。在高土壤电阻率地区，在满足不反击条件下，也可适当增大。

（2）变电所内 110kV 的构架上允许装设的避雷针，其接地点除与主接地网相连外，还应做集中接地装置，接地电阻不大于 10Ω，但避雷针的接地点与主变压器的接地点在地中沿接地体的长度必须大于 15m。

（3）架空电力线路避雷器的接地电阻，根据土壤电阻率不同，分别为不大于 $10\sim30\Omega$。

（4）单独装设的阀型避雷器、管型避雷器、氧化锌避雷器和保护间隙的接地电阻为不大于 10Ω。

（5）烟囱避雷针的接地电阻为不大于 30Ω。

（6）水塔上避雷针的接地电阻应为不大于 30Ω。

（7）架空引入线绝缘子脚的接地电阻为不大于 20Ω。

7-82　什么叫绝缘配合？电力线路和变电所的绝缘配合原则是什么？

➡所谓绝缘配合是指正确解决电力系统中的过电压与限压措施的矛盾以及

经过限制后的过电压与设备绝缘之间的矛盾，从而合理确定各级电力系统的绝缘水平或试验电压，以达到安全、经济、优质供电的目的。电力系统的绝缘包括发电厂、变电所电气设备的绝缘和线路导线的绝缘。其配合原则为：在220kV 以下的电力系统中，发电厂、变电所电气设备和电力线路导线的绝缘水平，一般应能耐受通常可能出现的内部过电压。按大气过电压选择发电厂和变电所电气设备的绝缘时，一般以无间隙氧化锌避雷器为基础；选择电力线路导线的绝缘时，则应以保证耐雷水平为目标。一般不考虑发电厂、变电所电气设备和电力线路导线间的绝缘配合问题，也不考虑发电厂、变电所电气设备间的绝缘配合问题。

7-83 在发电厂和变电所内怎样做好氧化锌避雷器和被保护设备的绝缘配合？

➡️氧化锌避雷器和被保护设备的绝缘配合关系如图 7-27 所示。图中曲线 1 为被保护设备的伏秒特性，曲线 2 为避雷器的伏秒特性，曲线 3 为被保护的设备上可能出现的最高工频电压 U_m。

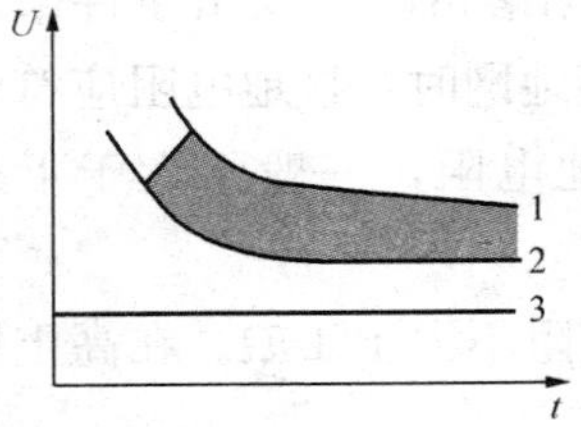

首先必须使氧化锌避雷器的伏秒特性比被保护设备绝缘的秒伏特性低，当两者的平均伏秒特性相差 15%～40%时（阴影部分），才保证氧化锌避雷器的保护作用，也就是说避雷器的保护能力留有 15%～40%裕度，并且与被保护设备的电气距离符合规定数值。从题 7-57 可知，$K_s=1.4$ 就意味着绝缘裕度达 40%，也就是图 7-27 中曲线 1 和曲线 2 之间的阴影部分，保障电气设备有足够绝缘强度。对终端变电所，氧化锌避雷器最好与变压器直接连在一起，这样变压器上所承受的电压就完全等于避雷器的残压。如果变电器与氧化锌避雷器之间有一段距离，由于导线电感和变压器入口电容构成的振荡回路，对来波产生振荡和反射，使变压器上出现的电压有可能超过氧化锌避雷器的残压。

图 7-27 氧化锌避雷器和被保护设备的绝缘配合关系

在中性点直接接地的系统内，中性点不接地运行的变压器，在三相进波时，中性点上会出现很高的过电压，这个电压最高可能达到线端电压的 1.9 倍。如果中性点绝缘不按线电压设计时，必须在变压器中性点上装设氧化锌避雷器来限制这种过电压；如果中性点绝缘按线电压设计，但当变电所只有一路进线时，由于进行波到达变电所的反射作用，中性点过电压对绝缘也有很大威胁，若不装设避雷器，也可能造成变压器的损坏。所以，做好变压器中性点的过电压保护，也是搞好绝缘配合的重要一环。

7-84　电力线路的绝缘是怎样确定的？

➡架空电力线路的绝缘，包括绝缘子串和导线对杆塔（包括拉线及构架）的空气间隙。在同级电压的线路上，绝缘子串的电气强度应与风偏情况下各部分空气间隙的绝缘冲击强度相当。这样的线路绝缘是配合的，否则，就是不配合或不完全配合。

线路绝缘子串的片数是按下述方法确定的：对于海拔 1000m 以下的直线杆绝缘子串，其片数 n 一般可先按工作电压下所要求的单位泄漏距离初步选定，然后根据内部过电压的要求加以校验，最后再按大气过电压进行复核。综合考虑以上各种因素后，即可合理选定一个数值。对于耐张杆塔的绝缘子串，考虑到它在机电联合作用的恶劣条件下损坏的概率比较大，故应比直线杆多加一片。对于发电厂和变电所内架构上的绝缘子串，考虑到它的重要性，应采用与耐张杆塔的相同片数。

确定电力线路和变电所内架空导线的绝缘间隙不但要考虑大气过电压、内部过电压和工作电压的高低，还应当考虑风吹导线使绝缘子串摆动的不利因素。因此，这里所说的空气绝缘间隙是指风偏后的最小空气间隙。在工作电压下，考虑风偏的风速为线路的最大计算风速；在内部过电压下，采用最大计算风速的一半；在大气过电压下，计算风速一般取 10m/s；只有在气象条件极其恶劣时，才取 15m/s。风速越大，绝缘子串风偏角越大，相应的空气间隙越小；反之，空气间隙就大。

7-85　爆炸火灾危险环境分区和防雷分类是怎样区分的？

➡ GB 50057—2010《建筑物防雷设计规范》第 3 章对建筑物的防雷分类只是概括性做了规定，没有把工业和民用建筑物的各自特点区别对待。为了使设计工作更好操作和把握分寸，将爆炸火灾危险环境分区和防雷分类的内容，按 GB 50057—2010《建筑物防雷设计规范》、GB 50058—1992《爆炸和火灾危险环境电力装置设计规范》、GB 50028—2006《城镇燃气设计规范》、GB 50031—1991《乙炔站设计规范》、GB 50156—2002《汽车加油加气站设计和施工规范》、GB 50074—2002《石油库设计规范》和 GB 50195—2013《发生炉煤气站设计规范》等标准的要求归纳出 0 区、1 区、2 区、10 区、11 区、21

区、22 区、23 区共 8 种爆炸火灾危险环境分区和防雷分类的示例，用于对建筑物的爆炸火灾危险环境分区和防雷分类，见表 7－6。

表 7－6　　　　　　　　爆炸火灾危险环境分区和防雷分类

0 区	正常情况下能形成爆炸性混合物（气体或蒸汽爆炸性气体）的爆炸危险场所
	油漆车间：非桶装的地下储漆间
	石油库：易燃油品罐油和油罐呼吸阀、量油孔 3m 以内空间
	汽车加油加气站：埋地卧式汽油储罐内部油表面以上空间
1 区	在不正常情况下可能出现爆炸性混合物（气体或蒸汽爆炸性）的爆炸危险场所
	油漆车间：喷漆室（连续式烘干室，距门框 6m 以内的空间）；桶装储漆间；油漆干燥间、漆泵间
	线圈车间、浸漆车间
	线缆车间、漆包线工部
	发生炉煤气站：机器间、加压间、煤气分配间
	乙炔站：发生器间、乙炔压缩机间、电石间、乙炔总线间、净化器间、罐瓶间、空瓶间
	液化石油气配气站
	天然气配气站
	电气室：固定式蓄电池
	汽车库：携带式蓄电池
	蓄电池车间：蓄电池充电间
	石油库：易燃易爆的油泵房、阀室；易燃油品桶装库房；易燃油罐的 3m 范围内的空间；易燃油品人工洞库区的主巷道、支巷道、上引道、油泵房，油罐操作间，油罐室等
	汽车加油加气站：加油机内部空间；埋地卧式汽油储罐人孔（阀）井内部空间；以通气管管口为中心，半径 1.5m 的球形空间及以密闭卸油口为中心，半径 0.5m 的球形空间
	汽车加油加气站：液化石油加气机内部空间；埋地液化石罐人孔（阀）井内部空间和以卸车口为中心，半径为 1m 的球形空间；以地口为中心，半径为 1m 的球形空间；液化石油气压缩机、泵、法兰、阀门或类似附件的房间内部空间
	汽车加油加气站：压缩天然气加气机壳体内部空间；天然气压缩机、阀门、法兰或类似附件的房间的内部空间；存放压缩天然气储气瓶组的房间内部空间
	燃气制气车间：焦炉地下室、煤气水封室、封闭煤气预热室；侧喷式焦炉分烟道走廊；焦炉煤塔下直接式计器室；直立炉顶部
	燃气制气车间：油制气车间排送机室；油制气控制室
	燃气制气车间：水煤气车间生产厂房、水煤气排送机间、水煤气管道排水器间；室外缓冲气罐、罐顶和罐壁外 3m 以内；煤气计量器室
	燃气制气车间：煤气净化车间、鼓风机；回收装置及储罐，室外浓氨水槽；粗苯产品泵房、干法脱硫箱室、萃取脱酚泵房

	在不正常情况下形成爆炸性混合物可能性较小的爆炸危险的场所
	热处理车间：加热炉的地下部分
	金加工、装配车间：装配在线的喷漆室及距烘室门柜 6m 以内的空间
	油漆车间：涂漆室（连续式烘干室距门柜 6m 的空间内）
	发生炉煤气站：发生炉间；电气滤清器；洗涤塔；下喷式焦炉分烟道走廊；煤塔、炉间台和炉端台底层；集气管直接式计量器室；直立炉一般操作层和空间；煤气排送机间、煤气管道排水间、室外设备和煤气计量器室
	燃气制气车间：油制气车间室外设备
	燃气制气车间：水煤气车间室外设备
	燃气制气车间：煤气净化车间初冷器；电捕焦油器；硫铵饱和器；回收装置及储槽；洗萘、终冷、洗氨、洗苯、脱硫塔等；蒸氨装置、粗苯蒸馏装置、粗苯油水分离器、粗苯储槽、再生塔、煤气放散装置、干法脱硫箱、萃取脱酚萃取塔和氨水泵房
	乙炔站：气瓶修理间；干渣堆物；露天设置的储气罐
	石油库：易燃油品油泵棚和露天油泵站；易燃油品桶装油品敞棚和场地
2 区	汽车加油加气站：以加油机中心线为中心线，以半径 4.5m 的地面区域为底面和以加油机顶部以上 0.15m、半径为 3m 的平面为顶面的圆台形室间；埋地卧式汽油储罐距人孔（阀）井外边缘 1.5m 以内，自地面算起 1m 高的圆柱形空间；以通气管管口为中心，半径为 3m 的球形空间；以密闭卸油口为中心，半径为 1.5m 的球形并延至地面的空间
	汽车加油加气站：以加气机中心线为中心线，以半径 5m 的地面区域为底面和以加气机顶部以上 0.15m、半径为 3m 的平面为顶面的圆台形空间；埋地液化石油气储罐距人孔（阀）井边缘 3m 以内，自地面算起 2m 高的圆柱形空间；以放散管管口为中心，半径为 3m 的球形并延至地面的空间，以卸车口为中心，半径为 3m 的球形并延至地面的空间。 地上液化石油气储罐：以放散管管口为中心、半径为 3m 的球形空间，距储罐外壁 3m 范围内并延至地面的空间，防火堤内与防火堤等高的空间，以卸车口为中心、半径为 3m 的球形并延至地面的空间。露天或棚内设置的液化石油气泵、压缩机、阀门和法兰等在距释放源壳体外缘半径为 3m 范围内的空间和距释放源壳体外缘 6m 范围内，自地面算起 0.6m 高的空间。液化石油气泵、压缩机、阀门和法兰等在有孔、洞或开式墙时，以孔、洞边缘为中心，半径 3m 以内与房间等高的空间和以释放源为中心、半径为 6m 以内，自地面算起 0.6m 高的圆柱形空间。以压缩天然气加气机中心线为中心线，半径为 5m，高度为地面向上至加气机顶部以上 0.5m 的圆柱形空间。室外或棚内压缩天然气储气瓶组（储气瓶）以放散管管口为中心，半径为 3m 的球形空间和距储气瓶组壳体（储气瓶 5m 以内并延至地面的空间。天然气压缩机、阀门，法兰等在有孔、洞或开式墙的房间内，以孔、洞边缘为中心，半径为 3～7.5m 以内至地面的空间。露天（棚）设置的天然气压缩机、阀门、法兰等壳体 7.5m 以内延至地面的空间。存放压缩天然气瓶组的房间有孔、洞或开式墙外，以孔、洞边缘为中心，半径为 R 并延至地面的空间
	正常情况下能形成粉尘或纤维爆炸性混合物的爆炸危险场所
10 区	爆炸危险区域的划分应按爆炸性粉尘的量、爆炸极限和通风条件来确定，引燃温度分为 T_{1-3}（$150℃≤t≤200℃$）、T_{1-2}（$200℃≤t≤270℃$）和 T_{1-1}（$t≥270℃$）三组。为爆炸性粉尘环境服务的排风机室，应与被排风区域的爆炸危险区域等级相同
	煤气净化车间：室外脱硫剂再生装置

续表

11区	正常情况下不能形成，但在不正常情况下能形成粉尘或纤维爆炸性混合物的爆炸危险场所
	煤气净化车间：硫磺仓库（室内）
21区	在生产过程中，产生、使用、加工储存或转运闪点高于场所环境温度的可燃液体，在数量和配置上能引起火灾危险的场所
	可燃液体：柴油、润滑油、变压器油等
	石油库：油泵房和阀室内有可燃油品；油泵棚或露天油泵站有可燃油品和可燃油品的灌油间；可燃油品桶装库房；可燃油品桶装棚或场地；可燃油品的油罐区；可燃油品的铁路装卸设施或码头；存放可燃油品的人工洞库中的主巷道、支巷道、上引道、油泵房、油罐操作间、油罐室等；石油库内化验室、修洗桶间和润滑油再生间
	热处理车间：地下油泵间、储油桶间、井式煤气
	金加工、装配车间：乳化脂配制车间
	修理车间：油洗间、变压器修理或拆装间、油料处理间、变压器油储放间和油泵间
	线缆车间：干燥浸油工部
	电碳车间和锅炉房：重油泵间
	发生炉煤气站：焦油泵房和焦油库
	汽车库：停车间下部（电气设备安装高度低于1.8m、线路低于4m处）
	机车库：油料分发室、防水锈剂室
	煤气制气车间：油制气泵房
	燃气制气车间：煤气净化车间的室外焦油氨水分离装置及储槽、室外终冷洗萘油储槽、洗油储槽（室外）、化验室等
22区	在生产过程中，悬浮状、堆积状的可燃粉尘或可燃纤维不可能形成爆炸性混合物，但在数量和配置上能引起火灾危险场所
	可燃粉层：铝粉、焦炭、煤粉、面粉、合成树脂粉等。可燃纤维：棉花、麻、丝、毛、木质和合成纤维等
	铸造车间：煤的球磨机间
	木工车间：大锯间
	线圈车间：浸胶车间
	锅炉房：煤粉制备间、碎煤机室、运煤走廊、天然气调压间
	发生炉煤气站：受煤斗室、输炭皮带走廊、破碎筛分间、运煤栈桥
	燃气制气车间：制气车间室内的粉碎机、胶带走廊、转运站、配煤室、煤库和储焦间
	燃气制气车间：直立炉的室内煤仓、焦仓操作层
	燃气制气车间：水煤气车间内煤斗室、破碎筛分间和运煤胶带通廊
	燃气制气车间：发生炉车间内敞开建筑或无煤气漏入的储煤层，运煤胶带通廊和煤筛分间

	具有固体状可燃物质，在数量和配置上能引起火灾危险险的环境
	固体状可燃物质：煤、焦炭、木等
	木工车间：机床工部、机械模型工部、材存放间，木制冷却间，装配工部
	修理车间：木工修理和木工备料部
23 区	电碳车间：加油浸渍工部
	发生炉煤气站：煤库
	机车库：擦料储存室
	图书室、数据库、档案库、晒图室
	露天煤场

　　注　本表是除了按上述规范的要求外，还照爆炸火灾危险环境分区的定义来划分的。

　　爆炸火灾危险环境分区的定义：

　　0 区：连续出现或长期出现爆炸性气体混合物的环境。

　　1 区：在正常运行时可能出现爆炸性气体混合物的环境。

　　2 区：在正常运行时不可能出现爆炸性气体混合物的环境，或即使出现也仅是短时存在的爆炸性气体混合物的环境。

　　10 区：连续出现或长期出现爆炸性粉尘环境。

　　11 区：有时会将积留下的粉尘扬起而偶然出现爆炸性粉尘混合物的环境。

　　21 区：具有闪点高于环境温度的可燃液体，在数量和配置上能引起火灾的环境。

　　22 区：具有悬浮状、堆积状的可燃粉尘或可燃纤维，虽不可能形成爆炸混合物，但在数量和配置上能引起火灾危险的环境。

　　23 区：具有固体状可燃物质，在数量和配置上能引起火灾危险的环境。

7-86　哪些建筑属于第一类防雷建筑物？

　　▶下列建筑物应划为第一类防雷建筑物：

　　（1）凡制造、使用或储存炸药及其制品的危险建筑物，且因电火花而引起爆炸、爆轰，会造成巨大破坏和人身伤亡的建筑物。

　　（2）具有 0 区或 20 区爆炸危险场所的建筑物。

　　（3）具有 1 区或 21 区爆炸危场所的建筑物，且因电火花而引起爆炸，会造成巨大破坏和人身伤亡的建筑物。

7-87 哪些建筑属于第二类防雷建筑物？

➡在可能发生对地闪击的地区，下列建筑物应划为第二类防雷建筑物：

（1）国家级重点文物保护的建筑物。

（2）国家级的会堂、办公建筑物、大型展览和博览建筑物、大型火车站和飞机场、国宾馆、国家级档案馆、大型城市的重要给水泵房等特别重要的建筑物。

（3）国家级计算中心，国际通信枢纽等对国民经济有重要意义的建筑物。

（4）国家特级和甲级大型体育馆。

（5）制造、使用或储存火炸药及其制品的危险建筑物，且电火花不易引起爆炸或不致造成巨大破坏和人身伤亡的建筑物。

（6）具有1区或21区爆炸危险场所的建筑物，且电火花不易引起爆炸或不致造成巨大破坏和人身伤亡的建筑物。

（7）具有2区或22区爆炸危险场所的建筑物。

7-88 哪些建筑属于第三类防雷建筑物？

➡在可能发生对地闪击的地区，下列建筑应划为第三类防雷建筑物：

（1）省级重点文物保护的建筑物及省级档案馆。

（2）预计雷击次数大于或等于 0.01 次/a，且小于或等于 0.05 次/a 的部、省级办公建筑物和其他重要或人员密集的公共建筑物，以及火灾危险场所。

（3）预计雷击次数大于或等于 0.05 次/a，且小于或等于 0.25 次/a 的住宅、办公楼等一般性民用建筑物或一般性工业建筑物。

（4）在平均雷暴日大于 15d/a 的地区，高度在 15m 及以上的烟囱、水塔等孤立的高耸建筑物；在平均雷暴日小于或等于 15d/a 的地区，高度在 20m 及以上的烟囱、水塔等孤立的高耸建筑物。

7-89 露天储油罐如何安装防雷装置？

➡（1）易燃液体、闪点低于或等于环境温度的开式储罐和建筑物，平常有挥发性气体产生，属于第一类防雷建筑，应设独立避雷针，保护范围要按开敞面向外水平距离 20m，高 3m 的空间进行计算。对露天注送站，其保护范围按注送口外 20m 内的空间进行计算。独立避雷针距开敞面不小于 23m，冲击接地电阻不大于 10Ω。

（2）带有呼吸器的易燃液体储罐，罐顶钢板厚度大于 4mm，属于第二类防雷建筑物，可在罐顶直接安装避雷针，但与呼吸阀的水平距离不得小于 3m，保护范围应高出呼吸阀 2m 以上，罐上接地点不少于 2 处，两接地点间的距离不宜大于 24m，冲击接地电阻不大于 10Ω。

（3）可燃液体储罐，壁厚不小于 4mm，属于第三类防雷建筑物，不装设避雷针只做接地，冲击接地电阻不大于 10Ω。

（4）浮顶油罐、球形液化器储罐，壁厚大于 4mm 时，只做接地，但浮顶与罐体应用 25mm² 软铜线或钢线可靠连接。

（5）埋地式油罐，覆土 0.5m 以上者，可不考虑装设防雷设施，但如有呼吸阀引出地面时，应在呼吸阀处做局部防雷处理。

7-90　户外架空管道如何安装防雷装置？

➡(1) 输送可燃气体、易燃或可燃液体的金属管道，应在管道的始端、终端、分支处、转角处以及直线部分间隔 100m 处接地，每处接地电阻不大于 30Ω。

（2）当（1）中管道与有爆炸危险的厂房平行敷设，且间距小于 10m 时，应在接近厂房段的两端及每隔 30～40m 处接地，接地电阻不大于 20Ω。

（3）当（1）中管道的连接点，如阀门、法兰盘、弯头等，不能保持良好的电气接触时，应用金属线跨接。

（4）接地引下线，可利用管道的金属支架，若是活动金属支架，在管道与支持物之间必须增设跨接线。

（5）接地装置可利用电气设备的保护接地装置。

7-91　如何设置水塔的防雷装置？

➡水塔按第三类构筑物设计防雷，一般利用水塔顶部的铁栅栏作接闪器，或装设环形避雷带保护水塔边缘，并在塔顶中心装一支 1.5m 高的避雷针，冲击接地电阻不大于 30Ω，一般设 2 根引下线，间距不大于 30m。若水塔周长和高度均不超过 40m，可只设一根引下线，也可利用铁爬梯作接地引下线。

7-92　如何安装烟囱的防雷装置？

➡烟囱属于第三类构筑物，砖烟囱和钢筋混凝土烟囱，可在烟囱顶上装设避雷针或环形避雷带保护，多根避雷针应用避雷带连成闭合环，冲击接地电阻为 20～30Ω。

当烟囱直径小于 1.2m、高度小于 35m 时，采用一根 2.2m 高的避雷针；直径小于 1.7m、高度小于 50m 时，用两根 2.2m 高的避雷针；直径大于 1.7m、高度大于 60m 时，用环形避雷带保护，烟囱顶口装设的环形避雷带和烟囱的各个抱箍应与引下线连接，高度在 100m 以上的烟囱，还应在离地面 30m 及以上每隔 12m 加装一个均压环，并连接在引下线上。

烟囱高度不超过 40m 时，只设一根引下线，40m 以上设两根引下线。可利用烟囱的铁扶梯或钢筋混凝土烟囱的主钢筋（两根）作引下线，两端作可靠连接。

7-93 露天可燃气体储气罐（柜）如何安装防雷装置？

➡️露天可燃气体储气罐壁厚大于 4mm 时，一般不装设接闪器，但应接地，接地点不少于两处，其间距不宜大于 30m，冲击接地电阻不大于 30Ω；宜在其放散管和呼吸阀附近装设避雷针，避雷针要高出管口 3m 以上，管口上方 1m 空间应在保护范围内。活动的金属罐顶，可用 25mm² 软铜线或钢绞线与罐体跨接，接地装置离开门室应大于 5m。

7-94 微波站、电视台怎样装设防雷装置？

➡️（1）天线塔的防雷。天线塔预防直击雷的避雷针可固定在天线上，利用塔体作接闪器和引下线，并可利用塔基基坑的四角埋设垂直接地体；水平接地体应围绕塔基做成闭合环形与垂直接地体相连，接地电阻一般应小于 5Ω。天线塔上的所有金属件都必须与塔体用螺栓连接或焊接，波导管或同轴传输线的金属外皮及敷设电缆的金属管，应在塔的上下两端及每隔 12m 处与塔体作金属连接，在机房内应与接地网连接。塔上照明灯电源线，应采用金属外皮电缆穿管敷设，电缆外皮和金属穿管两端与塔体连接，并应水平埋入地下，埋地长度应在 10m 以上方可引入机房配电装置或配电变压器上。

（2）机房的防雷。机房一般位于天线塔避雷针的保护范围内，如不在其保护范围内，须沿房顶四周装设闭合环形避雷带，可利用墙柱内的钢筋或专设接地体引下线接地。

机房外应围绕埋设地下环形水平接地体，机房内沿墙壁敷设环形接地母线（用 60mm×8mm 的铜带），室内各种设备外壳、电缆的金属外皮、金属管道和不带电的金属部分，均应就近与室内环形接地母线连接。室内接地母线与室外环形接地体及屋顶环形避雷带间，至少应有 4 个对称布置的连接线互相连接，相邻连接线间的距离不宜超过18m。机房的接地网与塔体的接地网间，至少应有两根水平接地体连接，总电阻不大于1Ω，引入机房内的电力线、通信线，应有金属外皮或敷设在金属管内，并要求埋地敷设。引出机房的金属管也应埋地，在机房外埋地长度均不应少于10m。微波站、电视台防雷接地示意图如图7-28所示。

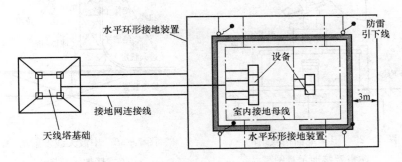

图7-28　微波站、电视台防雷接地示意图

7-95　卫星地面接收站怎样防雷？

➡卫星地面接收站天线的防雷，可用独立避雷针和天线反射体抛物面骨架顶端及副面调整器顶端预留的安装避雷针处安装避雷针，避雷针的接地可用钢筋混凝土构件内的钢筋或专设接地引下线。

卫星站的防雷接地、电子设备的接地和保护接地可共享一个接地装置，接地体沿建筑物四周敷设成闭合环形，接地电阻不大于1Ω。卫星地面接收站的机房防雷与微波站、电视台的机房安全防雷相同。卫星地面接收站的防雷及接地示意图如图7-29所示。

7-96　广播发射台怎样防雷？

➡中波无线电广播电台的天线塔对地是绝缘的，一般在塔基设有球形或针板形间隙。其接地装置采用放射状水平接地体，接地电阻不大于0.5Ω，如图7-30所示。

中波发射机房采用避雷针或避雷网防直击雷，接地装置采用水平接地体围绕建筑物敷设成闭合环形，接地电阻应小于1Ω。发射机房内的逻辑接地（高频、低频工作接地母线）采用60mm×8mm紫铜排，机架用60mm×8mm的扁钢带接到水平环形接地装置，如图7-31所示。

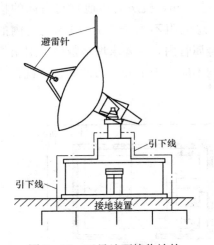

图 7-29 卫星地面接收站的
防雷及接地示意图

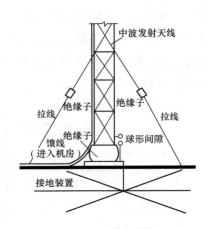

图 7-30 中波天线发射塔
防雷接地示意图

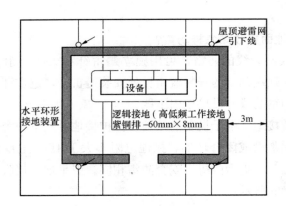

图 7-31 中波发射机房的防雷和逻辑接地示意图

短波广播发射台在天线塔上装设避雷针，并将塔体接地，接地电阻应小于 10Ω。机房防雷同中波机房。

7-97 雷雨天气为什么不能靠近避雷器和避雷针？

➡雷雨天气雷击较多，当雷击到避雷器或避雷针时，雷电流经过接地装置通入大地。由于接地装置存在接地电阻，它通过雷电流时电位将升的很高，对附近设备或人员可能造成反击或跨步电压，威胁人身安全。故雷雨天气不能靠近避雷器或避雷针。

7-98 为什么 35kV 变电所不允许避雷线挂到进线构架上？为什么 35kV 变电所开关场内的构架不允许装设避雷针？

➡️若 35kV 架空线路的避雷线进入变电所挂在进线构架上，避雷线必通过引下线接地，当避雷线中雷电波沿线路进入变电所进线构架通过引下线入地，雷电流必在接地电阻上产生一个很高的反击电压，这个高电压会击穿空气绝缘（空间距离太小）而向设备放电，损坏电气设备，引起恶性事故，造成大面积停电。因此，35kV 变电所不允许避雷线挂到进线构架上。

同理，35kV 变电所开关场内的构架上不允许装设避雷针。

7-99 为什么 110kV 变电所允许 110kV 架空线路的避雷线进入变电所挂在进线构架上？为什么 110kV 变电所开关场内的构架允许装设避雷针？

➡️若 110kV 架空线路的避雷线进入变电所挂在进线构架上，避雷线必通过引下线接地，当避雷线中雷电波沿线路进入变电所进线构架通过引下线入地，雷电流必在接地电阻上产生一个很高的反击电压，这个高电压量值不足以击穿空气绝缘（空间距离比较大）而向设备放电，因此，110kV 变电所允许避雷线挂到进线构架上。

同理，110kV 变电所开关场内的构架上允许装设避雷针。但必须郑重指出：变压器构架上严禁装设避雷针，目的是保证主设备变压器有 100% 的安全，主变压器无论在发电厂还是变电所中都为最贵重设备之一，一旦出问题，影响停电区域太大，会造成巨大经济损失。所以，变压器构架上严禁装设避雷针。

7-100 高原地区的电气设备选择应当注意哪些事项？

➡️高原地区环境条件的特点主要是气压低、气温低、日温差大、绝对湿度低、日照强。高原地区随着海拔增加，空气密度和湿度相应地减小，使空气间隙和瓷绝缘的放电特性下降，而对设备内部的固体和介质绝缘性能影响很少。因此，对高原地区的电气设备的外绝缘要给予补偿。一般电气设备安装技术条件规定在海拔 1000m 以下，当电气设备安装地点海拔超过 1000m 而在 4000m 以下时，其外绝缘的补偿系数计算公式为

$$K = \frac{1}{1.1 - \dfrac{H}{10\,000}} \qquad\qquad (7-22)$$

式中　K——电器设备的外绝缘补偿系数；

　　　H——电器设备的安装地点的海拔，m。

"对高原地区的电气设备的外绝缘要给予补偿"这句话，其实就是说电气设备的冲击和工频试验电压应乘以补偿系数 K，而 K 为大于 1 的数，也就是说要提高设备外绝缘强度倍率。这就是高原地区输电线路绝缘子串增加一片的原因。

7-101　为什么雷电波进入变电所内使母线上的某相避雷器动作记录器记录数字为 2 次，而装设的零序过电流保护装置不动作？

➡从 7-99 题可知雷电波的雷电流进入变电所到达避雷器，通过避雷器阀片向大地放电，以及记录器动作全过程所需时间的数量级是微秒级（2.6/50μs），而零序过电流保护装置的动作全过程所需时间的数量级是毫秒级（150~250ms），二者不是一个数量级，时间数量级单位上二者相差 1000 倍，也就是说避雷器动作速度远远快于零序过电流保护装置的动作速度。因此，运行记录只有避雷器动作 2 次的记录，而找不到零序过电流保护装置动作的记录。

7-102　为什么雷电波进入变电所内使进线、出线、母线上的避雷器动作记录器记录的次数每相都不相同？

➡输电线路总长度比较长，一般为数十千米到数百千米，甚至上千千米，遭受雷击的线路段各有不同，每段每相遭受雷击的次数也有不同；它们的导线排列一般有三种：一种为水平排列，另一种为三角形排列，再一种为垂直排列。输电线路的边相或高位导线易遭受雷击。为了线路三相导线对地电容的平衡（相同），线路导线必须换位。这些使线路每相遭受雷击次数不一样，因此，变电所中进线、出线、母线上的避雷器动作记录器记录的次数每相都不相同。

7-103　避雷器制造厂生产的 110kV 的避雷器有 6 种规格，为什么生产这么多种规格？如何选用？

➡110kV 避雷器产品部分样本（氧化锌避雷器）技术参数见表 7-7。

表 7 – 7　　　　　　　　　110kV 氧化锌避雷器的技术参数

第一项	第二项	第三项	第四项	第五项	第六项	第七项	第八项	第九项	第十项
型号	系统额定电压有效值（kV）	避雷器额定电压有效值（kV）	避雷器持续运行电压有效值（kV）	避雷器直流1mA参考电压（kV, ≥）	冲击电流残压（kV, ≤）			2ms方波通流容量（A）	4/10μs大电流冲击耐受电流（kA）
					30/60μs操作波	8/20μs雷电波	1/10μs陡波		
Y（H）10W – 100/260	110	100	78	145	221	260	291	800	100
Y（H）10W – 102/266	110	102	79.6	148	226	266	297	800	100
Y（H）10W – 108/281	110	108	84	157	239	281	315	800	100
Y（H）5W – 100/260	110	100	78	145	221	260	291	600	100
Y（H）5W – 102/266	110	102	79.6	148	226	266	297	600	100
Y（H）5W – 108/281	110	108	78	157	239	281	315	600	100

分析 110kV 氧化锌避雷器的技术参数表：

第一项型号表示避雷器标称放电电流，有 10kA 和 5kA 两种。这个参数的选定：一要查全国年平均雷暴日数分布图，看安装避雷器的地区年平均雷暴日数是多少。我国部分城市的年平均雷暴日见表 7 – 8。由表可见，我国海南省和华南地区，年平均雷暴日为 100 个雷暴日左右，这些高或强雷区安装的避雷器可以选用标称放电电流为 10kA 的避雷器。又如我国青藏高原某些地区，年平均雷暴日为 10 个雷暴日左右，这些少或弱雷区安装的避雷器可以选用标称放电电流为 5kA 的避雷器。

表 7 – 8　　　　　　　　　　我国部分城市的年平均雷暴日

地名	雷暴日数	地名	雷暴日数	地名	雷暴日数	地名	雷暴日数
北京市	36.3	苏州市	28.1	郑州市	21.4	自贡市	37.6
天津市	29.3	南通市	35.6	洛阳市	24.8	贵阳市	49.4
上海市	28.4	徐州市	29.4	三门峡市	24.3	遵义市	53.3
重庆市	36.0	杭州市	37.6	武汉市	34.2	昆明市	63.4
石家庄市	31.2	宁波市	40.0	宜昌市	44.6	拉萨市	68.9
太原市	34.5	温州市	51.0	长沙市	46.6	西安市	15.6
呼和浩特市	36.1	合肥市	30.1	衡阳市	55.1	兰州市	23.6
包头市	34.7	蚌埠市	31.4	广州市	76.1	汉中市	31.4
沈阳市	26.9	安庆市	44.3	深圳市	73.9	西宁市	31.7
大连市	19.2	福州市	53.0	湛江市	94.6	银川市	18.3
长春市	35.2	厦门市	47.4	南宁市	84.6	乌鲁木齐市	9.3
吉林市	40.5	南昌市	56.4	柳州市	67.3	海口市	104.3
哈尔滨市	27.7	济南市	25.4	桂林市	78.2	琼中	115.5
南京市	32.6	青岛市	20.8	北海市	83.1	香港	34.0
常州市	35.7	烟台市	23.2	成都市	34.0	台北市	27.9

二要查变电所内配电装置各处（点）雷电波的电位大小，线路进线间隔隔离开关前的雷电波电位最大（相对其他点）。从［例7-2］可说明这个问题。

【例7-2】 华南某地有一座110kV变电所，其地处Ⅱ级污秽区，雷暴日为76.1个，在变电所内的进出线路间隔、主变压器间隔如何选用无间隙氧化锌避雷器？

当雷电波从某条110kV线路进入变电所中，变电所内每点的雷电位均不相同，通过电磁瞬时分析程序（EMTP）软件计算可以得出每点的雷电位计算结果，但是想通过人工计算是比较困难的。从定性分析来看，雷电波从某条110kV线路进入变电所中的，因此，变电所进出线路间隔的隔离开关前雷电位最高，进出线路侧选用表7-7中第七项冲击残压高的避雷器YH10W-108/281型，变电所进出线路间隔选用避雷器的示意图如图7-32所示。

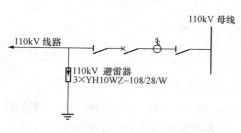

图7-32 变电所进出线路间隔选用避雷器的示意图

第五项避雷器直流1mA参考电压，它是考核避雷器泄漏电流大小的一个参数。第六项是在计算电气设备耐受操作过电压应用的参数。第七项、第八项是在计算电气设备耐受大气过电压应用的参数在该变电所中，主变压器绝缘水平相对于隔离开关、断路器、TV、TA等设备是最低的。主变压器双侧出口的避雷器应当选用第七项冲击残压低的避雷器YH5W-100/260。进入变电所的雷电波经过各个相邻间隔引线的耦合作用，雷电流衰减较快，变得较小，因此，主变压器双侧的避雷器标称放电电流选用5kA的避雷器。由于变压器在变电所中绝缘水平是最低的，从保护变压器的YH5WE-100/260W型避雷器来看，第六、七、八项参数也是最低的。第九项表示方波通流容量的大小，当切换电容器时，产生很高的操作过电压，用于泄放电荷，保护电容器组的避雷器就选择其通流容量电流大的一种，如800A。如图7-33所示为变电所主变压器间隔选用避雷器的示意图。

从上面定性分析来选择氧化锌避雷器应当是不够科学的。当前国内一些较小的设计单位技术力量和装备（无计算软件）薄弱，无法从定量角度来分析，只好介绍这种定性方法来选择金属氧化锌避雷器。因此，避雷器制造厂生产多种不同规格的产品，满足用户的要求。

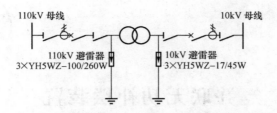

图 7－33　变电所主变压器间隔选用避雷器的示意图

7－104　变电所中，为什么凡是三绕组变压器的低压侧就在其一相上装设一只避雷器？

➡️三绕组变压器在运行中，当低压绕组开路，高、中压绕组有功率交换时，电流通过高、中压绕组，在低压绕组内有静电感应，静电荷会积累产生高电压，危及低压绕组的绝缘；三绕组变压器的低压绕组是三角形接线，三相绕组是相通的，因此，可用一只避雷器来泄放聚积电荷保护低压绕组。这只避雷器一般安装在 V 相上。220kV 变电所中的三绕组变压器各侧避雷器配置示意图如图 7－34 所示，其一相上装设一只避雷器。

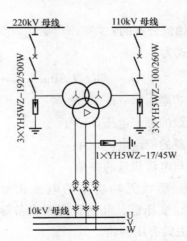

图 7－34　三绕组变压器各侧避雷器配置示意图

第八章

并联无功补偿装置

8－1　什么是视在功率？什么是有功功率？什么是无功功率？

（1）视在功率 S：是指交流发电机发出的总功率，其中可以分为有功部分和无功部分。

（2）有功功率 P：是保持用电设备正常运行所需的电功率，也就是将电能转换为其他形式能量（机械能、光能、热能）的电功率。

（3）无功功率 Q：是用于交流电路内电场与磁场的交换，并用来在电气设备中建立和维持磁场的电功率。它不对外做功，而是转变为其他形式的能量。凡是有电磁线圈的电气设备，要建立磁场，就要消耗无功功率。无功功率不做功，但是要保证有功功率的传导必须先满足电力系统的无功功率。

8－2　无功功率是如何分类的？

三相无功功率表示式为

$$Q_L = \sqrt{3} U_N I_N \sin\varphi \tag{8－1}$$

式中　Q_L——感性无功功率，kvar；

　　　U_N——电源或负载的额定电压，kV；

　　　I_N——电源或负载的额定电流，A；

　　　φ——电压相量与电流相量的夹角。

（1）感性无功功率。感性无功功率的电流相量滞后电压相量 90°，如图 8－1所示。如电动机、变压器、晶闸管变流设备等在电力系统中吸收感性无功功率，起磁场作用去做有用的功。

（2）容性无功功率。容性无功功率的电流相量超前电压相量 90°，如图 8－2所示。如电容器、电缆线路等在电力系统中送出容性无功功率，起补偿作用去做无用的功，减少线路的损失，升高供电电压。

（3）基波无功功率。基波无功功率是与电源频率相同（50Hz）的无功功率，也是交流发电机发出的无功功率。

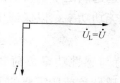
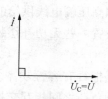

图 8-1 感性无功功率的
电流与电压的相量图

图 8-2 容性无功功率的
电流与电压的相量图

（4）谐波无功功率。谐波无功功率是与电源频率不相同的无功功率。如电气机车整流器、电抗器、电弧炉、气体放电电光源等会产生谐波电流（功率），谐波对公用电力系统和其他系统的危害极大。

8-3 谐波有哪些危害？

谐波的危害大致有以下几个方面。

（1）谐波使公用电力系统中的元件产生了附加的谐波损耗，降低了发电、输电、用电设备的效率，大量的 3 次谐波流过中性线时会使线路过热甚至发生火灾。

（2）谐波影响各种电气设备的正常工作。谐波对电机的影响除引起附加损耗外，还会产生机械振动、噪声和过电压，使变压器局部严重过热，使电容器、电缆等设备过热、绝缘老化、寿命缩短，以至损坏。

（3）谐波会引起公用电力系统中局部的并联谐振和串联谐振，从而使谐波放大，这就使（1）和（2）的危害大大增加，甚至引起严重事故。

（4）谐波会导致继电保护和自动装置的误动作，并会使电气测量仪表计量不准确。

（5）谐波会对邻近的通信系统产生干扰，轻者产生噪声，降低通信质量；重者导致数据丢失，使通信系统无法正常工作。

8-4 需要无功补偿的原因是什么？

在正常情况下，用电设备不但要从电源取得有功功率，同时还需要从电源取得无功功率。如果电力系统中的无功功率供不应求，则电力系统电压低下，用电设备就没有足够的无功功率来建立正常的电磁场，这些用电设备就不能维持在额定工况下工作，用电设备的端电压就要下降，从而影响用电设备的正常运行。

从发电机和高压输电线供给的无功功率远远满足不了负荷的需要，所以在电力系统中要设置一些无功补偿装置来补充无功功率，以保证用户对无功功率的需要。

无功补偿是把具有容性功率负荷的装置与感性功率负荷并联接在同一电路，能量在两种负荷之间相互交换。这样，感性负荷所需要的无功功率可由容性负荷输出的无功功率补偿。

8-5 什么是电容器？它和蓄电池有什么不同？

➡电容器简称电容，是一种静止的电气设备，由两个互相靠近的金属电极板中间夹一层绝缘介质构成。另外，任何两个彼此绝缘的导体之间都可以储蓄电荷，当电荷向外释放时便形成电流，所以电容器是一种储能装置。

电容器具有通交流、阻直流的特性。因为直流电的极性和电压大小是不变的，不能通过电容器；交流电的极性和电压大小是不断变化的，能使电容器不断地充电和放电，形成充放电电流，而电容器则是以电能的充放电形式工作的，电容器是一种储能装置。

蓄电池的功能是将化学能转变成电能的装置，也能把电能转变为化学能储蓄起来，使用时又可把化学能转变为电能通过外电路释放出来。这种可逆的变换过程可以重复进行。

8-6 电容器为什么要加装放电装置？

➡电容器是储能元件，当电源断开时，电容器的两极板处于储能状态，储存的电荷能量很大，致使电容器两级之间留有一定的剩余电压；在电容器带电荷的情况下，如果再次合闸投入运行，将会产生很大的冲击合闸涌流和很高的过电压，这时工作人员触及电容器就有可能被电击伤或电灼伤。

8-7 什么是集合式电容器？

➡它是由若干个电容器单元，以一定的串、并联方式，安装在框架上，组成电容器身，且封装在充满绝缘油的钢箱壳内组成的电容器。其外形看起来像一台单相变压器或一台三相变压器。集合式电容器节省占地面积，适用于户外环境条件好的地方。该电容器容量在 2000～7200kvar 之间为单相式，容量在 450～10 000kvar 之间为三相式。

8-8 集合式电容器有几种类型?

➡（1）半封闭式集合式电容器。

（2）全封闭式集合式电容器。

（3）可调容量式集合式电容器。它的可调容量有全容量 Q、$Q/2$、$2Q/3$ 三种。

（4）充气式集合式电容器。

8-9 什么是环氧树脂干式电容器?

➡它是一种高压干式自愈型无功补偿电容器，由外壳，引出端子，置于外壳中串、并接的电容器单元芯子及浇注在外壳中的环氧树脂构成。电容器单元芯子由聚丙烯薄膜、带微型熔丝的网状金属化聚丙烯薄膜及由隔离带结成金属膜带的金属化聚丙烯膜卷绕在芯轴上构成，电容器单元芯子两端还并接有均压放电电阻并置于外壳内，外壳由阻燃性玻璃钢体及其上、下护盖构成。环氧树脂为阻燃性环氧树脂，该电容器防火自愈性好、耐压高，实现了高压电容器无油化，用于 3~10kV 电力系统中。

8-10 什么是串联电容器? 它的用途是什么?

➡串联电容器是用膜纸复合介质（或全膜介质）和电极卷制成电容元件芯子，再由若干个芯子并联和绝缘件、油箱、出线套管等组成。

串联电容器主要串联接于交流工频高压及超高压输电线路中，用于补偿电力线路的感抗，改善电压质量，延长送电距离和增大输送容量。

8-11 什么是脉冲电容器? 它的用途是什么?

➡脉冲电容器是用聚丙烯薄膜介质和电极卷制成电容元件芯子，再由若干个芯子并联和绝缘件、油箱、出线套管等组成。脉冲电容器能够把一个小功率电源在较长时间间隔内对电容器充电的能量储存起来，在需要的某一瞬间，在极短的时间间隔内将所储存的能量迅速释放出来，形成强大的冲击功率。

脉冲电容器外形有矩形和圆形两种。它主要起储能作用，用于冲击电压发生器、冲击电流发生器、直流输电以及整流滤波装置中，还可以用于激光、高能液压成型、清沙、建筑探伤、医疗、地矿及海底石油勘探、受控热核聚变反应、磁化技术、火箭技术、现代国防武器及技术、电工及现代物理研究等，应用广泛。

8-12 什么是均压电容器？

▶并联在断路器的断口上起均压作用的电容器叫做均压电容器，它使各断口间的电压在分段过程中和断开时均匀，并可改善断路器的灭弧特性，提高分断能力。

8-13 什么是耦合电容器？它的用途是什么？

▶耦合电容器是主要连接于交流工频高压及超高压输电线路的载波通信系统，同时也作为测量、保护以及抽取电能的部件。耦合电容器为套管单柱式结构，主要由芯子、浸渍剂套管等组成。

耦合电容器主要用于高压电力线路的高频通信、测量、控制、保护以及在抽取电能的装置中作部件使用。

8-14 什么是滤波电容器？它的用途是什么？

▶凡与电阻、电感等元件连接在一起组成滤波器的电容器叫做交流滤波电容器。它能吸收高次谐波，改善电压波形。

滤波电容器主要用于高压直流装置和高压整流滤波装置中。

8-15 什么是电热电容器？它的用途是什么？

▶用于频率在 $40 \sim 24\,000$ Hz 范围内感应加热设备中的电容器叫做电热电容器。

电热电容器用于提高电热设备系统功率因数，改善回路的电压质量或频率等特征。

8-16 什么是防护电容器？它的用途是什么？

▶凡与高压电阻串联构成 RC 过电压吸收装置的电容器叫做防护电容器。

防护电容器主要用于操作频繁的真空接触器吸收操作过电压，以保护电动机、变压器的绝缘免受过电压击穿危害。

防护电容器与真空断路器并联限制断路器切合电动机时的过电压，接于线一地之间时可以降低大气过电压的波前陡度和波峰峰值，配合避雷器保护电动机。

8-17　电力电容器有哪些种类？

电力电容器的种类很多。按其安装的方式可分为户内及户外式；按其相数可分为单相及三相；按其运行的额定电压可分为高压和低压；按其外壳材料可分为金属外壳、瓷绝缘外壳、胶木铜外壳等数种。按其内部浸渍液体来分，有矿物油、氯化联苯、蓖麻油、硅油、十二烷基苯等数种。按其工作条件来分，可分为以下几种：

(1) 移相电容器：型号有 YY、YL 两个系列。

(2) 串联电容器：型号有 CY、CL 两种。

(3) 耦合电容器：型号为 OY。

(4) 电热电容器：型号有 RYS、RYSY 两种。

(5) 脉冲电容器：型号有 MY、ML 两种。

(6) 均匀电容器：型号为 JY。

(7) 滤坡电容器：主要有 LY、LB 两种。

(8) 标准电容器：型号有 BF、BD 两种。

8-18　单台（单相）电容器的额定电流怎样计算？其熔断器如何选择？

(1) 单台（单相）电容器的额定电流计算式为

$$I_N = \frac{Q_N}{U_N} \tag{8-2}$$

$$或 \ I_N = \omega C U_N^2 \times 10^{-3}$$

$$= 2\pi f C U_N^2 \times 10^{-3} \tag{8-3}$$

式中　Q_N——单台电容器的容量，kvar；

$\quad\quad I_N$——单台电容器的额定电流，A；

$\quad\quad U_N$——单台电容器的额定电压，kV；

$\quad\quad f$——系统频率，50Hz；

$\quad\quad C$——单台电容器的额定电容，μF。

(2) 根据单台电容器额定电流的 1.3~2 倍选择熔断器。

8-19　三相三角形接线电容器和三相星形接线电容器的额定容量与额定电流如何计算？

(1) 三相三角形接线电容器的线电压等于相电压，其三相额定容量和额定

电流的计算式为

$$Q_N = 3\omega C U_N^2 \times 10^{-3} \tag{8-4}$$

$$或\ Q_N = 6\pi f C U_N^2 \times 10^{-3}$$

$$I_N = 2\sqrt{3}\pi f C U_N \times 10^{-3} \tag{8-5}$$

（2）三相星形接线电容器的线电流等于相电流，其三相额定容量和额定电流计算式为

$$Q_N = \omega C U_N^2 \times 10^{-3} \tag{8-6}$$

或

$$Q_N = 2\pi f C U_N^2 \times 10^{-3}$$

$$I_N = \frac{2\sqrt{3}}{3}\pi f U_N \times 10^{-3} \tag{8-7}$$

式中　Q_N——三相电容器的额定容量，kvar；

$\quad\quad\ I_N$——三相电容器的额定电流，A；

$\quad\quad\ U_N$——三相电容器的额定电压，kV；

$\quad\quad\ C$——三相电容器的单相等效额定电容，μF；

$\quad\quad\ f$——系统频率，50Hz。

8-20　电容器在切除多长时间后允许再次投入运行？

➡正常情况下电容器组切除 5min 后才能再次送电。

8-21　电容器在运行中出现哪些异常情况应立即停止运行？

➡电容器在运行中出现漏油严重、电容器已明显鼓肚或保护熔断器已经熔断时应立即停止运行。

8-22　为什么电容器组禁止带电合闸？

➡在交流电路中，如果电容器带有电荷时再次合闸，可能使电容器承受两倍额定电压以上的电压，这对电容器是有害的。同时，也会造成很大的冲击电流，使熔断器熔断或断路器跳闸。因此，电容器停运后需静置放电，待电荷消失后进行合闸。从理论上讲，电容器的放电时间要无穷大才能放完，但实际上只要放电电阻选的合适，则 1min 左右即可满足要求。所以规程规定，电容器组每次重新合闸，必须在电容器组放电 5min 后进行，以利安全。

8-23　电容器的基本原理是什么？

➡电力系统中的负荷大部分是电感性的，总电流相量 $\dot{I}$ 滞后电压相量 $\dot{U}$ 一

个角度 φ（又叫功率因数角），总电流可以分为有功电流 $\dot{I}_R$ 和无功电流 $\dot{I}_L$ 两个分量，其中 $\dot{I}_L$ 滞后电压 $\dot{U}$ 90°，将一个电容器连接于电力系统上，在外加正弦交流电压的作用下，电容器回路将产生一按正弦变化的电流 $\dot{I}_C$，$\dot{I}_C$ 将超前电压 $\dot{U}$ 90°。当把电容器并接于感性负荷回路时，容性电流与感性电流分量恰好相反，从而可以抵消一部分感性电流，或者补偿一部分无功电流。可以看出，并联电容器后，功率因数角较补偿前小了，如果补偿得当，功率因数可以提高到 1.0。

8-24　电容器的主要结构有哪些？

➡电容器主要由芯子（芯包）和外壳组成，而芯子又分为平板形（包括单片和叠片两种）、管形、卷绕形三种基本结构，其他各种形式的芯子都是这三种结构的变形，如罐形芯子是管形芯子的变形，圆形和矩形是平板形芯子的变形。

电容器容量的大小，主要由电容器介质的介电常数及其尺寸来决定，所以电容器的芯子结构对电容量的大小起着决定性的作用。

8-25　电容器所标的电容和额定容量是什么意思？两者之间有什么关系？

➡电容器所标的电容是由电容器的额定容量、额定电压 U_N、额定角频率 ω，计算出的电容值 C_e。额定容量是设计电容器时所规定的无功功率算出的，其计算公式为

$$C_e = \frac{Q_N}{\omega U_N^2} \tag{8-8}$$

式中　Q_N——电容器的额定容量，kvar；

　　　U_N——电容器的额定电压，kV；

　　　ω——角频率，$\omega = 2\pi f$；

　　　f——系统频率，50Hz；

　　　C_e——电容器的计算电容，μF。

8-26　电容器充放电时，两端的电压为什么不会突变？

➡电容器都是由间隔以不同介质（如云母、绝缘纸、空气、塑料薄膜等）的两块金属板组成。当在两极板上加上电压后，两极板上分别聚集起等量的

正、负电荷，并在介质中建立电场而具有能量。将电源移去后，电荷可继续聚集在极板上，电场继续存在。所以电容器是一种能储存电荷或者说储存电场能量的部件。

电荷的积累和移除是一个过程，对应的充电、放电过程也都需要时间，所以电容存储电荷 Q 不会马上变化。

电容存储电荷的计算式为

$$Q = CU \tag{8-9}$$

式中　C——电容，其值由本身决定，和外界电压无关，可视为定值，F；

　　　Q——储存的能量，C；

　　　U——电容两端电压，V。

平行板电容器的电容量计算公式为

$$C = \varepsilon S / 4\pi kd \tag{8-10}$$

$$\varepsilon = C_x / C_0 \tag{8-11}$$

式中　k——静电常量，$k = 9.0 \times 10^9 \mathrm{N \cdot m^2 / C^2}$；

　　　ε——介质常数；

　　　C_x——加入电介质后测得电容器的电容，C；

　　　C_0——空气电介质时测得电容器的电容，C；

　　　S——极板正对面积，$\mathrm{m^2}$；

　　　d——极板间的距离，m。

由式（8-9）可知，Q 的变化是缓慢的，C 是固定的，U 和 Q 呈线性关系，故其两端电压不能突变。

8-27　电容器电流过零切除为什么会产生过电压？

➡由于电容器组切除过程中断路器触头间会产生电弧重燃现象，原因是断路器开断时总有一相（假定 U 相）率先过零熄弧，电容器极板上所蓄聚的电荷来不及泄放，此时有一个接近相电压幅值的电压残留在电容器端。由于 V、W 相电压的存在，三相不平衡引起中性点出现位移，若此时断路器触头发生重燃相当于一次合闸，引起系统振荡，从而导致电容器产生过电压。

8-28　何谓移相电容器的损坏率？

➡移相电容器的淘汰，用每年损坏台数占安装总台数的百分比来表示，这个百分比叫损坏率。

8-29 移相电容器的损坏类型包括哪几种？分别是什么？

➡移相电容器的损坏，按照其运行时间的长短，可以分为三种类型：①投入运行不久就发生电容器损坏，称为初期性故障，多由于制造上的缺陷所引起，在外加电场和温升条件下，缺陷很快地暴露出来。这类故障所占比例较大。②运行中由于某些原因如通风不良、外力破坏、操作过电压、雷击等也可能发生电容器损坏，称为偶发性故障。③电容器经过多年使用后，由于热、化学、电气等方面的原因，引起电容器介质绝缘老化，内部游离而淘汰，称为磨耗性故障。

8-30 运行中移相电容器的有功功率损失有哪几种？

➡运行中电容器的有功功率损失包括介质损失、极板和载流部分的电阻损失和由集肤效应产生的附加损失。

介质损失 P_S 占电容器总有功功率损失的 98% 以上，它的大小与介质的性能和状态有关。其计算式为

$$P_S = Q \tan\delta \times 10^3 = 2\pi f C U^2 \tan\delta \times 10^6 \qquad (8-12)$$

式中　　P_S——电容器的有功功率损失，kW；

　　　　Q——电容器的无功功率，kvar；

　　$\tan\delta$——介质损失角正切值；

　　　　U——电容器的运行电压，V；

　　　　C——电容量，μF；

　　　　f——系统频率，Hz。

介质损失的大小直接影响电容器的温升。随着 $\tan\delta$ 的增大，介质损失增大，使电容器内部绝缘发热温度升高，从而加速电容器绝缘老化，降低绝缘寿命。

8-31 何谓电容器的温升？

➡电容器在运行中有功率损耗，引起发热而产生温升。所谓温升是指电容器内部温度与环境温度之差，若电容器内部温度为 t_m，环境温度为 t_0，则温升 $\Delta t = t_m - t_0$。

8－32 怎样计算电容器的表面温度？

➡️电容器在电压的作用下引起发热，温度逐渐升高，经过一段时间后，温度上升到一定数值时开始保持恒定，达到热平衡状态。这是单位时间内电容器因功率损耗而产生的热量，等于它表面向周围环境所散发出去的热量，即

$$P_S = 2\pi f C U^2 \tan\delta = \alpha S_C(t_s - t_0) \ (\text{W}) \tag{8-13}$$

电容器的表面温度为

$$t_s = \frac{2\pi f C U^2 \tan\delta}{\alpha S_C} + t_0 \ (\text{℃}) \tag{8-14}$$

式中　f——频率，Hz；

　　　U——电压，V；

　　　C——电容量，F；

　$\tan\delta$——介质损耗角正切值；

　　　α——电容器表面散热系数，W/(cm² · ℃)；

　　　S_C——电容器表面散热面积，cm²；

　　　t_0——环境温度，℃。

8－33 怎样计算电容器的内部温升？

➡️电容器芯子与其外壳是由导热系数很小的绝缘层隔开的。所以，它们之间的热流路上形成一定的温差，这一温差称为电容器的内部温升。

设电容器芯子的温度为 t_1，外壳表面温度为 t_2，两个绝缘层的厚度为 Δ_1 和 Δ_2、导热系数为 λ_1 和 λ_2，则功率损耗 P_S 为

$$P_S = \frac{\Delta t_1}{\dfrac{\Delta_1}{\lambda_1 S_1}} = \frac{\Delta t_2}{\dfrac{\Delta_2}{\lambda_2 S_2}} \tag{8-15}$$

式中　P_S——功率损耗，W；

　λ_1、λ_2——导热系数，W/(cm² · ℃)；

　S_1、S_2——绝缘层的平均导热面积，cm²；

　Δ_1、Δ_2——绝缘层厚度，cm；

　Δt_1、Δt_2——绝缘层的温差，℃。

从式（8－14）可得出两个绝缘层的温差为

$$\Delta t_1 = \frac{P_S \Delta_1}{\lambda_1 S_1} \quad \text{及} \quad \Delta t_2 = \frac{P_S \Delta_2}{\lambda_2 S_2} \tag{8-16}$$

电容器芯子的温度为

$$t_1 = t_s + \Delta t_1 + \Delta t_2 \qquad (8-17)$$

式中　t_s——电容器的表面温度。

由于芯子的内部温度 t_m 高于表面温度 t_s，因而芯子本身也具有一定的温差 Δt_{mr}。电容器的内部温升为

$$\Delta t_{ms} = \Delta t_{mr} + \Delta t_1 + \Delta t_2 \qquad (8-18)$$

电容器的总温升应该为

$$\Delta t = \Delta t_{ms} + \Delta t_{s0} = (t_m - t_s) + (t_s - t_0) \qquad (8-19)$$

8-34　什么是功率因数？它的高低又说明了什么？

→在交流电路中，电压与电流之间的相位角 φ 的余弦叫做功率因数，用符号 $\cos\varphi$ 表示。在数值上，功率因数是有功功率和视在功率的比值，即 $\cos\varphi = P/S$。功率因数是衡量电气设备效率高低的一个系数。功率因数低，说明设备用于交变磁场转换的无功功率大，从而降低了设备的利用率，增加了线路供电损失。

8-35　为什么电容器能补偿感性无功功率？

→感性无功功率并不是"无用"功率，它是电感性设备正常工作必不可少的条件。因为电力系统中的绝大部分电气设备，都是遵循电磁感应原理工作的，而建立交变磁场所需要的功率就是感性无功功率。电力电容器在交流电网中运行，在一个周期内（不考虑有功损耗）上半周的充电功率与下半周的放电功率相等，也就是说在一个周期内，功率既储存又释放，这种充、放电的功率称为容性无功功率。容性无功的电流相量超前电压相量 90°，而感性无功的电流相量滞后电压相量 90°，二者是互相抵消的，从而实现了补偿作用。由此看来，电容器就相当于一部无功功率发电机。所以常用电容器来补偿感性负载，以减少电网的总无功功率，减轻发电机的负担。

8-36　采用并联电容补偿装置有何优缺点？

→电容器补偿与调相机相比，其最大优点是电容器的有功功率损耗小，为其无功功率的 0.3%～0.4%。而调相机的有功功率损耗，满载时占额定功率的 1.8%～5.5%，50% 额定负载时占额定功率的 2.9%～9%，25% 额定负载时占额定功率的 5%～15%。由此可见，调相机的功率损耗是并联电容器损耗的 10～40 倍。

从投资角度看，电容器相对于调相机能节省大量资金。调相机维护检修的工作量大，电容器只要做简单的清扫工作。并联电容补偿装置还可设置于户外，不用建设建筑物遮蔽，它还可分组自动投切，改变其输入电网无功功率的大小。

采用并联电容补偿装置的缺点：切除后有残余电荷，需要做泄放电荷工作；不允许在110%额定电压下长期运行。

8-37 并联电容补偿装置的断路器应如何选择？

➡️选择操作并联电容补偿装置的电容器组的断路器应根据电容器组的容量选择，一般应使断路器的遮断容量大于电容器组容量的35%。对于高压电容器组，其容量在600kvar以下时可用负荷开关操作；在600kvar以上时，应采用真空断路器操作；对于低压电容器组可根据电容器组的容量选用隔离开关或自动空气断路器操作。

8-38 电容器补偿有哪些方法？各有什么优缺点？

➡️电容器的补偿方法有集中补偿、个别补偿、分组补偿。

集中补偿：将移相电容器组接在地区变电所或总降压变电所的母线上。这种补偿的优点是电容器的利用率高，能够减少电力系统及变电所主变压器及供电线路的无功负荷，但它不能减少低压网络的无功负荷。

个别补偿：通常用于低压网络，直接接于用电设备上。这种补偿的优点是无功补偿彻底，不但能减少高压线路和变压器的无功负荷，而且能减少低压干线和分支线的无功负荷，从而相应的减少线路和变压器的有功损耗。它的缺点是电容器的利用率低，投资大。所以这种补偿方式只适用于长期运行的大容量电气设备及所需无功补偿较大的负荷或由长线路供电的电气设备。

分组补偿：移相电容器组接于车间配电室的母线上。这种补偿方式的电容器利用率比个别补偿高，能减少高压线路和变压器的无功负荷，并可根据负荷的变化投入或切除电容器组。它的缺点是不能减少分支线的无功负荷，安装比较麻烦。

8-39 并联电容补偿和串联电容补偿的工作原理是什么？

➡️(1) 并联电容补偿的工作原理。一般工业用电负荷（感性负荷）的电流都滞后于电压一个相位角度，可分为有功分量和无功分量两个部分，其有功分量与电压同相，无功分量滞后电压90°，电力系统中的负荷大部分是电感性的，

总电流相量 $\dot{I}$ 滞后电压相量 $\dot{U}$ 一个角度 φ（又叫功率因数角），总电流可以分为有功电流 $\dot{I}_R$ 和无功电流 $\dot{I}_L$ 两个分量，其中 $\dot{I}_L$ 滞后电压相量 $\dot{U}$ 90°。电感性负载接线图和相量图如图 8-3 所示。

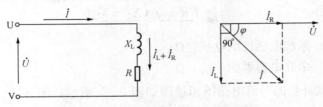

图 8-3　电感性负载接线图和相量图

将一电容器 C 连接于电网上，在外加正弦交流电压的作用下，电容器回路将产生一按正弦变化的电流 $\dot{I}_C$，其中 $\dot{I}_C$ 将超前电压 $\dot{U}$ 90°，如图 8-4 所示。

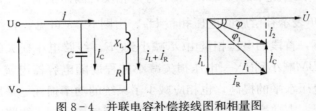

图 8-4　并联电容补偿接线图和相量图

当把电容器并接于感性负荷回路时，补偿前的电流为 $\dot{I}_1$，容性电流 $\dot{I}_C$ 与感性电流 $\dot{I}_L$ 分量恰好相反，从而可以抵消一部分感性电流，或者说补偿一部分无功电流，补偿后的电流为 $\dot{I}_2$。并联电容器后，功率因数角较补偿前小了（由 φ_1 缩小为 φ），如果补偿得当，功率因数可以提高到 1.0，同时，在负荷电流不变情况下，输入电流也减小了。

（2）串联电容补偿的工作原理。系统电压损失的近似计算式为

$$\Delta U = \frac{PR + QX}{U} \qquad (8-20)$$

式中　ΔU——系统的电压损失，kV；

$\quad\quad P$——系统中传送的有功功率，MW；

$\quad\quad Q$——系统中传送的无功功率，Mvar；

$\quad\quad R$——系统的电阻，Ω；

$\quad\quad X$——系统的电抗，Ω；

U——系统的受端电压 kV。

从式（8-20）可以看出，影响电压损失的有 P、Q、R、X 四个因素。串联电容器从补偿电抗的角度来改善系统电压。由于系统电抗呈电感性，而串联电容器的容抗可以补偿一部分系统电抗，补偿后电压损失的计算式为

$$\Delta U = \frac{PR + Q(X_L - X_C)}{U} \qquad (8-21)$$

式中　X_L——系统电感性的电抗，Ω；

　　　X_C——串联电容器的容抗，Ω。

加装串联补偿的等值电路图相量图如图 8-5 所示。图（b）中 $\overline{OB}$ 便是线路末端 B 点的电压相量 $\dot{U}_B$，$\dot{I}$ 表示负荷电流相量，$\overline{BD}$ 表示负荷电流 $\dot{I}$ 在输电线路电阻 R 中的电压降，$\overline{DE}$ 表示未加串联补偿前负荷电流 $\dot{I}$ 在线路电抗 X_L 中的电压降，方向与 $\overline{BD}$ 垂直，$\overline{OE}$ 表示补偿前首段的电压相量 $\dot{U}_A$。经串联补偿后，由于 $\dot{I}$ 在容抗中的压降 $\overline{EF}$ 与 $\overline{DE}$ 方向相反，因而抵消了一部分线路电抗中的压降，$\overline{OF}$ 表示补偿后的电压相量 $\dot{U}_F$。由图 8-5 可见，在维持相同末端电压的情况下，首段的电压相量由 $\overline{OE}$ 减小到 $\overline{OF}$。线路电压损失的近似值（即纵分量），由 $\overline{BM}$ 减小到 $\overline{BN}$。电压损失减小的程度随电容器电抗 X_C 的改变而变化。系统电压水平的提高，也相应减少了系统的功率损耗。采用串联补偿对于发展特高压、大功率、长距离输电，改善系统参数，减小线路电抗，提供系统稳定有一定作用。

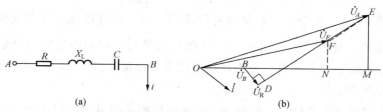

图 8-5　采用串联电容补偿的等值电路图和相量图

(a) 等值电路图；(b) 相量图

从串联电容补偿后线路的电压损失计算式（8-21）来看，只有当负荷功率因数较低时，导线截面较粗的架空线，采用串联电容补偿才更为合适。

8-40　电容器并联补偿有几种接线方式？

➡电容器并联补偿基本接线分为星形（Y）和三角形（△）两种接线方式。

8-41　怎样确定提高功率因数的电容器补偿容量?

▶补偿容量的计算式为

$$Q = P(\tan\varphi_1 - \tan\varphi_2) \tag{8-22}$$

$$\tan\varphi_1 = \frac{\sqrt{1 - \cos^2\varphi_1}}{\cos\varphi_1} \tag{8-23}$$

$$\tan\varphi_2 = \frac{\sqrt{1 - \cos^2\varphi_2}}{\cos\varphi_2} \tag{8-24}$$

式中　P——有功功率，W；

　　　Q——补偿容量，W；

　　$\tan\varphi_1$——补偿前功率因数角的正切值；

　　$\tan\varphi_2$——补偿后功率因数角的正切值。

8-42　对单台电动机个别补偿时，补偿容量如何选择?

▶对单台三相电动机补偿时，一般是把电动机空载时的功率因数补偿到1。因空载时无功负载最小，补偿后在满载时电动机的功率因数仍然滞后；如果将满载功率因数补偿到1，空载或轻载时就一定会变成超前，这种补偿的电动机在切断电源后的暂态过程中由于电容器的放电，电压会高出电源电压很多倍，对电动机及电容器都是有害的。如电动机仍然转动时重新合闸，会产生相当大的冲击电流，电动机将产生很大的瞬时转矩，可能造成电动机轴的损坏。

　　补偿容量的计算式为

$$Q = \sqrt{3}UI_0 \tag{8-25}$$

式中　Q——补偿的容量，kvar；

　　　U——电动机的额定电压，kV；

　　　I_0——电动机的空载电流，A。

8-43　用电容器调整系统末端电压时，如何确定电容器的容量?

▶在电力系统中的某些末端变电所，由于输电线路过长，负载较大，电压偏低，影响了用电设备的正常运行，为了提高末端电压，常需在线路上或变电所内装设并联电容器组，以改善电压质量。用电容器调整系统末端电压接线图如图8-6所示。

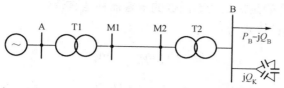

图 8-6 用电容器调整系统末端电压接线图

在图 8-6 中，若末端变电所 B 的负载为 $P_B - jQ_B$，为了把末端的电压从 $\dot{U}_B$ 提高到 $\dot{U}'_B$，在 B 点所需要安装的补偿容量为 Q_K，首末端的电压 U_A 与 U'_B 数值之间的关系，可以写为

$$U_A = U'_B + \frac{P_B R + (Q_B - Q_K)X}{U_{B'}}$$

（8-26）

则得到 Q_K 的计算式为

$$Q_K = \frac{P_B R + Q_B X - U'_B(U_A - U'_B)}{X}$$

（8-27）

式中 U_A——线路首端电压，V；

　　Q_K——补偿设备容量，kvar；

　　P_B——负载的有功功率，kW；

　　Q_B——负载的无功功率，kvar；

　　U'_B——线路末端补偿后的电压，kV；

　　R——线路电阻，Ω；

　　X——线路电抗，Ω。

公式中参数应折算至同一级电压。

8-44 电力电容器的允许过电压是怎样规定的？

➡过电压对电容器的危害很大，各种过电压对电容器寿命的影响，与过电压的幅值、作用时间、作用次数及电容器的温度有关，故必须严格控制。电力电容器允许过电压的标准见表 8-1。

表 8-1　　　　　　　　　　　　电力电容器允许过电压的标准

电容器种类	允许过电压的倍数、时间及次数
串联电容器	(1) 当一昼夜的平均电压不超过额定值时，$1.25U_N$ 倍只允许 4h。 (2) 整个使用期内，$1.5U_N$ 只允许 1h，不超过 10 次。 (3) 整个使用期内，$5U_N$ 只允许 0.2s，不超过 10 次。 (4) 整个使用期内，$5U_N$ 只允许 0.2s 后，$2.5U_N$ 倍只允许 30s，不超过 20 次

续表

电容器种类	允许过电压的倍数、时间及次数
耦合电容器	(1) $1.15U_N$，允许长期。 (2) 偶然出现 $1.95U_N$ 只允许 30min
电热电容器	$1.1U_N$，每昼夜只允许 4h
均压电容器	(1) $1.1U_N$，允许长期。 (2) 直流充电至 $1.4U_N$ 时，允许短路放电 5 次
滤波电容器	交流分量的最大值应符合以下规定： (1) 交流分量与直流电压的总和不应 U_N。 (2) 50Hz 时，交流分量的最大值近似为 $20\%U_N$。 (3) 100Hz 时，交流分量的最大值近似为 $15\%U_N$。 (4) 300Hz 时，交流分量的最大值近似为 $10\%U_N$。 (5) 1000Hz 时，交流分量的最大值近似为 $5\%U_N$。 (6) 10 000Hz 时，交流分量的最大值近似为 $2\%U_N$
移相电容器	(1) $1.05U_N$，允许长期。 (2) 一昼夜内 $1.05U_N$，允许长期。 (3) 一昼夜内周围温度平均值低于标准规定 10℃时，在 $1.1U_N$ 下允许长期运行

8-45 为什么电容器的无功容量与外施电压的平方成正比？

▶电容器的无功容量为

$$Q_C = UI \qquad (8-28)$$

对于制成的电容器，其电容器 C 及频率是不变的，故电容器的 $X_C = \dfrac{1}{2\pi f C}$ 也是不变的。因此电容器的无功容量计算公式可以换算为

$$Q_C = UI = U\frac{U}{X_C} = \frac{1}{X_C}U^2 = 2\pi f C U^2 \qquad (8-29)$$

由式（8-29）可看出，电容器的容量仅与外施电压的平方成正比。

8-46 电容器在运行中产生不正常的咕咕声是什么原因？

▶电容器在运行中不应该有特殊声响，出现"咕咕"声说明内部有局部放电现象发生，是因为内部绝缘介质电离而产生空隙造成的。这是绝缘崩溃的先兆，应停止运行，进行检查处理。

8-47 电力电容器损坏的类型有哪些？

▶电力电容器损坏的类型一般有以下几类：

（1）初期性故障：送电不久就发生损坏。这是由于制造工艺不良或存在严重缺陷造成的。

（2）偶发性故障：运行中由于通风不良、外力破坏、操作过电压或雷击等原因造成电容器损坏。

（3）损耗性故障：由于多年运行后绝缘老化，内部游离等造成绝缘强度降低而损坏。

电容器损坏的一般规律为高压电容器多于低压电容器，户外使用多于户内使用，夏季多于其他季节，过电压过载运行多于正常或低电压轻载运行，电容器开关频繁操作多于不频繁操作。

8-48　电力电容器的保护方式有哪些？

➡为了提高功率因数，经常在高压配电所或车间配电柜内装设电力电容器。为这些补偿设备安全可靠的运行，一般应考虑以下几种保护：

（1）熔丝保护，每台电容器都要有单独的熔丝保护，当一台电容器故障时，其熔丝熔断，继而保证其他电容器的正常运行。熔丝的熔断电流可按 1.5～2.5 倍额定电流选择，同时要有足够的熔断容量。

（2）一般 400kvar 以下的电力电容器组，可以采用一个或两个装于开关操动机构内的直接动作式瞬时过电流脱扣线圈构成相间短路的速断保护。

8-49　对电容器组保护装置有哪些要求？

➡电容器组保护装置的要求如下：

（1）保护装置应有足够的灵敏度，不论电容器组中单台电容器内部发生故障，还是部分元件损坏，保护装置都应能可靠的动作。

（2）能够有选择的切除故障电容器，或在电容器组电源全部断开后，便于检查出现故障的电容器。

（3）在电容器停送电过程中及电力系统发生接地或其他故障时，保护装置不能有误动作。

（4）保护装置应便于进行安装、调整、试验和运行维护。

（5）损耗电量要小，运行费用要低。

8-50　电容器组的零序保护是怎样工作的？

➡电力电容器组零序保护的原理接线如图 8-7 所示。

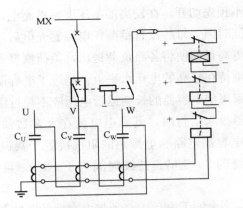

图 8-7　电力电容器组零序保护的原理接线图

因电容器组的每相电容量相等，在正常运行时，如不考虑电流互感器的误差和三相电压不平衡等原因所产生的不平衡电流，则三相电流相等，相位相差为 120°。根据克氏第一定律可知，三相电容器组的电流向量之和等于零，即 $\sum I = 0$，零序回路的电流为零，电流继电器中无电流通过。如果其中任何一台电容器的部分串联元件损坏击穿时，由于故障电容器电容量的增大，容抗减小，使流过故障电容器组的电流增大，三相电流向量之和不再等于零：$I_U + I_V + I_W \neq 0$，零序电流流过，使电流继电器动作，其触点闭合，接通时间继电器，经延时过电流继电器有零触点闭合，接通中间继电器，使油开关跳闸，将故障电容器组从电源上切除。

8-51　电容器组为什么不允许装设自动重合闸装置？

▶所谓重合闸是指当断路器动作跳闸后，不用工作人员直接操作，利用电气联锁自动重新合闸。由于电容器放电需要一定时间，当电容器组开关跳闸后马上合闸，电容器来不及放电，在电容器中就可能残存着与重合闸电压极性相反的电荷，这将使合闸瞬间产生极大的冲击电流，从而造成电容器外壳膨胀、喷油甚至爆炸。因此电容器组不允许装设自动重合闸，相反应装设无压释放自动跳闸装置。

8-52　装设电容器组的变电所，当全所停电时，为什么必须将电容器组的开关断开？

▶全所停电后，一般应将所有馈线开关切开，当来电后，母线负荷为零，电压较高，电容器如不预先切开，在较高的电压下突然充电，有可能造成电容器严重喷油或鼓肚。同时因为母线没有负荷，电容器充电后，大量无功向系统倒送，致使母线电压更高，即使将各路负荷送出，负荷恢复到停电前还需要一段时间，母线仍可能维持在较高的电压水平上，超过了电容器允许连续运行的电压值（一般制造厂家规定电容器的长期运行电压应不超过额定电压的 1.1 倍）。此外，当空载变压器投入运行时，其充电电流在大多数情况下以三次谐波电流为主，这时，如电容器电路和电源侧的阻抗接近于共振条件时，其电流可达到电容器额定电流的 2～5 倍，持续时间为 1～30s，可能引起过电流保护动作。

鉴于以上原因，当全所无电后，必须将电容器的断路器拉开，来电时并待各路馈线送电后，再根据母线电压及系统无功补偿情况投入电容器。

8 - 53　电容器组为什么要装设放电装置？用什么方法进行放电？

➡️因为电容器是储能元件，当电容器从电源上断开后，极板上蓄有电荷，因此两极板间仍有电压存在，而且这一电压的起始值等于电路断开后瞬间的电源电压。随着电容器通过本身的绝缘电阻进行自放电，端电压逐渐降低，端电压的下降速度，取决于电容器的时间常数 $\tau(\tau=RC)$，可用下式表示：

$$U_t=U_s e^{-\frac{t}{RC}}\qquad(8-30)$$

式中　U_t——t s 后电容器的电压，V；

　　　U_s——电路断开瞬间的电源电压，V；

　　　t——时间，s；

　　　R——电容器的绝缘电阻，Ω；

　　　C——电容器的电容量，F；

　　　e——自然对数，约等于 2.718。

从公式中不难看出，当电容器绝缘良好，即绝缘电阻 R 的数值很大时，自放电的速度是很慢的。而一般要求放电时间应不大于 30s，显然自放电的速度不能满足要求，因此必须加装放电装置。

当电压在 1kV 以下时，可采用电压为 220V 白炽灯泡作为电容器的放电电阻；当电压超过 1kV 及以上时，可采用电压互感器作为放电电阻。

经专用的放电电阻放电后，由于部分残存电荷一时未放尽，仍应进行一次人工放电。放电时，先将接地线一端与大地固定，再用接地棒多次对电容器导电杆碰触，直至无火花和放电声响为止，而后再把接地线固定在导电杆上。虽然如此，还可能有部分电荷未放尽，所以检修人员在接触电容器之前，必须佩戴绝缘手套，用短路线将电容器两端对地短接，然后再进行工作。

8-54　电容器组放电回路为什么不允许装熔断器或开关？

➡电容器放电回路一旦熔断器熔断或开关断开，电容器切断电源后就无法放电，将存在残留电压。这样，位于电容器上工作的人员人身安全将受到威胁；同时，由于放电回路被切断，电容器中将有大量的残存电荷，当重新合闸时将产生很大的冲击电流，影响电网及电容器的运行安全。所以，电容器放电回路不允许装设熔断器或开关。

8-55　电容器发生开关跳闸后应注意些什么？

➡电容器开关跳闸后，不允许强行试送，值班员必须检查保护动作情况，根据保护动作进行分析判断，顺序检查电容器开关、电流互感器、电力电缆，检查电容器有无爆炸、严重发热、鼓肚或喷油、接头是否过热或熔化、套管有无放电痕迹。若无以上情况，电容器开关跳闸是由于外部故障造成母线电压波动所致，经检查后可以试送。否则应进一步对保护进行全面的通电试验，以及对电流互感器做特性试验。如仍检查不出故障原因，就需拆开电容器，逐台进行试验，未查明原因之前不能试送。

8-56　什么叫做并联无功补偿装置？

➡把并联（移相）电容器、串联电容器、电抗器、放电线圈、避雷器、接地开关以及隔离开关有机地结合在一起组成成套装置，这种装置叫做并联无功补偿成套装置，简称无功补偿装置。并联无功补偿成套装置简化了变电所的设计和施工，提高了工程施工速度和质量，使设备生产完全工厂化。

8-57　什么叫做集合式并联无功补偿装置？

➡由集合式并联电容器、串联电容器、放电线圈、氧化锌避雷器、隔离（接地）开关、安装支架及铝母排等组成的装置叫集合式并联无功补偿装置。安全网栏、支撑电线杆自行配置。

8-58　并联无功补偿装置有哪几种？

➡并联无功补偿装置按安装地点分为户外式和户内式，环境条件好的地区采用户外式，污秽地区采用户内式；按结构方式分为部件装配式、成套柜式、集合装配式。

8－59　什么是电力滤波成套装置？

由滤波电容器、滤波电抗器和电阻器适当匹配，经调试协调后，使滤波器对某一频率高次谐波电流呈现低阻抗，从而起到就地吸收谐波电流的作用的装置叫滤波成套装置。电力滤波成套装置广泛应用于冶金、钢铁、化工行业有谐波源的地方，除起滤波作用外还能兼作无功补偿功能。

8－60　什么叫做静补装置？

并联电容器补偿装置（在多数场合下为交流滤波装置）和容量可无级连续调节的无功设备组成的联合体（装置）称为静止补偿装置（简称静补装置）。它是相对调相机来讲的，静补装置没有转动的部件，可以进相、滞相运行，在某些场合代替调相机。

8－61　无功补偿装置是如何进行分类的？

无功补偿有很多种类：从补偿的范围划分可以分为负荷补偿与线路补偿，从补偿的性质划分可以分为感性补偿与容性补偿。并联容性补偿的方法有以下几种。

（1）同步调相机。调相机的基本原理与同步发电机没有区别，它只输出无功电流。因为不发电，因此不需要原动机拖动，设有起动电动机的调相机也没有轴伸，实质就是相当于一台在电网中空转的同步发电机。

调相机是电网中最早使用的无功补偿装置。当增加励磁电流时，其输出的容性无功电流增大。当减少励磁电流时，其输出的容性无功电流减少。当励磁电流减少到一定程度时，输出无功电流为零，只有很小的有功电流用于弥补调相机的损耗。当励磁电流进一步减少时，输出感性无功电流。

调相机容量大、对谐波不敏感，并且具有当电网电压下降时输出无功电流自动增加的特点，因此调相机对于电网的无功安全具有不可替代的作用。

由于调相机的价格高，效率低，运行成本高，因此已经逐渐被并联电容器所替代。但是近年来出于对电网无功安全的重视，一些人主张重新启用调相机。

（2）并联电容器。并联电容器是目前最主要的无功补偿方法。其主要特点是价格低，效率高，运行成本低，在保护完善的情况下可靠性也很高。

在高压及中压系统中主要使用固定连接的并联电容器组，而在低压配电系统中则主要使用自动控制电容器投切的自动无功补偿装置。自动无功补偿装置的结构则多种多样，适用于各种不同的负荷情况。

并联电容器的最主要缺点是其对谐波的敏感性。当电网中含有谐波时，电容器的电流会急剧增大，还会与电网中的感性元件谐振，使谐波放大。另外，并联电容器属于恒阻抗元件，在电网电压下降时，其输出的无功电流也下降，因此不利于电网的无功安全。

（3）SVC静止式无功补偿装置。SVC的全称是静止式无功补偿装置，静止是与同步调相机的旋转相对应的。

国际大电网会议将SVC定义为7个子类：

1）机械投切电容器（MSC）；

2）机械投切电抗器（MSR）；

3）自饱和电抗器（SR）；

4）晶闸管控制电抗器（TCR）；

5）晶闸管投切电容器（TSC）；

6）晶闸管投；

7）自换向或电网换向转换器（SCC/LCC）。

（4）STATCOM。STATCOM是一种使用IGBT、GTO或者SIT等全控型高速电力电子器件作为开关控制电流的装置。其基本工作原理是：

通过对系统电参数的检测，预测出一个与电源电压同相位的幅度适当的正弦电流波形。当系统瞬时电流大于预测电流的时候，STATCOM将大于预测电流的部分吸收进来，储存在内部的储能电容器中。当系统瞬时电流小于预测电流时，STATCOM将储存在电容器中的能量释放出来，填补小于预测电流的部分，从而使得补偿后的电流变成与电压同相位的正弦波。

根据STATCOM的工作原理，理论上STATCOM可以实现真正的动态补偿，不仅可以应用在感性负荷场合，还可以应用在容性负荷的场合，并且可以进行谐波滤除，起到滤波器的作用。但是实际的STATCOM由于技术的原因不可能达到理论要求，而且由于开关操作频率不够高等原因，还会向电网输出谐波。

STATCOM的结构十分复杂，价格昂贵，可靠性差，损耗大，目前仍处于研究试用阶段，没有实际应用价值。

（5）电抗器（TSR）补偿装置，从补偿的方式划分可以分为串联电抗器补偿装置与并联电抗器补偿装置。

8-62 采用无功补偿的优点是什么？

➡️（1）根据用电设备的功率因数，可测算输电线路的电能损失。通过现场技术改造，可使低于标准要求的功率因数达标，实现节电的目的。

（2）采用无功补偿技术能提高低压电网和用电设备的功率因数，是节电工作的一项重要措施。

（3）无功补偿借助于无功补偿设备提供必要的无功功率，提高系统的功率因数，降低能耗，改善电网电压质量，稳定设备运行。

（4）减少电力损失，一般工厂动力配线根据不同的线路及负载情况，电力损耗为 2%～3%，使电容提高功率因数后，总电流降低，可降低供电端与用电端的电力损失。

（5）改善供电品质，提高功率因数，减少负载总电流及电压降。变压器二次侧加装电容可改善功率因数提高二次侧电压。

8-63 什么是并联电抗器补偿装置？

➡️向电网提供梯式调节式无功功率，补偿电网的剩余容性无功功率，保证电网电压在允许范围内并联于线路上的装置称为并联电抗器补偿装置。它主要补偿超高压输电线路的充电功率，降低系统的工频过电压，改善电网电压水平，提高电网运行的稳定性。

8-64 什么是 VQC 型补偿装置？

➡️ VQC（voltage quality control）为电压无功控制装置，最早期的是硬件 VQC 装置，现在也有软件 VQC，只适用于变电所内的电压无功的控制。

VQC 又称"控制孤岛"，主要体现在：无法体现不同电压等级分接头调节对电压的影响；不能做到无功分区分层平衡；目的是提高电网实际运行水平降低网损率，提高电网调度的经济效率。

8-65 什么是 AVC 型补偿装置？

➡️ AVC（automatic voltage control）为自动电压控制装置。AVC 是电力系统利用计算机和光纤通信技术对电网发电机无功功率、并联补偿装置设备和变压器有载分接头进行自调，目标保证电压和无功分布均匀，保障电网安全、稳定、经济运行，电压质量合格。

8-66 AVC型装置和VQC型装置的区别是什么？

➡ AVC装置指全网的电压控制装置。VQC装置指某一电压等级的电压控制装置，一般用于配电系统。AVC和VQC主要的区别有：VQC无法体现不同电压等级分接头调节对电压的影响；VQC不能做到无功分区分层平衡；VQC不包含与省网AVC协调控制的策略；VQC无法满足某些全网的控制目标以及约束条件：如省网关口功率因数，220kV母线电压约束，全网网损尽量小的目标。AVC一般用于发电厂，调节机组励磁系统控制母线电压。VQC一般用于变电所，对变压器分接进行调整或投切电容器。

8-67 串联电容补偿有几类？

➡ 串联电容补偿按其效果可以分为两类：即在220kV及更高电压等级的线路上，用以提高输送容量，提高系统稳定性，合理分布并联线路间的负荷等；在60～110kV及以下电压等级的配电网络中，常用以改善线路的电压水平，提高配电线路的输送功率，并能相应降低线路损耗，改善功率因数等。

8-68 在配电网络中，如何计算串联补偿电容器的容量？

➡ 串联补偿电容器的容量，主要是按照改善电压质量或增加输送功率所需的电容电抗及通过的电流数值来决定。一般三相共需串联补偿的总容量按下式计算：

$$Q_{ch} = \frac{P_2}{\cos\varphi_2}\left[-\sin\varphi_2 - \sqrt{\left(\frac{U'_2}{U_2}\right)^2 - \cos^2\varphi_2}\right] \tag{8-31}$$

式中 Q_{ch}——三相所需的串联补偿总容量，kvar；

P_2——线路输送的有功功率，kW；

$\cos\varphi_2$——补偿前线路末端的功率因数；

$\sin\varphi_2$——功率因数角的正弦值；

U'_2——补偿前的线路末端电压，kV；

U_2——补偿后的线路末端电压，kV。

8-69 举例说明串联电容补偿的计算方法。

➡ 某35kV线路，输送容量为6400kVA，功率因数为0.67（$\sin\varphi_2 = -0.742$），补偿前末端电压为28kV，预计通过补偿措施后末端电压可提高至

33kV，试计算补偿电容器的电容及参数。

三相所需电容器的总容量为

$$Q_{ch} = \frac{P_2}{\cos\varphi_2}\left[-\sin\varphi_2 - \sqrt{\left(\frac{U_2'}{U_2}\right)^2 - \cos^2\varphi_2}\right]$$

$$= \frac{6400 \times 0.67}{0.67}\left[0.742 - \sqrt{\left(\frac{28}{33}\right)^2 - 0.67^2}\right] = 1420\text{kvar}$$

（1）每相容量为

$$\frac{Q_{ch}}{3} = \frac{1420}{3} = 470\text{kvar}$$

（2）补偿后的线电流为

$$I = \frac{S}{\sqrt{3}U_N} = \frac{6400}{\sqrt{3} \times 33}112 \text{ （A）}$$

（3）补偿每相电容阻抗为

$$X_C = Q_{ch}/I_N^2 = 470 \times 10^3/112^2 = 37.5 \text{ （Ω）}$$

若采用国产 CFW1.0 - 50 - 1W 型串联电容器，其参数 $U_N = 1000\text{V}$，$Q_N = 50\text{kvar}$，$C_N = 159\mu\text{F}$。其单台电容器 $I_N = Q/U_N = 50 \times 1000/1000 = 50$ （A），故需三台电容器并联；其总电容 $C_\Sigma = 3 \times 159 = 477\mu\text{F}$，$X_C = 1/(2\pi \times 50 \times 477 \times 10^{-6}) = 6.67$ （Ω）。

故每相电容器的串联台数：

$$N = 37.5/6.67 = 5.62 \approx 7 \text{ （台）}$$

即每相实际需要 $3 \times 7 = 21$ 台电容器，每相容量 $21 \times 50 = 1050\text{kvar}$，三相共需电容器 63 台，三相电容器总容量为 3150kvar。其原理接线图如图 8 - 8 所示。

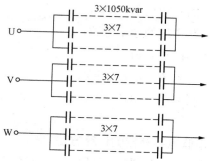

图 8 - 8　串联补偿装置原理接线图

第九章

继电保护及综合自动化

9-1 什么是继电保护装置？它的用途是什么？

➡️当电力系统在运行中发生故障或异常现象时，将故障部分从系统中迅速截除，或在发生不正常运行状态时及时发出信号，以达到缩小故障范围、减少故障损失、保证系统安全运行的目的，并动作于断路器跳闸或发出信号的一种自动装置称为继电保护装置。

继电保护装置的用途可分为以下几类：

（1）当电网发生足以损坏电器设备或危及电网安全运行的故障时，使被保护设备能够迅速地脱离电网。

（2）对电网的非正常运行及某些设备的非正常运行状态能够及时地发出报警信号，以便提醒、通知运行维护人员迅速处理，使之尽快地恢复正常（例如小电流接地系统的单相接地、变压器的过负荷等）运行。

实现电力系统自动化（例如自动重合闸、备用电源自动投入、低频率减负荷装置）和远动化（例如"遥控、遥测、遥调、遥信、遥视"五调功能）以及工业生产的自动控制等。

9-2 继电保护有哪些分类？对继电保护的要求是什么？

➡️（1）继电保护的分类。

1）按被保护对象分类，有输电线保护和主设备保护（如发电机、变压器、母线、电抗器、电容器等保护）。

2）按保护功能分类，有短路故障保护和异常运行保护。前者又可分为主保护、后备保护和辅助保护；后者又可分为过负荷保护、失磁保护、失步保护、低频保护、非全相运行保护等。

3）按保护装置进行比较和运算处理的信号量分类，有模拟式保护和数字式保护。一切机电型、整流型、晶体管型和集成电路型（运算放大器）保护装置，它们直接反映输入信号的连续模拟量，均属模拟式保护；采用微处理机和微型计算机的保护装置，它们反应的是将模拟量经采样和模/数转换后的离散数字量，这是数字式保护。

4）按保护动作原理分类，有过电流保护、低电压保护、过电压保护、功率方向保护、距离保护、差动保护、高频（载波）保护等。

（2）对继电保护的基本要求有以下四点：

1）保护动作的快速性：为了限制故障的扩大，减轻设备的损坏，提高系统的稳定性，必须快速切除故障（故障切除时间是指从发生故障起至跳闸灭弧为止的一段时间），现有的快速保护装置，其本身动作时间只有 0.02～0.05s。

2）可靠性：继电保护装置应随时保持完善、灵活的工作状态。一旦发生故障时，保护装置应及时可靠地动作，不应由于本身的缺陷而误动或拒动。

3）选择性：保护装置仅动作于故障设备，使停电范围尽可能缩小，以保证其他设备照常运行。

4）灵敏度：保护装置应对各种故障有足够的反应能力，灵敏度用灵敏系数 K_L 表示。反映故障时参数量增加的保护装置，其灵敏系数为

$$K_L = \frac{\text{保护区末端金属性短路参数的最小计算值}}{\text{保护装置的动作值}} \qquad (9-1)$$

反映故障时参数量降低的保护装置，其灵敏系数为

$$K_L = \frac{\text{保护装置的动作值}}{\text{保护区末端金属性短路参数的最大计算值}} \qquad (9-2)$$

9-3 继电保护装置的发展史有哪四个发展阶段？每个阶段各有什么特点？

➡继电保护装置的四个发展阶段如下：

（1）第一阶段（机电式继电器阶段）：19 世纪 50 年代（1850 年）以前，以电磁型、感应型、电动型继电器为主，都具有机械转动部分。

优点：运用广，积累了丰富的运行经验，技术比较成熟。

缺点：体积大，功耗大，动作速度慢，机械转动部分和触点易磨损或粘连，调试维护复杂。

（2）第二阶段（晶体管式机电保护装置阶段）：20 世纪 50 年代开始发展，70 年代得到广泛应用，为第一代电子式静态保护装置。

优点：解决了机电式继电器存在的缺点。

缺点：易受外界电磁干扰，在初期经常出现"误动"的情况，可靠性稍差。

（3）第三阶段（集成电路继电保护阶段）阶段：20 世纪 70 年代中期出现，

将数十个甚至更多的晶体管集成在一个半导体芯片上。

优点：体积更小，工作更可靠。

（4）第四阶段（微机保护阶段）：20世纪90年代后，微机保护已大量投入使用，成为目前已成为电力系统保护、控制、运行调度及事故处理的统一计算机系统的组成部分。

优点：

1）具有巨大的计算、分析和逻辑判断能力，有存储记忆功能，因而可以实现任何性能完善且复杂的保护原理。

2）微机保护可以自检，可靠性高。

3）可用同一的硬件实现不同的保护功能，制造相对简化，易进行标准化。

4）功能强大：有故障录波，故障测距，事件顺序记录，调度通信等功能。

随着电子技术、计算机技术、通信技术的飞速发展，人工智能技术如人工神经网络、遗传算法、进化规模、模糊逻辑等相继在继电保护领域开始研究应用，继电保护技术向计算机化、网络化、一体化、智能化方向发展。

9-4　电磁式继电保护装置的基本原理是什么？

➡电力系统发生故障时，基本特点是电流突增，电压突降，以及电流与电压间的相位角的变化，各种机电保护装置抓住了这些基本特点，在反映这些物理量变化的基础上，利用正常运行的故障、保护范围内部和外部故障等各种物理量的差别来实现保护。有反应电流升高的过电流保护，有反应电压降低的低电压保护，有既反映电流又反应相角的过电流方向保护，还有反应电压与电流比值的距离保护等。

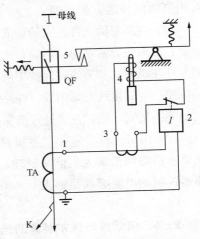

下面结合图9-1简要说明保护装置的动作原理。图中：在正常工作情况下，母线经高压断路器5，通过配电线路向用户送电。继电器2通过TA电流互感器1的二次线圈直接感受到线路的电流变化情况，由于正常运行负荷电流不大，流过继电器线圈的电流也不大，故继电器不动作。

如果配电线路发生故障（K点短路），则电流突然增大，电流互感器二次侧的电

图9-1　继电保护动作原理图

流也随之增大，它流过继电器线圈，产生很大的电磁吸力，使继电器动作，其动合触点闭合，从而接通了操作电源，跳闸线圈 4 内有电流流过，开关便跳闸，从而切断故障。故障切除后，继电器返回，触点打开，操作电源切断，跳闸线圈也恢复原状。

9－5　成套保护装置包括哪些基本功能和基本元件？

🔁成套保护装置要包括一些基本功能元件才能完成继电保护的任务，这些功能元件可以是一种继电器、一块电路板，也可以是其他电子部件，但都要完成一些基本功能。

（1）信号采集或信号转换功能。能把电力系统的运行状态及时和真实地反映给保护装置。因为电力系统一次侧的电压很高，在完成信号转换是要把电压降到保护装置能接受的电压（额定电压为 100V），也要把一次侧的电流降下来（额定电流为 5A 或 1A）。这种降下来的电压和电流称为二次电压和二次电流。完成这种功能的元件是电压互感器和电流互感器（TV 和 TA）。

（2）起动测量元件。它的功能是对电力系统运行状态进行测定。起动测量元件直接接在 TV、TA 的二次侧，只有在故障和不正常状态时才起动，一般是电流值突然增大或电压值突然下降。这种电流增大电压降低在事先定好一个水平或叫阈值，超过这个阈值才能起动。这里讲的"事先定好"术语叫整定。按照电流电压值变化而起动的元件用得很普遍，较复杂的保护有用功率、相角、阻抗、相序变化（包括正序、负序、零序电流和电压变化）而起动的，也有用高频信号远方起动的。

（3）判断逻辑元件。它的功能是把起动测量元件送来的信号经过逻辑判断检出是否故障或异常状态运行，得出是否行使保护职责的结论。完成逻辑判断功能的元件在机电式和整流式保护中可以由一些中间继电器、电码继电器和时间继电器按照一定的接线方案组成。在晶体管和集成电路保护中是由一些电子线路组成的功能插板完成的。在微处理机保护中则是用软件系统的程序来完成。

（4）出口元件。它接受逻辑判断元件信号，发出出口指令，指令可以是声光显示信号叫值班人员前来处理，也可以是跳闸信号使断路器切除故障，使断路器跳闸的电流必须足够大。

9－6　何谓继电保护装置的选择性？

🔁继电保护装置的选择性是指当系统发生故障时，继电保护装置应该有选择性的切除故障，以保证非故障部分继续运行，使停电范围尽量缩小。

9-7 何谓继电保护装置的快速性？

➡继电保护装置的快速性是指继电保护应以允许的可能最快速度动作于断路器跳闸，以断开故障或中止异常状态的发展。快速切除故障，可以提高电力系统并列运行的稳定性，减少电压降低的工作时间。

9-8 何谓继电保护装置的灵敏性？

➡继电保护装置的灵敏性是指继电保护装置对其保护范围内故障的反应能力，即继电保护装置对被保护设备可能发生的故障和不正常运行状态应能灵敏的感受并反应。上、下级保护之间灵敏性必须配合，这也是保护选择性的条件之一。

9-9 何谓继电保护装置的可靠性？

➡继电保护装置的可靠性是指发生了属于它应该动作的故障时，它能可靠动作，即不发生拒动作；而在任何其他不属于他动作的情况下，可靠不动作，即不发生误动。

9-10 什么是主保护、后备保护、辅助保护？

➡主保护是指能满足系统运行稳定和安全要求，以最快速度有选择地切除被保护设备和线路故障的保护。

后备保护是指当主保护或断路器拒动时，起后备作用的保护。后备保护又分为近后备和远后备两种。近后备保护是当主保护或断路器拒动时，由前一级线路或设备的保护来切除故障以实现的后备保护。

辅助保护是以弥补主保护和后备保护性能的不足，或当主保护及后备保护退出运行时而增设的简单保护。

9-11 什么是继电保护的远后备？什么是近后备？

➡远后备是指：当元件故障而其保护装置或断路器拒绝动作时，由各电源侧的相邻元件保护装置动作将故障切开。

近后备是指：用双重化配置方式加强元件本身的保护，使之在区内故障时，保护拒绝动作的可能性减小，同时装设断路器失灵保护，当断路器拒绝跳闸时起动它来切除与故障开关同一母线的其他断路器，或遥切对侧断路器。

9-12 电磁型保护的交流电流回路有几种接线方式？

➡️电磁型保护的交流电流回路有三种基本接线方式，即三相三继电器式完全星形接线、两相两继电器式不完全星形接线和两相一继电器式两相电流差接线。

9-13 继电保护的操作电源有哪几种？各有何优缺点？

➡️用来供给断路器跳闸、合闸及继电保护装置工作的电源有直流和交流两种。但无论采用哪种电源，都必须保证在系统发生故障引起电压波动的情况下，不影响保护装置动作的可靠性。

直流操作电源具有安全可靠、不受系统事故和运行方式影响的优点。缺点是直流系统较复杂，运行维护工作量大，发生接地故障后难以查找。交流操作电源具有投资少、运行维护简便等优点，缺点是可靠性差，特别是在系统发生故障时，其动作电源受故障的影响较大。所以，发电厂和大、中型变电所的继电保护操作电源都是采用直流电源，只有在小型变电所和中小工业企业高压配电室，由于设备较少，继电保护装置较简单而且要求不高，才采用交流操作电源。

直流操作电源大多采用硅整流装置（或直流发电机组）并配以适当容量的蓄电池。在设备不多，保护较简单时，也可以用复式整流或以电容器组代替蓄电池。

9-14 发生两点接地短路时，各种接线方式的工作情况如何？

➡️在小接地电流电网中，当发生两点接地短路时，只需要切除一个接地点。因为在这种电网中发生单相接地时，还可继续运行一段时间。如图9-2所示的小接地电流电网中，当线路L1的V相和线路L2的W相发生两点接地短路时，则线路L1的V相流过短路电流 I_{DV}，线路L2的W相流过短路电流 I_{DW}。如果采用完全星形接线方式，则线路L1和L2将同时被切除，显然与上述只需切除一个接地点的要求不相符，所以这种接线方式不适用于小接地电流电网。

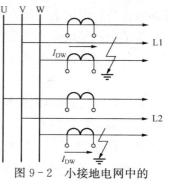

图9-2 小接地电网中的
两点接地短路

若采用不完全星形接线方式，而且两条线路的电流互感器都装在同名的两相上时，例如都装在 U 和 W 相上，此时线路 L2 的短路电流，I_{DW} 将流过保护装置，所以 L2 被切除，而线路 L1 的 V 相因为没有电流互感器，所以它的保护不会动作，该线路可以继续运行。对故障相可能的不同情况来说，不完全星形接线方式可以保证有 2/3 的机会只切除一个故障点，1/3 的可能切除两个故障点。因此，当采用不完全星形接线方式时，必须把电流互感器装在同名的两相上。

9 - 15　为什么不完全星形接线方式不用来保护单相接地故障？

➡️两相两继电器接线称为不完全星形接线，这种接线方式只在 U、W 两相上装有电流互感器，正常运行或发生相间短路故障时，两个继电器内部都有电流通过，公共线内的电流等于电流互感器二次电流的向量和。当接有互感器的两相发生短路故障时，电流流过两个继电器，当未接有互感器的一相（V 相）与接有互感器的两相中的任何一相发生短路时，故障电流只流过一个继电器。这个继电器动作后便可以跳闸切除故障。也就是说，采用不完全星形接线方式可以切除任何形式的相间短路故障。但是，当发生单相接地故障时，它只能够对装有互感器的两相起保护作用，而当未装互感器的一相发生单相接地故障时，由于故障电流未通过电流继电器，故保护装置无法动作。因此，不完全星形接线方式对单相接地故障不起作用。

9 - 16　二次回路的定义和分类是什么？

➡️二次回路是现代发电厂、变电所和企业中电力设备不可缺少的一部分。用于监视测量表计、控制操作信号、继电保护和自动装置等电气连接回路均称为二次回路，也称二次接线。

二次回路按电源性质及用途分为：

（1）交流电流回路。由电流互感器（TA）二次侧供电给测量仪表及继电器的电流线圈等所有电流元件的全部回路。

（2）交流电压回路。由电压互感器（TV）二次侧及三相五柱电压互感器开口三角经升压变压器转换为 220V 供电给测量仪表及继电器等所有电压线圈以及信号电源等。

（3）直流回路。使用所用变压器输出经变压、整流后的直流电源或直流电压蓄电池。适用于大、中型变、配电所，投资成本高，占地面积大。

（4）操动回路。包括从操动（作）电源到断路器分、合闸线圈之间的所有有关元件，如熔断器、控制开关、中间继电器的触点和线圈、接线端子等。

（5）信号回路。包括光字牌回路、音响回路（警铃、电笛），是由信号继电器及保护元件到中央信号盘或由操动机构到中央信号盘。

9－17 二次回路绝缘电阻有哪些规定？

➡️为保证二次回路安全运行，对二次回路的绝缘电阻应做定期检查和试验，根据规程要求，二次回路的绝缘电阻标准为：

（1）直流小母线和控制盘的电压小母线在断开所有其他连接支路时，应不小于 10MΩ。

（2）二次回路的每一支路和开关、隔离开关操动机构的电源回路应不小于 1MΩ。

（3）接在主电流回路上的操作回路、保护回路应不小于 1MΩ。

（4）在比较潮湿的地方，第（2）、（3）两项的绝缘电阻允许降低到 0.5MΩ。

测量绝缘电阻用 500～1000V 绝缘电阻表进行。对于低于 24V 的回路，应使用电压不超过 500V 的绝缘电阻表。

9－18 对二次回路电缆截面有何要求？

➡️为确保继电保护装置能够准确动作，二次回路的电缆截面应符合规程要求：铜芯电缆不得小于 1.5mm²，铝芯电缆不小于 2.5mm²，电压回路带有阻抗保护的采用 4mm² 以上的铜芯电缆，电流回路一般要求 2.5mm² 铜芯电缆。在条件允许的情况下，尽量使用铜芯电缆。

9－19 交、直流回路能合用一条电缆吗？

➡️交、直流回路是不能合用一条电缆的。其主要原因是：交、直流回路都是独立的系统，当交、直流合用一条电缆时，交、直流发生互相干扰，降低对直流的绝缘电阻；同时，直流是绝缘系统，而交流是接地系统，两者之间容易造成短路，故交、直流不能合用一条电缆。

9－20 寄生回路有什么危害？

二次回路的寄生回路指的是保护回路中不应该存在的多余回路，容易引起继电保护误动或推动，这种回路往往无法单纯用正常的整组试验方法发现，还是要靠工作人员严格按继电保护原理对回路进行检查方能发现。

➡寄生回路往往不能被电气运行人员及时发现，时常是在改线结束后的运行中，或进行定期检验、运行方式变更、二次切换试验时，才从现象上得以发现。由于所寄生的回路不同，引发的故障也就不同，有的寄生回路串电现象只在保护元件动作状态短暂的时间里出现，保护元件状态复归，现象随同消失，是一种隐蔽性的二次缺陷。由于寄生回路和图纸不符，现场故障迹象收集不齐时，查找起来既费时又不方便，而如果不及时查处消除，它能造成保护装置和二次设备误动、拒动（回路被短接）、光声信号回路错误发信及多种不正常工作现象，导致运行人员在事故时发生误判断和误处理，甚至扩大事故。

9-21 中央信号装置有几种？各有何用途？

➡中央信号装置有事故信号和预告信号两种。事故信号的用途是：当断路器动作于跳闸时，能立即通过蜂鸣器发出音响，并使断路器指示灯闪光。预告信号的用途是：在运行设备发生异常现象时，能使电铃瞬时或延时发出声响，并以光字牌显示异常现象的内容。

9-22 直流母线电压过高或过低有何影响？

➡直流母线电压过高，使长期带电运行的电气元件，如仪表、继电器、指示灯等轻易因过热而损坏；而电压过低又轻易使保护误动或拒动，一般规定电压的变化范围为±10%。

9-23 如何选择合闸电缆？

➡由于合闸电缆直接连接断路器的合闸线圈，通过的电流较大，所以选用的截面积一般都大于10mm²。因此常采用500V低压铜芯或铝芯橡皮绝缘电力电缆，此种电力电缆有单芯、双芯、三芯及四芯多种，但作为合闸电缆，应选用双芯电缆。选择电缆截面时，应根据在保证合闸线圈最低动作电压的条件下，由直流电源至合闸线圈的允许电压降决定，计算电缆截面的公式为

$$S = \frac{2\rho L I}{\Delta U} \tag{9-3}$$

式中　S——合闸电缆截面积，mm²；

　　ΔU——允许电压降，V；

I——合闸电流，A；

L——直流电源至断路器合闸机构的长度，m；

ρ——电阻率（铜芯取 0.0184，铝芯取 0.031）。

9－24　对控制电缆有哪些要求？

➡️对控制电缆的选择，与所使用的回路种类有关。如按机械强度要求选择，使用在交流回路时最小截面不应小于 2.5mm^2；使用在交流电压、直流控制或信号回路时不应小于 1.5mm^2；若按电气要求选择，一般应按表计准确等级或满足电流互感器 10% 误差来选择，而在交流电压回路中则应按允许电压降来选择。当今采用微机保护，属于电子信息系统装置，对控制电缆要求更高，必须具有屏蔽能力，因此，现在均选用屏蔽型控制电缆。

9－25　过电流保护的原理是什么？

➡️电网中发生常见的短路故障时，电流会突然猛增，电压骤然下降，过电流保护就是按线路选择性的要求整定电流继电器的动作电流。当线路中故障电流达到电流继电器的动作值时，电流继电器动作按保护装置选择性的切断故障线路。

9－26　过电流保护和电流速断保护的作用范围是什么？

➡️过电流保护也称定时限过电流保护，一般按起动电流躲开最大负荷来整定。为了使上、下线过电流保护有选择性，在时限上也相应地差一个等级，必须保证上下级之间动作时限配合，一般上级比下级大 0.5s，如果是微机保护可以缩短为 0.2～0.3s。而电流速断保护则是按被保护设备的短路电流大小来整定的，因此一般没有时限。两者常常配合使用，作为设备的主保护和相邻设备的后备保护。在一般情况下，它不仅能够保护线路的全长，而且也能保护相邻线路的全长，起到后备保护的作用。

电流速断保护不能保护线路全长（否则将失去选择性），即存在速断保护死区。

速断过电流一段保护范围：在最小运行方式下保护线路全长的 15%～20%，即可装设；在最大运行方式下保护线路全长的 50% 就认为有良好的保护效果。

定时限速断保护范围：本线路的全长＋下一段的 50%。

定时限过流保护范围：本线路的全长＋下一段的全长＋再下一段的一部分。

9-27 什么叫定时限？什么叫反时限？

➡为了实现过电流保护的动作选择性，各保护的动作时间一般按阶梯原则进行整定。即相邻保护的动作时间，自负荷向电源方向逐级增大，且每套保护的动作时间是恒定不变的，与短路电流的大小无关。具有这种动作时限特性的过电流保护称为定时限过电流保护。

反时限过电流保护是指动作时间随短路电流的增大而自动减小的保护。使用在输电线路上的反时限过电流保护，能更快的切除被保护线路首端的故障。

9-28 为什么有些配电线路只装过电流保护而不装速断保护？

➡采用何种保护装置是根据被保护线路的具体情况决定的，在满足被保护设备所要求的灵敏度、选择性及可靠性的条件下，应尽量使保护装置便于维护和节约不必要的投资。例如当保护线路不长而且短路电流也不大，用过电流保护作为主保护已能满足要求时，就不必再装速断保护，若装上电流速断保护，其动作电流要比过电流保护大，由于线路较短有可能使电流速断没有保护范围，故这种配电线路不必装速断保护。

9-29 什么是三段式电流保护？它有何特点？

➡无时限电流速断保护，虽然可以克服过电流保护动作时限长的缺点，但它却不能保护线路全长。延时速断保护虽然可以保护本线路的全长，但却不能保护下一线路的全长，即不能作为下一线路的后备保护。因此，必须装设过电流保护作为本线路及下一线路的保护。由无时限电流速断、延时电流速断及过电流保护所组成的整套保护装置称为三段式电流保护。图 9-3 是三段式电流保护的时限特性。

第 I 段为无时限电流速断，动作时限为 t_{1I}，第 II 段为延时速断，动作时限为 $t_{1II} = t_{1I} + \Delta t$，第 III 段为定时限过电流保护，动作时限为 $t_{1III} = t_{1I}$ 段保护范围是线路 L1 的一部分，第 II 段是保护 L1 的全部和 L2 的一部分，故无时限电流速断和延时速断是线路 L1 的主保护。第 III 段是定时限过电流保护，动作时限 $t_{1III} = t_{2II} + \Delta t$，其保护范围为 L1 及 L2 的全部。

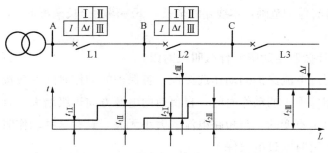

图 9-3 三段式电流保护的时限特性

9-30 什么叫电压速断保护？有何用途？

➡所谓电压速断保护装置是根据故障时电压下降这一特征设计的一种保护装置。当线路发生故障时，电压将会急剧下降，当电压降至预先整定的数值时，低电压继电器动作，并跳开断路器，将故障迅速切除。这种保护就叫电压速断保护。一般用于电流速断保护不能满足灵敏度或保护范围要求的场合。这是因为发生短路故障时，被保护处母线上的残余电压的变化比流过保护的短路电流变化大，故在许多情况下均采用电压速断保护。

9-31 什么叫电流闭锁电压速断保护？它有何特点？

➡如图 9-4 所示的网络，当与母线相连的任一线路发生短路时，母线上的电压都要下降。这样，与母线相连的各线路（L-1、L-2）电压速断装置的电压继电器都将起动。如图中 D_1 短路时，线路 L-1 的电压速断保护装置也要动作，这样就不能保证其选择性。

图 9-4 电流电压联锁速断保护接线示意图

为了保证选择性，可以加装电流继电器作为闭锁元件，其电压继电器作为测量元件，并将其接点与电压继电器的接点串联，则虽然 L2 线路的电压继电器起动，但由于没有短路电流流过电流继电器，所以电流继电器不起动，这样就使保护装置不能作用于断路器跳闸，从而起到闭锁作用。

9-32 什么是过电流方向保护？有何用途？

➡过电流方向保护是在过电流保护的基础上，加装一个方向元件而组成的保护装置。过电流方向保护主要用来保护电网中的相间短路和单相接地短路。

对于具有一个电源的环形电网或具有双侧电源的辐射电网中，其负载都从两侧供电，由于在过流保护的基础上加设了方向元件，当一端发生故障时，过电流方向保护能迅速地将故障点两侧断路器断开，使故障部分迅速脱离电源，保证对其他负载继续供电，从而提高了供电的可靠性。

9-33 过电流方向保护为什么必须采用按相起动方式？

过电流方向保护采取按相起动的接线方式，是为了避免反方向发生两相短时时造成装置误动。例如当发生反方向发生 V、W 相短路时，在线路 U 相方向继电器因负荷电流为正方向将不动作，此时如果不按相起动，当 W 相电流元件动作时，将引起装置误动。若采用了按相起动接线，尽管 W 相方向继电器动作，但 U 相的电流元件不动作，而 W 相电流元件动作但 W 相方向继电器不动作，所以装置不会误动作。

9-34 电力系统在什么情况下运行将出现零序电流？

电力系统在三相不对称运行情况下将出现零序电流，举例如下：

（1）电力变压器三相运行参数不同。

（2）电力系统中有接地故障。

（3）单相重合闸过程中的两相运行。

（4）三相重合闸和手动合闸时断路器三相不同期投入。

（5）空载投入变压器时三相的励磁涌流不相等。

9-35 大接地电流系统中发生接地短路时，零序电流的分布与什么有关？

零序电流的分布只与系统的零序网络有关，与电源的数目无关。当增加或减少中性点接地的变压器台数时，系统零序网络将发生变化，从而改变零序电流的分布。当增加或减少接在母线上的发电机台数和中性点不接地变压器台数，而中性点接地变压器的台数不变时。只改变接地电流的大小，而与零序电流的分布无关。

9-36 什么是零序保护？大电流接地系统中为什么要单独装设零序保护？

在大短路电流接地系统中发生接地故障后，有零序电流、零序电压和零序功率出现，利用这些电气量构成保护接地短路的装置统称为零序保护。三相星形接线的过电流保护虽然也能保护接地短路，但其灵敏度较低，保护时限较长。采用零序保护就可克服此不足，这是因为：①系统正常运行和发生相间短路时，不会出现零序电流和零序电压，因此零序保护的动作电流可以整定得较小，这有利于提高其灵敏度；②星角接线降压变压器，三角形侧以后的接地故障不会在三角形侧反映出零序电流，所以零序保护的动作时限可以不必与该种变压器以后的线路保护相配合而取较短的动作时限。

9-37　零序电流保护有哪些特点？

➡零序电流保护的特点是只反应单相接地故障。因为系统中的其他非接地短路故障不会产生零序电流，所以零序电流不受其他中性点不接地电网短路故障的影响。

9-38　零序电流保护的整定值为什么不需要避开负荷电流？

➡零序电流保护反应的是零序电流，而负荷电流中不包含（或很少包含）零序分量，故不必考虑避开负荷电流。

9-39　小接地电流系统中，为什么单相接地保护在多数情况下只是用来发信号，而不动作于跳闸？

➡小接地电流系统中，一相接地时并不破坏系统电压的对称性，通过故障点的电流仅为系统的电容电流，或是经过消弧线圈补偿后的残流，其数值很小，对电网运行及用户的工作影响较小。为了防止再发生一点接地时形成短路故障，一般要求保护装置及时发出预告信号，以便值班人员酌情处理。

9-40　什么叫距离保护？

➡距离保护是反应故障点至保护安装地点之间的距离（或阻抗），并根据距离的远近而确定动作时间的一种保护装置。该装置的主要元件为距离（阻抗）继电器，它可根据其端子上所加的电压和电流测知保护安装处至短路点间的阻抗值，此阻抗称为继电器的测量阻抗。当短路点距保护安装处近时，其测量阻抗小，动作时间短；当短路点距保护安装处远时，其测量阻抗增大，动作时间增长，这样就保证了保护有选择性地切除故障线路。

用电压与电流的比值（即阻抗）构成的继电保护叫距离保护，又称阻抗保护，阻抗元件的阻抗值是接入该元件的电压与电流的比值：$U/I=Z$，也就是短路点至保护安装处的阻抗值。因线路的阻抗值与距离成正比。距离保护分为接地距离保护和相间距离保护等。

9－41 距离保护的特点是什么？

➡距离保护的优点是：灵敏度高，能够保证故障线路在比较短的时间内，有选择性地切除故障，而且不受系统运行方式变化的影响。其缺点是：当距离保护突然失去电压时，将会产生误动作。因为距离保护是当测量到的阻抗值等于或小于整定值时就动作，若电压突然消失，保护就会误动作。

距离保护主要用于输电线的保护，一般是Ⅲ段或Ⅳ段式。第Ⅰ、Ⅱ段带方向性。其中第Ⅰ段保护线路的$80\%\sim90\%$，第Ⅱ段保护余下的$10\%\sim20\%$并作相邻母线的后备保护。第Ⅲ段带方向或不带方向，有的还设有不带方向的第Ⅳ段作本线及相邻线段的后备保护。

整套距离保护包括故障起动、故障距离测量、相应的时间逻辑回路与电压回路断线闭锁，有的还配有振荡闭锁等基本环节以及对整套保护的连续监视等装置。

9－42 采用接地距离保护有什么优点？

➡接地距离保护的最大优点是瞬时段的保护范围固定，还可以比较容易获得有较短延时和足够灵敏度的第Ⅱ段接地保护。特别适合于短线路Ⅰ、Ⅱ段保护。对短线路来说，一种可行的接地保护方式是用接地距离保护Ⅰ、Ⅱ段再辅之以完整的零序电流保护。两种保护各自配合整定，各司其职：接地距离保护用以取得本线路的瞬时保护段和有较短时限与足够灵敏度的全线第Ⅱ段保护；零序电流保护则以保护高电阻故障为主要任务，保证与相邻线路的零序电流保护间有可靠的选择性。有的接地距离保护还配备单独的选相元件。

9－43 为什么距离保护突然失去电压会误动作？

➡距离保护是在测量线路阻抗值（$Z=U/I$）等于或小于整定值时动作，即当加在阻抗继电器上的电压降低而流过阻抗继电器的电流增大到一定值时继电器动作，其电压产生的是制动力矩，电流产生的是动作力矩。当突然失去电压时，制动力矩也突然变得很小，而在电流回路则有负荷电流产生的动作力矩，如果此时闭锁回路动作失灵，距离保护就会误动作。

9-44 为什么距离保护装置中的阻抗继电器采用0°接线？

➡距离保护是反映安装处至故障点距离的一种保护装置，因此，作为距离保护测量元件的阻抗继电器必须正确反映短路点至保护安装处的距离，并且不受故障类型的影响，采用相间电压和相间电流的0°接线能使上述要求得到满足，所以距离保护中的阻抗继电器一般都采用0°接线。

9-45 线路距离保护电压回路应该怎么进行切换？

➡由于电力系统运行方式的需要或者平衡负荷的需要，将输电线路从一条母线倒换到另一条母线上运行时，随之应将距离保护使用的电压也换到另一条母线上的电压互感器供电。在切除过程中，必须保持距离保护不失去电压；如电压切换过程中，电压回路可能失电，必须先解除距离保护跳闸连接片，防止距离保护误动。

9-46 某些距离保护在电压互感器二次回路断相时不会立即误动作，为什么仍需装设电压回路断相闭锁装置？

➡目前有些新型的或经过改装的距离保护，起动回路经负序电流元件闭锁。当发生电压互感器二次回路断相时，尽管阻抗元件会误动，但因负序电流元件不起动，保护装置不会立即引起误动作。但当电压互感器二次回路断相而又遇到穿越性故障时仍会出现误动，所以还要在发生电压互感器二次回路断相时发信号，并经大于Ⅲ段延时的时间起动闭锁保护。

9-47 什么叫高频保护？

➡用高频载波代替二次导线，通过线路本身传送两侧电信号，原理是反应被保护线路首末两端电流的相位差或功率方向信号，用高频载波将信号传输到对侧加以比较而决定保护是否动作的保护装置叫高频保护。高频保护包括相差高频保护和功率方向闭锁高频保护以及高频距离保护。

9-48 高频保护有什么优点？

➡高频保护最大的优点是无时限的从被保护线路两侧切除各种故障，不需要与下一线路的保护相配合，相差高频保护不受系统震荡影响。

9-49 方向比较式高频保护的基本工作原理是什么？

➡️ 方向比较式高频保护的基本工作原理是比较线路两侧各自看到的故障方向，以综合判断其为被保护线路内部还是外部故障。如果以被保护线路内部故障时看到的故障方向为正方向，则当被保护线路外部故障时，总有一侧看到的是反方向。所谓比较线路的故障方向，就是比较两侧特定判别的动作行为。因此，方向比较式高频保护中判别元件，是本身具有方向性的元件或是动作值能区别正、反方向故障的电流元件。

方向比较式高频保护特点是：

（1）要求正向判别起动元件对于线路末端故障有足够的灵敏度。

（2）必须采用双频制收发信机。

9-50 相差高频保护的基本工作原理是什么？

➡️ 相差高频保护是采用输电线路载波通信方式传递两侧电流相位的，比较被保护线路两侧工频电流相位的高频保护。当两侧故障电流相位相同时保护被闭锁、两侧电流相位相反时保护动作跳闸。其特点是：

（1）能反应全相状态下的各种对称和不对称故障，装置比较简单。

（2）在非全相运行状态下和单相重合闸过程中保护能继续运行，不反应系统振荡，不受系统振荡影响。

（3）不受电压回路断线的影响。

（4）当通道或收发信机停用时，整个保护要退出运行，因此需要配备单独的后备保护。

9-51 光纤电流差动保护的原理是什么？

➡️ 光纤电流差动保护是用光纤通道将被保护线路两侧的电量连接起来，通过比较保护线路始端与末端电流的大小及相位而构成的保护。其选择性不是根据延时和判断方向，而是根据基尔霍夫定律，即流向一个节点的电流之和等于零。

9-52 光纤电流差动保护的优点有哪些？

➡️（1）保护原理简单，灵敏度高，定值整定简单，只需要整定分相差动电流、零序差动电流等定值。

（2）具有非常好的选相功能，采用零序电流差动作为分相电流差动的后备，可以满足系统可靠性的要求。

（3）不受 TV 断线的影响，不需要考虑功率方向问题。由于其他所有功率方向元件都是靠 TV 二次值来计算的，当发生 TV 断线时，无法判断功率方向，需要闭锁保护。而电流差动保护不需要 TV 二次电压来计算判断，所以不受 TV 断线的影响，不需要考虑功率倒向时误动的可能。不需要考虑振荡闭锁，因为在系统振荡时两端电流方向与正常时相同，相位的摆动完全一致，即使在系统振荡时发生故障，保护装置也能根据两端电流相位变化正确动作，快速切除故障。

（4）采用光纤通道，抗干扰能力强。保护不间断地收发数据、检查通道，可靠性高。传统的高频通道正常运行时，高频通道无高频电流通过，这时通道上的设备有问题也不容易被发现，所以通道的可靠性不高。采用光纤通道的差动保护，不间断地收发数据，可以保证通道畅通，保证通道异常能够及时发现并闭锁差动保护。分相电流差动可以实现分相闭锁，可以只闭锁故障相的差动，另外两相差动仍可以继续使用，大大提高了可靠性。

9-53　何谓断路器失灵保护？

➡当系统发生故障，故障元件的保护动作而其断路器操作失灵拒绝跳闸时，通过故障元件的保护作用，其所在母线相邻断路器跳闸，有条件的还可以利用通道，使远端有关断路器同时跳闸的保护或接线称为断路器失灵保护。断路器失灵保护是"近后备"中防止断路器拒动的一项有效措施。

9-54　为什么 220kV 及以上系统要装设断路器失灵保护？

➡220kV 以上的输电线路一般输送的功率大，输送距离远，为提高线路的输送能力和系统的稳定性，往往采用分相断路器和快速保护。由于断路器存在操作失灵的可能性，当线路发生故障而断路器又拒动时，将给电网带来很大威胁，故应装设断路器失灵保护装置，有选择地将失灵拒动的断路器所在（连接）母线的其他断路器断开，以减少设备损坏，缩小停电范围，提高系统的安全稳定性。

9-55　交流电压回路断线对线路保护有什么影响？

➡交流电压回路断线会闭锁阶段式距离保护，为了更可靠的闭锁，防止装置误动作，运行值班人员应在调度令下解除距离保护跳闸连接片。

交流电压回路断线会使母差保护失去闭锁条件，接通母差回路复压闭锁接点，差流越限可能会使差动保护误动作。

交流电压回路断线影响变压器后备保护中的复压方向过电流保护和复压过电流保护，使其复压条件满足，保护失去复压闭锁制动量。

交流电压回路断线会使断路器失灵保护失去闭锁条件，接通断路器失灵保护回路复压闭锁接点，可能会使断路器失灵保护误动作。

9-56　什么叫电压互感器反充电？对保护装置有什么影响？

➡通过电压互感器二次侧向不带电的母线充电称为反充电。如 220kV 电压互感器，变比为 2200（＝220 000/100），停电的一次母线即使未接地，其阻抗（保护母线电容及绝缘电阻）虽然较大，假定为 $1M\Omega$，但从电压互感器二次看到的阻抗只有 $1\ 000\ 000/2200^2 = 0.2\Omega$，近乎短路，故反冲电电流较大（反充电电流主要决定于电缆电阻及两个电压互感器的漏抗），将造成运行中电压互感器二次侧小开关跳闸或熔断器熔断，使运行中的保护装置失去电压，可能造成保护装置的误动或拒动。

9-57　什么叫同期回路？

➡通常变电所只装设一套或两套公用的同期装置，因此需要装设同期小母线。用电压互感器从断路器两侧取交流电压、再经每台断路器同期把手接到同期小母线上，由同期小母线再引到同期装置中，该二次回路及同期装置的接线称为同期回路。

9-58　何谓准同期并列？并列的条件有哪些？

➡当满足下列条件或偏差不大时，合上电源间断路器的并列方法为准同期并列。

（1）并列断路器两侧的电压相等，最大允许相差 20% 以内。

（2）并列断路器两侧电源的频率相同，一般规定频率相差 0.15Hz 即可进行并列。

（3）并列断路器两侧电压的相位角相同。

（4）并列断路器两侧的相序相同。

9-59　主变压器中性点偏移保护的原理及作用是什么？

➡由于主变压器低压侧采用△接线，为不接地系统，当发生单相接地时不会产生短路电流，三相仍对称运行，仅使电压互感器二次侧中性点电压偏移，中性点电压偏移保护的构成原理即基于此。但不接地系统发生单相接地时，健全相对地电压升高，长期运行对绝缘等多种因素不利。因此，不接地系统单相接地时不可长期运行。相关规程规定不能超过 2h，必须尽快处理。中性点电压偏移保护的作用即在发生单相接地故障时，动作告警，通知运行人员给予及时处理。

9-60　在装设接地铜排（等电位网）时是否必须将保护屏对地绝缘？

→没有必要将保护屏对地绝缘。虽然保护屏骑在槽钢上，槽钢上又置有连通的铜网线，但铜网线与槽钢等的接触只不过是点接触。即使接触的地网两点间有由外部传来的地电位差，但这个电位差只能通过两个接触电源和两点间的铜排电源才能形成回路，而铜排电源值远小于接触电源值，因而在铜排两点间不可能产生有影响的电位差。

9-61　什么叫自动重合闸？

→自动重合闸装置是将因故障跳开后的断路器按需要自动投入的一种自动装置。

9-62　在综合重合闸装置中为什么要采用"短延时"和"长延时"两种重合闸时间？

→这是为了使三相重合闸和单相重合闸的重合时间可以分别进行整定。由于潜供电流的影响，一般单相重合闸的时间要比三相重合闸的时间长。另外可以在高频保护投入或退出运行时，采用不同的重合闸时间。当高频保护投入时，重合闸时间投"短延时"；当高频保护退出运行时，重合闸时间投"长延时"。

9-63　重合闸重合于永久故障上对电力系统有什么不利影响？

→当重合闸重合于永久性故障时，主要有以下两个方面的不利影响。

（1）使电力系统又一次受到故障的冲击。

（2）使断路器的工作条件变得更加恶劣，因为在很短时间内，断路器要连续两次切断电弧。

9 – 64　单相重合闸与三相重合闸各有哪些优缺点？

➡(1) 使用单相重合闸时会出现非全相运行，除纵联保护需要考虑一些特殊问题外，对零序电流保护的整定和配合产生了很大的影响，也使中、短线路的零序电流保护不能充分发挥作用。

(2) 使用三相重合闸时，各种保护的出口回路可以直接动作于断路器。使用单相重合闸时，除了本身有选相能力的保护外，所有纵联保护、相间距离保护、零序电流保护等，都必须经单相重合闸的选相元件控制，才能动作断路器。

9 – 65　为什么两侧都要装检定同期和检定无压继电器？

➡在检定同期和检定无压重合闸装置中，如果采用一侧投无电压检定，另一侧投同期检定这种接线方式，在使用无压检定的那一侧，当其断路器在正常运行情况下由某种原因（如误碰、保护误动等）而跳闸时，由于对侧并未动作，线路上有电压，因而就不能实现重合，这是一个很大的缺陷。为了解决这个问题，通常都是在检定无压的一侧也同时投入同期检定继电器，两者的触点并联工作，这样就可以将误跳闸的断路器重新投入。为了保证两次断路器的工作条件一样，在检定同期侧也装设无压检定继电器，通过切换后，根据具体情况使用。但应注意，一侧投入无压检定和同期检定继电器时，另一侧只能投入同期检定继电器。否则，两侧同时实现无电压检定重合闸，将导致出现非同期合闸。在同期检定继电器触点回路中要串接检定线路有电压的触点。

9 – 66　在什么情况下将断路器的重合闸退出运行？

➡在以下情况下重合闸退出运行：

(1) 断路器的遮断容量小于母线短路时，重合闸退出。

(2) 断路器故障跳闸次数超过规定，或虽未超过规定，但断路器严重喷油、冒烟等，经调度同意后应将重合闸退出运行。

(3) 线路有带电作业，当值班调度员命令将重合闸退出运行。

(4) 重合闸装置失灵，经调度同意后应将重合闸退出运行。

9 – 67　为什么采用检定同期重合闸时不用后加速？

➡检定同期重合闸但是当线路一侧无压重合后，另一侧在两端的频率不超过一定允许值的情况下才进行重合的，若线路属于永久性故障，无压侧重合后再次断开，此时检定同期重合闸不重合，因此采用检定同期重合闸再装后加速也就没有意义了。若属于瞬时性故障，无压重合后，即线路已重合成功，不存在故障，故同期重合闸时不采用后加速，以免合闸冲击电流引起误动。

9-68　同期重合闸在什么情况下不动作？

➡️同期重合闸在以下情况下不动作：

（1）若线路发生永久性故障，装有无压重合闸的断路器重合后立即断开，同期重合闸不会动作。

（2）无压重合闸拒动时，同期重合闸也不会动作。

（3）同期重合闸拒动。

9-69　在哪些情况下不允许或不能重合闸？

➡️装有重合闸的线路、变压器，当它们的断路器跳闸后，有以下九种情况不允许或不能重合：

（1）手动跳闸。

（2）断路器失灵保护动作跳闸。

（3）远方跳闸。

（4）断路器操作气压下降到允许值以下时跳闸。

（5）重合闸停用时跳闸。

（6）重合闸在投运单相重合闸位置，三相跳闸时。

（7）重合于永久性故障又跳闸。

（8）母线保护动作跳闸不允许使用母线重合闸时。

（9）变压器差动、瓦斯保护动作跳闸时。

9-70　双电源线路装有无压检定重合闸的一侧为什么要采用重合闸加速？

➡️当无压检定重合闸将断路器重合于永久性故障时，采用重合闸加速度的保护便无时限动作，使断路器立即跳闸。这样可以避免扩大事故范围，利于系统的稳定，并且可以使电气设备免受损坏。

9-71　综合重合闸对零序电流保护有什么影响？为什么？如何解释这一矛盾？

➡️线路上装设综合重合闸装置，将不可避免地出现非全相运行，从而给系统的零序电流保护带来影响。

　　这是因为在非全相运行中会出现零序电流，造成保护误动。对动作机会较多的零序电流保护Ⅰ段来说，为在非全相运行时不退出工作必须校验其整定值，许多情况下将定值抬高，缩短其保护范围。

　　为了解决这一矛盾，可以增设定值较大的不灵敏度Ⅰ段，在非全相运行中不拒动的线路始端是接地故障。而灵敏度Ⅰ段定值较小，保护范围大，但在非全相运行时需退出工作。为了保证选择性，零序Ⅱ段动作时限应躲过第一次故障算起的单相重合闸周期，否则非全相运行时，应将其退出运行，防止越级跳闸。故障线路的零序Ⅲ段的动作时限在重合闸过程中适当自动缩短。

9-72　什么叫特殊重合闸？

➡特殊重合闸是指当发生单相接地故障时断路器三相跳闸并重合三相，发生相间故障时断路器三相跳闸不再进行重合。

9-73　自动重合闸的充电条件是什么？

➡自动重合闸的充电条件如下：

　　(1) 重合闸处于正常投入状态。

　　(2) 在重合闸未起动的情况下，三相断路器都在合闸状态，断路器的跳闸位置继电器都未动作。

　　(3) 在重合闸未起动的情况下，断路器液压或气压正常。

　　(4) 没有外部闭锁重合闸的输入，如没有手动跳闸、手动合闸，没有母线保护动作输入，没有保护装置的闭锁重合闸继电器动作的输入（双重化时另一套永跳继电器动作）等。

　　(5) 在重合闸未起动的情况下，没有 TV 断线或失去信号。因为本装置自动装置合闸采用综合重合闸或三相重合闸方式时，在三相跳闸以后使用检线路无压或检同期重合闸，此时要用到线路、母线电压，如果用断线或失压后电压来判断是无压、同期，判断结果不准确，重合闸动作行为会受到影响，所以此时应闭锁重合闸。只有判断线路、母线 TV 没有断线、失压时才允许重合闸充电。

9-74　为何架空线路设有自动重合闸装置？而电缆线路不设重合闸？

➡自动重合闸是为了避免瞬时性故障造成线路停电而设置的，对于架空线路，其多数故障是属于瞬时性故障（如鸟害、雷击、污染等），这些故障在绝大多数情况下，当跳开断路器后便可随即消失，装设重合闸的效果非常显著。电缆线路由于埋入地下，故障多属于永久性故障，重合闸的效果不明显，因此，电缆线路不装设自动重合闸装置。

9-75 什么叫按频率自动减负荷 AFL 装置？其作用是什么？

为了提高电能质量，保证重要用户供电的可靠性，当系统中出现有功功率缺额引起频率下降时，根据频率下降的程度，自动断开一部分不重要的用户，阻止频率下降，以便使频率迅速恢复到正常值，这种装置叫按频率自动减负荷装置，简称 AFL 装置。它不仅可以保证重要用户的供电，而且可以避免频率下降引起的系统瓦解事故。

9-76 什么是备用电源自动投入装置？

所谓备用电源自动投入装置就是当工作电源因故障断开后，能自动、迅速地将备用电源投入工作，而使用户不至于停电的一种自动装置，简称备自投装置。

9-77 工厂 6～10kV 线路常采用哪些保护？

由于工厂 6～10kV 线路供电距离较短，且多数采用单向供电方式，所以线路的继电保护装置要比其他设备保护简单，最常用的是过电流保护和电流速断保护。

9-78 3/2 断路器的短引线保护起什么作用？

主接线采用 3/2 断路器接线方式的一串断路器，当一串断路器中一条线路停用，则该线路侧的隔离开关将断开，此时保护用的电压互感器也停用，线路主保护停用，因此在短引线范围故障，将没有快速保护切除故障。为此需设置短引线保护。即短引线纵联差动保护。在上述故障情况下，该保护可速动作切除故障。

当运行线路侧隔离开关投入时，该短引线保护在线路侧故障时，将无选择地动作，因此必须将该短引线保护停用。一般可由线路侧隔离开关的辅助触点控制，在合闸时使短引线保护停用。

9－79　变压器差动保护的原理如何？

➡变压器差动保护是反映两侧电流差而动作的保护装置，主要用来保护变压器内部、套管及引出线上的多相短路，同时也能保护单相层间短路和接地短路等故障。其保护原理如图9－5所示。

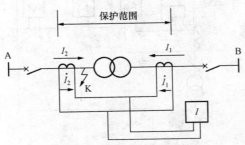

图9－5　变压器差动保护原理图

将变压器两侧的电流互感器串联起来形成环路，电流继电器并接在环路上，此时，流入继电器的电流等于两侧电流互感器二次侧电流差，即 $\dot{I}_k = \dot{I}_1 - \dot{I}_2$。在正常或保护范围外部发生故障时，其二次侧电流 $\dot{I}_1$ 和 $\dot{I}_2$ 大小相等，相位相同，流入继电器的电流 $\dot{I}_k = \dot{I}_1 - \dot{I}_2 = 0$，继电器不动作。若在保护区内发生短路（如 K 点），流入继电器的电流 $\dot{I}_k = \dot{I}_1 + \dot{I}_2$，继电器动作。但实际上变压器的变比不等于1，当采用 Yd11 接线的变压器时，一、二次电流的相位也不一样，为保证正常情况和外部短路时，$\dot{I}_k = 0$，通常采用不同的电流互感器变比及接线方式加以补偿。

9－80　什么叫变压器的瓦斯保护？它有何优缺点？

➡(1) 当变压器内部发生故障时，变压器油将分解出大量气体，利用这种气体动作的保护装置称瓦斯保护。

(2) 瓦斯保护的动作速度快、灵敏度高，对变压器内部故障有良好的反应能力，但对油箱外套管及连线上的故障反应能力却很差。

9－81　什么是变压器的电流速断保护？它有何优缺点？

➡瓦斯保护不能保护变压器油箱外部故障，对于容量较小的变压器（7500kVA 以下），可用电流速断装置来保护电源侧套管及引出线上的短路故障，其原理接线如图9－6所示。

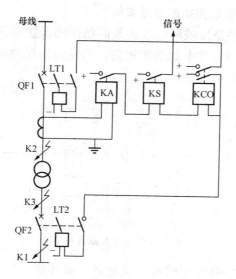

图 9-6　变压器电流速断保护原理接线图

电流速断保护装在电源侧，当电源侧为小接地电流系统时，保护装置采用两相不完全星形接线，当电源侧为大接地电流系统时，保护装置采用三相完全星形接线。保护动作后，瞬时切断变压器两侧断路器。

电流速断保护的优点是接线简单、动作迅速，对于小容量变压器可用它代替差动保护。其缺点是由于起动电流只能按躲开 K1 点短路的最大短路电流来整定，因此，它不可能保护变压器的全部，当系统容量不大时，保护区很小，甚至不能伸到变压器内部，因此灵敏度较低。

9-82　500kV 变压器有哪些特殊保护？其作用是什么？

➡(1)过励磁保护是用来防止变压器突然甩负荷或因励磁系统引起过电压造成磁通密度增加，导致铁芯及其他金属部分过热。

（2）500、220kV 低阻抗保护，当变压器绕组和引出线发生相间短路时作为差动保护的后备保护。

9-83　主变压器装设了哪几种保护？哪个是主保护，哪个是后备保护？

➡主变压器装设了差动保护、瓦斯保护、过电流保护、温度保护、过负荷保护。其中差动保护和瓦斯保护是主保护，过电流保护、温度保护、过负荷保护是后备保护。

9-84　变压器的零序保护在什么情况下投入运行？

➡变压器零序保护应装设在变压器中性点直接接地侧，用来保护该绕组的内部引起出线上发生的接地短路，也可作为相应母线和线路接地短路时的后备保护，因此当该变压器中性点接地隔离开关合入后，零序保护即可投入运行。

9-85　变压器励磁涌流有哪些特点？

➡变压器励磁涌流有以下特点：

（1）包含有很大部分的非周期分量，往往使涌流偏于时间轴的一侧。

（2）包含有大量的高次谐波分量，并以二次谐波为主。

（3）励磁涌流波形之间出现间断，间断角为 $60°\sim65°$。

9-86　不同容量的变压器应采用哪些保护？

➡不同容量的变压器应设保护如下：

（1）容量为 500kVA 及以下的变压器可用熔断器保护。低压侧熔断器应担当变压器过负荷及低压侧电网短路的保护作用。高压侧熔断器应担当变压器套管处及严重内部故障的保护作用。低压侧熔断器的全部动作时间应小于高压侧熔断器的动作时间。

（2）容量为 $630\sim1000kVA$ 变压器的主要保护应在一次侧装设过电流及速断保护。1000kVA 以上的变压器和车间内的降压变压器（容量在 630kVA 以上的）均应装设瓦斯保护。变压器无开关时，瓦斯保护可以仅动作于信号，但此时气体继电器的各元件应分别设立信号装置。

（3）$1600\sim5000kVA$ 变压器应装设过电流保护、速断保护、瓦斯保护及温度信号装置。

9-87　电炉变压器应设哪些保护？

➡电炉变压器应设保护如下：

（1）瞬时动作的过电流保护。其动作电流按操作短路电流来整定。

（2）带时限动作的过负荷保护。其动作电流为变压器额定电流的 $3\sim3.5$ 倍，整定时限为 10s。

（3）瓦斯保护及温度信号（是否需要，根据变压器容量的大小决定，其规定与电力变压器相同）。

9－88　高压电动机保护装置的装设原则是什么？

▶高压电动机常见的各种短路故障和异常运行方式，以及相应的保护装置装设原则如下：

（1）定子绕组的相间短路，是高压电动机最严重的故障，故应装设电流速断保护或差动保护。通常容量小于2000kW的电动机，一般宜采用两相式电流速断保护。对于容量较小的电动机，也可采用一个继电器接于两相电流的差回路，但其灵敏度必须满足要求。

（2）差动保护一般用于容量在2000kW以上的电动机，对于容量小于2000kW者，当电流速断保护不能满足要求时，也应采用差动保护。

（3）电动机的保护还应根据具体情况装设单相接地保护、低电压保护以及过负荷保护。对于同步电动机应装设失步保护及防止造成非同步冲击的保护。

（4）对单相接地故障，在小接地电流系统中，接地电流大于5A时应装设单相接地保护，接地电流值为5～10A时，可动作于跳闸或信号，接地电流大于10A时，保护装置应动作跳闸。

（5）3～10kV电动机保护的装设可参照表9－1。

表9－1　　　　　　　　　　3～10kV电动机保护的装设

电机容量（kW）	电流速断保护	差动保护	过负荷保护	单相接地保护	低电压保护	防止非同步冲击保护
异步＜2000	装设	电流速断保护不能满足要求时装设	生产过程中容易发生负荷或起动、自起动条件恶劣时应装设	单相接地电流＞5A时装设	—	—
异步≥2000		装设			—	
同步＜2000		电流速断保护不能满足要求时装设			装设	
同步≥2000		装设				装设

9－89　电动机低电压保护有哪些基本要求？

▶电动机低电压保护有以下几条基本要求：

（1）当电压互感器一次侧一相及两相断线或二次侧发生各种断线时，保护装置不能误动作，为此应装设三相起动元件，并在第三相继电器上增装分路熔断器保护。

（2）当电压互感器一次侧隔离开关断开时，保护不应动作，而应闭锁。

（3）保护的动作应有时限极差，并应根据电动机的具体分类来分别整定级差，通常对于次要电动机应在 0.5s 时间内将其切除；对允许自起动的电动机应以 1.5s 时限将其断开；而对不允许自起动的电动机，应以 10s 时限将其断开。

（4）当电压降到具体规定值时，保护均应及时可靠地动作。

9－90　电动机低压保护的电压整定值和时限整定值有哪些规定？

➡根据 GB/T 50062—2008《电力装置的继电保护和自动装置设计规范》规定，下列情况下电动机的低电压保护装置应动作于跳闸，并对电压整定值和时限整定值分别规定如下：

（1）当电源电压短时降低或短时中断后又恢复时，需要断开的次要电动机，应装设时限为 0.5s 的低电压保护，电压整定值通常为 60%～70%的额定线电压。

（2）根据生产工艺过程需要自起动的电动机应装设 0.5～1.5s 时限的低电压保护，整定值为 50%～55%的额定线电压。

（3）不允许自起动的电动机，应装设 5～10s 时限的低电压保护，整定值一般为 40%～50%的额定线电压。

9－91　电动机相间短路保护、过负荷保护的原理是怎样的？

➡电动机相间短路保护和过负荷保护，因为它具有时间随电流变化的工作特性，而相间短路和过负荷保护正式利用这一特性工作的，当电动机发生相间短路时，利用 GL 型感应式电磁系统瞬动元件动作跳闸，作为相间短路保护。当电动机发生过载运行时，由于电动机都有一定的过载能力，并且过载时限具有反时限特性，即通过的过载电流越大，所允许的过载时间越短，电动机过载保护就是利用这一特性，采用反时限电流继电器，将其特性曲线调整在电动机允许过载特性曲线的下面，如图 9－7 所示。当在某一电流倍数下，时限超过允许值，保护装置动作，发出信号，通知值班人员进行处理，从而起到过载保护的目的。

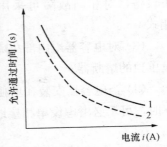

图 9－7　电动机允许过载电流
与时间关系图

1—允许过载特性；2—保护特性

电动机相间短路和过载保护原理如图9-8所示。

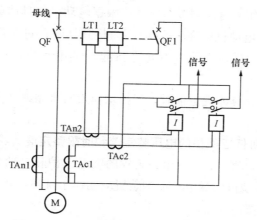

图9-8 电动机相间短路和过载保护原理图

9-92 6～10kV电容器组保护装置装设的原则是什么？

➡️在工厂变电所中为了提高电网的功率因数，经常装设电容器组作为补偿装置，电容器在运行中常见的一般故障有：

（1）电容器组和断路器之间连接线上发生故障。

（2）电容器内部故障及引出线上的短路。

（3）电容器组回路内的单相接地故障。

根据上述常见故障，电容器保护装设的原则如下：

（1）容量在400kV及以下的电容器组，可采用带有熔断器的负荷开关保护。

（2）容量在400kV及以上的电容器组，一般采用真空断路器作为控制和保护设备，对相间故障可采用无时限过电流保护，动作于跳闸，一般采用两相式。

（3）对电容器组内部故障及其引出线上的故障，一般采用每台电容器上装设单独的熔断器。

（4）当电容器安装在单独的或分组的绝缘支架上，或单相接地电流10A以下时，可不必考虑设单相接地保护。

9-93 什么线路装设横联差动方向保护？横联差动方向保护反应的是什么故障？

➡️在阻抗相同的两条平行线路上可装设横联差动方向保护。横联差动方向保护反应的是平行线路的内部故障，而不反应平行线路的外部故障。

9-94　线路纵联保护及特点是什么？

➡线路纵联保护是当线路发生故障时，使两侧开关同时快速跳闸的一种保护装置，是线路的主保护。它以线路两侧判别量的特定关系作为判据，即两侧均将判别量借助通道传送到对侧，然后，两侧分别按照对侧与本侧判别量之间的关系来判别区内故障或区外故障。

因此，判别量和通道是纵联保护装置的主要组成部分。

9-95　500kV 并联电抗器应装设哪些保护？它们有何作用？

➡高压并联电抗器应装设如下保护装置：

（1）高阻抗差动保护。保护电抗器绕组和套管的相间和接地故障。

（2）匝间保护。保护电抗器的匝间短路故障。

（3）瓦斯保护和温度保护。保护电抗器内部各种故障、油面降低和温度升高。

（4）过电流保护。电抗器和引线的相间或接地故障引起的过电流。

（5）过负荷保护。保护电抗器绕组过负荷。

（6）中性点过电流保护。保护电抗器外部接地故障引起中性点小电抗过电流。

（7）中性点小电抗瓦斯保护和温度保护。保护小电抗内部各种故障、油面降低和温度升高。

9-96　中阻抗型快速母线保护的特点是什么？

➡快速母线保护是带制动性的中阻抗型母线差动保护，其选择元件是一个具有比率制动特性的中阻抗型电流差动继电器，解决了电流互感器饱和引起母线差动保护在区外故障时的误动问题。保护装置是以电流瞬时值测量、比较为基础的，母线内部故障时，保护装置的启动元件、选择元件能先于电流互感器饱和前动作，因此动作速度很快。中阻抗型快速母线保护装置的特点：

（1）双母线并列运行，一条母线发生故障，在任何情况下保护装置均具有高度的选择性。

（2）双母线并列运行，两条母线相继故障，保护装置能相继跳开两条母线上所有连接元件。

（3）母线内部故障，保护装置整组动作时间不大于 10ms。

（4）双母线运行正常倒闸操作，保护装置可靠运行。

（5）双母线倒闸操作过程中母线发生内部故障；若一条线路两组闸刀同时跨接两组母线时，母线发生故障，保护装置能快速切除两组母线上所有连接元件，若一条线路两组闸刀非同时跨接两组母线时，母线发生故障，保护装置仍具有高度的选择性。

（6）母线外部故障，不管线路电流互感器饱和与否，保护装置均可靠不误动作。

（7）正常运行或倒闸操作时，若母线保护交流电流回路发生断线，保护装置经整定延时闭锁整套保护，并发出交流电流回路断线告警信号。

（8）在采用同类开关或开关跳闸时间差异不大的变电所，保护装置能保证母线故障时母联开关先跳开。

（9）母联开关的电流互感器与母联开关之间的故障，由母线保护与开关失灵保护相继跳开两组母线所有连接元件。

（10）在 500kV 母线上，使用暂态型电流互感器，当双母线接线闸刀双跨时，起动元件可不带制动特性。在 220kV 母线上，为防止双母线接线闸刀双跨时保护误动，因此起动元件和选择元件一样均有比率制动特性。

9－97　母线差动保护的保护范围是哪些？

➡️母线差动保护的保护范围包括母线各段所有出现断路器上所安装的母线差动保护用电流互感器之间一次电气部分，即连接在母线上的所有电气设备。

9－98　在母线电流差动保护中，为什么要采用电压闭锁元件？

➡️母线电流差动保护中，为了防止差动继电器误动作或误碰出口中间继电器造成母线保护误动作，故采用电压闭锁元件。

9－99　为什么设置母线充电保护？

➡️母线差动保护应保证在一组母线或某一段母线合闸充电时，快速而有选择地断开有故障的母线。为了更可靠地切除被充电母线上的故障，在母联开关或母线分段开关上设置电流或零序电流保护，作为母线充电保护。

母线充电保护接线简单，在定值上可保证高的灵敏度。在有条件的地方，该保护可以作为专用母线单独带新建线路充电的临时保护。

　　母线充电保护只在母线充电时投入，当充电良好后，应及时停用。

9－100　什么是微机保护？

➜微机保护是以微机为基础和手段实现电力继电保护功能的装置，具有高可靠性、速动性、选择性、灵敏性等特点，自从出现微机保护以来，电力系统自动化得到巨大提升，是电力系统自动化的核心元件。准确的应该称作"微机式（型）继电保护"。它是继电保护技术的一种。

9－101　继电保护与微机保护是什么关系？

➜早期的继电保护是采用电磁式原理，各种保护分立运行，接线繁复，只单纯作为保护，保护原理由硬件实现。

　　中国的微机保护是在 20 世纪 80 年代后期开始研究的，经过了早期的晶体管和集成电路时期，目前主要是采用单片机或者 PC 构成的，将众多的保护原理集中在一个装置中，由软件实现。装置还可以进行 U、I 的采样测量，起到监测的作用，一定程度上代替监控系统，内部还有整体的操作系统，包括防跳继电器和中间继电器及时间继电器等，可直接接入断路器的操作回路。目前的二次回路基本上是以微机保护为中心作电气设计的。

　　实际上就是电力系统的二次保护，只不过多用继电器实现，故行业上称为继电保护，微机保护实际是将多个电子集成电路构成的微机而已。

　　微机保护属于继电保护，是继电保护的一个阶段，微机保护的原理还是使用传统的继电保护原理，这个是不变的，只不过更数字化、集成化、人性化，操作性更强。

　　继电保护是传统的保护，比较直观；而微机保护是在传统继电保护中基础上形成的，其基本原理是不变的，只是换了一种保护方式，更微型化，更集成化，主要的区别还有就是保护定值运算是不一样的。

9－102　什么是微机继电保护装置？微机继电保护装置有哪些特点？

➜微机继电保护装置，是有微型计算机（硬件）和程序（软件）以及少量外围设备（中间继电器、打印机等）构成的继电保护装置。微机保护装置利用微型计算机的计算和逻辑判断功能，将检测的电气量（如电压、电流）与整定值进行比较，在越过整定值时使断路器跳闸或作用于信号。它和传统的继电器保护装置相比，微机保护装置有以下特点：

（1）维护调试方便。微机保护装置几乎不用调试，这大大减轻了运行维护的工作量。

（2）可靠性高。微机保护具有在线自检功能，即在正常运行时，不断地对硬件、软件进行自检，能及时检出故障并发出信号。

（3）灵活性强。微机保护的主要功能由软件决定，只要改变程序就可以改变保护装置的特性和功能，可灵活地适应系统运行方式的变化。

（4）易于获得附加功能。微机保护装置一台打印机就可以在系统故障后提供各种信息，如保护动作时间、动作顺序、故障类型、故障点的位置、故障时电气量的波形等，有助于事故的分析和处理。

（5）保护性能得到很好改善。微机的应用使传统保护中存在的技术问题能够找到新的解决方法，如对距离保护中如何区别振荡和短路，接地距离保护允许过渡电阻的能力等，都提出了一些新的原理和解决方法。

9-103 微机保护是由哪些主要部件构成的？

➡微机保护是由微型计算机的硬件和软件（即程序）两大部分构成。硬件的核心是微处理器。微机保护的硬件是通用的。保护性能和功能由软件决定，软件具有很强的计算、分析和逻辑判断能力，有记忆功能，因此可实现任何性能完善且复杂的保护原理。一套硬件可完成多个保护功能，还兼有故障录波、故障测距、事件顺序记录和对外交换信息等辅助功能。而且软件程序可以实现自适应性，依靠运行状态而自动改变定值和特性。它还具有自检功能，抗干扰能力强。与传统保护比具有可靠性高、灵活性大、动作迅速、易于获得附加功能、维护调试方便、有利于实现变电所综合自动化等优点。

9-104 微机保护的硬件系统基本结构是什么？

➡微机保护硬件系统按功能构成可分为数据采集单元、数据处理单元、开关量输入/输出接口、通信接口、电源五个部分。微机保护硬件系统构成示意方框图如图9-9所示。

（1）数据采集单元。

1）电压和电流形成回路。微机保护从电压互感器和电流互感器二次取得的电压、电流数值较大，变化范围也较大，不适应模数转换器的要求，需经过电压和电流形成回路对它进行变换。常用的电压和形成回路主要有电压变换器

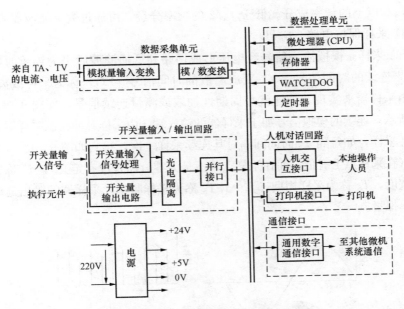

图 9 - 9　微机保护硬件系统构成示意方框图

电路、电流变换器电路，分别如图 9 - 10 和图 9 - 11 所示。

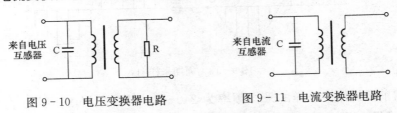

图 9 - 10　电压变换器电路　　　　图 9 - 11　电流变换器电路

2）前置模拟低通滤波器（ALF）。模拟信号经电压形成回路变换后，进入低通滤波器。低通滤波器是一种能使工频信号通过，同时抑制高频信号的电路。在故障发生瞬时，电压、电流信号中含有高频分量，而微机保护原理都是反应工频量或某高次谐波的，为此需在采样前用一个模拟低通滤波器（ALF）将 $f_s/2$ 的高频分量滤掉，这样可以降低采样频率 f_s，以防频率混叠（原因见采样部分的内容）。

　　模拟低通滤波器通常分为无源滤波器和有源滤波器两种。图 9 - 12 是常用的 RC 无源低通滤波器电路图，是由二级 RC 滤波构成，只要调整 RC 值就可改变低通滤波器的截止频率，即可

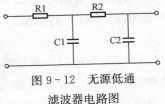

图 9 - 12　无源低通
滤波器电路图

361

滤去 $f_s/2$ 以上的频率成分。低于 $f_s/2$ 的频率分量，可通过数字滤波器来滤除。

3）采样保持电路（S/H）。

（a）采样。模拟输入信号经电压形成回路和低通滤波后仍为连续时间信号 $x(t)$，把连续的时间信号 $x(t)$ 变成离散的时间信号 $x^*(t)$ 称为采样或离散化。采样由采样器来实现。采样就是周期性抽取或测量连续信号，如图 9-13（a）、（b）所示，连续的模拟信号加于采样器的输入端，由采样脉冲控制采样器，使之周期性采样，如每隔 T_s 时间间隔对其连续采样一次，得到如图 9-13（c）所示信号（在采样点上有值，而在采样点外不是为零，而是没有定义），T_c 称为采样脉冲宽度，T_s 称为采样周期，$f_s = 1/T_s$ 称为采样频率。采样器的输出是离散化了的模拟量。

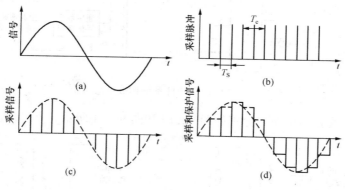

图 9-13　周期采样图

目前微机保护采样的采样频率为 240～2000Hz 之间，一般为 $f_s = 12 \times 50 = 600$Hz（即工频每周期采样式 12 次）。

（b）保持。保护装置一般需要同时采集多个参数量，由于微机保护多路模拟通道共用一个模数转换器 A/D，各通道的取样信号必是依次顺序通过 A/D 回路进行转换，每转换一路都需一定转换时间，对变化较快的模拟信号，如果不采取措施，将引起误差，所以需用采样保持电器。

采样保持电路原理如图 9-14 所示，它是由保持电容 C_h，阻抗变换器（一般由运算放大器构成）A1、A2，电子开关 S（受采样脉冲的电平控制）组成。

4）多路转换器。微机保护通常需对多个模拟量同时采样，由于每个模拟量通道用一个 A/D 转换器成本太高而且实现电路较复杂，所以一般采用各模拟量通道通过多路转换器共用一个模拟转换器（A/D），用多路转换开关实现

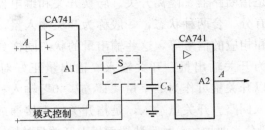

图 9-14 采样保持电路原理图

通道切换，轮流由公用的 A/D 将模拟量转换成数字量。

　　多个转换器原理框图如图 9-15 所示。多路转换开关（1-n）是电子型的，通道切换受微机控制。

　　5）模数转换器（A/D）。实现模拟量转换成数字量的硬件芯片称为模数转换器（A/D），其作用是将保存在S/H中的模拟信号转换为计算机所需要的数字量。微机保护中用得较多的有逐次逼近式 ADC、双斜坡 ADC 和压频变换 VFC。大多数应用逐次逼近式，逐次逼近式基本思想是二分搜索法。现以图 9-16 所示逐次逼近式的原理框图来说明。

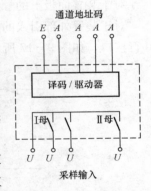

图 9-15 多个转换器
原理框图

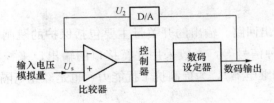

图 9-16 逐次逼近式的原理框图

　　（2）数据处理系统。数据处理系统是微机保护的核心（微机主系统即 CPU 系统），它主要由中央处理器（CPU）、存储器、定时器/计时器及控制电路等组成，并通过数据总线、地址总线、控制总线连成一个系统，实现数据交换和操作控制。继电保护程序在数字核心部件内运行，完成数字信号处理任务，指挥各种外围接口部件运转，从而实现继电保护的原理和各项功能。

　　（3）开关量输入/输出接口。微机保护所需要采集的信息分为模拟量和开关量。开关量是指断路器、隔离开关、转换开关和继电器的接点等，这些输入量的状态只有分、合两种状态，一般称为开关输入量；保护装置动作后需发出跳闸命令和相应的信号等，这些输出量的状态同样具有动作与不动作两种状态，也称为开关输出量。开关输入、输出量正好对应二进制数字的"1"或"0"，所以开关量可作为数字量"1"或"0"输入和输出。

1）开关量输入回路。开关量输入，是指开关触点接通或断开状态向微机保护的输入。一般分为两种，一种是装置面板上开关量的输入，如定期检查装置用的键盘触点、装置的方式开关等；另一种是装置外部的开关触点。

对于装置面板上的触点，可直接接至微机并行接口。

对于装置外部引入的触点，为防止干扰，需经光电隔离电路后再引至微机并行接口，如图9-17所示。

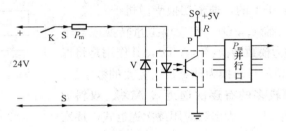

图9-17　开关量输入回路

图9-17中虚线框内是一个光电耦合芯片，是由发光二极管和光敏三极管组成。

2）开关量输出回路。输出的开关量主要包括保护的跳闸出口以及反应保护工作情况的各种信号等，一般采用并行接口的输出口来控制有触点继电器（干簧或小型中间继电器），为提高抗干扰能力，也是经光电隔离电路接出，如图9-18所示。

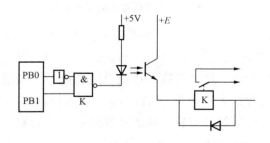

图9-18　开关量输出回路

3）打印机并行接口回路。打印机作为微机保护装置的输出设备，在调试状态下，输入相应的键盘命令，微机保护装置可将执行结果通过打印机打印出来。在运行状态下系统发生故障后，可将有关故障信息、保护动作行为、采样报告打印出来。

4）人机对话接口回路（MMI）。人机对话接口的作用是建立起微机保护装置与使用者之间的信息联系，以便对保护装置进行人工操作、调试和得到反馈信息，并由硬件时钟芯片提供日历与自动计时。MMI 部件通常包括键盘、显示屏、指示灯、按钮、打印机接口和调试通信接口。

（4）通信接口。为形成集微机保护、监控、远动和管理于一体的变电所综合自动化系统，微机保护除完成自身的独立功能之外，通过主机向本地或远方传送保护定值、故障报告等同时远方可通过主机对微机保护实行远方控制，如修改定值、投切连接片等，这些都需由通信接口来实现。

（5）电源。微机保护装置对电源要求较高，通常采用逆变电源，即将直流逆变为交流，再将交流整流为直流电压，供微机保护用。这样就把变电所强电系统的直流与微机保护装置的弱电系统电源完全隔离开。通过逆变后的直流电源具有很强的抗干扰能力，可大大消除来自变电所中因断路器跳合闸等原因产生的强干扰。

9－105　微机保护软件一般有哪几部分？

➡微机保护装置的软件通常可分为监控程序和运行程序两部分。监控程序包括人机接口键盘命令处理程序以及为插件调试、整定设置显示等配置的程序。运行程序是指保护装置在运行状态下所需要执行的程序。

9－106　微机保护运行程序软件一般可分为哪几部分？各部分功能是什么？

➡微机保护运行程序一般可分为三个部分：

（1）主程序。包括初始化、全面自检、开放及等待中断等。

（2）中断服务程序。通常有采样中断、串行口中断等。采样中断包括数据采集与处理、保护起动判定等；串行口中断完成保护 CPU 与保护管理 CPU 之间的数据传送。

（3）故障处理程序。在保护起动后才投入，用以进行保护特性计算、判定故障性质等。

9-107 微机保护装置用的微处理器有哪两大类？

➡微机保护装置用的微处理器有单片机和数据处理芯片（DSP）两大类。

9-108 微机继电保护装置的定期检验周期是怎样规定的？

➡新安装的微机继电保护装置1年内进行1次全部检验，以后每6年进行1次全部检验（220kV及以上电力系统微机线路保护装置全部检验时间一般为2～4天）；每1～2年进行1次部分检验（220kV及以上电力系统微机线路保护装置部分检验时间一般为1～2天）。

9-109 一条线路有两套微机保护，线路投单相重合闸时，该两套微机保护重合闸应如何使用？

➡两套微机重合闸的选择断路器切在单相重合闸位置，合闸出口连片只投一套。如果将两套重合闸的合闸出口连片都投入，可能造成断路器短时内两次重合。

9-110 什么是单片机？

➡单片机是把组成微型计算机的各个功能部件：中央处理器（CPU）、随机存取存储器（RAM）、只读存储器（ROM）或可擦除只读存储器（EPROM）、I/O接口电路、定时器/计数器以及串行通信接口等部件制作在一块芯片中，构成一个完整的微型计算机。它的结构与指令功能都是按照工业控制要求设计的，故又叫单片微控制器。

9-111 什么是数据处理芯片（DSP）？

➡数据处理芯片（DSP，digital signal proccssord），即数字信号微处理器的意思。DSP芯片专门用于完成各种实时数字信息处理，它是建立在数字信号处理的各种理论和算法的基础上的应用DSP芯片构成的保护，才能是真正意义上的数字保护。

9-112 微机保护数据采集系统模/数（A/D）转换有哪两种？

➡微机保护数据采集系统模/数（A/D）转换有两种：一种是直接型模/数（A/D）转换，支架将模拟量转换为数字量；另一种是间接型VFC模/数（A/D）转换，先把模拟量转换为中间变量，然后将中间变量转变成数字量。

9-113　SCADA 系统主要包括哪些功能?

➡️ SCADA 是监控系统，其主要功能是实施对电力系统在线安全监视，具有参数超限和开关变位告警、显示、记录、打印制表、事件顺序记录、事故追忆、统计计算及历史数据存储等；还可对电力系统中的设备进行远方操作与调节，例如断路器的分合、变压器分接头、调相机、电容器等设备的调节与投切。

9-114　调度自动化系统软件主要有哪些?

➡️ 调度自动化系统应用软件一般包括：负荷预报、发电计划、网络拓扑分析、电力系统状态估计、电力系统在线潮流、最优潮流、静态安全分析、自动发电控制、调度员培训模拟系统等。

9-115　对微机（计算机）机房供配电系统有哪些要求?

➡️ 对微机（计算机）机房供配电系统的要求：

（1）供电电源。计数机机房采用交流 380/220V 低压供电，应采用双电源，即由两台不同变压器以两条互为备用的线路供电，以提高可靠性。

（2）供电线路。从供电变压器 380/220V 低压电源出口开始—— 总配电箱——分配电箱——信息机房配电箱——需要保护的信息设备（微机），为了防止感应雷和雷电波过电压的入侵，危及微机的安全运行，要求采用四级电涌保护器对供电线路进行设防。也就是说按 GB 50343—2004《建筑物电子信息系统防雷技术规范》进行设计和 DL/T 5408—2009《发电厂、变电所电子信息系统 220/380V 电源电涌保护配置、安装及验收规程》进行配置、安装及验收。

（3）UPS（不停电电源）。为了避免机房突然失电，造成数据丢失，应采用有后备蓄电池的 UPS。

（4）蓄电池采用阀控式密封式铅酸蓄电池。蓄电池的容量按供电时间 2～4h 选择其容量。

9-116　对微机（计算机）机房的接地系统有哪些要求?

➡️ 对微机（计算机），其具体的要求如下：

（1）交流工作接地：它是指在电力系统中运行需要的接地（如变压器中性点接地）配电变压器中性点接地以及中性线的重复接地。

（2）直流工作接地：为了稳定微机工作的直流零电位，使脉冲电流向大地，所以采用等电位连接，接地的好坏直接影响微机运行的可靠性。该等电位网与发电厂或变电所的主接地网两点以上衔接。

（3）安全保护接地：它是指设备、保护装置和金属外壳的接地。其作用是用来作静电屏蔽和安全保护，其接地电阻一般不应大于 4Ω。

（4）静电接地。为了防止静电对微机零电位漂移的干扰，一方面采用抗静电活动地板，并按规定间距连接铜线，引至接地线；另一方面可在机内下面垫上防静电用的橡胶垫（半导电橡胶），当引出端接到接地线时，就实现了消除静电的目的。它可与安全保护接地为同一根接地线。

（5）防雷保护接地。通常建筑物已经做好防直击雷和防侧击雷的保护措施，它的接地电阻不应大于 10Ω。

上述机房的接地系统五种接地方式分别引接至总等电位端子板后，再共同接至主接地网，主接地网的接地电阻一般应小于 1Ω。

9-117 对计算机机房的消防与安全有什么要求？

➡微机机房应设二氧化碳或卤代烷灭火系统，并应设火灾报警系统以及防鼠防虫措施。

9-118 什么是变电所综合自动化？

➡变电所综合自动化是将变电所的二次设备（包括测量仪表、信号系统、继电保护、自动装置和远动装置等）经过功能组合，利用先进的计算机技术、现代电子技术、通信技术和信号处理技术，实现对全变电所的主要设备及变电、配电线路的自动监视、测量、自动控制和微机保护，以及调度通信等综合性的自动化功能。

9-119 什么是变电所综合自动化系统？

➡变电所综合自动化系统是利用多台微机和大规模集成电路组成的自动化系统，代替传统的测量和监视仪表、控制屏、中央信号系统和远动屏，用微机保护代替传统的继电保护装置，改变传统的继电保护装置不能与外界通信的缺陷。

变电所综合自动化系统可以采集到比较齐全的数据和信息，利用计算机的高速监视能力和逻辑判断功能，可以方便地监视和控制变电所内各种设备的运行和操作。

变电所综合自动化系统具有功能综合化、结构微机化、操作监视屏幕化、运行管理智能化等特征。它的出现为变电所的小型化、智能化、扩大控制范围及变电所安全可靠、优质经济运行提供了现代化的手段和基础保证；其应用将为变电所无人值班提供强有力的现场数据采集及控制支持。

9-120 怎样实现变电所综合自动化？

➡变电所综合自动化的实现就是通过监控系统的局域网通信，将微机保护、微机自动化装置、微机远动装置，采集的模拟量、开关量、状态量、脉冲量及一些非电量信号，经过数据处理及功能的重新组合，按照预定的程序和要求，对变电所实现综合性的监视和调度等。

9-121 变电所综合自动化系统的核心和纽带是什么？

➡变电所综合自动化的核心是自动监控系统。变电所综合自动化的纽带是监控的局域通信网络，它把微机继电保护、微机自动装置、微机远动装置等功能综合在一起，形成一个具有远方功能的自动监控系统。

9-122 变电所综合自动化系统的主要功能是什么？

➡变电所综合自动化系统的功能主要是包括安全监控、微机保护、开关操作、电压无功控制、远动、低频率自动减负荷以及自我诊断等功能。

9-123 常规变电所集中组屏式自动化系统特点是什么？

➡这是一种早期的变电所综合自动化系统实现方式，也可称为第一代变电所综合自动化系统。由于受当时技术条件的限制其拓扑连接关系仍存在以下不足之处：

(1) 全所的结构不简明，各单元的数据流向复杂。

(2) 拓扑结构主要呈星形，有明显的瓶颈效果。

(3) 各单元通信的硬件链路多为串口，可靠性、冗余度不够。

(4) 各单元之间的通信规约不统一，调试维护复杂。

由于上述原因，全所综合自动化系统的稳定性、可靠性及冗余度均不理想，逐渐被新一代综合自动化系统取代。

9-124 分层分布式综合自动化系统特点是什么？

➡(1) 分层分布式综合自动化系统为分散式结构。所谓分散式结构是一个地理上的概念，有两层含义：第一层是对于中低压变电所而言，要求把中低压出线间隔上面的测控与保护单元分散安装在一次开关柜的门上，而不是采用集中组屏方式放在主控制室内；第二层含义是对于高压、超高压变电所，则要求采用分散式小室的结构布局，尽量靠近一次设备，缩小主控制室的土建面积和规模。采用分散式结构符合国际电工委员会 IEC 规范，其优点是节省占地面积和二次电缆用量，节省设计、施工、安装调试的工作量，有利于环保和可持续发展战略，比集中组屏式要优越得多。但是分散式结构也给制造厂家提出了更高的要求。即在技术上要解决如下问题：

1）抗振动冲击。

2）抗强电磁干扰。

3）较高的环境适宜性。

分散式结构还有一个比较明确的概念，就是在物理上它是一个单元对应一条出线或一个元件（主变压器、电容器、电抗器等），所以这个单元必须具备独立的硬件结构，即独立完整的外壳、电源、CPU、输入输出端子等。这种要求对于提高整个变电所运行可靠性是至关重要的。这样的结构，一条出线发生故障不会影响其他出线。

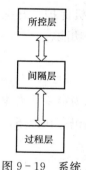

图 9-19　系统结构方框图

（2）分层分布式综合自动化系统成为新一代变电所综合自动化系统，并成为综合自动化系统的发展方向。该系统结构方框图如图 9-19 所示。

该系统具有以下特点：

1）过程层（设备层）包含由一次设备和智能组件构成的智能设备、合并单元和智能终端，完成变电所电能分配、变换、传输及其测量、控制、保护、计量、状态监测等相关功能。

2）间隔层设备一般指继电保护装置、测控装置等二次设备，实现使用一个间隔的数据并且作用于该间隔一次设备的功能，即与各种远方输入/输出、智能传感器和控制器通信；间隔层设备硬件、软件统一平台。

3）所控层包含自动化系统、所域控制、通信系统、对时系统等子系统，实现面向全站或一个以上一次设备的测量和控制的功能，完成数据采集和监视控制（SCADA）、操作闭锁以及同步相量采集、电能量采集、保护信息管理等相关功能。

4）通信网络采用高速的现场总线或以太网络。

5）全站的数据传输以单元式与远方终端一一对应，整个系统无瓶颈效应。

9-125　分层分布式综合自动化系统与集中组屏式综合自动化系统有何区别？

➡国内的厂所自动化系统有一个逐步发展的过程，初期是以 RTU（二遥）为主，逐步过渡到三遥以及四遥，然后再发展成为目前的增强型结构（五遥）——分层分布式综合自动化系统。以前所采用集中组屏式综合自动化系统的优点是成本低，缺点是不符合 IEC 规范，要耗费较多的土地和有色金属资源，不利于环保和可持续发展，在可靠性方面也差，因为它的物理概念是一面屏对应多条出线和文件，这样任何电源、CPU 发生问题，可能导致几条出线甚至造成全站停运。

9-126　现场总线的特点是什么？

➡现场总线是用于现场 FCS 与控制系统和控制室之间的一种全分散、全数字化、智能、双向、互联、多变量、多点、多站的通信系统，可靠性高、稳定性好、抗干扰性强、通信速率快，系统安全符合环境要求，造价低廉，维护成本低。

现场总线对当今的自动化带来了以下几方面变革：

（1）用一对通信线连接多台数字仪表代替一对通信线只能连接一台模拟仪表。

（2）用多变量、双向、数字通信方式代替单变量、单向、模拟传输方式。

（3）用多功能的现场数字仪表代替单功能的现场模拟仪表。

（4）用分散式控制站代替集中式控制站。

（5）用现场控制系统 FCS 代替集散控制系统 DCS。

（6）变革传统信号标准、通信标准和系统标准。

（7）变革传统的自动化系统的体系结构、设计方法和安装调试方法。

9-127　目前变电所综合自动化可划分为哪些系统？有何要求？

➡变电所综合自动化系统从其测量控制、安全等方面考虑，可划分为以下四个系统。

（1）监控系统。监控系统是完成模拟量输入、数字量输入、控制输出等功能的系统，一般具有测量和控制器件，用于所内线路和变压器运行参数的测量、监视，以及断路器、隔离开关、变压器分接头设备的投切和调整。此外，还要完成以下任务。

1）与一个以上的调度中心交换数据。

2）与变电所控制中心或人机联系系统 MM1 交换数据。

3）与数据保护单元通信。

4）与控制中心的软件时钟同步。

5）完成开关屏的自动控制任务，如同期操作、备用电源自动投入、低频率减负荷、主变压器并列运行等。

6）参数的设置与修改。

7）自检与系统自检。

（2）保护系统。在综合自动化系统中，继电保护宜相对独立，除输入量和跳闸要独立外，保护的起动、测量和逻辑功能也应独立。此时，保护装置需要通过串行通信接口送出的仅是某些保护动作的指示信号或记录数据，也可通过通信接口实现远方改变保护定值。此外，一般要求的故障录波及测距功能由保护系统附带完成，如有较高要求，则可配置专用设备并有相应的通信接口。

（3）自动控制。典型的变电所综合自动化系统都配置了相应的自动控制装置，如无功电压综合控制装置、低频率减负荷控制装置、小电流接地选线装置等，以具备保证安全、可靠供电和提高电能质量的自动控制功能。

（4）短路器闭锁系统。变电所综合自动化系统应具有全方位的防误操作系统，以通过闭锁功能，有效地实现"五防"，从而保证电网和人身安全。一般在方案实施时，以软硬件结合、机电结合，优先采用机械和硬闭锁。在微机监控时，可设置按事先确定的操作顺序和按闭锁条件编制的软件进行闭锁，以达到防误操作的目的。操作闭锁应包括以下内容。

1）操作出口应具有跳、合闸闭锁功能。

2）操作出口具有并能实现操作闭锁功能。

3）根据实时信息，自动完成断路器、隔离开关操作闭锁功能。

4）LCD 屏幕操作闭锁功能，只有输入正确的操作口令和监护口令才有权进行操作控制。

9-128 数字化变电所自动化系统的结构及其主要功能是什么？

➡在逻辑结构上数字化变电所自动化系统分为三个层次，这三个层次分别为所控层、间隔层、过程层，各层次内部和层次之间采用高速网络通信，如图 9-20 所示。

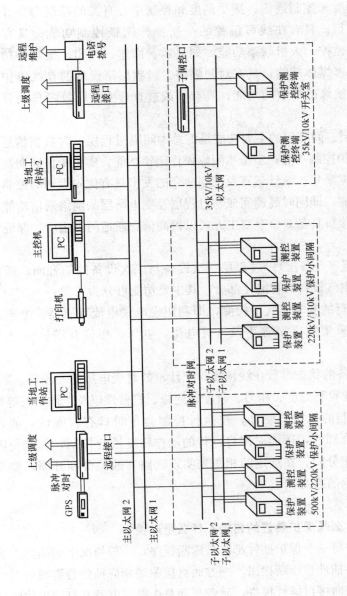

图 9－20 数字化变电所自动化系统

（1）所控层。所控层的主要任务是通过两级高速网络汇总全站的实时数据信息，不断刷新实施数据库，按时登录历史数据库；按既定协议将有关数据信息送往调度和控制通信；接受调度和控制中心有关的控制命令并转间隔层、过程层执行；具有在线可编程的全所操作闭锁控制功能；具有（或备有）所内当地监控、人机联系功能，如显示、操作、打印、报警等功能以及图像、声音等多媒体功能；具有对间隔层、过程层诸设备的在线维护、在线检测状态、在线修改参数的功能；具有（或被有）变电所故障自动分析和操作培训功能。

（2）间隔层。间隔层的主要功能是汇总本间隔过程层实时数据信息；实施对一次设备保护控制功能；实施本间隔操作闭锁功能；实施操作同期及其他控制功能；对数据采集、统计运算及控制命令的发出具有优先级别的控制；承上启下的通信功能，即同时高速完成与过程层及变电所层的网络通信功能，必要时，上下网络接口具备双口全双工方式以提高信息通道的冗余度，保证网络通信的可靠性。

（3）过程层（设备层）。过程层一次设备与二次设备的结合面，或者说过程层是智能化电气设备的智能化部分，其主要功能可分为三类：

1）电气运行的实时电气量检测，即利用光电式电流互感器、电子式电压互感器及直接采集数字量等手段，对电流、电压、相位及谐波分量等进行检测。

2）运行设备的状态参数在线检测与统计，如对变电所的变压器、断路器、母线等设备在线检测温度、压力、密度、绝缘、机械性以及工作状态等数据。

3）操作控制的执行与驱动，在执行控制命令时具有智能性，能判断命令的真伪及其合理性，还能对即将进行的动作精度进行控制，如能使断路器定向合闸，选相分闸，在选定的相角先实现断路器的关合和开断，要求操作时间限制在规定的参数内。

9-129　什么是保护装置的自检？什么是巡检？

▶微机保护中每一个保护插件都有自诊断程序，一般情况下如插件上有硬件损坏，可以由各插件自诊断检出。一方面直接驱动相应插件告警继电器，另一方面通过串行口向接口插件报告，后者驱动总告警继电器并打印出故障插件报告的故障信息，称为自检。

保护装置接口插件在运行状态时不断通过串口向各保护插件发出巡检信

息，用接口板检查成为巡检。

9-130 什么是电力系统远动技术？它包括哪些基本内容？

▶电力系统远动技术，是指从调度控制端（网调、省调、地调等）对被控制执行（发电厂、变电所、开关站、换流站等）的对象实现遥测、遥信、遥控和遥调时所使用的技术手段。它的基本特点是将各类控制命令和信号，转换为适宜于远距离传送的信息，通过载波或微波通道传送到数十至数百千米以至更远的地方。

按照远动装置在电力系统中完成的任务，远动技术包括以下基本内容：

（1）遥测，即远距离测量。在调度所通过远动装置，远距离测量发电厂或变电所的电压、电流、功率以及火电厂的某些热工参数和水电厂的水位等。

（2）遥信，即远距离传送信号。在电力系统中，利用遥信远动装置，把各厂、所的主要断路器的位置信号，继电器保护装置的动作信号等传送到调度所，并反映在模拟屏上，使调度员随时掌握系统中主要设备的运行状态。

（3）遥控，即远距离控制。调度员利用远动装置，可以对发电厂、变电所的断路器进行远距离控制。这样，当发生系统事故时，调度员能够迅速进行必要的处理，以防止事故扩大。

（4）遥调，就是远距离调节。当发电厂、变电所具有较高的自动化水平时，调度员在调度所就可以调节发电厂的出力或对各厂出力进行重新分配，调节变电所有载调压变压器的分接头、调相机的励磁回路等，使系统安全、稳定、经济地运行。

（5）遥视，即远距离传送视频信号。在电力系统中，利用遥信远动装置，把各厂、所的主要工作场所的场面视频信号，并反映在监视屏上，使调度员随时掌握系统中主要厂、所的运行安全状态。

9-131 功率变送器的作用是什么？

▶功率变送器是将二次功率转换为 $0\sim5V$ 的直流电压或 $0\sim5mA$ 的直流电流。

9-132 异步通信和同步通信各有什么特点？

▶异步通信的特点是设备简单、易实现、按字传信息、频率低。同步通信的特点是设备复杂、对时钟稳定性要求高、效率高。

9-133 对模拟遥测量采集时，乘系数过程有什么意义？

→由于考虑精度等原因，A/D 结果不能表征被测量实际值，为使 A/D 结果处理后能表征被测量实际值，应对不同遥测量 A/D 结果乘以一个各自适当的系数。

9-134 软信号与硬信号的区别是什么？

→软信号指的是保护装置自身判断而发出的信号，是由软件判断，通过 RS232 接口或 RS485 接口与 RTU 连接，以报文形式发送。硬信号是直接取自继电器的动合/动断触点。

9-135 前置机的作用是什么？

→前置机的作用是负责收集厂、所的远方终端通过通信通道发来的数据信息，并作出简单处理后，送给主机系统。

9-136 什么是事故追忆功能？

→事故追忆功能是指将电力系统事故发生前和发生后的有关运行参数记录下来，作为事故分析的基本资料。

9-137 什么叫事件顺序记录？

→事件顺序记录是指开关或继电器动作时，RTU 对动作时间按先后顺序进行的记录。

9-138 什么叫智能化高压设备？

→一次设备和智能组件的有机结合体，具有测量数字化、控制网络化、状态可视化、功能一体化和信息互动化特征的高压设备，称为智能化高压设备。

9-139 什么叫智能电子装置？

→一种带有处理器、具有以下全部或部分功能的一种电子装置：

（1）采集或处理数据。

（2）接收或发送数据。

（3）接收或发送控制指令。

（4）执行控制指令。如具有智能特征的变压器有载分接开关的控制器、具有自诊断功能的现场局部放电监测仪等。

9-140 什么叫智能组件?

▶由若干智能电子装置集合组成,承担宿主设备的测量、控制和监测等基本功能,在满足相关标准要求时,智能组件还可承担相关计量、保护等功能。可包括测量、控制、状态监测、计量、保护等全部或部分装置。

9-141 智能变电所有哪些基本特性?

▶智能变电所的基本特性:

(1)采用先进、可靠、集成和环保的智能设备。

(2)全所信息数字化、通信平台网络化、信息共享标准化为基本要求。

(3)自动完成信息采集、测量、控制、保护、计量和检测等基本功能。

(4)具备支持电网实时自动控制、智能调节、在线分析决策和协同互动等高级功能的变电所。

9-142 什么是智能电网?

▶当前世界对智能电网的定义还没有统一的定义,国内有两种说法:

中国科学院电工研究所:智能电网是以包括各种发电设备、输配电网络、用电设备和储能设备的物理电网为基础,将现代先进的传感测量技术、网络技术、通信技术、计算技术、自动化与智能控制技术等与物理电网高度集成的新型电网,它能够实现可观测(能够监测电网所有设备的状态)、可控制(能够控制电网所有设备的状态)、完全自动化(可自适应并实现自愈)和系统综合优化平衡(发电、输配电和用电之间的优化平衡),从而使电力系统更加清洁、高效、安全、可靠。

国家电网中国电力科学研究院:以物理电网为基础(中国的智能电网是以特高压电网为骨干网架、各电压等级电网协调发展的坚强电网为基础),将现代先进的传感测量技术、通信技术、信息技术、计算机技术和控制技术与物理电网高度集成的新型电网。它以充分满足用户对电力的需求和优化资源配置、确保电力供应的安全性、可靠性和经济性,满足环保约束,保证电能质量,适应电力市场化发展等为目的,实现对用户可靠、经济、清洁、互动的电力供应和增值服务。

9-143 智能电网具有哪些先进性？

➡️智能电网与现有电网相比，智能电网体现出电力流、信息流和业务流高度融合的显著特点，其先进性和优势主要表现在：

（1）具有坚强的电网基础体系和技术支撑体系，能够抵御各类外部干扰和攻击，能够适应大规模清洁能源和可再生能源的接入，电网的坚强性得到巩固和提升。

（2）信息技术、传感器技术、自动控制技术与电网基础设施有机融合，可获取电网的全景信息，及时发现、预见可能发生的故障。故障发生时，电网可以快速隔离故障，实现自我恢复，从而避免大面积停电的发生。

（3）柔性交/直流输电、网厂协调、智能调度、电力储能、配电自动化等技术的广泛应用，使电网运行控制更加灵活、经济，并能适应大量分布式电源、微电网及电动汽车充放电设施的接入。

（4）通信、信息和现代管理技术的综合运用，将大大提高电力设备使用效率，降低电能损耗，使电网运行更加经济和高效。

（5）实现实时和非实时信息的高度集成、共享与利用，为运行管理展示全面、完整和精细的电网运营状态图，同时能够提供相应的辅助决策支持、控制实施方案和应对预案。

（6）建立双向互动的服务模式，用户可以实时了解供电能力、电能质量、电价状况和停电信息，合理安排电器使用；电力企业可以获取用户的详细用电信息，为其提供更多的增值服务。

9-144 智能电网由哪几部分组成？

➡️智能电网由智能变电所、智能配电网、智能电能表、智能交互终端、智能调度、智能家电、智能用电楼宇、智能城市用电网、智能发电系统、新型储能系统等组成。

第十章

电 工 测 量

10-1 什么叫做仪表？什么叫做自动化仪表？

➡仪表是指测定温度、气压、电量、流量等仪器的统称，其外形似计时的表，能由刻度直接显示数值。主要分为压力仪表、温度仪表、流量仪表、电工仪器仪表、电子测量仪器仪表、光学仪器仪表、分析仪器仪表、实验仪器仪表等。广泛应用于工业、农业、交通、科技、环保、国防、文教、卫生、人民生活等各方面。

　　自动化仪表是由若干自动化元件构成的具有较完善功能的自动化技术工具。它一般同时具有数种功能，如测量、显示、记录或测量、控制、报警等。自动化仪表本身是一个系统，又是整个自动化系统中的一个子系统。自动化仪表是一种"信息机器"，其主要功能是信息形式的转换，将输入信号转换成输出信号。信号可以按时间域或频率域表达，信号的传输则可调制成连续的模拟量或断续的数字量形式。

10-2 什么叫做仪表测量？什么叫电工测量？

➡仪表测量广泛的指在工业生产流程中测定温度、气压、电量、压力、流量等技术参数，监视运行状态的测量。在电力工业生产流程中，各种电量、磁量及电路参数的测量统称为电工测量。电工测量只是仪表测量的一个分支。

10-3 一次仪表和二次仪表的区别是什么？

➡一次仪表和二次仪表的称呼是工程建设（施工）中的一般习惯性的称呼。一次仪表（如各种变送器、温度元件、信号采集设备）和二次仪表（监视仪表屏）确切名称应为测量仪表和显示仪表。

　　一次表就是属于信号采集转换（各种变送器、温度元件、信号采集设备），二次表是显示报警调节（盘装显示报警仪表、分散控制系统的输入、集散控制系统的输入）。

一次（测量）仪表是与介质直接接触，是在室外就地安装的，二次（显示）仪表多在控制室盘上安装的。为了区分一套系统中的仪表，把现场就地安装的仪表简称一次仪表，将盘装的显示仪表简称二次仪表。

10-4 电工测量仪表有哪几种型式？

➡电气测量仪表的种类繁多，分类方法也很多，现列举几种常见电气测量仪表的分类方法：

按读数方法分：有直读式仪表和比较式仪表。直读式仪表能从仪表上读取测量结果。而比较式仪表需要度量器参与测量，将被测量与标准量进行比较后，才能读取结果。

按工作原理分：有电磁式（按测量机构又可分为扁线圈吸引型和圆线圈排斥型）、电动式、磁电式（按测量机构又可分为动磁式和动圈式）、感应式、整流式、热电式、电子式、静电式等。

按被测量名称分：有电压表、电流表、功率表、欧姆表、电能表、功率因数表、频率表以及万用表等。

按使用方式分：有开关板式和可携式。开关板式仪表通常固定在开关板上或配电盘上，一般误差较大。可携式仪表一般误差较小，准确度也比较高。

根据被测量的性质分：有直流仪表、交流仪表以及交直流两用仪表等。

10-5 常用电工仪表是如何分类的？各类电工仪表有什么特点？

➡一般常用电工仪表的按结构分类分为数字仪表、指示仪表、比较仪表、智能仪表四大类。

图 10-1 数字式万用表

（1）数字仪表的特点：采用数字测量技术，并以数码的形式直接显示出被测量的大小的仪表，称为数字式仪表。例如通常用的数字式万用表，如图 10-1 所示。

（2）比较仪表的特点：在测量过程中，通过被测量与同类标准量进行比较，然后根据比较结果才能确定被测量的大小的仪表，称为比较式仪表。比较式直流电桥如图 10-2 所示。

（3）指示仪表的特点：能将被测量转换为仪表可动部分的机械偏转角，并通过指示器直接指示出被测量的大小的仪表，称为指示式仪表，故又称为直读式仪表。指示式电压表如图10-3所示。

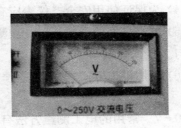

图10-2 比较式直流电桥   图10-3 指示式电压表

指示仪表按工作原理分类主要有磁电系仪表、电磁系仪表、电动系仪表和感应系仪表。此外，还有整流系仪表、铁磁电动系仪表等

（4）智能仪表的特点：利用微处理器的控制和计算功能，这种仪器可实现程控、记忆、自动校正、自诊断故障、数据处理和分析运算等功能的仪表，称为智能式仪表。例如数字式存储示波器，它具有记忆、数据处理和分析功能。数字式存储示波器如图10-4所示。

图10-4 数字式存储示波器

智能仪表一般分为两大类：一类是带微处理器的智能仪器；另一类是自动测试系统。

10-6 对电工测量仪表有哪些基本要求？

→电气测量仪表是监视电气设备各种技术参数的重要手段，因此，要保证测量结果准确、可靠，必须对仪表提出一定的技术要求：

（1）有足够的准确度，仪表的误差应符合所属准确度等级的规定。

（2）抗干扰能力要强，即测量误差不应随时间、温度、湿度以及外磁场等外界因素的影响而变化，其误差应在规定的范围内。

（3）仪表本身消耗的功率越小越好，否则在测量小功率电器时，会使电路工作情况改变而引起误差。

（4）为保证使用安全，仪表应有足够的绝缘电阻和耐压能力。

（5）要有良好的读数装置，被测量的值应能直接读出，表盘的刻度应尽可能均匀。

（6）使用维护方便、坚固，有一定的机械强度。

10-7 常用的电工测量方法有哪些？

▶电工测量就是通过物理实验的方法，将被测量与其同类的单位进行比较的过程，比较的结果一般分为两部分，一部分为数值，一部分为单位。

（1）直接测量法。直接测量法是指测量结果可以从一次测量的实验数据中得到。它可以使用度量器直接参与比较，测得被测数值的大小，也可以使用具有相应单位分度的仪表，直接测得被测数值，如用电流表测电流、用电压表测电压等都属于直接测量法。

（2）比较测量法。比较法是将被测量与度量器在比较仪器中进行比较，从而测得被测量数值的一种方法。分为以下几种。

1）零值法。零值法又称指零法或平衡法。它是利用被测量对仪器的作用，与已知量对仪器的作用两者相抵消的方法，由指零仪表作出判断。当指零仪表指零时表明被测量与已知量相同。

2）较差法。较差法是利用被测量与已知量的差值，作用于测量仪器而实现测量目的的一种测量法，较差法有着较高的测量准确度。

3）替代法。替代法是利用已知量代替被测量，而不改变仪器原来的读数状态，这时被测量与已知量相等，从而获取测量结果，其准确度主要取决于标准量的准确度和被测量的灵敏度。

（3）间接测量法。间接测量法是指测量时，只能测出与被测量相关的量，然后经过计算求得被测量。

10-8 什么是测量显示数字化？

▶在读数输出时通过 A/D 数模转换器将模拟量（即波形）转变成数字量输出的过程。

10-9　什么是数字量的采集？

➡️数据采集，是指从传感器和其他待测设备等模拟和数字被测单元中自动采集信息的过程。数据采集系统是结合基于计算机的测量软硬件产品来实现灵活的、用户自定义的测量系统。而数字量的采集的含义是将采集到模拟量的数据通过 A/D 转换后成数字量再传输给上方采集单元。

10-10　电工测量仪表有哪些误差？

➡️无论我们用什么方法测量一个量，由于测量仪器、仪表和测量方法的不完善，环境影响和人们感觉器官的不同，总会存在一定的误差。根据误差的性质和产生的原因，一般可分为：

（1）系统误差：又称规则误差，即在重复测量同一个量时，维持不变或按一定规律而变的误差。例如，由于仪表分度不准、指针弯曲、机械平衡调得不准等原因引起的工具误差或由于环境和外界因素（如温度、电压、频率、外磁场等）而引起的仪表附加错误等。

（2）随机误差：在测量中，如果已经消除引起规则误差的因素，而由于接触不好，电阻元件偶然过热及各种短暂干扰等引起的误差，称为随机误差。

（3）疏失误差：也称过失误差，是指有明显错误的数值。一般是由于试验人员不注意，使用了有毛病的测量设备，或读取数值时的错误而引起的。这类误差是完全可以避免的。

10-11　什么是电气仪表的绝对误差和相对误差？

➡️（1）绝对误差：不论测量仪表的质量如何，它的指示值和被测量的实际值总是存在一定误差的。仪表测出的数值与被测对象的实际值之间的差值叫绝对误差。用 A_X 表示测量结果，A_0 表示被测量的实际值，则绝对误差 Δ 可表示为：$\Delta = A_X - A_0$。

（2）相对误差：相对误差是绝对误差 Δ 与被测量的实际值 A_0 之间的比值，它通常以百分数 γ 表示，即

$$\gamma = \frac{\Delta}{A_0} \times 100\% \qquad (10-1)$$

但是，在实际计算相对误差时，往往有时很难确定被测量的实际值，这时可以近似估算，即以测量值 A_X 代替被测量的实际值 A_0 来计算相对误差，表达式为

$$\gamma = \frac{\Delta}{A_X} \qquad (10-2)$$

10-12 怎样减小电气测量的误差？

➡测量中的误差是客观存在的，想要完全消除误差很难做到。但是，如果采用不同的测量方式及选用适当的仪表进行测量，则可以使误差控制在最小范围内。一般减小系统误差的方法有：

（1）替代法：它属于比较法的一种，将被测量与标准量先后替代接入同一测量装置，在保持测量装置工作状态不变的情况下，用标准量值来确定被测量。

（2）正负消去法：为消除系统误差，有时候对一个量重复测量两次，若第一次测量时误差为正，而第二次测量为负，然后取两次测量的平均值。

（3）引入更正值：在测量中如果系统误差为已知值，在读取数值时，应引入相应的更正值，以消除误差。

疏失误差是人为的测量误差，所以要求测量时应精力集中，一经发现立即更正。

10-13 常用电气测量仪表都用哪些文字符号？各表示什么意思？

➡常用电气测量仪表文字符号表示方法见表 10-1。

表 10-1　　常用电气测量仪表文字符号表示方法

测量单位的名称和符号			
名称	符号	名称	符号
千安	kA	兆赫	MHz
安培	A	千赫	kHz
毫安	mA	赫兹	Hz
微安	μA	千欧	$k\Omega$
千伏	kV	兆欧	$M\Omega$
伏特	V	欧姆	Ω
毫伏	mV	毫欧	$m\Omega$
微伏	μV	微欧	$\mu\Omega$
兆瓦	MW	相位角	φ
千瓦	kW	功率因数	$\cos\varphi$
瓦特	W	微法	μF
毫瓦	mW	皮法	ρF
兆乏	Mvar	亨利	H
千乏	kvar	毫亨	mH

10-14 什么是测量仪表的准确度等级？国产常用电气测量仪表有哪些等级？

➡在正常工作条件下，仪表的绝对误差 Δ 与该仪表的测量上限（最大刻度）之比，称为引用误差，用百分数表示

$$\gamma_m = \frac{\Delta}{A_m} \times 100\% \tag{10-3}$$

式中 γ_m——仪表的引用误差，用百分数表示；

  Δ——仪表读数的绝对误差；

  A_m——仪表的测量上限。

这个引用误差为仪表准确度的等级，例如一块量限为 250V 的电压表，在测量时的最大绝对误差是 2.5V，那么它的引用误差就是

$$\gamma_m = \frac{2.5}{250} \times 100\% = 1\% \tag{10-4}$$

这块电压表的准确度是 1.0 级。

目前我国生产的直读式仪表，按准确度分为七级，各级所代表的引用误差见表 10-2。

表 10-2　　　　　　　　　　　　仪表的准确度等级

仪表的准确度等级	代表符号	基本误差	仪表的准确度等级	代表符号	基本误差
0.1	⓪.1	≤±0.1%	1.5	①.5	≤±1.5%
0.2	⓪.2	≤±0.2%	2.5	②.5	≤±2.5%
0.5	⓪.4	≤±0.5%	5.0	⑤.0	≤±5.0%
1.0	①.0	≤±1.0%			

10-15 电气测量指示仪表与较量仪器有何区别？

➡电气测量指示仪表与较量仪表是两种截然不同的仪表，它们的测量方式，读数方法以及使用范围均有很大区别。

一般电气测量指示仪表，从其测量方法来看，都是将被测电量转换成转动力矩，使指针偏转。所以指示仪表通常由测量机构和测量线路组成，并且由测量线路将被测量变换成测量机构能直接测量的电磁量，它与较量仪器相比，具有使用方便、读数直观、成本低等优点。但是由于指示仪表的精确度一般不高，不能满足某些高精度的测量要求。要进一步提高精度，必须采用较量仪器测量。较量仪器与指示仪表不同的是，测量方式是根据比较法的原理来实现的。在利用这种仪器进行测量时，是将被测量与已知标准量进行比较，从而确

定被测量的大小，因此有准确度高等优点，电桥就是属于这类仪器。

10-16 磁电式测量仪表的工作原理是什么？

➡磁电式仪表在电气测量中占有极其重要的地位，应用十分广泛，它具有灵敏度和准确度高、消耗功率小、阻尼强、防外磁场能力强等优点。其工作原理是以永久磁铁磁间隙中的磁场与载流动线圈互相作用为基础的，如图10-5所示。

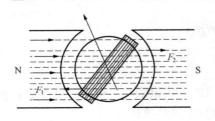

图10-5 磁电式测量机构原理

当可动线圈通有电流 I 时，根据载流导体在磁场中受力的原理，将使可动线圈的两个有效边上产生作用力矩 F_1 和 F_2，它带动指针发生偏转而有指示。作用于动圈上的力矩用下式表示

$$M = IBNS \tag{10-5}$$

式中　M——转动力矩，N·m；

　　　B——间隙中的磁感应强度，Wb/m^2；

　　　S——动圈的有效面积，m^2；

　　　N——动圈匝数；

　　　I——通过动圈的电流，A。

由公式可见，磁通密度越大，线圈面积越大，通过线圈的电流越大，则产生的力矩也越大，因此指针偏转的大小与通过线圈中的电流成正比。这就是磁电式仪表指针能指示出电流大小的原理。

10-17 为什么磁电式仪表只能测量直流电，而不能测量交流电？

➡磁电式仪表只能用来测量直流电的原因是：磁电式仪表的磁场是由永久磁铁产生的，其方向是不变的，所以可动线圈所受到的电磁力作用方向，仅决定于线圈中电流的方向。当仪表用来测量直流电时，可动线圈便有直流电通过，由于直流电流方向不变，转动力矩也就不变，指针将按顺时针方向偏转而有指示。反之，如果通入交流电时，由于电流方向不断变化，则转动力矩也随着变化，由于仪表的可动部分具有一定的惯性而来不及变化，所以指针只能在零位左右摆动，不会使指针发生偏转。再者磁电式仪表反映的是被测量的平均值，而交流分量只会使仪表线圈发热，如果电流较大或时间较长，很可能使仪表烧毁。

如果利用此种仪表测量交流时，则需加一变换器，这就构成了具有磁电式测量机构而带有整流的仪表，例如，万用表的表头就属于这种仪表。

10-18　何谓电子式电能表？其优缺点有哪些？

➡️电子式电能表是通过对用户供电电压和电流实时采样，采用专用的电能表集成电路，对采样电压和电流信号进行处理并相乘转换成与电能成正比的脉冲输出，通过计度器或数字显示器显示。

电子式电能表与机械式电能表相比有明显优势。例如防窃电能力强、计量精度高、负荷特性较好、误差曲线平直、功率因数补偿性能较强、自身功耗低，特别是其计量参数灵活性好、派生功能多。由于单片机的应用给电能表注入了新的活力，这些都是一般机械表难以做到的。但是早期的电子式电能表也有一些明显的不足，如工作寿命较短、易受外界干扰、工作可靠性不及机械式电能表等。

特点：

（1）功能强大，易扩展。一只电子式电能表相当于几只感应式电能表，如一只功能全面的电子式多功能表相当于两只正向有功表、两只正向无功表、两只最大需量表和一只失压计时仪，并能实现这七只表所不能实现的分时计量、数据自动抄读等功能。同时，表计数量的减少，有效地降低了二次回路的压降，提高了整个计量装置的可靠性和准确性。

（2）准确度等级高且稳定。感应式电能表的准确度等级一般为 0.5～3.0 级，并且由于机械磨损，误差容易发生变化，而电子式电能表可方便地利用各种补偿轻易地达到较高的准确度等级，并且误差稳定性好，电子式电能表的准确度等级一般为0.2～1.0级。

（3）起动电流（I_0）小且误差曲线平整。感应式电能表要在 0.3 %I_b 下才能起动并进行计量，误差曲线变化较大，尤其在低负荷时误差较大；而电子式电能表非常灵敏，在 0.1 %I_b 下就能开始起动并进行计量，且误差曲线好，在全负荷范围内误差几乎为一条直线。

（4）频率响应范围宽。感应式电能表的频率响应范围一般为 45～55Hz，而电子式多功能表的频率响应范围为 40～1000Hz。

（5）受外磁场影响小。感应式电能表是依据移进磁场的原理进行计量的，因此外界磁场对表计的计量性能影响很大。而电子式电能表主要依靠乘法器进行运算，其计量性能受外磁场影响小。

（6）便于安装使用。感应式电能表的安装有严格的要求，若悬挂水平倾度偏差大，甚至明显倾斜，将造成电能计量不准。而电子式电能表采用的是电子式的计量方式，无机械旋转部件，因此不存在上述问题，另外它的体积小，质量轻，便于使用。

（7）过负荷能力大。感应式电能表是利用线圈进行工作的，为保证其计量准确度，一般只能过负荷 4 倍；而电子式多功能表可达到过负荷 6～10 倍。

（8）防窃电能力更强。窃电是我国城乡用电中一个无法回避的现实问题，感应式电能表防窃电能力较差。新型的电子式电能表从基本原理上实现了防止常见的窃电行为。例如，ADE7755 能通过两个电流互感器分别测量相线、零线电流，并以其中大的电流作为电能计量依据，从而实现防止短接电流线圈等的窃电方式。

10-19 感应式电能表的工作原理是什么？

当电能表接入被测电路并接通负载后，则转盘便开始不停地转动，转盘之所以能转动，就是因为受到某种电磁力形成的驱动力矩作用，即转盘是个导体，其上有电流通过（形成了载流导体），在磁场作用下受力矩作用而转动。其转动带动齿轮驱动计度器的鼓轮转动，转动的过程即是时间量累积的过程。因此，感应式电能表的好处就是直观、动态连续、停电不丢数据。

10-20 感应式电能表产生附加误差的原因有哪些？

由外界条件引起的误差改变量叫做电能表的附加误差。对电能表的基本误差有影响的外界因素主要有以下几种：

（1）电压。电能表的工作电压与额定电压不同时，会使电能表的电压抑制力矩、补偿力矩等发生变化，从而引起基本误差发生改变，称电压附加误差。

（2）频率。电网频率发生改变，会引起电能表的电压、电流工作磁通幅值及它们之间的相位角的改变，从而引起基本误差发生改变，称频率附加误差。

（3）温度。环境温度发生变化，会引起电能表的制动磁通，电压、电流工作磁通幅值及它们之间的相位角的改变，从而引起基本误差发生改变，称温度附加误差。环境温度过高会产生幅值温度误差和相位温度误差，前者因制动力矩减小，电能表会转快，基本误差朝正方向变化，后者在感性时，由于电压绕组的电阻值变化而引起负误差（容性时引起正误差）。因此电能表总的温度误差应由这两类误差的代数差来决定。

（4）其他，电能表的倾斜度、电流和电压波形畸变、外磁场、相序等都会产生附加误差。

10-21　为什么磁电式仪表的刻度均匀，而电磁式仪表的刻度不均匀？

➡因为磁电式仪表的作用原理是以永久磁铁间隙中的磁场与通有直流电流线圈的相互作用而产生指示。当转动力矩和反作用力矩相等时，仪表指针将有一个稳定偏转角 α，即

$$\alpha = \frac{SBN}{W}I \qquad\qquad (10-6)$$

式中　α——偏转角，（°）；

S——可动线圈面积，mm^2；

N——可动线圈匝数；

B——磁通密度，Wb；

I——线圈通过的电流，A；

W——反作用力矩系数。

从公式可看出，仪表指针偏转角 α 与可动线圈面积 S、匝数 n，磁通密度 B 及线圈中所通过的电流 I 均成正比，与产生反作用力矩的游丝系数 W 成反比。但是，当仪表一经制成，线圈面积 S、匝数 n、游丝系数 W 均为一固定值，并且可动线圈在磁间隙中受到的是均匀辐射磁场，磁通密度 B 也可以看作为一定值。由此可见，偏转角 α 仅与线圈中所通过的电流 I 成正比，所以刻度是均匀的。而电磁式仪表则不然，它的作用原理是以通有电流的固定线圈产生的磁场，对动铁芯的吸引，或彼此磁场化的静铁芯与动铁芯之间的作用，而产生转动力矩。当转动力矩与反作用力矩相等时，其指针偏转角为

$$\alpha = \frac{1}{2W}(NI)^2\frac{dK_L}{d\alpha} \qquad\qquad (10-7)$$

式中　K_L——比例系数。

根据公式可见，其指针偏转角 α，与线圈的匝数和电流积的平方成正比，仪表刻度为平方律，即刻度越来越扩展，所以电磁式测量仪表的刻度不均匀。

10-22　钳形电流表的用途和工作原理如何？

➡通常应用普通电流表测量电流时，需要切断电路才能将电流表或电流互感器初级线圈串接到被测电路中。而使用钳形电流表进行测量时，则可在不切断

电路的情况下进行测量，其工作原理如下。

　　钳形电流表由电流互感器和电流表组成。互感器的铁芯有一活动部分，并与手柄相连，使用时按动手柄使活动铁芯张开。将被测电流的导线放入钳口中，放开后使铁芯闭合。此时通过电流的导线相当于互感器的一次线圈，二次线圈出现感应电流，其大小由导线的工作电流和线圈比确定。电流表是接在二次线圈两端，因此它所指示的电流是二次线圈中的电流，此电流与导线中的工作电流成正比，所以只要将归算好的刻度作为电流表的刻度，当导线中有工作电流通过时，和二次线圈相连的电流表指针便按比例发生偏转，从而指示出被测电流的数值。

10-23　怎样用钳形电流表测量绕线式异步电动机的转子电流？

　　➡采用钳形电流表测量绕线式异步电动机的转子电流时，必须选用具有电磁系测量机构的钳形表。如采用一般常见的磁电式整流系钳形表测量，指示值与被测量的实际值会有很大出入，甚至没有指示。其原因是，整流式磁电系钳形表的表头是与互感器二次线圈连接的，表头电压是由二次线圈得到的。根据电磁感应原理可知，互感电动势 $E_2 = 4.44 f W \phi_\mathrm{m}$，由公式不难看出，互感电动势的大小与频率成正比。当采用此种钳形表测量转子电流时，由于转子上的频率较低，表头上得到的电压将比测量同样电流值的工频电流小得多，有时电流很小，甚至不能使表头中的整流元件导通，所以钳形表没有指示。或指示值与实际值有很大出入。

　　如果选用电磁系测量机构的钳形表，由于测量机构没有二次线圈，也没有整流元件，磁回路中的磁通直接接通过表头，而且与频率没有关系，所以能够正确指示出转子电流的数值。

10-24　为什么用钳形电流表测量三相平衡负载时，钳口中放入两相导线的指示值与一相指示值相同？

　　➡用钳形电流表测量三相平衡负载电流时，会出现一种奇怪现象，即钳口中放入两相导线时的指示值与放入一相导线时的指示值相同。这是因为在三相平衡负载的线路中，每相的电流值相等，即 $I_\mathrm{U} = I_\mathrm{V} = I_\mathrm{W}$。若钳口中放入一相导线时，钳形表指示的是该相的电流值，当钳口中放入两相电流的矢量之和时，按着矢量相加的原理，$\dot{I}_\mathrm{U} + \dot{I}_\mathrm{W} = -\dot{I}_\mathrm{V}$，如图 10-6 所示。因此指示值与放入一相时相同。

如果三相同时放入钳口，当三相负载平衡时，$i_U+i_V+i_W=0$，即钳形电流表读数为零。

当钳口中放入一相正接导线和一相反接导线时，该表所指示的数值为 $|i_U+(-i_V)|=\sqrt{3}i_U$，如图 10-7 所示。

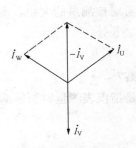 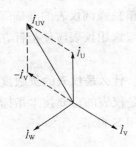

图 10-6　同向矢量叠加　　　图 10-7　正、反向矢量叠加

10-25　电流表、电压表和功率表等的伏安容量是怎样决定的？它与选择电流互感器、电压互感器的伏安容量有何关系？

▶电流表、电压表和功率表的伏安容量，是按其通过线圈的电流及其线圈端子间电压的大小所决定的。因电压表线圈两端电压虽高，而通过的电流却很小。电流表线圈通过的电流虽大而端电压很低，一般普通的仪表伏安容量如下：

电流表：0.7~2.4V·A

电压表：3~10V·A

功率表（即瓦特表）：电流线圈 4V·A，电压线圈 1~2V·A

功率因数表（力率表）：电流线圈 15V·A，电压线圈 33V·A

频率表：电压线圈 15V·A

在选择电流互感器和电压互感器的容量时，应考虑接用仪表的伏安容量总和，不能超过互感器的额定容量，否则会因互感器过载而影响测量的准确性。

10-26　用一只 0.5 级 100V 和一只 1.5 级 15V 的电压表，分别测量 10V 电压时，哪只仪表测量误差小？

▶测量仪表的误差等级是仪表的最大绝对误差占满刻度的百分数，用 0.5 级 100V 的电压表测量 15V 电压，显然绝对误差较大。因为 0.5 级 100V 的电压表，其每一刻度线的误差均允许在 0.5 级以内，当测量电压为 10V 时，最大误差可达 0.5V；若用 1.5 级 15V 的电压表测量，虽然准确度比第一只表的准确度低，但是该表每一刻度线的误差只允许在 $1.5\% \times 15 = 0.225V$ 以内，在测量 10V 电压时，最大误差只有 0.225V。所以用第二只电压表测量的精确度较高。因此在选用仪表时，除应注意准确等级外，还应按被测量的大小选择合适的仪表。单独强调仪表的准确等级，而不考虑被测量的大小，测量结果不一定准确，一般选用仪表应使指针在满刻度的 2/3 处。

10-27 什么是仪表的灵敏度和仪表常数？

➡ 灵敏度是仪表的重要技术指标之一，它是指仪表测量时所能测量的最小被测量，一般用 S 表示。

$$S = \frac{\Delta a}{\Delta x} \qquad (10-8)$$

公式说明，在测量过程中，如果被测量变化一个很小的 Δx 值时，引起仪表可动部分偏转角改变一个 Δa。仪表灵敏度的倒数称为仪表常数，即

$$C = \frac{1}{S} \qquad (10-9)$$

仪表常数越小，则仪表的灵敏度就越高。

10-28 为什么功率因数表在停电后，其指针没有一定位置？

➡ 功率因数表是靠一个电流线圈和两个电压线圈电磁力的互相作用，才得到一定指标的，因为它没有零位及游丝，所以停电后，指针就没有一定位置。

10-29 功率因数表的工作原理是什么？

➡ 功率因数表又称相位表，按照测量机构可分为电动系、铁磁电动系和电磁系三类，根据测量相数又有单相和三相之分。现以电动系功率因数表为例分析其工作原理，如图 10-8 所示。

图 10-8 中 A 为电流线圈，与负载串联。B_1、B_2 为电压线圈与电源并联，其中电压线圈 B_2 串接一只高电阻 B_2，B_1 串联一电感线圈。在 B_2 支路上为纯电阻电路，电流与电压同相位，B_1 支路上为纯电感电路（忽略 R_1 的作用），电流滞后电压 90°。

当接通电源后，通过电流线圈的电流产生磁场，磁场强弱与电流成正比。

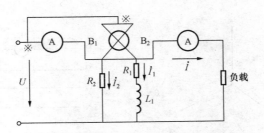

图 10-8　电动系功率因数表结构原理

此时两电压线圈 B_1、B_2 中的电流，根据载流导体在磁场中受力的原理，将产生转动力矩 M_1、M_2。由于电压线圈 B_1 和 B_2 绕向相反，作用在仪表测量机构上的力矩一个为转动力矩，另一个为反作用力矩，当两个平衡时，即停留在一定位置上，只要使线圈和机械角度满足一定关系就可使仪表的指针偏转角不随负载电流和电压的大小而变化，只决定于负载电路中电压和电流的相位角，从而指示出电路中的功率因数值。

10-30　用单相功率表如何测量无功功率？

功率表不仅能测量有功功率，改换它的连接方法也可以测量无功功率。单相交流电路中的无功功率：

$$Q = UI\sin\varphi = UI\cos(90° - \varphi) \tag{10-10}$$

根据式 (10-10)，如果改变接线方式，设法使功率表电压支路上的电压 $\dot{U}$ 与电流线圈上的电流 $\dot{I}$ 之间的相位差接成 $(90°-\varphi)$，这时功率表的读数就是无功功率了。从图 10-9 的相量图中可以看出，如果测量有功功率时，加在功率表电压支路上的电压为 U，那么在测量无功功率时，就应该加上与 U 相差 $90°$ 的电压 U'。

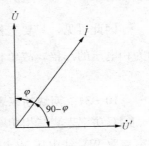

图 10-9　无功功率的测量原理

我们知道，在对称三相电路中线电压 U 与相电压 U_U 有 $90°$ 的相位差，也就是 U_{UV} 和 $\dot{I}_U$ 之间有一个 $(90°-\varphi)$ 的相位差。因此将图 10-10 所示测量单相有功功率的接线，改接为图 10-11 所示的电路，即把 U_{VW} 加到功率表的电压支路上，电流线圈仍然接在 A 相电路中，这时功率表的读数为

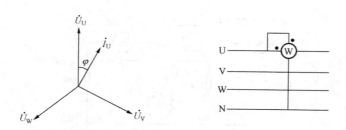

图 10-10 测量有功功率时的接线图和相量图

$$Q' = U_{VW}I_U\cos(90° - \varphi)$$
$$= U_L I_L \sin\varphi \tag{10-11}$$

式中　U_L——线电压，V；

　　　　I_L——线电流，A；

　　　　φ——负载每相的功率因数角。

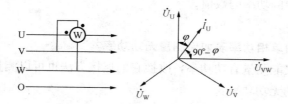

图 10-11 测量无功功率时的接线图和相量图

因此可见，只要三相对称，功率表所测量的就是无功功率，但由于线电压为相电压的 $\sqrt{3}$ 倍，故单相无功功率为 $Q'/\sqrt{3}$。

10-31　两块功率表为什么能测量三相有功功率、无功功率和功率因数？

➡双功率表测三相功率，是一块功率表取 UV 线电压 U 相电流，另一块功率表取 WV 线电压 W 相电流，如图 10-12（a）所示。

因为根据图的相量关系

$$P_1 = U_{UV}I_U\cos(30° + \varphi)$$
$$= U_{UV}I_U(\cos30°\cos\varphi - \sin30°\sin\varphi) \tag{10-12}$$

$$P_2 = U_{WV}I_W\cos(30° - \varphi)$$
$$= U_{WV}I_W(\cos30°\cos\varphi + \sin30°\sin\varphi) \tag{10-13}$$

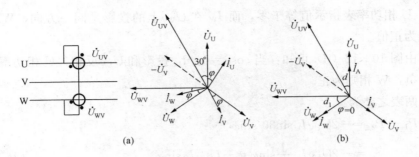

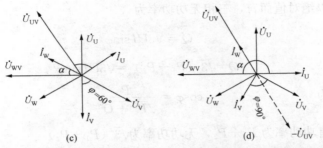

图 10-12 用两只功率表测量三相有功、无功功率和功率因数向量图

两表和为

$$P_1 + P_2 = U_{UV}I_U(\cos30°\cos\varphi - \sin30°\sin\varphi)$$
$$+ U_{WV}I_W(\cos30°\cos\varphi + \sin30°\sin\varphi)$$
$$= 2U_XI_X\cos30°\cos\varphi$$
$$= 2U_XI_X\frac{\sqrt{3}}{2}\cos\varphi$$
$$= \sqrt{3}U_XI_X\cos\varphi \tag{10-14}$$

式中　U_X——线电压；

　　　　I_X——线电流。

所以能测三相有功功率，由式（10-14）可见：

当 $\varphi = 60°$ 时，$P_2 > 0$，$P_1 = 0$

当 $\varphi < 60°$ 时，$P_2 > 0$，$P_1 > 0$

当 $\varphi > 60°$ 时，$P_2 > 0$，$P_1 < 0$

由图 10-12（b）可知：当 $\cos\varphi = 1$ 时，电流、电压同相，两表指示均为正值，两值相加。

由图 10-12（c）可知：当 $\varphi = 60°$ 即 $\cos\varphi = 0.5$，U_{UV} 与 I_U 的夹角等于

90°，U 相功率表指示值等于零，而 I_W 在 U_{WV} 上的投影是同一方向，W 相功率表为正值。

由图 10-12（d）可知：当 $\cos\varphi=0$，I_U 投影和 U_{UV} 反相，U 相功率表指示为负，W 相则为正。

两表之差为

$$P_1-P_2=-2U_{UV}I_U\sin30°\sin\varphi$$

$$=-2U_{UV}I_U\frac{1}{2}\sin\varphi=-U_{UV}I_U\sin\varphi \tag{10-15}$$

因为以绝对值而言，三相无功功率为

$$Q=\sqrt{3}UI\sin\varphi \tag{10-16}$$

所以 $\qquad Q=\sqrt{3}\ (P_1-P_2)\ =\sqrt{3}UI\sin\varphi \tag{10-17}$

又因为 $\qquad \cos\varphi=\dfrac{P}{\sqrt{P^2+Q^2}} \tag{10-18}$

现有有功功率为 P_1+P_2，无功功率为 $\sqrt{3}\ (P_1-P_2)$

所以 $\qquad \cos\varphi=\dfrac{P_1+P_2}{\sqrt{(P_1+P_2)^2+[\sqrt{3}(P_1-P_2)]^2}}$

$$=\dfrac{P_1+P_2}{\sqrt{(P_1+P_2)^2+3(P_1-P_2)^2}} \tag{10-19}$$

因此只要知道两块功率表的读数，就能求出功率因数。

三相有功功率等于两表读数的代数和：

$$P=P_2\pm P_1 \tag{10-20}$$

因此当电流与电压的相角 φ 大于 60°时，P_1 是反转的。这时求功率因数须将表 P_1 的负号写入式（10-19）。

即 $\qquad \cos\varphi=\dfrac{-P_1+P_2}{\sqrt{(-P_1+P_2)^2+3(P_1-P_2)^2}} \tag{10-21}$

或 $\qquad \cos\varphi=\dfrac{P_2-P_1}{\sqrt{(P_2-P_1)^2+3(P_2+P_1)^2}} \tag{10-22}$

10-32 如何用三只功率表测量三相无功功率？

▶在三相负载完全平衡的电路中，通常只用一只单相功率表就可以测量三相无功功率了，因为三相无功功率 $Q=3Q_\varphi$，在三相负载平衡时，只要测出其中任何一相，然后乘以 3 就是三相总无功功率。

但是，在实际被测电路中，许多是三相负载不平衡电路，显然按上述方法测量是不能正确计量的，则需用三只功率表法测量，接线原理如图 10－13（a）所示。

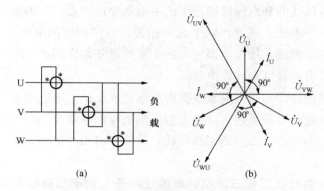

图 10－13　三只功率表测量三相不平衡负载接线

（a）接线原理图；（b）相量关系图

图 10－13 中"＊"表示电压线圈、电流线圈的起始端，接线时应特别注意，不可接错。

三只功率表所计量的无功功率分别为

$$Q_1 = U_{VW} I_U \cos(90° - \varphi) = U_{VW} I_U \sin\varphi = \sqrt{3} Q_U \qquad (10-23)$$

$$Q_2 = U_{WU} I_V \cos(90° - \varphi) = U_{WU} I_V \sin\varphi = \sqrt{3} Q_V \qquad (10-24)$$

$$Q_3 = U_{UV} I_W \cos(90° - \varphi) = U_{UV} I_W \sin\varphi = \sqrt{3} Q_W \qquad (10-25)$$

其相量关系如图 10－13（b）所示。

由于三相总无功功率 $Q_{总} = Q_U + A_V + Q_W$，那么三只表所计量的无功功率为

$$Q_{总} = \frac{\sqrt{3}(Q_U + Q_V + Q_W)}{\sqrt{3}} = Q_U + Q_V + Q_W \qquad (10-26)$$

使用三只功率表测量时，有的表针可能出现反打现象，可将此相电流线圈端反接一下，但在计算时，应将此相指示值取为负值。

10－33　电能表是属于哪种型式的仪表？它是怎样计算电量的？

➔电能表属于感应式仪表，它是利用一个或几个固定的载流回路产生的磁

通，与这些磁通在活动部分（铝盘）感应的电流间相互作用，产生转动力矩而有指示的。电能表是由驱动元件（电压元件、电流元件）、转动元件（铝盘）、制动元件（制动磁铁）和其他部件（计数器等）四部分组成。

当电能表接入电路时，电压线圈的两端加上电源电压，电流线圈通过负荷电流，此时电压线圈和电流线圈产生的主磁通穿过铝盘，在铝盘上便有三个磁通的作用（一个电压主磁通，两个大小相等、方向相反的电流主磁通），在铝盘上共产生三个涡流，这三个涡流与三个主磁通互相作用产生转矩，驱动铝盘开始旋转，并带动计度器计算电量。

铝盘旋转的速度与通入电流线圈中的电流成正比。电流越大，铝盘旋转越快。铝盘的转速叫变换系数，变换系数的倒数叫标称常数，即铝盘转一圈所需要的电能数。因此，只要知道铝盘的转数就能知道用电量的大小。

10-34　为什么三相三线电能表通过断开 V 相电压就能判断其接线是否正确？

▶三相三线两元件电能表的接线如图 10-14 所示。当按图接完线后，为判

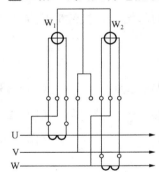

图 10-14　两元件电能表接线

断接线是否正确，可先接上负载后确定一转数，然后将 V 相电源切断，如此时转数为原转数的一半，则说明接线正确。其原理是：两元件的电能表电压线圈的公共端均接在 V 相，W_1 电压为 U_{UV}，W_2 电压为 U_{WV}，若将 V 相切断时，两电压线圈变为串联，电压线圈两端的电压降低了一半。并且两元件中电压与电流之间的相位差正好互换，此时 W_1 反映的功率为 W_2 功率的一半，W_2 反映的功率为 W_1 功率的一半，所以合成功率为原功率的 1/2，转数显然也降低了一半。

10-35　用一只单相电能表能测量三相无功电能吗？

▶在三相负载对称的情况下，采用图 10-15 的接线方式可以测得三相无功电能。因为单相交流电路的无功功率为

$$Q = UI\cos(90° - \varphi) \tag{10-27}$$

由于在对称三相交流电路中，线电压 $\dot{U}_{WV}$ 与相电压 $\dot{U}_W$ 存在着（$90° - \varphi$）的相位差，根据这一原理，只要我们变换一下电能表的接线方式，并使电能表

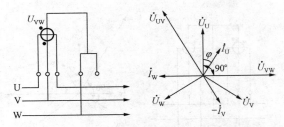

图 10-15 用一只单相电能表测量三相无功电能接线图及相量图

电压线圈上的电压与通过电流线圈的电流有一个（90°-φ）的相位关系，那么该电能表所计量的就是无功功率。

从接线图可知，它的功率和电压线圈两端的电压 U_{VW}、通过电流线圈的电流 I_U 以及两者间的功率因数 $\cos\varphi$ 成正比。即

$$P = U_{VW}I_U\cos\varphi \tag{10-28}$$

用相量图可以看出 $\dot{U}_{VW}$ 和 $\dot{I}_U$ 间的相位差等于（90°-φ），故

$$P = U_{VW}I_U\cos(90° - \varphi)$$
$$= U_{VW}I_U\sin\varphi$$
$$= U_XI_X\sin\varphi \tag{10-29}$$

在对称的三相电路中，三相无功电能

$$A_q = \sqrt{3}U_XI_X\sin\varphi t \tag{10-30}$$

因此用上述方法测量三相无功电能时，应当将电能表的读数乘以 $\sqrt{3}$。

10-36 用三相三线有功电能表怎样测量无功电能？

➡用一只三相两元件有功电能表按图 10-16 接线，即可测得三相无功电能。

由图 10-16 可以看出，三相两元件有功电能表测量三相无功电能是根据单相电能表能测量三相无功电能的原理，实际上只不过是利用具有两只单相电能表测量机构的电能表进行测量而已。在接线图中，第一个元件的电压线圈并接在 V、W 相，电流线圈串接于 U 相，第二个元件的电压线圈并接在 U、V 相，电流线圈串接在 W 相。当三相对称时，由向量图可以看到，两元件的电压与电流均有（90°-φ）的相位差，因此：

$$P_1 = U_{VW}I_U\cos(90° - \varphi) \tag{10-31}$$

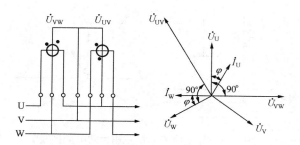

图 10－16　三相两元件电能表测量无功接线及相量图

$$P_2 = U_{UV} I_W \cos(90° - \varphi) \tag{10-32}$$

$$P_1 + P_2 = U_{VW} I_U \cos(90° - \varphi) + U_{UV} I_W \cos(90° - \varphi)$$
$$= 2U_X I_X \cos(90° - \varphi)$$
$$= 2U_X I_X \sin\varphi \tag{10-33}$$

而三相无功电能 $A_q = \sqrt{3} U_X I_X \sin\varphi t$，因此电能表读数还应乘以 $\sqrt{3}/2$，才等于实际无功电能，即

$$A_q = \sqrt{3}/2 \times 2U_X I_X \sin\varphi t = \sqrt{3} U_X I_X \sin\varphi t \tag{10-34}$$

该接法只适用于三相对称电路，否则将有测量误差。

10－37　三相两元件电能表使用在三相四线不平衡的照明负荷线路上，能够正确测量电量吗？

➡三相两元件电能表使用在三相四线的照明负载电路上，不能正确的记录实际耗电量。因为电能表实质上是在功率表的基础上增加了与时间成正比的测量机构（计度器）。所以电能表所计量的是用电负载功率与时间的乘积。功率等于电流与电压的乘积（当 $\cos\varphi = 1$ 时），即 $P = UI$，由图 10－17 的接线图上可以看出，该表只有两个电流线圈和两个电压线圈。而接在 V 相的负载电流不经过电能表的电流线圈。这一相上的照明负载用电量不能记录在表上，故用三相两元件电能表计量三相四线照明负载的用电

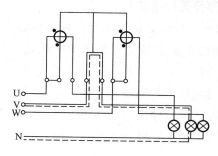

图 10－17　两元件电能表在

三相四线不平衡照明负载下工作情况

量是不允许的。

10-38　在三相四线制电路中，如果每相只装一只单相电能表，当使用单相 380V 电焊机时，为什么有一相的电能表会停转或者反转？

▶假设电焊机接于 U、V 两相上。

从图 10-18（a）可以看出，U 相电能表 W_1 接的电压是 U_U，通过的电流是 I_{UV}，所测功率为

$$P_1 = U_U I_{UV} \cos(30° - \varphi) \qquad (10-35)$$

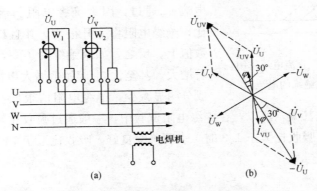

图 10-18　三相四线电路两只电能表的接线

（a）接线图；（b）相量图

V 相电能表 W_2 接的电压是 U_V，通过的电流是 I_{UV}（$-I_{UV}$）所测得功率为

$$P_2 = U_V I_{UV} \cos(30° + \varphi) \qquad (10-36)$$

可以看出，电能表 W_1 不论在功率因数大于、等于还是小于 0.5 时，φ 角小于 90°，$\cos\varphi$ 是正值，电能表都要正转。而 V 相电能表 W_2 则不然，在功率因数等于 0.5 时，φ 角都小于 90°，$\cos(60° + 30°) = \cos90° = 0$，电能表停转。在功率因数大于 0.5 时 $\cos\varphi$ 是负值，电能表倒转，而在功率因数小于 0.5 时，φ 角小于 90°，$\cos\varphi$ 是正值，电能表正转。

必须说明，这种计费方法是正确的，因为两块电能表的转速和方向是随功率因数变化的，并不是电能表本身和接线的错误。而是电焊机在负载较轻的情况下，功率因数是经常低于 0.5 的。应注意的是计量电量应为两表的代数和，如表 W_1 正走 500kWh，表 W_2 反走 100kWh，则计量电量应为 500＋（－100）＝400kWh，而 500＋100＝600kWh 的算法是错误的。

10-39 测量绝缘电阻为什么能判断电气设备绝缘的好坏？

➡当测量绝缘电阻时，把直流电压 U 加于绝缘电阻上，此时将有一电流随时间作衰减变化，最后趋于一稳定数值。通常这个电流是三部分电流的总和：

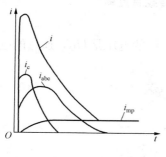

电容电流 i_c，它的衰减速度很快；吸收电流 i_{abc}，它比电容电流衰减慢的多；传导电流 i_{mp}，它经很短时间就趋于恒定，如图 10-19 所示。

如果绝缘没有受潮并且表面清洁，瞬变电流分量 i_c、i_{abc} 很快衰减到零，仅剩很小的传导电流 i_{mp} 通过，因为绝缘电阻与流通电流成反比，绝缘电阻将上升很快，并且稳定在很大的数值上。反之，如果绝缘受了潮，传导电流显著增大，甚至比 i_{abc} 起始值增大更快，瞬变电流成分明显减少，绝缘电阻值很低，并且随时间

图 10-19 直流电压作用下通过绝缘的电流

的加长而变化甚微，所以，在绝缘电阻试验中，一般通过吸收比判断绝缘的受潮情况，而当吸收比大于 1.3 时，表明绝缘良好。吸收比近于 1 时，就表明绝缘受了潮。

10-40 为什么用绝缘电阻表摇测对地绝缘电阻时，接线端钮"E"端接地，"L"端接被测物？若反接对测量有何影响？

➡用绝缘电阻表摇测电气设备对地绝缘电阻时，其正确接线应该是"L"端子接被试设备导体，"E"端子接地（即接地的设备外壳），否则将会产生测量误差。

由绝缘电阻表的原理接线可知[见图 10-20 （a）]，绝缘电阻表的"E"端子接发电机正极，"L"端子接至测量线圈，而屏蔽端子"G"则接至发电机的负极。当绝缘电阻表按正确接线测量被测设备对地的绝缘电阻时，绝缘表面泄漏电流经"G"直接流回发电机负极，并不经过测量线圈，

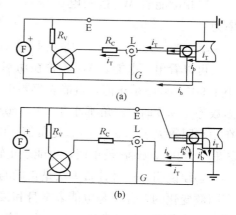

图 10-20 绝缘电阻表电路原理接线图
（a）正接；（b）反接

因而能起到屏蔽作用。但如果将"L"和"E"反接 [见图 10-20 (b)]，流过体积绝缘电阻的泄漏电流和一部分表面泄漏电流仍然经外壳汇集至地，并由地经"L"端子流入测量线圈，根本起不到屏蔽作用。

另外，一般绝缘电阻表的"E"端子及其内部引线对外壳的绝缘水平比"L"端子要低一些，通常绝缘电阻表是放在地上使用的。因此，"E"对表壳及表壳对地有一个绝缘电阻 R_f 当采用正确接线时，R_f 是被短路的，不会带来测量误差。但如果将引线反接，即"L"接地，使"E"对地的绝缘电阻 R_f 与被测绝缘电阻 R_x 并联，造成测量结果变小，特别是当"E"端绝缘不好时将会引起较大误差。

由上述分析可见，使用绝缘电阻表必须采用"L"接被测物导体、"E"接地、"G"接屏蔽的正确接线。

10-41　绝缘电阻表的测量引线为什么不应绞在一起？

➡用绝缘电阻表的测量电气设备的绝缘电阻时，为了减小测量误差，要求使用两条单独的引线。其原因是：绝缘电阻表的电压较高，如果将两根引线绞在一起进行测量，当导线绝缘不良时，相当于在被测量的电气设备上并联了一只电阻，将影响测量结果。特别是测量吸收比时，即便是绝缘良好的引线，如绞在一起，也将会产生分布电容，测量时会改变被测回路的电容，因而影响测量结果的准确性。

10-42　用绝缘电阻表测量绝缘电阻时，为什么规定摇测时间为 1min？

➡用绝缘电阻表测量绝缘电阻时，一般规定以摇测 1min 后的读数为准。因为在绝缘体上加上直流电压后，经过绝缘体的电流（吸收电流）将随时间的增长而逐渐下降。而绝缘体的直流电阻率是根据稳态传导电流确定的，并且不同材料的绝缘体，其绝缘吸收电流的衰减时间也不同。但是试验证明，绝大多数绝缘材料其绝缘吸收电流经过 1min 已趋于稳定，所以规定以加压 1min 后的绝缘电阻值来确定绝缘性能的好坏。

10-43　用绝缘电阻表做绝缘试验时，屏蔽端子有什么作用？

➡在测量绝缘电阻时，希望测得的数值等于或接近绝缘物内部绝缘电阻的实际值。但是由于被测量物表面总是存在着一定的泄漏电流，并且这一电流的大小将直接影响测量结果。为判别是内部绝缘本身不好，还是表面漏电的影响，就需要把表面和内部绝缘电阻分开。其方法是用一金属掩护环包在绝缘体表面，并经导线引到绝缘电阻表的屏蔽端子，使表面泄漏电流不流过测量线圈，从而消除了泄漏电流的影响，使所测得的绝缘电阻真正是介质本身的体积电阻。

10-44　绝缘电阻表为什么没有指针调零位螺钉？

➡绝缘电阻表的测量机构为流比计型，因没有产生反作用力矩的游丝，在摇测之前指针可以停留在标尺的任意位置上，所以没有指针调零位螺钉。

10-45　绝缘电阻表摇测的快慢与被测绝缘电阻值有无关系？为什么？

➡绝缘电阻表摇测的快慢，一般来讲，只要速度均匀不会影响对固定高值电阻的测量。因为从绝缘电阻表的测量机构讲，它是由磁电系比率表和一手摇直流发电机组成。发电机电压的大小是由旋转速度决定的，转子转动越快（即线圈中磁场变化越快）产生的电压越高。由于绝缘电阻表的读数是反映发电机电压与电流的比值，当电压有变化时，通过绝缘电阻表电流线圈的电流也同时按比例的变化，所以电阻读数不变。

但是，用绝缘电阻表测量绝缘电阻情况就不同了。因为通过绝缘介质的泄漏电流与所加电压的高低有关，特别是有局部缺陷的绝缘，当电压达到一定值时才能反映出来，如果转速太慢使电压过低，将使测量结果偏高。

另外，速度不均匀时对测量结果也有影响。如果由快变慢，绝缘介质两端在速度快时充的电压将高于绝缘电阻表发电机的端电压而发生电流倒流现象，这将使测量结果偏高。

由上述分析可知，绝缘电阻表应保持额定转速匀速转动，一般规定为120r/min，可以有±20%的变化，但最多不应超过±25%。为了保证绝缘电阻表的旋转速度不致过高，有些绝缘电阻表在摇柄和机构中装有一调速器，它是利用惯性离心力的作用，当摇动速度过快时，调速器会自动使发电机转子与摇柄脱离，转子转速就会慢慢降下来，当降低到一定转速后，调速器又将发电机转子与摇柄重新恢复原位。

10-46　用电压表、电流表法测量接地电阻时，隔离变压器有何作用？

➡采用电压表、电流表法测量接地电阻时，一般规定须使用交流电源。由于工厂常用的220/380V系统电源都是采用中性点直接接地的方式，显然如果将电源直接接入测量线路，就会造成接地短路，产生的短路电流可使仪表损坏。因此需设法使电源与测量线路隔离。根据变压器的工作原理可知，变压器的一、二次侧没有电的联系（自耦变压器例外），只有磁的联系，所以利用隔离变压器可以使测量线路与电源隔离，不会造成接地短路。

10-47　怎样计算三相电能表的倍率及实际用电量？

➡看互感器的变比数，例如一只表的变比数为 200：5，就是 40 倍，该表读数差乘以 40，就是该表测得的实际用电量。

10-48　功率表和电能表有什么不同？它们如何接入高压供电线路？

➡功率表是一种测量电功率的仪器，但是非专业人员一般不使用，所测量的是测量当时（瞬间）的发电设备、供电设备和用电设备所发出、传送和消耗的电能（即电功）数，单位是 W 或 kW。

电能表是用来测量电能的仪表，又称电度表、火表、千瓦小时表。所测量的是累计某一段时间内发电设备、供电设备和用电设备所发出、传送和消耗的电量，单位是 Wh 或 kWh。

功率表和电能表通过高压电压互感器和电流互感器接入高压供电线路的接线如图 10-21 所示。

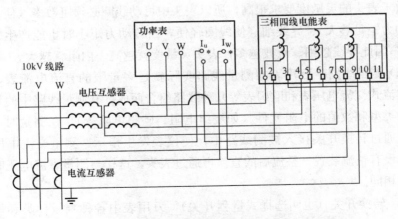

图 10-21　功率表和电能表接入高压供电线路的接线图

10-49　什么是电器测量仪表的误差？什么是基本误差？

➡在进行电气测量时，由于测量仪器的精度及人的主观判断的局限性，无论怎么样测量或用什么测量方法，测得的结果与被测量实际数值总会存在一定差别，这种差别称为电气测量仪表的误差。

基本误差是指仪表在规定的条件下（如电能表放置的位置正确，没有外界电场和磁场的干扰，周围温度在规定值范围内，频率是 50Hz，波形是正弦波等），由于制造工艺限制，本身所具有的误差。

10-50　万用表能进行哪些测量？其结构如何？

➡万用表又叫万能表，是一种多用途的携带式电工测量仪表，是电压表、电流表、欧姆表原理的组合，它的特点是量限多、用途广。一般万用表可以用来测量直流电流、直流电压、交流电压和电阻，有些万用表还可以用来测量交流电流、电功率、电感量、电容量等。

万用表是用磁电系测量机构配合测量电路来实现各种电量的测量，万用表的主要结构有：

（1）表头：表头是万用表的主要元件，是一种高灵敏度的磁电式直流电流表，它的满刻度偏转电流一般为几微安到几百微安，其全偏转电流越小，灵敏度越高，表头的特性越好。表头的表盘上有对应各种测量所需要的多条标度尺。

由于表头的灵敏度要求很高，所以表头中可动线圈必须匝数多（使小电流时转动力矩足够大）、导线细（使线圈轻便，当转动力矩小时也能产生较大偏转角）。因此导线越细、匝数越多，表头灵敏度就越高，内阻就越大。

（2）测量线路：万用表的测量线路实际就是多量限的直流电流表、电压表、整流式交流电压表和欧姆表等几种线路组合而成。其测量线路中的元件多为各种类型和数值的电阻元件（如绕组电阻、碳膜电阻等）。在测量时，将这些元件通过转换开关接入被测线路中，使仪表发生指示。测量交流电压线路中，还设有整流装置，整流后的直流再通过表头，这样与测量直流电压时的原理完全相同。

（3）转换开关（也叫选择式量程开关），万用表中各种测量种类和量限的选择是靠转换开关来实现的。转换开关里有固定接触点和活动接触点，用以闭合和分断测量回路。其活动接触点通常称为"刀"，固定接触点称为"掷"，而转换开关是按需用特制的，通常有多刀和几十个掷，各刀之间是相互同步联动的，变换"刀"的位置，就可以使表内接线重新分布，从而实现所需测量的范围和要求。

10-51　怎样正确使用万用表？应注意些什么？

➡万用表的种类和形式很多，表盘上的旋钮，测量范围也各有差异。因此在使用万用表测量之前，必须熟悉和了解仪表的性能及各部件的作用。为了正确使用万用表，一般应注意以下几点：

（1）测量时应将万用表放平，为了保证读数准确，应使仪表放在不易受震动的地方。

（2）使用前应检查指针是否在机械零位，如不在时应调至"零"位。测量电阻时，将转换开关转至电阻挡上，将两表棒短接后，旋转"Ω"调零器，使指针指 0Ω。当变换电阻挡位时，需要重新调整调零器，使指针仍指在 0Ω。

（3）根据测量对象将转换开关转至所需挡位上。例如测量直流电压时，将开关指示箭头对准"V"符号的位置，其他测量也按上述要求操作。

（4）应按表棒颜色插入正负孔内，红色表棒的插头应插入标有"＋"号的插孔内，黑色表棒插入标有"－"号的插孔内。测量直流电压或电流时，一定要按表棒的极性将红色和黑色表棒接被测物的正极和负极，否则因极性接反会使表针反打，以致撞坏指针甚至烧毁仪表。

（5）选用测量范围时，应了解被测量的大致范围，使指针移动至满刻度的 2/3 附近，这样可使读数准确。若事先不知被测量的大概数值时，应尽量选用大的测量范围，若指针偏转很小，再逐步换用较小的测量范围，直到指针移动至满刻度的 2/3 附近为止。在测量较高电压和较大电流时，不能带电转动开关旋转，否则会在触点上产生电弧，导致触点烧毁。

（6）测量直流电压前（特别是高压）一定要事先了解正负极，如果预先不知道时，要先用高于待测电压几倍的测量范围，将两表棒快接快离，如指针顺时针偏转，则说明是接对了，反之应交换表棒。

（7）在测量 1000V 以上的电压时，必须用专用测高压的绝缘表棒和引线，先将接地表棒接于负极，然后再将另一表棒接在高压测量点。为安全起见，最好两人进行测量（其中一人监护）。测量时不要两手同时持两表棒，空闲的手也不准接触铁架等接地物。表棒、手指、鞋底应保持干燥，必要时应使用橡皮绝缘手套和绝缘垫。

（8）当转换开关转到测量电流位置上时，绝对不能将两表棒直接跨接在电源上，否则万用表通过短路电流而立即烧毁，这是需要特别注意的。

（9）每当测量完后，应将转换开关转到测量高电压位置上，防止开关在电阻挡时，两表棒被其他金属短接使表内电池耗尽。

（10）万用表应谨慎使用，不得受震动、受热和受潮等。

10-52 有些万用表的刻度盘上标有 LI、LV 是什么意思？有何用途？

➡ LI、LV 刻度指示，实际上是万用表欧姆挡的辅助刻度，表示用万用表欧姆挡测量电阻时，加在电阻元件两端的相应电压和流过元件的相应电流。

在 LV 的刻度线上，电压满刻度为零，而起始值为该表欧姆挡所使用的电源电压，例如：当某型号万用表的欧姆挡 $R \times 1$、$R \times 10$、$R \times 100$、$R \times 1k$ 的电源电压为 1.5V 时，那么 LV 的起始值就是 1.5V。而 LI 的刻度则相反，它的起始值各挡都是零，并且满刻度值对欧姆挡的各挡是不同的，例如：MF50 型万用表，$R \times 1$ 挡 LI 的满刻度值是 150mA，而 $R \times 10$ 为 15mA，LI 的满刻度值等于欧姆挡使用电源的电压除以该挡的电阻的中心值。一般常用此项刻度估算直流电流表的满刻度值及测量晶体管的有关参数。

10-53 为什么用万用表测量二极管的正向电阻时，选用不同的欧姆挡测出的阻值也不同？

➡ 因为二极管是一种非线性元件，从二极管的伏安特性曲线可以看出，加在二极管两端的电压与流过元件的电流并不成正比关系，即其伏安特性不是一条直线而是一条曲线。当我们用万用表欧姆挡测量二极管正向电阻时，虽然欧姆挡的 $R \times 1$ 到 $R \times 1k$ 的表内电源电压相同，但是选用不同挡位测量时，其测量回路的内阻随之变化，所以加在元件两端的电压也就不同，结果使被测元件反映出不同的阻值。

10-54 怎样用万用表判断电动机的转速？

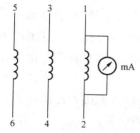
图 10-22 用万用表毫安挡测量电动机转速

➡ 只要知道电动机的磁极数，就可以求出电动机的同步转速，根据同步转速，就可以知道电动机的大约转速了。判断方法如下：

（1）首先将电动机的六个头拆开，利用万用表的欧姆挡，任意找出一个绕组，如 1～2 端，如图 10-22 所示。

（2）再将万用表拨到毫安挡的最小一挡，接在该绕组两端。

（3）将电动机转子慢慢的均匀转动一圈，看万用表指针左右摆动几次，如果摆动一次，说明电流正负变化一个周期，就是二极电动机。同样理由，摆动两次就是四极电动机，依次类推。用这个方法，看指针摆动几次，就可以判断出几个极，从而也就能知道电动机的大约转速（即略低于同步转速）。电动机同步转速是由磁极对数来决定的，即

$$n_1 = \frac{60f}{p} \tag{10-37}$$

式中　n_1——同步转速，r/min；

　　　f——频率，Hz；

　　　p——磁极对数。

如二极是 3000r/min，六极是 1000r/min 等。

10-55　怎样用万用表判断电容器的好坏？

➡因为直流电压加至电容器时，有一个充电过程，根据这个原理可以大概地判断电容器的好坏。即用万用表的欧姆挡加以测量判断。

电容器的容量在 $1\mu F$ 以上，充电过程比较明显（用 $R\times1000$ 挡即可看出）。当表笔接通电容器时，表针左右摆动一次。摆动越大，说明电容量越大，有时甚至可以看到指针已到零值，过一会儿才慢慢退回，直到表针稳定不动时，所指的电阻就是电容器的漏电电阻。这个电阻越大越好，最好是"∞"（无限大）。如果接通时表针根本不动（正反多试几次），说明电容器内部断路，如果表针到零位时不再退回，说明电容器已击穿。电容器在 $0.01\sim1\mu F$ 之间时，要用 $R\times10k$ 这一挡才可以看出微小的一点充电过程（可正反多试几次）。

当电容器小于 $0.01\mu F$ 时，用上述方法只能检查电容器是否击穿，这时改用交流电压法来判断，如图 10-23 所示。

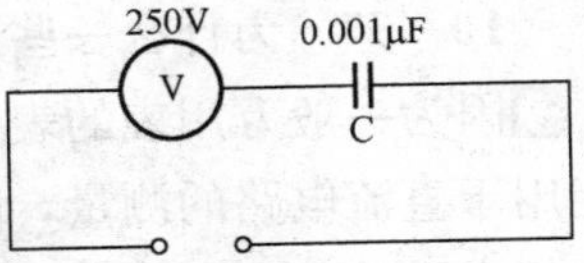

例如：电容器的容量为 $0.001\mu F$ 时，对 50Hz 交流容抗为

图 10-23　交流电压法
判断电容器好坏

$$X_C = \frac{1}{2\pi fC} = \frac{1}{2\pi\times50\times10^{-6}}$$
$$= 3.18\,(M\Omega)$$

设表头为 $100\mu A$，当开关放在交流 250V 挡时，表头所串的电阻为

$$R = \frac{250}{100 \times 10^{-6}} = 2.5\,(\text{M}\Omega)$$

那么总阻抗 $\quad Z = \sqrt{R^2 + X_C^2}$

$$= \sqrt{2.5^2 + 3.18^2} = 4.05\ (\text{M}\Omega)$$

电路中电流 $\quad I = \frac{220}{4.05 \times 10^6} = 54.32\ (\mu\text{A})$

可见表针会指到表盘的一半多一点，这说明电容器是好的。这个方法很简单。可见来测 $0.01 \sim 0.0001\mu\text{F}$ 的电容器，再小的电容器用万用表就无法测量了。

10-56 万用表的电压灵敏度是怎样表示的？有何意义？

➡万用表电压挡的灵敏度是单位伏特内阻表示的，表示方法为"Ω/V"，一般标在刻度盘上。如 MF10 型万用表，直流电压挡内阻可达 $100\,000\Omega/\text{V}$，交流电压挡内阻也可达 $20\,000\Omega/\text{V}$。不同型号的万用表，单位伏特内阻也不同。

Ω/V 的数值越大，电压挡的灵敏度就越高，它说明内阻越大，在同样的电压指示值时，流过表头的电流越小。因为表头指针偏转角是与流过表头的电流成正比时，如果流过表头一个很小的电流就会使指示有明显的指示，则说明该表的灵敏度高。特别是在测量微量电压信号时。若使用低内阻的万用表测量，由于被测支路信号电流极小，或呈开路状态而表的接入将改变被测量电路的状态，甚至使用电压线圈的电流大于被测支路电流，显然误差很大，所以应选用内阻高的万用表。

10-57 为什么一些万用表的刻度盘单独有一条交流 10V 挡刻度线？

➡因为一般万用表的表头多采用高灵敏的磁电式电流表，而磁电式电流表只能用于直流电路的测量，因此在测量交流电压时，是把交流电压整流后用其平均值表示的。由于整流元件（如二极管、氧化铜等）是一种非线性元件，并且电压越低，其非线性影响越严重，当测量低电压时，电压挡所选用的分压电阻的阻值也很小。同时由于分压电阻是与整流元件串联，受整流元件阻值变化影响较大。显然交流低电压挡和直流电压挡共用一条刻度线不能正确指示，所以大多数万用表采用单独的一条 10V 交流刻度线。

10-58 用万用表测量较小电阻值时应注意什么？

➡万用表电阻挡实质上就是一个多量程限的绝缘电阻表，测量电阻时，反映

到表头的被测量实际是通过被测量电阻的相应电流，被测电阻越大，电流越小，即偏转角越小，指针偏转角与被测电阻的关系为

$$\alpha = \frac{R}{R + R_x} n \qquad\qquad (10-38)$$

式中　α——指针偏转角；

　　　R——中心阻值；

　　　R_x——被测电阻阻值；

　　　n——指针满偏转角时的角度（多为 $90°$）。

而在刻度时，一般是以中心阻值为基准（即正中位置为 $45°$），然后向两边逐点刻度，并且刻度是不均匀的。从万用表的刻度可以看出，欧姆标尺为反向刻度，也就是说偏转越小，指示的阻值越大（见图 10-24）。由图可见，在高阻端（100Ω 以上），每一刻度线的阻值相差很大，测量时若在这一段分度线上，把指针看偏一个很小的角度，将会造成很大的误差，特别是测量小电阻时，误差就更加明显。所以为保证测量的准确度，在测量小电阻时，应通过换挡的方法，尽量使指针在中心位置附近。

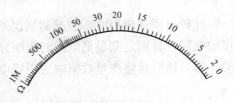

图 10-24　绝缘电阻表的刻度

10-59　惠斯登电桥的工作原理是什么？

▶惠斯登电桥是一种直流单电桥，主要用于测量直流电阻。它是根据平衡线路的原理，将被测电阻与已知标准电阻直流进行比较来确定所测电阻值。

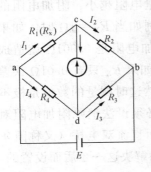

图 10-25　惠斯登
电桥原理图

图 10-25 是它的电路原理图，图中 ac、cb、bd、da 四条支路称为电桥的四个臂，其中一个臂 R_x 是被测量电阻，其余三个臂连接标准电阻，在电桥对角线 cd 上连接检流计，另一对角线 ab 上连接直流电源。

在电桥工作时，调节电桥的一个臂或几个臂的电阻值（已知电阻阻值使电桥达到平衡。这时 c、d 两点电位相等即没有电位差），通过检流计的电流等于零，所以指针指示为零。因此由 a 到 c 电压降必然和由 a 到 d 的电压降相等，由 c 到 b 的电压降和由 d 到 b 的电压降也一定相等，即

$$U_{ac} = U_{ad} \quad 或 \quad I_1 R_X = I_4 R_4$$
$$U_{cb} = U_{db} \quad 或 \quad I_2 R_2 = I_3 R_3$$

将两式相除为

$$\frac{I_1 R_X}{I_2 R_2} = \frac{I_4 R_4}{I_3 R_3}$$

因 $I_1 = I_2$，$I_3 = I_4$，故电桥平衡条件是

$$R_X R_3 = R_2 R_4$$

这个式子说明在电桥平衡时，两个相对桥臂上电阻的乘积，等于另外两个相对桥臂上电阻的乘积，因此如果已知三个桥臂的电阻，就可以确定另外一个桥臂的电阻。也就是如果已知 R_2、R_3、R_4 的电阻，就可以知道被测电阻 R_X 是多少，即

$$R_X = \frac{R_2 R_4}{R_3} \qquad\qquad (10-39)$$

此种电桥在应用时，引起测量误差的主要因素是引线上的电阻和接头处的接触电阻，特别是测量低电阻时更明显。所以在测量前。应先测量出引线本身的电阻，然后再将测量数值减去引线电阻，这才是被测电阻的实际阻值。

10-60 为什么直流双电桥测量小电阻比单电桥准确？

➡ 在惠斯登电桥的桥臂中，除了我们接入标准电阻和被测量电阻之外，还存在着连接导线的电阻和接线端钮的电阻。当被测电阻较大，各桥臂电阻都较大的时候，这些附加电阻（即上述导线电阻和接触电阻之和）相对来说就比较小，这时可以不考虑它们的影响。但当被测电阻很小时，附加电阻的影响就不能忽略。被测量电阻越小，附加电阻的影响就越大。例如当 $R_X = 1\Omega$ 时，如果这个桥臂的附加电阻是 0.001Ω 就造成 0.1% 的误差，如果 R_X 只有 0.01Ω 误差就达 10%，显然这时测量的数值是极不标准的。因此必须设法消除附加电阻对测量的影响。而直流双电桥（又称凯尔文电桥）就是为解决这一矛盾而设置的，如图 $10-26$ 所示。

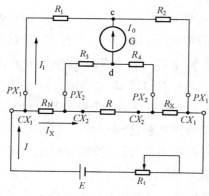

图 10-26 凯尔文电桥原理图

图 $10-26$ 中 R_N 为标准电阻，作为

电桥的比较臂。R_X 为被测电阻。标准电阻 R_N 和被测电阻 R_X 各有一对"电流接头"和一对"电位接头"。测量时将 R_N 和 R_X 用一根粗导线 R 连接起来，与电源成一闭合回路。这时被测电阻 R_X 和标准电阻 R_N 之间的接线电阻以及接触电阻，都包括在含有电阻 R 的支路内，从而实现将接线电阻和接触电阻引进电源电路或大电阻的桥臂中。当电桥平衡时，被测电阻用下式求得

$$R_X = \frac{R_2}{R_1}R_N + \frac{RR_2}{R + R_3 + R_4}\left(\frac{R_3}{R_1} - \frac{R_4}{R_2}\right) \tag{10-40}$$

根据公式可以看出，不管 R 的阻值如何，只要保证

$$\frac{R_3}{R_1} = \frac{R_4}{R_2} \tag{10-41}$$

被测电阻 R_4 就完全由 $\frac{R_2}{R_1}R_N$ 所决定，即 $R_X = \frac{R_2}{R_1}R_N$，这样就消除了接线电阻和接触电阻对测量结果的影响。

为了保证电桥在调节平衡的过程中，始终保持 $\frac{R_3}{R_1}$ 恒等于 $\frac{R_4}{R_2}$，在制造电桥时，通常采用两个机械联动的转换开关，同时调节 R_1 与 R_3，R_2 与 R_4，使它们保持比例相等。由此可见，双臂电桥是将附加电阻并入误差项，并使误差项等于零，而使电桥的平衡不会受这部分电阻的影响，从而提高了电桥测量的准确性。

10-61　何为数字仪表？

➡数字仪表为用数字显示被测值的仪表，即把被测量转化为数字量并以数字形式显示出来。工业测量中被测量或位移、电流、电压、空气压力等模拟量，经模数转换器，把模拟量换成数字量（简称模数转换）。数字仪表以数字的形式显示被测量，读数直观。其原理较为复杂，各种型号、功能不同，原理也不一样，共同之处在于都是电子元器件组成，都是将被测的模拟量转换成数字量（A/D 转换），最终由显示器来直接显示被测量的数值。由于读数直观、方便、没有视觉误差等优点，因而发展很快，近几年更发展为可以与其他执行机构（如打印机）连接，还可以输出数字量或模拟量，用以连接控制系统或计算机。还有些数字电工仪表有自己的中央处理器（CPU）和各种存储器，所以有些数字电工仪表业已经微机化、智能化。

10-62　数字仪表由哪些部分组成？

➡数字仪表一般包括用于指示电量标度盘和指针，以电磁力为基础的测量线

路，模数转换和数字显示三部分。

10－63　数字仪表有哪些特点？

→数字仪表与普通机械式仪表相比，有如下几方面的特点：

（1）数字显示，读数不存在视觉误差。

（2）精确度一般较高，数字电工仪表由于没有机电类仪表的可动部分，所以机械摩擦、变形的影响极小，只要元器件的质量、性能没问题，数字仪表是比较容易制成很高精准度的仪表的。目前一般机电类仪表精准度达 0.1% 已很不容易，而数字仪表可轻易达到 0.05%，目前有些数字仪表已达到 0.01% 的精确度。

（3）灵敏度高。由于有些数字仪表内多设有各种放大线路或器件，所以可测量较小的信号，如 1mV 左右的电压信号、1mA 左右的电流信号、0.01Hz 的频率信号。

（4）输入阻抗高。数字仪表一般本身有工作电源，除测量电流外，一般阻抗都可以制得较高，使在测量时对被测物理量影响很小。

（5）使用方便。特别是实验室用便携式、台式仪表，可制成多量程（目前有－1999～9999 显示量程的 KM 表系）、多功能仪表（可测量电流电压频率功率线速转速）。

（6）性价比高。

（7）抗干扰性能较差，由于数字仪表灵敏度高，其副作用就是抗干扰性能差，外磁场和电场等变化容易引起读数变化。

（8）数字仪表的精确度，表示方法不同于指针式仪表，数字仪表一般多以上量限或读数值为基准值的百分数再加上几个数字来表示该表的精确度，比如 KM 系列数显仪表，系统精度 0.1%（直流），0.2%（交流）满刻度 1 字。一般多功能、多量程的数字多用表的各功能、量程挡位不同时，精确度也不一样。

10－64　何为数字电路？

→用数字信号完成对数字量进行算术运算和逻辑运算的电路称为数字电路或数字系统。由于它具有逻辑运算和逻辑处理功能，所以又称数字逻辑电路。现代的数字电路由半导体工艺制成的若干数字集成器件构造而成。逻辑门是数字逻辑电路的基本单元。存储器是用来存储二值数据的数字电路。从整体上看，数字电路可以分为组合逻辑电路和时序逻辑电路两大类。

10-65　数字显示电路由哪几部分组成？

➡️在数字测量仪表和数字系统中，都需要将被测的各种物理量以数字量的形式直观地显示出来，以便待测人员直接读取测量和运算结果，因此，数字显示电路是数字测量仪表的重要组成部分。

由于在数字电路中，数字量都是以一定的代码形式出现的，通常数字显示电路由译码器、驱动器、显示器等部分组成，其方框图如图 10-27 所示。

图 10-27　数字显示电路方框图

数字显示目前以分段式居领先地位，并有较大的发展前途。图 10-28 表示八段式数字显示器利用不同发光段组合，显示 0～9 十个阿拉伯数字时的段组合情况。

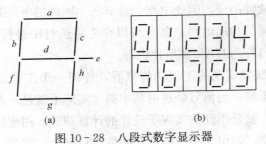

图 10-28　八段式数字显示器

10-66　数字逻辑电路分为几类？

➡️逻辑电路分为组合逻辑电路和时序逻辑电路两大类。组合逻辑电路在逻辑功能上的特点是任意时刻的输出仅仅取决于该时刻的输入，与电路原来的状态无关。时序逻辑电路在逻辑功能上的特点是任意时刻的输出不仅取决于当时的输入信号，而且还取决于电路原来的状态，或者说，还与以前状态有关。

10-67　数字电路有什么特点？

➡️(1) 基本特征。从信号处理的性质上看，现代电子电路可以分为模拟电路和数字电路。模拟电路所能处理的是模拟电压或电流信号，数字电路是指只能处理逻辑电平信号的电路，因此，数字电路又叫做数字逻辑电路。

数字电路是组成数字逻辑系统的硬件基础。数字电路的基本性质是：

1）严格的逻辑性。数字电路实际上是一种逻辑运算电路，其系统描述是动态逻辑函数，因此数字电路设计的基础和基本技术之一就是逻辑设计。

2）严格的时序性。为实现数字系统逻辑函数的动态特性，数字电路各部分之间的信号必须有着严格的时序关系。时序设计也是数字电路设计的基本技术之一。

3）基本信号只有高、低两种逻辑电平或脉冲。数字电路既然是一种动态的逻辑运算电路，因此其基本信号就只能是脉冲逻辑信号。脉冲信号只有高电平和低电平两种状态，两种电平状态各有一定的持续时间。

4）与逻辑值（0 或 1）对应的电平随使用的实际电路的不同而不同。

5）固件特点明显。固件是现代电子电路，特别是数字电路或系统的基本特征，也是现代电子电路的发展方向。固件是指电路的结构和运行靠软件控制完成的电路或器件，这与传统的数字电路完全不同。传统数字电路完全由硬件实现，一旦硬件电路或系统确定之后，电路的功能是不能更改的。而固件由于硬件结构可以由软件决定，因此电路十分灵活，同样的电路芯片可以根据实际需要实现完全不同的功能电路，甚至可以在电路运行中进行电路结构的修改，例如可编程逻辑门阵列 GAL 和单片机等。

6）从电子系统要实现的工程功能来看，任何一个工程系统都可以被看成是一个信号处理系统，而信号处理的基本概念实际上就是一种数学运算。数字电路的工程功能，就是用硬件实现所设计的计算功能。用模拟电路可以实现连续函数的运算功能，但由于系统的运算功能比较复杂，因此，模拟电路所能实现的系统功能是十分有限的。数字电路与模拟电路不同，数字电路可以实现基本的运算单元，通过程序设计，用这些基本运算单元可以直接进行各种计算，所以，数字电路可以实现各种复杂运算。目前，数字电路已经成为现代电子系统的核心和基本电路。

7）由于数字电路所处理的是逻辑电平信号，因此，从信号处理的角度看，数字电路系统比模拟电路具有更高的信号抗干扰能力。

（2）基本技术特性。数字电路中使用的基本器件是数字集成电路，数字集成电路以实现逻辑功能为目标。一个数字电路能否满足设计要求，主要取决于数字集成电路的电路功能与技术参数指标。数字电路的基本技术特性与电路工艺有关。只有了解了数字电路的基本技术特性，才能设计和描述一个数字逻辑电路系统，才能正确确定数字电子系统所需要的电路器件。因此，数字电路的基本技术特性是数字电子系统设计、分析和调试技术的基础，也是数字电路系统的基本描述语言。数字电路可以用来实现各种处理数字信号的逻辑电路系统。从系统行为上看，可以把数字电路分为静态电路和动态电路。

静态电路的基本特点是：

1）电路信号的输出仅与当前输入有关，与信号输入和电路输出的历史无关。

2）静态电路所关心的只是电路输入信号进入稳定状态后电路的状态，而对输入信号的变化过程并不关心。在数字逻辑电路中，静态电路一般是指组合逻辑电路（一种无反馈的数字逻辑电路）。影响静态逻辑电路（组合逻辑电路）正常工作的一个重要因素是系统的工作速度，这是组合逻辑电路设计中必须十分注意的一个问题。静态电路是实现各种逻辑系统基础，也是实现动态电路的基础。

动态电路包括同步时序电路和异步时序电路两种，其基本特点是：

1）电路具有信号反馈（输出信号以某种方式反馈到输入端）。

2）系统工作状态受信号延迟的影响。

3）系统当前输出不仅与当前输入有关，还与系统的上一个状态有关（即与系统的历史有关）。动态电路的基本分析方法是状态分析（如利用状态表或状态图），基本设计技术则是以系统状态分析为基础。动态电路的调试，主要是通过观察系统的状态分析系统的功能和性能。

10-68　数码显示器如何分类？

➡数码显示器（也称数码管）是用来显示数字或文字、符号的器件，现已有多种不同类型的产品，广泛应用于各种数字设备中，通常按以下形式分：

（1）按显示方式分：

1）半导体显示器（也称发光二极管显示器）。

2）荧光数字显示器（如荧光数码管、场效发光二极管）。

3）液晶数字显示器（如液晶显示器、电泳显示器等）。

4）气体发电显示器（如辉光数码管、等离子体显示器等）。

（2）按发光物质分：

1）字型重叠式（它是将不同字符的电极重叠起来，要显示某字符，只要是相应的电极发亮即可）。

2）分段式（数码是由分布在同一平面上若干段发光的笔划组成）。

3）点矩阵式（由一些按一定规律排列的可发光的点阵组成，利用光电的不同组合，显示出不同的数码）。

10-69　发光二极管显示器的工作原理如何？有何优缺点？

发光二极管是采用某种特殊半导体材料制成的 PN 结，当在二极管两端外施正向电压时，空穴从 P 区向 N 区扩散，而电子则从 N 区向 P 区扩散，此时，电子从导带跃进到价带与空穴复合，放出能量，从而发出一定波长的光束，其波长与材料的禁带有关。

通常单个 PN 结可用环氧树脂封装成半导体发光二极管，多个 PN 结可按分段式或点阵式封装，做成半导体数码管：①亮度强，清晰；②电压低（1.5～3V），体积小，可靠性高；③响应速度快（1～100μs）；④有黄、绿、红等颜色。其主要缺点是工作电流较大，目前主要用于数字仪表和电子计算器的显示中。

10-70　发光二极管有哪些特性参数？其意义各是什么？

发光二极管特性参数有以下几种：

（1）IF 值通常为 20mA，被设为一个测试条件和常亮时的一个标准电流，设定不同的值用以测试二极管的各项性能参数。

IF 特性：

1）以正常的寿命讨论，通常标准 IF 值设为 20～30mA，瞬间（20ms）可增至 100mA。

2）IF 增大时 LAMP 的颜色、亮度、VF 特性及工作温度均会受到影响，它是正常工作时的一个先决条件，IF 值增大时，寿命缩短、VF 值增大、波长偏低、温度上升、亮度增大、角度不变。

（2）VR（LAMP 的反向崩溃电压）。由于 LAMP 是二极管具有单向导电特性，反向通电时反向电流为 0，而反向电压高到一定程度时会把二极管击穿，刚好能把二极管击穿的电压称为反向崩溃电压，可以用"VR"来表示。

VR 特性：

1）VR 是衡量 P/N 结反向耐压特性，VR 越高越好。

2）VR 值较低在电路中使用时经常会有反向脉冲电流经过，容易击穿变坏。

3）VR 通常被设定一定的安全值来测试反向电流（IF 值），一般设为 5V。

4）红、黄、黄绿等四元晶片反向电压可做到 20～40V，蓝、纯绿、紫色等晶片反向电压只能做到 5V 以上。

（3）IR（反向加电压时流过的电流）。二极管的反向电流为 0，但加上反向电压时如果用较精密的电流表测量还是有很小的电流，只不过它不会影响电源或电路，所以经常忽略不计，认为是 0。

IR 特性：

1）IR 是反映二极管的反向特性，IR 值太大说明 P/N 结特性不好，快被击穿；IR 值太小或为 0，说明二极管的反向很好。

2）通常 IR 值较大时 VR 值相对会小，IR 值较小时 VR 值相对会大。

3）IR 的大小与晶片本身和封装制程均有关系，制程主要体现在银胶过多或侧面沾胶，双线材料焊线时焊偏，静电也会造成反向击穿，使 IR 增大。

（4）IV（LAMP 的光照强度，一般称为 LAMP 的亮度）。指 LAMP 有流过电流时的光强，单位一般用毫烛光（mcd）来衡量，由于一批晶片做出的 LAMP 光强均不相同，封装厂商会将其按不同的等级分类，分为低、中、高等多个等级，而 LAMP 的价格也与其亮度大小有关系。同一亮度 LAMP 顺向电流越大，亮度越高。亮度还跟角度有关系，同样物料角度越大亮度越低，角度越小，亮度越高，所以要求亮度的同时要考虑到角度的大小。

（5）W/D（主波长，单位是 nm）。LAMP 正常工作时的颜色特性，通常用 W/D 来衡量颜色的变化特性，在电流和温度不同的情况下主波长测试值均不相同的，封装厂商会按相同的条件将 W/D 按不同的等级分类。

（6）$\Delta\theta$（半功视角，单位是"度"）。发光管 LAMP 发光强度为一半时所对应的角度。角度的大小与晶片体积的大小、支架碗杯的角度、杯深、模粒的球面直径、卡点等有关系。角度越大，照出的光圈越大，反之越小。

10-71 发光二极管按发光强度和工作电流是怎么分类的？

➡ 发光二极管可分为普通单色发光二极管、高亮度发光二极管、超高亮度发光二极管、变色发光二极管、闪烁发光二极管、电压控制型发光二极管、红外发光二极管和负阻发光二极管等。

（1）普通单色发光二极管。普通单色发光二极管具有体积小、工作电压低、工作电流小、发光均匀稳定、响应速度快、寿命长等优点，可用各种直流、交流、脉冲等电源驱动点亮。它属于电流控制型半导体器件，使用时需串接合适的限流电阻。

普通单色发光二极管的发光颜色与发光的波长有关，而发光的波长又取决于制造发光二极管所用的半导体材料。红色发光二极管的波长一般为 650～700nm，琥珀色发光二极管的波长一般为 630～650nm，橙色发光二极管的波长一般为 610～630nm，黄色发光二极管的波长一般为 585nm 左右，绿色发光二极管的波长一般为 555～570nm。

（2）高亮度单色发光二极管和超高亮度单色发光二极管。高亮度单色发光二极管和超高亮度单色发光二极管使用的半导体材料与普通单色发光二极管不同，所以发光的强度也不同。

通常，高亮度单色发光二极管使用砷铝化镓（GaAlAs）等材料，超高亮度单色发光二极管使用磷铟砷化镓（GaAsInP）等材料，而普通单色发光二极管使用磷化镓（GaP）或磷砷化镓（GaAsP）等材料。

（3）变色发光二极管。变色发光二极管是能变换发光颜色的发光二极管。变色发光二极管发光颜色种类可分为双色发光二极管、三色发光二极管和多色（有红、蓝、绿、白四种颜色）发光二极管。

变色发光二极管按引脚数量可分为二端变色发光二极管、三端变色发光二极管、四端变色发光二极管和六端变色发光二极管。

常用的双色发光二极管有 2EF 系列和 TB 系列，常用的三色发光二极管有 2EF302、2EF312、2EF322 等型号。

（4）闪烁发光二极管。闪烁发光二极管（BTS）是一种由 CMOS 集成电路和发光二极管组成的特殊发光器件，可用于报警指示及欠压、超压指示。

闪烁发光二极管在使用时，无需外接其他元件，只要在其引脚两端加上适当的直流工作电压（5V）即可闪烁发光。

（5）电压控制型发光二极管。普通发光二极管属于电流控制型器件，在使用时需串接适当阻值的限流电阻。电压控制型发光二极管（BTV）是将发光二极管和限流电阻集成制作为一体，使用时可直接并接在电源两端。

10-72　液晶显示器的工作原理如何？有何特点？

➡液晶是液晶体的简称，是一种有机化合物，在一定温度范围内，既有液体的流动性，又有晶体的某些光学特性。它的透明度和颜色，是随电场、磁场、光、温度等外界条件的变化而变化的。因此，用液晶制成的液晶显示器是一种被动式显示器件，液晶自己并不能发光，它是借助外界光源来显示数码的。

液晶显示器通常用来制成七段分段式或点阵式数码显示屏，其工作原理如

图 10-29 所示。它是在平整度很高的玻璃上，喷有二氧化锡透明导电层，用光刻成七段作为正面电极，而在另一块玻璃板上对应的做成七段 8 字形反面电极，然后封装成间隙约 $10\mu m$ 的液晶盒，灌注液晶后密封而成。当需要显示某一具体数字时，只需在液晶显示屏的正面电极的相应段和反面电极间，加一适当大小的电压后，则该段夹持的液晶产生散射效应，变为乳白色，并借助于自然光或外界其他光源显示出相应的数码。

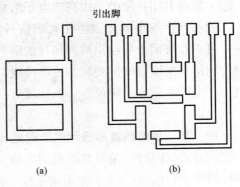

引出脚

(a) (b)

图 10-29 液晶显示器的工作原理
(a) 液晶显示反面电极；(b) 正面电极

由于液晶显示器借助外界光源，因此存在着显示不够清晰、对比度与光源强度以及视角的关系较大、工作温度受到一定的限制（一般为 $-10\sim+60℃$）和响应速度低等问题，但它具有电光记忆性（主要是由散射效应决定）、结构简单、成本低、功率小等优点，目前多用于电子手表、时钟、数字仪表和数字计算器中。

10-73 示波器由哪些基本电路组成？

➡示波器是一种用途广泛的电子测量仪器，通常使用示波器来观察电压、电流波形，测量频率及电压、电流、功率等参数。示波器的基本电路大致可分为 Y 轴系统、X 轴系统、显示器和电源四部分。其中 Y 轴偏转系统包括输入 RC 衰减器、前置放大器、延迟线以及末极平衡放大等。X 轴偏转包括触发放大、扫描发生器、水平放大等。显示器包括示波管及其控制电路等。电源部分包括变压器、滤波器、电子稳压器等。通用示波器的结构如图 10-30 所示。

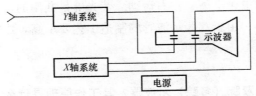

图 10-30 通用示波器基本结构方框图

10-74 示波器的工作原理是什么?

➡️示波器利用狭窄的、由高速电子组成的电子束,打在涂有荧光物质的屏面上,就可产生细小的光点。在被测信号的作用下,电子束就好像一支笔的笔尖,可以在屏面上描绘出被测信号的瞬时值的变化曲线。利用示波器能观察各种不同信号幅度随时间变化的波形曲线,还可以用它测试各种不同的电量,如电压、电流、频率、相位差、调幅度等。

10-75 示波器波形显示的原理是什么?

➡️示波管（CRT）是示波器观测电信号波形的关键器件,通常采用具有静电偏转的阴极射线。CRT主要由电子枪、偏转系统、荧光屏三部分组成。

其显示原理是:由电子枪产生的高速电子束轰击荧光屏的相应部位使荧光屏发光,而偏转系统则能使电子束发生偏转,从而改变荧光屏上光点的位置。

10-76 何为双线（多线）示波器? 其工作原理是什么?

➡️在电子实践技术过程中,常常需要同时观察两种（或两种以上）信号随时间变化的过程,并对这些不同信号进行电参量的测试和比较。为了达到这个目的,人们在应用普通示波器原理的基础上,采用了以下两种同时显示多个波形的方法:一种是双线（或多线）示波法;另一种是双踪（或多踪）示波法。应用这两种方法制造出来的示波器分别称为双线（或多线）示波器和双踪（或多踪）示波器。

双线（或多线）示波器是采用双枪（或多枪）示波管来实现的。下面以双枪示波管为例加以简单说明。双枪示波管有两个互相独立的电子枪产生两束电子。另有两组互相独立的偏转系统,它们各自控制一束电子做上下、左右的运动。荧光屏是共用的,因而屏上可以同时显示出两种不同的电信号波形,双线示波也可以采用单枪双线示波管来实现。这种示波管只有一个电子枪,在工作时是依靠特殊的电极把电子分成两束。然后,由管内的两组互相独立的偏转系统,分别控制两束电子上下、左右运动。荧光屏是共用的,能同时显示出两种不同的电信号波形。由于双线示波管的制造工艺要求高,成本也高,所以应用并不十分普遍。

10-77 何为双踪（多踪）示波器? 其工作原理是什么?

➡️双踪（或多踪）示波是在单线示波器的基础上,增设一个专用电子开关,用它来实现两种（或多种）波形的分别显示。由于实现双踪（或多踪）示波比实现双线（或多线）示波来得简单，不需要使用结构复杂、价格昂贵的"双腔"或"多腔"示波管，所以双踪（或多踪）示波获得了普遍的应用。

双踪示波的显示原理：电子开关 K 的作用是使加在示波管垂直偏转板上的两种信号电压作周期性转换。例如，在 0～1 这段时间里，电子开关 K 与信号通道 A 接通，这时在荧光屏上显示出信号 U_A 的一段波形；在 1～2 这段时间里，电子开关 K 与信号通道 B 接通，这时在荧光屏上显现出信号 U_B 的一段波形；在 2～3 这段时间里，荧光屏上再一次显示出信号 U_A 的一段波形；在 3～4 这段时间里，荧光屏上将再一次显示出 U_B 的一段波形……这样，两个信号在荧光屏上虽然是交替显示的，但由于人眼的视觉暂留现象和荧光屏的余辉（高速电子在停止冲击荧光屏后，荧光屏上受冲击处仍保留一段发光时间）现象，就可在荧光屏上同时看到两个被测信号波形。

10-78 常见的电器数字测量仪表有哪些特点？

→现代科学技术的飞速发展对电气测量技术提出了更高的要求，普通电工指示仪表已不适应工业发展的需要。电子测量仪表由于具有精度高、抗干扰力强、灵敏度高、反应速度快和易于直读等优点，因此得到了迅速发展和广泛的应用。

数字式测量仪表是一种采用电子技术将被测模拟量参数进行模数转换（A/D 变换）直接以数字量显示的仪表。常见仪表有数字电压表、数字相位表、数字频率表和数字功率表等。

10-79 什么是数字频率表？由哪几部分组成？

→数字频率表是通过电子电路自动计算被测交流电的每秒钟变化次数（即频率），并以数字显示测量结果的仪表。

数字频率表由整形放大器、石英振荡器、分频器、脉冲控制器和脉冲计数器五个部分组成。整形放大器的作用是把被测信号放大后加以整形，然后通过 RC 微分电路得到所需的尖顶波。石英振荡器和分频器组成一个标准的时间信号发生器，其作用是每隔一定的时间向脉冲控制器发出一个控制脉冲。脉冲控制器是一个晶体管控制门，当控制门被触发打开时，被测信号的脉冲通过。脉冲计数器用来累计控制门送来的脉冲个数，并通过译码后由数码管直接显示出来，数码管显示出来的数字是标准单位时间内被测信号的脉冲个数，即被测频率的数值。

10-80 V-T型数字电压表的基本工作原理如何？

→数字电压表是应用较多的一种数字仪表，目前生产的数字电压表类型很多，款型也各不相同。但是它们都有一个共同的特点，就是把被测电压的大小转换成可以计数的标准脉冲个数，然后再把测量结果用数字显示出来。

V-T型数字电压表的基本工作原理是将被测量电压变换成标准的时间间隔，并使间隔和被测电压成正比，然后通过计数器对时间隔内的脉冲计数来反映被测电压的大小。

10-81 V-F型数字电压表的基本工作原理如何？

→V-F型数字电压表的基本工作原理如图 10-31 所示。它把被测电压 U_x 变换成和它成正比的频率，然后用数字频率表直接显示出测量结果，因此有较强的抗干扰能力。这是因为当被测电压 U_x 作用于可变频率振荡器时，使它产生和被测电压数值成正比的输出频率，而固定频率振荡器的输出频率是一个定值。当被测电压为零时，可变频率振荡器的输出频率和固定频率振荡器的输出频率相等。两个振荡器的输出在混频器中混频的结果为零，计数器的指示也为零，即被测电压越高混频器输出的频率也就越高。适当选择可变频率振荡器和固定频率振荡器的频率，计数器就可以直接显示被测电压的大小。

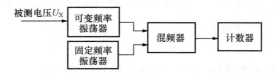

图 10-31 V-F型数字电压表的基本工作原理图

10-82 电子管电压表有哪些优点？

→电子管电压表是一种测量电压的电子仪表，它有以下几个特点：

（1）输入阻抗高：一般电子管电压表的输入电阻高达 $1M\Omega$ 以上，输入电容在 40pF 以下，因此功耗较小，且对被测电路的影响也很小。

（2）测量频带宽：一般电工指示仪表适用的频率范围有限，用于测量工频电压的电工仪表，在高频情况下会产生很大的频率误差。而电子管电压表则有很宽的工作频带，有些电子管电压表的工作频带可达 100MHz 以上。

（3）量程大：电子管电压表由于具有放大环节，因此有较大的量程范围和较高的灵敏度。如：一般指示仪表只能测到毫伏级，而电子管电压表则可以测到微伏级。

10－83　检波—直流放大式电子管电压表的结构原理有何特点？

➡电子管电压表通常由检波、放大、表头、电源四个部分组成。检波—直流放大式电子管电压表的结构原理如图10－32所示。其特点是被测电压U_X加到仪表上后，先检波，后放大。由于检波后的电压已经变成直流，所以用直流放大器来放大。这种结构由于有较小的输入电容，所以它的频率范围可以做的很高，达几十兆赫以上。但由于被测电压未经放大就进行检波，这样当被测电压很小时，外界的干扰会很严重。所以检波—直流放大式结构的电子管电压表不用作毫伏表，而用作伏特表。此外，直流放大器存在零点漂移问题，所以对电源电压的稳定性要求较高。

图10－32　检波—直流放大式电子管电压表的结构原理图

10－84　如何防止窃电行为？

➡防止窃电的技术措施：

（1）采用专用计量箱或专用电能表箱。

（2）封闭变低出线端至计量装置的导线。

（3）采用防撬铅封。

（4）采用双向计量或逆止式电能表。

（5）规范电能表安装接线。

（6）规范低压线路安装架设。

（7）三相四线客户改用3只单相电能表计量。

（8）三相三线客户改用三元件电能表计量。

（9）低压客户配备漏电保护开关。

（10）计量TV回路配置失电压记录仪或失电压保护。

（11）采用防窃电能表或在表内加装防窃电器。

（12）禁止在单相客户间跨相用电。

（13）禁止私拉乱接和非法计量。

（14）改进电能表外部结构使之利于防窃。

（15）防窃电新技术、新产品应用动态。

10－85　反窃电检查方法有几种？

（1）瓦秒法。优点：方便、简单、快捷；缺点：准确度较低。

（2）仪器法（检查仪、变比测试仪）。优点：比较准确；缺点：现场操作麻烦，操作人员有局限性（一般是从事计量工作的人员）。

（3）检查三部曲法。互感器变比测试、接线检查、电能表误差（计量装置全覆盖）。

（4）辅助方法。走字目测法、功率因数法、负荷电量法。

参 考 文 献

[1] 尹绍武，等. 实用电工技术问答 3000 题. 呼和浩特：内蒙古人民出版社，1992.

[2] 齐义禄. 电力线路技术手册. 北京：兵器工业出版社，1998.

[3] 张庆达，等. 电缆实用技术手册（安装、维护、检修）. 北京：中国电力出版社，2008.

[4] 吴国良，张宪法，等. 配电网自动化系统应用技术问答. 北京：中国电力出版社，2005.

[5] 张全元. 变电所综合自动化现场技术问答. 北京：中国电力出版社，2008.

[6] 郑州供电公司. 变电运行实用技术问答. 北京：中国电力出版社，2009.

[7] 陈化钢. 城乡电网改造实用技术问答. 北京：中国水利水电出版社，1999.

[8] 上海市电力公司市区供电公司. 配电网新设备新技术问答. 北京：中国电力出版社，2002.

[9] 环境保护部环境工程评估中心，国家电网公司. 建绿色电网　创和谐家园——输变电设施电磁环境知识问答. 北京：中国电力出版社，2007.

电力工程技术问答

（变电 输电 配电专业）

下 册

主　编　杨文臣

副主编　李　华

编　写　李　琳　李双成　邱玉良　冯　丽
　　　　姜雯雯　李　健　叶道仁

中国电力出版社
CHINA ELECTRIC POWER PRESS

内 容 提 要

本书以一问一答的形式将涉及电力工程变电、输电、配电的设计、运行、检修、建造等各个方面的新技术及工作中常见疑问总结在一起。全书共分三册。上册主要介绍电力系统的基本概念、电力变压器、互感器、架空电力线路、电力电缆；中册主要介绍高压配电装置、过电压保护及绝缘配合、并联无功补偿装置、继电保护及综合自动化、电工测量；下册主要介绍直流系统及蓄电池、接地和接零、节约用电和安全用电、配电、照明等。本书为下册。

本书可供从事电力工程变电、输电、配电的设计、运行、检修、建造工作的工程技术人员参考使用，也可作为各院校相关专业的师生及有关技术人员的参考书。

图书在版编目（CIP）数据

电力工程技术问答：变电、输电、配电专业：全3册/杨文臣主编. —北京：中国电力出版社，2015.4

ISBN 978-7-5123-5856-0

Ⅰ. ①电… Ⅱ. ①杨… Ⅲ. ①变电所-电力工程-问题解答②输电-电力工程-问题解答③配电系统-电力工程-问题解答 Ⅳ. ①TM7-44

中国版本图书馆 CIP 数据核字（2014）第 089256 号

中国电力出版社出版、发行

（北京市东城区北京站西街 19 号　100005　http：//www. cepp. sgcc. com. cn）

北京市同江印刷厂印刷

各地新华书店经售

*

2015 年 4 月第一版　2015 年 4 月北京第一次印刷

710 毫米×980 毫米　16 开本　45.5 印张　719 千字

定价 **138.00** 元

◀ 前　言 ▶

改革开放以来，我国电力行业引进了不少先进电力设备制造技术，中外合资企业也为电力工业提供了大量装备。尤其电力系统近十余年的"城乡电网"改造，采用了大量的先进电力设备，使电力工业的变电、输电、配电产生革命性的变化。例如变电所采用微机保护、综合自动化、光纤通信技术等新技术，达到无人值守水平（遥调、遥控、遥测、遥信、遥视的"五遥"变电所）；当今我国变电所设计已发展到"二型一化"（环保型、节能型，智能化）的设计水平。随着新技术的涌现，人们对新技术的求知欲也油然而生。为了满足人们学习、掌握新技术的期望，我们决定编写本书——这是我们编写本书的意图之一。

我们的编者曾经在电力系统中担任教师、设计、施工、审图、监理工作，常常面对学员和师傅的提问和质疑，面临很多电力工程变电、输电、配电在设计上和施工中实际问题的决断、对与否、可行与不宜。因此，我们想到如果可以编写这方面的一部书籍来回答问题，既直观简洁，又能解决实际问题，功效兼得——这就是我们编写本书的意图之二。为了实现这个愿望，我们把前人和自己的经验总结出来，以一问一答的形式编写成书，献给从事"电力工程"的工人师傅、设计师、监理师、建造师、运行人员、教师以及与电力工程有关的技术人员。以期能对他们有所帮助，提高解决实际问题的能力。

本书涵盖了新老技术问题，共分上、中、下三册。全书分十五章，上册为第一章至第五章，中册为第六章至第十章，下册为第十一章至第十五章。第一章和第十五章由叶道仁编写，第二、三章和第十一章由杨文臣编写，第四章由邱玉良编写，第五章和第十四章由李双成编写，第六章由冯丽编写，第七章和第十二章由李华编写，第八章和第九章由李琳编写，第十章由李健编写，第十三章由姜雯雯编写。全书由杨文臣任主编、李华任副主编，杨文臣统稿，叶道仁筹划、校审，参编者共同制定编写大纲。

书中引用了同行们的大量著作和素材，在此一并致谢。

本书是一本电力工程设计、运行、检修、建造方面的技术书，阅完全书对电力工业的面貌能有一个清晰的认识。它也特别适用于作注册电气工程师考试和电力工程技术培训参考书。若您想提高工作效率，请参看本书的姊妹篇《电气工程计算口诀和用表实用手册》，工程中两书相结合使用定会让您增益不少。

由于编者的学识和水平所限，加之时间紧迫，书中难免存在不妥之处，恳请读者提出批评和改进意见，若有宝贵意见可发邮件到 1145463605@qq.com 电子邮箱，以便今后修订再版改进。

编　者

2015 年 3 月

◀**总 目 录**▶

前言

上 册

中 册

下 册

下册目录

第十一章

直流系统及蓄电池

11-1 什么是直流系统？直流系统是由哪几部分组成的？

➡直流系统应用于水力、火力发电厂，各类变电所和其他使用直流设备的用户，为给信号设备、保护、自动装置、事故照明、应急电源及断路器分合闸操作提供直流电源。它是一个独立的电源，不受发电机、厂用电及系统运行方式的影响，并在外部交流电源中断的情况下，保证由后备电源——蓄电池组继续提供直流电源。

直流系统由机柜、整流系统、监控系统、绝缘监测单元、电池巡检单元、开关量检测单元、降压单元及一系列的交流输入、直流输出、电压显示、电流显示等配电单元组成。

11-2 直流系统在发电厂和变电所中所起的作用是什么？

➡在发电厂和变电所中，直流系统在正常情况下为控制信号、继电保护、自动装置、断路器跳合闸操作回路等提供可靠的直流电源，当发生交流电源消失事故情况时为事故照明、交流不停电电源和事故润滑油泵等提供直流电源。直流系统可靠与否对发电厂和变电所的安全运行起着至关重要的作用，是安全运行的保证。

11-3 直流系统接线方式是怎样的？并举例说明。

➡变电所常用的直流系统接线方式有单母线分段和双母线两种。双母线突出优点在于可在不间断对负荷供电的情况下，查找直流系统接地故障。但双母线刀开关用量大，直流屏内设备拥挤，检查维护不便，新建的 220～500kV 变电所多采用单母线分段接线。500kV 变电所单母线分段的直流系统接线如图 11-1 所示。

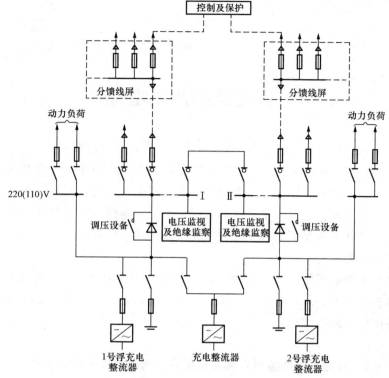

图 11-1 500kV 变电所单母线分段的直流系统接线

11-4 变电所直流系统的供电方式是怎样的？有怎样的要求？

直流系统宜采用辐射供电方式。直流分电柜辐射供电，作为下列设备的电源：

（1）直流事故照明、直流电动机、交流不停电电源装置、远动装置、通信装置以及 DC/AC 变换器的电源等。

（2）发电厂和变电所集中控制的主要电气设备的控制、信号和保护的电源。

（3）电气和热工直流分电柜的电源。

直流分电柜应根据用电负荷和设备布置情况合理设置。直流分电柜的接线：

（1）直流分电柜应有 2 回直流电源进线，电源进线宜经隔离电器接至直流母线。

（2）对有 1 组蓄电池的直流系统，2 回直流电源进线宜来自不同母线段，对单母线接线可来自同一母线段，分电柜的直流母线可不分段；对于具有双重化控制和保护回路要求双电源供电的负荷，分电柜应采用二段母线。

（3）对有 2 组蓄电池的直流系统，直流分电柜的接线：

1）对于具有双重化控制和保护回路要求双电源供电的负荷，分电柜应采用 2 段母线，2 回直流电源应来自不同蓄电池组，并应防止 2 组蓄电池并列运行。

2）对于不具有双重化控制和保护回路的供电负荷，2 回直流电源可来自同一组蓄电池，也可来自不同蓄电池组，并应防止 2 组蓄电池并联运行。

当需要采用环形供电时，环形网络干线或小母线的 2 回直流电源应经隔离电器接入，正常时为开环运行。环形供电网络干线引接负荷处也应设置隔离电器。

11-5　变电所直流系统分成若干回路供电，各个回路能否混用？为什么？

➡各回路不能混用。在直流系统中，各种负荷的重要程度不同，所以一般按用途分成几个独立的回路供电。直流控制及保护回路由控制母线供电，开关合闸由合闸母线供电。这样可以避免相互影响，便于维护和查找、处理故障。

11-6　变电所直流系统的直流负荷是怎样分类的？

➡（1）按负荷功能分类：

1）控制负荷：电气和热工的控制、信号、测量装置和继电保护、自动装置等负荷。

2）动力负荷：各类直流电动机、断路器电磁操动的合闸机构、交流不停电电源装置、远动装置、通信装置的电源和事故照明等负荷。

（2）按负荷性质分类：

1）经常负荷：要求直流系统在正常和事故工况下均应可靠供电的负荷。

2）事故负荷：要求直流系统在交流电源系统事故停电时仍需可靠供电的负荷。

3）冲击负荷：在短时间内出现的较大负荷。冲击负荷出现在事故初期（1min）称初期冲击负荷，出现在事故末期或事故过程中称随机负荷（5s）。

11-7　直流系统微机监控装置应具备哪些基本功能？直流系统的充电装置有哪几种？

➡（1）直流系统微机监控装置所具备的基本功能：

1）要有高的可靠性。

2）要有适应各种运行方式的完整的控制功能。

3）控制操作要简单方便。

4）要提高经济性。

5）应留有与继电保护和自动装置的接口。

6）要有灵活性。

7）要有抗干扰措施和防误操作的闭锁。

（2）常用的直流系统充电装置有：

1）高频开关充电装置。

2）晶闸管充电装置。

11-8 什么是变电所的不间断电源系统？

➡ 不间断电源系统 UPS（uninterruptible power system）是一种含有储能装置，以逆变器为主要组成部分的恒压恒频向用户提供不间断电力的电源。它主要用于给单台计算机、计算机网络系统或其他电力电子设备提供不间断的电力供应。当市电输入正常时，UPS 将市电稳压后供应给负荷使用，此时的 UPS 就是一台交流市电稳压器，同时它还向机内电池充电；当市电中断（事故停电）时，UPS 立即将机内电池的电能，通过逆变转换的方法向负荷继续供电，使负荷维持正常工作并保护负荷（电子设备）软、硬件不受损坏。

11-9 简述不间断电源系统（UPS）的构成及工作原理。

➡ UPS 由整流器、逆变器、旁路隔离变压器、逆止二极管、静态开关、手动切换开关、同步控制电路、直流输入电路、交流输入电路等部分组成。

（1）整流器的作用是将所用电系统的交流整流后与蓄电池系统的直流并联，为逆变器提供电源。

（2）逆变器的作用是将整流器输出的直流或来自蓄电池组的直流变换成正弦交流，它是 UPS 装置中的核心部件。

（3）旁路隔离变压器的作用是当逆变回路故障时能自动将 UPS 的负荷切换到旁路回路。

（4）静态开关的作用是将来自变压器的交流电源和旁路交流电源选择其一送至 UPS 的负荷。

（5）手动切换开关的作用是在维修或需要时将 UPS 的负荷在逆变回路和

旁路回路之间进行手动切换。

（6）信号及保护回路。UPS屏上设多种信号，以便监视其运行状态。

11-10 对变电所的不间断电源系统（UPS）的基本要求是什么？

➡️（1）保证在变电所正常运行和事故停电状态下为计算机、自动化仪表、继电保护设备提供不间断的交流电源。

（2）在变电所全站停电的情况下，UPS满负荷、连续供电的时间不得少于半小时。

（3）UPS的负荷侧与其交流电源间应设有抗干扰的隔离措施，防止用电系统的暂态干扰进入负荷侧。

（4）UPS应配备有效的过电流保护、过电压保护、指示仪表、就地信号和远方信号的空触点。

（5）UPS应密封、防尘、防潮、通风，适应在0°～40°室温下连续工作。

（6）UPS应有良好的电磁屏蔽措施。

（7）UPS应有较高的电压输出指标。

11-11 什么是蓄电池？蓄电池有何用途？

➡️蓄电池是一种能够储蓄电能的设备。它能把电能转变为化学能储蓄起来，使用时又可把化学能转变为电能通过外电路释放出来。这种可逆的变换过程，可以重复循环进行。

蓄电池是一种低压直流电源。它具有供电方便、安全可靠等许多优点，常用作通信、继电保护、事故照明、信号指示、遥控遥测以及各种车、船照明和发电机起动、运转的电源。

11-12 蓄电池是如何分类的？

➡️（1）蓄电池按电极和电解液的物质，可分为两大类：

1）酸性蓄电池（也叫铅蓄电池）。它的电解液浓度为27%～37%的稀硫酸溶液。酸性蓄电池的正极板活性物质是二氧化铅，负极板活性物质是海绵状纯铅。

2）碱性蓄电池。它的电解液浓度为20%的氢氧化钾水溶液或化学纯氢氧化钠溶液，其比重是1.2～1.27。如果碱性蓄电池的正极板用氢氧化镍，当负极板用铁时可制成铁镍蓄电池，当负极板用镉时可制成镉镍蓄电池。如果用银做正极板、用锌做负极板，可制成锌银蓄电池。

（2）蓄电池按用途和外形结构也可分为两大类：

1）固定型蓄电池，又可分为敞口式蓄电池、封闭式蓄电池、防酸隔爆式蓄电池、消氢式蓄电池。

2）移动型蓄电池，又可分为汽车拖拉机起动用蓄电池、电瓶车用蓄电池、摩托车用蓄电池、火车用蓄电池、船舶用蓄电池、特殊用途蓄电池。

（3）蓄电池按极板的结构可分为四大类：

1）涂膏式（也称涂浆式）。

2）化成式（也称形成式）。

3）半化成式（也称半形成式）。

4）玻璃丝管式（也称管式）。

11-13　固定型铅蓄电池型号的含义是什么？

→我国铅蓄电池的型号是用汉语拼音字母和阿拉伯数字来表示的。其型号一般由三个部分或者四个部分组成，见表 11-1。

表 11-1　　　　　　　固定型铅蓄电池型号含义

一	二	三	四
用汉语拼音字母表示蓄电池的用途	用汉语拼音字母表示正极板的结构	用拼音字母表示蓄电池的特征	用阿拉伯数字来表示蓄电池额定容量（A·h）

例 GGF-800 型蓄电池，第一个字母 G 代表固定型；第二个字母 G 代表正极板结构为管式；第三个字母 F 代表蓄电池的特性为防酸隔爆式；第四部分为阿拉伯数字 800 代表蓄电池 10 小时放电率的额定容量为 800A·h。

综上所述，GGF-800 型表示固定型管式正极板防酸隔爆式蓄电池，其 10 小时放电率容量为 800A·h。

11-14　移动型铅蓄电池型号的含义是什么？

→有一部分移动型铅蓄电池的型号标注和固定铅蓄电池基本相同。如 DG-80 型代表电瓶车用、管式正极板、容量为 80A·h 的蓄电池。又如 DF-350 型代表电瓶车用、正极板涂膏式、容量为 350A·h 的铅蓄电池。以上两例说明移动型铅蓄电池的型号标法和固定型铅蓄电池标法基本一致，都是取第一个汉字的汉语拼音首字母作为代号。但大部分移动型铅蓄电池型号则采用另一种标注方法，见表11-2。

表 11-2　　　　　　　　　　　　移动型铅蓄电池型号含义

一	二	三	四
串联单格电池个数	电池用途	极板类型或者电池特殊结构	10 小时放电率的额定容量
以阿拉伯数字表示	用汉语拼音字母表示	用汉语拼音字母表示	以阿拉伯数字表示

例 6-Q-84 型蓄电池，表示有 6 个单格电池串联组成的起动用铅蓄电池，其电压为 12V，额定容量为 84A·h。

例 6-QA-100 型蓄电池，表示有 6 个单格电池串联组成的干荷电式起动用铅蓄电池，其电压为 12V，额定容量为 100A·h。

11-15　固定型铅蓄电池的总体结构是什么？

➡固定型铅蓄电池是供在室内安装使用的一种容量大、寿命长、重量和体积都比较大的设备。固定型铅蓄电池可分为下列几种型式：

（1）固定型开口式铅蓄电池由正极板、边负极板、中间负极板、隔棍、隔板、玻璃管、正极板连接条、负极板连接条、弹簧、容器、小销钉、电源接线端子、隔离板、支撑物等组成。小容量固定型开口式铅蓄电池一般用玻璃缸，大容量的一般用铅衬木槽。在成组安装使用时，可装在木架或耐酸建筑台上。固定型铅蓄电池使用的电解液比重在 15℃时约为 1.2，因其容量较大，故比重取得较低，借以减小电池的内阻和减小对极板和隔板的腐蚀。

（2）固定型防酸隔爆式铅蓄电池由管式正极板、涂膏式负极板、微孔式隔离板以及透明塑料（或硬橡胶）电槽等组成，再盖上防酸隔爆帽，有的还在电池内部装上一个特制的温度比重计以指示电解液的比重和温度。

（3）固定型消氢式铅蓄电池的总体结构和上述基本相同，所不同的是在半密封盖内装有钯珠催化剂，使电池内产生的氢气、氧气在催化剂表面上化合成水再流回电槽里去，因此，在使用过程中，没有酸雾，不会引起爆炸，并减少了添加纯水的次数，有可能实现无人维护。

11-16　防酸隔爆帽的构造及其工作原理是什么？

➡防酸隔爆式铅蓄电池盖上的防酸隔爆帽是用金刚砂压制成型后再浸入适量

的硅油制成的，利用金刚砂粒间的毛细孔隙和硅油的憎水性质可达到防酸隔爆的目的。其工作原理如下：

当电池在充放电过程中，从电解液中分解出来的氢气、氧气可从毛细孔窜出，因此不会造成电池内部氢气、氧气越积越多引起爆炸；另外，由于内部析出的酸雾碰到具有憎水性的硅油时可形成水珠仍滴回电槽内，使大量酸雾不易析出电池外部，从而减少了酸雾对电池室或设备的腐蚀。

11-17 移动型铅蓄电池的总体结构如何？

➡移动型铅蓄电池由硬橡胶或塑料外壳、正极板、负极板、隔板、保护板、池盖、电桩、铅质封套、加液小盖、连接条、封口剂、垫角等组成。

移动型铅蓄电池的正、负极群大部分采用轻薄的涂膏式极板，用增加片数来增加作用面积，以获得较大的放电电流。大容量移动型铅蓄电池（如电瓶车用）则用管式极板，用以延长使用寿命和增强耐震性能。

移动型铅蓄电池使用的电解液比重一般为 1.24～1.29（15℃时），比重较高能适应大电流放电和降低电解液的冻结点，而且由于比重高，液量相应减少，从而减轻了蓄电池的重量。

11-18 什么是干荷电蓄电池？

➡干荷电蓄电池，是将普通的封闭式铅蓄电池经过特殊处理后制成的一种移动型铅蓄电池。最常见的处理方法是负极板在化成过程中，先浸入甘油溶液中，然后取出干燥，使负极板表面形成一层保护膜，因而可以防止负极板老化。在初次使用时，它不需事先充电，只要加入电解液待 15min 左右，电池便可启用。

11-19 涂膏式极板是怎样做成的？

涂膏式极板由板栅、铅膏、涂膏三道工序做成，分述如下：

➡（1）板栅：涂膏式极板的板栅（即骨架）由铅锑合金铸造而成。固定型铅蓄电池的板栅含锑量少一些；移动型蓄电池的板栅含锑量多一些，增加含锑量是为了加强其机械强度。板栅根据需要可做成不同的结构，如栅格式、斜格式、箱式等。

（2）铅膏：涂在正极板上的铅膏叫阳铅膏。阳铅膏是将氧化铅粉加入水并经过充分搅拌氧化后再缓慢加入比重1.12的稀硫酸溶液拌和而成的。涂在负极板上的铅膏叫阴铅膏。阴铅膏是由铅粉加上少量的硫酸钡、腐植酸、松香等与稀酸拌和而成的。硫酸钡和腐植酸为膨胀剂，可以防止负极板收缩；加入千分之一的松香可以提高负极板的抗氧化力。

（3）涂膏：将阴、阳铅膏用机械或者手工方法分别涂在铅锑合金铸成的板栅上成为生极板，将生极板放入比重 1.18 的稀硫酸中浸酸（或淋酸），几分钟后取出沥干，再送入烘房内进行干燥，干燥以后将正、负极板分别接至直流电源的正负极，并将其浸在稀硫酸溶液化成槽里通以电流进行化成处理，经相当的时间之后正极板变为多孔性二氧化铅，负极板还原成多孔性海绵状铅。化成之后还应进行少量放电，使极板表面生成硫酸铅保护层。

11-20　管式极板的构造特点如何？

➡管式（也叫玻璃丝管式）极板的板栅由铅锑合金铸成许多根直栅筋，在直栅筋上套上玻璃丝纤维编织的套管并灌入氧化铅粉，经振动器振粉十多分钟后，再用铅锑合金或塑料封底，最后经过充电化成。管式极板由直栅筋、活性物质、挂耳、挂钩、背梁、焊接极耳、封底组成。

由于玻璃丝管表面具有许多细缝，使管内的活性物质既能和管外的电解液充分接触，又不容易从管子的细缝中漏出，所以不会产生脱皮掉粉的毛病。

管式极板具有寿命长、重量轻、容量大、维护方便等许多特点，是蓄电池正极板的发展方向。

11-21　化成式极板的特点是什么？

➡化成式极板（又称为形成式极板）的一个特点是极板由纯铅或用机械碾成沟纹状增加了作用面积，极板的作用面积比原有面积要大 7~8 倍，因而增加了活性物质的化成量，提高了蓄电池的输出容量。其另一个特点是极板经电化后在沟纹表面化成的活性物质二氧化铅在使用过程中逐渐脱落时，内层的纯铅露出，可继续化成新的活性物质，因而极板的使用寿命较长。

11-22　半化成式极板的构造与化成式极板的构造有什么不同？

➡半化成式极板的板栅和化成式的一样，也是用纯铅铸成沟纹槽，所不同的是在其沟纹槽表面涂上一层铅膏。所用铅膏和涂膏式极板相同。它不仅简化了复杂的化成手续，而且减少了用铅量，与同容量的化成式极板比较，重量减轻、成本降低。当使用过程中活性物质逐渐脱落时，内层板栅表面的纯铅露出也可及时化成活性物质，所以其寿命也较长，但略小于化成式极板。

11-23 铁路客车和内燃机车用铅蓄电池的特点是什么？

➡️铁路客车和内燃机车用铅蓄电池的正极板为玻璃丝管式、负极板为涂膏式，隔板一般采用细孔橡胶或者细孔塑料制成。在每只蓄电池的盖上有浮标式的液面指示器，蓄电池容器及其他部分和一个移动型蓄电池一样。这类蓄电池具有体积小、容量大、安全、可靠等特点。它用作铁路客车的照明电源和内燃机车柴油机的起动电源。

11-24 电信用铅蓄电池的特点和技术参数是什么？

➡️电信用铅蓄电池适用于电信、电话、各种交换台或实验室。它的正负极板均为涂膏式，容器用玻璃或透明塑料制成并装置在刷耐酸油漆的木箱中，蓄电池槽外下部灌有石蜡，极板固定在软胶鞍上，移动和携带都很方便。

11-25 航标灯用蓄电池的特点及电气性能是什么？

➡️航标灯用蓄电池的极板一般为化成式或者半化成式，较其他用途蓄电池的极板厚，而且有防止电解液溢出的逸气装置，具有自放电少和小电流长时间放电的特点，适于作为江、河、湖、海航标灯的直流电源。

11-26 极板在蓄电池内部怎样连接？

➡️为了增大蓄电池的容量，常将若干片同极性的极板用横板连接成正极板组和负极板组（也叫极群），横板上还有电桩。安装时将正负极板交叉排列互相嵌合，在正负极板之间的空隙中插入绝缘隔板，这便构成单格蓄电池组。

蓄电池组的极板总数一般都为单数（三片以上），负极板总是比正极板多一片，每两片负极板中间夹一片正极板，间隔排列使正极板两面都起化学反应，这样可防止正极板因两面活性物质消耗不均匀和胀缩不均所引起的弯曲变形（正极板的活性物质较疏松，其机械强度较低，易变形）。因负极板在工作时胀缩现象不严重，故在制造时可较正极板薄一些。安装组合时，最外侧的两片极板的厚度仅为中间极板厚度的一半。

11-27 极群放入容器中的装置方式可分为几种？

➡️极群放入容器中有以下四种装置方式：

（1）挂式：开口型蓄电池将极群挂在玻璃缸缸口上或挂在铅衬木槽的玻璃挂板上。

（2）垂吊式：将极群吊镶在电池盖上，用极板的自重经软胶垫把容器和盖之间密封起来（小型密封式蓄电池用此方式）。

（3）鞍式：在容器的槽底部制成有落放极板的鞍子。一般移动型蓄电池和中型防酸隔爆式蓄电池的极群均坐落在容器内的鞍子上，电池周围用封口剂密封。

（4）吊挂鞍式：大容量的铅蓄电池采用此种方式。它基本上是垂吊式，而且将极群同时坐落在容器内的鞍子上。

11-28　蓄电池容器有几种型式，其构造特点是什么？

➡蓄电池容器（又称电槽）的作用是用来储存电解液和支撑极板的。它必须具有防止溶液泄漏、耐腐蚀、耐高温等性能。蓄电池容器根据材料和使用环境的不同可分为以下几种：

（1）玻璃槽：一般用于 720A·h 以下的固定型蓄电池。其特点是清晰透明，可以看见蓄电池的内部情况，便于维护、耐腐蚀、绝缘性好。

（2）铅衬木槽：用坚固木材制成，内壁用约 2mm 厚的铅皮封衬，制作时将木槽与铅衬分别做成，然后将铅衬套入木槽中，使电解液和木槽隔离，铅皮接缝处必须用熔焊法焊接好，不能有丝毫渗漏之处。为了增加木槽的抗酸性能，在木槽的表面刷耐酸油漆。铅衬木槽容器适用于 840A·h 以上的大容量蓄电池。

（3）塑料槽：用塑料压制和注射成型。其特点是可使蓄电池重量减轻、体积减小。

（4）硬橡胶槽：用事先配好的胶料放入压制成型。槽的外表面压出纵槽肋骨，内部分为若干格，槽底铸有极板鞍。胶盖上有三个孔，中间孔较大并有螺纹，供旋胶塞（即加液孔小盖）之用，两边两孔供极柱伸出之用。用硬胶或塑料制成的加液小孔盖旋在中间孔上。小盖上有两个不同心的气孔供电池内部气体溢出之用。胶盖与外壳间的缝隙用耐酸、耐热、耐寒的沥青封口剂严密封闭。硬橡胶槽的特点是重量较轻，绝缘性能好，适用于移动型蓄电池和大型的防酸隔爆式蓄电池。

11-29　隔板起什么作用？由哪些材料制成？

➡隔板是蓄电池内部正负极板之间的绝缘物。为了减小蓄电池内部的尺寸，安装时，正负极板应尽可能靠近，同时避免互相接触而短路，在正负极板之间用绝缘的隔板隔开。

隔板材料应为多孔性结构，以便电解液能自由渗透。常用的材料有木隔板、细孔橡皮隔板、细孔塑料隔板、玻璃纤维纸浆隔板、玻璃丝棉隔板等。木隔板是用松木、赤杨、白杨等制成，一面开槽，一面平滑，经过化学处理，使用时有槽的一面应对正极板，以便电解液流通。近年来在使用中，经常采用玻璃纤维纸浆、细孔橡皮、细孔塑料与玻璃丝绵的组合隔板，这种组合隔板具有耐酸性好、强度高、使用寿命长、多孔性好等许多优点。

11-30　固定型铅蓄电池正负极之间的绝缘隔离物有何特殊要求？

➡固定型铅蓄电池正负极板之间不但要插以绝缘隔板，而且还应插以隔棍（也叫隔棒、隔条）。常用的隔棍有木隔棍、塑料隔棍和硬橡胶隔棍等。木隔棍在制成之后必须进行碱煮、酸洗、水洗、干燥等处理过程，以除去木料中的油脂、有机物等有害杂质，增加多孔性及减小电阻。

隔棍在装配时，用有缝的两根隔棍夹住隔板。隔棍的上端用木制或胶制的小销钉穿好，它挂在正负极板的挂钩上或直接挂在极板的背梁上，用以支持整个隔离物。

11-31　铅蓄电池的工作原理如何？

➡蓄电池的工作过程是可逆的化学反应过程。在接通用电设备时，蓄电池作为电源向外供电或称为放电，将内部的化学能转化为电能。放电后用其他直流电源将电流充入蓄电池，将电能转化为化学能储存起来。放电时，正极板上的活性物质二氧化铅和负极板上的海绵状铅，都不断地转变为硫酸铅，电解液中的硫酸逐渐减少，而水逐渐增多，电解液比重下降；充电时，化学变化与放电时相反，正极板逐渐变为二氧化铅，负极板逐渐生成海绵状铅，电解液中的水分减少，硫酸增多，比重增大，两极板间又建立起一定的电压。这种放电和充电过程中的可逆电化反应的理论叫"双硫酸化理论"，总的化学反应是可逆的。

11-32　蓄电池在充电时端电压是如何变化的？

➡蓄电池的端电压随充电的过程而变化。当以稳定的电流对蓄电池进行充电时，电池端电压随充电时间变化而变化。蓄电池刚充电时，在极板的细孔中形成的硫酸骤增，来不及扩散到极板外，故充电初期电压上升比较快；然后便进入充电中期，极板微孔中电解液的比重增加速度和向外扩散速度渐渐趋于平衡，故电压增加缓慢；在继续充电中极板上的硫酸铅几乎全部被还原成了二氧化铅和海绵状铅。在充电电流的作用下，使水分大量分解，在正负极板上分别析出大量氢气和氧气，部分气泡附着在极板表面来不及释放，氧气使正极板氧化成电极，提高了正极电位，氢气为不良导体，它包围负极使内阻增大。由于以上两个原因使端电压继续上升。再继续充电，水的分解也趋于饱和，电压逐渐稳定。停止充电后，端电压骤降，然后随着极板微孔中电解液的扩散，浓度降低，端电压趋于稳定。

11-33 蓄电池在放电时端电压是如何变化的？

➡充电后的蓄电池，如以稳定不变的电流进行连续放电，电池端电压随时间的变化而变化。放电开始由于极板细孔内水分骤增，细孔内的电解液比重骤减，因而电池端电压下降很快。放电中期，因极板内水分的生成与极板外较高比重电解液的渗入取得了动态平衡，使极板细孔内电解液的比重下降缓慢，因而电池端电压下降也比较缓慢。放电末期由于极板上的活性物质大部分转化为硫酸铅，硫酸铅较二氧化铅和海绵状铅的体积大，它附着在极板细孔内和极板的表面，使极板外的电解液难以渗入，细孔内已稀释的电解液很难和容器中的电解液相互混合，因而电池端电压降落很快，端电压下降到一定的数值，该电压值叫放电临界电压，此时放电应结束。如再继续放电，容器中的电解液几乎停止渗入极板的细孔内，造成细孔中电解液几乎变为水，因而电动势急剧下降，造成极板损伤或反极现象。在临界电压停止放电后，由于容器中的电解液通过渗透作用逐渐和极板细孔内的电解液混合，使细孔内电解液较之前升高，因而使端电压得以恢复。

11-34 什么是蓄电池的容量？

➡蓄电池的容量就是它的蓄电能力。它以充足了电的蓄电池放电至规定终了电压时，电池所放出的总电量来表示。蓄电池容量的单位为 A·h（安培·小时，简称安·时）。其容量可用下式表示

$$Q = I_f t \ (A \cdot h) \tag{11-1}$$

式中 I_f——蓄电池的放电电流，A；

t——蓄电池的放电时间，h。

蓄电池的容量与放电电流的大小及电解液的温度有关。蓄电池出厂时规定的标称容量是在一定的放电电流、一定的终止电压和一定的电解液温度下所输出的电量来确定的。

11-35　影响铅蓄电池容量的主要因素有哪些？

➡蓄电池的容量除了与极板表面上的活性物质的利用程度、极板的构造和制造质量、极板的"钝化"和收缩、二氧化铅结晶形状等有关外，还与充电的程度、放电电流的大小、放电时间的长短、电解液的比重和温度的高低、蓄电池的效率以及新旧程度有关。对同一蓄电池来说，在使用过程中，放电率及电解液的浓度和温度是影响容量的主要因素。

11-36　放电率和极板上活性物质的利用率对蓄电池容量和端电压有什么影响？

➡蓄电池若以大电流放电，到达终了电压的时间短，反之则长。放电至终了电压的快慢叫做放电率。在放电时，正负极板的活性物质铅和二氧化铅要转变为硫酸铅。硫酸铅比活性物质的比重小、面积大，随着硫酸铅的生成，极板空隙逐渐缩小，使容器中硫酸渗入困难，而且硫酸铅的电阻系数也比活性物质大，使内阻随着硫酸铅的增多增大，使其他活性物质得到电化作用的机会减少；又因硫酸的比重在 1.200 左右时电阻最小，随电解液比重的不断降低，其内阻也将增加。

因此在放电过程中蓄电池的端电压趋于低落。当放电率高、放电电流增大时，极板的真实电流密度也大，电化学极化和浓差极化都加剧了，同时在单位时间内，铅离子的数量在电极附近增加很快，使硫酸铅的过饱和度增大，生成的硫酸铅盐层晶体细小而又致密，盐层阻碍了活性物质与电解液的接触，致使空隙中硫酸消耗过多，比重骤降，故电动势和端电压迅速下降，放电容量也随之大大降低。

当放电率低且以较小的电流放电时，电极极化小，电解液可以渗透至极板微孔中，电化作用能深入极板内层；同时铅离子过饱和度也小，生成的硫酸铅盐层晶体是粗大而松散的，它虽然也遮盖了极板的表面，但是电解液仍然可以通过它的空隙扩散到极板深处与活性物质接触，反应比较充分彻底。所以其放电容量较大，放电时间也长。

11-37　铅蓄电池产生自放电的原因是什么？如何防止？

➡充足电的铅蓄电池即使在放置不用时也会逐渐失去电量的现象叫自放电，也称局部放电。它的产生将造成无谓的电能损耗，使蓄电池容量降低。

产生自放电现象的原因很多，主要是由于电解液中含有有害杂质或极板本身含有有害杂质，这些杂质沉附在极板上，将使杂质和极板间、极板上的不同杂质间形成电位差。另外，极板本身各组成部分之间或极板处于不同浓度的电解液层的各部分之间均可能存在电位差。这些电位差的存在相当于一些小的局部放电，它们将通过电解液形成电流，从而使极板的活性物质发生溶解或电化作用转变为硫酸铅，导致蓄电池容量降低。经验证明，在正常情况下，由于自放电的作用，在一昼夜内，蓄电池的容量损失 1%～2%，但是在杂质较多或温度及比重较高时，将会增加3%～5%以上。严重的情况下，如果电解液内含有 1% 的铁杂质，将会造成蓄电池在一昼夜内将电放完。

消除自放电的方法：应使用纯净的硫酸和纯水配制合格的电解液，并严防杂质落入电池内；要控制电解液的温度，不宜太高；必要时可在电解液中滴入少量的浓度为 0.5% 的木素磺酸或浓度为 1.5% 的腐植酸，以降低自放电速度。

11-38　配制酸性电解液时最好使用什么水？

➡不同水源的水中含有不同的杂质，一般水中都不同程度的含有铁、铜、锰、铂、铋、砷、铬和能溶解铅的硝酸、盐酸、醋酸或化学上取代铅的盐基物质等，这些杂质都对铅蓄电池有严重的危害。用质量不好的水配制电解液，会很快地腐蚀极板使隔离物和极板变质，引起局部放电，使蓄电池容量降低，寿命缩短。因此在配置电解液或平时添加水时应特别注意水的纯度。

蓄电池目前大多数仍用蒸馏水配制电解液，蒸馏水虽然比水源水好得多，但是它的净化标准一般达不到蓄电池用水的要求。因此铅蓄电池最好使用化学除盐法制取的水配制电解液，它不但水质纯度高，而且制水速度快，工艺操作简单，成本低。化学除盐制取纯水的方法很多，其中以采用强酸、强碱性离子交换法制取的水最纯净，最适合铅蓄电池用。

11-39　蒸馏水和离子水有什么不同？

➡蒸馏水是将水中容易除去的强电解物质除掉而制成。每升蒸馏水的含盐量小于 5mg，25℃时，电阻率为 $100～1000k\Omega \cdot cm$。离子水又称深度脱盐水，它不但将水中易于除去的强电解质除去，而且将水中难除去的硅酸及二氧化碳弱电解质除去，使每升水的含盐量小于 1mg，25℃时，水的电阻率为 1000～10 000kΩ·cm。

11-40 恒流充电法和恒压充电法各有哪些缺点？

→ 恒流充电法的缺点：在充电后期，若充电电流仍然不变，这时大部分电流用于水的分解上，会产生大量气泡，这不仅消耗电能，而且容易造成极板上活性物质脱落，影响蓄电池的寿命。

恒压充电法的缺点：在充电开始时充电电流过大，正极板上活性物质体积收缩太快，影响活性物质的机械强度；而充电后期电流又偏小，有可能使极板深处的硫酸铅不易还原，形成长期充电不足，影响蓄电池性能和寿命。

11-41 怎样判断蓄电池已充足电？为什么？

→ 蓄电池充足电应从以下几个方面正确判断：

（1）充电末期电压达 2.6～2.7V，3h 以上不变。

（2）充电末期时，电解液的比重 3h 不变。

（3）极板上下产生的气泡均匀，电解液由乳白色稍转清亮。

（4）停电 1h 后，用第一阶段电流充电，10min 内应剧烈冒泡。

（5）正极板为褐色，负极板为浅灰色。

从上述几个方面可判断蓄电池充足电的原因是：当充电转入第二阶段后，随着时间的延长，极板内未转化的硫酸铅越来越少，电流对水的电解作用越来越强，分解出来的氢气和氧气越来越多。由于带正电的氢离子在负极板上受电子吸引而逸出缓慢，所以电解液的极板之间产生附加电位差。这个电位差使单格电池端电压较快上升到 2.7V 左右。此时，由于充电电流几乎全部用于水的电解，因而电解液中冒出大量气泡，表明电已充足。

11-42 什么是浮充电？如何计算浮充电电流？

→ 浮充电就是将充足电的蓄电池组与充电设备并联运行，充电设备以不大的电流补充蓄电池的少量放电的一种运行方式。浮充电主要由充电设备供给恒定负荷，蓄电池平时不供电，充电设备以不大的电流来补充蓄电池的自放电，以及由于负荷在短时突然增大所引起的少量放电。这种运行方式可以防止极板硫化和弯曲，其实际寿命较其他运行方式的蓄电池组有较大的延长。

在浮充电运行方式中，蓄电池的电压保持在 1.215 ±0.005V，即大体上使蓄电池经常保持在充满电的状态。由于每 12A·h 极板的内部自放电约需 0.01A 的充电电流来补偿，所以浮充电电流值可按下式进行计算

$$I = \frac{0.01Q_N}{12}$$

(11 - 2)

式中　I——浮充电所需要的电流值，A；

Q_N——蓄电池的额定容量，A·h。

需要说明的是，旧蓄电池浮充电所需要的电流与式（11 - 2）计算值有所不同，这是因为电解液的温度、比重以及金属杂质对局部放电均有影响。

11 - 43　用什么简便方法检查单格电池是否短路？

➡（1）刮火法：用一根直径小于 1.5mm 的铜线，一端接在某一单格电池的一个极上，手拿另一端与该格另一极迅速擦刮，如出现蓝白色强火花表明良好，如出现红色火花表明缺电，如无火花或只有小火星表明该格电池已短路。

（2）用一块 ±30A 的电流表，一接线柱与该单格电池任何一极相连，另外一接线柱与该格另外一极相连，观察其电流值，如大容量蓄电池电流为 0～3A 表明该电池已短路，高于此值者表明未短路。

（3）用一个晶体二极管，串联一只小灯泡，依正向接法连接，晶体管的正极接该单格电池的正极，负极接该单格电池的负极，若灯泡发亮则表明完好，若不亮或者微红则表明该单格电池短路。

（4）指南针法：将蓄电池以 10 小时放电率电流放电，同时用一指南针沿着连接铅条或极耳移动，观察指南针的指向，当指南针突然发生指向改变的地方，表明附近单格电池有短路。

11 - 44　为什么蓄电池往往是其中一个单格电池先坏？

➡造成其中某一单格电池先损坏的原因大多如下：

（1）单格电池的电解液比重和液面高度经常不一致，在使用中往往容易产生某一格容量较小的电池先放完电，因没有及时充电，而发生硫化作用。

（2）在每次充电完毕后，没有检查调整单格电池的液面高度和比重。

（3）极板质量不好。

（4）隔板损坏，造成内部短路。

（5）通气孔不通，造成电池内部压力增大，使活性物质脱落。

当蓄电池损坏一、两格时，可暂用铜丝或铝丝跳接在完好的格上使用。

11－45　串联两只不同容量的蓄电池在使用中有何害处？

→对两只不同容量的蓄电池充电时，容量小的一只可能刚好充足电，而容量大的一只则处于半充足电状态，还有许多硫酸铅没有还原；如果使容量大的一只以大电流充满电，则小容量的一只就会过充电，损坏极板。尤其在放电时，小容量的电池因放电电流过大或放电过多，而缩短使用寿命，因此连接两蓄电池的容量必须相等。

11－46　蓄电池放电常用的方法有哪些？

→蓄电池常用的放电方法有水阻法、电阻法、反馈电机法和可控硅逆变放电法四种。

11－47　负极板会出现哪些故障？

→正常的负极板呈纯灰色，活性物质紧紧地结合在板栅中，看上去有柔软感。如果充电不足使极板硫化或长时间未进行充放电循环，活性物质便失去活动性能，绒状铅凝结硬化，体积增大，并出现白色颗粒结晶体。当充电电流过大或过载放电时，极板上部的活性物质会膨胀成苔形浮渣，极板下部的活性物质脱落露出板栅。

负极板上如果出现上述故障，故障较轻时，可进行全容量的充电，半容量的放电，而后再进行均衡充电；故障比较严重时，应更换极板。

11－48　造成正负极颠倒的原因是什么？

→充电电流应从蓄电池的正极流入，从负极流出，否则就会导致蓄电池继续放电，并被反充电，从而导致正负极板上的活性物质颠倒即负极板生成二氧化铅，正极板上生成少量的绒状铅，造成蓄电池电压降至零值，容量完全丧失。这种现象叫转极或反极。产生反极有以下几种原因：

（1）充电时，把正负极接错。

（2）极板硫化、短路或降低了容量的单格电池，在放电时，提前放完了电，蓄电池整体放电过程中良好的电池对过早放完电的电池进行反充电。

（3）在蓄电池组中抽出部分单格电池担负额外的负载。这些被抽出的单格电池容量降到一定程度时，在蓄电池放电过程中，其余放电较少的蓄电池将对这些减少容量的单格电池进行反充电。

（4）在大容量的蓄电池组中，有几只小容量的蓄电池在连续充电运行时，共同承担一定的负载，当停止充电时，小容量的电池提早放完电，大容量的电池便对其进行反充电。

电池发生反极时，应对故障单格电池进行充电。经小电流长时间充电仍不能恢复电压时，可将极板抽出用纯水漂洗干净并更换电解液后，以小电流长时间充电，待电压恢复到正常值时可进行多次全充电、半放电循环，直至容量恢复正常再投入使用。

11-49　充电后蓄电池容量不足与容量减少是什么原因？怎样处理？

▶造成容量不足与容量减少的原因是：

（1）初充电不足，或长期充电不足。

（2）电解液比重或温度低。

（3）局部放电严重。

（4）电解液不纯净，含有杂质。

（5）极板已硫化，隔板电阻变大。

（6）内部或外部短路，或正极板损坏，负极板收缩。

（7）长期浮充电，未进行循环放电，使活性物质凝结、性能衰退、负极板钝化。

排除故障的办法是：

（1）应均衡充电后，改进运行方式。

（2）调整电解液比重，保持室内温度在规定范围。

（3）清洁蓄电池外部，拧紧各连接件，并加强绝缘。

（4）检查电解液，必要时进行更换。

（5）视极板情况，消除硫化，更换隔板。

（6）进行若干次充放电循环，并应定期进行。

11-50　铅蓄电池电解液比重异常有什么现象？其原因是什么？怎样处理？

▶比重异常主要有下列几种现象：

（1）充电的时间比较长，但比重上升很少或不变。

（2）浮充电时比重下降。

（3）充足电后，3h内比重下降幅度很大。

（4）放电电流正常但电解液比重下降很快。

（5）长时间浮充电，电解液上下层的比重不一致。

造成电解液比重异常的主要原因是：

（1）电解液中有可能含有杂质并出现浑浊。

（2）浮充电流很小。

（3）自放电严重或已漏电。

（4）极板硫化严重。

（5）长期充电不足，由此造成比重异常。

（6）水分过多或添加硫酸后没有搅拌均匀。

（7）电解液上下层比重不一致。

相应的排除方法如下：

（1）应根据情况处理，必要时更换电解液。

（2）应加大浮充电流，进一步观察。

（3）应清洗极板，更换隔板，加强绝缘。

（4）应采用防止极板硫化方法处理。

（5）应均衡充电后，改进其运行方式。

（6）一般应在充电结束前 2h 进行比重调整。

（7）应用较大的电流进行充电。

11-51　电解液温升异常的现象和原因是什么？如何处理？

温升异常的现象是：

（1）初充电前电解液温度不下降。

（2）正常充放电时，电解液温度升高。

（3）个别电池的温度比一般的电池高。

电解液温度升高的原因是：

（1）负极板已氧化。

（2）充电电流过大或内部短路。

（3）室温高，通风降温设备不佳。

（4）极板硫化。

（5）温度表没有校正。

相应的处理方法如下：

（1）浸酸后不降温可用小电流进行循环充电。

（2）消除电池内部短路，减小充电电流。

（3）设置通风降温措施。

（4）消除硫化，如其硫化不严重时，可用小电流充电法除去硫化。

（5）校正温度表。

11-52 镉镍蓄电池的分类和构造特点是什么？

➡镉镍蓄电池按极板的结构可分为有极板盒式和无极板盒式两种，按外形结构又可分为开口式和密封式两种。有极板盒式和无极板盒式蓄电池在外盖上都有一个注液口，注液口上拧着密闭式气塞。这个气塞能使蓄电池内部气体排出又防止外部气体进入，还可保证蓄电池短时翻转不流出电解液。

（1）有极板盒式镉镍蓄电池：它的正极板由氧化镍粉和石墨粉包在穿孔的钢带中，负极板由镉粉和铁粉包在穿孔的铁带中经加压成型后制成。把正负极板焊接成极板群装入镀镍铁质容器或塑料容器内，正负极板之间用耐碱硬橡胶或穿孔的塑料瓦楞板隔开，最后焊底焊盖，成为碱性镉镍蓄电池组。

（2）无极板盒式镉镍蓄电池：它的极板有烧结式、压成式、半烧结式三种。极板群安装焊盖后成为无极板盒式单体蓄电池。

1）烧结式正负极板：以镍为材料烧结成多孔性骨架，在镍骨架的孔隙中填充氢氧化亚镍成为正极板，在镍骨架的孔隙中填充上氢氧化镍成为负极板。

2）压成式正负极板：是用镀镍的钢网为骨架，在专用模具中，加活性物质氢氧化亚镍和石墨粉加压成型为正极板，加活性物质海绵状镉粉和氧化镉粉加压成型为负极板。

3）半烧结式极板：一个电极为烧结式，另一个电极为压成式。

（3）镉镍密封蓄电池：它的正极板的结构多数与无极板盒式蓄电池相同，将正极板用隔膜隔开组成极板群，再把极板群放入镀镍铁质的圆筒中，加入电解液化成后，再把外壳和外盖以卷边的方式密封，成为单体密封蓄电池。压成式密封蓄电池的极板用镉网包扎，在特别模具中加压成型，经化成后，正负极板采用维尼纶纸与卡普伦布为隔膜，垫栅作为接触片，装入镀镍的钢壳中，壳和盖用卷边的方式密封，成为单体密封压成式蓄电池。

密封蓄电池的特点是使用前不必再关注电解液，并且任何方向不泄漏电解液。

11-53 镉镍蓄电池的工作原理是什么？

➡镉镍蓄电池多数选用氢氧化钾溶液作为电解液，正极板活性物质在充电后转化为氢氧化镍，负极板的活性物质在充电后，转化为金属镉。蓄电池充电时将电能转化为化学能储存起来，放电时把化学能变为电能释放出来，两极发生的电化学反应是可逆变化。

11-54 镉镍蓄电池的主要特征与铅蓄电池有什么不同？

(1) 充电小时和充电电流的乘积不等于额定容量。这种蓄电池的正常充电时间为 7h，充电电流为额定容量的 1/4；快速充电时间为 4h，充电电流为额定容量的 1/2；过充电时间为 9h，充电电流为额定容量的 1/4。

(2) 镉镍蓄电池单只电池的额定电压均为 1.25V，充电时每只蓄电池需电源电压为 1.9V，低温为 2.2V，浮充电时保持 1.6V。

(3) 镉镍蓄电池的正常放电率为 8h，但它不仅能承受过充电，而且能用 1h 放电电流进行放电。

(4) 低温容量：蓄电池充电后在温度 20℃±5℃下保持 30 天，放出容量约为额定容量的 90%；如果在常温下充电，在-20℃放电，能放出额定容量的 75% 以上；在-40℃放电，能放出额定容量的 20% 以上。

(5) 镉镍蓄电池充放电循环，可达 750 次以上。

11-55 锌银蓄电池的工作原理如何？它有什么特点？

锌银蓄电池的正极板活性物质是多孔性银，负极板的活性物质主要为氧化锌。当电解液注入并浸透一段时间经化学反应后，它的负极板将变为氢氧化锌，这时蓄电池相当于放电以后的状况；当充电后，正极板的活性物质变为二价的氧化银、负极板变为锌将电能转化为化学能储存起来。

它的特点是：

(1) 在充放电过程中不消耗电解液（氢氧化钾），只是在放电过程中，电解液中的纯水仅有一小部分被消耗，大部分被极板的活性物质所吸收，在充电过程中水又被释放出来，即在充电时液面升高，在放电时液面将下降。

(2) 锌银蓄电池充放电终止的标志，应以测量的它的端电压的高低来判断。

11-56 对锌银蓄电池的充电有什么特殊要求？

锌银蓄电池有三种充电方式：

(1) 正常充电。用 10 小时率恒定电流充电到 2.05V 为止，可用这种充电方式进行蓄电池的化成、容量检查和正常使用的充电。

（2）快速定时充电。在容量能满足要求的情况下，锌银蓄电池在使用过程中允许大电流充电 $7\sim8h$，即相当于充到额定容量后使用。这种蓄电池的充电宁可稍微不足以延长寿命，切不可过充电。当电池用到后期时充电，往往不到规定时间电压即升高到 2.05V，此时应停止充电。

（3）小电流充电。锌银蓄电池较长时间搁放后再开始使用时，应用小电流充电到电压 2.05V，以便恢复其容量。

锌银蓄电池的特殊要求是严防过充电，其充电电压不得超过 2.1V。否则会电解水产生大量氢、氧气泡，加速隔膜氧化甚至损坏，严重影响蓄电池的寿命。

11-57　蓄电池定期充放电的意义是什么？

➡蓄电池定期充放电也叫核对性放电。以全浮充方式运行的蓄电池应每三个月进行一次核对性放电，以核对其容量，并使极板有效物质得到均匀活化。对已运行两年以上的蓄电池可适当延长核对性放电周期。核对性放电一方面用于检查电池容量和健康水平，做到发现问题及时检修；另一方面能够活化极板上的有效物质，保证蓄电池的正常运行。

11-58　无端电池直流系统有哪些优点？

➡无端电池直流系统优点有：

（1）蓄电池总数减少，并省去了端电池调整器。

（2）减少了施工安装工作量。

（3）降低了充电硅整流器的输出电压。

11-59　无端电池直流系统采用什么措施调整电压？

➡无端电池直流系统在各种运行方式下电压均有可能波动。对负荷来说，控制负荷电压采用串联硅二极管的调压措施，利用硅二极管有稳定的管压降，从而实现了电压调节。对于要求较高的直流系统，可安装多级硅降压装置，实现自动控制。对动力负荷，因为其短时间使用，直流母线电压波动不影响断路器的跳合闸。为防止蓄电池均衡充电时直流母线电压偏高，也可采用充电回路装设硅降压装置，正常时被接触器短接，当均衡充电时，将接触器断开，接入硅降压装置。

11-60 高频开关整流器主要技术特点有哪些?

➡(1) 用高频半导体器件（VMOS 或 IGBT）取代晶闸管，具有输入阻抗高、开关速度快、高频特性好、线性好、失真小、多管并联、输出容量大等特点，取消了笨重的工频变压器，重量轻、体积小、效率高、噪声小。

（2）采用高频变换技术、PWM 脉宽调制技术和功率因数校正技术，使功率因数大大提高，接近于 1.0，效率高、重量减轻、体积缩小、可靠性高，由于元件集成化，维护工作量小，同时由于控制、调制技术先进，使各项技术指标非常先进。

11-61 解决大功率整流器晶闸管散热问题的主要措施是什么?

➡(1) 加装散热器。晶闸管要紧固在相应的散热器上，并要求接触良好，没有可见的缝隙，接触面涂以硅油，以增加导热能力，但散热器周围要有足够大的散热空间。

（2）采取强制冷却措施。20A 以下的晶闸管采用自然冷却；20A 以上的晶闸管必须强制风冷，并有一定的风速。例如 50A 晶闸管的散热器要求出口风速为 5m/s。

11-62 微机控制直流电源装置有哪些特点?

➡(1) 对电网及直流系统的各种运行状态，均汇编为微机执行的程序。

（2）运行中出现的各种问题，微机能自动地做出相应的指令，进行处理。例如：恒流充电、恒压充电、浮充电、交流中断处理、自动调压、自动投切、信号输出、远方控制等，微机均能正确无误地进行处理，全面实现无人值守的要求。

11-63 直流母线电压监视装置有什么作用? 母线电压允许范围是多少? 母线电压过高或过低有何危害?

➡直流母线电压监视装置的作用是监视直流母线电压在允许范围内运行。正常运行时直流母线电压应保持高于额定值 3%～5%，如 220V 直流母线电压应保持在 227～231V 之间，事故情况下直流母线电压一般不应低于额定值的 90%，即 198V。

当母线电压过高时，对于长期充电的继电器线圈、指示灯等易造成过热烧毁；母线电压过低时，则很难保证断路器、继电保护可靠动作。因此，一旦直流母线电压出现过高或过低的现象，电压监视装置将发出预告信号，运行人员应及时调整母线电压。

11-64　直流系统发生正极接地和负极接地时对运行有何危害？

➡直流系统发生正极接地时，有可能造成保护误动，因为电磁机构的跳闸线圈通常都接于电源负极，倘若这些回路再发生接地或绝缘不良就会引起保护误动作。直流系统负极接地时，如果回路中再有一点接地时，就可能使跳闸或合闸回路短路，造成保护装置和断路器拒动，烧毁继电器，或使熔断器熔断。

第十二章

接地和接零

12-1 电气上的"地"是指什么？

➡ 电气上的"地"一般是指电气地、地电位、逻辑地。

（1）电气地。大地（地球的任一部分）的电阻非常低、电容量非常大，拥有吸收无限电荷的能力，而且在吸收大量电荷后仍能保持电位不变，因此适合作为电气系统中的参考电位体。这种"地"是电气地。电气地并不等于地理地，但却包含在地理地之中。电气地的范围随着大地结构的组成和大地与带电体接触的情况而定。

（2）地电位。与大地紧密接触并形成电气接触的一个或一组导电体称为接地极，通常采用圆钢或角钢，也可采用铜棒或铜板。图 12-1 所示为圆钢接地极。当流入地中的电流 I 通过接地极向大地作半球形流散时，由于这半球形的球面，在距接地极越近的地方电流越大，越远的地方电流越小，所以在距接地极越近的地方电压越高，而在距接地极越远的地方电压越低。试验证明：在距单根接地极或碰地处 20m 以外的地方，呈半球形的球面已经很大，实际已没有什么电压存在，不再有什么电压降。换句话说，该处的电位已近于零。该电位等于零的电气地称为地电位。若接地极不是单根而由多根组成时，屏蔽系数增大，上述 20m 的距离可能会增大。图 12-1 中的流散区是指电流通过接地极向大地流散时产生明显电位梯度的土壤范围。地电位是指流散区以外的土壤区域。在接地极分布很密的地方，很难存在电位等于零的电气地。

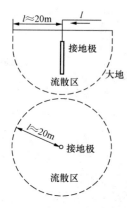

图 12-1 圆钢接地极

（3）逻辑地。电子设备中各级电路电流的传输、信息转换要求有一个参考电位，这个电位还可防止外界电磁场信号的侵入，常称这个电位为逻辑地。这个"地"不一定是地理地，可能是电子设备的金属机壳、底座、印刷电路板上的地线或建筑物内的总接地端子板、接地干线等。逻辑地可与大地接触，也可不接触，而电气地必须与大地接触。如印刷电路板上的地线就是不接地的逻辑地，而接地干线就是接地的逻辑地，这时逻辑地就是电气地。

12-2 什么叫外露可导电部分？什么叫直接接触？什么叫间接接触？

➡外露可导电部分是指用电设备能被触及的可导电部分，它在正常情况时不带电，但在故障情况下可能带电。

直接接触是指人或家畜与带电部分接触。

间接接触是指人或家畜与故障情况下已带电的外露可导电部分的接触。

触电是指人身直接接触电源或带电体，简称触电（electric shock）。人体能感知的触电跟电压、时间、电流、电流通道、频率等因素有关。譬如人手能感知的最低直流为 $5\sim10mA$，对 60Hz 交流的感知电流为 $1\sim10mA$。随着交流频率的提高，人体对其感知敏感度下降，当电流频率高达 $15\sim20kHz$ 时，人体无法感知电流。

12-3 什么叫接地？什么叫接零？为什么要进行接地和接零？

➡将电力系统或建筑物中电气装置、设施的某些导电部分，经接地线连接至接地极称接地。

将电气设备和用电装置的不带电的金属外壳与中性点接地的电力系统零线相接叫做接零。

接地和接零的目的，一是为了电气设备的正常工作，如工作性接地；二是为了人身和设备的安全，如保护性接地和接零。虽然就接地的性质来说，还有重复接地、防雷接地和静电屏蔽接地等，但其作用都不外是上述两种。

12-4 接地与等电位连接在概念上的区别是什么？

➡接地是以大地电位作为参考电位，在大地表面实现等电位连接，泄放 $50\sim60Hz$ 低频故障电流和雷电流以及静电荷。这里指的接地就是与发电厂、变电所的主接地网的连接。

等电位连接则是以某一导体的电位作为参考电位，以与该导体的连接代替与大地的连接的接地。这里指的接地就是与发电厂、变电所的等电位网的连接。等电位连接属于高频接地的范畴，两者互通而又不完全相同。如果不与大地连接的等电位连接那就无法对地泄放雷电流和静电荷。

12-5　什么叫工作接地、保护接地和重复接地？

➡在电力系统电气装置中，为运行需要所设的接地（如中性点直接接地或经其他装置接地等）称工作接地。

电气装置的金属外壳、配电装置的构架和线路杆塔等，由于绝缘损坏有可能带电，为防止其危及人身和设备的安全而设的接地叫保护接地。

重复接地就是在中性点直接接地的系统中，在零干线的一处或多处用金属导线连接到接地装置的接地。

12-6　工作接地的作用是什么？

➡(1) 降低人体的接触电压。在中性点不接地系统中，当一相故障接地而人体又触及另一相时，人体所受到的接触电压是相间线电压（等于相电压的$\sqrt{3}$倍）。在中性点直接接地系统中，当一相故障接地而人体触及另一相时，人体所受的接触电压是相电压。这是因为中性点的接地电阻很小，中性点与地间的电位差几乎等于零。

（2）迅速切断故障。在中性点不接地系统中，当一相发生接地短路时，接地短路电流很小，保护达不到启动值（熔丝难以熔断），因此故障不能及时切除。而是在中性点直接接地的系统中，当一相发生接地短路时，通过接地装置形成了一个回路，接地短路电流很大，达到保护启动值（熔丝能迅速熔断），能将故障迅速切除。

（3）降低电气设备绝缘的设计水平。在中性点不接地系统中，当一相接地时，其他两相对地电压按相电压的$\sqrt{3}$倍设计。在中性点直接接地系统中，带电体对地电压任何时候都不会超过相电压，因此带电体对地绝缘按相电压设计即可。

12-7　保护接地的作用是什么？

➡保护接地是将电气设备不带电的金属部分与接地体之间做良好的金属连接的接地。其作用是降低接触点的对地电压，避免人体触电危险。保护接地又称安全接地。

12-8　重复接地的作用是什么？

➡在有重复接地的380/220V低压供电系统中，当发生接地短路时，能降低零线的对地电压；当零线发生断线时，能使故障程度减轻；对照明线路能避免因零线断线又同时发生某相碰壳时而引起的烧毁灯泡、电脑、冰箱等事故。

在没有重复接地的情况下，当零线发生断线时，在断线点后面只要有一台用电设备发生一相碰壳短路，其他设备外壳接零线设备的外壳上都会承载着接近相电压的对地电压，如图12-2所示。

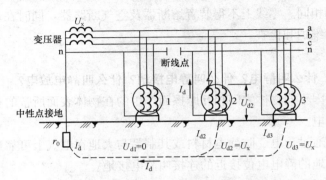

图12-2　无重复接地时，零线断线示意图

如图12-3所示，在有重复接地时，断线点后面设备外壳上的对地电压 U_d 的高低，由变压器中性点的接地电阻与重复接地装置的接地电阻分压决定，即

$$U_d = U_X \frac{r_n}{r_0 + r_n} \tag{12-1}$$

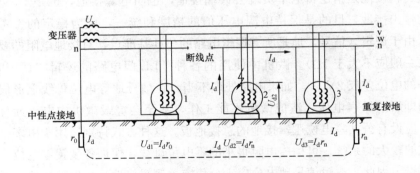

图12-3　有重复接地时，零线断线示意图

式中　U_d——设备外壳上的对地电压有效值，V；

　　　U_X——相电压有效值，V；

　　　r_0——变压器中性点的接地电阻，Ω；

　　　r_n——重复接地电阻，Ω。

一般 $r_n > r_0$，故外壳电压仍然较高，对人身仍可造成危害。

如果是多处重复接地（相对并联），则接地电阻值很低，零线断路点后面碰相外壳的对地电压 U_d 也就很小，对人身的危害就会大大减轻。

由上述分析可知，零线断线是影响安全的不利因素，故应尽量避免发生零线断线现象。这就要求在零线设计时加强零线强度，因此现今设计零线截面选择和相线的相同。零线上不得装置熔断器及空气断路器，同时在运行中注意加强对零线的维护和检查。

12-9 什么叫静电？什么叫静电接地？什么叫静电放电？

➡通常将因不同物体之间相互摩擦而产生的在物体表面所带的相对静止不动的电荷叫静电。

凡物体通过导电、防静电材料或其制品与大地在电气上可靠连接，确保静电导体与大地的静电电位接近的连接叫静电接地。

具有不同静电电位的物体由于直接接触或静电感应所引起的物体之间静电电荷的转移，通常在静电场能量达到一定程度之后，击穿其间介质而进行放电的现象叫静电放电。

12-10 什么叫逻辑接地？

➡逻辑接地是指逻辑电平负端公共端接地，也叫电源接地，也是＋5V 等电源的输出接地，目的是保持电源电压值的精度和统一，成为稳定的参考零电位。由于逻辑（信号）地是所有逻辑电路的公共基准点，对接地电阻的要求较严（一般应不大于 1Ω）。微机中使用的各种 TLL 门电路的逻辑"1"和"0"电平的电位差仅 2V 多，如果电路处理不当，在信号地等电位母线上形成电位波动即所谓噪声电压，造成微机不能工作，甚至会烧毁微机中电子元件。为此，应设有公共零电位逻辑接地的总接地板。这种方式特别适用于由多个装置构成的较大的系统。可构成电阻很小的零电位母线，保证各装置零电位为同一基准点。因此，逻辑信号地电位应十分稳定。逻辑接地又称信号接地，属于一种高频接地。

12-11 什么叫中性点、中性线、保护线、保护中性线、保护接地线？

➡中性点是指发电机或变压器的三相电源绕组连成星形时三相绕组的公共点。

中性线是指与低压系统电源中性点连接用来传输电能的导线，用字符 N 表示。

保护线是指在某些故障情况下电击保护用的导线，用字符 PE 表示。

保护中性线是指同时起中性线与保护线两种作用的导线，用字符 PEN 表示。

保护接地线是指在某些故障情况下电击保护用的接地导线，用字符 PEE 表示。

12-12 什么叫对地电压、接触电压和跨步电压？

➡对地电压、接触电压和跨步电压示意图如图 12-4 所示。

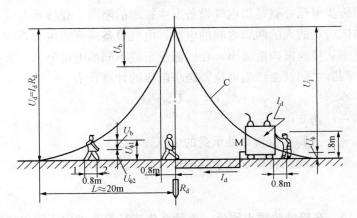

图 12-4 对地电压、接触电压和跨步电压的示意图

在图 12-4 中，当电气装置 M 绝缘损坏碰壳短路时，流经接地极的短路电流为 I_d，如接地极的接地电阻为 R_d，则在接地极处产生的对地电压 $U_d = I_d R_d$，通常称 U_d 为故障电压。相应的电压分布曲线为图 12-4 中的曲线 C。

所谓对地电压，即电气设备发生接地故障时，接地设备的外壳、接地线、接地体等与零电位点之间的电位差。对地电压就是以大地为参考点，带电体与大地之间的电位差（大地电位假定为零）。其表示公式为

$$U_d = I_d R_d \tag{12-2}$$

式中　U_d——发生故障时设备对地电压，V；

　　　I_d——设备发生故障时的短路电流，A；

　　　R_d——接地装置的接地电阻，Ω。

所谓接触电压是指人接触与接地装置相连的电气设备外壳等接触处和人站立点间的电位差。电流通过接地装置时，大地表面会形成以电流入地点为中心的分布电位，距电流入地点越近，电位越高。接触电压主要产生于电力系统的短路电流，也可能来自雷电流。为了避免接触电压对人身的伤害，接地网的外

沿应该闭合，外沿各角应做成圆弧形；如仍不能满足要求，可敷设水平均压带。接地网边沿的地面经常有人通过的地方，可铺设砾石或沥青路面，也可敷设均压带。接触电压计算式为

$$U_j = U_d - U_\phi \qquad\qquad (12-3)$$

式中　U_j——接触电压，V；

　　　U_d——设备发生故障时对地电压，V；

　　　U_ϕ——地电位（地对零电位的电压），V。

所谓跨步电压，就是指电气设备发生接地故障时，在接地电流入地点周围电位分布区行走的人的两脚之间的电压。电气设备碰壳或电力系统一相接地短路时，电流从接地极四散流出，在地面上形成不同的电位分布，人在走近短路地点时，两脚之间就会产生电位差跨步电压的计算式为。

$$U_b = U_{\phi 2} - U_{\phi 1} \qquad\qquad (12-4)$$

式中　U_b——跨步电压，V；

　　　$U_{\phi 2}$——人脚在位置 2 处承受的电压，V；

　　　$U_{\phi 1}$——人脚在位置 1 处承受的电压，V。

12-13　在接地故障点附近，为什么牛或马等畜类比人触电危险性更大？

➡人或牛、马等在走向接地故障点附近时，由于跨步电压的作用都会引起触电，脚与脚之间的距离越大，跨步电压越高。牛、马等畜类的两脚跨距一般为 1m 以上（约 1.4m），而人的跨距约为 0.8m。由于牛、马等畜类的跨距比人的跨距大得多，其跨步电压也高得多，所以其触电危险性更大。

12-14　什么叫接地装置？接地装置包括哪些部分？

➡接地装置是指接地线和接地极的总和。它由接地体、接地干线、接地支线、电气设备组成。

12-15　什么叫流散电阻？什么叫接地电阻？

➡流散电阻为接地体与土壤间的接触电阻与土壤电阻之和，在量值上等于接地体对地电压与经过接地体流入地中入地电流之比值。

接地电阻是指接地极或自然接地极的对地电阻和接地网电阻的总和。接地电阻的数值等于接地装置对地电压与通过接地极流入地中电流的比值。

两者在概念上的区别在于接地体对地电压与接地装置对地电压上的不同，接地体指的是单体，接地装置指的是一个复合体。通常使用的多般为接地电阻这个量值。

12－16　为什么小接地短路电流系统高低压电气装置共用接地装置的接地电阻必需满足公式 $R \leqslant 120/I$ 的要求？

➡️最早的用电历史上是先有 110V 的配电网，向用户供电采用的电压是 110V 而不是 220V。110V 的配电网允许低压线路的电压偏移为 $110 \pm 10\% = 99 \sim 121$ （V），同时为了小接地短路电流系统满足保护接地要求，在公式 $R \leqslant 120/I$ 中取 $U = 120V$，规定接地电阻 $R = 4\Omega$，用 110V 供电相对于 220V 供电更安全。当 10～35kV 配电网的故障短路电流取 $I \geqslant 30A$ 时，而接地电阻 $R = 4\Omega$，因此故障短路电流不允许小于 30A，否则不符合 35kV 和 10kV 电压互感器保护熔断器（额定电流为 0.5A）以及 380/220V 供电回路熔断器（最小额定电流为 5A）的选择比大于或等于 4.5 的要求，即是满足熔断器可靠熔断这一灵敏度的要求。

12－17　为什么小接地短路电流系统高压电气装置的接地电阻必需满足公式 $R \leqslant 250/I$ 的要求？

➡️小接地短路电流系统中故障短路电流较小，但继电保护常作用于信号不跳闸，接地处运行时间允许达 30min，工作人员直接接触设备的外壳的机会较多；220V 的配电网允许低压线路的电压偏移为 $220 \times (1 \pm 10\%) = 198 \sim 242$ （V），要求设备外壳对地电压可适当放宽至 250V，在公式 $R \leqslant 250/I$ 中取 $U = 250V$ 时，规定接地电阻 $R = 10\Omega$，此时故障短路电流为 25A，还略低于 30A。因此，故障短路电流小，从而避免触电危及生命，保障了工作人员人身安全。

12－18　在 380/220V 中性点接地系统中，电气设备采用接零好还是接地好？

➡️在三相四线制供电系统中，从安全防护观点出发，电气设备采用接零要比采用接地好。如果电气设备采用接零，一旦发生接地短路，短路电流直接经零线形成"零—相"闭合回路，因为零线阻抗很小，短路电流将很大，使继电保护能可靠地动作，从而迅速切断故障设备。

12-19 在同一台变压器供电系统中，为什么不能一部分设备采用接零保护而另一部分设备采用接地保护？

➡图 12-5 所示同一台变压器配电系统中，电动机 A 采用接零保护，而电动机 B 采用接地保护。当电动机 B 发生接地短路，但其短路电流的大小不足以使其保护装置动作时，变压器中性点接地装置与电动机 B 的接地装置间会有短路电流流过，其值为

$$I_d = \frac{U_x}{r_0 + r_d} \tag{12-5}$$

式中　I_d——短路电流，A；

　　　r_0——变压器中性点的接地电阻，Ω；

　　　r_d——电动机的接地电阻，Ω。

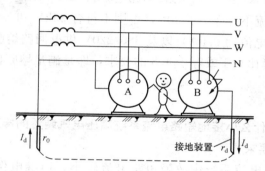

图 12-5　同一台变压器供电系统中，一部分负
荷接零，一部分负荷接地示意图

此时电动机 A 上将出现的对地电压为

$$U_A = I_d r_0 = \frac{U_x}{r_0 + r_d} r_0 \tag{12-6}$$

式中　U_A——电动机 A 的对地电压，V；

　　　U_x——系统额定相电压，V；

　　　I_d——短路电流，A；

　　　r_0——变压器中性点的接地电阻，Ω；

　　　r_d——电动机的接地电阻，Ω。

若 $r_0 = r_d$，则有

$$U_A = I_d r_0 = \frac{U_x}{2r_d} r_0 = \frac{U_x}{2} \tag{12-7}$$

从式（12-7）可看出即使电动机 A 没有发生故障，其外壳上也会出现一

半相电压的对地电压。这样高的电压对人身安全是很危险的。因此，接地和接零在同一配电系统中不能同时使用，也就是说不能一些设备接零，另一些设备接地。因为当接地的设备发生外壳碰电时，电流通过接地电阻形成回路，由于接地电阻的作用，电流不会太大，继电保护设备可能不动作，而使故障长期存在。这时，除了接触该设备的人有触电危险外，由于零线对地电压升高，使所有与接零的设备接触的人都有触电危险。所以这种情况是不允许的。

但是，对于同一个设备，同时又接零又接地的话，安全性就更高，这就叫做重复接地。

12－20　哪些电气设备必须进行接地或接零保护？

➡(1) 发电机、变压器、电动机、高低压电器和照明器具底座或外壳。

(2) 电气设备的传动装置。

(3) 互感器的二次绕组。

(4) 配电盘和控制盘的框架。

(5) 屋内外配电装置的金属构架、混凝土构架和金属围栏。

(6) 电缆头和电缆盒的外壳、电缆外皮与穿线钢管。

(7) 架空电力线路的杆塔和装在配电线路电杆上的开关设备及电容器的外壳等。

12－21　哪些电气设备不需做接地或接零保护？

➡(1) 在不良导电地面的干燥房间，如试验室、办公室和民用房间内，当电气设备的交流额定电压在 380V 及以下，直流额定电压在 400V 及以下，其设备外壳可不接地。

(2) 在一切干燥场所，交流额定电压在 127V 及以下，直流额定电压在 110V 及以下的电气设备可不接地。

(3) 安装在配电盘、控制盘和配电装置上的测量仪表、继电器和其他低压电器的外壳以及发生绝缘损坏也不会引起危险电压的绝缘子金属件可不接地。

(4) 安装在已接地的金属构架上的设备，控制电缆的金属外皮，蓄电池室内的金属构架和发电厂、变电站内的运输轨道，与已接地的机床相连接的电动机外壳等均可不接地。

12-22 什么叫接地短路和接地短路电流？接地短路电流的大小是如何规定的？

➡运行中的电气设备和电力线路，如果由于绝缘损坏而使带点部分碰触接地的金属构件或直接与大地发生电气连接时，称为接地短路。当发生接地短路时，通过接地点流入地中的短路电流，叫接地短路电流。

在电力系统中，人们常常按照单相接地短路电流的大小，来区分大接地短路电流系统和小接地短路电流系统。单相接地电流大于 500A 的系统称为大接地电流系统，小于 500A 的系统称为小接地电流系统。一般来说，中性点直接接地的系统，其单相接地电流大于 500A，属于大接地短路电流系统；中性点非直接接地的系统，其单相接地电流均小于 500A，基本上属于小接地短路电流系统。

12-23 各种接地方式的特点是什么？

➡在中性点不接地系统中，当发生单相金属性接地时，三相系统的对称性不被破坏，还可以照常运行；在系统容量不大时，单相接地短路电流很小，接地电弧可自行熄灭，对通信线路几乎没有影响；但发生一相接地时非故障相的电压会升高，极限情况下会达到线电压水平。这就要求整个系统对地的绝缘水平必须按线电压设计，从而增大了设备投资。

中性点不接地方式一般仅在 6～63kV 系统中采用。当系统容量增大，线路距离较长，致使单相接地的短路电流大于某一数值时，接地电弧不能自行熄灭，这就可能发生危险的间歇性电弧过电压。为了降低单相接地的短路电流，避免电弧过电压的发生，常常采用中性点经消弧线圈接地方式。当这种接地方式的系统发生单相接地时消弧线圈的感性电流能够补偿单相接地的电容性电流，使流过故障点的残余电流很小，电弧可以自行熄灭。所以消弧线圈接地方式，既可以保持中性点不接地方式的优点，又可以避免电弧过电压的产生，是当前 6～63kV 系统普遍采用的接地方式。

随着电力系统电压等级的增高和系统容量的扩大，设备绝缘费用所占的比重越来越大，中性点不接地方式的优点居于次要地位，主要考虑降低绝缘投资。所以，110kV 及以上系统均采用中性点直接接地方式。

对于 380V 及以下的低压供电系统，由于中性点接地可以使相电压固定不变，并可方便地取出相电压供照明和单相设备用电，所以除了特定的场合之外（如矿井）也多采用中性点直接接地方式。

12-24　在接地网设计中，如何考虑降低接触电压和跨步电压？

➡在接地网的设计中，除应满足接地电阻的要求以外，在接地网的布置上，还应采取措施使接地区域内的电位分布尽量均匀，以减小接触电压和跨步电压。如将接地装置布置成环形，在环形接地装置内部加设互相平行的均压带，在电气设备周围加装局部的接地回路，在被保护地区的人员入口处加装一些均压带，或在设备周围、隔离开关操作地点及常有行人的处所，在地面覆盖一些电阻率较高的卵石或水泥层。另外，在配电装置附近加垫砾石、沥青、混凝土等，借以增大电阻率，也可以提高接触电压和跨步电压的允许值。

12-25　电气设备接地装置上的最大允许接触电压和跨步电压是多少？

➡在 DL/T 621—1997《交流电气装置的接地》和 GB 50065—2011《交流电气装置的接地设计规范》对接触电压和跨步电压做了相同的规定。

在大接地短路电流系统，如果发生单相接地或同点两相接地时，其电气设备接地装置上的最大允许接触电压 U_j 和跨步电压 U_k 不应大于下列计算值

$$U_j = \frac{174 + 0.17\rho_b}{\sqrt{t}} \tag{12-8}$$

$$U_k = \frac{174 + 0.7\rho_b}{\sqrt{t}} \tag{12-9}$$

式中　U_j——最大允许接触电压，V；

$\quad\quad U_k$——最大允许跨步电压，V；

$\quad\quad \rho_b$——人脚站立处地表面土壤电阻率，$\Omega \cdot m$；

$\quad\quad t$——接地保护动作时间，s。

在小接地短路电流系统中，发生单相接地时，一般不要求迅速切断故障，此时，电气设备接地装置上的最大允许接触电压和跨步电压应小于下列计算值

$$U_j = 50 + 0.05\rho_b \tag{12-10}$$

$$U_k = 50 + 0.2\rho_b \tag{12-11}$$

12-26　怎样计算电气设备接地装置的接触电压和跨步电压？

➡发电厂、变电站或其他电气设备的接地网，如果是以水平敷设的接地体为主，其最大接触电压 U_{jzd} 和跨步电压 U_{kzd} 的计算式为

$$U_{jzd} = K_m K_i \rho \frac{I}{L} \tag{12-12}$$

$$U_{kzd} = K_s K_i \rho \frac{I}{L} \tag{12-13}$$

式中　U_{jzd}——最大接触电压，V；

　　　U_{kzd}——最大跨步电压，V；

　　　ρ——平均土壤电阻率，$\Omega \cdot m$；

　　　I——流经接地装置的最大单相短路电流，A；

　　　L——接地网中接地体的总长度，m；

K_m、K_s——与接地网布置方式有关的系数，在一般计算中取 $K_m = 1$，K_s $= 0.1 \sim 0.2$；

　　　K_i——流入接地装置的电流不均匀修正系数，$K_i = 1.25$。

12-27　如何确定发电厂、变电所及其他电气设备接地网的接地电阻值？

➡限定接地装置的接地电阻，实际上就是限定了接触电压和跨步电压的高低。反过来讲，从安全角度出发，已经限定了接触电压和跨步电压的高低，也就确定了接地电阻的大小。在我国的相关规程中规定，大接地短路电流系统的电气设备接地装置的接地电阻，应符合下式要求

$$R \leqslant \frac{2000}{I} \tag{12-14}$$

式中　R——考虑季节影响的最大接地电阻，Ω；

　　　I——流经接地装置的最大稳态短路电流，A。

当 $I > 4000A$ 时，$R \leqslant 0.5\Omega$。

DL/T 621—1997《交流电气装置的接地》规定接地电阻 R 值不作硬性规定，R 值的大小取决于接触电压和跨步电压的大小（允许值）。

12-28　各级电力线路和电气设备接地网的接地电阻一般规定是多少？

➡电力系统的各种接地装置，由于接地性质和方式不同，所要求的接地电阻也不相同。对于发电厂、变电所及其他电气设备接地网的接地电阻，一般应根据其入地短电流进行计算，若计算确有困难时，也可按下述规定选取：

（1）1kV 以上小接地短路电流系统，接地电阻不应大于 10Ω。

（2）1kV 以上大接地短路接地电流系统，接地电阻一般不大于 0.5Ω。在

高土壤电阻率地区，做到 0.5Ω 在经济技术上确有困难时，允许放宽到 1Ω，但应采取安全措施。

（3）6～10kV 高低压公用接地装置的电力变压器的接地电阻不得大于下列值：

1）容量在 100kVA 以上，4Ω；

2）容量在 100kVA 及以下，10Ω；

（4）电压线路零线每一重复接地的接地电阻不得大于下列值：

1）容量为 100kVA 以上变压器供电的低压线路为 10Ω；

2）容量为 100kVA 及以下变压器供电的低压线路为 30Ω。

（5）1kV 以下中性点不直接接地系统，对接地电阻的要求与上述相同。

12－29 什么叫土壤电阻率？其影响因素有哪些？

➡️决定接地电阻的主要因素是土壤电阻，其大小以土壤电阻率表示。土壤电阻率是以边长为 1cm 的正立方体的土壤电阻来表示的，符号为 ρ，单位为 $\Omega \cdot cm$。

影响土壤电阻率的主要因素有下列几种：

（1）土壤性质：不同性质的土壤，其电阻率也不同，甚至相差千万倍。

（2）含水量：绝对干燥的土壤，其电阻率接近无穷大，含水量增加到 15% 时，电阻率显著降低，如含水量超过 75% 时，电阻率变化则不大，甚至增高。同时与水质也有关系。

（3）温度：当土壤温度在 0℃ 及以下时，电阻率突然增加，由 0℃ 不断上升时，电阻率逐渐减小，但到 100℃ 时电阻率反而又会升高。

（4）化学成分：当土壤中含有酸、碱、盐成分时，电阻率会显著下降。

（5）物理性质：土壤本身是否紧密，与接地体接触是否紧固对电阻率影响很大。土壤本身的颗粒越紧密，电阻率也就越低。

12－30 一般土壤的电阻率是多少？

➡️土壤的电阻率的计算公式为

$$\rho = \psi \rho_0 \tag{12-15}$$

式中 ρ_0——一般土壤的电阻率，$\Omega \cdot cm$；

   ψ——土壤电阻率的季节系数，它是大于 1 的数值，见表 12-1。

一般土壤的电阻率见表 12-2。

表 12 - 1　　　　　　　　　　土壤电阻率季节系数

接地体埋深（m）	季节系数 ψ	
	水平接地体	2～3m垂直接地极
0.5	1.4～1.8	1.2～1.4
0.8～1.0	1.25～1.45	1.15～1.3
2.5～3.0	1.0～1.1	1.0～1.1

注　测量土壤电阻率时，如土壤比较干燥，采用表中较小值；如果土壤比较潮湿则采用较大值。

表 12 - 2　　　　　　　　　　一般土壤电阻率 ρ_0

土壤种类	电阻率 ρ_0 近似值（$\Omega \cdot cm$）	不同情况下电阻率的变化范围（$\Omega \cdot cm$）		
		较湿时（一般地区、多雨时）	较干时（少雨时、沙漠时）	地下水含盐碱时
黑土、田园土	0.5×10^4	$3 \times 10^3 \sim 10^4$	$5 \times 10^3 \sim 3 \times 10^4$	$10^3 \sim 3 \times 10^3$
黏土	0.6×10^4	$3 \times 10^3 \sim 10^4$	$5 \times 10^3 \sim 3 \times 10^4$	$10^3 \sim 3 \times 10^3$
砂质黏土	1×10^4	$3 \times 10^3 \sim 3 \times 10^4$	$8 \times 10^3 \sim 10 \times 10^4$	$10^3 \sim 3 \times 10^3$
黄土	2×10^4	$10^4 \sim 2 \times 10^4$	2.5×10^4	3×10^3
砂土	3×10^4	$10^4 \sim 10^5$	10^5	$3 \times 10^3 \sim 10^4$
砂、砂砾	10×10^5	$2.5 \times 10^4 \sim 10^5$	$10^5 \sim 2.5 \times 10^5$	

由于影响土壤电阻率的因素很多，因此在设计和施工中应选实测数值，并考虑到季节变化的影响而选其中最大值。

12 - 31　电气设备的接地装置是怎样构成的？

➡电气设备的接地装置（又称接地网或主接地网），一般由自然接地体和人工接地体构成。自然接地体包括埋于地下的金属水管和其他各种金属管道（易燃液体、易燃气体或易爆气体的管道除外）、建筑物和构筑物的地下金属结构和金属电缆外皮等。人工接地体通常是由垂直埋设的棒形接地体和水平接地体组合而成。棒形接地体可以利用钢管、角钢或槽钢，水平接地体可以利用扁钢或圆钢。各种用途的接地装置大多采用以人工敷设的水平接地体为主并附着垂直接地体的复合形接地方式，也可采用自然接地体与人工接地体混合的接地方式，或单独利用自然接地体做接地装置。总之，不管采用哪种形式的接地装置，其接地电阻值都必须符合规范要求。

12 - 32　怎样计算埋设地下金属管道的工频流散电阻值？

➡在设计和安装接地装置时，可以利用的自然接地体中埋地金属管道占有很大的比重。当埋地金属管道的电气长度（即有电气连接的长度）已经确定，并且总长度不大于 2km 时，其工频流散电阻可由下式计算

$$R_{\mathrm{L}} = \frac{\rho}{2\pi L}\ln\frac{L^2}{2rh} \qquad (12-16)$$

式中　　r——管道的外半径，cm；

　　　　h——管道的几何中心埋深，cm；

　　　　L——管道电气长度，cm；

　　　　ρ——土壤电阻率，$\Omega\cdot\mathrm{cm}$。

12-33　怎样计算直接埋设地下电缆外皮的工频流散电阻？

➡️ 直接埋设在地下的电缆以及电气长度大于 2km 的金属管道的工频流散电阻由下式计算

$$R_{\mathrm{L}} = \sqrt{rr_{\mathrm{L}}}\,\mathrm{cth}\!\left(\sqrt{\frac{r_{\mathrm{L}}}{r}}\cdot l\right)K \qquad (12-17)$$

$$r = 1.69\rho$$

式中　　r——沿接地体直线方向每 1cm 土壤的流散电阻，$\Omega\cdot\mathrm{cm}$；

　　　　l——埋设在土壤中的电缆有效长度，cm；

　　　　ρ——埋设电缆线路的土壤电阻率，$\Omega\cdot\mathrm{cm}$；

　　　　K——考虑麻护层的影响而使流散电阻增大的系数，如表 12-3 所示，对水管 $K=1$；

　　　　r_{L}——电缆外皮每 1cm 的交流电阻，Ω/cm，见表 12-4。

表 12-3　　　　　　　　　　　　系数 K 值

土壤电阻率（$\times10^4\,\Omega\cdot\mathrm{cm}$）	0.5	1.0	2.0	5.0	10.0	20.0
K	6.0	2.6	2.0	1.4	1.2	1.05

表 12-4　　　　　　　电力电缆外皮的电阻 r_{L}（埋深 70cm）

电缆规范 [芯数×截面积（mm^2）]		1cm 长铠装电缆皮的电阻（$\times10^{-6}\,\Omega/\mathrm{cm}$）			
		电压（kV）			
		6	10	20	35
铠装	3×70	11.3	10.1	4.4	2.6
	3×95	10.9	9.4	4.1	2.4
	3×120	9.7	8.5	3.8	2.3
	3×150	8.5	7.1	3.5	2.2
	3×185	7.7	6.6	3.0	2.1

当有多根电缆埋设在一处时，其总流散电阻，按下式计算

$$R' = \frac{R_L}{\sqrt{n}} \tag{12-18}$$

式中　R_L——每根电缆外皮的流散电阻，Ω；

　　　n——敷设在一处的电缆根数。

12-34　怎样计算单根棒形垂直接地极的工频流散电阻值？

➡棒形垂直接地极是指垂直打入地下的钢管、角钢、扁钢或圆钢等，当它的长度与直径（或等效直径）相比大得多时，其工频流散电阻可按下式计算

$$R_L = \frac{\rho}{2\pi l} \ln \frac{4l}{d} \tag{12-19}$$

式中　R_L——垂直接地极的工频流散电阻，Ω；

　　　ρ——土壤电阻率，$\Omega \cdot cm$；

　　　l——垂直接地极长度，cm；

　　　d——垂直接地极的等效直径，mm。

当用其他型式的钢材时，其等效直径如下：

钢管：$d = d'$（d'——钢管或圆钢直径）；

角钢：$d = 0.84b$（b——角钢边长）；

扁钢：$d = \frac{1}{2}b$（b——扁钢宽度）。

为了实现快速计算，各种垂直接地极的工频流散电阻也可采用如下的简化公式

$$R_L = K\rho \tag{12-20}$$

式中　ρ——土壤电阻率，$\Omega \cdot cm$；

　　　K——系数，见表12-5。

表12-5　　　　　　　　　　　　　K系数

极形	规范（mm）	计算外径（mm）	长度（cm）	K 值
钢管或圆钢	$\phi 38$	48	250	34×10^{-4}
	$\phi 38$	48	200	40.7×10^{-4}
	$\phi 50$	60	250	32.6×10^{-4}
	$\phi 50$	60	200	39×10^{-4}
角钢	L 40×40×4	33.6	250	36.3×10^{-4}
	L 40×40×4	33.6	200	39×10^{-4}
	L 50×50×4	42	250	39×10^{-4}
	L 50×50×4	42	200	39×10^{-4}

续表

极形	规范（mm）	计算外径（mm）	长度（cm）	K 值
扁钢	—20×4	10	250	44×10⁻⁴
	—20×4	15	250	41.4×10⁻⁴
	—20×4	20	250	39.5×10⁻⁴
	—20×4	25	250	38×10⁻⁴
槽钢	⌐80×43×5	68	250	31.8×10⁻⁴
	⌐80×43×5	68	200	38×10⁻⁴
	⌐100×48×5.3	82	250	30.6×10⁻⁴
	⌐100×48×5.3	82	200	36.5×10⁻⁴

许多根垂直接地极的总流散电阻（为接地装置的工频接地电阻）计算式为

$$R_{s\Sigma} = \frac{R_s}{n\eta_c} \tag{12-21}$$

式中　R_s——单根垂直接地极的流散电阻，Ω；

　　　n——接地极根数；

　　　η_c——接地极利用系数，排列成行的接地极的利用系数由图 12-6（a）
　　　查得，环形排列的接地极的利用系数由图 12-6（b）查得。

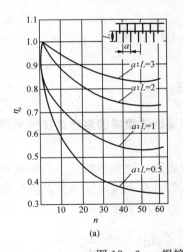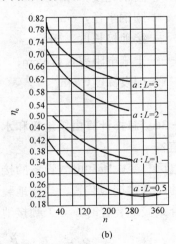

图 12-6　n 根接地极的总流散电阻

（a）排列成行的接地极；（b）环形排列的接地极

12-35　怎样计算单根水平埋设接地极的工频流散电阻值？

→水平埋设的接地极大都有圆钢或扁钢。当采用扁钢时，其流散电阻计算式为

$$R_s = \frac{\rho}{2\pi l} \ln \frac{2l^2}{bh} \tag{12-22}$$

当采用圆钢时，其流散电阻为

$$R_s = \frac{\rho}{2\pi l} \ln \frac{l^2}{2rh} \tag{12-23}$$

式中　ρ——土壤电阻率，$\Omega \cdot cm$；

　　　l——接地体长度，cm；

　　　r——圆钢半径，cm；

　　　b——扁钢宽度，cm；

　　　h——埋设深度，cm。

当水平埋设的接地体构成环形回路（方形、圆形或长方形）时，其流散电阻计算式为

扁钢：　　　　　　$$R_s = \frac{\rho}{2\pi l} \ln \frac{8l^2}{\pi bh} \tag{12-24}$$

圆钢：　　　　　　$$R_s = \frac{\rho}{2\pi l} \ln \frac{2l^2}{\pi rh} \tag{12-25}$$

式中　b——扁钢宽度，cm；

　　　r——圆钢半径，cm；

　　　l——接地极长度，cm；

　　　ρ——土壤电阻率，$\Omega \cdot cm$；

　　　h——埋设深度，cm。

12-36　怎样计算由接地极和水平接地体组成的复合式接地装置的工频接地电阻值？

　发电厂、变电所和电气设备的接地装置，绝大多数是由接地极和水平接地体组成的复合式接地装置。当接地装置是以水平接地体为主，并且构成边缘闭合的复合式接地装置时，其工频接地电阻可按下式计算

$$R_f = \frac{\sqrt{\pi}}{4} \times \frac{\rho}{\sqrt{S}} + \frac{\rho}{2\pi L} \ln \frac{2L^2}{\pi hd \times 10^4} \tag{12-26}$$

式中　S——接地网的总面积，m^2；

　　　L——接地极的总长度，包括垂直和水平接地极，m；

　　　d——水平接地体的直径或等效直径，m；

　　　h——水平接地体的埋设深度，m。

　　在工程应用上，接地装置设计中接地电阻的计算，常可以采用下述 4 个简易公式之一

$$R_f = 0.5 \frac{\rho}{\sqrt{S}} \qquad\qquad (12-27)$$

$$R_f = 0.28 \frac{\rho}{r} \qquad\qquad (12-28)$$

$$R_f = \rho\left(\frac{0.44}{\sqrt{S}} + \frac{1}{L}\right) \qquad\qquad (12-29)$$

$$R_f = \rho\left(\frac{1}{4r} + \frac{1}{L}\right) \qquad\qquad (12-30)$$

式中　ρ——土壤电阻率，$\Omega \cdot cm$；

$\quad\quad S$——闭合接地网的面积，适用于 $S > 100m^2$；

$\quad\quad r$——接地网面积 S 的等值圆半径，m；

$\quad\quad L$——接地体的总长度，m。

12-37　怎样计算单独接地体的冲击接地电阻值？

➡冲击接地电阻就是接地装置通过雷电流时所呈现的电阻，它比工频接地电阻要小，二者相差一个小于 1 的系数，叫冲击系数。

单独接地体的冲击接地电阻可由下式计算

$$R_{ch} = \alpha R \qquad\qquad (12-31)$$

式中　R——单独接地体的工频接地电阻，Ω；

$\quad\quad \alpha$——单独接地体的冲击系数，由表 12-6～表 12-8 查得。

表 12-6　由一端引入雷电流，冲击电流波头为 3～6μs 的冲击系数 α

土壤电阻率 （$\Omega \cdot cm$）	长度	冲击电流（kA）				土壤电阻率 （$\Omega \cdot cm$）	长度	冲击电流（kA）			
		5	10	20	40			5	10	20	40
100×10^2	5	0.80	0.75	0.65	0.50	1000	10	0.60	0.55	0.45	0.35
	10	1.05	1.00	0.90	0.80		20	0.80	0.75	0.60	0.50
	20	1.20	1.15	1.05	0.95		40	1.00	0.95	0.85	0.75
							60	1.20	1.15	1.10	0.95
500×10^2	5	0.60	0.55	0.45	0.30	2000	20	0.65	0.50	0.50	0.40
	10	0.80	0.75	0.60	0.45		40	0.80	0.65	0.65	0.55
	20	0.95	0.90	0.75	0.60		60	0.95	0.80	0.80	0.75
	30	1.05	1.00	0.90	0.80		80	1.10	0.95	0.95	0.90
							100	1.25	1.10	1.10	1.05

注　本表适用于宽 2～4cm 的扁钢或直径 1～2cm 的圆钢水平带形接地极。

土壤电阻率 （Ω·cm）	冲击电流（kA）			
	5	10	20	40
100×10^2	0.85～0.90	0.75～0.85	0.6～0.75	0.5～0.6
500×10^2	0.6～0.7	0.5～0.6	0.35～0.45	0.25～0.30
1000×10^2	0.45～0.55	0.35～0.45	0.25～0.30	

注 本表适用于长 2～3m、直径 6cm 以下的垂直接地极。表中较大值用于 3m 长的接地极，较小值用于 2m 长的接地极。

表 12 - 8 由环中心引入雷电流，冲击电流波头为 3～6μs 时的冲击系数 α

土壤电阻率（Ω·cm）	100			500			1000		
冲击电流（kA）	20	40	80	20	40	80	20	40	80
环直径 4m	0.60	0.45	0.35	0.50	0.40	0.25	0.35	0.25	0.20
环直径 8m	0.75	0.65	0.55	0.55	0.45	0.30	0.40	0.30	0.25
环直径 12m	0.80	0.70	0.60	0.60	0.50	0.35	0.45	0.40	0.30

注 本表适用于引入处与环有 3～4 个连线，宽 2～4cm 的扁钢或直径 1～2cm 的圆钢水平环形接地体。在计算环形接地装置的冲击接地电阻 R_{ch} 时，其工频接地电阻 R 可按稳态公式计算，计算时不考虑连线的对地电导。

12 - 38   怎样计算多根水平射线接地装置的冲击接地电阻值？

→多根水平射线接地体组成的接地装置的冲击接地电阻可用下式计算

$$R_{ch \cdot s} = \frac{R_{ch}}{n} \frac{1}{\eta_{ch \cdot s}} \qquad (12 - 32)$$

式中 R_{ch}——单独接地体（垂直或水平接地体）的冲击接地电阻，Ω；

         n——水平接地体根数；

    $\eta_{ch \cdot s}$——考虑接地装置各射线相互影响的冲击利用系数，由表 12 - 9 查得。

表 12 - 9   水平接地体的冲击利用系数

10～80m 长的水平 接地体根数（n）	利用系数（$\eta_{ch \cdot s}$）	备注
2	0.83～1.0	
3	0.75～0.9	较小值适用于较短射线
4～6	0.65～0.80	

12 - 39   怎样计算由水平接地体连接的多根垂直接地极组成接地装置的冲击接地电阻值？

→由水平接地体连接多根垂直接地极所组成的复合式接地装置，其冲击接地

电阻可用下式计算

$$R_{\text{ch·f}} = \frac{\dfrac{R_{\text{ch·c}}}{n} \times R_{\text{ch·s}}}{\dfrac{R_{\text{ch·c}}}{n} + R_{\text{ch·s}}} \cdot \frac{1}{\eta_{\text{ch·s}}}$$ （12－33）

式中　$R_{\text{ch·c}}$——单根垂直接地极的冲击接地电阻，Ω；

　　　$R_{\text{ch·s}}$——水平接地体的冲击接地电阻，Ω；

　　　n——垂直接地极根数；

　　　$\eta_{\text{ch·s}}$——冲击利用系数，见表 12－10。

表 12－10　　　　　　　　　垂直接地极的冲击利用系数 $\eta_{\text{ch·s}}$

以水平接地体连接的垂直接地极根数 n	冲击利用系数 $\eta_{\text{ch·s}}$	备注
2	0.8～0.85	$\dfrac{\alpha}{L} = \dfrac{垂直接地体间距}{垂直接地体长度} = 2～3$，$\eta_{\text{ch·s}}$的较小值
3	0.70～0.80	
4	0.70～0.75	适用于 $\dfrac{\alpha}{L} = 2$
6	0.65～0.70	

12－40　如何计算一个接地装置的冲击接地电阻值？

以图 12－7 所示独立避雷针的接地装置（一条二段水平接地体、三只接地极构成）为例进行运算。

已知：计算用雷电流 $I_{\text{L}}=100\text{kA}$，干燥状态下的土壤电阻率 $\rho_0 = 10^4\,\Omega\cdot\text{cm}$，由表 12－2 可知为砂质黏土。

计算：

（1）计算用土壤电阻率。

1）对水平接地体：查表 12－1 取 $\psi=1.4$，则 ρ_{s} 为

$$\rho_{\text{s}} = \rho_0 \times 1.4 = 1.4 \times 10^4 \ (\Omega\cdot\text{cm})$$

2）对垂直接地极：查表 12－1 取 $\psi=1.2$，则 ρ_{c} 为

$$\rho_{\text{c}} = \rho_0 \times 1.2 = 1.2 \times 10^4 \ (\Omega\cdot\text{cm})$$

（2）工频接地电阻。

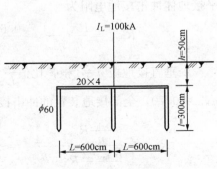

图 12－7　计算接地装置示意图

1) 水平接地体的 R_s 为

$$R_s = \frac{\rho}{2\pi L}\ln\frac{2L^2}{bh} = \frac{1.4\times10^4}{2\pi\times600}\ln\frac{2\times600^2}{2\times50} = 33\ (\Omega)$$

2) 垂直接地极的 R_1 为

$$R_1 = \frac{\rho}{2\pi l}\ln\frac{4l}{d} = \frac{1.2\times10^4}{2\pi\times300}\ln\frac{4\times300}{6} = 33.73\ (\Omega)$$

从计算结果看 $R_s \approx R_1$，可以认为由每段水平接地体和每根垂直接地极流向大地的雷电流相等，共五段，其每段流向大地的雷电流值为

$$I = 100/5 = 20\ (\text{kA})$$

由表 12-7 可知，当钢管接地极 $l=300$cm，流向大地的冲击电流 $I=20$ kA，且 $\rho_0 = 10^4\,\Omega\cdot$cm 时，冲击系数 $\alpha=0.75$，而 $\rho=5\times10^4\,\Omega\cdot$cm 时，$\alpha=0.45$，计算得 $\rho_1 = 1.2\times10^4\,\Omega\cdot$cm，用补插法求得 $\alpha=0.5$，故每管接地极的冲击接地电阻为

$$R_{\text{ch·c}} = \alpha R = 0.5\times33.73 = 16.87(\Omega)$$

由表 12-8 可知，对水平接地体射线，当流向大地的冲击 $I=20$kA，$\rho_0 = 10^4\,\Omega\cdot$cm，射线长度为 5m 时，冲击系数 $\alpha=0.65$，而射线长度为 10m 时，冲击系数 $\alpha=0.9$，用补插法可求出 $L=6$m，$\rho_0 = 10^4\,\Omega\cdot$cm，$\alpha_1 = 0.7$；由表 12-6 可知，射线长度为 6m 时，$\rho=5\times10^4\,\Omega\cdot$cm，用补插法可求出 $\alpha_2 = 0.5$，现在 $\rho=5\times10^4\,\Omega\cdot$cm，用补插法可求得 $\alpha_s = 0.68$。

又由表 12-9 可查得，水平射线接地体的冲击利用系数 $\eta_{\text{ch·s}} = 0.98$，则水平接地体冲击接地电阻为

$$R_{\text{ch·s}} = \frac{R_{\text{ch}}}{n}\frac{1}{\eta_{\text{ch·s}}} = \frac{0.68\times33}{2}\times\frac{1}{0.98} = 11.45\ (\Omega)$$

令垂直接地极 $n=3$ 根，比值 $\dfrac{a}{L} = \dfrac{600}{300} = 2$，由表 12-10 可知冲击利用系数 $\eta_{\text{ch·s}} = 0.70$，全部接地装置的冲击接地电阻为

$$R_{\text{ch·f}} = \frac{\dfrac{R_{\text{ch·c}}}{n}R_{\text{ch·s}}}{\dfrac{R_{\text{ch·c}}}{n}+R_{\text{ch·s}}}\frac{1}{\eta_{\text{ch·s}}} = \frac{\dfrac{16.87}{3}\times11.45}{\dfrac{16.87}{3}+11.45}\times\frac{1}{0.7} = 5.39\ (\Omega)$$

12-41 如何确定接地线的最小截面积？

接地装置的接地线（含接地引线及接地母线）最小截面积的选择，应该根据热稳定的条件来确定。所谓热稳定，就是系统最大接地短路电流通过接地引线或接地母线时，在接地短路电流被切断之前，接地线不应该被烧软或烧断。

因此，为了确保接地装置的稳定性，接地线的截面积初选之后，还应按照下式进行热稳定校验：

$$S_{jd} \geqslant \frac{I_{jd}}{C} \sqrt{t} \qquad (12-34)$$

式中　S_{jd}——接地线的最小截面积，mm^2；

　　　I_{jd}——流过接地线的最大短路电流稳定值，A；

　　　t——短路电流持续时间，s；

　　　C——接地线材料的热稳定系数，对钢取 $C=70$，对铜取 $C=210$，对铝取 $C=120$。

当所选接地线的截面不能满足式（12-34）时，应选用较大一级截面。

12-42　对人工接地网的布置有哪些要求？

▶电气设备接地装置的布置方式，与土壤电阻率的大小有关：

当土壤电阻率小于 $3 \times 10^4 \Omega \cdot cm$ 时，因电位分布衰减较快，宜采用以棒形垂直接地极为主的简单棒带结合接地装置。

当土壤电阻率大于 $3 \times 10^4 \Omega \cdot cm$ 且小于 $5 \times 10^4 \Omega \cdot cm$ 时，因电位分布衰减较慢，应采用以水平接地体为主的棒带结合接地装置。

当土壤电阻率大于 $5 \times 10^4 \Omega \cdot cm$ 时，因电位分布衰减更慢，采用伸长形的接地带效果最好。

所有接地装置均应埋在冻土层以下，一般情况下，接地体埋深不应小于 0.5m。

垂直打入地下的棒形接地极，一般采用管径为 $48 \sim 60mm$ 的钢管或 ∟$45mm \times 45mm$ 的角钢，长度为 $2 \sim 3m$（一般用 2.5m）。为了减小棒间的屏蔽作用，极间距离不应小于 5m。为了保证接地体具有的机械强度，对埋于地下的接地体，为免于腐蚀锈断，钢接地体的最小尺寸不小于表 12-11 所示数值。

表 12-11　　　　　　　　　钢接地体的最小尺寸表

名称	建筑物内	屋外	地下
圆钢直径（mm）	5	6	6
扁钢截面积（mm²）	24	48	48
厚（mm）	3	4	4
角钢厚度（mm）	2	2.5	4
钢管壁厚（mm）	2.5	2.5	3.5

对于有强烈腐蚀性的土壤（即土壤电阻率 $\rho \leqslant 10^4 \Omega \cdot cm$ 以下的潮湿土壤），应使用较大截面积的导体或将导体镀锌。若不镀锌，则圆钢直径应大于 12mm，钢管壁厚度大于 5mm，扁钢截面积大于 $40mm \times 4mm$。

对于大型接地网，为了便于分别测量接地体电阻值，在适当地点还应设立测量井。

12-43　如何使高土壤电阻率地区接地装置的接地电阻符合要求？

➡在高土壤电阻率的地区，为达到规定的接地电阻值，应采用下列措施降低接地装置的接地电阻：

（1）置换土壤：即用土壤电阻率较低的黏土、黑土或砂质黏土代替原电阻率较高的土壤。

（2）深埋法：若地面表层土壤电阻率较高，而深处土壤电阻率较低时，可将接地体埋在土壤深处。

（3）外引接地：若在电气设备的远处有土壤电阻率较低的土壤，可将接地体敷设在土壤电阻率较低处，再用接地线与电气设备连接。

（4）人工处理：在接地体周围土壤中加入土壤降阻剂等。将采用几种化工物质按一定比例配制成浆液状的降阻剂，敷在接地体周围，即可达到降阻的目的，可提高接地体周围土壤的导电率。

（5）冻土处理：对冻土采用人工处理仍达不到要求时，可将接地体埋在冻土层以下的土壤中，或用电加热法在接地体周围融化土壤。

12-44　接地装置的装设地点如何选择？接地装置的埋设有哪些要求？

➡（1）接地装置的装设地点的选择：

1）接地装置埋设位置应在距建筑物 3m 以外。

2）应装设在土壤电阻率较低的地方，并应避免靠近烟道或其他热源处，以免土壤干燥，电阻率增高。

3）不应在垃圾、灰渣及对接地装置有腐蚀的土壤中埋设。

（2）对接地装置的埋设要求：

接地装置的埋入深度及布置方式应按设计要求施工。一般埋入地中的接地体顶端应距地面 0.5～0.8m。埋设时，角钢的下端要削尖，钢管的下端要加工成尖或将圆管打扁垂直打入地下，扁钢埋入地下要立放。

埋设前先挖一宽 0.6m、深 1m 的地沟，再将接地体打入地下，上端露出沟底 0.1～0.2m，以便焊接水平接地线。

（1）当埋设在距建筑物入口或人行道的距离小于 3m 时，应在接地装置上面敷设 50～80mm 厚的沥青层。

（2）若敷设在腐蚀性强的场所，应用镀锡、镀锌等防腐措施，或适当加大截面。

（3）若必须敷设在土壤电阻率较高的处所，不能满足接地电阻值要求时，可用人工处理土壤的方法（如加降阻剂）来降低土壤电阻率。

（4）接地线的敷设位置应不妨碍设备的拆除与检修。

埋设前要先检查所有连接部分，必须用电焊或气焊焊接牢固，其接触面一般不得小于 $10mm^2$，不得用锡焊。埋入后接地体周围要回填新黏土并夯实，不得填入砖石焦渣等。

为方便测量各区域接地电阻，应在适当位置设置测量接地井，井内放置可拆接线的连接钢板，以备解开接线测量接地电阻之用。

如利用地下水管或建筑物的金属构件做自然接地体时，应保证在任何情况下都有良好接触。

12－45 车间或厂房的接地体为什么不能在车间或厂房内埋设，而必须在室外距离建筑物 3m 以外的地方埋设？

➡规程规定对接地装置要定期测量接地电阻，并需经常检查接地体是否良好，必要时还需挖开地面进行检修。一般在车间或厂房内各种基础和地下埋设物很多，将给接地装置的检修工作带来不便。另外，一旦发生接地短路，接地体附近会出现较高的分布电压（即跨步电压）危及人身安全。因此接地体的埋设必须位于室外并与建筑物离开一定距离，以便于检修和确保安全。

12－46 接地装置在运行中应做哪些维护检查？

➡（1）每两年进行一次接地电阻的测量，并应在土壤电阻率最高时进行。

（2）根据季节变化情况，对接地装置的外露部分每年至少进行一次检查，检查内容有：

1）接地线有没有折断和腐蚀损伤；

2）接地支线和接地干线是否连接牢固（每次自然接地体检修后均应检查）；

（3）接地线与电气设备及接地网的接触情况是否完好。

12－47　测量接地电阻有哪些方法？

➡运行中接地装置的接地电阻值，要求两年测量一次。具体测量方法很多，通常使用的有下列几种：

(1) 接地绝缘电阻表法；

(2) 交流电流—电压表法；

(3) 电流—功率表法；

(4) 电桥法；

(5) 三点法。

在上述测量方法中，接地绝缘电阻表法和交流电流—电压表法使用最普遍。首先接地绝缘电阻表便于携带，使用方法简单，能够直接读数，不需要繁琐的计算，并且仪器本身带有发电机，附带电流极与电压极，测量中还能自动消除接触电阻与外界杂散电流的影响，不但使用方便，而且测量准确。

电流—电压表法的最大优点是不受测量范围的限制，小至 0.1Ω 及大到 100Ω 以上的接触电阻值都能测量，测量小接地电阻的接地装置（如发电厂、变电站等大接地短路电流系统的接地装置）尤为适宜。但这种方法的测量准备工作和测量手续都比较麻烦，需要有独立电源和高阻电压表，并且接地电阻值必须经过计算得出，不能直读。虽然如此，但由于它的测量范围广，测量精度高，故仍然被经常采用。

12－48　测量发电厂、变电所接地网的接地电阻时，电压极和电流极怎样布置？

➡(1) 测量接地电阻，不论是使用电磁式接地绝缘电阻表法还是数字式接地绝缘电阻表或许使用电流—电压法，都必须敷设测量电流极和电压极。为了保证测量结果的准确性，电流极和电压极与被测接地装置之间必须进行合理布置。

测量发电厂、变电所接地网的接地电阻时，电极布置如图 12－8 所示。一般要求

$$a = (4 \sim 5)D \tag{12-35}$$

$$b = (0.5 \sim 0.6)a \tag{12-36}$$

式中　a——电流极与接地网边缘之间的距离，m；

　　　b——电压极与接地网边缘之间的距离，m；

D——接地网的最大对角线长度，m。

（2）如果采用上述布置方法有困难或受到其他物体阻碍时：在土壤电阻率比较均匀的地区，可取 $a=2D$，$b=D$；在土壤电阻率不太均匀的地区，应取 $a=3D,b=1.7D$。

测量接地网的接地电阻时，其电流极、电压极也可采用三角布置法，如图 12-9 所示。此时，$a=b=2D$，$\theta=30°$。

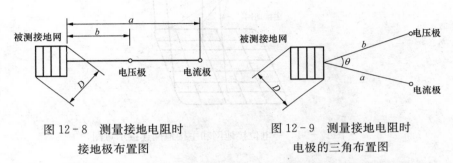

图 12-8　测量接地电阻时　　　　图 12-9　测量接地电阻时
　　接地极布置图　　　　　　　　　电极的三角布置图

12-49　测量电力线路杆塔或电气设备的放射形接地装置的接地电阻时，测量电极如何布置？

➡测量电力线路杆塔或电气设备的放射形接地装置的接地电阻时测量电极布置方法如图 12-10 所示。

一般取　　　$a=4L$　　　　　（12-37）
　　　　　　$b=2.5L$　　　　　（12-38）
式中　　a——被测接地体与电流极间距
　　　　　　离，m；
　　　　b——被测接地体与电压极间距
　　　　　　离，m；
　　　　L——水平接地体射线长度，m。

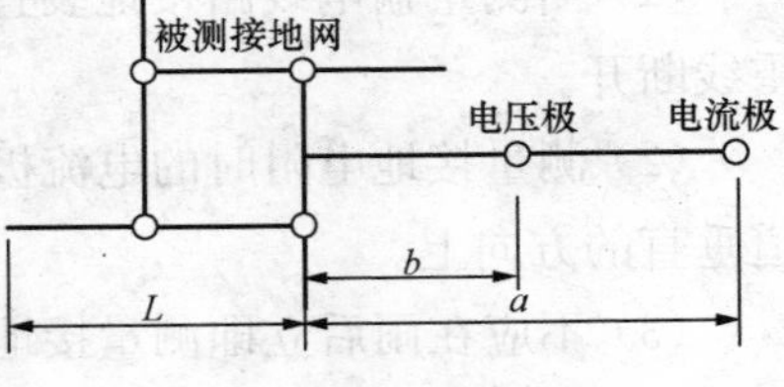

图 12-10　伸长形接地
　　装置测量电极布置图

12-50　当今发电厂、变电所的接地为什么采用双网（主接地网和等电位接地网）接地系统？

➡原发电厂和变电所的主接地网主要实现工作接地、保护接地、防雷接地、静电接地四种功能。当今发电厂、变电所的接地除了应用主接地网外，还增设了等电位接地网。增加等电位接地网的原因是发电厂、变电所内广泛采用电子信息系统、微机保护、综合自动化系统。这些系统必需逻辑接地、保护接地、静电接地，因此有了等电位接地网，它就保障了电子信息系统、微机保护、综合自动化系统安全、稳定地运行。等电位接地网和主接地网连接示意图如图12-11所示。

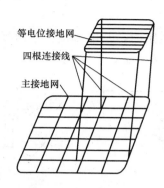

图12-11 等电位接地网和主接地网连接示意图

12-51 测量接地电阻有哪些注意事项？

➡ 为了保证测量接地电阻的准确性，除了有正确的接线以外，还应特别注意以下事项：

（1）当测量输电线路接地装置的接地电阻时，应将接地装置与避雷线与避雷线断开。

（2）测量接地电阻时的电流极和电压极应布置在与输电线路或地下金属管道垂直的方向上。

（3）不应在雨后立即测量接地电阻。

（4）采用交流电流—电压表法测量接地电阻时，电极的布置以采用三角布置为好。

12-52 电缆线路的接地有哪些要求？

➡ 电缆绝缘损坏时，在电缆的外皮，铠甲及接头盒上都有可能带电，因此电缆线路应按以下要求接地：

（1）当电缆在地下敷设时，其两端或一端均为接地。

（2）低压电缆除在特别危险的场所（潮湿、腐蚀性气体、导电尘埃）需接地外，其他环境可不接地。

（3）高压电缆在任何情况下都要接地。

（4）金属外皮电缆的支架可不接地。电缆外皮若是用非金属材料如塑料、橡皮等制成，以及电缆与支架间有绝缘层时，其支架必须接地。

（5）截面积在 16mm² 及以上的单芯电缆，为消除涡流，外皮的一端应进行接地。

（6）两根单芯电缆平行敷设时，为限制产生过高的感应电压，应在多点进行接地。

12-53 对直流系统的接地装置有哪些特殊要求？

➡由于直流流进埋在土壤中的接地体时，接地体周围的土壤要发生电解，从而使接地电阻增加，接地极电压梯度升高，由于直流的电解作用，对金属侵蚀严重。因此在直流系统下装设接地装置时，应考虑以下措施：

（1）对于直流系统，不能利用自然接地体或重复接地的接地体和接地线作为零线，也不能与自然接地体相连。

（2）采用人工接地体时，考虑到电解的迅速侵蚀作用，接地体的厚度不应小于 5mm，并要定期检查侵蚀情况。

（3）对于不经常流过直流电流的直流系统，对其接地装置的要求与交流系统相同。

12-54 对电弧炉的接地和接零有哪些要求？

➡电弧炉的运行条件比其他用电设备要恶劣得多，操作和检修时，工作人员都要长期与电极及金属工具相接触，为防止发生人身触电事故，应严格采取各种安全措施。其中接地和接零就是主要措施之一。

（1）电弧炉的炉壳要用直径不小于 16mm² 的钢绞线接地。而对于可移动的炉壳，接地线长度应能适应其移动范围。

（2）如电弧炉的电气设备及操作、控制用的电动机由中性点不接地系统供电，则所有设备及电动机的外壳都要接地，接地电阻不得超过 4Ω。

（3）如电弧炉的电气设备及操作、控制用的电动机由中性点不接地系统供电，所有设备及电动机的外壳均需要采用接零保护，并必须将变压器的接地零点与全部电弧炉装置中不带电的金属部分作可靠的电气连接。

（4）为防止手握的钢钎浸在电弧炉钢液内与电极接触，必须将钢钎与炉壳连接，避免钢钎与电极接触时（短路）危及操作人员的安全。

（5）电弧炉变压器二次绕组一般不直接接地，为防止碰触一相时，通过别的环路连接其他两相，还应采取绝缘防护措施。

12－55　对手提电钻、砂轮及电熨斗等携带式用电设备的接地和接零有哪些要求？

▶凡是用软电线接到插座电源上的携带式电动工具和生产用电器具以及生活、实验室的携带型电气设备和各种仪表、台灯等均属于携带式用电设备。其接地线做法如图 12－12 所示。

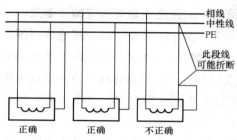

图 12－12　携带式用电设备接地、接零示意图

携带式用电设备接地、接零有以下要求：

（1）用电设备的插座应有连接接地线插座插头，如单相三孔和三相四孔的插座插头。插座和插头的接地触点应在导电的触点接触之前接通，并应在导电的触点脱离之后才断开。

（2）金属外壳的插座其接地触点和金属外壳应有可靠的电气连接，接地线应用软绝缘铜线，其截面与相线相同。

（3）接地线采用铜线时截面不得小于 1.5mm^2，应注意连接的可靠性，并避免单根敷设。

12－56　学校、科研单位和工厂实验室电气设备的接地应采取哪些措施？

▶（1）学校试验室电气设备的接地：

学生做试验时，因不熟悉，容易错误地接触带电部分，故试验室一般只采取绝缘隔离措施（用木地板、橡皮垫）而不宜进行接地。这可避免将大地电位引入室内，从而减小了触电危险。

室内辅助设施如暖气片、水管等都是与大地相连的，为防止试验人员同时触及带电部分和这些设施造成触电事故，应装木栅栏将这些辅助设施围护。

室内的大型设备，如电源设备、开关屏及试验机组，都必须按一般要求接地，并应加装均压措施以减少危险。

（2）工厂和科研机构实验室电气设备的接地：

小型实验室主要是携带式用电设备和仪表等，一般采用绝缘地板。

在大型实验室里，室内主要是电动机机组，可按对旋转电动机的要求接地。如有高压试验室变压器，则应敷设环路式接地网，以均衡跨步电压。

12 - 57 照明设备的接地接零有什么要求？

→对照明设备的接地接零除与动力设备相同之外，还有以下要求：

（1）如图 12 - 13 所示，当照明线路的工作中性线上安装熔断器时，该工作中性线不能作为零线用。这时必须另设专用零线，并接到熔断器前面的零线上。

（2）如图 12 - 14 所示，如照明线路的工作中性线上没有安装熔断器时，该工作中性线可同时作接地线用。

（3）如照明设备的外壳接地方法有两种：一种是与距照明设备最近的固定支架上的工作中性线相连〔见图 12 - 14 左〕，但不能将照明设备的外壳与支接的工作中性线相连〔见图 12 - 14 右〕，并且每个外壳都应以单独的接地支线与中性线相连接，而决不能将几个外壳接地支线串联。另一种是可以利用工作中性线作为接地支线。这是由于照明设备的供电线路穿在管中而且导线经过专门线孔穿入照明设备的外壳，故无断开的可能。

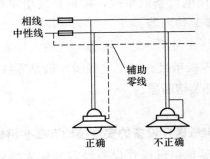 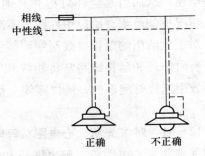

图 12 - 13 中性线装熔断器时
照明设备外壳接零保护

图 12 - 14 中性线不装熔断器时
照明设备外壳接零保护

12 - 58 局部照明的接地有何要求？

→局部照明电压一般在 36V 以下，大部分由降压变压器供电。如降压变压器供电线路为接地系统，则降压变压器二次绕组的一端应接地。从供电线路分支点到降压变压器，以及接到照明设备的线路如为明线，则应敷设工作零线；如用钢管敷设，除爆炸及易燃建筑物外，均可用钢管作为工作零线。如供电线路为不接地系统，由供电线路到压降变压器，及接到照明设备的线路，必须另设工作中性线。另外变压器二次绕组的一端以及钢管和照明设备的外壳都应牢固接地。

当局部照明的电压超过 36V 时，插座和照明设备外壳之间如果电气上没有可靠地连接，其照明设备外壳应采用专用的导体接地，并应将插座和照明器外壳之间进行可靠的电气连接。

12-59 事故照明的接地有何要求？

➡️一般工作照明线路都是中性点接地系统。当事故照明使用直流供电时，为防止直流系统一极接地，应从工作照明线路中最近的工作中性线上引出专用的保护中性线与事故照明设备外壳相连接作保护之用。

12-60 为什么三相四线制照明线路的中性线不准装熔断器，而单相双线制的照明线路又必须装熔断器？

➡️在三相四线 380/220V 中性点接地系统中，如果中性线上装熔断器，当熔断器熔断时，断点后面的线路上如果三相负荷不平衡，负荷少的一相将会出现较高电压，从而引起烧坏灯泡和其他用电设备的事故，特别是发生单相接地时，情况更加严重。所以中性线上不准装熔断器。

对于生活用的单相双线制照明线路，大部分是不熟悉电气的人经常接触，而且有时修理和延长线路常将相线和零线错接；加之这种线路就是零线断了，也不致引起烧灯泡事故，所以零线上都装熔断器。

12-61 对 X 光机、心电图机等电气医疗设备的安全接地有哪些措施？

➡️X 光机、心电图机、脑电图机和其他电气医疗设备经常和病人接触。由于病人的皮肤电阻较低，能承受的电流也比较小，触电危险就更大，因此要更严格地做好接地。其接地的措施有：

（1）有金属外壳的医疗设备，其金属外壳要可靠接地。

（2）若没有金属外壳时下列部分必须接地：

1）电源部分：变压器、电容器的金属外壳及所有不带电的金属部分（有高度绝缘者除外）。

2）供电电缆金属外皮及穿导线的钢管。

3）X光管及其他离子管或电子管的外包金属体及金属支架。

（3）在接零系统中除对上述设备采用接零外，还应在设备附近装设集中的辅助接地（重复接地）。

X光机的电源电压较高，为减少设备绝缘所承受的电压及便于测量电子管的阳极电流，电源变压器的中性点应接地。对心电图机、脑电图机等医疗设备为了避免假信号串入记录中，必须采用单独接地。

12-62　在有爆炸物和易燃物的建筑物内怎样做好设备的接地和接零？

为防止电气设备外壳产生较高的对地电压，避免金属设备与管道之间产生火花，必须使接地电流的路径有可靠的电气连续性。减少接地电阻和均衡建筑物内的电压，一般采用下列措施：

（1）将整个电气设备、金属设备、管道、建筑物金属结构全部接地，并且在管道接头处敷设跨接线。

（2）接地或接零用的导线，可采用裸导线、扁钢或电缆芯线，并具有足够大的导电截面。在1000V以下中性点接零的线路内，为了保证可靠迅速切断接地短路故障，保护装置的动作安全系数 K（K 为接地短路电流与整定动作电流之比）应按下值选取：

当线路用熔断器时，$K \geqslant 4$；采用低压断路器时，$K \geqslant 2$。

（3）所装设的电动机、电器及其他电气设备的接线头、导线和电缆芯的电气连接等，都应可靠的压接，并采取防止接触松弛的措施。

（4）为防止测量接地电阻时发生火花，应在没有爆炸危险的建筑物内进行，或将测量用的端钮引至户外进行测量。

12-63　对矿井中电气设备的接地有哪些要求？

在矿井中，因为工作环境恶劣，对安全要求比较高。所以，矿井中供电系统一般采用中性点不接地系统。为了保证人身安全，矿井中的所有电气设备如电动机、变压器、配电设备和仪表金属外壳、设备金属支架、电缆接头盒等，不论电压高低及运行时间长短都需要接地。对蓄电池式电机车，为了防止漏电而发生危险，必须将电机车的轨道接地。井下的送风管道，由于空气对管壁的摩擦，也容易产生较高的静电位，因此这些风管也要接地。井下使用的小型移动风扇机的输风管与人接触的机会较多，更应接地。

487

12-64 静电接地有哪些要求？

➡当制造、输送或储存低导电性物质、压缩空气和液化气体时，经常由于摩擦产生静电。这些静电不仅聚集在管道、容器和储罐上，而且还聚集在加工设备上形成高压电位，对人体及设备的安全都有危险。为了消除这种高压静电的危险，通常采用设备接地措施。

在工业装置中，凡是用来加工、储存和运输各种易燃液体、气体和粉末状易燃品的设备，都必须可靠接地；氧气、乙炔和其他通排风管道，都必须连接成连续导电体，并进行可靠接地。当上述管道平行或交叉设置，其间距小于10cm 时，必须用导线进行跨接。

由于静电放电电流很小，一般不超过几微安，所以静电接地装置的接地电阻只要不超过 30Ω 即可，但与其他接地连用时，接地电阻应按其中的最小值要求。

12-65 对采用 GIS 开关设备变电所的接地要求是什么？

➡(1) 采用 GIS 开关设备的变电所应设置一个总接地网，其接地电阻应符合要求。

（2）GIS 开关设备区域应设置专用接地网，并应成为变电所总接地网的一个组成部分。

（3）GIS 开关设备区域应设置专用接地网与变电所总接地网的连接线，不应少于 4 根，并要求接地线满足接地故障时的热稳定要求。

12-66 对 GIS 开关设备区域专用接地网有哪些要求？

➡对 GIS 配电装置设备区域专用接地网的要求：

（1）应能防止故障时人触摸该设备的金属外壳遭到电击。

（2）应能释放分相式设备外壳的感应电流。

（3）应能快速流散开关设备操作引起的快速瞬态电流。

12-67 对 GIS 开关设备的接地体和连接线有哪些要求？

➡(1) 三相共箱式或分相式 GIS 开关设备的金属外壳与其基座上接地母线的连接方式，应按制造厂要求执行。其采用的连接方式应确保无故障时所有金属外壳运行在地电位水平。当在指定点接地时，应确保母线各段外壳之间电压差在允许范围内。

（2）设备基座上的接地母线应按制造厂要求与该区域专用接地网连接。

（3）连接线的截面，应满足设备接地故障时热稳定的要求。

12－68　对户内 GIS 开关设备的接地有哪些要求？

➡（1）建筑物地基内的钢筋与人工敷设的接地网相连接。

（2）建筑物立柱、钢筋混凝土地板内的钢筋等与建筑物地基内的钢筋，应相互连接，并应良好焊接。

（3）户内应设置环形接地母线，室内各种需接地的设备（包括前述各种钢筋）均应连接至环形接地母线。环形接地母线还应与 GIS 开关设备区域专用接地网相连接。

（4）户内 GIS 开关设备区域专用接地网可采用钢导体。户外 GIS 开关设备区域专用接地网宜采用铜导体。主接地网也宜采用铜或铜覆钢（铜包钢）导体。

12－69　怎样测量土壤电阻率？测量土壤电阻率常用哪些方法？

➡土壤电阻率的测量方法有土壤试样法、三点法（深度变化法）、两点法（西坡 Shepard 土壤电阻率测定法）、四点法等，主要介绍四点法。

（1）在采用四点法测量土壤电阻率时，应注意如下事项：

1）试验电极应选用钢接地棒，且不应使用螺纹杆。在多岩石的土壤地带，宜将接地棒按与铅垂方向成一定角度斜行打入，倾斜的接地棒应躲开石头的顶部。

2）试验引线应选用挠性引线，以适用多次卷绕。在确定引线的长度时，要考虑到现场的温度。引线的绝缘应不因低温而冻硬或龟裂，引线的阻抗应较低。

3）对于一般的土壤，因需把钢接地棒打入较深的土壤，宜选用 2～4kg 重量的手锤。

4）为避免地下埋设的金属物对测量造成的干扰，在了解地下金属物位置的情况下，可将接地棒排列方向与地下金属物（管道）走向呈垂直状态。

5）在测试变电站和避雷器接地极的时候，应使用绝缘鞋、绝缘手套、绝缘垫及其他防护手段，要采取措施使避雷器放电电流减至最小时，才可测试其接地极。

6）不要在雨后土壤较湿时进行测量。

（2）测量方法（四点法）。

1）等距法或温纳（Wenner）法。将小电极埋（打）入被测土壤呈一字排列的四个小洞中，埋入深度均为 b，直线间隔均为 a，测试电流 I 流入外侧两电

极，而内侧两电极间的电位差 U 可用电位差计或高阻电压表测量，如图 12－15 所示。土壤电阻率计算式为

$$\rho_0 = 4\pi a R \Big/ \left(1 + \frac{2a}{\sqrt{a^2 + 4b^2}} - \frac{a}{\sqrt{a^2 + b^2}}\right) \tag{12-39}$$

式中　ρ_0——被测土壤电阻率，$\Omega \cdot m$；

　　　R——所测电阻，Ω；

　　　a——电极间距，m；

　　　b——电极深度，m。

当测试电极入地深度 b 不超过 $0.1a$，可假定 $b=0$，则式（12－39）可简化为

$$\rho_0 = 2\pi a R$$

2）非等距法或施伦贝格—巴莫（Schlumberger－Palmer）法。主要用于当电极间距增大到 40m 以上，采用非等距法，其布置方式如图 12－16 所示。此时电位极布置在相应的电流极附近，如此可升高所测的电位差值。

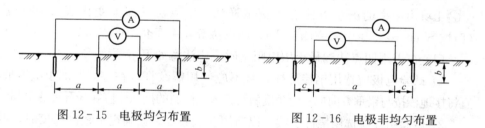

图 12－15　电极均匀布置　　　　图 12－16　电极非均匀布置

这种布置，当电极的埋地深度 b 与其距离 a 和 c 相比较小时，则所测得电阻率计算式为

$$\rho_0 = \pi c(c+d)R/\alpha \tag{12-40}$$

式中　ρ_0——土壤电阻率，$\Omega \cdot m$；

　　　R——所测电阻，Ω；

　　　c——电流极与电位极间距，m；

　　　α——电位极距，m。

3）测量数据处理。

（a）为了了解土壤的分层情况，在用等距法测量时，可改变几种不同的 a 值进行测量，如取 a 为 2、4、5、10、15、20、25、30m 等。

（b）根据需要采用非等距法测量时，测量电极间距可选择 40、50、60m。按式（12－40）计算相应的土壤电阻率。根据实测值绘制土壤电阻率 ρ 与电极

间距的二维曲线图，采用兰开斯特－琼斯（The Laneaste－Jones）法判断在出现曲率转折点时，即是下一层土壤，其深度为所对应电极间距的 2/3 处。

（c）土壤电阻率应在干燥季节或天气晴朗多日后进行，因此土壤电阻率应是所测的土壤电阻率数据中最大的值，为此应按下式进行季节修正

$$\rho = \psi \rho_0 \tag{12-41}$$

式中　ρ——考虑季节因素后土壤电阻率，$\Omega \cdot m$；

ρ_0——所测土壤电阻率，$\Omega \cdot m$；

ψ——季节修正系数，见表 12－12。

表 12－12　　　　　根据土壤性质决定的季节修正系数表

土壤性质	深度（m）	ψ_1	ψ_2	ψ_3
黏土	0.5～0.8	3	2	1.5
黏土	0.8～3	2	1.5	1.4
陶土	0～2	2.4	1.36	1.2
砂砾盖以陶土	0～2	1.8	1.2	1.1
园地	0～3		1.32	1.2
黄沙	0～2	2.4	1.56	1.2
杂以黄沙的砂砾	0～2	1.5	1.3	1.2
泥炭	0～2	1.4	1.1	1.0
石灰石	0～2	2.5	1.51	1.2

注　ψ_1——在测量前数天下过较长时间的雨时选用；

ψ_2——在测量时土壤具有中等含水量时选用；

ψ_3——在测量时，可能为全年最高电阻，即土壤干燥或测量前降雨不大时选用。

（3）测量仪器。可按 GB/T 17949.1《接地系统的土壤电阻率、接地阻抗和地面电位测量导则　第 1 部分：常规测量》中"测量仪器的规定"选用下列任一种仪器：①带电流表和高阻电压表的电源；②比率欧姆表；③双平衡电桥；④单平衡变压器；⑤感应极化发送器和接收器。

12－70　为什么交流电气装置的接地电阻值有多值问题？

从四个方面来阐明问题的内在相关因素。

（1）跨步电压和接触电压。从题 12－25 的式（12－8）～式（12－11）来看最大允许跨步电压和最大允许接触电压，与人们所处环境（人站立的位置的土

壤电阻率）密切相关。土壤电阻率高的地方允许的跨步电压和接触电压就大，反之亦然。在大接地短路电流系统中跨步电压和接触电压还和接地短路（故障）电流持续时间的方根成反比的关系，即是接地短路（故障）电流持续时间越长，允许的跨步电压和接触电压值越小。

【例 12-1】 当人们所处的地方为具有一定水分砂质黏土时，其电阻率 $\rho_f = 100\Omega \cdot m$，短路电流持续时间（较长，实际短路电流持续时间没有这么长，因继电保护会切除短路故障）为 5s。

1）大接地短路电流系统。当发生单相接地，其最大允许跨步电压为 $U_k = (174 + 0.7 \times 100)/\sqrt{5} = 107$ （V），最大允许接触电压 $U_j = (174 + 0.17 \times 100)/\sqrt{5} = 85.4$ （V）。

2）小接地短路电流系统。当发生单相接地，其最大允许跨步电压 $U_k = 50 + 0.2 \times 100 = 70$ （V），最大允许接触电压 $U_j = 50 + 0.05 \times 100 = 50$ （V）。

从计算结果来看最大允许跨步电压在 70～107V 之间，最大允许接触电压在 50～85.4V 之间，如此电压值对人身安全是否造成威胁呢？这就牵涉安全电压问题。

GB/T 3805—2008《特低电压（ELV）限值》对安全电压的规定见表 12-13。

表 12-13　　　　　　　　　　　　　　我国规定的安全电压

安全电压（交流有效值）		使 用 环 境
额定值（V）	空载上限值（V）	
42	50	在有触电危险的场所使用的手持式电动工具等
36	43	在矿井、多导电粉尘等场所使用的行灯等
24	25	人体可能触及的带电体
12	15	
6	8	

有人认为安全电压 50V 限值是根据人体允许（0.03A×1700Ω=50V）电流 30mA 和人体电阻值 1700Ω 的条件确定的，只要采用了安全电压，即使人体长时间直接接触带电体也不会有危险。这是一种误解。

GB/T 3805 明确规定当电气设备采用 24V 以上的安全电压时，必须采取防止直接接触带电部分的保护措施。24～50V 安全电压不造成触电时对人生命有危险的界限是有条件的，超过 24V 安全电压时，必须采取防止直接接触带电体的保护措施。另外，由于触电刺激，要采取预防可能引起人从高处坠落、摔倒等二次性伤害事故。

综合跨步电压和接触电压的定义、允许值和安全电压，可看到大接地短路电流系统的跨步电压和接触电压的允许值大于安全电压一倍以上；小接地短路电流系统的跨步电压的允许值也超过安全电压。当然，跨步电压和接触电压的设计值会小于或等于允许值。这意味着在短路（故障）点的附近，人们具有触电的危险，的确是存在危险的场合。所以，电力行业对工作安全有所规定，如《国家电网公司电力安全工作规程（变电部分）》（2009 年 7 月 6 日发布）中第二章第二节高压设备的巡视第二条规定：雷雨天气，需要巡视室外高压设备时，应穿绝缘靴，并不得靠近避雷器和避雷针；第四条规定：高压设备发生接地时，室内不得接近故障点 4m 以内，室外不得接近故障点 8m 以内。进入上述范围的人员必须穿绝缘靴，接触设备外壳和架构时应戴绝缘手套。又如《国家电网公司电力安全工作规程（线路部分）》（2005 年 2 月 17 日发布）中第四章第一节线路巡视第四条规定：巡线人员发现导线、电缆断落地面或悬吊空中，应设法防止行人靠近断线地点 8m 以内，以免跨步电压伤人，并迅速报告调度和上级，等候处理。从《电力安全工作规程》来看，为了确保工作人员的安全，采取远隔离和绝缘隔断的措施保障人身安全。以前规范要求 500kV 变电站接地网的接地电阻 $R \leqslant 0.1\Omega$，110～220kV 变电所接地网的接地电阻 $R \leqslant 0.5\Omega$，35kV 变电站接地网的接地电阻 $R \leqslant 4\Omega$；现以式（12-8）～式（12-11）计算结果确定。其目的均是保障生产运行人员的人身安全，满足跨步电压和接触电压的要求。

（2）设备的绝缘水平。众所周知，线路的绝缘水平远远高于其他电气设备的绝缘水平。

从 GB 50150—2006《电气装置安装工程电气设备交接试验标准》中给出的悬式绝缘子的交流耐压试验电压标准，见表 12-14 所示。

表 12-14　　　　　　　　悬式绝缘子的交流耐压试验电压标准

型号	XPZ-70	XP-70（X-4.4） XP1-70，XP1-160 XP2-160，XP-120 LXP-120，LXP1-160 LXP-160，LXP2-160	XP1-210 XP-300 LXP1-210 LXP-300
试验电压（kV）	45	55	60

GB 50150—2006《电气装置安装工程电气设备交接试验标准》中查到变

压器的工频交流耐压试验电压标准，见表 12 - 15。

表 12 - 15　　　　变压器的工频交流耐压试验电压标准

系统标称电压（kV）	最高工作电压（kV）	交流耐受电压（kV）	
		油浸电力变压器和电抗器	干式电力变压器
10	12	28	24
35	40.5	68	60
110	126	160	
220	250	316	

DL/T 596—1996《电力设备预防性试验规程》第 6 章中规定了电力变压器交流试验电压值及操作波试验电压值，见表 12 - 16。

表 12 - 16　　　　电力变压器交流试验电压值及操作波试验电压值

额定电压（kV）	最高工作电压（kV）	线端交流试验电压值（kV）		中性点试验电压值（kV）		线端操作波试验电压值（kV）	
		全部更换绕组	部分更换绕组	全部更换绕组	部分更换绕组	全部更换绕组	部分更换绕组
10	11.5	35	30	35	30	60	50
35	40.5	85	72	85	72	170	145
110	126	200	170 (195)	95	80	375	319
220	252	360, 395	85 (200)	85 (200)	72 (195)	750	638
330	363	460, 510	391, 434	85 (230)	72 (195)	850, 950	722, 808
500	550	630, 680	536, 578	85, 140	72, 120	1050, 1175	892, 999

　　110kV 线路耐张段绝缘子串一般 8 片 XP - 70 型绝缘子，从表 12 - 14 可知：其交流试验电压为 8×55＝440kV；而在表 12 - 15 和表 12 - 16 中 110kV 级电力变压器出厂交流试验电压为 160～200kV，110kV 线路交流耐压绝缘水平为 110kV 级电力变压器耐压绝缘水平的 2.75（440/160）倍或 2.2（440/200）倍。以上谈到的试验性电压水平，若是破坏性电压的话，那电压相差的倍数就不是 2～3 倍的关系。由此可知，线路杆塔接地电阻取 30Ω 的道理。线路绝缘水平高，可承受较高外部过电压产生的反击电压；而电力变压器绝缘水平低，故能承受的外部过电压产生的反击电压低。从此可以引申到配电变压器台区的接地装置采用接地电阻值 $R \leqslant 4 \sim 10\Omega$；配网线路杆塔接地装置采用接电阻值 $R \leqslant 30\Omega$。

（3）继电保护。众所周知，继电保护装置应有足够的灵敏性，否则继电保护装置拒动。继电保护装置的灵敏度表达式为

$$K_m = I_{dmin} / I_{dz} \tag{12-42}$$

式中 K_m——继电保护装置的灵敏度，一般 $K_m = 1.2 \sim 2.0$；

$\quad\quad I_{dmin}$——故障点的最小短路电流，A；

$\quad\quad I_{dz}$——保护装置一次动作电流，A。

从式（12-42）可知故障点的最小短路电流大小决定保护灵敏度值。因此，变电所和发电厂接地网的接地电阻值（R 不大于 0.1、0.5、4Ω）就有一定要求，它影响继电保护装置是否可靠动作。

（4）熔断器。在 GB 50054—2011《低压配电设计规范》中第四章第四节第 4.4.7 条、第 4.4.8 条对采用熔断器作接地故障保护的电气装置，对熔断器的灵敏度有不同要求。其灵敏度表达式为

$$K_{dr} = I_d / I_N \tag{12-43}$$

式中 I_d——接地故障短路电流，A；

$\quad\quad I_N$——熔断器熔体额定电流，A。

当 TN 系统发生单相（220V）配电线路的接地故障，其熔断器切断故障的时间有下列规定：

1）配电线路或供给固定式电气设备用电的末端线路，不宜大于 5s。

2）供给手握式电气设备和移动式电气设备的末端线路或插座回路，不应大于 0.4s。当采用熔断器作接地故障保护，对熔断器的灵敏度（即接地故障短路电流大小）有规定要求。

3）当要求切断故障时间小于或等于 5s 时，熔断器的灵敏度 K_{dr} 不应小于表 12-17 所示。

表 12-17　　　　　切断接地故障回路时间小于或等于 5s 的选择比

I_N（A）	4~10	12~63	80~200	250~500
K_{dr}	4.5	5	6	7

4）当要求切断故障时间小于或等于 0.4s 时，熔断器的灵敏度不应小于表 12-18 所示。

表 12-18　　　　　切断接地故障回路时间小于或等 0.4s 的选择比

I_N（A）	4~10	16~32	40~63	80~200
K_{dr}	8	9	10	11

从表 12-17、表 12-18 看到随着保护电气设备（对象）的不同，要求切断故障时间和要求切断故障短路电流值的大小也不同。这就是说当采用熔断器作接地故障保护，故障短路电流数值太小不能满足要求，这就决定了接地装置的接地电阻值不能太大，故 380/220V 系统的接地电阻采用 $R \leqslant 4\Omega$ 的道理就在于此。

（5）二次设备。在 DL/T 621—1997《交流电气装置的接地》"A 类电气装置的接地电阻"这一章中并规定，一般情况下，接地装置的接地电阻应满足下式要求

$$R \leqslant 2000/I_{dj} \tag{12-44}$$

式中 R——考虑到季节变化的最大接地电阻，Ω；

I_{dj}——计算用的流经接地装置的入地短路电流，A。

式（12-44）中的分子为 2000 是如何取定的？这就是仪表、二次端子、仪器等制造厂的企业标准，凡生产的仪表等是 500V 绝缘等级的产品，交流耐压水平要达到 2000V。也就是计算用的入地短路电流 $I_{dj}=4000A$，则 $R \leqslant 0.5\Omega$。同时，说明企业标准（2000V）高于 GB 50150—2006《电气装置安装工程电气设备交接试验标准》中第二十二章第 22.0.2 条规定的交流耐压试验电压 1000V。

20 世纪 70 年代仪表和 80 年代仪表的表面上印有符号 2kV 和 ☆，闪电符号旁的 2kV 以及星形符号中的 2 数值，均代表仪表最高耐受电压为 2000V。这也说明，实际生产中当电气设备将发生故障时，表屏（盘）耐受的反击电压不超过 2000V 是允许的，否则表盘上的仪表、端子排是承受不了的。这就是式（12-44）分子取值为 2000 的道理。

综上所述，从跨步电压和接触电压、电气设备的绝缘水平、继电保护、熔断器、二次电气设备的绝缘水平五个方面可知交流电气装置的接地电阻有多值问题。

12-71   什么是铜包钢接地极？其特性如何？

➡ 铜包钢接地极又称铜覆钢接地极，是接地工程中应用最为普遍的一种接地极，具有导电性好、施工方便、造价低等特点。根据工程需要，铜包钢接地极长度、直径及镀铜的厚度等方面有多种不同的规格。

铜包钢接地极一般选用柔软度比较好，含碳量在 0.10%～0.30% 优质低碳钢，采用特殊电镀工艺将高导电的厚度在 0.25～0.5mm 的电解铜均匀的覆盖到圆钢表面，可以有效地减缓接地极在地下氧化的速度；采用轧辊螺纹槽加

工螺纹，保持了钢与铜之间的紧密连接，确保高强度，具备优良的电气接地性能。其外形如图 12-17 所示。

铜包钢接地极的特性如下：

（1）铜包钢接地极制造工艺独特：采用冷轧热拔生产工艺，实现铜与钢之间冶金熔接，可像拉拔单一金属一样任意拉拔，不出现脱节、翘皮、开裂现象。

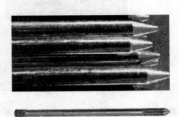

（2）铜包钢接地极防腐蚀性优越：复合界面采用高温熔接，无残留物，结合面不会出现腐蚀现象；表面铜层较厚（平均厚度大于0.4mm）、耐腐蚀性强，使用寿命长（大于30年），减轻检修劳动强度。

图 12-17　铜包钢
接地极外形图

（3）铜包钢接地极电气性能更佳：表层为紫铜材料，优良的导电特性使自身电阻值远低于常规材料。

（4）应用广泛、安全可靠：该接地极适合作为不同土壤湿度、温度、pH值及电阻率变化条件下共用的接地极。

（5）铜包钢接地极连接安全可靠：使用专用连接管或采用热熔焊接，接头牢固、稳定性好。

（6）铜包钢接地极安装方便快捷：配件齐全、安装便捷，可有效地提高施工速度。

（7）提高接地深度：铜包钢接地极特殊的连接传动方式，可深入地下35m，以满足特殊场合低阻值要求。

（8）建造成本低：铜包钢接地极比传统采用的纯铜接地极建造方式，成本大幅度下降。

12-72　什么是铜包钢接地带？

铜包钢接地带又称铜覆钢接地带。铜包钢接地带按采用的基本材料不同，分为铜包圆钢、铜包扁钢、铜包钢绞线接地带三种，其外形如图 12-18 所示。

（1）铜包圆钢接地带。又名镀铜钢圆线接地带、铜包钢接地线接地带、铜镀钢圆线接地带。铜包圆钢接地带特点：

1）制造工艺特点：采用电镀生产工艺，实现铜与钢的高度结合。外表铜层为含量 99.99% 电解铜分子组成，既克服了套管法生产工艺存在的原电池反应的

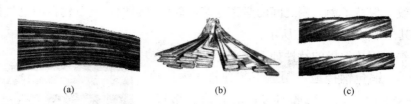

图 12-18　铜包钢接地带外形图

(a) 铜包圆钢；(b) 铜包扁钢；(c) 铜包钢绞线

弊端，又解决了热浸连铸工艺存在的铜层纯度不足及表面铜层阴阳面等弊端。

2）铜包圆钢接地带防腐性能优良。材料表明铜层较厚且为 99.99％的电解铜分子，平均厚度大于 0.25mm，因而耐腐蚀性强，使用寿命长达 50 年以上。

3）铜包圆钢接地带表层铜层由 99.99％的电解铜分子构成，导电性能更佳。

（2）铜包扁钢接地带特点：

1）制造工艺特点：采用电镀生产工艺，实现铜与钢的高度结合。外表铜层为含量 99.99％电解铜分子组成，既克服了套管法生产工艺存在的原电池反应的弊端，又解决了热浸连铸工艺存在的铜层纯度不足及表面铜层阴阳面等弊端。

2）铜包扁钢防腐性能优良。材料表明铜层较厚且为 99.99％的电解铜分子，平均厚度大于 0.25mm，因而耐腐蚀性强，使用寿命长达 50 年以上。

3）铜包扁钢导电性能更佳。由于表层铜层由 99.99％的电解铜分子组成，因而具有优良的导电性能，自身电阻远远低于常规材料。

（3）铜包钢绞线接地带特点：

1）材料采用连铸工艺制造，冶金分子结合、寿命长。

2）制造结构柔软、表面积大、接地效果好。

3）成捆或成盘包装、连接点少、运输方便。

4）导电性能优良，其导磁特性有利于电磁场的扩散与传输。

12-73　什么是热熔焊工艺？

➡️铜包钢接地极与铜包钢接地带连接起来才能构成接地装置，以往都采用电焊法连接，但焊口容易生锈，且不总能保障长期可靠连通，气焊法工艺复杂，于是人们创造了热熔焊工艺。

放热熔焊工艺就是先用清洁刷清洁整套焊接装置，用模具套到焊接点，将单包放热焊接粉倾入整套焊接装置内（包含模具、焊粉、模具夹、辅助夹具等），用点火枪点火，通过铝与氧化铜的化学反应（放热反应）产生液态高温铜液和氧化铝的残渣，并利用放热反应所产生的高温来实现高性能电气焊接的现代焊接工艺。这个放热反应是在耐高温的石墨模具内进行的，放热反应过程只需要短短的几秒钟即可完成焊接过程。因此热熔焊接工艺简单，施工效率高，施工人员容易掌握。

12－74　什么是离子接地极？有什么优点？

➡ 离子接地极的管内填充 HC 高能电离子化合物晶体，能吸收空气中的水分，通过潮解作用，将活性电离子释放到土壤中，与土壤及空气中的水分结合，促进导体外部缓释降阻，使整个系统长期处于离子交换的状态中，且保持长期稳定。该接地极特别适用于接地网面积小或有限制的区域，各种有较高接地要求的环境。该接地极由防护罩、电极单元、HC 高能回填料组成。与传统的接地极相比较，它能使雷电冲击电流及故障电流更快地扩散于土壤中，因此在恶劣的土壤条件下，效果尤为显著。其外形如图 12－19 所示。

图 12－19　离子接地极外形图

离子接地极的优点：

（1）装置自动调节功能强，不断向电极周围土壤补充导电离子，改善周围土壤电阻率。

（2）高能回填料采用具有防腐性能和耐高压冲击的化学材料为辅料，大大延长其使用寿命，保证使用 30 年。

（3）回填料以强吸水性、强吸附力和强离子交换能力的物理化学物质为主体材料，完成电极单元与周围土壤的高效紧密结合，且将降低周围土壤电阻率，有效增强了雷电导通释放能力。

（4）高能回填料能与接地极和周围土壤充分接触，大大降低接触电阻，且流动性和渗透性好，增大与土壤的接触面积，从而增大泄流面积。

（5）由于电极单元采用低导磁率材料，抗直击雷感应脉冲袭击强，防雷电二次效应。

（6）由于其优异的接地效果和很强的调节功能，主要用于高土壤电阻率地区和建筑物高度密集的城市。

（7）由于其优异的接地效果，占地面积少，施工工程量小，节约材料。

（8）离子接地极所用的一切材料均无毒无污染、绿色环保。

12-75 什么是低电阻接地模块？

低电阻接地模块是一种以非金属石墨材料为主的接地极，由以钢材为核心外包导电性、稳定性较好的非金属矿物质和电解物质压制而成的块状物，简称接地模块。

（1）工作原理：接地模块有效地解决了金属接地极在酸性或碱性土壤中亲和力差且易发生金属接地极表面锈蚀而使接地电阻变化，当土壤中有机物质过多时，容易形成金属接地极表面被油墨包裹的现象，导致导电性和泄流能力减弱的情况。接地模块增大了接地极本身的散流面积，减小了接地极与土壤之间的接触电阻，具有强吸湿保湿能力，使其周围附近的土壤电阻率降低，介电常数增大，层间接触电阻减小，耐腐蚀性增强，因而能获得较低的接地电阻和较长的使用寿命。

接地模块按外形结构的不同，一般分为平板型、圆柱型、梅花型三种。其外形如图 12-20 所示。

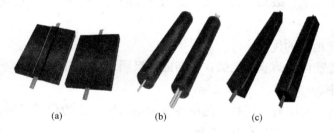

(a)   (b)   (c)

图 12-20 低电阻接地模块外形图
(a) 平板型；(b) 圆柱型；(c) 梅花型

（2）主要特性。

1）降阻特性。接地模块采用非金属导电物质为主剂，是无机物理型降阻产品，无化学污染物，电阻率低至 $0.15\Omega\cdot m$。

2）长效特性。接地模块采用非金属导电物质具有良好的化学生物稳定性，使用寿命长，接地模块材质本身超过 20 年的使用寿命。

3）防腐蚀特性。被接地模块包裹的金属电极，隔绝土壤中氧和水分与接地极的接触，从而大大降低金属电极的腐蚀速度，尤其是在盐碱土壤中使用，其效果更为明显，经过开挖试验，接地极表面形成钢灰色的钝化膜，接地极无腐蚀迹象，并且钝化膜有进一步保护接地极免遭腐蚀的作用。可根据客户的要求，将模块中间的金属电极换成铜等耐腐蚀的高导电金属，使寿命达到 30 年以上。

（3）使用场合。广泛用于电力、通信、铁路、建筑、矿山、化工、国防行业的各类工厂、仓库等设施的防雷接地、工作接地和防静电接地，尤其适用于在有岩石的地区的线路和高土壤电阻率场合。

12-76　接地模块的用量是如何计算的？

➡当接地模块水平埋置，埋设深度为 0.8m，根据接地网土层的土壤电阻率，接地模块用量计算式为

$$R_j = 0.068 \frac{\rho}{ab} \qquad (12-45)$$

$$R_{nj} = R_j / n\eta \qquad (12-46)$$

式中　ρ——土壤电阻率，$\Omega \cdot m$；

a、b——接地模块的长、宽，m；

R_j——单个模块接地电阻，Ω；

R_{nj}——并联后总接地电阻，Ω；

n——接地模块个数；

η——模块调整系数，一般取 0.7～0.85，模块越多其值越小，$\rho < 200\Omega \cdot m$ 时 η 取 0.85，$200\Omega \cdot m < \rho \leqslant 500\Omega \cdot m$ 时 η 取 0.80，$500\Omega \cdot m < \rho < 1000\Omega \cdot m$ 时 η 取 0.75～0.80，$\rho \geqslant 1000\Omega \cdot m$ 时 η 取 0.70～0.75。

12-77　什么是高效膨胀降阻剂？

➡高效膨胀降阻剂是一种具有良好导电流通性能的黑灰色优质矿物复合材料。其电阻率 $\rho = 0.38\Omega \cdot m$（试验值），pH 值 $=10$，密度为 $1.3g/cm^3$，降阻率在 60%～90% 之间（土壤电阻率越高，降阻越显著），有效期为 60 年。

高效膨胀降阻剂组合成分中含有大量的半导体元素和钾、钙、铝、铁、钛等金属化合物。这些金属化合物不仅具有良好的导电性能，而且对接地装置也起到了较好的阴极保护作用，它们吸水膨胀后被网状胶体所包围，网状胶体的空格又被部分水解的胶体所填充，使这些元素不致随地下水和雨水而冲刷流失，从而使降阻剂的导电性能能够保持，导电离子活泼向周围大地移动渗透。这就是它的降阻的机理。

高效膨胀降阻剂的优点：

（1）能彻底解决长期困挠电气路径电阻与接触电阻的技术难题，彻底解决各种特殊地质条件下的复杂防雷接地、保护接地等工程疑难问题。

（2）它是呈物理性的矿物复合材料，不与金属材料发生电化作用，腐蚀性很少，埋地时对低碳钢及镀锌钢平均腐蚀率小于 $0.01mm/$年。

（3）能有效地解决对工程要求严格、设施设备阻值要求小于 $0.5 \sim 1\Omega$ 的大面积高难度接地，有效地解决在强腐蚀地质条件下的接地。

（4）有效地解决在石质及沙漠干燥地质条件下的接地。

（5）有效地解决在市区内因受面积限制的狭窄地带的接地。

（6）对环境无污染。

第十三章

节约用电和安全用电

13-1 为什么要节约用电？为什么说节约用电是节能的一种手段？

⏵中国的资源总量虽然居世界第三位，但是人均资源占有量是世界第 53 位，仅为世界人均占有量的一半。一方面是人均资源大大低于世界平均水平，而另一方面，我国资源利用效率明显偏低，正为当前的快速城市化进程付出着巨大的资源代价。

我国由于电力行业的电力线路线损率高，终端设备陈旧，技术落后，管理滞后等原因，电能利用率低下，全国每年浪费的电能接近 2000 亿 kWh。长江三峡电站全部建成投运后，装机容量 1820 万 kW，年均发电量约 850亿 kWh。我国一年浪费的电能相当于 2.3 个三峡电站的发电量。每年国家损失电费收入至少为 1000 亿元，或者说每年损失掉一座三峡电站。电能利用率低下，提高电能利用率不仅有利于缓解电力供应紧张的矛盾，还能促进资源节约型社会的建立。为了解决制约经济发展的瓶颈，国家近几年投入大量资金兴建和改造电厂、电网，增加发供电量。科学节电，就是通过强化现代化管理和采用高新技术等手段，达到合理使用电力，降低损耗，减少浪费，提高电能利用率的目的。

《中华人民共和国节约能源法》中明确指出节约用电是一种方法（手段），目的是提高能源利用率，保护和改善环境，促进经济社会全面协调可持续发展。

13-2 节约用电的重要意义是什么？

⏵节约电能的重要意义不仅是节约了电量，而且通过节电可以节省发电燃料以及发、供、用电设备的投资；减小电能损失可以取得增加生产，减少电费开支，降低生产成本的显著经济效果。通过节电还可以促进工艺技术改造和设备更新换代；可以促进加强用电管理，提高电能利用率，提高科学管理水平。因此，开展节约用电是贯彻国家对能源实行开发和节约并重的方针，是降低能源消耗、提高经济效益的长期性工作。

13-3 提高负荷率有哪些好处？

➡负荷率是反映供、用电设备是否得到充分利用的重要技术经济指标之一，提高负荷率对发、供、用电都有好处。

发电厂提高负荷率可以多发电，运行经济，降低厂用电率和耗煤率，降低发电成本，如 50 万 kW 的发电厂，按日负荷率 80% 计算，每日只能发电 960 万 kWh，若将负荷率提高到 95%，每日可发电 1140 万 kWh，即每日多发电 180 万 kWh，相当于增加一个 10 万 kW 的发电机组。

供电部门提高负荷率，可以充分发挥输配电线路及变压器等供电设备的效能，减少国家投资，减少供电网络中的电能损耗。电力网的电能损耗（如线损）与电流的平方成正比，用电不均衡，高峰时期过负荷，电能损耗量大大增加，甚至损坏供电线路和变压器，既不经济，又不安全。

用电单位提高负荷率，可以减少受电变压器容量，降低高峰负荷，减少基本电费开支，降低生产成本。统一按规定的时间有计划的均衡用电，生产就有保证。

13-4 提高负荷率有哪几种方法？

➡提高负荷率的方法很多，可以根据当地供用电实际情况，灵活采取措施，一般说有以下几种主要方法：

（1）对一个地区可以统一安排轮流周休日。规定每周开工班次，实行按线路或按区域轮休，使一周七天内负荷均衡。

（2）有计划地统一合理安排上、下班时间，例如可按用电区域或行业错开上班时间，使用电负荷均匀，便于提高地区日负荷率。

（3）对用电多且集中的大工矿企业，合理安排吃饭时间，以降低高峰，填平低谷用电负荷。三班制生产的企业也可采用轮流吃饭不关车的办法来提高日负荷率。

（4）实行避峰用电。对间断性或经调整可以间断的大型用电设备如磨机、水泵、气锤、破碎机、电焊机、间断性生产的电冶炉和淬火炉等，可按照实际情况有计划地避开一个或两个高峰时间。也可以根据不同用户的特点安排某些厂矿、车间或生产班次全部避峰用电。

（5）安排填谷负荷。对一班制生产的轮流上后夜、两班制生产的要一班上后夜、三班制生产的把用电最多的一班放在后夜，用电多占人少的设备一直上后夜。还可以适当增加后夜班，即三班制的每周七个后夜班、六个白班、五个前夜班，两班制的每周开七个夜班、五个白班。

（6）安排机动负荷。对负荷大、开停容易、临时开停对产品质量、产量影响不大的大企业安排一定数量的机动负荷，充分利用低谷时间用电。

（7）对较大的工矿企业按批准的负荷曲线签定供用电合同，或加装电力定量器，由企业内部按上述方法调整。

（8）调整大的用电设备检修时间和部分企业停产大修时间可以提高月负荷率。

（9）根据农业季节性特点和部分企业季节性生产特点进行合理安排可以提高年负荷率。

（10）按上级批准的经济政策，实行奖励和惩罚制度。

13-5　日用电量、日平均负荷、瞬时负荷应怎样计算？

（1）日用电量的计算。

1）未装有变流倍率装置的电能表（直通表）：

即 24h 之内电能表的累计数，就是日用电量。

$$N_r = N_2 - N_1 \tag{13-1}$$

式中　N_2——本日 24 点时电能表之读数；

N_1——上日 24 点时电能表之读数；

N_r——日用电量，kWh。

2）装有变流倍率装置的电能表：

24h 之内电能表表头累计数乘以变流倍率后所得的数为日用电量。即只装有电流互感器（TA）的电能表

$$N_r = n \times K_{TA} \tag{13-2}$$

式中　n——电能表（0~24 点）累计读数；

K_{TA}——TA 倍率（变比）；

N_r——日用电量，kWh。

3）同时装有电流互感器、电压互感器（TV）的电能表：

$$N_r = n \times K_{TA} \times K_{TV} \tag{13-3}$$

式中　n——电能表（0~24 点）累计读数；

K_{TA}——电流互感器 TA 倍率（变比）；

K_{TV}——电压互感器 TV 倍率（变比）；

N_r——日用电量，kWh。

（2）日平均负荷的计算：

$$P_r = \frac{N_r}{24} \tag{13-4}$$

式中　N_r——日用电量，kWh；

　　　24——日小时数；

　　　P_r——日平均负荷，kW。

（3）瞬间负荷的计算。

1）用实测电流、电压计算：

$$P = \frac{\sqrt{3} \times U \times I \times \cos\varphi}{1000} \tag{13-5}$$

式中　U——电压，V；

　　　I——电流，A；

　　$\cos\varphi$——功率因数；

　　　P——有功功率，kW。

2）用秒表法计算：

$$P = \frac{3600 \times R K_{TA} K_{TV}}{NT} \tag{13-6}$$

式中　R——在测量时间内有功电能表圆盘的转数（一般最好测量 $10 \sim 20$ 转）；

　　　T——测量时间，s；

　　K_{TA}——电流互感器 TA 倍率（变比），无电流互感器时 K_{TA} 取1；

　　K_{TV}——电压互感器 TV 倍率（变比），无电压互感器时 K_{TV} 取1；

　　3600——1h 的秒数；

　　　N——有功电能表铭牌上标明的常数，(r/s)/kWh；

　　　P——有功功率，kW。

用此法同样可以测量无功功率。

13-6　负荷率、同时率、线损率应如何计算？

➡（1）负荷率是在一定时间内，平均负荷与最高负荷之比的百分数，用以衡量负荷的均衡性。如日、月、年负荷率按以下方法计算：

$$\eta = \frac{P_{pj}}{P_{max}} \times 100\% \tag{13-7}$$

式中　P_{pj}——平均负荷，kW；

　　　P_{max}——最高负荷，kW；

　　　η——负荷率，％。

1）日负荷率的计算：

$$\eta_r = \frac{P_r}{P_{max}} \qquad (13-8)$$

式中　P_r——日用电负荷，kW；

　　　P_{max}——日最高负荷，kW；

　　　η_r——日负荷率，％。

2）月平均日负荷率的计算：

$$\eta_y = \frac{\sum \eta_r}{T_r} \times 100\% \quad （算术平均值） \qquad (13-9)$$

式中　$\sum \eta_r$——月内日负荷率之和，kW；

　　　T_r——日负荷率的天数；

　　　η_y——月平均日负荷率，％。

3）年平均日负荷率的计算：

$$\eta_n = \frac{\sum \eta_n}{12} \times 100\% \quad （近似计算） \qquad (13-10)$$

式中　$\sum \eta_n$——月平均日负荷率之和，kW；

　　　12——年负荷率的月数；

　　　η_n——年平均日负荷率，％。

（2）同时率是综合负荷曲线的最高负荷与构成该负荷曲线的各用户最高负荷之和的比，计算方法是：

$$K_t = \frac{P_{zmax}}{\sum P_{max}} \qquad (13-11)$$

式中　P_{zmax}——综合负荷曲线最高负荷，kW；

　　　$\sum P_{max}$——各用户最高负荷之和，kW；

　　　K_t——同时率。

（3）线损率是线损电量与供电量比值的百分数。线损率按下述方法计算：

1）理论线损率的计算：

$$\Delta A_L\% = \frac{\Delta A_{kb} + \Delta A_{gd}}{A_g} \times 100\% \qquad (13-12)$$

2）统计线损率的计算：

$$\Delta A_s\% = \frac{A_g - A_y}{A_g} \times 100\% \qquad (13-13)$$

式中　ΔA_{kb}——可变损失；

　　　ΔA_{gd}——固定损失；

　　　　A_g——供电量；

　　　　A_y——用电量；

　　　$\Delta A_L\%$——理论线损率；

　　　$\Delta A_s\%$——统计线损率。

13-7　设备利用率、变压器利用率、年最大负荷利用小时、最大负荷损耗时间应怎样计算？

➡(1) 设备利用率是指用电设备实际承担的综合最高负荷与其额定容量之比。计算方法是：

$$K_{sb} = \frac{P_{smax}}{P_{sb}} \qquad (13-14)$$

式中　P_{smax}——实际综合最高负荷，kW；

　　　P_{sb}——设备额定容量之和，kW；

　　　K_{sb}——设备利用率。

（2）变压器利用率是指变压器实际最高负荷与其额定容量之比。

$$K_b = \frac{S_{smax}}{S_b} \qquad (13-15)$$

式中　S_{smax}——变压器实际最高负荷，kVA；

　　　S_b——变压器额定容量之和，kVA；

　　　K_b——变压器利用率。

（3）年最大负荷利用小时，是年总用电量除以年最高实际负荷所得的小时数，即

$$T_n = \frac{N_n}{P_{zg}} \qquad (13-16)$$

式中　N_n——全年总用电量，kWh；

　　　P_{zg}——年最高负荷，kW；

　　　T_n——年最大负荷利用小时，h。

（4）最大负荷损耗时间是指一定时间内总用电量除以该段时间内的最高负荷所得的小时数，即

$$T_{zf} = \frac{N_y}{P_d} \qquad\qquad (13-17)$$

式中　N_y—— 一定时间的总用电量，kWh；

P_d——单位时间内的最高负荷，kW；

T_{zf}——最大负荷损耗时间，h。

13-8　提高功率因数有什么好处？

➡提高功率因数的好处有以下几个方面：

（1）可以提高发电、供电设备的供电能力，使设备可以充分得到利用。

（2）可以提高用户设备（如变压器等）的利用率，节省供、用电设备投资，挖掘原有设备的潜力。

（3）可降低电力系统的电压损失，减少电压波动，改善电能质量。

（4）可减少输、变、配电设备中的电流，因而降低了电能输送过程的电能损失。

（5）可减少企业电费开支，降低生产成本。

13-9　工矿企业的功率因数应怎样计算？

➡（1）用电功率因数的大小是随用电负荷性质的变化而变化的。其瞬时值可由功率因数表直接读出。若无功率因数表时，可根据电压表、电流表和功率表在同一时间的读数，按下式计算：

$$\cos\varphi = \frac{P}{\sqrt{3}UI} \qquad\qquad (13-18)$$

式中　P——功率表读数，kWh；

U——电压表读数，V；

I——电流表读数，A；

$\cos\varphi$——功率因数。

【例 13-1】　有一用户，功率表表指示 100kW，电压表指示 380V，电流表指示 200A，求功率因数是多少？

解　根据公式得

$$\cos\varphi = \frac{P}{\sqrt{3}UI} = \frac{100 \times 1000}{1.732 \times 380 \times 200} = 0.76$$

（2）计算某一段时间的平均功率因数时（如一个月），可根据有功和无功电能表在相应时间内的电量按下式计算：

$$\cos\varphi = \frac{1}{\sqrt{1 + \left(\frac{Q_t}{P_t}\right)^2}} \qquad\qquad (13-19)$$

式中　P_t——有功电量，kWh；；

　　　Q_t——无功电量，kvarh；

【例 13-2】　有一用户，一个月的无功电量为 300kvarh。有功电量为 800kvarh，求功率因数。

解　按公式得

$$\cos\varphi = \frac{800}{\sqrt{800^2 + 300^2}} = \frac{800}{\sqrt{730\,000}} = \frac{800}{854.4} = 0.94$$

13-10　提高功率因数有哪些方法？

➡提高功率因数的方法主要是人工调整和自然调整两种方法。自然调整主要采取以下措施：

（1）尽量减少变压器和电动机的浮装容量，减少"大马拉小车"现象，使变压器电动机的实际负荷在其额定容量的 75% 以上。

（2）调整负荷，提高设备的利用率，减少空载运行的设备。

（3）电动机不是满载运行时，在不影响照明的情况下，可适当降低变压器的二次电压。

（4）三角接法的电动机负荷在 50% 以下时，可改为星形接法。

人工调整主要采取以下措施：

（1）装置电容器组是提高功率因数最经济有效的方法。

（2）大容量绕线式异步电动机同步运行。

（3）长期运行的大型设备采用同步电动机传动。

13-11　三相用电不平衡有哪些危害？

➡在三相供电系统中，由于某些电气设备，仅适于单相用电，这样的电器设备接于电网上，如安排不合理就会造成三相电流不平衡。不平衡的电流将在系统各相中产生不同的电压降，导致电网电压三相不平衡。其主要危害如下：

（1）对感应电动机的危害：由于三相电压不平衡，在感应电动机的定子上将产生一个逆序旋转磁场，此时感应电动机在正、逆两个旋转磁场的作用下运行。因正序旋转磁场比逆序旋转磁场大得多，故电动机的旋转方向按正序方向旋转。但转子逆序阻抗很小，所以逆序电流较大。因有逆序电流和磁场的存在，而产生较大的逆序制动力矩，将使电动机的输出功率大大减少，电动机绕组即过分发热。

（2）在变、配电设备中，会降低设备利用率，所有的发电机、变压器等电气设备都是在三相负荷平衡的条件下设计的。如果三相负荷不平衡，只能以最大一相的负荷为限，因此，设备出力必然会减少。

13-12　频率与频率的质量指标是什么？造成频率变化的原因是什么？

➡️频率是指交流电的电压、电流等参数的方向，在单位时间内周期变化的次数。我国电力系统用的额定频率为 50Hz，频率的质量指标为 50 ± 0.2Hz。即小容量的电网频率允许在 $49.5\sim50.2$Hz 的范围内运行。

当系统负荷超过或低于电厂出力时，系统的频率就要降低或升高。欠缺容量与频率下降的关系见表 13-1。

频率低于 49.5Hz，运行时间不能超过 60min；大电网频率低于 49Hz 的运行时间不能超过 30min。

表 13-1　　　　　　　　　　欠缺容量与频率下降的关系

欠缺容量占系统最高负荷的百分数（%）	频率（Hz）
2~2.5	49.5
4~5	49
6~7.5	48.5
8~10	48

13-13　低频率运行有什么危害？

➡️低频率运行不仅影响电力系统内部的运行安全，而且还会使千家万户不同程度的受到影响。

（1）低频率使发电厂汽轮机叶片接近甚至达到共振，从而造成叶片损坏事故。对用电单位可能因电动机转速下降引起设备损坏。

（2）低频率时，电网应付事故的能力减弱，一遇大的波动，就容易造成电网瓦解，引起大面积停电。

（3）低频率引起火力发电厂水泵、风机、磨机等辅机出力下降，而导致电厂出力下降。降低一个频率级，电厂出力约下降 3%。

（4）火力发电厂的汽耗、煤耗及厂用电率上升。工业用户原材料及电力消耗上升，消耗增加。

（5）低频率或频率不稳时，产品质量下降，废品率升高。

（6）影响产量。对不同的动力设备影响不同。一般降一个频率级产量下降2%～6%。

（7）对频率有严格要求的自动化设备，低频率时会产生误动作。

（8）影响广播、通信、电视的质量，影响电钟准确性。

13-14　低电压的危害是什么？

➡低电压会给工农业生产和人民生活带来很大的困难和损失，它的危害如下：

（1）降低发电、供电设备出力，增加线路电能损失。

（2）危机电网安全运行，严重时可引起电网瓦解。

（3）电动机起动困难，甚至不能起动。

（4）降低用户设备出力，使电动机过电流、温度上升，促使绝缘老化，降低电气强度，甚至烧坏电机。

（5）影响生产过程的正常进行和产品产量，严重时可引起低电压保护动作，造成断电。

（6）日光灯不能起动，各种照明设备发光率下降。

（7）影响通信、广播、电视等质量。

13-15　用电单耗和单耗定额有什么不同？

➡用电单耗（简称单耗）就是生产某一单位产品或完成单位工作量所消耗的电能（千瓦时）。电耗定额是指在特定条件下，生产单位产品或完成单位工作量所合理消耗电能的标准量。二者所不同的是：前者是实际发生的（即实际单耗），后者则是计划指标或标准量。

13-16　为什么要制定电耗定额？

➡电耗定额是衡量用电单位生产技术水平和经营管理水平的一项综合性技术经济指标，它是检查企业是否合理用电与节约用电的科学方法，也是考核生产人员工作水平、计算节电成果和确定用电指标的依据。加强定额管理，对促进企业提高产品产量、降低生产成本、改善企业技术管理将起到推动作用。

13-17　综合电耗定额应包括哪些用电量？

▶综合电耗定额的用电量，是指确定范围内直接生产和间接生产所消耗的电量之和。直接生产用电量，是指产品（或半成品）在物理过程和化学过程以及生产工艺，设备（如机械、热力、电磁、化学、线路损失等）直接消耗的各项用电量。间接生产用电量是指与直接生产有关的其他电量。这些电量中应包括：

（1）修理、工具、备料、运输、供水、供气、供热、试验等所耗的用电量。

（2）设备的大修、中修、小修、事故检修以及检修后试运行的用电量。

（3）生产中为保证安全需要的用电量。

（4）用于三废（废气、废水、固体废弃物）处理的用电量。

（5）厂区、生产厂房、仓库以及生产办公室照明等的用电量。

（6）企业用电单位内部供电设施的损失电量。

13-18　产品电耗定额中不应该包括哪些用电量？

▶计算产品电耗定额的用电量中不应包括：

（1）向外单位转供的电量。

（2）基建工程用电量（包括试运行电量）。

（3）与生产无关的非生产用电量（如文化、生活福利设施）。

（4）新产品开发、研制和投产前试生产的用电量。

（5）自备发电厂的厂用电量。

（6）与上述有关的用电单位内部供电设施损失的电量。

13-19　制定产品电耗定额时计算产量的原则是什么？

▶计算产量的原则是：

（1）产品产量的计量单位应与生产计划、统计和产品目录中所有的计量单位相一致。

（2）产品数量应按合格产品入库量计算，有些产品还应按国家主管部门统一规定的基准量或折纯量进行计算。

（3）计算产品产量是在报告期内（如月、季、年）经检验符合国家标准、专业标准或订货合同规定的技术条件的产品数量。

（4）产量中不应包括该产品试生产期间的产量。

13－20 怎样用分摊法计算多种产品的实际单耗？

➡当同时生产多种产品用电量无法分开时，可采用换算率分摊法来计算每一种产品的实际单耗，方法是：

设：产品 A 产量为 P，单耗定额为 a，实际单耗为 a'；产品 B 产量为 Q，单耗定额为 b，实际单耗为 b'；产品 C 产量为 R，单耗定额为 r，实际单耗为 r'。生产以上三种产品的总用量为 D。

解：把 B 产品折成 A 产品用电换算率：b/a；

把 C 产品折成 A 产品用电换算率：r/a；

产品 A 的实际单耗：$a' = \dfrac{b}{a} a'$；

产品 C 的实际单耗：$r' = \dfrac{r}{a} a'$。

13－21 如何计算代表产品的单耗？

➡生产的品种多，变动也频繁，在一段时间内（如一个月），电量可以分开，但不好进行比较，这可以选定某一种用电量较多的产品作为代表产品，把其他产品的单耗折算为代表产品单耗。计算方法是：

如：代表产品的产量为 n_0，用电量为 W_0，单耗为 m_0，其他产品的产量为 n_1、n_2、$n_3 \cdots$，其他产品的用电量为 W_1、W_2、$W_3 \cdots$，其他产品的单耗为 m_1、m_2、$m_3 \cdots$，代表产品折算系数为 C_0，其他产品的单耗折算系数为 C_1、G_2、$C_3 \cdots$。

折算系数为

$$C_0 = \frac{m_0}{m_0}, \ C_1 = \frac{m_1}{m_0}, \ C_2 = \frac{m_2}{m_0}, \ C_3 \frac{m_3}{m_0} \cdots$$

折算成代表产品的总产量 n

$$n = n_0 + n_1 + n_2 + n_3 \cdots$$

代表产品的总用电量 W

$$W = W_0 + W_1 + W_2 + W_3 \cdots$$

折算为代表产品的单耗 m

$$m = W/n \tag{13－20}$$

式中　W——产品的总用电量，kW；

　　　n——产品的总产量，台或只。

13－22　制定单位产品电耗定额应考虑哪些因素?

▶(1)应考虑在正常生产的条件下,历年或同期的实际电耗和先进定额的标准。如在生产范围、规模和工艺操作没有较大变化的情况下,电耗定额不应高于历年曾达到的先进水平。

(2)考虑由于生产工艺改进,用电设备的革新,原材料的变化,机械化和自动化程度的提高以及生产组织和企业管理的调整改进等。

(3)考虑推行节电技术措施所获得的效果和达到同行业同类产品先进电耗定额的可能性等。

13－23　怎样计算节约电能?

▶(1)用电单耗同期对比法:

节约电量 (kWh)＝本期产量×(以前同期单耗－本期实际单耗)

(2)用电定额对比法:

节约电量 (kWh)＝本期产量×(单耗定额－实际用电单耗)

(3)同期产值单位耗电计算法:

节约电量 (kWh)＝本期实际产值×[以前同期单位产值用电量 (kWh/万元)－
本期单位产值用电量 (kWh/万元)]

此法适用于产品繁多不易计算产品单耗的企业。

以上各项计算结果,得正数为节电,得负数为费电。

(4)用电设备容量减少时:

节约电量 (kWh)＝计算期实际运行时间×(改进前实际用电容量
－改进后实际用电容量)

(5)劳动生产率提高时:

节约电量 (kWh)＝改进前产品实际单耗×计算期实际提高的产量

(6)单项措施节电效果的计算:

节约电量 (kWh)＝(改进前所需功率－改进后实测功率)×使用时间×推
广台数

13－24　电动设备节约用电应采取哪些措施?

▶把电能转变为机械能的各类设备数量极大,这类设备的节约用电占相当重要的地位。目前采取的措施主要有以下几点:

(1)减少电动设备的传动损耗和摩擦损耗,减少负载设备的负载转矩。

（2）提高变压器的利用率和电动机的负荷率，克服"大马拉小车"，控制空载运行，提高功率因数和效率。

（3）采用自动控制的调速系统。

（4）提高整流设备效率。

（5）推广应用电动设备节能器。

（6）更新、改造陈旧的电动设备。

13-25　为什么要使交流接触器无声运行？

➡ 交流接触器用交流电操作，存在噪声大、耗电多、线圈及铁芯温度高等许多缺点。如改为直流操作后，大幅度降低了铁芯涡流损耗和磁滞损耗以及短路后的损耗，因而节电效果显著。根据测定，100～600A 的接触器可节电 93%～99%，100A 以下的接触器可节电 68%～92%。如一台 CJ$_1$-600/3 的接触器交流操作时，需有功 260W，需无功 1kvar。改为直流操作后需有功 8W，不但不汲取无功反而可输出无功 450var，全年可节约有功电量 2200kWh，节约无功电量 12700kvarh。

使交流接触器无声运行有以下几点好处：

（1）无噪声，改善工作环境。

（2）运行温度低。

（3）延长了接触器的使用寿命。

13-26　交流接触器的无声运行的原理是什么？

➡ 交流接触器在保留原有线圈的基础上，只需增加一套简单的整流电路，把交流操作改为直流操作，其工作原理是：

（1）采用电阻降压单相半波整流电路，如图 13-1 所示。在正半周时，电阻 R 起限流降压作用，二极管 VD1 导通、VD2 截止，通过接触器线圈的电流 I 方向如图所示。负半周时二极管 VD1 截止、VD2 导通，线圈 JC 经 VD2 续流。于是线圈 JC 得到单方向脉动直流电，使接触器吸合。

（2）接触器的保持采用电容降压半波整流电路，其保持电流仅为吸合电流的十分之一，如图 13-2 所示。正半周时，电容 C 起降压作用，VD 截止。负半周时 VD 导通，线圈 JC 通过二极管 VD 续流（电流方向如图 13-1 所示）。

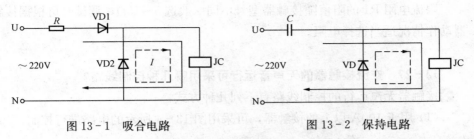

图 13-1 吸合电路　　　　　　　　图 13-2 保持电路

（3）接触器的吸合和保持电路的转换是用接触器的动断辅助接点来实现的。如图 13-3 所示。当接触器 JC 合上时，接触器的动断辅助接点 JC2 断开，使吸合电路自动转换为保持电路。

图 13-3 是一个交流接触器无声运行的原理接线图。

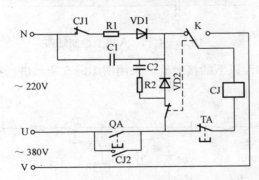

图 13-3　交流接触器无声运行原理接线图

其工作原理是：

当 N 端为正，U 端为负时，按下 QA，VD1 接入电路，供给 CJ 脉动直流电，CJ 动作，CJ1 断开，R1 和 VD1 退出电路。当 U 端为正，N 端为负时，VD2 正向导通，对 C1 充电，并同时接通 CJ 续流回路。当 N 端恢复为正时，则 CJ 靠 C1 充电电流维持直流供电。

K 为交直流转换开关，如整流电路进行故障维修时，可将转换开关 K 投入交流位置，使接触器转入交流运行，因此既方便修理又不影响电气设备的正常运行。

电容器 C 的电容量也可按下列经验公式计算：

$$C = (6.5 \sim 8)I$$

式中　C——电容器的电容量，μF；

　　　　I——交流接触器直流工作时的工作电流，A。

限流电阻 R1 的阻值随接触器型号不同一般选 5～15Ω，调试时可根据接触器动作情况适当选择电阻。

13-27 交流接触器的无声音运行可采用哪几种控制线路？

接触器无声运行的控制线路有下列几种方式：

（1）用于 100A 以上的接触器，可采用图 13-4 所示的电路进行控制。

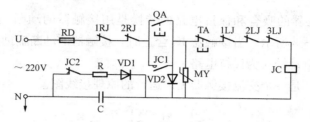

图 13-4 100A 以上控制线路

（2）用于 100A 以下的接触器，采用图 13-5 所示进行控制。

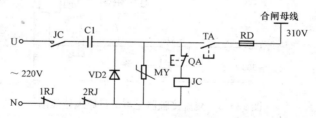

图 13-5 100A 以下的控制线路

（3）采用公用电容储能合闸电源和独用保持电路，用于 100A 以下的接触器，因线圈电阻大，如不能给出足够的吸合电流，可采用公用电容储能合闸方案，如图 13-6 所示。在变电所内装一组电容器，由两段母线供电，通过硅二极管及限流电阻使电容器充电，可供任一接触器合闸时使用。

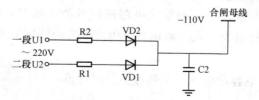

图 13-6 公用电容储能合闸电源电路

交流接触器无声运行的控制电路型式还有很多，读者可根据需要自选。

13-28 双向晶闸管调压运行和可控电抗变压运行的基本原理是什么？

双向晶闸管调压运行的基本原理是随着电动机负载的变化，用晶闸管自动调压的方式使电动机在功率因数较高的情况下运行，达到节约电能的目的。

可控电抗变压运行是利用三相饱和电抗器根据电动机负载的变化进行连续调压，使电动机的出力、功率因数及用电量处于较佳的状态运行。采用这种技术措施节电效果显著。

13-29 晶闸管开关是怎样代替交流接触器工作的？

晶闸管开关代替交流接触器控制如图 13-7 所示。起动时，合上自动开关

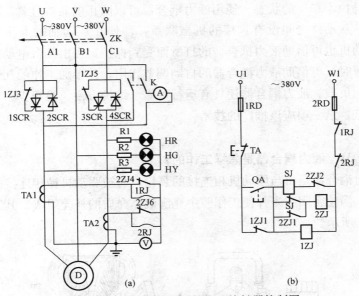

图 13-7 晶闸管开关代替交流接触器控制图

(a) 晶闸管开关电路；(b) 接触器电路

ZK，按下按钮 QA，中间继电器 1ZJ 的动合接点 1ZJ 自保持通电，1ZJ4 与 1ZJ5 的动合触点同时闭合，接通 SCR1、SCR2、SCR3 和 SCR4 的控制极，U、W 两相反并联连接的晶闸管元件导通，接通电动机回路而起动运转；与此同时，时间继电器 SJ 的线圈经 2ZJ2 得电，延时接通 2ZJ 线圈回路并自保持通电，使与热继电器 1RJ、2RJ 并联的动断接点 2ZJ4、2ZJ6 打开，SJ 断电释放，1RJ、2RJ 正常接入保护回路（为了使 1～2RJ 躲开电动机起动电流而设计了 SJ 延时电路）只要揿下停止按钮 TA，控制回路断电，晶闸管因控制极断电而

关断，电动机停止运转。

13-30 什么是液力耦合器？使用液力耦合器有什么好处？

🔁液力耦合器是一个以液体作介质来传递功率的装置。使用液力耦合器在不更换原电动机的情况下，能实现无级调速，从而用来调节泵与风机的流量。在低流量运行时能减轻加在电动机上的负载转矩，减少机械损耗，延长使用寿命。液力耦合器处于脱开状态下用于空载起动电动机，可大大缩短起动时间、减少起动电流。由于实现了空载起动，故可以按电动机的额定扭矩选配电动机，不受起动扭矩限制，避免了为满足起动扭矩的限制而选配大电动机造成长期"大马拉小车"的状态。使用液力耦合器可以防止电动机过载。由于液力耦合器主、从动件之间没有直接的机械联系，即使在从动轴被卡住的失速情况下，电动机也可借助液力耦合器的打滑而受到保护。当由几台电动机共同驱动一台装置时，可借助液力耦合器的自动调节作用，使参加工作的几台电动机承受均匀的负载。液力耦合器还具有运行可靠、维护方便、投资少、节能效果显著等优点，是一项应该推广的技术。

13-31 液力耦合器是怎样工作的？

🔁液力耦合器是由与原动机相连接的泵轮、与被驱动机械相连接的涡轮以及把泵轮、涡轮密闭起来并使工作腔中充满液体介质的外壳组成。其工作原理如图13-8所示。

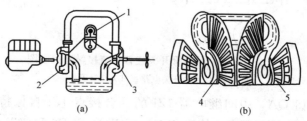

图13-8 液力耦合器工作原理与液体流动过程
（a）液力耦合器工作原理；（b）液体流动过程
1—液力耦合器；2、4—泵轮；3、5—涡轮

当原动机带动泵轮旋转时，泵轮把原动机的机械能转换成工作液的动能和势能，获得能量的高速高压液流从泵轮出口处进入涡轮，像水轮机那样冲击涡轮，使涡轮与泵轮同方向旋转，涡轮把得到的泵轮能量又转换为涡轮的机械

能，从涡轮中出来的液体介质又进入泵轮，液体介质就是从涡轮到泵轮周而复始地在工作腔中循环，不断地把能量从泵轮传给涡轮。

13-32 液力耦合器是怎样实现调速的?

用改变与工作腔相沟通的辅助油腔平面高度，就可改变工作腔的充油量。当改变工作油充满度时，就可在主动轴转速不变的情况下改变从动轴的转速。其调速原理如图 13-9 所示。

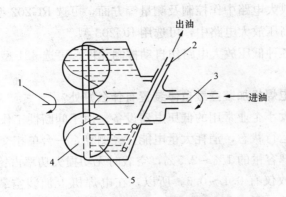

图 13-9 耦合器调速原理示意图
1—输入轴；2—导流管；3—输出轴；4—泵轮；5—涡轮

调节工作油充满度，可分为进口调节式和出口调节式。当导流管的管口处于远离轴线位置时，工作腔中工作油充满度最小，此时从动轴相应的转速最低。

大功率耦合器还带有冷却循环系统，它有实现调节相对充油量的功能。在平衡运转情况下，流入与流出耦合器的循环流量相等，操纵调节装置使输入与输出有一短时间的不平衡，即可使相对充油量得以改变，工作轮上的力矩也随着发生变化，由此产生一个负反馈作用，使耦合器可以平衡在一个新的工作点。同时也使冷却系统循环重新趋于平衡。

13-33 什么是光电控制器? 它有什么用途?

光电控制器是根据光导管的随光敏感特性，加上晶体管开关电路，来控制继电器动作以达到自动接通或切断负载的一种装置。安装上光电控制器可以减少管理工作、杜绝长明灯、节约电能。

光电控制器主要用途有以下几个方面：

521

（1）用于一般路灯控制，可选用 RS - CW - 3 型。

（2）用于弱光放大电路中作光电控制元件，可选用 RS - CW - 1 型。

（3）大功率元件用于光电式熄火保护装置，可选 RS - CW - 2 型。

（4）用于测量技术方面如照度计、黑度计、透过率洁度测量计等，可选用 RG - CH - 1 型。

（5）用于各种自动控制的自动计数、光电开关以及各种劳保装置等，可选用 RG - CH - 2 型。

（6）用于放大电路中作控制及测量等方面，可选 RG202 型。

（7）用于高压放大电路中，可选用 RG203 型。

（8）用于各种低压放大电路作自动控制元件，可选 621 型。

13 - 34　电焊机加装空载自停装置有什么好处?

➡️电焊机是大小企业常用的低压电器设备。由于间断性工作的特点，有很多时间处于空载运行状态，消耗大量电能。经测算，一台单相交流电焊机，空载有功损失占铭牌容量的 1％～2.5％，空载时无功损失功率占铭牌容量的 10％，空载时功率因数仅有 0.1～0.3。所以，在电焊机上加装空载自停断电装置，减少空载损耗是一项行之有效的节电措施。一台普通电焊机装上自停断电装置后，每年可节有功电量 1000～1500kWh，无功电量 3000～4000kvarh。

13 - 35　电焊机空载自动断电装置的工作原理是什么?

➡️电焊机空载自动断电装置是一项有效的节电措施，现已在全国各地广泛采用，其工作原理如图 13 - 10 所示。

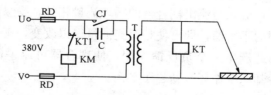

图 13 - 10　电焊机空载断电装置

合上开关接通电源后 CJ1 闭合，电焊机变压器一次侧接通电源，二次侧即感应出 60V 左右的电压，这时时间继电器 KT 得电动作。经一定时限后，动断触点 KT1 打开，交流接触器 KT 断电释放，触点 KT1 打开，电容器 C 即串联于电焊机变压器的一次绕组回路中，这时电焊机近于断电状态。

开始焊接时，电焊机变压器 T 的二次侧电压突降，接近短路，KT 失掉电压而释放，KT1 立即闭合，交流接触器 KM 得电闭合，电焊机变压器 T 的一次侧直接接入电源，变压器 T 的二次绕组即可进行正常焊接工作。

停止焊接时，电焊机变压器 T 的二次绕组开路，电压恢复至 60V，KT 得电吸合，经一定时限后，KT1 触点断开，交流接触器 KM 断电释放，电容器接入电焊机变压器一次回路使其接近空载断电状态。

所使用的元件选如下：

T—电焊机变压器；C—电容器（$4\mu F$ 400V）；KT—时间继电器，线圈电压 60V；KM—交流接触器（根据电焊机容量选择）。

13-36　提高电热设备效率应采取哪些措施？

➡各种电炉和电热器都属于电热设备，对这类设备的用电，可通过以下几个措施提高其效率来达到节约用电的目的。

（1）严格控制使用，尽量以一次能源直接加热。

（2）采用高效电热器件，提高电热转换效率。

（3）搞好电热设备保温，提高热效率。

（4）采用自动控制，使电热设备在最佳状态运行。

（5）提高电炉占积率，充分利用热能。

（6）使配电网络合理布局，缩小短网长度，加大短网截面。

（7）热处理、铸造等电热设备应实行专业化协作。

13-37　什么是远红外线加热新技术？有何优点？

➡电磁能量的传播都是依电磁波形式而传递的，如无线电波、光波、X 射线、γ 射线、β 射线、宇宙射线等，都是电磁波的传递形式。红外线是一种看不见的电磁辐射波，它的波长从 $0.72\sim1000\mu m$（微米），在光谱中，它是在可见光和微波之间，我们把波长 $0.72\sim1.5\mu m$ 视为远红外线，$25\sim1000\mu m$ 视为超远红外线。

任何物体的分子、原子的能量级是可以改变的，但必须外界给以冲击。当原子受到冲击时，就会产生共振运动，使运动的速度加快。物体获得能量，温度就会上升。根据这一特点，人们可以利用红外线来加热和干燥物体。当物体吸收了特定波长的红外线能量后，其内部就会产生自发热效应，因而使物体内部和表面都同时得到加热。

红外线加热方式具有下列优点：

（1）加热不受媒介物的限制，在真空中也可以加热。

（2）加热效能高、干得快、加热均匀、易于控制、质量高、占地小。

（3）节电效果显著，与热空气加热方式相比，它可节电 30%～50%，有的可高达 70%。

13-38　远红外线加热干燥炉有几种型式？

➡️常见的远红外线加热干燥炉有以下几种型式：

（1）带式干燥炉：是用皮带、钢丝网或履带传送被干燥的物体，根据需要还可做成单层和多层结构，如图 13-11 所示。

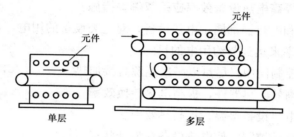

图 13-11　带式干燥炉

（2）悬挂式干燥炉：以链条做传送带，将被干燥的物体挂于链条下方送入炉内进行干燥，而在另一端取下已干燥好的物体。这种炉型多用于小五金和电器的烤漆，如图 13-12 所示。

（3）垂直加热炉：这是一种专用的特殊炉型，不需皮带或链条传送，而是将被干燥的物体直接绕过垂直炉体，特别适于带状物体的干燥，如布匹、纸张和塑料薄膜等，如图 13-13 所示。

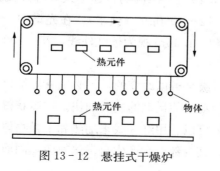

图 13-12　悬挂式干燥炉

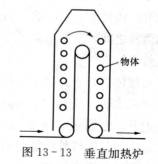

图 13-13　垂直加热炉

13－39 一般安全用电常识的主要内容是什么？

▶一般安全用电常识如下：

（1）安全用电很重要，每个公民都应自觉遵守有关安全用电方面规程制度。做到安全、经济、合理用电。

（2）不要乱拉电线、乱接用电设备，更不要利用"一线一地"方式接灯照明。

（3）不要在电力线路附近放风筝、打鸟，更不能在电杆和拉线上拴牲口，不准在电线和拉线附近挖坑、取土，以防倒杆断线。

（4）如发现电气障碍和漏电起火时，要立即拉开电源开关。在未切断电源以前，不能用水或酸、碱泡沫灭火器灭火。

（5）不要在电线上晒衣服，不要将金属丝（如铁丝、铝线、铜丝等）缠绕在电线上，以防磨破绝缘层漏电，而造成触电灼伤人。

（6）电线断线落地时，不要靠近，对 6～10kV 的高压线路，应离开电线落地点 8～10m 远，并及时报告有关部门修理。

（7）不要用湿手去摸灯口、开关和插座电气设备；更换灯泡时，要先关闭开关，然后站在干燥的绝缘物上进行；灯线不要拉得过长或到处乱拉，以防触电。

（8）如发现有人触电，应赶快切断电源或用干木棍、干竹竿等绝缘物将电线挑开，使触电者及时脱离电源。如触电者精神昏迷、呼吸停止，应立即施行人工呼吸，并马上送医院进行紧急抢救。

13－40 什么叫触电？触电对人体有哪些危害？

▶所谓触电，就是当人体触及带电体，带电体与人体之间闪击放电或电弧波及人体时，电流通过人体到大地或其他导体，形成闭合回路，这种情况叫做触电。触电会使人体受到伤害，可分为电击和电灼伤两种：

（1）电击：人体相当于一个电阻，当电压施加于人体形成电流。人体在电流的作用下组织细胞受到破坏，控制心脏和呼吸气管的中枢神经会麻痹，造成休克（假死）或死亡，这叫做电击。

（2）电灼伤：电灼伤是指由于电流的热效应、化学效应、机械效应以及在电流作用下，使熔化和蒸发的金属微粒等侵袭人体皮肤，使皮肤的局部发红、起泡、烧焦或组织破坏，严重时也可以致人于死命，此类情况即为电灼伤。

13－41 什么是接触电压触电？

▶当电气设备某相因绝缘损坏，其接地电流流过接地装置时，在其周围的大地表面和设备外壳上将形成分布电位，此时如果人站在设备外壳附近的地面上，并且手触及外壳时，则在人的手和足之间必将承受一个电位差，当此电位差超过人体允许的安全电压时，人体就会触电，通常称此种触电为接触电压触电。

为了防止接触电压触电，在电网设计中，常需采取一些有效措施来降低接触电压水平。

13-42 什么叫单相触电？什么叫相间触电？

➡在人体与大地互不绝缘的情况下，接触三相导线中的任何一相导线时，电流经过人体流入大地，形成一个闭合回路，这种情形称为单相触电。单相触电对人体所产生的危害程度与电压的高低、电网中性点的接地方式等因素有关。

在中性点接地的电网中，发生单相触电时如图 13-14 所示。

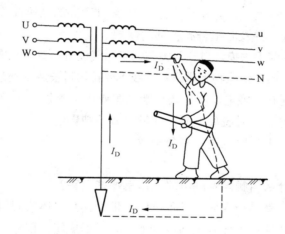

图 13-14 中性点直接接地系统的单相触电

这时，触电人在电网的相电压之下，其电流由相线经人体、大地和接地配置而形成通路。

在中性点不接地的电网中，发生单相触电的情形如图 13-15 所示。

这时人体处在线电压作用之下（电流经其他两相线对地电容、人体而形成闭合回路），通过人体的电流与系统电压、人体电阻和线路对地电容等因素有关。如果线路较短，对地电容电流较小，人体电阻又较大时其危险性可能不大。但若线路长，对地电容电流又大，就可能发生危险。

人体发生单相触电的次数，约占总触电次数的 95％ 以上。因此，预防单相触电是安全用电的主要内容。

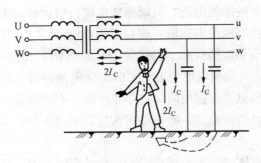

图 13 - 15 中性点不接地系统单相触电

所谓相间触电，就是在人体与大地绝缘的时候，同时接触两根不同的相线或人体同时接触电气设备不同相的两个带电部分时，这时电流由一根相线经过人体到另一个相线，形成闭合回路。这种情形称为相间触电。相间触电时，人体直接处在线电压作用之下，比单相触电的危险性更大，如图 13 - 16 所示。

图 13 - 16 相间触电示意

13 - 43 什么是跨步电压触电？

➡当带电设备发生某相接地时，接地电流流入大地，在距接地点不同的地表面各点上即呈现不同电位，电位的高低与离开接地点的距离有关，距离越远电位越低。

当人或牲畜的脚与脚之间同时踩在带有不同电位的地表面两点时，会引起跨步电压触电。如果遇到这种危险场合，应合拢双脚跳离接地处 20m 之外，以保障人身安全。

527

13－44　什么叫摆脱电流？何谓感知电流？何谓致命电流？

➡触电后能自行摆脱的电流值，称为摆脱电流。

由测定结果得知，男性的工频摆脱电流是 9mA，女性是 6mA。

当 18～22mA（摆脱电流的上限）的工频电流通过人体的胸部时，所引起的肌肉反应将使触电者在通电时间内停止呼吸。有些会使触电者中枢神经暂时麻痹；然而，一旦切断电流，呼吸即可恢复，而且不会因短暂的呼吸停止而造成不良后果。

用手握住带电体时，手心感觉轻微发热的直流电流，或因神经受刺激而感觉轻微刺痛的交流电流，称为感知电流。

受试者双手放在小铜丝上面，直流电流的平均感知电流男性是 5.2mA，女性是 3.5mA。

在较短时间内危及生命的最小电流称为致命电流。在电流不超过数百毫安的情况下，电击致命的主要原因是电流引起心室颤动或窒息造成的。因此，可以认为引起心室颤动的电流即为致命电流。

13－45　人体触电时的危险性与哪些因素有关？

➡人体触电时的危险性与以下各因素有关：

（1）人体触电时，致命的因素是通过人体的电流，而不是电压，但是当电阻不变时，电压越高，通过导体的电流就越大。因此，人体触及带电体的电压越高，危险性就越大。但不论是高压还是低压，触电都是危险的。

（2）电流通过人体的持续时间是影响电击伤害程度的又一重要因素。人体通过电流的时间越长，人体电阻就越低，流过的电流就越大，后果就越严重。而人的心脏每收缩、扩张一次，中间约有 0.1s 的间歇，这 0.1s 对电流最为敏感。如果电流在这一瞬间通过心脏，即使电流很小（零点几毫安）也会引起心脏麻痹。由此可知，如果电流持续时间超过 0.1s，则必然与心脏最敏感的间隙相重合而造成很大的危险。

（3）电流通过人体的途径也与电击伤程度有直接关系。电流通过人体的头部，会使人立即昏迷；电流如果通过脊髓会使人半截肢体瘫痪。电流通过心脏、呼吸系统和中枢神经，会引起神经失常或引起心脏停止跳动，中断全是血液循环，造成死亡。因此，从手到脚的电流途径最为危险。其次是手到手的电流途径，再次是脚到脚的电流途径。

（4）电流频率对电击伤害程度有很大影响。50Hz 的工频交流电，对设计电气设备比较合理，但是这种频率的电流对人体触电伤害程度也最严重。

（5）人的健康状况，人体的皮肤干湿等情况对电击伤害程度也有一定的影响，凡患有心脏病，神经系统疾病或结核病的病人电击伤害程度比健康人严重。此外，皮肤干燥时电阻大，通过的电流小；皮肤潮湿时电阻小，通过的电流就大，危害也大。

13-46　触电事故与季节有何关系？

➡一般地说，触电事故与季节的关系不甚明显，但从多次触电事故的统计分析可以看出，季节变化对触电事故的发生有着间接的影响。在一年当中，6～9月间发生的事故最多，其中低压触电事故在夏季更为显著。这是因为这段时间天气潮湿、多雨，降低了电气设备的绝缘性能；工作人员衣服比较单薄，人体皮肤外露的部分大，工作时与带电导体接触的机会多，由于皮肤经常处于湿润状态，因而人体电阻较其他季节大为降低；再者，因为天热，精神不如其他季节好，工作容易疲乏，注意力容易分散等，这些都是容易造成触电事故的客观原因。

因此，为了防止触电事故，在夏季工作中更应特别注意安全。

13-47　高压触电和低压触电哪种危险性大？

➡高压触电和低压触电都很危险，但据资料统计，触电事故多半是发生在低压触电上，其原因是：

（1）人们与低压电接触的机会多。

（2）因低压电的电压低，思想不够重视。

低压触电多属于电击，而高压触电多属于电弧放电，因为当触电者还未完全触及导电部分之前，电弧已形成，人自主摆脱电源的可能性较大（俗称弹回来），但电弧的高温将严重烧伤人体。我们在日常的工作中，对高、低压电都必须十分注意。

13-48　通过人体电流的大小对电击伤害的程度有何影响？

➡通过人体电流数值的大小，直接影响人体各器官遭受伤害的严重程度。交流电流在 10mA 以下，直流电流在 50mA 以下时，一般来说对人体的伤害还是比较轻的。超过上述范围的电流，可能使心脏跳动停止、呼吸停止以致造成死亡。各种不同数值的电流对人身的危害程度情况如表 13-2 所示。

表 13-2　　　　　　　　　　　　电流对人体的危害程度

电流（mA）	电流对人身的危害程度	
	50Hz 交流电	直流电
0.6～1.5	开始感觉手指麻刺	没有感觉
2～3	手指强烈麻刺	没有感觉
5～7	手部疼痛，手指肌肉发生不自主收缩	刺痛并感到灼热
8～10	手难于摆脱电源，但还可以脱开，手感到剧痛	灼热增加
20～25	手迅速麻痹，不能脱离电源，呼吸困难	灼热越加增高，产生不强烈的肌肉收缩
50～80	呼吸麻痹，心脏开始震颤	强烈的肌肉痛，手肌肉不自主强烈收缩，呼吸困难
90～100	呼吸麻痹持续 3s 以上，心脏麻痹以至停止跳动	呼吸麻痹

13-49　发生触电的原因有哪些？

➡发生触电的原因主要有以下几点：

（1）人们在某种场合没有遵守安全工作规程，直接接触或过分靠近电气设备的带电部分。

（2）电气设备安装不合乎规程的要求，带电体的对地距离不够。

（3）人体触及到因绝缘损坏而带电的电气设备外壳和与之相连接的金属构架，而这些外壳和支架的接地（或接零）又不合格。

（4）不懂电气技术和一知半解的人，到处乱拉电线、电灯所造成的触电。

13-50　人体什么部位触及带电体使通过心脏的电流最大？

➡人在触电时，往往是手先触及带电体。电流从人的右手到双脚时，电流量的 6.7% 通过心脏。由左手到双脚时，有 3.7% 的电流到心脏；右手到左手时，有 3.3% 通过心脏。而左脚到右脚时，只有 0.4% 的电流经过心脏。由此可以看出，电流从右手到双脚时，通过心脏的电流最大，因此危害最大。

13-51　怎样使触电的人迅速脱离电源？

➡（1）如果是低压触电而且开关就在触电者的附近，应立即拉开隔离开关或拔去电源插头。

　　（2）如果触电者附近没有开关，不能立即停电时，可用相应等级的绝缘工具（如干燥的木柄斧、胶把钳等）迅速切断电源导线。绝对不能用潮湿的东西、金属物等去接触带电设备或触电的人，以防救护者触电。

　　（3）应用干燥的衣服、手套、绳索、木板、木棒等绝缘物，拉开触电者或挑开导线，使触电者脱离电源。切不可直接去拉触电者。

　　（4）如果属于高压触电（1kV 以上电压），救护者就不能用上述简单的方法去抢救，应迅速通知管电人员停电或用绝缘操作杆使触电者脱离电源。

13 - 52　对触电者怎样进行急救？

　　（1）救护人应沉着、果断，动作迅速准确，救护得法。

　　（2）救护人不可直接用手和潮湿的物件或金属物体作为救护工具，并严防自己触电。

　　（3）防止触电者脱离电源后可能的摔伤。当触电者在高处时应采取预防跌伤措施。

　　（4）如事故发生在夜间，应迅速解决照明，以利于急救，避免扩大事故。

　　（5）触电者脱离电源后未失去知觉，仅在触电过程中曾一度昏迷过，则应保持安静继续观察，必要时就地治疗。

　　（6）触电者脱离电源后失去知觉，但心脏跳动和呼吸还存在，应使触电者舒适、安静的平卧、解开衣服以利呼吸。气候寒冷应注意保温，同时应迅速请医生诊治。

　　（7）如果触电者呼吸、脉搏、心脏跳动均已停止，必须立即施行人工呼吸或心脏按压进行救护，并在就诊途中不得中断人工呼吸或按压。

13 - 53　呼吸停止怎样进行急救？

　　触电人呼吸停止后，人体停止了氧气供应和二氧化碳的排出，严重影响到人体正常的生理活动。因此，必须迅速进行人工呼吸，强迫进行气体交换，从而使触电人能恢复自主的呼吸。一般情况下，及时地进行人工呼吸，触电人多能得救。因此，救护者要发扬革命的人道主义精神，不分男女老少，坚持连续地对触电人施行人工呼吸。在现场急救时，常用口对口吹气法进行人工呼吸，这种方法简单、易行、收效快。具体做法是：先使触电人脸朝上仰卧，救护人一只手捏紧触电人的鼻子。另一只手掰开触电者的嘴，救护人紧贴触电者的嘴吹气，如图 13 - 17 所示。也可隔一层纱布或手帕吹气，吹气时用力大小应根据不同的触电人而有所区别。每次吹气要以触电人的脑部微微鼓起为宜，吹气后立即将嘴移开，放松触电人的鼻孔使嘴张开，或用手拉开其下嘴唇，使空气呼出，如图 13－18 所示。吹气速度应均匀，一般为每 5s 重复一次，触电人如已开始恢复自主呼吸后，还应仔细观察呼吸是否还会再度停止。如果再度停止，应再继续进行人工呼吸。但这时人工呼吸要与触电人微弱的自主呼吸规律一致。

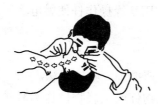 

图 13－17　吹气　　　　　　图 13－18　呼气

13－54　心脏停止跳动怎样进行急救？

→触电人如果心脏停止跳动，直观的来讲，摸不到脉搏，这时人体内脏血管缺血、缺氧而丧失正常功能，造成死亡。如果抢救及时、正确，还有可能使心脏恢复自主跳动。对心脏停止跳动的触电者，通常采用人工胸外挤压法，其目的是强迫心脏恢复自主跳动。具体操作步骤是：先使触电者平躺在木板或地面上，姿势与口对口人工呼吸法相同。救护人位于触电者的一侧，两手交叉相叠，如图 13－19（a）所示。下面一只手的中指对准胸膛，手指按在胸部如图 13－19（b）所示。找到正确位置后，自上而下地用力向背部方向挤压使心脏收缩（成人压陷胸骨 3～4cm，对儿童要轻些），如图 13－19（c）所示。挤压后，掌根突然放松（但手掌不要离开胸膛），如图 13－19（d）所示，让触电人胸部恢复原状，使心脏扩张，按上述步骤连续进行，每分钟约 60 次。

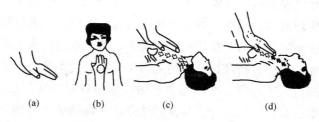

(a)　　　　　(b)　　　　　(c)　　　　　(d)

图 13－19　人工胸外心脏挤压法

进行胸外心脏挤压时，靠救护者的体重和肩肌肉适度用力，要有一定的冲击力量，而不是缓慢用力，但也不要用力过猛。

胸外心脏挤压法的效果，可以从触电人的嘴唇及身上皮肤的颜色是否转为红润以及颈动脉、股动脉是否可以摸到搏动来判断。一般人工胸外挤压法与口对口人工呼吸法相配合进行抢救，其效果更好。这时需要两人配合进行，当救护人甲向下压胸时，救护人乙不要吹气，当救护人甲放松时，救护人乙贴紧触电人的嘴吹气，如此有节奏地反复进行，直到心脏跳动为止。

13-55　什么叫安全电压？对安全电压值有什么规定？

➡人体与电接触时，对人体各部组织（如皮肤、心脏、呼吸气管和神经系统）不会造成任何损害的电压叫做安全电压。

安全电压值的规定，各国有所不同。如荷兰和瑞典为 24V；美国为 40V；法国交流为 24V，直流为 50V；波兰、瑞士、捷克、斯洛伐克为 50V。

我国根据具体环境条件的不同，安全电压值规定为：在无高度触电危险的建筑物中为 65V；在有高度触电危险的建筑物中为 24V；在有特别触电危险的建筑物中为 12V。

13-56　什么是无高度触电危险的建筑物？

➡无高度触电危险的建筑物是指干燥温暖、无导电粉尘的建筑物。室内地板是由非导电材料（如干木板、沥青、瓷砖等）制成。金属构架、机械设备不多，金属占有系数小于 20%（所谓金属占有系数就是金属品所占的面积与建筑总面积之比）。

属于这类建筑物的有：仪表的装配大楼、实验室、纺织车间、陶瓷车间、住宅的公共场所及生活建筑物。

13-57　什么是有高度触电危险的建筑物？

➡有高度触电危险的建筑物是指潮湿、炎热、高温和有导电粉尘的建筑物。一般金属占有系数大于 20%。用导电性材料（如泥土、砖块、湿木板、水泥和金属等）制成的地坪，如金工车间、锻工车间、拉丝车间、电炉车间、室内外变电所、水泵房、压缩站等。

13-58　什么是有特别触电危险的建筑物？

➡有特别触电危险的建筑物，是指特别潮湿、有腐蚀性气体、煤尘或游离性气体的建筑物。属于这类建筑物的如锻工车间、锅炉房、酸洗和电镀车间以及化工车间等。

13-59 为什么要制定安全距离？

➡安全距离就是在各种工作条件下，带电导体与附近接地的物体、地面、不相同带电导体以及工作人员之间所必须保持的最小距离或最小空气间距。这个间隙不仅应保证在各种可能的最大工作电压或过电压的作用下，不发生闪络放电，还应保证工作人员在对设备进行维护检查、操作和检修时的绝对安全。

安全距离主要是根据空气间隙的放电特性确定的。但在超高压的电力系统中，还要考虑静电感应和高压电场的影响。通过实验得知，空气间隙在承受各种不同形式的电压时，具有不同的电气强度。因此，为确保工作人员和设备的安全，必须确定合理的安全距离和严格遵守已经规定的安全距离。

13-60 静电的产生原因及其危害是什么？

➡静电是由不同物质的接触、分离或互相摩擦而产生的，例如在生产工艺中的挤压、切割、搅拌和过滤，以及生活中的行走、起立、脱衣服等，都会产生静电。

静电的电位一般是较高的，例如人在穿、脱衣服时，有时可产生一万多伏的电压（不过其总的能量是较小的）。静电的危害大体上分为使人体受电击、影响产品质量和引起着火爆炸三个方面，其中以引起着火爆炸最为严重，可以导致人员伤亡和财产损失。过去在国内外都曾发生过此类事故，主要是由于静电放电时发生的火花将可燃物引燃所造成的，因此，在有汽油、苯、氢气等易燃物质的场所，要特别注意防止静电危害。

13-61 防止静电危害的措施有哪些？

➡静电危害的防止措施主要有减少静电的产生、设法导走或消散静电和防止静电放电等。其方法有接地法、中和法和防止人体带静电等。具体采用哪种方法，应结合生产工艺的特点和条件，加以综合考虑后选用。

（1）接地：接地是消除静电最简单最基本的方法，它可以迅速地导走静电。但要注意带静电物体的接地线，必须连接牢固，并有足够的机械强度，否则在松断部位可能会发生火花。

（2）静电中和：绝缘体上的静电不能用接地的方法来消除，但可以利用极性相反的电荷来中和，目前"中和静电"的方法是采用感应式消电器。消电器的作用原理是：当消电器的尖端接近带电体时，在尖端上能感应出极性与带电体上静电极性相反的电荷，并在尖端附近形成很强的电场，该电场使空气电离后，产生正、负离子，正、负离子在电场的作用下，分别向带电体和消电器的接地尖端移动，由此促使静电中和。

（3）防止人体带静电：人在行走、穿衣服、脱衣服或从座椅上起立时，都会产生静电，这也是一种危险的火花源，经试验，其能量足以引燃石油类蒸气。因此，在易燃的环境中，最好不要穿化纤类织物，在放有危险性很大的炸药、氢气、乙炔等物质的场所，应穿用导电纤维制成的防静电工作服和导电橡胶做成的防静电鞋。

13-62　一般人体的电阻有多大？

➡发生触电时，流经人体的电流决定于触电电压与人体电阻的比值。人体电阻并不是一个固的定数值。人体各部分的电阻除去角质层外，以皮肤的电阻最大。当人体在皮肤干燥和无损伤的情况下，人体的电阻可高达 $4\sim400\,000\Omega$。如果除去皮肤，则人体电阻可下降至 $600\sim800\Omega$。但人体的皮肤电阻也并不是固定不变的，当皮肤出汗潮湿或是受到损伤时，电阻就会下降到 1000Ω 左右。

13-63　安全色有哪些种类？其意义是什么？

➡我国安全色标采用的标准，基本上与国际标准草案（ISD）相同。一般采用的安全色，有以下几种：

（1）红色：用来标志禁止、停止和消防，如信号灯、信号旗、机器上的紧急停机按钮等都是用红色来表示"禁止"的信息。

（2）黄色：用来标志注意危险，如"当心触电"、"注意安全"等。

（3）绿色：用来标志安全无事，如"在此工作"、"已接地"等。

（4）蓝色：用来标志强制执行，如"必须戴安全帽"。

（5）黑色：用来标志图像、文字符号和警告标志的几何图形。

按照《电力工业技术法规》的规定，为便于识别，防止误操作，确保运行和检修人员的安全，采用不同颜色来区别设备特征，如电气母线，U 相为黄色，V 相为绿色，W 相为红色。明敷的接地线涂以黑色，或涂以黄绿双色相间平行线。在二次系统中，交流电压回路用黄色，交流电流回路用绿色，直流回路中正电源用红色，负电源用蓝色，信号和警告回路用白色。

另外，为便于运行人员监视和判别处理事故，在设备仪表盘上，在运行极限参数上画红线。

13－64　为什么要使用安全用电标志？

➡明确统一的标志是保证用电安全的一项重要措施。从事故的统计中可以看出，不少电气事故完全是由于标志不统一而造成的。如由于导线的颜色不统一，误将相线接设备的机壳，而导致机壳带电，甚至使操作者触电死亡。

标志分为颜色标志和图形标志。颜色标志常用来区分各种不同性质、不同用途的导线，或用来表示某处的安全程度。图形标志一般用来告诫人们不要去接近有危险的场所。在配电装置前的围栏上悬挂告诫人们当心触电的三角图形标志牌。

为保证安全用电，必须严格按有关标准使用颜色标志和图形标志。

13－65　电气安全用具是如何分类的？

➡电气安全用具一般可分为绝缘的安全用具和非绝缘的安全用具两种，绝缘的安全用具又可分为基本的安全用具和辅助的安全用具两种。

绝缘的安全用具是用来防止工作人员直接接触带电作用的。非绝缘的安全用具是防止停电工作的设备突然来电或感应电压，防止工作人员走错停电间隔或误登带电设备。如携带型接地线、可移动的防护遮栏等。

13－66　哪些绝缘用具属于辅助安全用具？它们的作用是什么？

➡辅助电气安全用具，主要是防止由于绝缘不良或在操作时，系统发生接地故障而出现接触电压或跨步电压时对工作人员造成危害。辅助安全用具主要有绝缘手套、绝缘鞋、绝缘台（垫）。

绝缘手套、绝缘鞋要具有柔软、绝缘强度大和耐磨的性能。在使用绝缘手套时，最好里边戴上一双棉毛手套，以防止在操作时发生弧光短路使橡胶熔化而烫伤手指。绝缘垫一般用来铺在配电装配处的地面上，以增强工作人员的对地绝缘，防止接触电压与跨步电压对人体的伤害。

13－67　基本的电气安全用具有哪些？

➡基本的电气安全用具，主要是指用来操作隔离开关、高压熔断器或装卸携带型接地线的绝缘棒或绝缘夹钳。绝缘棒一般用电木、胶木、环氧玻璃布棒或环氧玻璃布管制成。在结构上可分为工作部分、绝缘部分和手握部分。使用绝缘棒时要注意防止碰撞，以免损伤其绝缘表面，并应存放在干燥的地方。

绝缘夹钳是用来安装或拆卸高压熔断器或执行其他类似工作的工具。在35kV 及以下的电力系统中，绝缘夹钳列为基本安全用具之一。但在 35 kV 以上的电力系统中，一般不使用绝缘夹钳。

13-68 电气装置的防火要求有哪些？

▶电气装置引起火灾的原因很多，如绝缘强度降低、导线超负荷、安装质量不佳、设计设备不符合防火要求、设备过热、短路等。

针对上述情况提出的防火要求是：电气装置要保证符合规定的绝缘强度；限制导线的载流量，不得长期超载；严格按安装标准装设电气装置，质量要合格；经常监视负荷，不能超载；防止机械损伤破坏绝缘以及接线错误等造成设备短路；导线和其他导体的接触点必须牢固，防止过热氧化；工艺过程中产生静电时要设法消除。

13-69 哪些灭火机适用于扑灭电气火灾？

▶遇有电气火灾，应首先切断电源。

对于已切断电源的电气火灾的扑救，可以使用水和各种灭火机。但在扑灭未切断电源的电气火灾时，则需要用以下几种灭火机：

（1）四氯化碳灭火机——对电气设备发生的火灾具有较好的灭火作用，因为四氯化碳不燃烧，也不导电。

（2）二氧化碳灭火机——最适宜扑灭电器及电子设备发生的火灾，因二氧化碳没有腐蚀作用，不致损坏设备。

（3）干粉灭火机——它综合了四氯化碳、二氧化碳和泡沫灭火机的长处，适用于扑灭电气火灾，灭火速度快。

13-70 什么是剩余电流动作保护器？

▶剩余电流动作保护器又称触电保护器、漏电保护器，在规定条件下，当剩余电流达到或超过给定值时，能自动断开电路的机械开关电器或组合电器。

13-71 剩余电流动作保护器的原理是什么？

▶剩余电流动作保护器在反应触电和剩余电流动作保护方面具有高灵敏性和

动作快速性，是其他保护电器，如熔断器、自动开关等无法比拟的。自动开关和熔断器正常时要通过负荷电流，他们的动作保护值要避越正常负荷电流来整定，因此他们的主要作用要是用来切断系统的相间短路故障（有的自动开关还具有过载保护功能）。而剩余电流动作保护器是利用系统的剩余电流反应和动作，正常运行时系统的剩余电流几乎为零，故它的动作整定值可以整定得很小（一般为毫安级），当系统发生人身触电或设备外壳带电时，出现较大的剩余电流，剩余电流动作保护器则通过检测和处理这个剩余电流后可靠地动作，切断电源。

13－72　剩余电流动作保护器有哪几种类型？

→剩余电流动作保护器可以按其保护功能、结构特征、安装方式、运行方式、极数和线数、动作灵敏度等分类，这里主要按其保护功能和用途分类进行叙述，一般可分为剩余电流动作保护继电器、剩余电流动作保护开关和剩余电流动作保护插座三种。

（1）剩余电流动作保护继电器是指具有对剩余电流检测和判断的功能，而不具有切断和接通主回路功能的剩余电流动作保护装置。剩余电流动作保护继电器由零序互感器、脱扣器和输出信号的辅助接点组成。它可与大电流的自动开关配合，作为低压电网的总保护或主干路的漏电、接地或绝缘监视保护。

当主回路有剩余电流时，由于辅助接点和主回路开关的分离脱扣器串联成一回路。因此辅助接点接通分离脱扣器而断开空气开关、交流接触器等，使其跳闸，切断主回路。辅助接点也可以接通声、光信号装置，发出漏电报警信号，反映线路的绝缘状况。

（2）剩余电流动作保护器是指不仅它与其他断路器一样可将主电路接通或断开，而且具有对剩余电流检测和判断的功能，当主回路中发生漏电或绝缘破坏时，剩余电流动作保护开关可根据判断结果将主电路接通或断开的低压断路器。它与熔断器、热继电器配合可构成功能完善的低压断路器。

目前这种形式的剩余电流动作保护装置应用最为广泛，市场上的剩余电流动作保护器根据功能常用的有以下几种类别：

1）只具有剩余电流动作保护断电功能，使用时必须与熔断器、热继电器、过电流继电器等保护元件配合。

2）同时具有过载保护功能。

3）同时具有过载、短路保护功能。

4）同时具有短路保护功能。

5）同时具有短路、过负荷、漏电、过电压、欠电压功能。

13－73　剩余电流动作保护器是如何起到保护作用的？

➡电气设备漏电时，将呈现异常的电流或电压信号，剩余电流动作保护器通过检测、处理此异常电流或电压信号，促使执行机构动作。根据故障电流动作的剩余电流动作保护器叫电流型剩余电流动作保护器，根据故障电压动作的剩余电流动作保护器叫电压型剩余电流动作保护器。由于电压型剩余电流动作保护器结构复杂，受外界干扰动作特性稳定性差，制造成本高，现已基本淘汰。目前国内外剩余电流动作保护器的研究和应用均以电流型剩余电流动作保护器为主导地位。

电流型剩余电流动作保护器是以电路中零序电流的一部分（通常称为残余电流）作为动作信号，且多以电子元件作为中间机构，灵敏度高，功能齐全，因此这种保护装置得到越来越广泛的应用。电流型剩余电流动作保护器的构成分四部分，其工作原理如图 13－20 所示。

（1）检测元件：检测元件可以说是一个零序电流互感器。被保护的相线、中性线穿过环形铁芯，构成了互感器

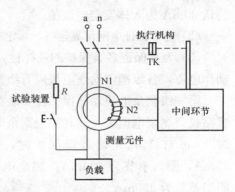

图 13－20　电流型剩余电流动作保护器原理图

的一次绕组 N1，缠绕在环形铁芯上的线圈构成了互感器的二次绕组 N2，如果没有漏电发生，这时流过相线、中性线的电流向量和等于零，因此在 N2 上也不能产生相应的感应电动势。如果发生了漏电，相线、中性线的电流向量和不等于零，就使 N2 上产生感应电动势，这个信号就会被送到中间环节进行进一步的处理。

（2）中间环节：中间环节通常包括放大器、比较器、脱扣器，当中间环节为电子式时，中间环节还要辅助电源来提供电子电路工作所需的电源。中间环节的作用就是对来自零序互感器的漏电信号进行放大和处理，并输出到执行机构。

（3）执行机构：该结构用于接收中间环节的指令信号，实施动作，自动切断故障处的电源。

（4）试验装置：由于剩余电流动作保护器是一个保护装置，因此应定期检查其是否完好、可靠。试验装置就是通过试验按钮和限流电阻的串联，模拟漏电路径，以检查装置能否正常动作。

13－74 如何选择剩余电流动作保护器额定动作电流？

➡正确合理地选择剩余电流动作保护器的额定动作电流非常重要：一方面在发生触电或泄漏电流超过允许值时，剩余电流动作保护器可有选择地动作；另一方面，剩余电流动作保护器在正常泄漏电流作用下不应动作，防止供电中断而造成不必要的经济损失。

剩余电流动作保护器的额定动作电流应满足以下三个条件：

（1）为了保证人身安全，额定动作电流应不大于人体安全电流值，国际上公认 30mA 为人体安全电流值。

（2）为了保证电网可靠运行，额定动作电流应躲过低电压电网正常剩余电流。

（3）为了保证多级保护的选择性，下一级额定动作电流应小于上一级额定动作电流，各级额定动作电流应有级差 1.2～2.5 倍。

第一级剩余电流动作保护器安装在配电变压器低压侧出口处。该级保护的线路长，剩余电流较大，其额定剩余电流在无完善的多级保护时，最大不得超过 500mA；具有完善多级保护时，剩余电流较小的电网，非阴雨季节为 75mA，阴雨季节为 200mA；剩余电流较大的电网，非阴雨季节为 100mA，阴雨季节为 300mA。

第二级剩余电流动作保护器安装于分支线路出口处，被保护线路较短，用电量不大，剩余电流较小。剩余电流动作保护器的额定剩余电流应介于上、下级保护器额定剩余电流之间，一般取 100～200mA。

第三级剩余电流动作保护器用于保护单个或多个用电设备，是直接防止人身触电的保护设备。被保护线路和设备的用电量小，剩余电流小，一般不超过 10mA，宜选用额定动作电流为 30mA、动作时间小于 0.1s 的剩余电流动作保护器。

13－75 剩余电流动作保护器的正确接线方式是什么？

➡TN 系统是指配电网的低压中性点直接接地，电气设备的外露可导电部分通过保护线与该接地点相接。

TN 系统可分为以下几种。

（1）TN-S 系统：整个系统的中性线与保护线是分开的。

（2）TN-C 系统：整个系统的中性线与保护线是合一的。

（3）TN-C-S 系统：系统干线部分的前一部分保护线与中性线是共用的，后一部分是分开的。

（4）TT 系统：配电网低压侧的中性点直接接地，电气设备的外露可导电部分通过保护线直接接地。

剩余电流动作保护器在 TN 及 TT 系统中的各种接线方式如图 13-21 所示。安装时必须严格区分中性线 N 和保护线 PE。三极四线或四极式剩余电流动作保护器的中性线，不管其负荷侧中性线是否使用都应将电源中性线接入保护器的输入端。经过剩余电流动作保护器的中性线不得作为保护线，不得重复接地或接设备外露可导电部分；保护线不得接入剩余电流动作保护器。

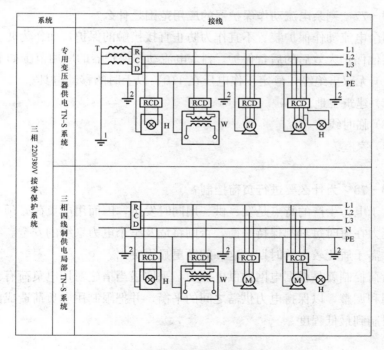

13-21　剩余电流动作保护器的接线方式

L1、L2、L3—相线；N—工作零线；PE—保护零线、保护线；

1—工作接地；2—重复接地；T—变压器；RCD—剩余电流动作保护器；

H—照明器；W—电焊机；M—电动机

13-76　剩余电流动作保护器有哪些缺陷？

➡️(1) 不能预防人体两相触电：只有当相线和地之间漏电时零序电流互感器才有输出信号，剩余电流动作保护器也才会动作；而当人体两相触电（相线之间，相线和零线之间有漏电）时剩余电流动作保护器并不动作，因为这时的触电电流相当于正常的负载电流，零序电流互感器没有输出信号。

(2) 影响供电的可靠性：人体触电电流、设备剩余电流和其他不明原因都可能造成剩余电流动作保护器动作，其中剩余电流造成的剩余电流动作保护器动作只占少数（约 10%），从而降低了供电的可靠性。

(3) 误动或拒动：剩余电流动作保护器构造复杂，比较容易出故障，剩余电流动作保护器（特别是电子式）动作的可靠性受电源电压、环境条件（温度、湿度等）影响较大，而有误动或拒动现象。

13-77　剩余电流动作保护器的应用范围是什么？

➡️剩余电流动作保护装置不宜作为防止直接接触的保护，而作为防止直接接触的其他保护失效后的后备保护。剩余电流动作保护器的应用范围如下：

(1) 无双重绝缘，额定工作电压在 110V 以上时的移动电具。

(2) 建筑工地。

(3) 临时线路。

(4) 家庭。

13-78　为什么要进行负荷控制？

➡️由于电力生产的特点是发、供、用同时发生，因而用电负荷必须与系统的供电能力在每时每刻都保持平衡，否则将危及整个电力系统的安全。特别是在电力供需矛盾比较大的时期，这一问题更显得突出。

负荷控制就是根据电网的供电能力，采取适当措施对用电负荷有计划地进行限制和调整，以保持电力供需之间的平衡，并把限制用电负荷造成的损失和影响限制到最低程度。

13-79　负荷控制的技术手段有哪些？

➡️负荷控制的技术手段，就是采取先进的技术手段，对用户的用电设备进行分台分类的集中控制。当电网供电不足时，把一些次要的和影响不大的用电设备及时切除，而当供电能力有余时，再把这些用电设备投入。

目前负荷控制的主要技术手段有以下几种方式：

（1）无线电控制技术，通过无线电发出的信号，在用电设备上安装接收器，有选择地切除和投入用电设备。

（2）专用通信线控制技术，用有线方式传送控制信号控制用电设备的切投。

（3）高频载波及无线电——载波接力的控制技术。

（4）工频控制技术，利用电力线传送工频信号控制用电设备的投切。

（5）音频控制技术。利用电力线传送音频信号控制用电设备的投切。

13-80　采用技术手段进行负荷控制可起到什么作用？

➡（1）在供用电发生矛盾时，可以保证重点用电和人民生活用电，消除拉闸限电，减少停电损失。

（2）实现电网的经济运行，进行削峰填谷，做到有序用电、合理用电、均衡用电，提高电网的负荷率。

（3）实现电网的自动化。负荷控制技术手段的信号传送通道可同时用作其他信号的传输通道，实现对用户电流、电压、有功、无功、功率因数、电量、最大需量等的在线监测，实现自动抄表和配电事故监测。同时还可以作为配电开关的自动控制手段以及对人员进行召唤等。

（4）可以更好地为用户服务。

13-81　各种负荷控制技术有哪些优缺点？

➡负荷控制技术在实际应用上主要有无线电控制、音频控制和工频控制，其他的控制方式由于各种原因，采用的很少。

（1）无线电控制技术的优点是：设备费用便宜，使用方便，不仅能传送信号，还能传送声音。其缺点是：信号传送有死区，频道分配有困难，信号传送损失大。

（2）工频控制信号技术的优点是：利用电力线本身传送信号，信号没有明显的高频分量，因而损耗小，设备简单，成本低。缺点是：不适合于大系统和大的冲击负荷和大型可控硅整流负荷。对被控用户安装的电容器容量有限制（一般不能超过配电变压器容量的二分之一）。

（3）音频控制技术的优点是：传送信号可以从高压某一点注入，送到低压，凡有电力线的地方均能全部传送信号，接收机价格便宜。缺点：发射注入设备较复杂，价格较高；电灯、电动机等均流过信号电流。

13-82 什么是电力定量器？它的用途是什么？

➡️电力定量器是一种以晶体管逻辑电路在音片定时开关钟的配合下，控制负荷大小、电量多少的供电时间仪器。它主要用于三相三线制交流电网中，对转换 1min 以内的负荷和电量，实现定时控制，它采用感应式三相三线有功电能表，作为功率和电能的取样源，通过一系列的传输，转换为功率时间的模拟时间信号，实现对电功率和日电能的控制。

电力负荷在受控时间内，如果用电负荷超过给定值，并延续到预订时限时，发生警报，在此时间内如仍不采取调荷措施，将进而切断受控负载，使负荷不超过给定值。它是作为控制电力系统负荷，改善电网负荷调度及安全经济运行、取得用电安排主动权的工具，也是按计划用电有效技术手段。

13-83 如何确定电力定量器的负荷定值？

➡️功率定值开关共 11 挡，即 0.2～0.85kW。要确定相应的功率定值，需经过计算而得。

【例 13-3】 某用户变电所计量电流互感器的变比为 200/5，电压互感器的变比为 10000/100，分配给该用户的负荷指标为 1800kW，定量器功率定制开关应放在什么位置上？

解：

该用户总倍率 $K = K_{TA}K_{TV} = \dfrac{200}{5} \times \dfrac{10\ 000}{100} = 4000$（倍）

设功率定值为 P_d 为 1800kW，负荷指标为 P

$$KP_d = P$$

$$P_d = \frac{P}{K} = \frac{1800}{4000} = 0.45\ (\text{kW})$$

因此将功率定值开关放在 0.45kW 处即可。

13-84 火灾报警装置具备哪些报警功能？

➡️电气火灾监控报警功能，能以两总线制方式挂接火灾监控探测器，接收并显示火灾报警信号和剩余电流监测信息，发出声、光报警信号。

联动控制功能，能够通过联动盘控制电气火灾监控探测器的脱扣信号输出，切断供电线路，或控制其他相关设备。

故障检测功能，能自动检测总线（包括短路、断路等）、部件故障、电源故障等，能以声、光信号发出故障警报，并通过液晶显示故障发生的部位、时间、故障总数以及故障部件的地址、类型等信息。

屏蔽功能，能对每个电气火灾监控探测器进行屏蔽。

网络通信功能，具有 RS - 232 通信接口，可连接电气火灾图形监控系统或其他楼宇自动化系统，自动上传电气火灾报警信息和剩余电流、温度等参数，进行集中监控、集中管理。

系统测试功能，能登录所有探测器的出厂编号及地址，根据出厂编号设置地址，可显示电气火灾监控探测器的剩余电流检测值，能够单独对某一探测点进行自检。

黑匣子功能，能自动存储监控报警、动作、故障等历史记录以及联动操作记录、屏蔽记录、开关机记录等。可以保存监控报警信息 999 条、其他报警信息 100 条。

打印功能，能自动打印当前监控报警信息、故障报警信息和联动动作信息，并能打印设备清单等。

为防止无关人员误操作，通过密码限定操作级别，密码可任意设置。

能进行主、备电自动切换，并具有相应的指示，备电具有欠电压保护功能，避免蓄电池因放电过度而损坏。

第十四章

配 电

14-1 什么叫配电系统（配电网）？

➡传统上将电力系统划分为发电、输电和配电三大部分组成系统。发电系统发出的电能经由输电系统的输送，最后由配电系统分配给各个用户。一般地，将电力系统中从降压配电变电所（高压配电变电所）出口到用户端的这一段系统称为配电系统，又称配电网。配电系统是由多种配电设备（或元件）和配电设施所组成的变换电压和直接向终端用户分配电能的一个电力网络系统。

14-2 配电系统由哪几部分组成？

➡在我国，配电系统可划分为高压配电系统、中压配电系统和低压配电系统三部分。由于配电系统作为电力系统的最后一个环节直接面向终端用户，它的完善与否直接关系着广大用户的用电可靠性和用电质量，因而在电力系统中具有重要的地位。我国配电系统的电压等级，根据现行 Q/GDW 156—2006《城市电力网规划设计导则》的规定：220kV 及其以上电压为输变电系统，35、63、110kV 为高压配电系统，20、10、6kV 为中压配电系统，380、220V 为低压配电系统。

14-3 中压配电系统由哪几部分组成？

➡中压配电系统由 10（20、6）kV 变电所、10（20、6）kV 开关站、10（20、6）kV 架空线或电缆线路等组成。

14-4 配电网络有哪几种网络拓扑形式？

➡配电网络主要有以下几种拓扑形式：

（1）放射形供电接线方式；

（2）环网形（手拉手）供电接线方式；

（3）三电源点环网供电接线方式；

（4）四电源点环网供电接线方式；

（5）三分四连环网供电接线方式。

14-5　什么是配电网络的单放射形接线方式？

➡单放射形接线方式是配电线路最基本接线方式，只有一个电源点，通过线路放射状连接多个用户。其中电源点可以是变电所 10kV 母线、开闭所 10kV 母线或其他形式的电源，用户可以是配电室、开关站、环网柜、箱式变电所、动力中心、控制中心等。单放射形典型接线方式如图 14-1 所示。

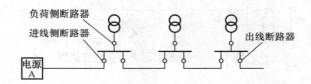

图 14-1　单放射形典型接线方式图

14-6　什么是配电网络的单网环接线方式？

➡单环网接线方式也是配电线路最基本接线方式之一，它有两个电源点，通过线路环网状连接多个用户。其中两个电源点可以是同一变电所 10kV 母线、开闭所 10kV 不同段母线或不同变电所、开关站 10kV 母线，以及其他形式的电源。用户可以是配电室、开关站、环网柜、箱式变电站、动力中心、控制中心等。单环网典型接线图如图 14-2 所示。

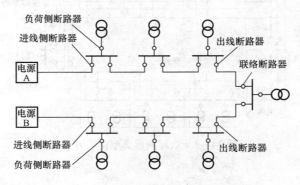

图 14-2　单环网典型接线方式图

14-7 什么是配电网络的双放射形接线方式?

▶双放射形接线方式是自一个变电所或开关站的 10kV 母线引出双回线路，相当于在单放射形接线方式的基础上又增加了一套设备。与单放射形接线方式相比，该方式通过增加系统设备和不同电源（以变电站两段母线作为两个不同的电源），来加强网架结构。双放射形典型接线图如图 14-3 所示。

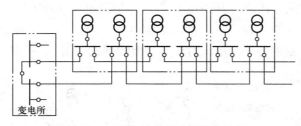

图 14-3 双放射形典型接线方式图

14-8 什么是配电网络的双环形网（手拉手）接线方式?

▶配电网络的双环网形（手拉手）接线方式是将两个不同变电站双放射形线路连接起来，开环运行。其特点是两个电源点（变电所 A 和变电所 B）之间由两条放射形线路通过联络断路器（正常运行时是断开位置）连接，可实现整条线路负荷互带或部分负荷转带。对于这种接线方式的用户来说，其供电可靠性得到了充分的保证。双环网形典型接线方式如图 14-4 所示。

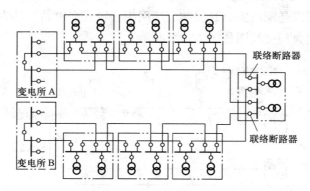

图 14-4 双环网形典型接线方式图

14-9 什么是配电网络的三电源环网形（手拉手）接线方式?

▶配电网络的三电源环网形（手拉手）接线方式是双环网形（手拉手）接线方

式的延伸，有三个电源点在电源方面就更有保障，可以三方手拉手供电，通过联络断路器 1D～3D 相连接，构成三个环网，形成互相支援的格局。三电源环网形典型接线方式如图 14-5 所示。

14-10 什么是配电网络的四电源环网形（手拉手）接线方式？

➡配电网络的四电源环网形（手拉手）接线方式是三电源环网形（手拉手）接线方式的再延伸，有四个电源点在电源方面就更确有保障，可以四方手拉手供电，通过联络断路器 1D～4D 相连接，构成两个双电源环网，形成互相支援的更完全格局。此种接线方式是近年来城网改造工程中出现的接线方式。

提醒注意的是四电源环网形（手拉手）接线方式为不平衡接线方式，即 A、B 两个变电所和 C、D 两个变电所构成的环网中，每条线路均由两台分段断路器分为三段，可视为主干环。而其余环网则情况各异，主要是作为后备支持用，可视为后备环。如变电所 A 与变电所 C 之间的 2D 断路器和变电所 B 与变电所 D 之间的 3D 断路器构成备用环。其接线方式如图 14-6 所示。

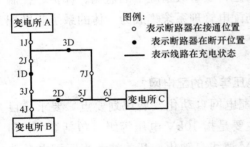

图 14-5　三电源环网形典型接线方式图

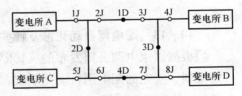

图 14-6　四电源环网形典型接线方式图

14-11 什么是配电网络的三分四连网形（手拉手）接线方式？

➡配电网络的三分四连网形接线方式也称为网络式接线方式，日本的 6kV 系统均采用此接线方式。该接线方式的构成形式是：由一座变电所出三条主干馈线，每条馈线用两台分段断路器分成三段，每条线路可与 4 个电源点连接，每段与相邻馈线段之间用连接线通过联络断路器相连，主干线通过联络断路器与其他变电站干线相连。此接线方式特点是：任意一段线路的负荷均可通过联络断路器转移到其他线路，而且每条主干线路只需预留 25% 的富余容量（与双电源环网接线方式相比降低了一倍），即可转带任意一段线路的负荷。通过增加联络断路器数量，增强网络连接结构，降低主干线容量冗余，节省主干线路的投资，提高系统运行效率，增加系统转带的灵活性，充分保证系统的可靠性。其接线方式如图14－7所示。

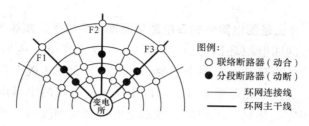

图14－7　三分四连环网形接线方式图

14－12　什么叫配电网自动化？

➡️配电网是利用现代电子技术、通信技术、计算机及网络技术，将配电网实时信息、离线信息、用户信息、电网结构参数、地理信息进行集成，构成完整的自动化管理系统，实现配电系统正常运行及事故情况下的监测、保护、控制和配电管理。它是实时的配电自动化与配电管理系统集成为一体的系统叫做配电网自动化。

14－13　配电网自动化涉及哪些电压等级的配电网？

➡️根据国家电网公司发布的《10kV配电网自动化发展规划要点》要求，目前规划、实施的配电网自动化系统，主要是指10kV电压等级（包括20kV和6kV）的配电网系统自动化，包括10kV馈线自动化、开关站和小区配电自动化、配电变压器和电容器组等的检测、投切自动化等。

380V及以下的低压配电网，由于用户数量过于庞大，涉及资金、技术、管理等各方面的问题，目前暂时无法大规模开展系统自动化工作。有的地方根据当地应用需求，作了部分低压配电网自动化方面工作（如居民用户远程集中抄表等）。

35kV及以上电压等级配电网自动化，基本已由调度自动化和变电所综合自动化所覆盖。

14－14　城市中低压配电网由哪些设备组成？

➡️城市中低压配电网由架空线路及其他设备（导线、电杆、避雷器熔断器）、开关（断路器、负荷开关、隔离开关）、电缆线路（电缆、电缆头、电缆中间接头、电缆分支箱、环网开关柜等）、柱上变压器、开闭所（开关站）、配电室（站）、箱式变电所、接户线等组成。

14-15　配电网自动化系统具体涉及哪些电网一次设备？

➡配电网自动化系统涉及的一次设备主要是开关（断路器、负荷开关、隔离开关等）和配电变压器设备，自动化系统通过安装在这些设备近旁的监控/检测装置，获取配电网的有关信息，执行系统控制操作，保障配电网向用户供电和配电网安全运行。

14-16　配电网自动化对所涉及的一次设备有什么要求？

➡配电网自动化对所涉及的一次设备要求有测量和控制接口。

对于开关设备的测量，要求开关提供测量电压的低压互感器 TV、测量电流的电流互感器 TA。目前常见的开关一般采用了以下 TV、TA 配置方式：

（1）外置式 TV、TA 配置在开关内。一般 TV 被安装在开关本体下部的封闭箱体内；采用套管式 TA，安装在连接柱。国产开关多采用这种配置方式。

（2）内置式 CVT（电容式电压互感器）和 TA。它是用 CVT 代替 TV 和 TA 一起整体制作在开关本体内。另外，在应用时要注意，CVT 的精度一般较低，通常仅为 2.5～3.0 级。

（3）外附式 TV、TA。由于相当一部分开关，在制作时没有考虑或未配备 TV、TA，为了完成测量功能，要在开关旁装设外附式 TV、TA。

对开关设备的控制，要求开关配备电动操动机构（如弹簧操动机构、电动操动机构、永磁操动机构等），以能执行遥控操作。

对于配电变压器设备，一般只要完成测量功能，故只需考虑测量接口即可。而对变压器的监测是在低压侧，不需配备电压互感器，可直接对 380V 进行采样；需要配置测量 TA，以完成电流采样。

14-17　实现配电网自动化对配电网络有何要求？

➡配电网自动化的功能是依托配电网来实现的。因此，要实现自动化，就要求配电网应具备以下条件：

（1）合理的网架结构。任何一条馈线至少应具备与另一条馈线的联络条件。

（2）对双电源环网接线方式，每条馈线应具备1/3以上的转带负荷的能力（若考虑两条馈线完全互转带，应具备1/2的转带负荷能力）。

（3）对双电源环网接线方式，其联络方式首先应考虑两段母线出线的线路联络，有条件时应考虑两个变电所间或三个变电所及以上的馈线联络。

（4）三分四连等接线方式的网格式线路结构，可进一步降低线路富余容量。使配电网转带形式更为灵活可靠，方便了事故时负荷转带，正常运行时负荷均衡。

（5）电源点分布合理。变电所布点应与城市规划发展相适应，要满足负荷增长需求。所址要尽量靠近负荷中心，以满足供电半径和电压质量的要求。设置一定数量的开关站、环网柜、以减轻线路走廊的压力。

（6）配电网络及周围环境负荷分布相对稳定。城市建设结构基本定型，重要负荷用户、大负荷用户建设也已到位，配电网络也跟着基本稳定。

14-18　配电网自动化系统总体由哪些部分组成？

配电网自动化系统总体由一个控制中心、监控/测量终端、通信信道三大部分组成。配电网系统较大时，可配置若干控制分中心，也可增设若干站控终端（见图14-8）。

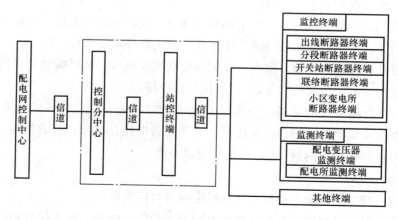

图14-8　配电网自动化系统总体构成图

14－19　配电网自动化系统的主要功能有哪些？

➡配电网自动化系统的主要功能有：对配电系统及设备的监视与控制（配电 SCADA）、馈线自动化（FA）、与其他系统连网及信息交换（连网功能）、与配电 GIS 系统配合实现自动制图/设备/管理/地理信息系统（AM/FM/GIS）配电管理及高级应用等。

14－20　配电网自动化系统对通信有哪些要求？采用哪些通信方式？

➡配电网自动化程度的重要标志是通信是否符合自动化的要求，它担负着设备及用户与自动化的联络，起着纽带作用。担负着信息的处理、命令的发送和返回。所有数据的传递，没有可靠有效的通信，配电网无法与自动化相联系。关于自动化通信，通常概念有两种：一种是外围通信，主要是数据以及语言的通道。采用的方法为有线和无线两大类。有线分光纤通信、音频电缆通信、电力载波通信；无线通信分微波通信、扩频通信以及无线电通信。对于城市配电网应结合城区的特殊情况，以及实际应用效果来决定采取哪一种通信方式。另一种是通信通常是在计算机上的软件通信，由统一规约。各种计算机软件以及数据库、远动装置都是由计算机软件进行数据交换，在实际计算机运行过程中的某一种规定的方式进行，通信规约一般是由设备自身来设定的，同一生产单位的产品规约是一致的，当有不同的生产厂家时，通信规约则发生不一致，导致数据传递的失败。

配电网自动化系统通常采用方式：

（1）光纤通信是城市配电网通信的主要方式，主要特点是可靠性高、干扰小、不受环境条件的影响，可作为语言、数据和图像的传输方式是当前较好的通信方式。但是由于光纤所相关的设施的费用较高，在使用中受到限制。尤其是在配电网中，因配电柱上开关及用户分布在沿线，对于每一开关及用户所需的通信很难从一根多芯的通信光缆中取出。

（2）音频有线是城市电网较为经济和实用的方法，通信的布设及各通信端的连接无特殊要求，造价较低，容易实施，但容易受环境的影响，尤其是与高压配电线路同杆架设，高压的强电场和强磁场对通信线的干扰影响较大。

（3）电力载波是电力系统常用的通信方法，在对于无断点的线路。例如变电站与变电站之间，已经有成熟的经验，使用效果好。但对于配电网线路中线路多台配电变压器以及线路，由于柱上开关的断点，使载波通信在配电线路中使用受到了较大的影响，有些问题尚待进一步研究。

（4）微波通信对于配电网多点通信点是很难采用的，考虑到微波通信的接收装置，以及工程投资，对于城市配电网的应用不完全满足。而扩频通信广泛地被应用到各行各业的通信，对于电网变电站与调度中心，长距离的通信能体现出扩频技术的诸多优点，抗干扰能力强，保真性高，误码率低，可实现码分多址复用，功谱密度低，发射功率小。但对于高楼林立的城市配电网，柱上开关及配电网变压器的位置很难确定最好的通信环境时，其放射信号的接收会受到波传输的影响（绕射功能差）。往往出现在城市应用效果不佳的现象。

无线通信主要是音频，通常作为我国负荷控制的应用领域，在城市应用效果得到充分证实，主要问题是无线通信装置的使用效果，早期的无线通信装置是产品质量不佳，影响了通信效果。

（5）计算机通信，主要是通信规约问题，对于我国电力系统，采用了标准的通信规约，由国家和行业远动、通信标准来决定，通常的规约为 DDT、POLLIG 等。

近几年来，通信接口以 485 型式出线，增强了通信的传输能量。因此无论配电网采用何种通信方式，对远动（RTU）与主站系统的通信必须符合某一规定的要求。

14-21　变电所和配电所以及配电室有何区别?

➡变电所和配电所以及配电室是整个电力系统中不可分可割的组成部分，它是变换电压、交换功率、分配电力，控制电力流向和调整电压的场所。

在现行 GB 50053—2013《20kV 及以下变电所设计规范》的附录一和现行Q/GDW 156—2006《城市电力网规划设计导则》的规定。

变电所指 10kV 及以下交流电源经电力变压器变压后对用电设备供电。它们的主要区别只是变换电压的高低和分配电力（功率）的大小。

配电所指所内只有起开闭和分配电能作用的高压配电装置，母线上无主变压器。

配电室指户内设有中压进出线、配电变压器和低压配电装置，仅带低压负荷的配电场所。

14-22　什么是地下变电所? 其特点是什么?

➡新城区的建设和旧城区的改造，大量的商业区、高级住宅区越来越多地出现在城市中心区域，造成供电负荷的激增，使深入市中心的变电所越来越多，没有线路的走廊和建设土地（即占地），其建设难度也越来越大，于是人们考虑将变电所建于地下。其特点如下：

（1）变电所建于地下主要面临下列几个问题：

1）用地紧张，所址难觅，即使能征得用地，面积也非常小，设计难度大、要求高。

2）各项工程的前期动迁、拆迁难度日益加大，征地拆迁费用非常昂贵，有时已远远超出建变电站的费用，致使变电容量每千伏安造价很高。

3）市中心往往为繁华的商业用地，有着极高的商业价值，如仅建1座4层左右的变电所，则土地的上部空间得不到充分利用，对于土地资源来说是一种极大的资源浪费。

4）与周围环境协调的要求高，建筑的格调与景观和环境要融为一体，造成投资加大。

5）防火、防爆、防噪声等安全和环保要求特别高。

（2）建设地下变电所的基本技术原则：

由于变电所建设在繁华的商业区，对消防、噪声的要求特别高，因此，在这种特殊环境中建地下变电所，就必须确定以下几点作为主要设计原则：

1）由于土地资源有限，要求尽可能简化接线设计，如2台主变压器宜尽量采用内桥接线方式、如3台主变压器宜采用线路—变压器组单元接线形式，10kV采用单母线分段接线，分段开关设备自投。当1台主变压器或1条线路故障时，可保证不间断供电。

2）设备选型宜免维护、小型化，以减少占地面积，尽量减少挖方量，使整体布置趋于紧凑合理。

3）全所设备按湿热型（TH型）、无油化选型，包括主变压器采用进口的SF_6气体绝缘变压器。这样全所无易燃、易爆物，既能简化消防系统，又可将火灾的影响局限在地下，而不致影响到地面。但气体绝缘变压器的造价较高。

4）简化总体布置，采用立体布置方案，充分利用有限的土地。减少设备布置层数，以方便运输和安装，简化消防、通风系统，同时为将来的运行维护创造良好的条件。

5）按无人值班站考虑，按"五遥"系统设计变电所。

14-23　什么叫做组合式箱式变电所（组合式箱变）？其特点是什么？

➡把配电变压器、高压电气设备和低压电气设备安装在一个箱体内，它们相互之间已用母线连接成一个供电装置向用户提供电力，这种装置称为组合式箱式变电所（简称组合式箱变）。

组合式箱变的特点是将整个箱体运到用电地点，只要高压电源电缆进线和低压电缆出线接入箱体相应位置即可向用户供电。

14－24　什么叫做欧式箱变？其特点是什么？

➡欧式变电所整体是由箱体、高压室、低压室、变压器室四个独立间隔组成的一个整体，简称欧式箱变，现具体阐述如下。

（1）箱体结构。欧式变电所的箱体是由底座、外壳、顶盖三部分构成。

底座一般用槽钢、角钢、扁钢、钢板等组焊或用螺栓连接固定成形；为满足通风、散热和进出线的需要，还应在相应的位置开出条形孔和大小适度的圆形孔。

箱体外壳、顶盖槽钢、角钢、钢板、铝合金板、彩钢板、水泥板等进行折弯、组焊或用螺钉、铰链或相关的专用附件连接成形。

不管哪种材料的箱变壳体，按标准要求必须具备防晒、防雨、防尘、防锈、防小动物（如蛇）等进入的五防功能。欧式箱变的壳体为防止炎热夏季强烈的日光辐射，其顶部一般都设有导热系数较低的隔热材料作填料。常用的填料有岩棉板、聚苯乙烯泡沫塑料等。

欧式箱变的表面处里：欧式箱变表面处里的方法较多，我国北方大多采用传统的喷漆、烤漆、喷塑等方法进行处理；在我国南方经济发达地区，除采用上述方法外，还在水泥板结构的壳体外贴上彩色瓷砖，或贴贴面等方法进行表面处理，特别是置于住宅小区的箱变外观，与当地建筑物的风格应协调、统一。

（2）高压配电装置结构。欧式箱变高压配电装置，从进线方式上分为终端型、环网型两种；从进线方位上分可分为从箱体顶部架空进线（传统箱变用此法较多）和利用高压电缆沟从地下进出线，这是现代设计较为普遍的采用方法。从配电设备上，传统箱变采用的高压开关有：FN－10/400－630A 系列的高压负荷开关，这种开关动、静触点均暴露于空气中，易明显看到开关触点的通、断状态；再配装 FFLAJ－50－100A 带座熔断器、接地开关、避雷器、带电显示器；它将开关系统封闭于带有机玻璃观察的高压柜门内，通过操作手柄，带动开关操动机构，进行开断与接地操作。这是传统终端型箱变最简单、经济的常用结构。

目前采用以 SF₆ 气体为灭弧介质的 SF₆ 系列负荷开关较多，其成本高于FN－10 系列高压负荷开关。这类开关结构有带熔断器、不带熔断器、接地开关等，但一般都装有带电显示器；操动机构一般为手动，也有电动操作的。带熔断器的负荷开关，当回路出现短路故障时，能自切断开关，保护电路及变压器、开关等设备。

还有以真空为灭弧介质的真空断路器，这类开关可以单独使用，也可与熔断器配用，还可与 SF₆ 系列负荷开关串接使用，不过这样将使成本增大，如用户无特别要求不须这样使用。

高压配电装置中，如用户有高压计量要求的，还须设置高压计量柜。我国各地供电部门，对高压或低压计量问题没有统一的要求。西北地区供电规程规定：变压器容量大于 160kVA 时，必须采用高压计量；高压计量柜开关必须由供电部门控制。北京、天津等华北地区供电部门则认为：箱式变电所计量应以低压侧为好，这样，可以提高供电可靠性，减少高压计量带来的不稳定因素，对变压器本身的损耗，可折算成电费，由用户承担。

箱式变电所高压计量柜的结构一般由 TA、TV 及计量表计，遥控、遥测装置等构成。

欧式箱变高压柜体的深度，根据所选开关、开关柜的型号、生产厂家的不同而不同；高压柜体的宽度，与环网或终端型、是否有高压计量有关，应根据以上具体情况灵活确定。

（3）变压器室结构。欧式箱变都设有独立的变压器室，变压器室主要由变压器、自动控温系统、照明及安全防护栏等构成。变压器运行时，将在箱变中产生大量的热量向变压器室内散发，所以变压器室的散热、通风问题是欧式箱变设计中应重点考虑的问题；变压器运行时，源源不断的产生大量的热量，使变压器室的温度不断升高，特别是环境温度高时，温度升高更快，所以只靠自然通风散热往往不能保证变压器可靠、安全运行；欧式箱变设计中，除变压器容量较小的箱变采用自然通风外，一般都设计了测温保护，用强制排风措施加以解决。该系统主要由测量装置测变压器室温、油温，然后通过手动和自动控制电路，对排风扇是否需要投入，按变压器可靠、安全运行温度的设定范围进行设置控制。

变压器油箱内顶层的允许最高温度，按 GB 1094.1《电力变压器　第 1 部分：总则》、GB 1094.5《电力变压器　第 5 部分：承受短路的能力》、DL/T 572《电力变压器运行规程》规定，不超过 95℃；干式变压器绕组表面温度不

557

超过80℃的规定限值，为排风扇投入运行温度的最高设定上限。

变压器室内一般设有照明装置，该照明装置一般应满足"开门即灯亮，关门即灯灭"的要求进行设计控制。变压器室的防护栏是欧式变设计者们广泛采用的安全防护重要手段，所以一般欧式箱变均有此结构。

欧式箱变中，变压器既可选用油浸式变压器，也可采用干式变压器，但由于干式变压器价格较高，所以在用户没有特别要求的情况下，应首选油浸式变压器，以降低制造成本。变压器容量一般在100～1250kVA为宜，最大不应超过1600kVA。

（4）低压室结构设计。欧式箱变的低压室按工矿企业或住宅小区的使用场合的不同，在设计结构上应有所不同。一般对于工矿企业使用的欧式箱变，应对动力供电、照明供电进行分开设计。在采用低压计量时，一般情况下，供电局要求对照明用电进行分开计度，这主要是因为照明用电的单位价格，普遍高于动力用电。在住宅小区使用的变电所在结构设计上，则不须考虑动力用电的问题。

欧式箱变低压室的输出路数，在结构设计上根据变压器容量大小和用户使用需求的不同而不同。变压器容量小，用户需求输出路数较少的可少设；而变压器容量大，用户要求输入出路数多的，可考虑设计路数多一些，还可考虑按带走廊操作形式进行布局。

在箱变的低压柜中，因异步电机、变压器、日光灯均为感性负载，它们将使电网功率因数下降，影响供电质量，所以按一般要求，都应接入无功补偿电容器组。

14-25　什么叫做美式箱变？其特点是什么？

➡️ 美式箱变进入我国的研发、设计、生产时间与欧式箱变比较，相对较晚。因美式箱变与欧式箱变在其结构上相差甚大，但它又具备欧式箱变无法比的一些优势，从布置上看，其低压室、变压器室、高压室不是目字形布置，而是品字形布置。从结构上看，这种箱变分为前、后两部分：前面为高、低压操作间隔，操作间隔内包括高、低压接线端子，负荷开关操作柄，无载调压分节开关，插入式熔断器，油位计等；后部为注油箱及散热片，将变压器绕组、铁芯、高压负荷开关和熔断器放入变压器油箱中。避雷器也采用油浸式金属氧化物避雷器。变压器取消储油柜，采取油加气隙体积恒定原则设计密封式油箱，油箱及散热器暴露在空气中，没有散热困难。低压断路器采用塑壳断路器作为主断路器及出线断路器。由于结构简化，这种箱式变电所的占地面积和体积大大减小，且只是一侧开门，其所需占地面积仅是欧式箱变的1/4，体积仅为同

容量欧式箱变的 $1/5 \sim 1/3$。

美式箱变结构特点、优势特点主要有如下方面：

（1）美式箱变体积小，重量轻，制造成本低。美式箱变没有独立的变压器室，这是美式箱变体积大大小于欧式箱变的因素之一。美式箱变的变压器直接暴露于户外，主要是利用变压器油进行冷却、绝缘和散热。变压器的散热片也是变压器散热的重要途径。

（2）开断变压器的负荷开关置于变压器内，变压器的低压侧出线直接与负荷开关的出线端相连，负荷开关的进线端，则与箱体侧壁上美式套管井连接。低压出线也置于箱壁上，使低压侧出线直接与低压柜相连，使低压侧母排的连接距离也大大缩短。这些结构特点使美式箱变的体积仅为同容量的欧式箱变体积的三分之二，甚至更小。

事情总是一分为二的，正是由于美式箱变的这些结构紧凑、体积小的优点，也给它带来了一些无法克服的缺点，其主要缺点是：由于负荷开关、熔断器与变压器铁芯、绕组均在一个箱体内，以变压器油作为它们的共同绝缘和冷却介质，而负荷开关的开断、熔断器遇短路电流而熔断的过程，将不可避免的产生电弧，使变压器油碳化、游离，导致变压器油加速老化，使绝缘降低。因此要做好运行记录，按运行规程定期做变压器油的化验，油质碳化、游离后立即更换变压器油，保障安全供电。

其次，美式箱变由于其结构特点，也使低压输出路数的增加受到一定程度的限制。

14-26　什么叫做卧式箱变？其特点是什么？

➡卧式箱变的外观形同欧式箱变，但体积却大大小于欧式箱变，略大于美式箱变。这是因为卧式箱变的变压器、负荷开关及低压出线方式基本与美式箱变相同，但它有独立的变压器室。由于高、低压出线均在侧壁，所以变压器室不需考虑防护栏等设施。因卧式箱变体积小、紧凑的结构特点，使一些设计者对其顶盖设计也大大简化（不加隔热层等），仅保留了自然通风散热冷却运行方式，使置于箱变体内的变压器的散热水平大大降低。

卧式箱变、美式箱变的计量方式及无功补偿的设计基本与欧式箱变类似。

欧式箱变的综合性能指标优于美式、卧式箱变，但制造成本相对较高。卧式箱变的结构体积居于两者之间，但其造价相对欧式箱变较低，目前也得到迅速发展。

14-27　欧式箱变和美式箱变保护配电变压器方式有何不同？

➡欧式箱变采用撞针脱扣连锁机构的负荷开关与限流熔断器组合装置保护变压

器。即变压器本体或二次侧发生故障时，熔断器熔断的同时撞针脱扣器使负荷开关断开励磁电流，使变压器脱离电源。

美式箱变采用油浸式限流熔断器和插入式熔断器串联起来作为变压器的保护，保护原理先进，操作方便。限流熔断器安装在箱体内部，只在变压器内部发生故障时动作。插入式熔断器在变压器内二次侧发生短路故障，过负荷及油温过高时熔断，熔断器熔断后，可在停电下释放箱变的压力情况下更换熔丝。

14－28　美式箱变两种熔断器的熔丝配置有何不同？

➡限流熔断器作为箱变内部故障的保护，其熔丝的额定电流值为变压器额定电流的 3～4 倍。插入式熔断器作为变压器二次侧故障的保护，其熔丝的额定电流为变压器额定电流的 1.5～2 倍。

例如：配电变压器额定容量为 630kVA 的箱变，10kV 侧的额定电流为 36.8A，其限流熔断器的熔丝额定电流选用 125A，其插入式熔断器的熔丝额定电流为选用 63A。

14－29　美式箱变是否具有切换电源的功能？

➡美式箱变通常采用三位置负荷开关、四位置开关和 T 型四位置负荷开关，它们均具有切换电源的功能。这三种负荷开关工作状态示意图如图 14－9～图 14－11 所示。

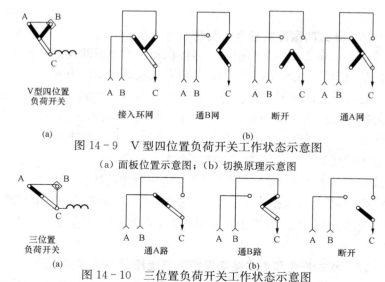

图 14－9　V 型四位置负荷开关工作状态示意图

（a）面板位置示意图；（b）切换原理示意图

图 14－10　三位置负荷开关工作状态示意图

（a）面板位置示意图；（b）切换原理示意图

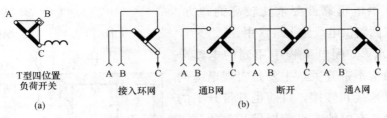

图 14－11 T 型四位置负荷开关工作状态示意图

(a) 面板位置示意图；(b) 切换原理示意图

美式箱变切换电源的操作应注意下列事项：

（1）操作负荷开关必须使用绝缘操作杆。

（2）系统发生故障不能进行切换电源的操作。

（3）操作方法：用绝缘操作杆可顺时针或逆时针转动负荷开关的位置，一次只能转 90°，不可中途停止或反向转动，负荷开关每操作一个位置，必须先调整开关位置的定位板。

负荷开关是具有简单的灭弧装置，可以带负荷分、合电路。能通断一定的负荷电流，但不能分断短路电流。再则，高压负荷开关是有一定保护功能，一般是加熔断器保护，还有速断和过电流保护。

14－30 何谓三相电压互不相扰的美式箱变？

➜三相电压互不相扰的定义是：当箱变高压侧故障熔丝熔断时，其对应的带有负荷的低压绕组输送电压为零或接近于零，健全相对应的低压绕组的相电压仍保持在额定电压及其波动范围内供电。

美式箱变采用 Dyn 接线组别，而且使用三相四柱或五柱式铁芯，两组熔断器串联在高压侧 D 型连接的绕组内，其接线示意图如图 14－12 所示。当发生故障一相高压熔断器熔断时，由于故障相低压侧接有负载所形成的反磁势，阻止健全相合成磁通从故障相铁芯柱中回流，而只能从边铁芯柱回流，因此故障相的低压绕组感应电压很低，基本为零，而健全相的磁通通过边铁芯柱自成回路，其对应的低压绕组的相电压仍维持在额定电压，这就是三相电压互不相扰的美式箱变。

14－31 环网柜与电缆分支箱有什么区别？

➜10kV 变配电工程中用到的环网柜常带开关，可以实现配网自动化，体积比较小，适合环网供电，经常在室内使用，若在室外使用时常置于箱变中，广泛用于供电可靠性要求比较高的地方。通常双回路供电线路上最常用。

10kV 变配电工程中用到的电缆分支箱通常不带开关，主要是实现电缆的分（支）接和转接，目前也有带开关的分支箱，有的地方直接把带开关的分支箱称为户外环网柜。分支箱的作用是将长距离电缆转接或将主干电缆分成几个出线，以降低造价。电缆分支箱不能实现配网自动化，大部分都不带开关，比较简单，主要室外使用，多般与箱变配套运用。

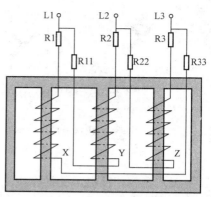

图 4-12 三相电压互不相扰接线示意图
R1、R2、R3 表示插入式熔断器；
R11、R22、R33 表示限流式熔断器

14-32 何谓 10kV 电缆分支箱？10kV 电缆分支箱的作用是什么？

→ 10kV 电缆分支箱是将三相母排接板水平固定在电缆分支箱内，相间及对地采用三元乙丙橡胶密封绝缘，母排接板出口可配接 T 型电缆接头或肘型电缆接头。

10kV 电缆分支箱用于电缆线路 10kV 电缆分支箱的接入和接出，可作为电缆线路的多路分支，起输入和分配电能的作用。

14-33 如何选用 10kV 电缆分支箱？10kV 电缆分支箱出线回路数以多少为宜？

→ 10kV 电缆分支箱按以下原则选择：

（1）根据进出线电缆截面的大小。

（2）根据进出线电缆的回路数。

目前常用的电缆分支箱有进、出数量之分（电源侧叫"进"，用户侧叫"出"），它有以下几种：

（1）1 进线 2 出线，1 进线 3 出线，1 进线 4 出线。

（2）2 进线 1 出线，2 进线 2 出线，2 进线 4 出线，2 进线 6 出线。

（3）3 进线 3 出线，3 进线 6 出线。

一般情况下，电缆分支箱出线通常取 2~4 回为适宜。

14-34　10kV 电缆分支箱中备用出线端子为什么要加装保护帽？

➡ 10kV 电缆分支箱中备用出线端子加装保护帽，主要是防止备用出线间隔过电压时沿面飞闪（弧），并防止工作人员触电。

14-35　带电插拔 10kV 电缆分支箱出线应注意哪些安全事项？

➡ 在带电插拔 10kV 电缆分支箱出线之前，要正确判断该采用何种插拔方式，肘型 10kV 电缆头有等电位和带负荷两种插拔方式，在负荷电流为 200A（截面积为 120mm²）以下可以采用带负荷插拔方式，最多只允许插拔 6 次。

采用等电位插拔方式应截断相应间隔负荷。插拔时要按照带电作业安全规程来做，保持足够安全距离，戴绝缘手套，采用专用的绝缘棒把电缆头拔掉，并在相应位置临时加防护套。

14-36　什么叫做自动重合器？其工作原理及特点是什么？

➡ 一种自具控制及保护功能的高压开关设备叫做重合器；所谓"自动"是指它本身具备故障电流检测和操作顺序控制与执行功能，无需提供附加继电保护和操动机构以及操作电源。重合器它能自动检测通过本身回路的电流，当确认是故障电流后，按反时限保护自动开断故障电流，并依照预定的延时和顺序进行多次地重合，向线路恢复供电。当遇到永久性故障，它将完成预先整定的重合闸次数（一般为三次）后，确认故障区段（或与分段器配合），则自动闭锁，不再对故障线路供电。直至人为排除故障后，重新将合闸闭锁解除，恢复正常状态。上述过程自动进行，无需通信手段。

自动重合器的特点如下：

（1）它能自身判断电流的性质，完成故障检测，执行开合功能，并能恢复初始状态、记忆动作次数、完成合闸闭锁等，且具有操作顺序选择，开断和重合特性调整等功能。

（2）操作电源可直接取自高压线路或外加低压交流电源，不需附加装置。

（3）有多次重合闸功能，一般为 4 次分断 3 次重合，且可根据需要调整重合次数及重合闸间隔时间。

（4）相间故障开断都采用反时限特性，具有快慢两种安秒特性曲线，快速曲线只有一条，慢速曲线可多至 16 条，这样有利于保护及熔断器配合。

（5）开断能力较大，允许开断次数较多，基本可不检修。

重合器在辐射网中一般与分段器配合应用，由分段器隔离故障，而重合器

担负切除故障。

14-37 自动重合器有哪些类型？

➡️自动重合器品种很多，按绝缘介质和灭弧介质分类有油重合器、真空重合器、SF_6 重合器；按控制机构分类有液压操动机构重合器、集成电子操动机构重合器、微机操动机构重合器、电子液压混合操动机构重合器；按控制相数分类有单相重合器和三相重合器；按安装方式分类有柱上重合器、地面重合器、地下重合器。

14-38 重合器的运行工作过程是怎样的？

➡️在配电系统自动化中有采用三台重合器构成环网供电接线方案，如图 14-13 所示。图中 TV 为电压互感器，由它从线路上取得操作电源；Z1、Z2 为分段重合器，平时为合闸状态；Z0 为联络重合器，平时为分闸状态，事故处理时，可自动合闸，转移供电；QF1、QF2 为变电所出线断路器。

假如图 14-13 三台重合器构成单环网（手拉手）结线供电网络正在运行中，重合闸的动作过程如下：

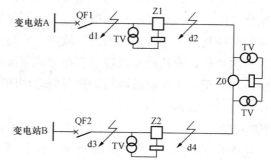

图 14-13　三台重合器构成的环网供电方案示意图

（1）当 d1 段发生永久性故障时，出线断路器 QF1 重合不成功，并自动闭锁；分段重合器 Z1 和联络重合器 Z0 的控制器检测到电源侧失压，两台控制器开始计时，重合器 Z1 延时分闸时间整定值小于重合器 Z0 合闸延时时间，控制器控制在延时后重合器 Z1 分闸，Z0 重合一次，Z1 和 Z0 重合之间的无故障区段恢复供电。

（2）如果当 d2 段发生永久性故障时，重合器 Z1 多次重合不成功后分闸闭锁，QF1 和 Z1 之间的无故障区段恢复供电。重合器 Z0 检测到 d2 一端失压，经预定延时后重合器 Z0 合闸至故障上，Z0 跳闸并闭锁，将隔离了 d2 故障段。

（3）变电所 A 母线失电，重合器 Z1 检测到电源端失电，重合器 Z0 检测到重合器 Z1 端失电，两台重合器同时计时，由于时间 $T_0 > T_1$，重合器 Z_1 经 T_1 跳开并闭锁，重合器 Z0 延时 T_0 后合闸，此时 Z0 到 Z1 段线路恢复供电，而电源（变电所 B）不会倒送到变电所 B。

（4）当断路器 QF1 停电检修，类似母线失电。断路器 QF1 分闸后，断路器 QF1 到重合器 Z1 段无电，要人工合上 Z1，才能使之供电，进入转移供电方式（非环网供电方式）。

（5）转移供电方式（以断路器 QF1 停运，断路器 QF2 供电为例）：d1 段发生永久性故障时，重合器 Z1、Z2、Z0 同时检测到故障电流，三台重合器均跳闸，重合器 Z1 跳闸后不能重合（失去操动机构的工作电压），重合器 Z0 和 Z2 经延时后重合成功，故障被隔离在 Z1 后一段，又当 Z2 处发生故障，重合器 Z0 和 Z2 同时检测到故障电流而跳闸，重合器 Z0 重合到故障线路上跳闸闭锁，重合器 Z2 重合成功，故障被隔离在 Z0 后一段。d3 和 d4 处故障类推，不再赘述。

14-39 图 14-13 三台重合器构成单环网（手拉手）接线供电网络方案的优缺点有哪些？

▶此供电网络方案的优点：

（1）线路上有 1/2 的故障由重合器来切除，实现了故障范围不扩大，由线路开关自身解决事故的时间少。

（2）d2（d4）处故障由重合器 Z0 和 Z1（Z2）切除，影响范围小，对电网的冲击次数少。

（3）设备简单、清晰，方案可以分步实施，投资少，成功率高。

（4）对变电所原有设施不做任何改动，施工简单。与分支线采用分段器配合更为合理。

此供电网络方案的缺点：

（1）投资费用高。

（2）需增加变电所中断路器的动作时限，在变电所近区故障时延长了切除时间，对电网安全运行不利。

特别需要指出，重合器一般有多条"电流—时间"曲线可供选择整定，其多次分、合循环操作顺序也可按电网实际需要预先整定，如"一快一慢"、"二快二慢"、"一快三慢"等。这里"快"是指瞬时跳闸，"慢"是指按"电流—

时间"曲线跳闸。按预先整定的动作顺序及次数动作后，若重合失败，重合器将闭锁在分闸位置，需手动复位后才能解除闭锁。而循环动作无论哪一次重合成功（即消除故障），则终止后续操作，经一定延时复归，为下一次故障的到来做好准备。

14-40 重合器通常使用在哪些场合？如何选择重合器？

▶重合器通常使用场合如下：

（1）在变电所内，作为配电线路的出线保护和主变压器出口保护。

（2）在配电线路的中部，将长线路分段，避免由于线路末端故障全线停电。

（3）在配电线路的重要分支线入口，装设重合器可避免因分支线故障造成主回路线路停电。

选择重合器时有以下要求：

（1）重合器的额定电压应等于或大于安装地点的系统最高运行电压。

（2）重合器的额定电流应大于安装地点的长远的最大负荷电流。除此，通常选择重合器额定电流留有较大余度（一般考虑留 20%～30% 的富余度）。还应考虑重合器的触头的载流量和温升是否满足要求。

（3）重合器的额定短路开断电流应大于安装地点的长远规划最大故障电流。

（4）重合器的最小分闸电流应小于保护区段的最小故障电流。

（5）重合器与线路其他保护设备相配合。某线路段重合器与线路上其他重合器、分段器、熔断器的保护配合，以保证在重合器后备保护动作或在其他线路元件发生损坏之前，重合器能够及时分断。

14-41 什么叫做自动分段器？分段器的特点是什么？

▶一种能够记忆线路故障电流出现的次数，达到整定的次数后，在无电流情况下自动分闸并闭锁，具有开断负荷电流能力的开关设备叫做自动分段器。它可关合短路电流，但均不能开断短路电流。它广泛应用在配电网线路的分支线或区段线路上，用来隔离永久性故障。

自动分段器的特点如下：

（1）分段器只能开断负荷电流，不能开断短路电流，因此不能作为电路的主保护断路器。

（2）当线路故障时，它可记忆后备保护断路器开断故障电流次数，并在达到额定记忆次数（1～3次）无故障电流时（滞后0.1～0.25s）自动分闸，隔离故障区段。如瞬时故障，则分段器计数器的计数次数可在一定时间后自动复位，将计数清除为零。

（3）它无安秒特性，能与变电所的断路器、线路上的重合器相配合使用。

（4）分段器具有多种抑制功能，如电压抑制功能、冲击电流抑制功能等，这样提高了动作的选择性，使分段器能有效区分故障。

（5）分段器动作后，需手动操作复位。

14-42　自动分段器有哪些类型？

➡自动分段器品种很多，按绝缘介质和灭弧介质分类有油分段器、真空分段器、SF_6分段器、空气分段器；按控制机构分类有液压操动机构分段器、集成电子操动机构分段器、微机操动机构分段器、电子液压混合操动机构分段器；按控制相数分类有单相分段器和三相分段器；按动作原理分类有跌落式分段器、重合式分段器。

14-43　配电网使用重合器和分段器有哪些优点？

➡配电网使用重合器和分段器具有以下优点：

（1）重合器和分段器的操作电源直接取自所用变压器或自身控制的供电线路上的交流电源，无需增加直流装置，节省了工程投资，减少设备的维护工作量。

（2）重合器和分段器本身具有记忆的功能，无需采用继电保护装置和信号屏。

（3）重合器和分段器可以安装在户外柱上（电杆）或构架上，不必兴建配电间、电源室，占地小，土建费少。一个35kV农村变电所的总投资与目前建相同规模的常规变电所方案相比可节省30%～50%的投资，其中土建投资及节省约80%。

（4）因为大自然界中的雷电、大风、大雨、鸟兽等因素影响，瞬时性故障的概率较多，线路故障中90%以上属于瞬时性故障，通常一次重合闸成功率高，可消除此种故障的50%左右。

（5）重合器和分段器能减少瞬时性故障造成的停电事故，当发生永久性故障时，能隔离故障区段，将永久性故障造成的停电范围限制到最小程度。

（6）重合器和分段器都配有电子操动机构装置，能够接受遥控信号，可实现控制中心进行遥控，满足远动操作的要求。

（7）重合器和分段器的使用寿命长，维护工作量少，尤其是真空重合器和分段器一般 10 年不修，因此，大大减少检修工作量，提高了供电可靠性和连续性。

14－44　重合器与分段器的配合原则是什么？

➡️重合器与分段器是智能化设备，具有自动化程度高的优点，只要配合得当，使用时才能发挥其作用，因此，要求遵守以下配合使用原则：

（1）分段器必须与重合器串联使用，并安装在重合器的负荷侧，当发生永久性故障时，它在预定的"记忆"次数或分合操作闭锁后于分闸状态而隔离故障区段，由重合器恢复对线路其他区段的供电，将故障停电范围限制到最小。当瞬时性故障而使分段器未达到预定记忆次数或分合操作次数时，分段器将保持在合闸状态，保证线路正常供电。

（2）后备重合器必须能检测到并能动作于分段器保护范围内的最小故障电流。

（3）分段器的起动电流必须小于其保护范围内的最小故障电流。

（4）分段器的热稳定额定值和动稳定额定值必须满足要求。

（5）分段器的起动电流必须小于 80％后备保护的最小分闸电流电流，大于预期最大负荷电流的峰值。

（6）分段器的记录次数必须比后备保护闭锁前的分闸次数少 1 次以上。

（7）分段器的记忆时间必须大于后备保护的累积故障开断时间。后备保护动作的总累积时间为后备保护顺序中的各次故障通流时间与重合间隔时间之和。

以上原则也适用于断路器与分段器的配合。

14－45　什么是安全滑触线？

➡️安全滑触线是为 380/220kV 移动设备（主要是行车、吊车以及自动流水生产线）提供电力的一种"特殊安全导电母线"。

14－46　安全滑触线由什么装置构成？

➡️安全滑触线装置由导管、受电器两个主要部件及一些辅助组件构成。

（1）导管：是一根半封闭的异形管状部件，是滑触线的主体部分。其内部可根据需要嵌高 3～16 根裸体导轨作为供电导线，各导轨间相互绝缘，从而保证供电的安全性，并在带电检修时有效地防止检修人员触电事故。一般生产的导管每条长度为 4m，可以连接成任意需要长度，普通导管制作成直线形，也可按特殊需求制成圆弧形等。

（2）受电器是在导管内运行的一组电刷壳架，由安置在用电机构（行车、小车、电动葫芦等）上的拨叉（或牵引链条等）带动，使之与用电机构同步运行，将通过导轨，电刷的接触将电能供到电动机或其他控制元件。受电器电刷的极数有 3～16 极与导管中导轨极数相对应。

安全滑触线外壳是由高绝缘性能的工程塑料制成。外壳防护等级可根据需要达 IP13、IP55 级，能防护雨、雪和冰冻袭击以及吊物触及。

14－47 安全滑触线应用在哪些场合？

➡供电滑触线装置可用于电动葫芦，电动梁式和桥式起重机；堆垛机，机电产品的自动检测线，自动化生产线，移动式电动工具和其他移动受电设备，以及厂矿、车间、办公场所内固定敷设母线槽。

14－48 滑触线有哪几种类型？各类适用的场合是什么？

➡滑触线的几种类型和各类适用的场合：

（1）排式滑触线：安装方便，速度快，速度可达 500m/min（进口滑触线可以达到）。

（2）刚体滑触线：用于大电流设备，电流可达几千安。

（3）单极滑触线：根据不同的极数进行组合，电流也可达千安。

14－49 滑触线的辐射应考虑哪些问题？

➡滑触线的辐射应考虑两个问题：第一个是热辐射问题，滑触线工作时通过大电流，必然产生热辐射，引起周围环境温度升高，因此要求考虑通风散热的问题。第二个是电磁辐射问题，交流滑触线虽然通过大电流，由于它的频率是 50Hz，不可能产生很强的电磁辐射，不会产生安全问题。

14－50 什么是母线槽？

➡母线槽是导线系统形式的通过型式试验的成套设备。导线系统由母线构成，这些母线在走线槽或类似的壳体中，并由绝缘材料支撑或隔开。母线槽可为交流三相三线、三相四线、三相五线制，频率 50～60Hz，电压至 400V，额定工作电流为 250～5000A，主要作为工矿、企事业和高层建筑中新型供配电设备。

带插口的母线槽，可通过插接头箱或插接开关箱，能很方便地引出电源分支路。母线槽具有体积小、结构紧凑、传输电流大、维护方便等优点。

14－51 封闭母线槽有哪几种类型？

封闭母线槽按结构形式分有以下几种类型：

（1）空气绝缘母线槽；

（2）密集绝缘母线槽；

（3）外壳加强型绝缘母线槽；

（4）分置式母线槽；

（5）圆筒形母线槽；

（6）无金属外壳全封闭树脂浇注母线槽。

母线槽按用途分有以下几种类型：

（1）配电用母线槽；

（2）照明用母线槽。

封闭式母线槽主要类型见图 14－14，图（a）为空气式母线槽；图（b）为高强度密集型母线槽；图（c）为耐火型封闭式母线槽。

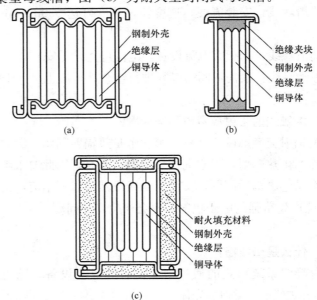

图 14－14　封闭式母线槽类型图

（a）空气式母线槽；（b）高强度密集型母线槽；（c）耐火型封闭式母线槽

14-52　什么是密集绝缘母线槽？什么是空气绝缘母线槽？

➡️密集绝缘母线槽是将裸母线用绝缘材料覆盖后，紧贴通道壳体放置的母线槽。

空气绝缘母线槽是将裸母线用绝缘材料覆盖并用绝缘衬垫隔开后支承在壳体内，不仅靠绝缘物绝缘，同时也靠空气介质绝缘的母线槽。

14-53　什么是外壳加强型绝缘母线槽？什么是分置式母线槽？

➡️外壳加强型绝缘母线槽是将裸母线用绝缘材料覆盖并分置在波形加强壳体内，母线窄边与壳体紧贴的母线槽。

分置式母线槽是通常由铜管制成的裸母线，分置在相互分隔的塑料绝缘壳体内的母线槽。

14-54　什么是圆筒形母线槽？什么是防喷水耐火型母线槽？

➡️圆筒形母线槽是通常由铜管制成的裸母线，用绝缘衬垫支承，分置固定在钢管内的母线槽。

防喷水耐火型母线槽是在规定的时间内和温度下具有一定耐火性能，又能防消防喷水的母线槽。

14-55　什么是无金属外壳全封闭树脂浇注母线槽？什么是超长母线槽？

➡️无金属外壳全封闭树脂浇注母线槽是将裸母线分置在壳体内，用复合树脂整体（包括接头）浇注并固化成一体的无金属外壳的母线槽。

超长母线槽是直段长度大于 6m 的母线槽，一般母线槽直线段的长度不超过 4m。

14-56　如何选择母线槽？

➡️母线槽选择的方法如下：

（1）选用母线槽时应综合考虑使用环境（污染情况，防火、防水、防爆要求，散热条件等）、负载性质（电流冲击程度）、经济截面、安装条件等因素。

（2）母线槽应选用具有 3C 强制认证标记的产品，并有型式试验报告。

（3）母线槽的冲击浪涌电压值，应符合现行国家标准的规定。

（4）母线槽的外壳防护等级选择应符合下列规定：

1）室内专用洁净场所，采用 IP30 及以上等级。

2）室内普通场所，采用不低于 IP40 等级。

3）室内有防溅水要求的场所，采用不低于 IP54 等级。

4）室内潮湿场所或有防喷水要求的场所，采用 IP65 及以上等级。

5）有防腐蚀要求的场所或室外，采用 IP65 等级的无金属外壳的全封闭树脂浇注母线槽。

（5）母线槽水平安装，且支架能根据需要设置时，宜采用长度为 3m 左右的母线槽。当支架间距为 6m 及以上时，应选用超长母线槽。

（6）当母线槽在不同形状的建筑中沿平面安装时，宜选用外壳为矩形的母线槽。当沿圆弧面安装时，应选用无金属外壳树脂浇注母线槽或圆筒形母线槽。

（7）当电流为 100A 及以下时，应选用分置型或空气型母线槽。对大电流容量宜选用密集型或树脂浇注母线槽。

（8）当母线槽垂直安装时，宜选用密集绝缘或树脂浇注母线槽，且绝缘材料应采用适用于长期工作温度不低于 130℃ 的材料当选用空气绝缘母线槽时，母线槽壳体内每单元间应设置阻火隔断。

（9）当用于应急电源时，应选用耐火且防喷水的母线槽。

14-57　母线槽与电缆的比较具有什么优点？

▶ 母线槽与电缆比较，母线槽具有以下优点：

（1）可满足最大 5000A 额定电流；而电缆需多根并联。

（2）LD 型 5000A 母线槽的截面仅为 $240 \times 180 \text{mm}^2$，占用空间少节约了空间；而多根电缆需要很大的空间和走廊。

（3）母线槽可在离设备最近的位置可以进行控制；而电缆必须在配电室控制。

（4）母线槽配有标准的安装支架，无需其他支撑；电缆必须用单独的桥架或 管、沟道进行敷设。

（5）母线槽寿命可达 50 年，并可重复使用；而电缆寿命较短 10～15 年，且不可以重复使用。

（6）母线槽的分接口可增加分接支回路；而电缆必须在配电室开始敷设电缆。

（7）安装母线槽的安全性高而保险费用比较低；而电缆故障率相对较高。

14-58 什么是分支电缆?

➡所谓分支电缆,就是在电缆要求的部位设置电缆 T 接头。它是在工厂内,用特定的工艺制作接头,接头部分用 PVC 合成材料分两次注塑而成,融为一体。分支电缆产品的电气性能和物理性能在出厂前均经过严格的测试,因此它有可靠性高、气密防水、阻燃耐火等优点,而且价格较低、安装方便、施工周期短、无须维护。分支电缆有单芯和多芯之分,但单芯分支电缆因制造工艺较简单、价格较低,同截面的单芯和多芯电缆相比,其重量轻,外径小,规格品种多,安装施工简便,一根多芯电缆的价格明显高于多根同截面单芯单缆之和,因此在选择分支电缆时一般多选择单芯分支电缆。

14-59 分支电缆与母线槽的比较具有什么优缺点?

➡分支电缆与母线槽比较,分支电缆具有以下优缺点:

(1) 分支电缆一般敷设于高层建筑电气垂直管弄井内。众所周知,高层建筑受风荷载等因素影响,其主楼筒体在正常使用条件下会产生摇摆晃动现象。对于框架结构主体的高层建筑而言,这种摇晃引起的前后左右偏移随层高的加大而增大。普通 100m 不到的高层建筑 (超过 100m 称为超高层建筑),其引起的偏移量最大要达到近 20cm。超高层建筑的偏移量还要大。也就是说,要求上下对齐的电气管道井预留孔存在着较明显的动态偏移。这种现象,对分支电缆不存在问题,而对母线槽却有影响。因为分支电缆属柔性结构,母线槽则是刚性物体,安装完毕后的母线槽对大楼的摇摆晃动现象显得无所适从,偏移大时可能影响到母线槽的质量和安全,而分支电缆处理这一现象时则显得游刃有余。

(2) 分支电缆由生产厂商根据大楼电气垂直管道井内配电系统的实际尺寸(主要是层高、每层分支接头位置等),在工厂里生产出来,在发货装运前进行测试以后,和普通电缆一样,绕在木制线盘上的。与母线相比,分支电缆使现场安装更方便,更便于管理。

(3) 分支电缆有单芯和多芯之分,但单芯分支电缆因制造工艺较简单、价格较低,同截面的单芯和多芯电缆相比,其重量轻,外径小,规格品种多,安装施工简便,一根多芯电缆的价格明显高于多根同截面单芯单缆之和,因此在选择分支电缆时一般多选择单芯分支电缆。

(4) 分支电缆产品的电气性能和物理性能在出厂前均经过严格的测试,因此它有可靠性高、气密防水、阻燃耐火等优点,而且价格较低、安装方便、施工周期短、无须维护。

（5）分支电缆目前只能做到 1000mm² 截面积，额定电流在 1600A 左右，而母线槽额定电流最大可以做到 5000A。况且，800A 及以上电流等级的分支电缆将不具有价格优势。所以，对于大容量配电干线而言，分支电缆的应用也有它的局限性。

14-60　什么是 MCC（电动机控制中心）电气装置？什么是 PC（动力中心）电气装置？

➡ MCC 电气装置第一个字母 M 是英文 motor（电动机）的缩写；第二个字母 C 是英文 control（控制）的缩写；第三个字母 C 是英文 center（中心）的缩写。MCC 电气装置（电动机控制中心）实际指的是向电动机馈电的开关柜。

PC 电气装置第一个字母 P 是英文 power（动力）的缩写；第二个字母 C 是英文 center（中心）的缩写。PC 电气装置（动力中心）实际指的是向用户动力、照明配电的开关柜。

14-61　什么叫做动力配电箱？

➡ 工程中为了设计、制造和安装的方便和降低成本，目前通常把一、二次电路的开关设备、操动机构、保护设备、监测仪表及仪用变压器和母线等按照一定的线路方案组装在一个金属箱体中，供一条线路的控制、保护使用，这种安装了设备的箱体叫做动力配电箱。

14-62　动力配电箱有哪些用途？常用型号有哪些？

➡ 动力配电箱用于工矿企业，交流频率 50Hz、电压 500V 以下 IT 系统，TN-C 系统，TT 系统（原称三相三线、三相四线电力系统）作动力、照明配电用。

动力配电箱的分类可分为双电源箱、配电用动力箱、控制电机用动力箱、插座箱、接线箱、补偿柜、高层住宅专用配电箱等。

动力配电箱的型号国家有统一的标准，大型制造厂家也有各自的编号。作为电气设计施工人员，了解这些编号是必不可少的。我国动力箱编号是 XL 系列，有 10、12 型，XL-（F）14、15 型，XL-20、21 型，XLW-1 户外型等。动力配电箱适用于发电厂、建筑、企业作 500V 以下三相动力配电之用。正常使用温度为 40℃，而 24h 内的平均温度不高于 35℃。环境温度不低于

—15℃。在＋40℃时，相对湿度不超过 50％，在低温时允许有较大的湿度。如在＋20℃时以下时，相对湿度为 90％。海拔不超过 2000m。

设计序号 14～21 是落地式，高 1600～1800mm，宽 600～700mm。在 XL－(14～21)系列的基础上又发展了新型 GGL 系列，除能满足防尘要求外，正面有可装卸的活门，门轴暗装。进出线的形式有上进上出、上进下出、下进下出、下进上出的电缆接线形式。箱体还可以与梯级式、托盘式、槽式箱或标准电缆桥架配套组装。箱内控制设备用最新的 DZ20 系列、TO 系列、TG 系列、C45N 系列，接触器 CJ20 系列、B 系列作主开关。最大额定电流 630A，最大开断电流 30kA。Y/△自耦降压起动器最大功率 75kW，最小功率 55kW。无功补偿最大容量 60kvar。

配电箱的型号是用汉语拼音字组成。例如用 X 代表配电箱，L 代表动力，M 代表照明，D 代表电能表等。XL 代表动力配电箱，XM 代表照明配电箱。现在国家标准符号将照明箱标为 AL，动力箱标为 AP，但是配电箱厂家型号还是以汉语拼音为主的。

例如：XL10－4/15 表示这个配电箱设计序号是 10，有 4 个回路，每个回路有 15A。以上设计序号为 14、15、16 等，都是落地式防尘型动力配电箱。

XL（F）15 型配电箱是户内安装，箱壳分为保护式和防尘式（F），正面有门，面板上可装一块电压表，以指示汇流母线的电压。打开门，配电箱内的设备全部敞露，便于检修。通常采用电缆或穿管进线。

14－63　什么是低压电器？

▶凡是用于额定电压交流 1000V 或直流 1500V 及以下，在由供电系统和用电设备等组成的电路中起保护、控制、调节、转换和通断作用的电器叫做低压电器。

14－64　低压电器的分类与用途有哪些？

▶低压电器的分类有多种方法，如按用途或控制对象分类、按动作方式分类、按工作原理分类、按低压电器型号分类等。我们仅介绍常用的两种方法：

（1）按用途或控制对象分类。

1）配电电器：主要用于低压配电系统中。要求系统发生故障时准确动作、可靠工作，在规定条件下具有相应的动稳定性与热稳定性，使电器不会被损坏。常用的配电电器有刀开关、转换开关、熔断器、断路器等。

2）控制电器：主要用于电气传动系统中。要求寿命长、体积小、重量轻且动作迅速、准确、可靠。常用的控制电器有接触器、继电器、起动器、主令电器、电磁铁等。

（2）按低压电器型号分类。为了便于了解文字符号和各种低压电器的特点，采用我国 JB/T 2930—2007《低压电器产品型号编制方法》的分类方法，将低压电器分为 13 个大类。每个大类用一位汉语拼音字母作为该产品型号的首字母，第二位汉语拼音字母表示该类电器的各种形式。

1）刀开关 H，例如 HS 为双投式刀开关（刀型转换开关），HZ 为组合开关。

2）熔断器 R，例如 RC 为瓷插式熔断器，RM 为密封式熔断器。

3）断路器 D，例如 DW 为万能式断路器，DZ 为塑壳式断路器。

4）控制器 K，例如 KT 为凸轮控制器，KG 为鼓型控制器。

5）接触器 C，例如 CJ 为交流接触器，CZ 为直流接触器。

6）起动器 Q，例如 QJ 为自耦变压器降压起动器，QX 为星三角起动器、QC 为磁力起动器。

7）控制继电器 J，例如 JR 为热继电器，JS 为时间继电器。

8）主令电器 L，例如 LA 为按钮，LX 为行程开关。

9）电阻器 Z，例如 ZG 为管型电阻器，ZT 为铸铁电阻器。

10）变阻器 B，例如 BP 为频敏变阻器，BT 为起动调速变阻器。

11）调整器 T，例如 TD 为单相调压器，TS 为三相调压器。

12）电磁铁 M，例如 MY 为液压电磁铁，MZ 为制动电磁铁。

13）其他 A，例如 AD 为信号灯，AL 为电铃。

14-65　什么是低压成套配电装置？它包括哪两种类型？

➡凡是由低压开关电器和控制电器组成的成套设备叫做低压成套配电装置。低压成套配电装置包括电控设备和配电设备（或配电装置）两种类型。

14-66　低压成套开关设备和控制设备（简称成套设备）的含义是什么？

➡有一个或多个低压开关设备和与之相关的控制、测量、信号、保护、调节等设备，由制造厂家负责完成所有内部的电气和机械的连接，用结构部件完整地组装在一起的一种组合体。

14 - 67　什么是主电路？什么是辅助电路？在成套设备中，主电路和辅助电路的含义是什么？

▶️设备中一条用来传输电能的电路上所有的导电部件叫做主电路。设备中（除主电路以外）用于控制、测量、信号和调节，数据处理等电路上所有的导电部件叫做辅助电路。

　　成套设备主电路是传送电能的所有导电回路；辅助电路主回路外的所有控制、测量、信号、调节回路内的导电回路。

14 - 68　什么是电气距离（间隙或间距）？什么是爬电距离？什么是爬电比距？

▶️电器中具有电位差的相邻两导体间，通过空气的最短距离叫做电气距离（又称电气间隙或电气间距）。电器中具有电位差的相邻两导电部件之间，沿绝缘体表面的最短距离叫做爬电距离。爬电距离与工作电压的比值叫做爬电比距，单位为 m/kV。

14 - 69　低压自动空气断路器的作用是什么？

▶️低压自动空气断路器（俗称空气开关）是一种只要有短路现象，短路电流使开关形成回路就会自动跳闸的开关。它附有脱扣器（机构），脱扣器的脱扣方式有热动、电磁和复式脱扣 3 种。

　　当线路发生一般性过载时，过载电流虽不能使电磁脱扣器动作，但能使热元件产生一定热量，促使双金属片受热向上弯曲，推动杠杆使搭钩与锁扣脱开，将主触头分断，切断电源。

　　当线路发生短路或严重过载电流时，短路电流超过瞬时脱扣整定电流值，电磁脱扣器产生足够大的吸力，将衔铁吸合并撞击杠杆，使搭钩绕转轴座向上转动与锁扣脱开，锁扣在反力弹簧的作用下将三副主触头分断，切断电源。

　　断路器的脱扣机构是一套连杆装置。当主触点通过操动机构闭合后，就被锁钩锁在合闸的位置。如果电路中发生故障，则有关的脱扣器将产生作用使脱扣机构中的锁钩脱开，于是主触点在释放弹簧的作用下迅速分断。按照保护作用的不同，脱扣器可以分为过电流脱扣器及失压脱扣器等类型。

　　在正常情况下，过电流脱扣器的衔铁是释放着的；一旦发生严重过载或短路故障时，与主电路串联的线圈就将产生较强的电磁吸力把衔铁往下吸引而顶开锁钩，使主触点断开。欠电压脱扣器的工作恰恰相反，在电压正常时，电磁吸力吸住衔铁，主触点才得以闭合。一旦电压严重下降或断电时，衔铁就被释放而使主触点断开。当电源电压恢复正常时，必须重新合闸后才能工作，实现了失电压保护。

因为绝缘方式有很多，有油断路器、真空断路器和其他惰性气体（六氟化硫气体）的断路器，空气断路器就是使用空气灭弧的开关，所以又叫做空气开关。

14-70 常用低压断路器有哪几种？

→常用低压断路器品种主要有：

(1) 万能式断路器（框架式断路器，简称 ACB）；

(2) 塑壳式断路器（配电保护、电动机保护，简称 MCCB）；

(3) 漏电断路器（又称剩余电流动作断路器，简称 RCBO）；

(4) 微型断路器（又称小断路器，简称 MCB）；

(5) 真空断路器；

(6) 直流快速断路器。

14-71 什么叫微型断路器？其有何应用？

→微型断路器俗称小型断路器，相对于其他类型的断路器如配电型断路器而言，无论在体积上还是在分断能力上都较小，微型断路器多使用在家用及电气设备上。微型断路器（MCB, micro circiut breaker），是建筑电气终端配电装置引中使用最广泛的一种终端保护电器。用于 125A 以下的单相、三相的短路、过载、过电压等保护，包括单极 1P、二极 2P、三极 3P、四极 4P 等四种。

微型断路器主要应用于照明电路的保护和控制，多用在家用电器及电气设备上。

14-72 微型断路器的电流脱扣特性曲线有哪几种？

→微型断路器的电流脱扣特性曲线一般有 A、B、C、D、K 等几种，各自的含义如下：

A 型脱扣曲线：脱扣电流为 $(2\sim3)I_N$，适用于保护半导体电子线路，带小功率电源变压器的测量线路，或线路长且短路电流小的系统。

B 型脱扣曲线：脱扣电流为 $(3\sim5)I_N$，适用于住户配电系统、家用电器的保护和人身安全保护。

C 型脱扣曲线：脱扣电流为 $(5\sim10)I_N$，适用于保护配电线路以及具有较高接通电流的照明线路和电动机回路。

D 型脱扣曲线：脱扣电流为 $(10\sim20)I_N$，适用于保护具有很高冲击电流的设备，如变压器、电磁阀等。

K 型脱扣曲线：具备 1.2 倍热脱扣动作电流和 8～14 倍磁脱扣动作范围，适用于保护电动机线路设备，有较高的抗冲击电流能力。

14-73 对于不同性质的负载如何选择微型断路器?

对于不同性质的负载，在其电路上选用的断路器的额定电流和保护特性也是不同的，例如，在电阻负载型回路上，对应的负载为电灯（白炽灯）、电热器等，理论上，所选的微型断路器其额定电流应大于或等于线路或电气设备的额定电流，考虑可能发生的误动作，设计上选用额定电流为 1.1～1.15 倍线路或电气设备的额定电流。白炽灯和电热回路在通电的瞬间都可能产生闪流（由冷态电阻逐渐形成热态电阻的过程），最大闪流可达线路或电气设备额定电流的 10 倍，故在选用时应选用 C 型脱扣特性的微型断路器。

在注塑机的电气控制系统中，采用到微型断路器实行过电流、过载保护的地方主要有加热回路、控制回路、插座配电回路等，考虑到其负载的冲击电流较小，一般均采用具有 C 型脱扣曲线的微型断路器。

14-74 什么叫塑壳断路器? 其应用如何?

塑壳断路器的塑壳指的是用塑料绝缘体来作为装置的外壳，用来隔离导体之间以及接地金属部分。塑壳断路器通常含有热磁跳脱单元，而大型号的塑壳断路器会配备固态跳脱传感器。其脱扣单元分为热磁脱扣与电子脱扣器。

塑壳断路器用来分配电能以及保护线路和用电设备的过载或短路，也可以正常条件下作电路的不频繁接通和分断之用。一般用于低压配电柜的总开关和保护电动机、保护照明线路用等。

14-75 什么叫双电源自动转换开关?

双电源自动转换开关的用途，简单来说就是在自动转换电源时，两路电源一路常用一路备用，当常用电源突然故障或停电时，通过双电源切换开关，自动投入到备用电源上（小负荷下备用电源也可由发电机供电），使设备仍能正常运行。最常见的是电梯、消防、监控上；银行用的 UPS 不间断电源也是，不过其备用电源是电池组。一些一类负荷和二类负荷的厂矿或公司、单位大多都有双电源自动转换开关。

14－76　万能式低压断路器适用于哪些场合？

➡️万能式断路器曾称为框架式断路器。这种断路器一般都有一个钢制的框架。所有的零部件均安装在框架内。主要零部件都是裸露的，没有外壳。其容量较大（200～4000A），并可装设多种功能的脱扣器和较多的辅助触头，由不同的脱扣器组合可以构成不同的保护特性，所以万能式断路器可以作为配电用断路器和电动机保护用断路器。

配电用断路器的容量，用在交流电路时，一般为200～4000A；其保护特性有选择型和非选择型两类。选择型保护有瞬时动作和短延时动作两段保护特性的，也有瞬时动作、短延时动作和长延时动作三段保护特性的。它们一般应用在电源的总开关和支路近电源端开关。非选择型保护有限流型和一般型，且可以延时动作和瞬时动作。它们一般应用在近电源端和支路末端开关。配电用断路器用在直流电路时，其容量一般为600～6000A，并有快速型和一般型，快速型断路器可用来保护硅整流设备，一般型断路器可以用来保护一般直流设备。

电动机保护用断路器一般用于交流60～600A可以直接起动或间接起动交流电动机。用于直接起动的可以保护笼型异步电动机，用于间接起动的可以保护笼型和绕线转子感应电动机。

14－77　什么是接触器？接触器是如何分类的？

➡️凡是利用线圈流过电流产生磁场，使触头闭合，以达到控制负载的电器叫做接触器。接触器主要由接点系统、电磁操动系统、支架、辅助触点和外壳（或底架）组成。

因为它可快速切断交流与直流主回路和可频繁地接通与大电流控制（某些型别可达800A）电路的装置，所以经常运用于电动机作为控制对象，也可用作控制工厂设备、电热器、工作母机和各样电力机组等电力负载，并作为远距离控制装置。接触器利用主触点来开闭主电路，用辅助触点来导通控制回路。主接点一般只有动合触点，而辅助触点常有两对具有动合和动断功能的触点，小型的接触器也经常作为中间继电器配合主电路使用。

接触器具有高频率，可做电源开启与切断控制，最高操作频率甚至可达每小时 1200 次。20A 以上的接触器加有灭弧罩。而接触器的使用寿命很高，机械寿命通常为数百万次至一千万次，电流寿命一般则为数十万次至数百万次，它是一种操作电器。

接触器的分类如下：

（1）根据控制线圈的电压不同可分为：①直流接触器；②交流接触器，交流接触器又可分为电磁式和真空式两种。

（2）按操动机构分为：①电磁式接触器；②液压式接触器；③气动式接触器。

（3）按动作方式分为：①直动式接触器；②转动式接触器。

（4）根据接触器触点特性分为：①空气接触器；②真空接触器；③无弧接触器。

14-78 接触器的工作原理是怎样的？

➡️接触器的工作原理是当线圈通电时，静铁芯产生电磁吸力，将动铁芯吸合，由于触头系统是与动铁芯联动的，因此动铁芯带动三条动触片同时运行，触点闭合，从而接通电源。当线圈断电时，吸力消失，动铁芯联动部分依靠弹簧的反作用力而分离，使主触头断开，切断电源。

14-79 接触器与继电器的区别是什么？

➡️接触器原理与电压继电器相同，只是接触器控制接通和断开主电路的负载功率较大，故体积也较大。继电器广泛用作回路的开断和导通控制电路，节点通过的电流较小。

14-80 什么是真空式接触器？什么是半导体接触器？什么是交流接触器？

➡️真空式接触器为接点系统采用真空消磁室的接触器。煤矿中有瓦斯气体，防爆式真空磁力起动器多在煤矿应用，保障坑道煤炭的安全生产。

半导体接触器使用电子器件改变电路回路的导通状态和断路状态而完成电流操作的电器叫做半导体接触器，又称为无弧接触器。

在交流电路中，通常被用来接通或断开电动机或其他设备的主电路和控制电路的电器称为交流接触器。

14-81 什么是磁力起动器？磁力起动器一般是如何分类的？

➡用于电动机起动和停止并附有过载保护元件组合在一起的，两者置于一个外壳内的组合体（电器）叫做磁力起动器，广泛使用于自动控制系统中，作为电动机开停和正反转控制之用。不可逆式磁力起动器一般由一只接触器和三只热继电器以及两只按钮安装在壳体内构成。

磁力起动器一般分为不可逆磁力起动器和可逆磁力起动器两种。当今已发展成智能式磁力起动器。

14-82 什么是可逆式磁力起动器？什么是真空磁力起动器？

➡可逆式磁力起动器一般由两只接触器和三只热继电器以及三只按钮安装在壳体内构成，广泛使用于自动控制系统中作为电动机开停和正反转控制之用。

采用真空磁力接触器和热继电器以及按钮组成的起动器叫做真空磁力起动器。

14-83 什么是热继电器？什么是热继电器的热惯性？

➡利用电流的热效应来推动动作机构使触头闭合或断开的保护电器叫做热继电器。主要用于电动机的过载保护、断相保护、电流不平衡保护以及其他电气设备发热状态时的控制。它是一种电气保护元件。热继电器在应用过程中应当注意热继电器有热惯性，动作后要经过一段时间才能重复工作。

热继电器通过过载电流后受热断电，温度下降至临界点又自动恢复，但是不会很快，因为降温需要一个过程（时间），这个过程叫热继电器的热惯性。

14-84 热继电器的工作原理是怎样的？

➡热继电器的工作原理是由电阻丝做成的热元件，其电阻值较小，工作时将它串接在电动机的主电路中，电阻丝所围绕的双金属片是由两片线膨胀系数不同的金属片压合而成，左端与外壳固定。其工作原理图如图 14-15 所示。当热元件中通过的电流超过其额定值而过热时，由于双金属片的上面一层热膨胀系数小，而下面的大，使双金属片受热后向上弯曲，导致扣板脱扣，扣板在弹簧的拉力下将动断触点断开。触点是串接在电动机的控制电路中的，使得控制电路中的接触器的动作线圈断电，从而切断电动机的主电路。

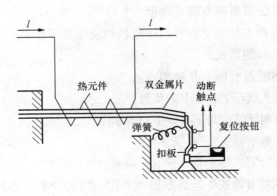

图 14-15 热继电器的原理图

14-85 什么是带有断相保护的热继电器？

➡️普通的热继电器，也就是不带断相保护的，适用于出现过载电流的情况，若三相中有一相断线时，因为断线那一相的双金属片不弯曲而使热继电器不能及时动作，故不能起到保护作用。

带断相保护的热继电器，当电流为额定值时，三个热元件均正常发热，其端部均向左弯曲推动上、下导板同时左移，但达不到动作位置，继电器不会动作，当电流过载达到整定值时，双金属片弯曲较大，把导板和杠杆推到动作位置，继电器动作，使动断触点立即打开，当一相（设 U 相）断路时，U 相（右侧）的双金属片逐渐冷却降温，其端部向右移动，推动上导板向右移动；而另外两相双金属片温度上升，使端部向左移动，推动下导板继续向左移动，产生差动作用，使杠杆扭转，继电器动作，起到断相保护作用。

现在的热继电器，基本上都是自带断相保护了。

14-86 什么是熔断器？

➡️当短路电流通过能熔断导体超出限定值时借助熔体熔化而分断电路的电器叫做熔断器，它是一种用于过负荷和短路保护的电器。熔断器最大特点是结构简单、体积小、重量轻、使用维护方便、价格低廉、可靠性高，具有较大的实用价值和经济意义。

熔断器是一种最简单的保护电器。在农村，配电变压器高、低压侧都装有熔断器作为短路保护，以防止短路电流对变压器的损害。另外，各种动力和照明装置也常常采用熔断器作短路故障或连续过负荷的保护装置。

14-87 低压熔断器有哪几种型式？

➡低压熔断器基本分为交流低压熔断器和直流低压熔断器两大类。本题只介绍交流低压熔断器的型式。

交流低压熔断器有以下几种型式：

（1）半封闭式熔断器——RC 系列；

（2）无填料封闭式熔断器——RM 系列；

（3）螺旋式熔断器——RL 系列；

（4）有填料封闭式熔断器——RT 系列、NT 系列；

（5）有填料封闭管式快速熔断器——RS 系列、NGT 系列。

14-88 什么叫熔断器的额定电流？什么叫熔体的额定电流？两者有什么关系？

➡熔断器的额定电流指的是安装熔体的基座能够安全地连续运行的允许电流。而熔体的额定电流则是指熔体在不熔断的前提下能够长期通过的最大电流。两者关系针对的是不同对象，熔断器的额定电流大于或等于熔体的额定电流。如 RL1-60 螺旋式熔断器的额定电流为 60A，根据需要在其内可分别安放 20、25、32、36、40、50、60A 等不同额定电流的熔体。

14-89 什么是熔断器的选择性动作？

➡选择性动作就是反时限特性，即过载电流小时，熔断时间长；过载电流大时，熔断时间短。所以，在一定过载电流范围内，当电流恢复正常时，熔断器不会熔断，可继续使用。

14-90 低压熔断器特点是什么？

➡熔体额定电流不等于熔断器额定电流，熔体额定电流按被保护设备的负荷电流选择，熔断器额定电流应大于熔体额定电流，与主电器配合确定。

熔断器主要由熔体、外壳和支座 3 部分组成，其中熔体是控制熔断特性的关键元件。熔体的材料、尺寸和形状决定了熔断特性。熔体材料分为低熔点和高熔点两类。低熔点材料如铅和铅合金，其熔点低容易熔断，由于其电阻率较大，故制成熔体的截面尺寸较大，熔断时产生的金属蒸汽较多，只适用于低分断能力的熔断器。高熔点材料如铜、银，其熔点高，不容易熔断，但由于其电阻率较低，可制成比低熔点熔体较小的截面尺寸，熔断时产生的金属蒸汽少，适用于高分断能力的熔断器。熔体的形状分为丝状和带状两种。改变截面的形状可显著改变熔断器的熔断特性。熔断器有各种不同的熔断特性曲线，可以适用于不同类型保护对象的需要。

14-91　交流低压熔断器和直流低压熔断器能互换使用吗？它们在不同工况下是如何工作的？

➡交流低压熔断器和直流低压熔断器不能互换使用。不管是交流低压熔断器还是直流低压熔断器，二者的工作原理是相同的，都是利用电流流过导体时，因导体存在一定的电阻，所以导体将会发热，且发热量遵循：$Q=0.24I^2RT$；其中 Q 是发热量，0.24 是一个常数，I 是流过导体的电流，R 是导体的电阻，T 是电流流过导体的时间。由此看出，发热量与通过电流平方成正比，这就是熔断器的简单的工作原理。一旦制作熔断器，当大电流流过时，它的发热不是按倍数增加，而是按平方关系增加；随着时间的增加，其发热量也在增加。电流与电阻的大小确定了产生热量的速度，熔体的构造与其安装的状况确定了热量耗散的速度，若产生热量的速度小于热量耗散的速度时，熔体是不会熔断的。若产生热量的速度等于热量耗散的速度时，在相当长的时间内它也不会熔断。若产生热量的速度大于热量耗散的速度时，那么产生的热量就会越来越多。又因为它有一定比热及质量，其热量的增加就表现在温度的升高上，当温度升高到熔体的熔点以上时，熔体就发生了熔断。

交流低压熔断器和直流低压熔断器在不同工况情况下工作的分析如下：

（1）由于直流电流没有电流过零点的问题，因此在开断故障电流时，只能依靠电弧在石英砂填料强迫冷却的作用下，自行迅速熄灭进行开断，比开断交流电弧要困难许多，熔片的合理设计与焊接方式，石英砂的纯度与粒度配比、熔点高低、固化方式等因素，都决定着对直流电弧强迫熄灭的效能和作用。

（2）在相同的额定电压下，直流电弧产生的燃弧能量是交流燃弧能量的 2 倍以上，为了保证每一段电弧能够被限制在可控制的距离之内同时迅速熄灭，不会出现各段电弧直接串联导通酿成巨大的能量汇集，导致持续燃弧时间过长发生熔断器炸裂的事故，直流熔断器的管体一般要比交流熔断器长，否则在正常使用时看不出的尺寸差异，当故障电流出现时就会产生严重的后果。

（3）根据国际熔断器技术组织的推荐数据，直流电压每增加 150V，熔断器的管体长度即应增加 10mm，依次类推直流电压为 1000V 时，管体长度应为70mm，当直流电压高至 10～12kV 时，管体长度至少应在 600～700mm，即使对熔片进行弯折处理，管体长度也应保证在 300mm 左右，否则串联电弧的威胁仍然存在。当今国内外的交流 10～12kV 熔断器管体长度普遍采用 292～442mm，欧美的直流熔断器在 2000V DC 时，圆管体为 127～190mm，方形大电流管体为 170～200mm，都是基于必须保证安全可靠分断的科学选择。

（4）熔断器在直流回路使用时，必须考虑电感、电容能量存在所产生的复杂影响，因此时间常数 L/R 是不可忽略的重要参数，应根据具体线路系统的短路故障电流发生和衰减率做准确评估，不是随意选大或选小都可以。由于直流熔断器时间常数 L/R 大小决定着分断燃弧能量和分断时间及允通电压，所以管体的粗细与长短必须合理而安全的选择使用，某些厂家限于现有瓷管的尺寸或为降低成本，盲目采用低强度瓷或短管体生产直流高电压熔断器的做法，是不负责和不可取的。

（5）有些厂家因为没有自成体系的直流熔断器产品，改用交流熔断器代替使用，从实用角度是可行的，但基于以上所述的安全原因，当交流熔断器用在直流回路时，应该降压使用。例如西门子公司的 1000V AC 交流快熔，限定用在 440V DC 回路；法国罗兰的交流 700V 熔断器，用于直流时也遵循降压系数为 0.7 使用，只用在 500V DC 的回路，这是国际电工业界公认的一个安全准则。

14-92　直流低压熔断器应用在哪些场合？

→直流低压熔断器随着工业的发展通常应用于轨道交通、光伏电池发电系统、电动汽车、电子设备等。国内直流低压熔断器制造业也在蓬勃发展。

14-93　什么是电动机的软起动？

→使电动机输入电压从零以预设函数关系逐渐上升，直至起动结束，赋予电动机全电压，即为软起动。在软起动过程中，电动机起动转矩逐渐增加，转速也逐渐增加。软起动器是一种用来控制笼型异步电动机的新设备，集电动机软起动、软停车、轻载节能和多种保护功能于一体的新颖电动机控制装置。

14-94　软起动有哪几种起动方式？

→软起动一般有以下四种起动方式：

（1）斜坡升压软起动。这种起动方式最简单，不具备电流闭环控制，仅调整晶闸管导通角，使之与时间成一定函数关系增加。其缺点是，由于不限流，在电动机起动过程中，有时要产生较大的冲击电流使晶闸管损坏，对电网影响较大，实际很少应用。

（2）斜坡恒流软起动。这种起动方式是在电动机起动的初始阶段起动电流逐渐增加，当电流达到预先所设定的值后保持恒定（t_1至t_2阶段），直至起动完毕。起动过程中，电流上升变化的速率是可以根据电动机负载调整设定。电流上升速率大，则起动转矩大，起动时间短。

该起动方式是应用最多的起动方式，尤其适用于风机、泵类负载的起动。

（3）阶跃起动。开机，即以最短时间，使起动电流迅速达到设定值，即为阶跃起动。通过调节起动电流设定值，可以达到快速起动效果。

（4）脉冲冲击起动。在起动开始极段，让晶闸管在极短时间内，以较大电流导通一段时间后回落，再按原设定值线性上升，连入恒流起动。

该起动方法，在一般负载中较少应用，适用于重载并需克服较大静摩擦的起动场合。

14-95 软起动器适用于哪些场合？

➡原则上，笼型异步电动机凡不需要调速的各种应用场合都可适用。目前的应用范围是交流 380V（也可为 660V），电动机功率从几千瓦到 800kW。

软起动器特别适用于各种泵类负载或风机类负载，需要软起动与软停车的场合。

同样对于变负载工况、电动机长期处于轻载运行，只有短时或瞬间处于重载场合，应用软起动器（不带旁路接触器）则具有轻载节能的效果。

14-96 软起动与传统减压起动方式的不同之处在哪里？

➡软起动与传统减压起动方式的不同之处是：

（1）无冲击电流。软起动器在起动电动机时，使电动机起动电流从零线性上升至设定值。对电动机无冲击，提高了供电可靠性，平稳起动，减少对负载机械的冲击转矩，延长机器使用寿命。

（2）有软停车功能，即平滑减速，逐渐停机，它可以克服瞬间断电停机的弊病，减轻对重载机械的冲击，避免高程供水系统的水锤效应，减少设备损坏。

（3）恒流起动。软起动器可以引入电流闭环控制，使电动机在起动过程中保持恒流，确保电动机平稳起动。

（4）起动参数可调，根据负载情况及电网继电保护特性选择，可自由地无级调整至最佳的起动电流。

14-97　什么是电动机的软停车？

➡️电动机停机时，传统的控制方式都是通过瞬间停电完成的。但有许多应用场合，不允许电动机瞬间关机。例如：高层建筑、大楼的水泵系统，如果瞬间停机，会产生巨大的"水锤"效应，使管道甚至水泵遭到损坏。为减少和防止"水锤"效应，需要电动机逐渐停机，即软停车，采用软起动器能满足这一要求。在泵站中，应用软停车技术可避免泵站的"拍门"损坏，减少维修费用和维修工作量。

软起动器中的软停车功能是晶闸管在得到停机指令后，从全导通逐渐地减小导通角，经过一定时间过渡到全关闭的过程。停车的时间根据实际需要可在0～120s间调整。

14-98　软起动器是如何实现轻载节能的？

➡️笼型异步电动机是感性负载，在运行中，定子绕组中的电流滞后于电压。如电动机工作电压不变，处于轻载时，功率因数低，处于重载时，功率因数高。软起动器能实现在轻载时，通过降低电动机端电压，提高功率因数，减少电动机的铜耗、铁耗，达到轻载节能的目的；负载重时，则提高电动机端电压，确保电动机正常运行。

14-99　软起动器具有哪些保护功能？

➡️（1）过载保护功能。软起动器引进了电流控制环，因而随时跟踪检测电动机电流的变化状况。通过增加过载电流的设定和反时限控制模式，实现了过载保护功能，使电动机过载时，关断晶闸管并发出报警信号。

（2）缺相保护功能。工作时，软起动器随时检测三相线电流的变化，一旦发生断流，即可作出缺相保护反应。

（3）过热保护功能。通过软起动器内部热继电器检测晶闸管散热器的温度，一旦散热器温度超过允许值后自动关断晶闸管，并发出报警信号。

（4）其他功能。通过电子电路的组合，还可在系统中实现其他种种联锁保护。

14-100 什么是软起动 MCC 控制柜？

➡ MCC（motor control center）控制柜，即电动机控制中心。软起动 MCC 控制柜由以下几部分组成：

（1）输入端的断路器。

（2）软起动器（包括电子控制电路与三相晶闸管）。

（3）软起动器的旁路接触器。

（4）二次侧控制电路（完成手动起动、遥控起动、软起动及直接起动等功能的选择与运行），有电压、电流显示和故障、运行、工作状态等指示灯显示。

14-101 什么是变频器？变频器与软起动器的主要区别是什么？

➡ 把电压和频率固定不变的交流电变换为电压或频率可变的交流电的装置称作变频器。广泛应用于电动机的调速系统中，它的调速平滑而且是无级调速。

变频器是用于需要调速的地方，其输出不但改变电压而且同时改变频率；软起动器实际上是个调压器，用于电动机起动时，输出只改变电压并没有改变频率。变频器具备所有软起动器功能，但它的价格比软起动器贵得多，结构也复杂得多。

14-102 什么是低压电抗器？它有什么用途？它有几种类型？

➡ 凡是由铁芯和线圈而组成的电感元件叫做低压电抗器。低压干式铁芯串联电抗器用于低压无功补偿柜中，与电容器相串联，当低压电网中有大量整流、变流装置等谐波源时，其产生的高次谐波会严重危害主变压器及其他电器设备的安全运行。电抗器与电容器相串联后，能有效地吸收电网谐波，改善系统的电压波形，提高系统的功率因数，并能有效地抑制合闸涌流及操作过电压，有效地保护了电容器。

按电抗器的电压分类有高压电抗器和低压电抗器；按电抗器的结构分类有空芯电抗器和铁芯电抗器以及油浸式铁芯电抗器。低压电抗器多为干式铁芯电抗器。按电抗器的用途分类有串联电抗器和并联电抗器。

14-103 什么叫做绝缘导线？绝缘导线是如何分类的？导线常用的绝缘材料有哪些？

➡ 凡是外面包裹绝缘层的导线叫做架空绝缘导线，早期称为架空绝缘电缆。

起源沿海城市的供电线路采用裸架空导线，暴露于大气中的金属经常遭受盐雾侵蚀，导体腐蚀严重，引起断线事故频繁发生，从而改用绝缘导线作为架空线路的导线。

架空绝缘导线按结构形式分为分相式绝缘导线和集束型绝缘导线两种类型。

导线常用的绝缘材料一般有耐气候型的 PVC（聚氯乙烯）、PE（聚乙烯）、HDPE（高密度聚乙烯）、XLPE（交联聚乙烯）。目前比较普遍采用的是 XLPE（交联聚乙烯）。

14－104　架空绝缘配电线路适用于哪些地区？

下列地区宜采用绝缘架空线路：

（1）与建筑物的距离不能满足现行 DL/T 5220－2005《10kV 及以下架空配电线路设计技术规程》规定的要求的地区。

（2）高层建筑群地区。

（3）人口密集、繁华街道地区。

（4）绿化地区及林业带、树线矛盾突出地方。

（5）污秽严重、有腐蚀气体、盐雾、酸雾的地区。

14－105　什么是低压集束型绝缘导线？

集束导线是低压架空绝缘电缆的一种，用绝缘材料连接筋将多根（一般为 4 根）绝缘电缆紧凑的连接在一起，按集成的方式有平行（扁形）和方形两种，既具有电力电缆线路的优点又克服了架空线路的缺点，整条线路改造成本与原有三相四线制架空绝缘线相比成本略低，达到既经济又实用的目的。集束导线在改造过程中不占用线路走廊，且线路结构简单，能通过狭窄街巷，告别了复杂交错的原始架空线路，减少了树线矛盾，与树木接近时，无需大量砍伐树木或剪枝，较小空间即能满足要求，有效地保护了城市绿化。同时在改造中对金具种类及数量使用上也大大减少，使施工和维护运行更为方便，提高了工作人员的工作效率。

14－106　低压集束型绝缘线路有哪些特点？

（1）由平行集束导线构成的低压电网新模式，在农村低压电网中有广阔的前途。节约电能：集束导线与传统电线电缆相比每千瓦时约降低 0.25 元，有效地减轻了农民的负担。从集束导线的自身特点上看，集束导线具有扩容功能，其载流量比常规导线高，而由于整个低压配电网均采用三相四线制，那么在输送同等的电力容量时集束导线的截面也按照常规设计截面可减少一个档次。

降低电压损耗：导线的电抗由阻抗、容抗和感抗组成。在相同材料和截面的情况下，集束导线的电阻与裸导线基本相同，但集束导线通过在制造上采用紧密型和对称分裂结构，使导线的电感大幅度降低，却加大了线间介电常数，从而使电容量大大增加，从而使整个网络的电抗大幅度降低，最终实现降损和改善无功需求平衡的目的。根据厂家提供的数据和现有配电变压器的运行分析比较，在负荷、供电距离和导线截面相同的情况下，使用集束导线可比裸导线降低线损 2%～5%。

（2）经理论计算，假设变压器的负载率在 80% 的条件下。改造后集束导线线路末端电压损失率均在 5% 以下。较之前的 3% 降低了两个百分点。采用集束导线模式，可以很简单地实现三相四线制供电到每个计量点在各计量点中平均分配用电户，使三相负荷最大限度地趋于平衡，零线电流趋于最小。这样有效的提高变压器的利用率，有效地抑制中性点的位移，降低网损。

（3）压缩工程造价：采用集束导线，其工程造价与常规改造相比，采用铜导线节省投资 13%，采用铝导线可节省投资 16%。

（4）集束导线优于绞合式绝缘线：①因为绞合式绝缘线实际长度大，增加了成本；②由于绞合式绝缘线的绝缘是受压的，相线、零线的位置都不是固定的，不易分辨，特别是在干线与分支、分支与接户线在张力状态下是很难接引的。集束导线由于有效长度变短，所以与城网采用的绞合绝缘线材比较，不仅节省有色金属，而且损耗也得到了明显降低。

（5）集束导线与常规裸导线相比，减少了电抗，增大了电纳，有效地提高了网络的自然功率因数。

（6）集束导线与钢芯铝绞线相比，在相同截面下采用两芯分裂导线束的载流量比常规单根相线提高了 19%，采用四芯分裂导线，其载流量提高 41%。

14-107 穿刺线夹有哪些特点、优点？如何操作？

➜（1）穿刺线夹的特点：

1）全绝缘壳体。

2）电气接触电阻小。

3）适用于铜铝过渡对接，并适用于不同截面导线的连接。

4）防水、防腐蚀。

5）安装简便。

（2）穿刺线夹的优点：

1）安装时不必剥去导线的绝缘层。

2）利用线夹的尖锐牙直接穿破导线的绝缘层和导线本体咬合在一起。

3）穿刺线夹采用力矩螺栓，不受人为因素控制。

（3）穿刺线夹的操作：

1）把支线插入连接器的盖套内。

2）将线夹固定于主线连接处，用手拧紧。

3）用扳手拧紧力矩螺母，至螺栓断脱为止。

14-108　绝缘导线进水时，对导线的安全运行有何危害？

➡绝缘导线进水时的危害：

（1）绝缘导线进水会在导线最低位置积聚水分，水分对导线有腐蚀作用，使导线局部直流电阻增大，引起导线局部过热，严重时还会将导线烧断。

（2）冬天温度低时，积水会结冰，冰体积会膨胀，会挤压绝缘层，严重时造成绝缘层破损。

（3）绝缘导线进水会改变电场均匀分布，电场产生畸变，使绝缘发生"水树"现象，加速绝缘老化，缩短绝缘导线的使用寿命。

14-109　接户线和进户线有何区别？

➡接户线和进户线在概念上是有区别的。接户线在现行 DL/T 5220—2005《10kV 及以下架空配电线路设计技术规程》的第 14.0.1 条明确规定：接户线是指 10kV 及以下配电线路与用户建筑物外第一支撑点之间的架空导线。进户线在现行 DL/T 499—2001《农村低压电力技术规程》的第 9.1 条明确规定：接户线是指用户计量装置在室内时，从用户室外第一支撑物至用户室内计量装置的一段线路；又接户线是指用户计量装置在室外时，从用户室外计量箱出线端至用户室内第一支持物或配电装置的一段线路。进户线是接户线的延续线。

14-110 选用单相进户线与三相进户线的根据是什么？

➡️选用单相进户线与三相进户线的根据是负荷的大小。一般功率在 10kW 以下的用户采用单相接户线。单相 10kW 功率的电流达 45A，一般最大单相电能表的额定电流为 40A（当今也有额定电流为 60A 的单相电能表生产），功率 10kW 以上负荷若用单相供电，单相供电线路功率损耗太大，不符合节能要求也不合经济性，其次单相线路的电压损失太大，不能保证电能质量；功率在 10kW 以上的用户采用三相接户线。

14-111 什么叫做明敷？什么叫做暗敷？

➡️凡导线直接或者在管子、线槽等保护体内，敷设于墙壁、顶棚的表面及桁架、支架等处叫做明敷。凡导线在管子、线槽等保护体内，敷设于墙壁、顶棚、地坪及楼板等内部，或者在混凝土板孔中敷设导线等处叫做暗敷。

14-112 导线的敷设方式有哪几种？

➡️(1) 明敷设的方式：①沿钢索布线 SR；②沿屋架或层架下弦布 BE；③沿柱敷设 CLE；④沿墙敷设 WE；⑤沿天棚敷设 CE；⑥在能进人的吊顶内敷设 ACE。

(2) 暗敷设的方式：①敷于梁内 BC；②敷设于柱内 CLC；③敷设在屋面内或顶板内 CC；④敷设在地面内或地板内 FC；⑤敷设在不能进人的吊顶内 AC；⑥敷设在墙内 WC。

(3) 穿管敷设的方式：①用轨型护套线敷设；②用塑制线槽敷设 PR；③用硬质塑料管敷设 PC；④用半硬塑料管敷设 FEC；⑤用可挠性塑料管敷设；⑥用薄电线管敷设 TC；⑦用厚电线管敷设；⑧用水煤气钢管敷设 SC；⑨用金属线槽敷设 SR；⑩用电缆桥架或托盘敷设 CT。

(4) 夹板敷设的方式：①用瓷夹敷设 PL；②用塑制夹敷设 PCL；③用蛇皮管敷设 CP。

(5) 用瓷瓶式或瓷柱式绝缘子敷设 K。

14-113 怎样用瓷夹板布线？

➡️瓷夹板布线仅适用于 6mm² 以下的小截面绝缘导线，应用在一般干燥房屋、小型工厂及类似房屋内敞露场所。当前很少采用这种方法布线，投资虽然省，但人工费用高，基本淘汰此工艺。

14－114 导线穿管敷设时有哪些具体要求？

➡金属管布线和硬质塑料管布线的管道较长或转弯较多时，宜适当加装接线盒和加大管径；两个固定管线点之间的距离应符合下列规定：

（1）对无弯管路时，不超过 30m。

（2）两个固定管线点之间有一个转弯时，不超过 20m。

（3）两个固定管线点之间有一两个转弯时，不超过 15m。

（4）两个固定管线点之间有三个转弯时，不超过 8m。

14－115 采用金属管明敷时，固定点的间距有何规定？

➡采用金属管明敷时固定点的间距应符合表 14－1 的规定。

表 14－1　　　　　　　金属管明敷时固定点的最大间距

金属管种类	金属管公称直径（mm）			
	15～20	25～32	40～50	70～100
	最大间距（m）			
钢管	1.5	2.0	2.5	3.5
电线管	1.0	1.5	2.0	—

金属线应用卡子固定。这种固定方式较为美观，且在需要拆卸时，方便拆卸。有要求时应按设计规定施工；无设计要求时，最大间距不应超过 3m。在距接线盒 3m 处，用管卡将管子固定；在弯头的地方，弯头两边也应用管卡固定。

14－116 什么场合用硬塑料管？采用硬塑料管暗敷时要注意什么？

➡PVC－U、PP、ABS、PAP 属于硬塑料管，它们的力学性能相对较高，被视为"刚性管"，多般在照明线路的明敷中使用。

硬塑料管的管路暗敷设：

（1）现浇混凝土墙板内管路暗敷设：管路应敷设在两层钢筋中间，管进盒，箱时应煨成灯叉弯，管路每隔 1m 处用镀锌铁丝绑扎牢，弯曲部位按要求固定，往上引管不宜过长，以能煨弯为准，向墙外引管可使用"管帽"预留管口，待拆模后取出"管帽"再接管。

（2）滑升模板敷设管路时，灯位管可先引至牛腿墙内，滑模过后支好顶板，再敷设管至灯位。

（3）现浇混凝土楼板管路暗敷设：根据建筑物内房间四周墙的厚度，弹十字线确定灯头盒的位置，将端接头、内锁母固定在盒子的管孔上，使用顶帽护口堵好管口，并堵好盒口，将盒子固定好，用机螺栓或短钢筋固定在底筋上。跟着敷管、管路应敷设在弓筋的下面底筋的上面，管路每隔1m用镀锌铁丝绑扎牢。引向隔断墙的管子、可使用"管帽"预留管口，拆模后取出管帽再接管。

（4）预制薄型混凝土模板管路暗敷设：确定好灯头盒尺寸位置，先用电锤在板上面打孔，然后在板下面扩孔，孔大小应与盒子外口略大一些。利用高桩盒上安装好卡铁（轿杆）将端接头，内锁母把管固定在盒子孔处，并将高桩盒用水泥砂浆埋好，然后敷设管路。管路保护层应不小于80mm为宜。

（5）预制圆孔板内管路暗敷设：电工应及时配合土建吊装圆孔板时，敷设管路。在吊装圆孔板时，及时找好灯位位置尺寸，打灯位盒孔，接着敷设管路。管子可以从圆孔板板孔内一端穿入至灯头盒处，将管固定在灯头盒上，然后将盒子用卡铁放好位置，同时用水泥砂浆固定好盒子。

（6）灰土层内管路暗敷设：灰土层夯实后进行挖管路槽，接着敷设管路，然后在管路上面用混凝土砂浆埋护，厚度不宜小于80mm。最后进行扫管穿带线：对于现浇混凝土结构，如墙、楼板应及时进行扫管，即随拆模随扫管这样能够及时发现堵管不通现象，便于处理因为在混凝土未终凝时，修补管路。对于砖混结构墙体，在抹灰前进行扫管，有问题时修改管路，便于土建修复。

经过扫管后确认管路畅通，及时穿好带线，并将管口、盒口、箱口堵好，加强成品配管保护，防止出现二次堵塞管路现象。

14-117　不同数量和线径的导线穿管时，宜选用多大直径的管子？

➡不同数量导线穿管时和根数（线径）的配合关系，应符合表14-2的规定。

表 14－2 不同数量导线穿管时和根数（线径）的配合关系表

导线根数 线管直径 导线截面 （mm²）	2 根	3 根	4 根
2.5	15	15	20
4	15	20	20
6	20	20	25
10	20	25	32
16	25	32	32
25	32	40	40
35	32	40	50
50	40	50	50
70	50	70	70
95	70	70	80
120	70	80	80

14－118 什么叫做钢索布线？钢索布线应满足哪些基本条件？

➡凡是在钢索上吊装灯具、绝缘子、瓷夹、钢管、塑料管、铅皮线、塑料护导线、橡皮软电缆等均叫做钢索布线。钢索布线的方法多应用于较高大的厂房或工作经常移动的设备的供电线路布线。同时，也用来吊装照明灯具。钢索布线分水平钢索布线和垂直钢管布线两种。

钢索布线应满足以下基本条件：

（1）钢索布线要求美观、牢固。水平敷设导线，不应低于 2.5m。

（2）钢索两端可固定在墙上或金属构架上，并加装花篮螺栓调节松紧。

（3）绝缘导线、塑料护导线、橡皮软电缆等在钢索上可用瓷柱、绝缘子和钢管固定。

（4）绝缘导线、塑料护导线、橡皮软电缆等经过专制瓷柱、绝缘子和钢管固定专用卡，悬吊在钢索上布线。

钢索布线有专门的定型设计，供大家选用，可到各省标准站选用购买。

14－119 板孔布线与半硬塑料管布线使用在什么场合？

➡板孔布线与半硬塑料管布线使用的场合：

（1）半硬塑料管及预制的混凝土板孔布线适用于正常环境一般室内场所，潮湿场所不应采用。

（2）半硬塑料管布线应采用难燃平滑塑料管及塑料波纹管。

（3）建筑物顶棚内，不宜采用塑料波纹管。塑料护套电线及塑料绝缘电线在混凝土板孔内不得有接头，接头应在接线盒内进行。

（4）半硬塑料管布线宜减少弯曲，当线路直线段长度超过 15m 或直角弯超过 3 个时，均应装设拉线盒。

在现浇钢筋混凝土中敷设半硬塑料管时，应采取预防机械损伤措施。

14-120 板孔穿线应该采用什么导线？板孔穿线与半硬塑料管布线如何配合？

➡预制混凝土板孔布线应采用塑料护套电线或塑料绝缘电线穿半硬塑料管敷设。

半硬塑料管布线与板孔穿线的配合：

（1）预制混凝土板孔走塑料护套电线，墙面内走塑料绝缘电线穿半硬塑料管暗敷。

（2）地面现浇混凝土中走暗敷半硬塑料管布线。

14-121 我国为什么有零线和中性线之分？

➡在国际电工委员会 IEC 制定的标准中是没有零线与中性线之分的，只有唯一的中性点、中性线的叫法。而在我国习惯做法分为零线和中性线。如发电机和变压器大部分三相绕组为星形接法，绕组的尾端连接在一起的点称为中性点；从中性点引出的导线叫做中性线。我国习惯把中性点接地的点叫做零点（又叫零电位点）；从零点引出的导线叫做零线。为了表达更直观清楚，示意图如图 14-16 所示。

14-122 输配电线路是如何划分高压配电线路和低压线路的？

➡由于电力工业蓬勃发展，现在把 110、66、35kV 级电压的线路，以及 20、10kV 等级的中压配电线路都统称为高压配电线路。380/220kV 级电压的线路称为低压配电线路。

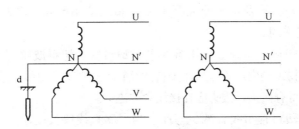

图 14-16 零点、零线与中性线、中性线的示意图

d—表示接地装置；U—表示第一相；V—表示第二相；W—表示第三相；

N 与 N′—表示中性点或零点；NN′—表示中性线或零线

14-123 配电线路所用导线有何规定？

➡现行 DL/T 5220－2005《10kV 及以下架空配电线路设计技术规程》的第 7.0.1 条明确规定：配电线路应采用多股绞合导线，其技术性能应符合 GB/T 1179、GB 14049、GB 12527 等规定。也就是说配电线路不应采用单股的铝线或铝合金线。高压配电线路不应采用单股铜线。

14-124 三相低压供电有哪几种供电方式？各有何特点？

➡按现行 GB 50054—1995《低压配电设计规范》的定义和现行 DL/T 621—1997《交流电气装置接地》的规定，将低压配电系统分为三种供电方式，即 TN、TT、IT 三种供电接线方式。配电系统三种供电接线方式：①TN 系统：电源变压器中性点接地，设备外露部分与中性线相连。②TT 系统：电源变压器中性点接地，电气设备外壳采用保护接地。③IT 系统：电源变压器中性点不接地（或通过高阻抗接地），而电气设备外壳采用保护接地。

三种供电接线方式分述如下：

（1）TN 供电接线方式：电力系统的电源变压器的中性点接地，根据电气设备外露导电部分与系统连接的不同方式又可分三类：即 TN－C 系统、TN－S 系统、TN－C－S 系统。下面分别进行介绍。

1）TN－C 系统。其特点是：电源变压器中性点接地，保护线（PE）与中性线（N）共用一根导线叫做保护中性线（PEN）。国内原先称为保护接零系统。

2）TN－S 系统。TN－S 供电系统，将中性线与保护线完全分开，从而克服了 TN－C 供电系统的缺陷，所以现在施工现场已经不再使用 TN－C 系统。

整个系统的中性线（N）与保护线（PE）是分开的。

3）TN-C-S系统。它由两个接地系统组成，第一部分是TN-C系统，第二部分是TN-S系统，其分界面在N线与PE线的连接点。

（2）TT供电接线方式：

TT系统的特点是电源中性点直接接地，电气设备的外露导电部分用保护接地线（PEE）线接到接地极（此接地极与中性点接地线没有电气联系），只是通过大地构成回路。

TT系统在国外被广泛应用，在国内仅限于局部对接地要求高的电子设备场合，目前在施工现场一般不采用此系统。但如果是公用变压器，而有其他使用者使用TT系统，则施工现场也应采用此系统。

（3）IT系统

IT系统是电力系统的带电部分与大地间无直接连接（或经电阻接地），而受电设备的外露导电部分则通过保护线直接接地。

（4）各种接地型式的优缺点及适应性。

1）IT系统的优缺点及适应性。其接线方式如图14-17所示。

IT系统的主要优点是：①单线触电电流小，易于脱离，因而不易造成人身触电重伤、死亡事故；②保护接地的保护效果很好，能切实起到接地保护作用；③能抑制低压线路或高压线路落雷在配电变压器上形成的正变换或逆变换电压；④对于高压两线一地运行电网，能避免（低压中性点不接地时）或抑制（低压中性点通过阻抗接地时）配电变压器高压

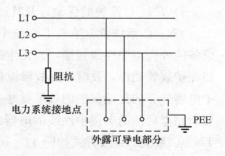

图14-17　IT系统图

侧及台架绝缘击穿通过接地线入地而形成的反击（对低压电网）过电压。

IT系统的缺点主要是：①某相线接地后，其他相线对地电压升高 3 倍，中性线的对地电压升高到 220V，此时将增加触电的可能性和危害程度；②低压电网雷击时，因雷电流难以泄漏而出现雷击过电压，造成低压电网的绝缘击穿；③高压线与低压线搭连或配电变压器高低压绕组间绝缘击穿，会使低压电网出现危险的过电压造成绝缘击穿或伤亡事故。

IT系统适应于没有中性线输出的纯动力用电处所或中性线输出很短的混合用电的小自然村。

2）TT 值统的优缺点及其适应性 。TT 系统的接线方式如图 14－18所示。

TT 系统的主要优点是：①能抑制高压线与低压线搭连或配电变压器高低压绕组间绝缘击穿时低压电网出现的过电压；②对低压电网的雷击过电压有一定的泄漏能力；③与低压电器外壳不接地相比，在电器发生碰壳事故时，可降低外壳的对地电压，因而可减轻人身触电危害程度；④由于

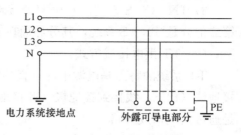

图 14－18　TT 系统图

单相接地时接地电流比较大，可使保护装置（剩余电流动作保护器）可靠动作，及时切除故障。

TT 系统的主要缺点是：①低、高压线路雷击时，配电变压器可能发生正、逆变换过电压；②低压电器外壳接地的保护效果不及 IT 系统。

TT 系统适应于有中性线输出的单、三相没合用电的较大的村庄，加装上漏电保护装置，可收到较好的安全效果。

3）TN－C 系统的优缺点及其适应性。

TN－C 系统除具有 TT 系统中中性线直接接地的优点外，还因低压电器设备的外壳与中性线相接，当发生碰壳故障时，单相短路电流可使该电器的短路保护装置动作，及时切除故障设备而避免触电事故的发生，所以比 TT 系统中电器外壳的接地保护的效果要好一些。其缺点是当发生中性线断路时，可能使断路点后面的有接中性线的电器的外壳带电，因而增加人身触电的可能性。TN－C 系统的接线方式如图 14－19 所示。TN－C 系统的适用场所与 TT 系统基本相同。

4）TN－S 系统的优缺点及适应性。TN－S 系统的接线方式如图 14－20 所示。

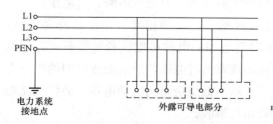

图 14－19　TN－C 系统（整个系统中性线与保护线合一的）图

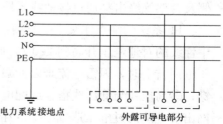

图 14－20　TN－S 系统（整个系统的中性线与保护线是分开的）图

TN - S系统具有 TN - C系统的所有优点，且因保护线与中性线分设，避免了 TN - C系统中由于中性线断路会使断路点后面接中性线设备外壳可能带电而增加触电可能性的问题。缺点是由于增设了保护线而增加了投资。TN - S系统适应于安全要求较高，经济条件较好的处所。

5）TN - C - S系统的优缺点及适应性。TN - C - S系统是对 TN - C系统和 TN - S系统的优缺点综合处理的一种接地型式，它既可在一定程度上满足安全要求较高的部分用户的安全性的需要，又可满足安全要求一般的部分用户的经济性的需要。

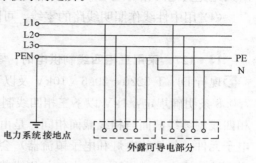

图 14 - 21　TN - C - S系统（系统中有一部分中性线与保护线是合一的）图

TN - C - S系统适应于只有部分用户对安全要求较高的村镇。

TN - C - S系统的接线方式如图 14 - 21 所示。

14 - 125　三相四线制供电系统中，中性线的作用是什么？为什么中性线不允许断路？

➡️三相四线制供电系统中变压器的中性点是直接接地的，中性线的作用是为 380/220V 系统制造一个线电压 380V 和一个相电压 220V，供给构成照明用电的回路和故障电流回路，从而保障保护电器的正确动作切除故障，保证了供电的安全性。当三相的 220V 线路上负荷大小不同时，也能保持相压的基本变化不大，给照明装置系统保证一定的光照度（照度比较稳定）。当三相负荷不平衡时，一旦中性线断裂，断点后面的线路上，产生中性点的电压漂移，负荷大的相电压就电压偏低，负荷小的相电压就电压上升很高，从而引起烧毁照明器和其他单相设备事故，因此，三相四线制供电系统不允许（禁止）断开中性线运行。

14 - 126　在低压 380/220V 三相四线制供电系统中，采用中性点直接接地方式有什么好处？

➡️采用中性点直接接地方式的好处是：

（1）采用中性点直接接地方式能消除中性点对地的电位差。

（2）避免当配电变压器高压绕组绝缘损坏时危及低压系统人身及设备的安全。

（3）当发生单相接地时，能使空气断路器或熔断器迅速自动断开电源，同时又避免其他两相对地电压升高，从而保证人身和设备安全。

（4）用中性线作照明线路的零线，可降低照明线路的投资。

14-127　采用三相四线制供电时，零线的截面有何要求？

➡现行 DL/T 5220—2005《10kV 及以下架空配电线路设计技术规程》的第7.0.8 条明确规定：1kV 以下三相四线制的零线截面，应与相线截面相同。三相四线制零线截面与相线截面相同，是由于三相负荷不平衡，以及民用照明的电子元件（气体放电灯和电子镇流器）会产生谐波电流通过零线，不平衡电流含谐波电流变大，零线（选大）与相线截面相同，满足电路通流能力，保障使用安全。中性线与相线截面相等，两者机械强度相等，减少了断中性线概率，保障了供电的安全性。

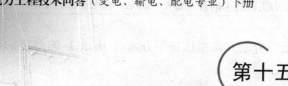

第十五章

照　　明

15-1　什么叫可见光？其光谱波长是多少？红外线的波长是多少？紫外线的波长是多少？

➡电磁辐射波波长范围在 380～780nm 间的电磁波能使人的眼睛产生光感，这部分电磁波称为可见光。不同波长的可见光，在人们眼中产生不同颜色，波长按 380～780nm 依次展开，光将呈现紫、蓝、青、绿、黄、橙、红七色。全部可见光混在一起就形成了日光。

红外线波长为 780nm～1m；紫外线波长为 10～380nm。

15-2　什么叫辐射通（能）量？什么叫做辐射功率？什么叫辐射强度？

➡以辐射形式发射、传播或接受的能量叫做辐射通（能）量，符号为 Q 或 Q_e，单位为焦耳（J）；以辐射形式发射、传播或接受的功率叫做辐射功率，符号为 Φ 或 Φ_e，单位为瓦特（W）。

点辐射（或辐射面元）在包含给定方向上的立体角元内发出的辐射通量与该立体角元之比叫做辐射强度，符号为 I 或 I_e，表示式为 $I_e=\mathrm{d}Q/\mathrm{d}\Omega$，单位为瓦特/球面度（W/sr）。

15-3　什么叫视觉？什么叫明视觉？什么叫暗视觉？

➡由进入人眼的辐射所产生的光感觉而获得的对外界的认识叫做视觉。正常人眼适应高于几坎德拉每平方米（cd/m²）的亮度时的视觉叫做明视觉。正常人眼适应低于百分之几坎德拉每平方米（cd/m²）的亮度时的视觉叫做暗视觉。

15-4　什么叫中间视觉？什么叫明适应？什么叫暗适应？

➡介于明视觉与暗视觉之间的视觉叫做中间视觉。视觉系统适应高于几坎德拉每平方米（cd/m²）的亮度的变化过程及终极状态叫做明适应。视觉系统适

603

应低于百分之几坎德拉每平方米（cd/m²）的亮度的变化过程及终极状态叫做暗适应。

15-5 什么叫光视效能？什么叫光谱光视效能？

➡️用来衡量电磁波所引起视觉能力的量，称为光视效能。任一波长可见光的光视效能 $K(\lambda)$ 与最大光视效能 K_m 之比，称为该波长的光谱光视效能。最大光谱光视效能是指波长为 555nm（明视觉）或 507nm（暗视觉）可见光的光谱光视效能，其值为 683lm/W。关系式如下

$$V(\lambda) = \frac{K(\lambda)}{K_m} \tag{15-1}$$

15-6 什么是光量子（光子）？什么是光通量？

➡️光的量子理论认为光是由辐射源发射的微粒子流。光的这种微粒子是光的最小存在单位，称为光量子，简称光子。光子具有一定的能量和动量，在空间占有一定的位置，并作为一个整体以光速在空间移动，人眼能感知的辐射能量。光子与其他实物粒子不同，它没有静止的质量。光子的符号为 Q，单位为 lm·s（流明·秒）。单位时间内辐射或传递的光量子称为光通量，符号为 Φ，单位为 lm（流明）。表示式为

$$\Phi = \frac{dQ}{dt} \tag{15-2}$$

15-7 什么是发光强度？什么是照度？什么是亮度？什么是发出射度？什么是曝光量？

➡️光源在给定方向上单位立体角内发出的光通量与立体角元之比称为发光强度（简称光强），符号为 I，单位为 cd（坎德拉），表示式为

$$I = \frac{d\Phi}{d\omega} \tag{15-3}$$

单位面积上接受的光通量称为照度，符号为 E，单位为 lx（勒克斯），表示式为

$$E = \frac{d\Phi}{dS} \tag{15-4}$$

发光体在给定方向上单位投影面积中发出的发光强度称为亮度，符号为 L，单位为 cd/m²（坎德拉每平方米），表示式为

$$L = \frac{dI}{d\omega dS\cos\theta} \tag{15-5}$$

光源的单位面积上发出的光通量称为发出射度，符号为 M，单位为 lm/m^2（流明每平方米），表示式为

$$M = \frac{d\Phi}{dS} \qquad (15-6)$$

光的照度对时间的积分称为曝光量，符号为 H，单位为 $lx \cdot s$（勒克斯·秒），表示式为

$$H = \int E dt \qquad (15-7)$$

15－8　什么是发光效率？常用灯种光源的发光效率和寿命以及优缺点是什么？

▶光源发出的光通量与光源输入的电功率之比称为发光效率，符号为 η，表示式为

$$\eta = \frac{\Phi}{P} \qquad (15-8)$$

常用灯种光源的发光效率和寿命以及优缺点见表 15-1。

表 15-1　　　　常用灯种的发光效率和寿命以及优缺点表

光源名称		热辐射光源		气体放电光源						
						高压				
						非自镇流型	自镇流型			
		普通白炽灯	卤钨灯	荧光灯	高效荧光灯	汞灯	管形氙灯	管形氙灯	高压钠灯	金属卤化物灯
特点	额定功率范围（W）	15～1000	500～2000	6～200	6～200	50～1000		1500～10⁵	250, 400	250～3500
	发光效率（lm/W）	65～19	20～21	25～27 46～60	60～80	38～50	22～30	20～37	90～100	60～80
	平均寿命（h）	1000	1500	2000～3000	8000	5000	3000	500～1000	7000	2000

续表

光源名称	热辐射光源		气体放电光源						
	普通白炽灯	卤钨灯	荧光灯	高效荧光灯	高压 非寿命镇流型 汞灯	高压 自镇流型 管形氙灯	管形氙灯	高压钠灯	金属卤化物灯
特点 优点	结构简单，价格低廉，使用和维护方便，光质较好（发出热光），功率因数高	效率高于白炽灯，光色好，寿命长	光效较白炽灯高，光色较好寿命较长，光色近于日光	光效高，光色较好，寿命较长，功率因数高	寿命较自镇型长	无需镇流器附件，使用方便	功率大，光色好，光效高，受环境影响小，耐震动	光效高，寿命较长，透雾性好	光效较高，光色较好
特点 缺点	光效低，寿命短，耐震性差	灯座温度高，安装要求高，偏角不得大于4°，价格较贵	光质不如白炽灯属冷光，功率因数低，需附件多，故障比白炽灯多，装设成本高	不能使用于−10℃以下及50℃以上环境	功率因数低，需要附件，启动时间长，初启动4～8min，再启动5～10min	功率因数低，寿命较短，启动需延时3～6min	功率因数低，需触发器、镇流器	辨色性差，紫外线辐射高，灯管温度高，初启动4～8min，再启动10～20min	功率因数低，耐震性差，启动时间长，灯光温度高
特点 用途	适用于照度要求较低，开关次数频繁场所	适用于照度要求较高，悬挂高度较高的室内照明	适用于照度要求较高，需辨别色彩的室内照明	适用于露天场地、广场、体育场的照明				适用于特殊高大厂房及道路的照明	

15−9 亮度与照度这两个物理概念，是否一样？它们之间有没有关联和不同？

➡ 亮度与照度，是两个既关联又不同的物理量。

（1）亮度：指的是人在看光源时，眼睛感觉到的光亮度。亮度高低决定于光源的色温高低和光源的光通量，光源的光通量多少是决定性因素。光源的光通量多，亮度就高。

（2）照度：指的是光源照射到周围空间或地面上，单位被照射面积上的光通量。单位被照射面积上的光通量多，照度就高。

（3）亮度和照度的关联与不同。

关联点：影响光源亮度和照度高低的物理量是共同的，即光通量。

不同点：

1）影响光源亮度的光通量，是光源表面辐射出来的光通量的多少。

2）影响光源照度的光通量，是光源辐射到被照面（如墙壁、地面、作业台面）上的光通量的多少。

3）两者位置不同，受外界影响因素也不同。同一只光源，光源表面辐射出来的光通量与光源辐射到被照面（如墙壁、地面、作业台面）上的光通量，在数量关系上是不相等的。

（4）特别说明：光源的亮度视觉感，有时受色温影响较大。在光通量相同的光源中，色温高的光源会产生亮度高的错误的视觉感。这种"高亮度"光源，光效并不一定比其他光源高，照度也并不一定比其他光源高，只是一种刺眼的"虚假亮"。

（5）在实际照明应用设计和照明节能中，主要评估照度（特别是有效视觉照度）这个物理量数值的高低。

15－10　什么叫光源？什么叫电光源？什么叫光源的发光效能？

➡在照明工程中，自身发出辐射通量并在人眼中产生光的感觉物体称为光源。凡通过电流自身发出热辐射通量或气体放电并在人眼中产生光的感觉物体称为电光源。

光源在给定方向上包含立体角元内发出的光通量与消耗电功率之比叫光源的发光效能。

15－11　常用照明电光源的种类有哪些？

➡根据光的产生原理，电光源分为两大类，即热辐射发光光源和气体放电发光光源。

电光源的分类如下：

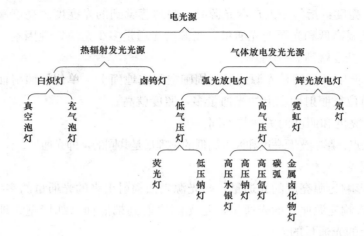

15-12　什么是电光源的全寿命？什么是电光源的有效寿命？

➡电光源的全寿命是指灯泡从开始点燃使用到不能使用累计时间；电光源的有效寿命是指光源的发光效能下降到初始值70%时的累计点燃时间。

15-13　什么叫光源维持率？什么叫光的额定寿命？

➡光源点燃至规定时间的光通量与初始光通量之比叫光源维持率；灯的设计寿命称为电光源的额定寿命，它通过同类型灯的寿命试验来确定。

15-14　什么叫光源的中值寿命？什么叫光源的老练？

➡在批量为 N 的寿命试灯中按照灯的损坏顺序，第 $[(N-1)/2+1]$ 个灯的寿命（N 为奇数时）或第 $N/2$ 个与第 $(N/2+1)$ 个灯寿命之和的一半（N 为偶数）称为该批灯的中值寿命。

为使灯的技术参数稳定，在特定条件下（按规定的时间段内点灯）进行的初始点灯叫光源的老练。

15-15　什么是电光源的平均寿命？国家标准规定的平均寿命是多少？光电参数的测试条件是什么？

➡电光源的光通量维持率达到国家标准规定的要求，并能继续点燃至50%的灯达到单只灯寿命时的累计时间称为电光源的平均寿命（即50%的灯失效时的寿命）。国家标准规定的平均寿命为5000h。例如：电子节能灯国家标准规定寿命测试条件：15～50℃，无风环境；50Hz±0.5%、220V±2%、灯头朝上；24h 内开关 8 次（1h 内开 45min 关 15min）。

15－16　什么叫光源的显色性？什么叫光源显色指数？

➡在特定的条件下，物体用电光源照明和用标准光源照明时，二者比较颜色符合的程度叫光源的显色性。在特定的条件下，物体用电光源照明和用标准光源照明时，二者比较颜色符合程度的量度，用数值表示其量值叫光源的显色指数。

15－17　什么叫光源的色表？国际上使用较普遍的色表系统有哪些？

➡人眼通过对某一光源进行观察所产生的对颜色的印象叫色表，通常用国际照明委员会的 CIE1931 色度图表示光源的颜色。用色温表示光源的色表。国际上普遍采用 CIE1931 标准色度系统或采用孟赛尔色表系统来表示。

15－18　什么叫光源的色度？什么叫光源的色调？什么叫光源的色度图？

➡由色度坐标或结合其主要（或补充）波长和相应的激发纯度来定义的色刺激值叫做色度。某一区域出现的红、绿、蓝或某种组合色相相近的视觉感觉特性叫做色调。将色刺激值和各色度值结果相结合的平面，色度值可由图上单一的点来明确表示，将这种图叫做色度图。

15－19　什么叫光源的色散？什么叫光源的色温？

➡在介质中传播的单色光改变传输速度的现象，并由该辐射的频率所决定的，取决于介质的性质这种现象叫做色散。待测的灯与黑体的辐射具有相同的色度值时，该黑体具有温度（也是待测灯的色温）叫做色温。色温的单位为开尔文（K）。

15－20　什么叫灯电压？什么叫光源启动电压？

➡施加在光源灯头两触点上的电压叫灯电压；放电灯开始继续放电时，电极之间所需的最低电压叫光源启动电压。

15－21　什么叫光源的启动时间？什么叫光源的再启动时间？

➡放电灯接通电源开关至灯能开始工作所需的时间叫光源的启动时间；放

电灯稳定工作后断开电源，从再次接通电源到灯从新开始工作所需要的时间叫光源的再启动时间。

15-22　电光源的基本光学特性是什么？

（1）电光源的光通量与光效；

（2）电光源的平均亮度与色表；

（3）电光源的平均寿命与显色指数；

（4）电光源的启燃和再启燃时间与电特性。

15-23　什么叫灯具？什么叫灯具的效率？

凡是能分配、透射或改变来自一个或多个光源的光，并且包括所有需要用于支持、固定和保护光源部件的装置，它不包括电光源本身，且有必要的辅助电路部件，并将该装置连接到电源，这种装置叫灯具。

灯具的效率是照明器发出的光通量与光源发出的光通量之比，用百分比表示。它表示灯具光学系统效率的高低，也作为反映照明器的技术经济效果优劣的一个指标。

15-24　灯具的主要作用是什么？

（1）固定和保护电光源，将电光源与电源连接；

（2）控制和分配灯光，实现所需的灯光分布；

（3）美化环境，安全可靠运行。

15-25　什么叫灯具的光强分布曲线？灯具的光强分布曲线有几种坐标表示法？

灯具的光强分布曲线也称配光曲线，通常是在通过照明器发光中心的平面上，用适当的坐标把光强表示为角度（从某一给定方向算起）函数的曲线。灯具的光强分布曲线有极坐标光强分布曲线和直角坐标光强分布曲线两种表示方法。

15-26　什么是灯具保护角？灯具的基本光学特性用什么表示？

灯具的保护角是光源发光体边缘与灯具下缘连线同水平线之间的夹角。灯具的基本光学特性用光强分布曲线、保护角和效率三项指标来表示。

15-27　什么叫道路照明灯具的维护系数？什么是频闪效应？怎样减少频闪效应？

➡️光源的光衰系数和灯具因污染的光衰系数的乘积叫道路照明灯具的维护系数，此系数在 0.6～0.75 之间（以每年对灯具进行一次擦拭为前提）。

交流电压、电流随着时间而周期性变化，使气体放电灯的光通量也发生周期性变化，使人眼有闪烁感觉。如果被照物体处于转动状态会使人产生错觉，尤其是当旋转物体转动频率与灯光闪烁频率成整数倍时，人眼会感觉物体并没有转动，这种现象称为频闪效应。为了减少频闪效应，通常采用将气体放电灯分相接入电源来消除频闪效应，如将三根荧光灯分别接在三相电源上。在单相供电的场合，可将两根灯管采用移相接法来消除频闪效应。若采用高频运作（每秒闪烁 20 000 次以上）的荧光灯，则人眼无法感受到闪烁，对于快速运动的物体能看到运动的完整历程，不会产生看转动物体不转动的错觉，眼球水晶体也不会因闪烁而弹性疲乏，导致近视、散光等症状。

15-28　在道路设计中为什么要引入灯具维护系数？

➡️灯具（包括光源）在使用期间，由于光源光通量会逐渐衰减；灯具内外表面会堆积灰尘及其他污物，灯具的反光器受到腐蚀，因而光输出逐渐减少，引起其效率逐渐降低，从而导致路面上的照明水平逐渐下降。为了保证道路在整个运行期间路面的平均亮度（或照度）不低于规定值，在进行道路照明设计时，应考虑对光源和灯具的减光进行补偿，即需引入灯具的维护系数。

15-29　灯具维护系数与哪些因素有关？

➡️灯具本身的维护系数与以下因素有关：

（1）灯具的密封程度；

（2）空气的污秽程度；

（3）灯具清扫周期和每次清扫的彻底程度。

15-30　什么是照度补偿系数？

➡️照度补偿系数是新的照明器在工作面上产生的平均照度与同一照明器在使用一定时间以后，在同样条件下所产生的平均照度之比。

15－31　什么是照明器？照明器起什么作用以及它的特性是什么？

▶光源与灯具以及照明附件的匹配组合体统称叫做照明器。照明器主要用它发出的光线对任何物体照射，使人们的眼睛能立即辨别周围物体的形状和大小，并且照度达到规定要求。

照明器的主要作用是：

（1）合理配光，重新分配光通量；

（2）防止眩光；

（3）提高光源的利用率；

（4）保护光源和照明安全；

（5）装饰美化环境。

照明器的特性：通常是以光强分布、亮度分布和保护角、光输出比三项指标来表示。

15－32　什么是照明器的距高比（L/H）？

▶灯具布置的间距与灯具悬挂的高度（指灯具距工作面的高度）之比称为灯具的距高比（L/H），在保证工作面上达到标准的照度，而且有一定的均匀度时，允许灯具间的最大安装间距与灯具安装高之比，称为灯具的最大允许距高比。一般在灯具的主要参数中会给出该数值，供照明设计师参考。

15－33　直照型照明器按距高比（L/H）如何分类？

▶直照型照明器按距高比分类见表 15－2。

表 15－2　　　　　　　直照型照明器按距高比分类表

照明器类型	距高比（L/H）	
特窄照型	小于 0.5	小于 140
窄照型	0.5～0.7	140～190
中照型	0.7～1.0	190～270
广照型	1.0～1.5	270～370
特照型	大于 1.5	大于 370

15－34　照明器怎样分类？

▶照明器的分类方法繁多，按常用的分类方法介绍三种如下：

（1）按使用的环境条件分户外照明器和户内照明器，户内和户外照明器又分普通型和防爆型；

（2）按照明器的 CIE 的光强分布特性分直照型、半直照型、配照型、深照型、广照型、漫射型、斜照型、反射型、格栅型、间接型、半间接型等类别；

（3）按安装方式分台灯、落地灯、吊灯、吸顶灯、壁灯、门灯、嵌入式灯。

15-35 各种照明器的效率是多少？

各种照明器的效率见表 15-3。

表 15-3 各种照明器的效率

照明器类型	效率
带反射罩型（狭照、中照）	0.7 以上
搪瓷广照型	0.6～0.7
特殊广照型	0.75 以上
乳白玻璃灯	0.5 左右
各种吸顶灯	0.3～0.5
开启式荧光灯	0.8 以上
格栅式荧光灯	0.45～0.6
投光灯	0.6 左右

15-36 什么是照度均匀度？

照度均匀度是指规定表面上的最小照度与平均照度之比，也可认为是室内照度最低值与室内照度平均值之比。照度均匀度＝最小照度值/平均照度值。最小照度值是按照逐点计算法算出来。照度均匀度的表示公式：

$$U_o = E_{min}/E_{av} \qquad (15-9)$$

式中 U_o——照度均匀度；

E_{min}——最小照度值；

E_{av}——平均照度值。

采光标准提出顶部采光时，Ⅰ～Ⅳ级采光等级的采光均匀度不宜小于0.7。侧面采光及顶部采光的 Ⅴ 级采光等级，较难照顾均匀度标准未作规定。

15-37 关于照明灯具的最低悬挂高度有何规定?

➡️照明灯具的最低悬挂高度的规定见表15-4。

表15-4 照明灯具距地面最低悬挂高度规定

光源种类	灯具形式	光源功率（W）	最低悬挂高度（m）
白炽灯	有反射罩	≤50 100～150 200～300 ＞500	2.0 2.5 3.5 4.0
	有乳白玻璃 反射罩	≤100 150～200 300～500	2.0 2.5 3.0
卤钨灯	有反射罩	≤500 1000～2000	6.0 7.0
荧光灯	无反射罩	＜40 ＞40	2.0 3.0
	有反射罩	≥40	2.0
荧光 高压汞灯	有反射罩	≤125 250 ≥400	3.5 5.0 6.5
高压汞灯	有反射罩	≤125 250 ≥400	4.0 5.5 6.5
金属卤化物灯	搪瓷反射罩 铝抛光反射罩	400 1000	6.0 14.0
高压钨灯	搪瓷反射罩 铝抛光反射罩	250 400	6.0 7.0

15-38 如何根据距高比确定照明器布置合理与否?

➡️灯具间距 L 与灯具的计算高度 h 的比值称为距高比。灯具布置是否合理，主要取决于灯具的距高比是否恰当。距高比值小，照明的均匀度好，但投资大；距高比值过大，则不能保证得到规定的均匀度。因此，灯间距离 L 实际上可以由最有利的距高比值来决定。根据研究，各种灯具最有利的距高比列于表15-5中。这些距高比值保证了为减少电能消耗而应具有的照明均

614

匀度。

表 15 - 5 各种灯具最有利的距高比 L/H

灯具类型	距高比 L/H		单行布置时房间最大宽度（m）
	多行布置	单行布置	
配照型、广照型工厂灯镜面（搪瓷）深照型	1.8～2.5	1.8～2.0	1.2H
漫射型	1.6～1.8	1.5～1.8	1.1H
防爆型灯、圆球灯、吸顶灯	2.3～3.2	1.9～2.5	1.3H
防水防尘灯	1.4～1.5		

根据节能的要求，灯具的最大允许距高比为 1.1～1.5。灯具的距高比是指灯具布置的间距与灯具悬挂高度（灯具与工作面之间的垂直距离）之比，该比值越小，则照度均匀度越好，比值越大，照度均匀度有可能得不到保证。部分灯具的最大距高比见表 15 - 6。举例：如方案一 L/H（距高比）＝0.7，方案二 L/H（距高比）＝0.95，虽然方案一、方案二的距高比均小于灯具的最大允许距高比，两种布灯方案都可采用，但显然方案一（采用单管荧光灯）要比方案二（采用双管荧光灯）的照度均匀度更好。我们不推荐采用三管，因为三管的布置方式通常不满足照度均匀度的要求。

表 15 - 6 部分灯具的最大距高比

照明器	型号	光源种类及容量（W）	L/H 最大允许值		最低照度系数 Z 值
			A—A	B—B	
配照型照明器	GC1 - $\frac{A}{B}$ - 1	B150 G125	1.25 1.41		1.33 1.29
广照型照明器	GC3 - $\frac{A}{B}$ - 2	G125 B200，150	0.98 1.02		1.32 1.33
深照型照明器	GC5 - $\frac{A}{B}$ - 3	B300 G250	1.40 1.45		1.29 1.32
	GC5 - $\frac{A}{B}$ - 4	B300，500 G400	1.40 1.23		1.31 1.32
筒式荧光灯	YG1 - 1 YG2 - 1	1×40	1.62 1.46	1.22 1.28	1.29 1.28
	YG2 - 2	2×40	1.33	1.28	1.29

15-39 照明方式可分为哪几种？照明种类可分为哪几类？

➡️由于建筑物的功能和要求不同，对照度和照明方式的要求也不相同。照明方式可分为一般照明、局部照明和混合照明。

照明的种类按用途分为正常照明、应急照明、值班照明、警卫照明、景观照明和障碍照明。

15-40 什么是一般照明？什么是混合照明？

➡️为照亮整个场所而设置的均匀照明叫做一般照明。一般照明由若干个灯具均匀排列而成，可获得较均匀的水平照度。

对于工作位置密度很大而对光照明方向无特殊要求或受条件限制不适宜装设局部照明的场所，可只单独装设一般照明，如办公室、体育馆和教室等。

由一般照明和局部照明组成的照明，叫做混合照明。对于工作位置需要有较高照度并对照射方向有特殊要求的场合，应采用混合照明。

混合照明的优点是，可以在工作面（平面、垂直面或倾斜面）表面上获得较高的照度，并易于改善光色，减少照明装置功率和节约运行费用。

15-41 什么是正常照明？什么是应急照明？

➡️在正常情况下使用的室内外照明叫做正常照明。所有居住房间、工作场所、运输场地、人行车道以及室内外小区和场地等，都应设置正常照明。

因正常照明的电源失效而启动的照明叫做应急照明。它包括备用照明、安全照明和疏散照明。所有应急照明必须采用能瞬时可靠点燃的照明光源，一般采用白炽灯和卤钨灯。

15-42 什么是备用照明？什么是安全照明？

➡️用于确保正常活动继续进行的照明叫做备用照明。在由于工作中断或误操作容易引起爆炸、火灾和人身伤亡或造成严重政治后果和经济损失的场所，均应设有备用照明。例如医院的手术室和急救室、商场、体育馆、剧院、变配电室、消防控制中心等，都应设置备用照明。

用于确保处于潜在危险之中的人员安全的照明叫做安全照明。如使用圆形锯、处理热金属作业和手术室等处应装设安全照明。

15-43 什么是疏散照明？什么是值班照明？

➡️用于确保疏散通道被有效地辨认和使用的照明叫做疏散照明。对于一旦正常照明熄灭或发生火灾，将引起混乱的人员密集的场所，如宾馆、影剧院、展览馆、大型百货商场、体育馆、高层建筑的疏散通道等，均应设置疏散照明。照度不低于正常照度的 10%，最低不低于 15lx。

非工作时间为值班所设置的照明叫做值班照明。值班照明宜利用正常照明中能单独控制的一部分或应急照明的一部分或全部。

15-44 什么是警卫照明？什么是障碍照明？

➡️为加强对人员、财产、建筑物、材料和设备的保卫而采用的照明叫做警卫照明。如用于警戒以及配合闭路电视监控而配备的照明。

在建筑物上装设的作为障碍标志的照明叫做障碍照明。例如为保障航空飞行安全，在高大建筑物和构筑物上安装的障碍标志灯。

障碍标志灯的电源应按主体建筑中最高负荷等级要求供电。

15-45 什么是装饰照明？什么是泛光照明？

➡️用于室内外特定建筑物、景观而设置的带艺术装饰性的照明叫做装饰照明。它包括装饰建筑外观照明、喷泉水下照明、用彩灯勾画建筑物的轮廓、给室内景观投光以及广告照明灯等。装饰照明有时用来突出商品的本色、商品的立体感和橱窗的气氛。

泛光照明是一种使室外的目标或场地比周围环境明亮的照明，是在夜晚投光照射建筑物外部的一种照明方式。泛光照明的目的是多种多样的，其一是为了安全或为了夜间仍能继续工作，如汽车停车场、货场等；其二是为了突出雕像、标牌或使建筑物在夜色中更显特征。

泛光照明又称为立面照明，是使用日益广泛的一种建筑特外部装饰照明方式。它是离建筑物一定距离的位置装设投光灯作为立面照明的光源，将光线射向建筑物的外墙。投光灯（泛光灯）的光色好，立体感强，能产良好的艺术效果。

15-46 泛光照明在城市建筑的夜景照明中有什么作用？

➡️建筑立面的彩色泛光照明在城市夜景中有以下作用：

（1）对建筑物有塑造作用，使其产生立体感。

（2）表现出建筑物的外貌，充分显示出建筑形成和色彩的美观性。

（3）创造出美丽的室外光环境和色彩环境。

（4）创造出高雅的城市夜景，不像霓虹灯光那样强烈，反映出城市的夜晚文化。

15-47 什么是投光灯？什么是泛光灯？

➡ 投光灯是具有反射镜或玻璃透镜反射光线聚集到一个有限的立体角内，从而获得高光强的一种灯具。泛光灯是使用光束扩散角不小于 10°广角的投光的照明器。

15-48 什么叫放电？什么叫辉光放电？

➡ 在电场力作用下，产生电子运动并形成电流，电流通过气体和金属气体，通常伴有可见的光和其他辐射的产生的现象叫做放电。空气中的电火花、焊接电弧和闪电就是放电的示例。

气体放电管的阴极电子二次发射比热电子辐射大得多的一种放电叫做辉光放电。其特征是阴极电压降大和电流密度小。

15-49 什么叫弧光放电？什么叫电弧？

➡ 当两电极间电压升高时，在电极最近处空气中的正、负离子被电场加速，在移动的过程中与其他空气分子碰撞产生新的离子，这种离子大量增加的现象称为电离。空气被电离的同时，温度随之急剧上升产生电弧，这种放电称为弧光放电。弧光放电一般不需要很高的电压，属于低电压大电流放电，而二次电子发射仅占很小部分。弧光放电产生的条件是小间隙和大电流，如果增加间隙或减小电流，电弧将会消失。

弧光放电中的发光柱体叫做电弧。

15-50 什么叫镇流器？其作用如何？

➡ 稳定气体放电灯放电的器件叫做镇流器。镇流器有电感式、电容式、电阻式、电子式和综合式，启动器可安装在镇流器内。

镇流器的作用：镇流器与气体放电灯是串联的，放电灯是具有负伏安特性的器件，镇流器是一个正伏安特性器件，为了使气体放电灯泡处于工作稳定的状态，将灯泡串联一个镇流器，让电路内工作电流限制在一定的数值上。

15-51　什么叫电子镇流器？它有什么优缺点？

➡电子镇流器使用固态电子元件组成在 $25\sim35kHz$ 范围内振荡电路的器件，这种装置叫做高频电子镇流器。高频电子镇流器又简称电子镇流器。

（1）电子镇流器的优点。

1）节能。荧光灯的电子镇流器，多使用 $20\sim60kHz$ 频率供给灯管，使灯管光效比工频提高约 10% ［按长度为 4 尺（1 尺＝0.33m）的灯管］，且自身功耗低，使灯的总输入功率下降约 20%，有更佳的节能效果。

2）消除频闪，发光更稳定。有利于提高视觉分辨率，提高功效；降低连续作业的视觉疲劳，有利于保护视力。

3）起点更可靠。预热灯管后一次起点成功，避免了多次起点。

4）功率因数高。符合国家标准的 25W 以上的荧光灯，其功率因数高于 0.95。但应注意，国家标准对 25W 以下的灯管规定的谐波限值很高，以致使其功率因数下降到 $0.7\sim0.8$。

5）稳定输入功率和输出光通量。高品质产品有良好的稳压性能，在电源、电压偏差很大时，仍能保持光源恒定功率，稳定光照度，有利于节能。

6）延长灯管寿命。高品质产品的恒功率和灯管电流下降，以及起点可靠等因素可使灯管寿命延长。

7）噪声低。高品质电子镇流器噪声可达 35dB 以下，人们感觉不到。

8）灯功效增大。镇流器损失降低且重量更轻，与电磁镇流器相比体积更小。

9）可以调光。对于需要调光的场所，如原使用白炽灯或卤钨灯调光的场所，代之以高效荧光灯配可调光电子镇流器，可实现在 $2\%\sim100\%$ 的大范围调光。

需要注意的是，只有设计优良的电子镇流器才能发挥以上各种优点。虽然都是电子镇流器，用于金卤灯的电子镇流器要比用于荧光灯的复杂很多，或者说几乎完全不一样。如果设计或制造工艺不到位，一个非常小的疏漏，都会造成故障。

（2）电子镇流器的缺点。它会产生高次谐波，影响电力系统正常工作。

15-52　什么叫荧光灯？荧光灯有何特点？

➡由放电产生的紫外线辐射激发荧光粉层而发光的放电灯叫做荧光灯。

荧光灯具有以下特点：

（1）直管荧光灯。一般使用的有 T5、T8、T12，常用于办公室，商场、主宅等一般公用建筑，具有可选光色多，可达到高照度兼顾经济性等优点。

（2）高流明单端荧光灯。又称是为高级商业照明中代替直管荧光灯设计。这种灯管与直管型灯管相比，主要的优点有：结构紧凑、流明维护系数高，还有它这种单端的设计使得灯具中的布线简单得多。

（3）紧凑型荧光灯（CFLS）。又称节能灯，使用直径为9～16mm，细管弯曲或拼接成 U 型、H 型、螺旋型等，缩短了放电的线型长度。它的光效为白炽灯的 5 倍，寿命为 8000～10 000h，常用于局部照明和紧急照明。一般分为两类：

1）带镇流器一体化紧凑型荧光灯。这种灯自带镇流器、启辉器等全套控制电路，并装有爱迪生螺旋灯头或插式灯头。可用于使用普通白炽灯泡的场所，具有体积小，寿命长，效率高，省电节能等优点，可用来取代白炽灯。

2）与灯具中电路分离的灯管（PLC）。用于专门设计的灯具之中借助与灯具结合成一体的控制电路工作，灯头有两针和四针两种，两针灯头中含有启辉器和射频干扰（RFI）抑制电容，四针无任何电器组件。一般四针 PLC 光源使用于高频的电子镇流器中。常用于局部照明和紧急照明。

荧光灯具有功率因数低，有频闪效应，自身重量大，但寿命长，坚固耐用，成本低等特点。

15－53　为什么荧光灯不能作调光灯使用？

➡️普通线路的节能灯和荧光灯（包括电子镇流器）工作电压有一定的范围的要求，比如 220V 节能灯的工作电压通常在 190～ 240V 之间，超过这个范围灯将不能可靠工作。调光灯具中的调光器通常是将工作电压从 0～220V 之间调整，这对电阻性负载如普通白炽灯的工作是没有任何影响的，但对节能灯来讲，0～190V 的低压段会导致灯启动困难甚至烧毁。荧光灯需要调光时必须采用专门的调光镇流器。

15－54　荧光灯调光是否会影响灯使用寿命？影响其使用寿命的因素是什么？

➡️荧光灯调光需用专门的调光镇流器，一般在调光过程中对灯管寿命是没有多大影响的，有影响的因素是：

（1）启辉过程对灯管寿命的影响：电感式镇流器往往要启辉好几次才能将荧光灯点亮，而荧光灯每启辉一次就要缩短 2h 寿命；电子镇流器无论是在低温还是低电压情况下，都是经过灯丝预热后一次启动。

（2）电网电压波动对灯管寿命的影响：电感镇流器配合荧光灯工作时，荧光灯的灯电流随着电网电压的变化而变化。当电网电压偏低时，灯电流也随着降低。灯电流的降低将造成灯丝加热不足，灯丝电子粉溅射，造成灯管两端发黑和缩短灯管使用寿命。当电源电压偏高时，灯电流也随着上升，灯电流过大将造成灯丝电子粉和荧光粉过早衰竭而缩短灯管寿命。电子镇流器能做到在 135～250V 的电网电压范围内灯电流不变，使荧光灯始终工作于最佳状态，从而大幅度地提高灯管的使用寿命。

15－55　什么是三基色节能荧光灯？它有何优缺点？

➡三基色节能荧光灯是一种预热式阴极气体放电灯，分直管形、单 U 型、多 U 型、2D 型和 H 型等几种。荧光灯中含稀土元素荧光粉在紫外线照射下呈现的三基色为红、绿、蓝三种的混合光颜色，这种混合光色接近日光色，因此把这种荧光灯叫做三基色节能荧光灯。

它的优点是光色柔和，显色性好，造型别致；发光效率比普通荧光灯高 30％左右，比白炽灯高 5～7 倍，即一支 140W 三基色荧光灯发出光通量，与 8 只 100W 普通白炽灯发出的光通量相同。它的缺点是每灯需要配置镇流器一套，可以配各种形式（电感式、电容式、电阻式、电子式和综合式）的镇流器。

15－56　为什么不能在化学腐蚀气体、液体存在的场合中使用荧光灯？

➡在化学腐蚀气体、液体存在的场合中使用荧光灯，会引起灯头、导丝、元器件严重氧化，灯的寿命无法保证。

15－57　电子镇流器与普通镇流器的荧光灯接线有什么区别？

➡电子镇流器与普通镇流器的荧光灯接线图如图 15－1 所示。

电子镇流器进线端为一相线一中性线，出线端分 4 根线，其中 2 根是实际上是一只电容的两个脚（分跨接光管各一端），另 2 根其中有一根是经高频变压器绕组获得激励信号基频的，它与电容器通过灯丝串联组成谐振工作频率，

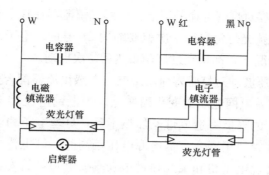

图15-1 电子镇流器与普通镇流器的荧光灯接线图

剩下的一根是灯管回路线。黑线、红线接电源，其余4根接灯管两头，两两相连分接两头。电子镇流器通常可以兼具启辉器功能，故此又可省去单独的启辉器。

15-58 紫外线杀菌灯(医用)有何用途？其技术数据有哪些？

➡紫外线杀菌灯是一种低汞蒸气压力，冷阴极辉光放电管，对紫外线波长为253.7nm，有很强辐射能力，属于紫外线 UVC 波段 200～275nm，又称为短波灭菌紫外线。它的穿透能力最弱，无法穿透透明玻璃大部分被吸收，日光中含有的短波紫外线几乎被臭氧层所完全吸收。短波紫外线对人体的伤害很大，短时照射即可灼伤皮肤，长期或高强度照射会造成皮肤癌。紫外线杀菌灯用来杀死细菌、病毒及其他微生物，或使之失去活性。它应用于各相关行业包括在医院、细菌学、药物学研究所进行空气、水和表面的消毒杀菌，以及食品加工工业中，如奶酪厂、酿酒厂和面包房。还用于饮用水，废水处理，游泳池，空调系统，低温储藏室，包装材料等方面的消毒杀菌。此外，还可以用于光化反应。下面引用 PHILIPS（飞利浦）公司的产品作参考，其参数见表15-7。

表 15-7

紫外线杀菌灯技术参数表

型号	灯头规格	电压(V)	电流(A)	长度(mm)	灯泡功率(W)	寿命(h)
TUV4W	G5	29	0.17	135.9	4	6000
TUV6W	G5	42	0.16	212.1	6	9000
TUV8W	G5	56	0.15	288.3	7	9000
TUV10W	G13	45	0.23	331.5	9	9000

型号	灯头规格	电压(V)	电流(A)	长度(mm)	灯泡功率(W)	寿命(h)
TUV11W	G5	37	0.33	212.1	11	9000
TUV15W	G13	51	0.34	437.4	15	9000
TUV16W	G5	46	0.35	288.3	16	9000
TUV25W	G5	68	0.49	516.9	28	9000
TUV25W	G17	46	0.60	437.4	25	9000
TUV30W	G13	100	0.37	894.6	30	9000
TUV36W	G13	103	0.44	1199.4	36	9000
TUV55W HO	G13	83	0.77	894.6	55	9000
TUV75W HO	G13	108	0.84	1199.4	75	9000
TUV115W VHO	G13	92	1.5	1199.4	115	9000
TUV115W R V HO	G13	92	1.5	1199.4	115	9000

另外还制造有专门的杀黄曲霉菌紫外线杀菌灯，它是主要辐射波长为365nm 的紫外线，其参数见表15-8。

表 15-8　　　　　　　　杀黄曲霉菌紫外线杀菌灯技术参数表

型号	灯头规格	电压(V)	电流(A)	长度(mm)	灯泡功率（W）	外径(mm)	寿命(h)
GGZ-250	E40	220	2.9	500	250	39±1	6000
GGZ-400/500	E40	220	4.4	500	400/500	39±1	9000

15-59　紫外线黑光(诱虫)灯有何用途？其技术数据有哪些？

➡紫外线黑光灯是一种在管内充汞蒸气的冷阴极辉光放电灯，它有三个品种：① 低压汞黑光灯；② 高压汞黑光灯；③ 金属卤化物黑光灯。这种黑光灯辐射光波波长在 320～400nm 之间，属于 UVA 紫外线波段，又称为长波黑斑效应紫外线。它有很强的穿透力，可以穿透大部分透明的玻璃和塑料。日光中含有的长波紫外线有超过 98% 能穿透臭氧层和云层到达地球表面，UVA 光可以直达肌肤的真皮层，破坏弹性纤维和胶原蛋白纤维，将我们皮肤晒黑。因而长波紫外线波段也被称作"晒黑段"。波长 360nm 的 UVA 紫外线符合昆虫类的趋光性反应曲线，可制造诱虫灯。黑光灯可用于鉴定古董真伪，检验钞币的真假，检测机器的裂缝，法医用它分析案件。

15-60　紫外线植物生长灯有何用途？其技术数据有哪些？

紫外线植物生长灯是一种在管内充汞蒸气的冷阴极辉光放电灯，它主要辐射光波波长在280～320nm之间，属于UVB紫外线波段，又称为中波红斑效应紫外线。日光中含有的大部分中波紫外线被臭氧层所吸收，只有不足2%能达到地球表面，在夏天和午后会特别强烈。UVB紫外线对人体具有红斑作用，能促进人体内矿物质新陈代谢和维生素D的形成，但长期或过量照射会使皮肤晒黑，并引起红肿、水泡、脱皮的症状。长久照射皮肤会出现红斑、炎症、皮肤老化，严重者可引起皮肤癌，中波紫外线是应重点预防的紫外线波段。另外，还可制成紫外线保健灯，给矿工提供补充日照的不足。下面引用余姚市光源电器厂的产品作参考，其参数见表15-9。

表15-9　　　　　　　　　　紫外线植物生长灯技术参数表

型号	灯头规格	电压（V）	电流（A）	灯泡功率（W）	寿命（h）
4W/BL	G5	24　29　34	0.17	4	5000
6W/BL	G5	36　42　48	0.16	6	5000
8W/BL	G5	48　56　64	0.145	8	5000
10W/BL	G13	44　52　60	0.22	10	5000
15W/BL	G13	46　55　60	0.31	15	5000
18W/BL	G13	50　57　64	0.37	18	5000

15-61　紫外线灯使用时应注意哪些安全事项？

使用紫外线灯时应注意以下安全事项：

（1）使用紫外线灯灭菌时，人员应立即离开室内，免遭短波紫外线的伤害，尤其对人们双眼的损害应更注重安全。

（2）使用紫外线灯灭菌时，不宜开门窗点灯运行，最好将门窗关闭，使灭菌的效果达到最佳状态。

（3）使用的紫外线灯管必须采用相同功率的专用镇流器，并要相互匹配。

（4）安装使用的紫外线灯管，不能用手直接拿取，应戴上新手套安装灯管。

（5）为了使紫外线灯保持最佳状态，要保持灯管的清洁，经常用纱布蘸酒精和丙酮将灯管表面擦拭干净。

（6）进入点有紫外线灯的室内必须佩戴防紫外线的太阳眼镜，防止损害双目。

（7）电路应接线正确，否则将烧毁灯管，损坏镇流器。

15－62　什么叫防紫外线灯？防紫外线灯有何种用途？

➡它是一种纯黄色荧光灯，将波长 500nm（紫外线全波段100～400nm 波长）以下的光波全部滤掉的荧光灯叫做防紫外线灯。防紫外线灯管分为白色灯管和黄色灯管两种，能有效抑制 400～500nm 以下波长的紫外线释放，成功地解决了因天然或人工光源对藏品的损坏，广泛应用于不需要紫外线的场所。如广泛 PCB 电子半导体厂、档案馆、图书馆、博物馆、美术馆、文艺画廊、精品展示店、油墨印刷物的对色检查、古董文物库房、食品生产车间等。

15－63　什么叫氘放电灯？它常用于哪些领域？

➡灯的泡壳内充有高纯度的氘气的放电灯叫氘放电灯。氘灯工作时，阴极产生电子发射，高速电子碰撞氘原子，激发氘原子产生连续的紫外光谱（185～400nm）。

由于氘灯的紫外线辐射强度高、稳定性好、寿命长，因此常用作各种紫外线光光度计的连续紫外光源。

15－64　什么叫激光灯？它常用于哪些领域？

➡采用半导体激光器为发光器件的灯叫做激光灯。激光灯一般分为工业激光灯和娱乐激光灯。激光灯光具有颜色鲜艳、亮度高、指向性好、射程远、易控制等优点，看上去更具神奇梦幻的感觉。应用在大楼、公园、广场、剧场等，利用激光光束的不发散性，能吸引远至几公里外人们的目光，因此激光发出点也成了人们关注的焦点。其工作原理是采用 YAG 固体激光器，使用氪灯及 Nd：YAG 晶体棒产生激光束，通过变频，形成可见的绿色光。利用计算机控制振镜发生高速偏转，从而形成漂亮的文字或图形。控制软件有德国的火凤凰软件、美国的穿山甲软件等。

激光灯应用在以下方面：①光束观赏；②图案、动画观赏；③室内观赏。

15－65　什么叫低压汞（蒸气）灯？什么叫高压汞（蒸气）灯？什么叫超高压汞（蒸气）灯？

➡放电稳定时，汞蒸气的分压强小于 10^2Pa 的放电灯叫低压汞（蒸气）灯。

放电稳定时，汞蒸气的分压强达到或大于 10^4Pa 的放电灯叫高压汞（蒸气）灯。放电稳定时，汞蒸气的分压强达到或大于 10^6Pa 的放电灯叫超高压汞（蒸气）灯。

15-66　什么叫自镇流荧光高压汞（蒸气）灯？

➡外玻璃壳内涂有荧光物资的，灯内装有能起镇流器作用的电阻的荧光高压汞灯叫自镇流荧光高压汞（蒸气）灯。

15-67　为什么高压汞灯熄灭后立即再启动需要一段时间才能正常发光？

➡因为高压汞灯灯泡在正常燃点熄灭后，放电管内的汞蒸气压力很高，在灯泡未冷却时，相应的启动电压要求很高，所以即使在灯熄灭后立即通电，灯也不能立即启辉，通常需要经过 $5\sim10\text{min}$，待灯泡冷却，灯内汞蒸气凝结后才能重新启辉。

15-68　什么叫钠灯？什么叫低压钠灯？低压钠灯有何特点？

➡主要是由钠蒸气放电而发光的放电灯叫钠灯。灯内钠蒸气的分压强在 10^4Pa 以下的钠灯叫低压钠灯。

低压钠灯具有以下特点：低压钠灯光效最高，但仅辐射单色黄光，这种灯照明情况下不可能分辨各种颜色的。主要应用是：道路照明，安全照明及类似场合下的室外应用。其光效是荧光灯的 10 倍，卤钨灯的 10 倍。与荧光灯相比，低压钠灯放电管是长管形的，通常弯成 U 形，把放电管放在抽成真空的夹层外玻壳内，其夹层外玻壳上涂有红外反射层以达到节能和提高最大光效的目的。

低压钠灯发光效率目前是人造光源中最高的光源，可达到 200lm/W，是名符其实的节能灯，经济环保、成本低、寿命长。

15-69　什么叫高压钠灯？高压钠灯有哪些优缺点？

➡钠灯放电稳定时，灯内钠蒸气的分压强达到 10^4Pa 的钠灯叫高压钠灯。

高压钠灯的优点有光效高，紫外线辐射少，透射雾性能好，寿命长。高压钠灯的缺点有显色性差，启动电压高。成本高。

15-70　为什么内触发高压钠灯灯泡熄灭后立即再启动，需一段时间才能正常发光？

➡因为内触发高压钠灯灯泡在正常燃点熄灭后，电弧管内蒸气压很高，镇流器上感应电动势就显得不足，所以，必须待灯泡冷却后，启动燃点。

15-71　什么叫金属卤化物灯？它的工作原理是怎样的？

➡️由金属蒸气和金属卤化物分解物的混合物放电而发光的放电灯叫金属卤化物灯。在高压汞灯内添加某些金属卤化物，靠金属卤化物的蒸气不断循环，向电弧提供相应金属蒸气，弧光放电发出具有该金属特征光谱的光线。这种光源光色好并且光效高。

15-72　卤钨灯有何特点？

➡️同额定功率相同的无卤素白炽灯相比，卤钨灯的体积要小得多，并允许充入高气压的较重气体（较昂贵），这些改变可延长寿命或提高光效。同样，卤钨灯也可直接接电源工作而不需控制电路（镇流器）。卤钨灯广泛用于机动车照明、投射系统、特种聚光灯、低价泛光照明、舞台及演播室照明及其他需要在紧凑、方便、性能良好上超过非卤素白炽灯的场合。

15-73　镝灯的特点及适用的场合有哪些？

镝灯属于高强度气体放电灯，具有高光效（75lm/W 以上）、高显色性（色指数 80 以上），是金属卤化物灯的一种，它利用充入碘化镝、碘化亚铊、汞等物质发出特有密集型光谱，该光谱接近太阳光谱。

➡️镝灯具有很好的显色性和较高光效，被用于舞台、体育馆、摄影棚等需要彩色转播电视或照相场所。

15-74　高强度气体放电灯有哪几种？有何特点？

➡️高强度气体放电灯（HID）都是高气压放电灯，特点是都有短的高亮度的弧形放电管，通常放电管外面有某种形状的玻璃或石英外壳，外壳是透明或磨砂的，或涂一层荧光粉以增加红色辐射。分为：

（1）高压汞灯（HPMV）：最简单的高强度气体放电灯，放电发生在石英管内的汞蒸气中，放电管通常安装在涂有荧光粉的外玻璃壳内。高压汞灯仅有中等的光效及显色性，因此主要应用于室外照明及某些工矿企业的室内照明。

（2）高压钠灯（HPS）：需要用陶瓷弧光管，使它能承受超过 1000℃的有腐蚀性的钠蒸气的侵蚀。陶瓷管安装在玻璃或石英泡内，使它与空气隔离。在所有高强度气体放电灯中，高压钠灯的光效最高，并且有很长的寿命

（24 000h），因此它是市中心、停车场、工厂厂房照明的理想光源。在这些场合，中等的显色性就能满足需要。显色性增强型及白光型高压钠灯也可用，但这是以降低光效为代价的。

（3）金属卤化物灯（M-H）：是高强度气体放电灯中最复杂的，这种灯的光辐射是通过激发金属原子产生的，通常包括几种金属元素。金属元素是以金属卤化物的形式引入的，能发出具有很好显色性的白光。放电管由石英或陶瓷制成，与高压钠灯相似，放电管装在玻璃泡壳或长管形石英外壳内。广泛应用在需要高发光效率、高品质白光的所有场合。典型应用包括上射照明、下射照明、泛光照明和聚光照明。紧凑型金属卤化物灯在需要精确控光的场合尤其适宜。

15-75 什么叫无极放电灯？它的工作原理是怎样的？

➡没有电极的气体放电灯叫无极灯，也叫感应灯。无极放电灯通电后，灯头内产生高频磁场经过高频线圈耦合作用到灯壳内气体，使气体中的电子和离子发生激烈运动而产生强烈的光。

15-76 感应无极灯有何特点？

➡无极气体放电灯所需要的能量是通过高频场耦合到放电中的，变压器的二次绕组就能产生有效的放电。从形式看来，感应灯是紧凑型荧光灯的另一种形式，但高压部分也许不同。这种灯不局限于长管形（如荧光灯管），同时还能瞬时发光。工作频率在几个兆赫之内，并且需要特殊的驱动和控制灯燃点的电子线路装置。

15-77 场致发光照明有何特点？

➡场致发光照明包括多种类型的发光面板和发光二极管，主要应用于标志牌及指示器，高亮度发光二极管可用于汽车尾灯及自行车闪烁尾灯，具有低电流消耗的优点。

15-78 什么是微波硫灯？它的工作原理、发光质量和优点是什么？

➡微波硫灯（也称硫灯），是一种高效全光谱无极灯，利用 2450MHz 的微波辐射来激发石英泡壳内的发光物质硫，使它产生连续光谱，用于照明。

（1）工作原理：微波硫灯包含一个 30mm 左右石英球泡，球泡中含有几毫克的硫粉末和氩气。球泡置于一个金属网的微波谐振腔中。一个磁控管发射 2.45GHz的微波，通过波导轰击球泡。微波能量激发气体达到 5 个标准大气压，使硫被加热到极高温度形成等离子发光。由于微波硫灯工作时温度极高，需要足够的散热措施以防止球泡融化。

因为硫会与金属电极发生化学反应，所以硫灯无法采用传统的带电极的结构。硫灯灯泡的寿命大约 6 万 h，但磁控管的设计寿命目前只有 1.5 万～2 万 h。除荧光灯外，微波硫灯比其他气体放电类电光源具有更短的预热时间，并且切断电源后 5min 内就能够重新启动。

（2）发光质量：等离子态的硫主要成分是双硫原子结构（S_2），因此微波硫灯属于分子激发发光，而不是原子激发。这样所激发的光谱是连续的，并且完整覆盖可见光谱。大约 73％的发光落在可见光谱范围，而有害的紫外线成分不到 1％。所发出的光非常接近太阳光。这些特点都是其他人造光源所无法比拟的。

光谱输出峰值在 510nm，色温大约 6000K，CRI 为 79。即使把光输出调低到 15％，也不会影响发光质量。利用滤波片或在灯泡中添加其他化学元素可以对发光质量作进一步改善。

（3）优点：微波硫灯具有高光效（>85lm/W）、长寿命（>40 000h）、光谱连续、光色好（色温 6000～7000K，显色指数 Ra>75）、无汞污染、良好的流明维持率、瞬时启动、低紫外线和红外线输出、发光体小等。

15-79　霓虹灯的工作原理是什么？

霓虹灯是一种低气压冷阳极辉光放电发光的光源。气体放电发光是自然界的一种物理现象。通过气体放电使电能转换为五光十色的光谱线，是霓虹灯工作原理的基本过程。在通常的情况下，气体是良好的绝缘体，并不能传导电流。但是在强电场、光辐射、电子轰击和高温加热等条件下，气体分子可能发生电离，产生了可以自由移动的带电粒子，并在电场作用下形成电流，使绝缘的气体成为良导体。这种电流通过气体的现象就被称气体放电过程。

它是在密闭的玻璃管内，充有氖、氦、氩等气体，灯管两端装有两个金属电极，电极一般用铜材料制作，电极引线接入电源电路，配上一只高压变压器，将 10～15kV 的电压加在电极上。由于管内的气体是由无数分子构成的，在正常状态下分子与原子呈中性。在高电压作用下，少量自由电子向阳极运动，气体分子的急剧游离激发电子加速运动，使管内气体导电，发出色彩的辉光（又称虹光）。霓虹灯原理的发光颜色与管内所用气体及灯管的颜色有关；霓虹灯原理如果在淡黄色管内装氖气就会发出金黄色的光，如果在无色透明管内装氖气就会发出黄白色的光。霓虹灯要产生不同颜色的光，就要用不同颜色的灯管或向霓虹灯管内注入不同的惰性气体：注入氦产生黄色；注入氖产生红色；注入氩产生蓝色；注入氪产生橙色；注入氙产生白色；氡气因具有放射性，一般不用。

15－80　室内照明应采用哪种类型光源？

➡️室内光源类型的选用：

（1）无特殊要求，应尽量选用高光效的气体放电灯，当使用白炽灯时，功率不应超过 100W。

（2）较低矮房间（4～4.5m 以下）宜用荧光灯，更高的场所宜用高压气体放电（HID）灯。

（3）荧光灯以直管灯为主，需要时（如装饰）可用单端和自镇流荧光灯（紧凑型）；直管荧光灯光效更高，寿命长，质量较稳定；而直管荧光灯的优势是大多使用稀土三基色粉，多配用电子镇流器。

（4）用 HID 灯应选用金卤灯、高压钠灯，一般不用汞灯。金卤灯以较好的显色性和光谱特性，比高压钠灯更优越，在多数场所，具有更佳视觉效果。

（5）近年新出现的陶瓷内管金卤灯比石英管金卤灯具有更高光效（高20%），更耐高温，显色性更好（Ra 达 82～85），光谱较连续，色温稳定，有隔离紫外线效果。陶瓷金卤灯的优异性能是发展方向。

（6）美国最新研制的脉冲启动型（pulse start）金卤灯，比普通美式金卤灯提高光效 15%～20%，延长寿命 50%，改善了光通维持率，配电感镇流器和触发器即可启动，我国已有源光亚明公司等三家引进生产。

（7）选用金卤灯应注意不同系列产品，主要有两大类：一是习惯称为美式金卤灯，即按美标的钪钠灯，我国已引进 10 条生产线，主要是这类产品；二是欧式金卤灯，有飞利浦的钠铊铟灯和欧司朗的金卤灯。两类均可用，各有特点，但必须注意其启动性能不同，配套电器附件不同。

（8）直管荧光灯的管径趋向小型，有利于提高光效，节省了制灯材料，特别是降低了汞和荧光粉用量，从 T12 到 T8 到 T5，当前主要目标是用 T8 取代

T12，进一步再用 T5；管径小便于使用稀土三基色粉，从而使 *Ra* 更高（达85），光效提高了 15％～20％，光衰小，寿命更长（达 12 000h），用汞量少80％，更符合节能、环保要求。

15－81　哪些地方不宜采用气体放电光源？

➡应急照明一般不宜采用气体放电光源，气体放电灯需用附加装置（镇流器、触发器），需再启动时间；尤其医院的急救室、手术室应禁用气体放电光源。

15－82　应急照明灯应安装在什么位置？

➡(1) 高层建筑的下列部位应设置应急照明：

1）楼梯间、防烟楼梯间前室、消防电梯间及其前室、合用室和避难层（间）。

2）配电室、消防控制室、消防水泵室、防烟排烟机房、供消防用电的蓄电池室、自备发电机房、电话总机房以及发生火灾时仍需坚持工作的其他房间。

3）观众厅、展览厅、多功能厅、餐厅和商业营业厅等人员密集的场所。

4）公共建筑内的疏散走道和居住建筑内走道长度超过 20m 的内走道。

疏散用的应急照明，其地面最低照度不应低于 0.5lx，消防控制室、消防水泵房、防烟排烟机房、配电室和自备发电机房、电话总机房以及发生火灾时仍需坚持工作的其他房间的应急照明，并应保证正常照明的照度。

消防应急照明灯具应急转换电源时间不大于 5s。

消防应急照明灯具的应急工作时间不小于 30min。

自带电源型消防应急照明灯具所用电池必须是全封闭免维护的充电电池，电池的使用寿命不小于 4 年，或全充、放电循环次数不小于 400 次。

(2) 下列部位需设置火灾事故时的备用照明：

1）疏散楼梯（包括防烟楼梯间前室）、消防电梯及其前室。

2）消防控制室、自备电源室（包括发电机房、UPS 室和蓄电池室等）、配电室、消费水泵房、防排烟机房等。

3）观众厅、宴会厅、重要的多功能厅及每层建筑面积超过 1500m² 的展览厅、营业厅等；面积超过 200m² 的演播室，人员密集建筑面积超过 300m² 的地下室。

4）通信机房、大中型电子计算机房、BAS中央控制室等重要技术用房。

5）每层人员密集的公共活动场所等。

6）公共建筑内的疏散走道和居住建筑内长度超过20m的内走道。

（3）建筑物（除二类建筑的住宅外）的疏散走道和公共出口处，应设疏散照明。

（4）凡在火灾时因正常电源突然中断将导致人员伤亡的潜在危险所（如医院内的重要手术室、急救室等），应设安全照明。

（5）应急照明在正常电源断电后，其电源转换时间应满足：疏散照明不大于15s；金融商业交易场所不大于1.5s；安全照明不大于0.5s。

（6）在有无障疑设计要求时，宜同时设有音响指示信号。楼梯间内的疏散标志灯宜安装在休息地方的墙角处，并应用箭头及阿拉伯数字清楚标明上、下层层号。根据出口门和疏散走道的相对位置，可以装设双面有图形、文字的出口标志。

（7）应急照明的接线方式：各应急灯具宜设置专用线路，中途不设置开关。二线制和三线制型应急灯具可统一接在专用电源上。各专用电源的设置应和相应的防火规范结合。应急电源与灯具分开放置的，其电气连接应采用耐高温电线，以满足防火要求。

1）二线制接线方式。该接法是专用应急灯具常用接法，适用在应急灯平时不作照明使用，待断电后，应急灯自动点亮。也适用于微功耗应急灯平时常亮，待遇断电后，转为应急持续点亮。

2）三线制接线方式。该接法为应急灯最多的接法，可对应急灯具平时的开或关进行控制，当外电路断电时不论开关处于何种状态，应急灯立即点亮应急。

15-83　应急照明与事故照明的概念相同吗？

➡️旧概念将事故照明和应急照明混为一谈，一部分旧规范将应急照明说为事故照明，或者将事故照明说为应急照明。如今以国家标准为标准统称应急照明。应急照明分为三类：① 疏散照明，就是大家常见的供逃逸用的，又分疏散标志（指向和出口）和疏散照明（提供0.5lx照度）；② 备用照明，简单说就是供坚守岗位用的，切换时间不小于15s，照度至少是正常的10%；③ 还有就是安全照明，切换时间不小于0.5s，照度是正常的5%就可以了。

15－84 应急照明灯应采用哪种光源？

➡️应急照明灯的光源宜采用白炽灯泡和卤钨灯泡，这两种光源没有启动和再启动时间，并不要启动附加装置（镇流器、触发器、启动器），即点即亮。

15－85 应急照明灯的最低照度应该多大？

➡️ GB 50034—2004《建筑照明设计标准》中应急照明的照度规定标准值宜符合下列规定：

（1）备用照明的照度值除另有规定外，不低于该场所一般照明照度值的 10%。

（2）安全照明的照度值不低于该场所一般照明照度值的 5%。

（3）疏散通道的疏散照明的照度值不低于 0.5lx。

15－86 障碍照明灯（航空障碍标志灯）应该如何设置？

➡️航空障碍标志灯的装设应根据地区航空部门的要求决定。当需要装设时应符合下列要求：

（1）障碍标志灯的水平、垂直距离不宜于 45m。

（2）障碍标志灯应装设在建筑物或构筑物的最高部位。当制高点平面面积较大或为建筑群时，除在最高端装设障碍标志灯外，还应在其外侧转角的顶端分别设置。

（3）在烟囱顶上设置障碍标志灯时宜将其安装在低于烟囱口 1.50～3m 的部位并成三角形水平排列。

（4）障碍标志灯宜采用自动通断其电源的控制装置。

（5）低光强障碍标志灯（距地面 60m 以上装设时采用）应为恒定光强的红色灯。中光强障碍标志灯（距地面 90m 以上装设时采用）应为红色光，其有效光强应大于 1600cd。高光强障碍标志灯（距地面 150m 以上装设时采用）应为白色光，其有效光强随背景亮度而定。障碍标志灯的设置应有更换光源的措施。

（6）障碍标志灯电源应按主体建筑中最高负荷等级要求供电。

15－87 照度标准如何分级？

➡️国家标准规定照度标准值分级如下：

照度标准值按 0.5、1、3、5、10、15、20、30、50、75、100、150、200、300、500、750、1000、1500、2000、3000　5000lx 分 21 级。照度单位为勒克斯（lx）。

照度标准值分级以在主观效果上明显感觉到照度的最小变化，照度差大约为 1.5 倍。

15 - 88　照明设计标准中的照明标准值中 Ra、UGR 是什么意思？

➡ Ra 是指一般显色指数，是光源对国际照明委员会规定的八种标准颜色样品特殊显色指数的平均值。Ra 为该量的表示符号，无英文全称（显色指数符号为 R，特殊显色指数为 Ri，都有不同的定义）。

UGR 是指为统一眩光值，英文全称 unified glare rating。度量室内视觉环境中的照明装置发出的光对人眼造成不舒适感主观反应的心理参量，其量值可按规定计算条件用 CIE 统一眩光值公式计算。

同时还有 GR（glare rating）是指眩光值。两者区别就是 UGR 用于室内，GR 用于室外。

15 - 89　对公园照明设计有哪些要求？

➡公园照明设计要求如下：

（1）应根据公园类型（功能）、风格、周边环境和夜间使用状况，确定照度水平和选择照明方式。

（2）应避免溢散光对行人、周围环境及园林生态的影响。

（3）公园公共活动区域的照度标准值应符合表 15 - 10 中的规定。

表 15 - 10　　　　　　　　公园公共活动区域的照度标准值

区域	最小平均水平照度 $E_{h.min}$	最小半柱面照度 $E_{sc.min}$
人行道、非机动车道	2	2
庭院、平台	5	3
儿童游戏场地	10	4

15 - 90　庭院照明采用哪些照明器？有何特征？

➡室外庭院绿化区域大都采用庭院灯和草坪灯，这类灯既是装饰品又有夜景照明功能。目前常用的草坪灯设置草坪的边缘，在人们沿小径散步时具有引路功能；灯的安装高度在 0.5m 左右，灯的结构多为百叶窗形式，从外面看不见灯泡，如今多用节能灯、荧光灯代替白炽灯。

15-91 建筑物和纪念碑立面照明安装投光灯以显示里外面照明效果时，投光灯应如何布置？

➡建筑物和纪念碑立面照明采用投光灯投射以显示里外面照明效果的这种做法属于泛光照明，而泛光照明是一种使室外的目标或场地比周围环境明亮的照明，是在夜晚投光照射建筑物外部的一种照明方式。泛光照明的目的是多种多样的，其一是为了安全或为了夜间仍能继续工作，如汽车停车场、货场等；其二是为了突出雕像、标牌或使建筑物在夜色中更显特征。

在建筑物和纪念碑的装饰照明中，是用尽可能多的光，在少产生或不产生不舒适眩光的条件下，使建筑艺术得到充分体现。在建筑物泛光照明设计时，要根据建筑物表面的材料、平滑程度和造型选择光源和灯具。灯具的位置尽可能地安装在店牌或装潢物的后面，使灯具避开人们的视线，但必须考虑整体照明效果，不能造成阴影。在无法避开视线的情况下，尽可能地使灯具不破坏建筑物的整体效果。

建筑物的泛光照明应同周围环境相配合。如果对城市干道两旁的高大建筑物都采用同一种照明方式，那么就会给人一种平淡无味，甚至呆板的感觉。为解决这种现象，考虑以下几方面。

（1）要考虑到建筑物的材料与灯具的光源相结合，建筑物泛光照明照度一般在 15～450lx 之间，大小取决于周围的照明条件和建筑材料的反射能力。

（2）要考虑建筑物的造型与光源的色彩相结合。根据建筑物的造型可选择彩色照明，在建筑物的正面和侧面之间造成明显的颜色反差，增添一种节日气氛。

（3）建筑物泛光照明与霓虹灯照明相结合。对于建筑物单是泛光照明还不够，还可以配合霓虹灯照明，在一座建筑大厦的照明设计中，群楼部分可用霓虹灯进行装饰，主楼可采用泛光照明，上部根据建筑物的造型选择霓虹灯，形成一种主体式照明效果。特殊的建筑可以配以特殊的灯光效果使建筑与环境相得益彰。

15-92 建筑物里面照度如何确定？

➡建筑物里面照度的确定应按 GB 50034—2004《建筑照明设计标准》中规定选定。

15－93　什么叫做夜景照明？夜景照明应采用哪些方法来表现？

➡️泛指除体育场场地、建筑工地、和道路照明等功能性照明以外，所有室外公共活动空间或景物的夜间景观的照明叫做夜景照明，也称景观照明。

夜景照明多般采用多元空间立体照明方法，包括泛光照明法、轮廓照明法、内透光照明法、剪影照明法、层叠照明法、重点照明法、动态照明法的综合运用，表现照明对象的形象特征和艺术内涵以及文化修养。

15－94　夜景照明设计如何选择照明光源？

➡️夜景照明设计按下列条件选择：

（1）泛光照明宜采用金属卤化物灯或高压钠灯。

（2）内透光照明宜采用三基色直管荧光灯、发光二极管（LED）灯或紧凑型荧光灯。

（3）轮廓照明宜采用紧凑型荧光灯、冷阴极荧光灯或发光二极管（LED）灯。

（4）商业步行街、广告等对颜色识别要求较高的场所宜采用金属卤化物灯、三基色直管荧光灯或其他高显色性光源。

（5）园林、广场的草坪灯宜采用紧凑型荧光灯、发光二极管（LED）灯或小功率的金属卤化物灯。

（6）自发光的广告、标识宜采用发光二极管（LED）板、场致发光膜（EL）等低耗能光源。

（7）通常不宜采用高压汞灯，不应采用自镇流荧光高压汞灯和普通照明白炽灯。

15－95　工厂照明灯具应如何选择？

➡️工厂照明灯具的选择原则是：

（1）工厂照明灯具的选择应根据环境条件、照明器光强分布曲线、限制眩光能力、外形美观与建筑协调等因素来选定。

（2）工厂照明必须首先满足生产和检验的需要。厂房照明系统通常分三大类：①厂房高度在15m以上的大厂房，灯具安装高度在7～8m间，宜采用集中配光直射型（即深照型）照明器，间花使用高压汞灯和高压钠灯电光源；②在厂房高度低于15m的厂房，灯具安装在5～6m间，宜采用余弦配光直射型（即配照型）照明器，间花使用高压汞灯和高压钠灯电光源；③在照明器之上方需要观察设备的场所及室内整个空间要求光线柔和的场所，宜采用上半球有光通分布的均照配光型照明器。另外，在厂房中四周墙上和柱上设置广照型照明器，使用高功率荧光灯电光源，以求二者相结合，以保证工作面上所需照度。

（3）在有机械撞伤的场所或照明器安装高度很低时照明器应有保护设施，如有钢丝网防护罩。

（4）在有爆炸性气体或粉尘的厂房内时，应采用防爆防尘式照明器，其控制开关不应装设在同一场所，若需要安置在同一场所时，应采用防爆式开关。

（5）在或潮湿有水蒸气的厂房内时，应采用防水全密封式照明器；在潮湿的室外环境应采用具有结晶水出口的封闭式照明器或带有防水口的敞口式照明器。

（6）在有腐蚀性气体和特别潮湿的室内，应采用全密封式照明器，灯具的各个部件应做防腐处理，开关设备应加保护装置。

（7）应考虑照明灯具的维护方便和使用安全。

（8）在选择照明器时应考虑保持灯泡光线中心的正确位置和保护角，照明器的尺寸应与灯泡功率容量大小相匹配。

15-96 水景照明设计要遵循哪些原则？

➡（1）应正确评估周围环境与水景的关系，准确决定在景观中应照射的对象。

（2）设备的安装要考虑特定照度，观赏角度等原因，确保灯具的投射方向不会造成眩光或光污染。

（3）设计和施工必需遵守国家规程或 IEC 标准规范，满足安全措施的需求。

（4）材料选型必须严格执行水下设备的防护等级要求。

15-97 照明系统中每一单相回路最多装几盏灯？

➡照明系统中的每一单相回路，不宜超过 16A，灯具为单独回路时数量不宜超过 25 个。大型建筑组合灯具每一单相回路不宜超过 25A，光源数量不宜超过 60 个。建筑物轮廓灯每一单相回路不宜超过 100 个。

15-98 如何计算电源插座的用电量？

➡JGJ 16—2008《民用建筑电气设计规范》中规定当插座为单独回路时数量不宜超过 10（组）。我们以 86 系列插座为计算单位，86 系列插座有额定电压 250V 的额定电流 10A 和 15A 插座两种，若以 10A 插座为计算单位，则每一单独回路的用电量为 $220×10×10＝22\ 000W＝22kW$；又以 15A 插座为计算单位，则每一单独回路的用电量为 $220×10×15＝33\ 000W＝33kW$。这两种计算方法是以每一个 10A 插座接满负荷为 2.2kW 或每一个 15A 插座接满负荷计算的，生活中每个插座实际负荷是变化的，如果一个配电箱连接多个单独插座回路和其他配电回路，还存在一个同时率和需用系数问题，在进行供电变压器和配电箱总负荷计算时会考虑进去的。现在小五金市场的插座型号、系列五花八门，大部分都和 86 系列插座性能相仿，10A 插座用于一般小型家电设备（如电吹风机、座式电风扇、电水壶等），15A 插座用于家用空调机。

15－99 三相四线制系统向气体放电光源供电时，中性线的截面如何选择？

➡ GB 50054—2011《低压配电设计规范》中规定：在三相四线制配电系统中，中性线的允许载流量不应小于线路中最大不平衡负荷电流，，且应计入谐波电流的影响。以气体放电灯为主要负荷的回路中，中性线截面积不应小于相线截面积。因此，中性线的截面积的选择等于相线的截面积。

15－100 照明灯具在什么条件下宜采用 36V 电压？

➡照明灯具采用 36V 的安全电压是基于安全考虑，在以下的场合使用：

（1）隧道、人防工程、高温、有导电灰尘、比较潮湿或灯具离地面高度低于 2.5m 等场所的照明，电源电压不应大于 36V。

（2）潮湿和易触及带电体场所的照明，电源电压不得大于 24V。

（3）特别潮湿场所、导电良好的地面、锅炉或金属容器内的照明，电源电压不得大于 12V。

15－101 照明灯具末端电压损失有何限制？末端电压损失有何限制？

➡照明灯具的末端电压损失在一般工作场所为±5%；对于远离变电站的小面积一般工作场所难以满足上述要求时，可为+5%、－10%；应急照明、道路照明和警卫照明等为＋5%、－10%。末端电压损失限制电压应不低于 198V。

15－102 照明负荷应如何计算？

➡照明负荷计算通常在配电系统图已初步拟定后进行。首先要做的工作是统计各部分的设备容量 P_e，也称为设备功率或安装功率。设备容量 P_e 的计算是将该部分所连接的用电设备功率相加，以 kW 为单位的总和即得设备容量。

照明的负荷计算是算出通过配电系统各部分（支线、干线及配电箱等）的电流和功率作为选择供电导线、开关设备等的依据，也作为校验电压损失的资料。照明用电设备除固定安装的灯具外，有时还包括吊扇、插座等各种小型用电设备。

对于配电箱、干线或总进线的设备容量 P_e，其计算方法与支路相同。通常，有了各支路的 P_e 后，一个配电箱的 P_e 便可由它供电的各支路 P_e 相加而得。各配电箱的 P_e 得出后，干线或进线的 P_e 又可由所负担的配电箱的 P_e 相加得到。

同时要考虑一个问题。由于各支路供电均为单相，而电源进线常为三相四线制系统，为了三相平衡，在 P_e 的分配上，应求各配电箱、干线或总进线上的容量，各相要大体平衡（允许有差别，但尽量使其不平衡小一些）。为此，常要标出各支路的相别，并检查干线或配电箱各相容量的大小，如不平衡，可调换个别支路的相别来解决。有时配电箱各支路的相别不按 U、V、W 的顺序书写，便是这个原因。

有了设备容量 P_e 便可进行计算各配电箱及线路的计算负荷 P_{js}。其计算公式为

$$P_{js}=K_x \cdot K_{sh} \cdot \sum P_e \qquad (15-10)$$

式中　P_{js}——计算负荷，kW；

　　$\sum P_e$——所计算部分（支、干线，总进线、配电箱）的设备容量，kW；

　　K_x——需用系数，见表 15-11；

　　K_{sh}——同时系数，见表 15-12，通常照明负荷的同时系数 K_{sh} 取为 1。

最后，根据计算负荷 P_{js} 求出相应的计算电流 I_{js}，其三相计算电流公式为

$$I_{js}=\frac{P_{js}}{\sqrt{3}U_1\cos\varphi} \qquad (15-11)$$

其单相计算电流公式为

$$I_{js}=\frac{P_{js}}{U_x\cos\varphi} \qquad (15-12)$$

式（15-11）、式（15-12）中 I_{js}——计算电流，A；

　　　　　　　　　　P_{js}——计算负荷，kW；

　　　　　　　　　　U_1——线电压，V；

$$U_x$$——相电压，V；

$$\cos\varphi$$——负荷的功率因数。

公式中较难解决的问题是 $\cos\varphi$ 值。因为不同的用电设备有不同的 $\cos\varphi$ 值（例如白炽灯等 $\cos\varphi$ 为1；吊扇 $\cos\varphi$ 约为0.8；荧光灯等 $\cos\varphi$ 约0.5）。为了简化，通常估计计算负荷中白炽灯容量占大多数时，可取 $\cos\varphi$ 为1.0；当荧光灯的容量占大多数时，可取 $\cos\varphi$ 为0.6；当两者容量接近时，可取 $\cos\varphi$ 为0.8。

表 15－11 **各种建筑物的照明负荷需用系数**

建筑类别	需用系数 K_x	备注
民用建筑		
住宅楼	0.4～0.6	单元住宅，每户两室6～8个插座，户装电能表
单身宿舍楼	0.6～0.7	标准单间，1～2盏灯，2～3个插座
办公楼	0.7～0.8	标准单间，2盏灯，2～3个插座
科研楼	0.8～0.9	标准单间，2盏灯，2～3个插座
教学楼	0.8～0.9	标准教室，6～8盏灯，1～2个插座
商店	0.85～0.95	有举办展销会可能
餐厅	0.8～0.9	
社会旅馆	0.7～0.8	标准客房，1盏灯，2～3个插座
	0.8～0.9	附有对外餐厅时
旅游宾馆	0.35～0.45	标准客房，4～5盏灯，4～6个插座
门诊楼	0.6～0.7	
病房楼	0.5～0.6	
影院	0.7～0.8	
剧院	0.6～0.8	
体育馆	0.65～0.75	
工业建筑		
小型生产建筑、小仓库	1.0	
由大跨间组成的厂房	0.95	
由多数小间组成的厂房	0.85	
大型仓库，变、配电所	0.6	
事故照明、室外照明	1.0	

表 15-12　　　　　　　　　　有功负荷和无功负荷的同时系数

配电所母线上最大负荷时	
适用范围	同时系数 K_{sh}
计算负荷小于 5000kW	0.9～1.0
计算负荷为 5000～10 000kW	0.85
计算负荷超过 10 000kW	0.80

注　K_{sh} 为配电所母线上最大负荷时所采用的同时系数。

15-103　需用系数 K_x 的含义是什么？它是如何选定的？

➡考虑到所有安装的设备并不全部使用，或者并不满额使用而乘以一个常数，这个常数叫做需用系数，这个常数是小于或等于 1 的一个数。选择需用系数要考虑以下几点：

（1）对于表 15-11 中未提到的建筑，可套用性质相近的建筑的需用系数。

（2）在系数变化范围中，一般建筑物面积较大的取其中的较小值。

（3）对于表 15-11 中的系数适合于计算一座建筑物的总负荷（指总进线负荷）。对于以下的干线等，系数应逐渐适当增大，到最后的支路时，系数要取为 1。因此，在支路中，$P_{js} = P_e$。

（4）在分析研究需用系数的取值时，一般以取偏大些为宜。这样既可满足发展（增加负荷）的需要，也可照顾三相不平衡时最大相的要求，并能弥补统计 P_e（如荧光灯按 40W 计）时的不足。

15-104　同时系数 K_{sh} 的含义是什么？它是如何选定的？

➡考虑到所有安装的设备并不是全部在同一时间内使用，并不满额时间内使用而乘以一个常数，这个常数叫做同时系数。这个常数是小于或等于 1 的一个数。选择同时系数要考虑以下几点：

（1）要考虑计算负荷的大小而选定，当计算负荷较少时，同时系数可取为 1。

（2）同时系数是用在多组设备的计算负荷中。

（3）同时系数是一个不小于 0.8 的数。

15-105　如何计算灯具所需的数量和功率？

➡建筑物未做照明设计前，规划是对建筑物的总建筑面积 S 有所划定，知道了总建筑面积就可以用单位面积容量法来估算用电功率和灯具的数量。此方法计算比较简单、实用，下面介绍单位面积容量法，其计算式如下。

（1）灯具的总功率： $$\sum P = WS \qquad (15-13)$$

（2）灯具的数量： $$N = \sum P / P \qquad (15-14)$$

式中　W——单位面积所需的照明功率，W/m^2，参见表15-13；

　　　S——建筑物的总面积，m^2；

　　　$\sum P$——灯具的总功率，W；

　　　P——灯泡的功率，W；

　　　N——灯具的数量。

表15-13　　　　　　　　　　　单位面积照明所需照明的功率

序号	建筑物名称	单位面积消耗功率（W/m^2）	序号	建筑物名称	单位面积消耗功率（W/m^2）
1	金工车间	6	14	各种仓库	5
2	装配车间	9	15	生活间	8
3	工具修理车间	8	16	锅炉房	4
4	金属结构车间	10	17	机车库	8
5	焊接车间	8	18	汽车库	8
6	锻工车间	7	19	住宅	4
7	热处理车间	8	20	学校	5
8	铸钢车间	8	21	办公楼	5
9	铸铁车间	8	22	单身宿舍	4
10	水工车间	11	23	食堂	4
11	实验室	10	24	托儿所	5
12	煤气站	7	25	商店	5
13	压缩空气站	5	26	浴室	3

注　本表可使用在一般工厂车间及有关场所。

15-106　建筑物未做照明设计前如何估算用电量？

→建筑物（综合大楼）的交流用电量应当由动力、照明、控制、通信、智能化等系统用电的总和组成。由各个专业计算本专业的计算负荷，提供到归口专业汇总就得到一个建筑物的用电量。

15－107　根据利用系数如何进行道路平均照度的计算？

道路平均照度的计算公式：

$$E_{av}=C_x qMN/WS \qquad (15-15)$$

式中　C_x——利用系数，根据道路的宽度和灯具的安装高度、悬挑和仰角，由
灯具的利用系数曲线图查出；

q——灯泡的光通量；

M——维护系数，随灯具的使用环境备件及维护状况的不同而异；

N——每个灯具内实际燃点的灯泡数目；

W——路面宽度；

S——灯具间距。

15－108　国际电工委员会（IEC）对灯具的防尘防水性能如何分级？

(1) 灯具的防尘性能以字母"I"表示，它分成 6 级：

一级防尘：防护大于 50mm 的固体物；

二级防尘：防护大于 12mm 的固体物；

三级防尘：防护大于 2.5mm 的固体物；

四级防尘：防护大于 1.0mm 的固体物；

五级防尘：也称"防尘"；

六级防尘：也称完全防尘或"尘密"。

(2) 灯具的防水性能以"P"表示，它分成 8 级：

一级防水：防垂直落下的雨滴；

二级防水：防以最大达 150°的倾斜角落下的雨滴；

三级防水：防雨水，也称防"淋"；

四级防水：防"溅"；

五级防水：防"喷"；

六级防水：防巨浪；

七级防水：防浸泡，也称"水密"；

八级防水：防长时间浸泡，也称"加压水密"。

15－109　IP54 表示什么含义？

国际电工委员会规定灯具壳体的防尘、防水等级由字母 IP（防护指标）
后跟两个数字表示。第一位数字表示防尘级别，第二位数字表示防水级别。

IP54 表示灯具为 5 级防尘、4 级防水。

15－110 何时选用胶质灯头？何时选用瓷质灯头？灯头的接线要注意什么？

➡️灯泡功率在 100W 及以下时，可以选用胶质灯头。100W 以上及防潮灯具应选用瓷质灯头。

螺口灯头的接线应当特别注意中心接线端子 L 一定接相线，螺纹接线端子一定接中性线，不能接错，否则引起触电事故。

15－111 楼梯间每层转弯平台照明灯控制的楼梯开关是怎样接线的？

➡️楼梯间每层转弯平台照明灯控制的楼梯开关是采用单刀双掷开关，又称双向开关。楼梯间每层转弯平台照明灯控制的楼梯开关需要两只单刀双掷开关（双向开关），即是两只开关控制一盏灯的接线，具体接线如图 15－2 所示。

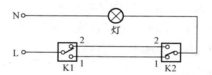

图 15－2　每层转弯平台照明灯的接线图

图 15－2 中 L 端子接相线，N 端子接中性线，K1、K2 为两只单刀双掷开关，下一层 K1 开关扳到 1 位置，转弯平台的灯就亮，到上一层时，将 K2 扳倒 2 的位置，转弯平台的灯就黑。每层的转弯平台如此循环接线就完成整个楼梯间的照明接线。

15－112 什么是眩光？怎样分类？设计照明时应怎样避免眩光？

➡️人眼视野内的光引起视觉不舒适或造成视力下降的现象叫眩光。道路照明中眩光分失能眩光和不舒适眩光两类。眩光效应的大小与照明器距视中心线横向尺寸有关，横向尺寸越大眩光效应就会相应减少。设计照明时采取提高照明器安装高度的方法，有利于减少眩光程度。

15－113 太阳路灯的工作原理是什么？

➡️白天太阳能光伏电池板把阳光照射的光能转换为电能，经过智能控制器储蓄到蓄电池中，当夜幕降临光照度低于 2lx 时，太阳能电池板输出电压降为 3V 左右，智能控制器检测到这一电压值后关断充电回路，打开通向光源的放电回路，蓄电池的电能经过控制器点亮路灯光源。天亮以后照度高于 10lx 时，智能控制器检测到 10V 左右电压值以后，关断放电回路打开充电回路开始给蓄电器充电的过程。

15-114　太阳路灯系统由哪些器件组成？

➡太阳路灯系统由太阳能光伏电池板（包括支架）、光源和灯具组成的照明器、蓄电池组、智能控制器及灯杆、杆座等组成。

15-115　什么叫 LED 照明？LED 照明有何特点？

➡利用电子能级跃迁发出红外、紫外可见光的半导体器件被叫做 LED（light emiting diode）照明。它具有 PN 结、异质结、双异质结、量子阱等功能结构。

LED 照明光源的优点：

（1）新型绿色环保光源：LED 运用冷光源，眩光小，无辐射，使用中不产生有害物质。LED 的工作电压低，采用直流驱动方式，超低功耗（单管 0.03～0.06W），电光功率转换接近 100%，在相同照明效果下比传统光源节能 80% 以上。LED 的环保效益更佳，光谱中没有紫外线和红外线，而且废弃物可回收，没有污染，不含汞元素，可以安全触摸，属于典型的绿色照明光源。

（2）寿命长：LED 为固体冷光源，环氧树脂封装，抗震动，灯体内也没有松动的部分，不存在灯丝发光易烧、热沉积、光衰等缺点，使用寿命可达 6 万～10 万 h，是传统光源使用寿命的 10 倍以上。LED 性能稳定，可在 -30～+50℃环境下正常工作。

（3）多变换：LED 光源可利用红、绿、蓝三基色原理，在计算机技术控制下使三种颜色具有 256 级灰度并任意混合，即可产生 256×256×256（即 16777216）种颜色，形成不同光色的组合。LED 组合的光色变化多端，可实现丰富多彩的动态变化效果及各种图像。

（4）高新技术：与传统光源的发光效果相比，LED 光源是低压微电子产品，成功地融合了计算机技术、网络通信技术、图像处理技术和嵌入式控制技术等。传统 LED 灯中使用的芯片尺寸为 0.25mm×0.25nm，而照明用 LED 的尺寸一般都要在1.0mm×1.0mm以上。LED裸片成型的工作台式结构、倒金字塔结构和倒装芯片设计能够改善其发光效率，从而发出更多的光。LED封装设计方面的革新包括高传导率金属块基底、倒装芯片设计和裸盘浇铸式引线框等，采用这些方法都能设计出高功率、低热阻的器件，而且这些器件的照度比传统LED产品的照度更大。

目前一个典型的高光通量LED器件能够产生几流明到数十流明的光通量，更新的设计可以在一个器件中集成更多的LED，或者在单个组装件中安装多个器件，从而使输出的流明数相当于小型白炽灯。例如，一个高功率的12芯片单色LED器件能够输出200lm的光能量，所消耗的功率在10~15W之间。

LED光源的应用非常灵活，可以做成点、线、面各种形式的轻薄短小产品；LED的控制极为方便，只要调整电流，就可以随意调光；不同光色的组合变化多端，利用时序控制电路，更能达到丰富多彩的动态变化效果。

LED已经被广泛应用于各种照明设备中，如电池供电的闪光灯、微型声控灯、安全照明灯、室外道路和室内楼梯照明灯以及建筑物与标记连续照明灯。

15-116 什么叫半导体照明？什么叫固态照明 (SSL)？

➡利用半导体器件作为光源照明技术的被叫做半导体（semi conductor lighting）照明。可利用的半导体器件有LED和LD等，仅在中国大陆和日本称为半导体照明。

利用固态光源技术器件作为照明技术的被叫做固态（solid state lighting）照明。它主要光源有LED、OLED、LD、Eld等。固态照明范围要比半导体照明范围要大，内涵也更丰富。

15-117 试述LED照明的工作原理。

➡LED是light emitting diode的缩写，中文名称"发光二极管"其发光原理跟激光的产生相似。

它是一个原子中的电子有很多能级，当电子从高能级向低能级跳迁时，电子的能量就减少了，而减少的能量则转变成光子发射出去。大量的这些光子就是激光了。LED原理类似。不过不同的是，LED并不是通过原子内部的电子跃迁来发光的，而是通过将电压加在LED的PN结两端，使PN结本身形成一个能级（实际上，是一系列的能级），然后电子在这个能级上跃变并产生光子来发光的。

15－118　什么叫常规道路照明？

➡️一只或两只灯具安装在高度通常为 15m 以下的灯杆上，按一定间距有规律地连续设置在道路的一侧、两侧或中央分车带上进行照明的一种方式叫做常规道路照明。采用这种方式时，灯具的纵轴垂直于路轴，因而灯具所发出的大部分光射向道路的纵方向。

15－119　什么是城市道路？什么是快速路、主干路？

➡️凡是在城市范围内具有一定技术条件和设施的道路称为城市道路。

快速路在特大城市或大城市中设置，是用中央分隔带将上、下行车辆分开，供汽车专用的快速干路，主要联系市区各主要地区、市区和主要的近郊区、卫星城镇、联系主要的对外出路，负担城市主要客、货运交通，有较高车速和大的通行能力。快速路即是迎宾路、通向政府机关和大型公共建筑的主要道路。

主干路是城市道路网的骨架，联系城市的主要工业区、住宅区、港口、机场和车站等客货运中心，承担着城市主要交通任务的交通干道。主干路沿线两侧不宜修建过多的行人和车辆入口，否则会降低车速。它位于市中心或商业中心的道路。

15－120　什么是次干路？什么是支路？

➡️次干路为市区内普通的交通干路，配合主干路组成城市干道网，起联系各部分和集散作用，分担主干路的交通负荷。次干路兼有服务功能，允许两侧布置吸引人流的公共建筑，并应设停车场。

支路是次干路与街坊路的连接线，为解决局部地区的交通而设置，以服务功能为主。部分主要支路可设公共交通线路或自行车专用道，支路上不宜有过境交通。

15－121　什么是居住区道路？什么是路面平均亮度？

➡️凡是居住区内的道路及主要供行人和非机动车通行的街巷叫做居住区道路。按照国际照明委员会 CIE 的有关规定在路面上现场设定的点上测得的或计算的各点亮度的平均值叫做路面平均亮度。

15-122 城市道路照明对灯具有哪些要求？

→城市道路照明灯具的要求灯具是用来固定和保护光源，并调整光源的光线投射方向，以获得照明环境的合理光分布。对灯具的要求主要包括光学特性、机械特性以及电气性能。

（1）光学特性：光束峰值光强、光束角度、截光角度、光束效率、光强分布曲线及被照建筑物的体形、被照面面积、要达到的效果及灯具安装位置、高度等选择合适的灯具。

（2）机械特性：灯具应便于在水平及垂直方向进行调节，并具有牢固可靠的锁紧装置；应具有良好的耐腐蚀性能，室外灯具的防尘、防水等级应高于 IP55。

（3）电气特性：城市道路照明灯具都安装于室外，因而必须具有良好的防触电保护，使灯具与保护接地连接。

15-123 道路照明如何选定光源？

→按照 CJJ 45—2006《城市道路照明设计标准》规定道路光源的选择：

（1）快速路、主干路、次干路和支路应采用高压钠灯。

（2）居住区机动车和行人混合交通道路宜采用高压钠灯或小功率金属卤化物灯。

（3）市中心、商业中心等对颜色识别要求较高的机动车交通道路可采用金属卤化物灯。

（4）商业区步行街、居住区人行道路、机动车交通道路两侧人行道可采用小功率金属卤化物灯、细管径荧光灯或紧凑型荧光灯。

CJJ 45—2006 实施已经多年，在这段时间内技术的突飞猛进，已经出现了节能性 LED 型路灯应用于道路照明方面。用于道路照明的光源应具有良好的照明效果和符合经济节能的要求。将道路照明用光源的特性进行比较，见表 15-14。

表 15-14　　　　道路照明用光源的主要特性比较表

光源特性名称	高压钠灯	金属卤化物灯	紧凑型荧光灯	LED 灯
光效（lm/W）	100～120	65～120	65	～100（还有较大提高空间）
寿命（h）	10 000	5000～20 000	10 000	＞30 000
一般显色指数	～25	65～95	65～90	70～85

续表

环保	有汞	有汞	有汞	无
抗震性能	较好	好	较差	好
节能程度	较好	较好	较好	好

15－124　道路照明灯具按光强分布曲线可分为几类？各适用于什么场合？

➡️道路照明灯具按光强分布曲线可分为截光型、半截光型、非截光型三大类灯具：

（1）截光型灯具由于严格限制水平光线，光的横向延伸受到抑制，致使道路周围地区变暗，几乎感觉不到眩光，同时可以获得较高的路面亮度与亮度均匀度，其主要用于高速公路或市郊道路。

（2）非截光型灯具不限制水平光线，眩光严重，但它能把接近水平的光线射到周围的建筑物上，看上去有一种明亮感，因此，在市内车速较低的街道，要求周围场合明亮时，应首先考虑使用此类灯具。

（3）半截光型灯具界于截光型与非截光型灯具之间，对水平光线有一定程度的限制，同时横向光线也有一定程度的延伸，有眩光但不严重，其主要用于城市的道路照明。

15－125　升降式的高杆灯主要组成部分有哪些？

➡️升降式高杆灯有以下几部分组成：

（1）灯杆本体：形式有等径杆、圆锥形杆或者棱锥形杆。灯杆的高度大于20m，杆体采用热浸锌防腐。

（2）升降支架：插接在灯杆本体的顶部，一般为焊接构件，也需要热浸锌防腐处理，安装有电缆滑轮和钢丝滑轮，起升降灯盘的支撑作用。

（3）杆体、避雷针：避雷针位于杆体的顶部，用于高杆的防雷。

（4）防护帽：用于对杆体升降架的防水。

（5）灯盘：采用高强度铝合金型材、不锈钢或者镀锌钢材拼接而成，强度高，防腐性能好，用于安装灯具和防坠落装置。

（6）灯具：安装在灯盘上，采用专业照明投光灯，效率高，电气一体化设计，防水防尘等级可达到 IP65。

（7）升降机构：安装在杆体下部的接线箱内，包括电动机、减速装置和缠绕钢丝的卷筒，卷筒的形式有单卷筒、双卷筒、三卷筒。

（8）脱挂钩装置：用来在灯盘升降到位以后卸载钢丝绳的负荷，以提高钢丝绳的使用寿命和安全可靠性。

（9）灯盘防坠落装置：安装在灯盘上。它可以在钢丝绳意外断裂或者其他的意外因素使灯盘发生坠落时迅速制动灯盘的坠落，提高安全度。

（10）照明控制部分：安装在杆体下面的接线箱内，包括控制开关、过电流保护装置等，并且安装有供检修用的三相电源插座。

（11）动力部分：采用可移动式的电动机，以减少杆体的尺寸，实现一机多用，降低工程造价，便于维修和维护；也可以根据需要采用内藏式固定电动机。

（12）升降的控制部分：可安装在杆体下面的接线箱内，也可以安装在离杆一定的距离处，用于控制灯的升降。

15－126　常规路灯钢杆的安全接地电阻是多少？高杆灯钢杆的接地电阻是多少？

➡常规路灯钢杆的安全接地电阻值为不大于 10Ω；高杆路灯钢杆的接地电阻不大于 4Ω。

15－127　路灯的亮灯率的计算公式是怎样表示的？

➡路灯的亮灯率的计算公式是：

$$\eta = \frac{N-n}{N} \times 100\% \qquad (15-16)$$

式中　　η——亮灯率；

N——总抽查灯数；

n——灭灯数。

15－128　道路照明的供电原则是什么？

➡道路照明设施供电原则有：

（1）重要道路和区段的照明，宜采用双电源供电或将该地区路灯（隔灯、隔杆、隔排）分别接在不同的控制开关上。

（2）照明供电线路末端电压不应低于额定电压的 90%。

（3）采用路灯专用变压器供电时，变压器负载率可选择在额定容量的 $70\% \sim 80\%$。

（4）三相负荷接线分配平衡。

15－129　在隧道照明设计时，应特别地考虑什么问题？

➡隧道照明设计时应从技术角度考虑，在白天日光下隧道内外亮度的差别非常大，驾驶员从明亮度环境进入亮度较低的环境，再从亮度较低的环境返回到明亮的环境中，所以在进行隧道照明设计的时候应特别考虑人眼的暗适应和明适应，即过渡照明技术问题。

15－130　对长隧道的照明，应划分几个区域进行设计？

➡长隧道照明设计时应特别考虑将长隧道划分为入口区、临界区、过渡区、室内区和出口区共五个区域分别进行照明设计。

15－131　隧道内照明灯具防护等级有什么要求？

➡隧道内照明灯具防护等级要求应不低于 IP65 级，也就是说防尘不小于 6级，防水不小于 5级。

15－132　隧道内的照明如何选择电光源与灯具？

➡隧道内的照明用的电光源除满足一般道路照明的主要要求外，还应选择能在汽车排烟气中仍能保证有良好能见度的光源，因此一般情况下应使用在烟雾中较好透视性的钠灯。照明灯具多采用吸顶式或嵌入式，选择时应考虑对墙面的配光以及烟尘污染问题。

15－133　路灯基本控制方式有哪些？路灯控制的基本要求有哪些？

➡路灯基本控制方式有手控、钟控、经纬度控制、光控和遥控共五种。

路灯控制的基本要求有三条：①白天不允许送电；②晚上必需送电；③能自动调节开关时间。

15－134　何谓定时钟控？何谓手控？各有何优缺点？

➡依靠一般的时钟开关，将当天开（关）灯时间调整在时钟开关上进行路灯控制的方法叫定时钟控。优点是能确保白天断电和夜间送电，缺点是开（关）灯时间需经常调整和阴雨天时不能自行提前开灯。

根据光线明暗变化用人工进行路灯控制的方法叫手控。优点是开（关）灯时间正确，缺点是需要专人管理。

15-135　何谓光控？何谓经纬度控制？各有何优缺点？

▶根据光导管中光敏电阻上接收到光的强弱（照度）进行路灯控制的方法叫光控。优点是能根据光线明暗变化自行确定开（关）灯，缺点是需要经常维护并易受到散光的干扰而误动作。

经纬度控制俗称微电脑控制，又称路灯自动控制仪。根据当地的经纬度预先输入该控制仪，依靠程序自动计算每日的送电、断电时间，进行路灯控制的方法叫经纬度控制。优点是能确保白天断电和夜间送电，并在一次输入后不需要调整。缺点是阴雨天时不能自行提前开灯。

15-136　什么是灯台？其作用是什么？

▶灯台俗称为接线箱，用来安装道路照明的地下电缆的接头、熔断器盒、电容器和镇流器，在一定程度上，也起到装饰照明设施的作用。

15-137　什么叫插口式灯头？什么叫螺口式灯头？E27 和 E40 灯头的壳体与带电体之间的爬电距离各是多少？

▶用插销与灯座进行连接的灯头叫插口式灯头，用"B"标识。用圆螺纹与灯座进行连接的灯头叫螺口式灯头，用"E"标识。

E27 灯头的壳体与带电体之间的爬电距离是 3mm，E40 灯头的壳体与带电体之间的爬电距离是 5mm。

15-138　什么叫灯座？什么叫防潮灯座？

▶保持灯的位置和使灯与电源相连接的器件被叫做灯座。供潮湿环境和户外使用的灯座叫防潮灯座，这种灯座在使用时不受雨水和潮湿气候的影响。

15-139　中国节能产品的认证标志是什么？

▶中国节能产品在认证标志如图 15-3 所示。

"中国节能产品认证标志"由"energy"的第一个字母"e"构成一个圆形图案，中间包含了一个变形的汉字"节"，寓意为节能。缺口的外圆又构成"CHINA"的第一字母"C"，"节"的上半部简化成一段古长城的形状，与下半部构成一个烽火台的图案一起，象征着中国。"节"的下半部又是"能"的汉语拼音第一字母"n"。整个图案中包含了中、英文，以利于国际接轨。整体图案为蓝色，象征着人类通过节能活动还天空和海洋于蓝色。节能产品认证作为第三方产品质量认证的一种，目前采用"工厂质量保证能力＋产品实物质量检验＋获证后监督"的认证模式，是认证模式中最为严格的一种形式，节能产品认证的每个环节都突出了能效指标。同时，节能（节水）产品认证属于"自愿性产品性能认证"，它有别于"自愿性的产品合格认证"，是针对市场上 10％～20％的高端产品来确定相应的认证标准。

图 15-3 中国节能产品认证标志

15-140 现在人们常说"节能灯"是指什么灯？如何选用节能灯？

➡现在人们常说的"节能灯"一般是指单端荧光灯和自镇流荧光灯。

插拔式单端荧光灯，其灯管与镇流器分离，分别装在灯具内。灯管有单 U 形 7W、9W 和 11W，双 U 形 10W、13W 和 18W，3U 形 13W 和 18W，2D 形 16W 和 28W 等规格。灯脚为特制，有两针式和四针式。如果灯管坏了，可以把坏灯管拔下来，插上一支新灯管，镇流器不必更换即可继续使用。

一体式自镇流荧光灯，其灯管与镇流器制成一体，有的灯管外还装保护罩。灯管有双 U 形 6W、9W 和 11W，3U 形 15W、18W 和 20W，4U 形，螺旋形等。灯头与普通白炽灯相同，可直接代替普通白炽灯泡在家庭和一般场所使用。

"节能灯"相比于白炽灯来说是节能的，但在荧光灯系列产品中，它并不算是光效最高的，而且灯的功率相对较小。因此，只有合理使用，才能发挥其应有的作用，又能达到节能的目的。对于某些小空间中的照明，如住宅照明、宾馆照明、公共建筑中的卫生间、走廊等公用场所，可以选择"节能灯"。而那些类似于办公室等需要采用高照度均匀照明的大面积场所来说，就不宜选择"节能灯"，而应该选择细管径直管型荧光灯，如 T5 或 T8 型荧光灯。

15-141 节能灯为什么光效高？节能效果如何？

➡节能灯的管壁上涂的荧光粉不是普通的卤磷酸钙荧光粉，而是稀土"三基色"荧光粉。卤磷酸钙荧光粉的工作温度比较低，不能承受高密度的紫外线的轰击，而使用稀土"三基色"荧光粉的节能灯，其发光效率和显色性均较高。

同时，节能灯使用的电子镇流器，让灯在高频下工作，光效可提高10％左右，因而更节能。同样，这也是细管径直管荧光灯光效提高的原因所在。以小功率节能灯为例，普通白炽灯的光效为10（lm/W），而节能灯的光效达到40～50（lm/W），光效是普通白炽灯的4～5倍。所以，节能灯通常被用来直接替代白炽灯。假设一普通家庭以前使用一只60W白炽灯，每天开灯时间为4h，那么一年需要耗电87.6kWh。而更换光源后，为了达到相同的照度，只需要更换一只13W节能灯即可，这样每年的耗电仅为16.1kWh，节约用电约81.7％。

购买节能灯替代白炽灯时，灯功率的大小可以各自光源发出的光通量做基础进行比较。优质节能灯相当于白炽灯的功率可参见表15－15。

表15－15　　　　　　　优质节能灯相当于白炽灯的功率

节能灯功率（W）	7	9	11	13	15
光通量（lm）	350	500	780	800	900
寿命（h）	5000	5000	5000	5000	5000
相当于白炽灯的功率（W）	25	40	50	60	75

市场上有些采用劣质荧光粉的节能灯，随着使用时间的增加，光源衰减很明显，消耗同样的电能却达不到应有的照明效果。所以，选购时要注意。

15－142　住宅照明节能的方法有哪些？

➡(1) 选择合理的照度。室内过暗或者过亮都是不可取的，同时充分利用室内受光面的反射性。如采用浅色的墙面可提高反射率，有效地提高光的利用率。

(2) 选用高效节能的质量好的照明产品。如光源要选节能型的，选灯具不能只重款式不顾效率，配镇流器宜采用优质电子镇流器或节能型电感镇流器等。

(3) 充分利用天然光。家具如写字台宜布置在受光较好的位置，可以在天然采光的时段和区域，不开或少开灯，可达到节约照明用电的目的。同时天然光还能改善工作环境，使人感到舒适，有利于健康。

(4) 采用节电的控制方式。要控灯方便，在不需要照明的场合及时关灯。如果有条件，可采用红外控制、声控、调光等装置对照明进行自动节能控制。要定期擦拭灯具，要有节约用电的习惯。

15－143　人工照明为什么要限制照明功率密度值（LPD）？

➡️照明功率密度值（lighting power density，LPD），是在照明设计标准中新近采用的一个指标。该标准规定了我国 7 类建筑主要照明场所的最大功率密度值（LPD），即每平方米建筑面积照明用电功率限定指标。这 7 类建筑包括居住、办公、商业、旅馆、医院、学校和工业建筑。

除居住建筑外，其他 6 类建筑照明场所的功率密度值，在标准中被规定为强制性照明节能评价指标。该标准的颁布充分反映了为满足我国全面建设小康社会的新形势和新要求，有必要把照明水平和照明质量提升到一个新的水准，同时反映了照明用电必须致力于提高能效，最大限度地节约电能，促进资源和环境的保护，以适应我国的能源形势和经济社会的可持续发展的总要求。

15－144　目前有哪些常用光源是节能光源？

➡️目前，T8 荧光灯管与传统的 T12 荧光灯相比，节电量达 10％。T5 荧光灯管与 T8 荧光灯管相比，不但管径小，大大减少了荧光粉、汞、玻管等材料的使用，而且普遍采用稀土三基色荧光粉发光材料，并涂敷保护膜，光效明显提高。如 28WT5 荧光灯管光效约比 T12 荧光灯提高 40％，比 T8 荧光灯提高约 18％。目前 T8 荧光灯管已普遍推广应用，T5 管也逐步扩大市场。

自镇流荧光灯和单端荧光灯比普通白炽灯能效高、寿命长，在家庭及其他场所的室内照明中能够配合多种灯具，安装简便。随着生产技术的发展，已有 H 形、U 形、螺旋形和外形接近普通白炽灯的梨形产品，使其能与更多的装饰性灯具通用。

高压钠灯和金属卤化物灯是目前高强度气体放电灯（HID）中主要的高效照明产品。高压钠灯的特点是寿命长（24 000h）、光效高（100～120lm/W），可广泛用于道路照明、泛光照明和广场照明等领域。用高压钠灯替代高压汞灯，在相同照度下，可节电约 37％。

金属卤化物灯是光效较高（75～95lm/W）的高强度气体放电灯，同时它的寿命长（8000～20 000h），显色性好，可广泛应用于工业照明、城市景观工程照明、商业照明和体育场馆照明等领域。

在开关频繁、面积小、照明要求低的情况下，可采用白炽灯。双螺旋灯丝型白炽灯的光通量比单螺旋灯丝型白炽灯提高约 10％。

15-145 什么是绿色照明？什么叫绿色照明工程？

➡️绿色照明是节约能源，保护环境，有益于提高人们生产、工作、学习效率和生活质量，保护身心健康的照明。

绿色照明工程是指通过推广使用高效节能新光源、高效节能电子镇流器、高效节能照明控制设备及高反射率灯具等照明节电高技术产品，以达到节约照明用电、减少发电对环境的污染、保持生态平衡的一项系统工程。

参 考 文 献

[1] 尹绍武，等. 实用电工技术问答 3000 题. 呼和浩特：内蒙古人民出版社，1992.

[2] 齐义禄. 电力线路技术手册. 北京：兵器工业出版社，1998.

[3] 张庆达，等. 电缆实用技术手册（安装、维护、检修）. 北京：中国电力出版社，2008.

[4] 吴国良，张宪法，等. 配电网自动化系统应用技术问答. 北京：中国电力出版社，2005.

[5] 张全元. 变电站综合自动化现场技术问答. 北京：中国电力出版社，2008.

[6] 郑州供电公司. 变电运行实用技术问答. 北京：中国电力出版社，2009.

[7] 陈化钢. 城乡电网改造实用技术问答. 北京：中国水利水电出版社，1999.

[8] 上海市电力公司市区供电公司. 配电网新设备新技术问答. 北京：中国电力出版社，2002.

[9] 环境保护部环境工程评估中心，国家电网公司. 建绿色电网　创和谐家园——输变电设施电磁环境知识问答. 北京：中国电力出版社，2007.